高等学校“十二五”规划教材

化学基础实验

董彦杰　主编

化学工业出版社
·北京·

本书力图做到将化学的各二级学科实验交叉、融合、避免重复，同时为了方便授课，充分考虑了各模块的相对独立性。本书从化学实验基本知识讲起，依次介绍了无机化学实验、化学分析实验、仪器分析实验、有机化学实验、物理化学实验、化学教学论实验、化学工程基础实验、材料化学实验。在实验项目的选择上，注重验证性实验和设计性实验相结合，以培养学生的综合实验能力。

本书可作为化学、应用化学、材料科学、生物科学与技术、环境科学与工程、食品科学与工程等专业的教材，亦可供相关师生参考。

图书在版编目（CIP）数据

化学基础实验/董彦杰主编. —北京：化学工业出版社，2012.8（2017.7重印）
高等学校“十二五”规划教材
ISBN 978-7-122-14940-4

Ⅰ.①化… Ⅱ.①董… Ⅲ.①化学实验-高等学校-教材 Ⅳ.①O6-3

中国版本图书馆CIP数据核字（2012）第166045号

责任编辑：宋林青　江百宁　　　　文字编辑：陈　雨
责任校对：蒋　宇　　　　　　　　装帧设计：关　飞

出版发行：化学工业出版社（北京市东城区青年湖南街13号　邮政编码100011）
印　　装：三河市延风印装有限公司
787mm×1092mm　1/16　印张21¾　字数569千字　2017年7月北京第1版第3次印刷

购书咨询：010-64518888（传真：010-64519686）　售后服务：010-64518899
网　　址：http://www.cip.com.cn
凡购买本书，如有缺损质量问题，本社销售中心负责调换。

定　价：45.00元

前　言

本书是高等学校“十二五”规划教材，内容包括化学实验基本知识、无机化学实验、分析化学实验、有机化学实验、物理化学实验、化工基础实验、材料化学实验、中学化学教学法实验等内容，读者对象为化学及其相关学科的本、专科生。本书主编董彦杰，副主编吴根华、夏宏宇、张元广。

安庆师范学院化学化工学院为了认真贯彻《国家中长期教育改革和发展规划纲要》精神，体现我院办学定位和办学理念，坚持“通识为基，能力为本，人文为魂，服务为重”，不断优化学生的知识结构，丰富社会实践，着力提高学生的学习能力、实践能力、创新能力，促进学生成长、成人、成才、成功，组织具有丰富教学经验的教师内研外调，吸取各兄弟院校的教改经验，发掘本校本科教学优势，制定出专业教学整体改革思路、规划方案，重新修订本科教学计划、基础课程教学大纲，组织编写了各专业“基础化学实验”讲义，已在我院、资源环境学院和生命科学学院使用，受到了广大师生的欢迎及好评。

本书编写力求体现以下特点：

在内容编排上体现以实验技术为主线，减少验证性实验内容，增加基本操作和综合性实验的内容，以培养和提高学生的动手能力及创新精神。

注重基础、规范操作，选用大量常规经典仪器，有利于学生的基础技能训练，为今后专业实验、毕业论文、研究生实验奠定基础。

注重综合，拓宽口径，使化学与生命科学、环境科学、材料科学等交叉渗透，将化学合成、成分分析及表征、常数测定、化工基础紧密结合，加强综合能力及应用能力培养。

展示先进，适当增加新内容。介绍新仪器、新方法、新技术，重视学生创新能力的培养。

充分体现以人为本、因材施教的原则，将某些实验内容进行扩展。根据学科特点，按照不同基础、不同专业学生的要求，选做不同层次的实验。

参加本书编写、复核的人员主要为化学化工学院的教师，基础知识部分由汪竹青负责，无机化学实验部分由王涛负责，分析化学实验部分由开小明负责，有机化学实验部分由有机化学教研室负责，物理化学实验部分由郭畅负责，化工基础实验部分由孔学军负责，中学化学教学法实验部分由徐汪华负责，材料化学实验部分由耿同谋负责。本书由董彦杰、杜荣斌、吴根华、夏宏宇、张元广统稿。

本书的编写，参阅了部分兄弟院校已出版的教材及相关著作，从中借鉴或吸取了有益的内容，化学工业出版社的编辑为本书的出版付出了辛勤劳动，在此一并致以诚挚的感谢。

本书旨在为高等师范院校提供全面、体系、重在能力培养、便于教学实施的化学实验教材。由于编者水平有限，教材中难免存在缺点和不足，恳请广大读者不吝批评指正。

编者

2012 年 4 月于安庆

目　录

第一章　化学实验基本知识

第一节　实验室常识

化学实验室是一个危险的工作环境，因为大家常常要使用一些危险药品，这些潜在的危险通常是不可避免的。所以，在进入实验室之前，每个人都有必要认真学习化学实验室的安全守则和规章制度。

1. 实验室安全守则

实验室的安全守则可以简单地用两个词来描述：一定、禁止。即：一定要熟悉实验室的安全程序；必要时一定要戴上防护眼镜；一定要穿实验服；离开实验室之前一定要洗手；实验前一定要认真阅读实验内容；一定要检查仪器是否安装正确；对待所有的药品一定要小心、仔细；一定要保持自己的工作环境清洁；一定要注意观察实验现象；遇到疑问一定要问指导老师。

实验室里禁止吃东西或喝水；实验室里禁止抽烟；禁止吸入、品尝药品；禁止妨碍或分散别人注意力；禁止在实验室里奔跑或大声喧哗；禁止独自一个人在实验室做实验；禁止做一些未经批准的实验。

2. 实验室安全事项

进入实验室一定要知道灭火器、灭火沙、灭火毯、安全淋浴等的确切位置。一定要知道灭火器的型号，如何使用，特别是如何取下安全栓。

（1）眼睛的保护

在实验室里要尽可能地戴上护眼罩。因为碎玻璃或药品很可能会对眼睛造成永久的伤害。如果你有很多实验室工作要做，买一副安全的眼镜是很值得的。或者在普通的眼镜外面再戴上护眼罩或护目镜，在实验室里禁止戴隐形眼镜。如果眼睛里溅上药品，一定要紧急处理。

（2）穿着、服装

在实验室里不适宜穿太好的衣服，无论你怎样仔细，都不可避免一些有机药品或酸液等溅到衣服上。在实验室里应穿上实验服。另外，也不要穿拖鞋、凉鞋。

（3）仪器和设备

一般情况下，若不知道某个仪器或设备的功能，不要试图使用它们。像真空泵、旋转蒸发仪、压缩气体钢瓶等，一旦操作失误就可能导致仪器损坏，或者使实验失败，更严重的是导致一些事故的发生。

在安装实验仪器之前，要检查玻璃磨口是否沾有碎片或碎渣。在加药品反应之前，一定要检查所用仪器是否都夹紧、固定和安装好。

（4）药品的处理

化学药品因有毒性、腐蚀性、易燃易爆而十分危险。下一节将讲述如何使用特别危险的药品，但所有的药品都应当小心谨慎。在实验室里最危险的是火，许多有机化合物在遇到明火时就会燃烧，特别是酒精、乙醚等低沸点溶剂。一个严重的溶剂火灾会在几秒钟内使实验室的温度升高到100℃以上。在有机化学实验室里有条件的最好是不使用明火。要加热反应混合物或溶剂，最好是使用水浴、油浴、电炉或电热套等。有许多实验室现在仍然用酒精灯加热，因此在操作时一定要防止火灾的发生。在点燃酒精灯之前，一定要检查周围有没有易燃的液体敞口放置。同样，在转移、倾倒易燃液体时，也要检查周围有没有明火。有机溶剂的蒸气压一般比空气大，因此千万不要随意将液体，特别是易燃溶剂倒入下水道或排水沟。

为防止吸入有机化合物的蒸气，实验室里应该备有可靠的通风设备。在使用一些特别有毒的药品时，或一些易放出挥发性气体或毒性蒸气的反应，最好在通风橱内完成。

时时都应该避免药品与皮肤接触，一些腐蚀性的酸液和药品很容易通过皮肤被吸收。在进行实验室常规工作时，最好戴上橡胶塑料手套，这样做可以减少药品与皮肤接触的危险。当使用一些腐蚀性或有毒性的药品时，一定要戴上厚一点的橡胶塑料手套。

（5）散洒物

所有化学药品的散洒物都应被立即清除干净。在处理这些东西时一定要戴上手套。固体可以很容易抹进垃圾箱或废物缸，液体往往难以处理。酸性液体一定要用固体碳酸钠或碳酸氢钠中和，碱性液体一定要用硫酸氢钠中和，中性液体可以用土或滤纸吸附，因为滤纸并不能吸附所有的液体，因此建议使用沙土吸附。如果洒出的液体很容易挥发，常常是把它周围的东西清理一下，熄灭酒精灯，让液体自然挥发。

3. 危险化学药品

在实验室里，做任何一个实验之前，都应当阅读实验指导内容。一些药品的性质可用这些简单的词来提醒，易燃、易爆、强氧化性、腐蚀性、毒性、致癌物质，有的药品可能会有几种危险性。这些提醒语是和试剂瓶外包装上的提醒相似的，都用一些特别的标志来表示，这些标志都是统一规定、国际通用的。图 1-1 是一些常见的危险性标志。

图 1-1　实验室常见危险性标志

（1）易燃试剂

在处理易燃试剂时，应严格检查附近有无明火。在有机化学实验室，有机溶剂通常是由一些易燃的液体组成的。下列常用的有机溶剂都具有很大的易燃性。

碳氢化合物如己烷、轻石油（即石油醚）、苯、甲苯；醇类如甲醇、乙醇；酯类如乙酸乙酯；酮类如丙酮；醚类化合物因其暴露在空气或见光会产生易爆炸的过氧化物，因此，使用时要特别注意。常用的乙醚和四氢呋喃就属于醚类，处理时要特别小心。

此外，乙醚还具有相当低的沸点和一定程度的麻醉作用，二硫化碳具有很高的易燃性，甚至用水浴加热都会导致它着火，因此在实验中应尽量避免使用。

像氢气这样的气体，像镁条这样的金属都是容易点燃的。像金属钠、氢化铝锂这些药品都属于易燃的危险品，因为它们都会和水剧烈反应并放出氢气。

（2）易爆试剂

一些药品因其能与水或其他物质发生爆炸性的反应，因而具有爆炸的危险。碱金属就是一个普通的例子，金属钠和水剧烈反应，金属钾与水发生爆炸性反应。

也有一些化合物具有爆炸的危险性是和它们自身的结构有关的。通常这些分子中含有许多氧原子或氮原子，因而能够发生分子内氧化还原反应，或产生像氮气这样稳定的分子。当这些化合物是干燥的时候，对撞击震动较敏感，具有爆炸性的危险。例如：聚氮化合物、苦味酸、炔银等炔金属、叠氮化合物、重氮化合物、过氧化物、过氯酸盐等。本书所选的实验都尽量避免使用这些爆炸物。

（3）氧化剂

在有机化学实验室里，由于氧化剂与纸张等易燃物质接触也会导致着火，因此也是相当危险的。

硫酸、硝酸既有很强的腐蚀性，也有很强的氧化性。像漂白粉、过氧化氢、过酸、二氧化钴和高锰酸钾等都是很强的氧化剂。

（4）腐蚀性药品

处理或使用腐蚀性试剂时一定要戴上防护手套。一旦溅到皮肤上，应立即用大量的水冲洗干净。无机酸当中的硫酸、盐酸、氢溴酸、磷酸和硝酸，有机酸中的羧酸、磺酸都是具有腐蚀性的。苯酚也是相当危险的，能导致皮肤灼伤，它的有毒蒸气能够被皮肤吸收。无机碱中的氢氧化钠、氢氧化钾这样的强碱，硫酸钠、硫酸钾这样的弱碱都具有腐蚀性，有机碱中的胺、羟胺、三乙胺、吡啶等都具有腐蚀性。

液溴是非常危险的药品，它能导致皮肤、眼睛的灼伤，因此一定要在通风橱里使用。此外，由于它的密度较大，当用滴管转移时，即使不挤乳胶头，都可能因其重力而滴下来，因此，使用时要特别小心。

氯化亚砜、酰氯、无水三氯化铝以及其他的一些试剂，因能与水反应放出氯化氢气体，也具有腐蚀性，并会对呼吸系统产生严重的刺激。

（5）有害和有毒试剂

有害和有毒的区别仅仅是程度而已，大多数有机化合物都可说是有害的，有些是相当有害的，因此也就被认为是有毒的药品。通常所见的化合物有很多是有毒性的，因此必须在通风橱里使用，例如，苯、溴、硫酸二甲酯、氯仿、己烷、碘甲烷、汞盐、甲醇、硝基苯、苯酚、氰化钾、氰化钠等。必须清楚急性中毒与慢性中毒的区别。一些急性中毒一般会很快就被觉察，例如受浓氨水刺激而感到窒息，就需迅速采取相应的措施。而慢性中毒，一般不易察觉，是因为长时间处于某种环境中而导致对身体的长期伤害的积累，许多物质因此被称为致癌物质。我们不能因此而否定它们在有机化学实验室的使用，但的确需要格外小心。尽量避免长期接触，一定要在通风橱里使用。

当使用通风橱时，尽量将通风橱前面的活动玻璃拉得低一些，这样便会有强劲的气流带走有毒的蒸气或烟雾。总之，如果实验中确实需要一些剧毒药品，一定要事先认真阅读并理解指导老师的讲解以及实验室安全知识，并要知道，一旦发生危险，应该如何处置。

（6）致癌物质

现在，大家都知道将健康体细胞长期受一定的药品作用会产生肿瘤。然而，从受药品作用到在人体中产生肿瘤可能需要几年、几十年的时间，因此它们的危害并不是立即发生的。在处理这类药品时，要格外仔细，小心。本书中所选的这类试剂都被提醒为致癌物质。也就是说根据经验，这些药品会在人体或动物身上产生肿瘤。

下列化合物或衍生物质应被认为是致癌物质：碘甲烷、过氧化物、硫酸二甲酯、甲醛、己烷、苯、芳香胺、苯肼、多环芳烃（蒽、菲等）、硝基化合物、偶氮化合物、重铬酸盐、多卤烃如四氯化碳、氯仿、氯乙烯、硫脲、盐酸氨基脲。

（7）刺激性和催泪试剂

许多有机化合物对眼睛、皮肤和呼吸道有相当的刺激性。应当尽量避免与这些试剂或其蒸气接触。下列物质应在通风橱中使用：芳香醛和脂肪族醛、α-卤代羰基化合物、异硫氰酸酯、氯化亚砜以及羧酸的酰氯。

许多有机化合物，除了具有刺激性，还具有相当强的味道或不愉快的气味，通常是具有恶臭味，如吡啶、苯乙酸、硫酸二甲酯、正丁酸和碘，以及许多含硫化合物。这些化合物都应在通风橱中使用。

4. 危险废弃物的处理

在现代社会危险废弃物的处理不仅仅是个环境问题，也是个道德问题。实验室在这方面应担负一定的责任。实验室工作人员应该关心这个问题，并应对环境保护尽到自己的职责，不应对实验室的废弃物采取无所谓的态度。一般实验室都明文规定处理化学药品废弃物的具体程序和步骤，必须严格遵守这些规定。

（1）固体废弃物

有机化学实验室里的固体废弃物常分为：干燥的固体试剂，色谱分离用的吸附剂，用过的滤纸片，测定熔点的废玻璃管，一些碎玻璃等。除非这些固体是有毒性的或极易回收的，一般都是放入指定的盛放没有危险的废弃物容器里。毒性废弃物应放入有特别标志的容器里。一些特殊的有毒化学试剂在丢弃前应当经过适当处理以减小其毒性。

（2）水溶性废弃物

有些人将实验室的水溶性废弃物直接倒入水槽，让它们流入公有水处理系统，然而这会给其他人尤其是水利部门带来麻烦，是很不道德的行为。只有那些无毒的、中性的、无味道的水溶性物质可以直接倒入水槽流入下水道。强酸性或强碱性物质在丢弃之前应被中和，并且用大量水冲洗干净。任何能够与稀酸或稀碱反应的物质，都不能随便倒入下水道。

（3）有机溶剂

在有机化学实验室，有机溶剂的处理一直是一个重要的问题。有机溶剂通常是不溶于水的，有很高的易燃性。废弃的有机溶剂应倒入贴有合适标签的容器，然后将这些容器运出实验室，在合适的地方将这些溶剂点燃，而不应当倒入下水道。

5. 事故处理

在实验室里，一旦发生事故，一定要知道怎么做，这一点很重要。无论发生什么事故，一定要反应果断。立即告诉实验指导老师，如果自己不能离开或者正处理事故，也要让其他人报告实验指导老师，然后再由指导老师组织安排必要的措施。

（1）火灾

根据起火原因立即采取灭火措施。首先切断电源，移走易燃药品。有机溶剂和电器设备着火，马上用四氯化碳灭火器、专用防火布、干粉等灭火，切不可用水或泡沫灭火器。

（2）药品燃烧

在实验里，最容易着火的就是有机溶剂。如果仅仅是一些像烧杯这样的小容器里着火，通常用一块大一点的抹布或大一点的烧杯扣在上面即可熄灭火焰。沙子也可用来扑灭一些小的火焰，实验室里常用消防桶来装上沙子以防万一。同时要移走所有易燃的化学药品，熄灭所有的酒精灯。因为大多数有机溶剂都比水轻，所以一旦溶剂着火千万不要用水去灭火，这样不但不能灭火，反而会增大火势。对于一些大的火灾，则需要使用灭火器，实验室里通常使用的是干粉灭火器。灭火器最好由实验指导老师或有经验的人使用，使用不正确会扩大火情而延误灭火。如果发现用灭火器也不能很快扑灭火灾，就应迅速拨打火警电话，请来消防人员，并通知有关人员迅速撤离现场。

（3）衣服着火

一旦衣服着火，赶紧大喊救火，躺在地上来回滚动熄灭火焰。

衣服着火时千万不要奔跑，跑起来的风会使身上的火苗进一步扩大。把着火的人包在灭火毯里，让他在地板上来回滚动。如果手里没有毯子，用抹布或用毛巾沾上水，洒到着火者的身上。不到万不得已千万不要用灭火器直接喷到人身上灭火。一旦火被扑灭了，尽量让病人躺下、受暖，送去医院进一步治疗。除非是因为呼吸困难，否则不能随便解开或脱下被火烧伤的人的衣服。

（4）受伤

在实验室里，被热的烧瓶、烧杯等稍稍烫伤，是常见的事。对待这些轻微的烫伤，通常是将烫伤部位在冷水中浸10～15min。而对于一些更加严重的烫伤，则需要到医院治疗。

任何药品洒到皮肤上都需要用大量的水冲洗干净，被感染的部位至少要冲洗15min。如果自己或别人身体的大部分被洒上药品，立即使用安全淋浴，脱下被弄脏的衣服，充分冲洗皮肤，必要时到医院接受医治。

（5）药品洒到眼睛里

一旦药品弄到自己的眼睛里，一定要抓紧时间，越是在尽可能短的时间里将药品冲洗干净，对眼睛的伤害越小，通常在眼睛冲洗干净后，立即到医院接受治疗。

（6）割伤

在实验工作，被碎玻璃割伤也时有发生。伤口需要用清水冲洗至少10min，以便将残留的化学药品和一些碎的玻璃渣冲洗干净。伤口需要用创可贴或胶布裹好，使其迅速止血，立即到医院接受医治。

当严重受伤时，血液会从伤口涌出，相当危险。受伤者需躺下，保持安静，将受伤部位略抬高，让受伤者保持温暖，用一垫子稍用力压住伤口，千万不要用止血带或压脉器来止血，同时迅速拨打急救电话，让医生和救护车迅速赶来救护。

（7）中毒

对于中毒没有很简单的方法可以采用，只有立即到医院接受治疗。

（8）酸腐伤

马上用大量水冲洗，然后用饱和 $NaHCO_3$ 溶液或肥皂水冲洗，最后再用水冲洗。如果酸液溅入眼内，应立刻用大量水冲洗，然后用2% $Na_2B_4O_7$ 溶液洗眼，最后再用蒸馏水冲洗。

(9) 碱腐蚀

先用大量水冲洗，然后用 2% HAc 溶液冲洗，最后用水冲洗干净并涂敷酸软膏。如果碱液溅入眼内，应马上用大量水冲洗，再用 3% H_3BO_3溶液冲洗，最后用蒸馏水冲洗。

(10) 溴腐蚀

用乙醇或 10% $Na_2S_2O_3$溶液洗涤伤口，再用水冲洗干净，然后涂敷甘油。

(11) 磷灼伤

先用 5% $CuSO_4$溶液或 $KMnO_4$溶液洗涤伤口，然后用浸过 $CuSO_4$溶液的绷带包扎。

(12) 吸入刺激性或有毒气体

吸入 Br_2，Cl_2，HCl 等气体时，可吸入少量酒精和乙醚的混合蒸气以解毒。若吸入 H_2S 气体而感到不适时，应马上到室外呼吸新鲜空气。

(13) 触电

应立即切断电源。必要时进行人工呼吸。

第二节 化学试剂的一般知识

一、一般试剂

实验室最普遍使用的试剂为一般试剂，可分为四个等级，其规格及适应范围见表 1-1。

表 1-1 一般试剂规格及用途

级别	中文名称	英文标志	卷标颜色	主要用途
一级	优级纯	GR	绿	精密分析实验
二级	分析纯	AR	红	一般分析实验
三级	化学纯	CP	蓝	一般化学实验
生物化学试剂	生化试剂、生物染色剂	BR	咖啡色 (染色剂:玫红色)	生物化学及医化学实验

指示剂也属于一般试剂。此外，还有标准试剂、高纯试剂、专用试剂等。

按规定，试剂瓶的标签上应标示试剂名称、化学式、摩尔质量、级别、技术规格、产品标准号、生产许可证号（部分常用试剂）、生产批号、厂名等，危险品和毒品还应给出相应的标志。

二、试剂的选用

应根据实验要求，本着节约的原则，合理选用不同级别的试剂。在能满足实验要求的前提下，尽量选用低价位的试剂。

三、试剂的保管

试剂应保存在通风、干燥、洁净的房间里，防止污染或变质。氧化剂、还原剂应密封、避光保存。易挥发和低沸点试剂应置低温阴暗处。易侵蚀玻璃的试剂应保存于塑料瓶内。易燃易爆试剂应有安全措施。剧毒试剂应由专人妥善保管，用时严格登记。

第三节 实验用水

化学实验对于水的质量有一定的要求，纯水是最常用的纯净溶剂和洗涤剂，应根据实验的要求选用不同规格的纯水（表 1-2）。

表 1-2　实验室用水的级别及主要指标

指标名称	一级	二级	三级
pH 值范围(25℃)	—	—	5.0
电导率(25℃)/$\mu S \cdot cm^{-1}$　≤	0.1	1.0	5.0
吸光度(254nm,1cm 光程)　≤	0.001	0.01	—
氧化硅/$mg \cdot L^{-1}$　≤	0.02	0.05	—

第四节　化学试剂的取用方法

一、固体试剂的取用方法

固体的取用一般用牛角匙或不锈钢匙，药匙使用前应洗净擦干。取用试剂时应专匙专用，千万不可交叉使用。匙的两端一大一小，取量大时用大匙一端，取量小时用小匙一端。取用完试剂后应立即盖严瓶塞，将试剂瓶放回原处。

在台秤或者分析天平上称量固体试剂时，试剂不能直接放在秤盘上，应垫上纸或表面皿。对于腐蚀性或者易潮解的固体试剂应放在表面皿或者小烧杯中称量。试剂量应按要求称取，不要多称，以免造成浪费。

二、液体试剂的取用方法

从细口试剂瓶中倒取液体试剂时，一般用左手拿住盛接容器（试管或量筒等）。右手掌心向着标签握住试剂瓶，让瓶口紧靠盛接容器的边缘慢慢倾倒。倒够所用试剂量时，试剂瓶口应在容器上靠一下，再使瓶子竖直，这样可以使试剂瓶口残留的试剂顺着盛接容器的内壁流入容器内，而不致沿试剂瓶外壁流下。如盛接容器是烧杯，则应左手持玻棒，让试剂瓶口靠在玻棒上，使溶液顺玻棒流入烧杯。倒毕，应将瓶口顺玻棒向上提一下再离开玻棒，使瓶口残留的溶液顺玻棒流入烧杯。

从滴瓶中取用试剂时，应先将滴管提至液面以上，挤压橡皮乳头排出空气，然后再伸入液体中，放松橡皮乳头吸入试剂，取出滴管，滴管管尖垂直放在试管口上方，挤压橡皮乳头，使溶液垂直滴入试管中。试管应垂直不要倾斜。滴管不可伸入试管内，以免沾污滴管，滴管用毕要立即插回原瓶，要专管专用。滴管不可取出倒置，以免其中的溶液流入胶皮乳头而被污染，更不可取出随意乱放和用自己的滴管随意去取滴瓶中的试剂，以免沾污或搞错。

第五节　基础仪器

一、常用仪器

见表 1-3。

表 1-3　常用仪器

仪器名称	规格、用途	使用注意事项
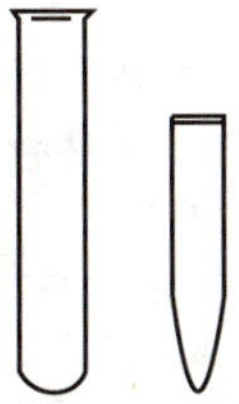 试管、离心管	规格： 用管口直径×管长(mm)表示，分为普通试管和离心试管。 用途： 1. 反应容器，用药量较少，便于操作，反应现象易于观察。 2. 离心试管用于少量沉淀的分离	1. 反应液体的体积应不超过试管容积的 1/2，当加热时不超过试管容积的 1/3。 2. 硬质试管可以加热至高温，但不可骤冷，以免破裂。 3. 加热时，应使试管下半部均匀受热，试管口不可对人。 4. 离心试管不可加热

续表

仪器名称	规格、用途	使用注意事项
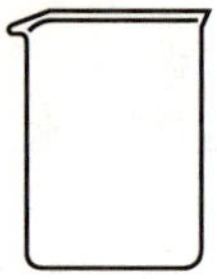 烧杯	规格： 以容积(mL)表示。 用途： 1. 反应容器，用药量可多些，便于操作，易混合均匀，反应现象易于观察。 2. 配制溶液时用。 3. 可代替水浴	1. 反应液体的体积应不超过烧杯容积的2/3。 2. 烧杯可以加热至高温，加热时必须放在石棉网上，不可骤冷骤热，以免破裂
 量筒	规格： 以量度的最大容积(mL)表示。 用途： 量取一定体积液体	1. 不能作为反应容器。 2. 不可加热，也不能量取热液体。 3. 读数时视线与液面保持在同一水平线，读取与液体弯月面最低点相切的刻度线
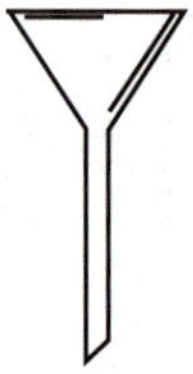 漏斗	规格： 以直径(cm)表示。 用途： 1. 过滤。 2. 引导溶液进入小口容器。 3. 粗颈漏斗用于转移固体物质	不能用火直接加热
 分液漏斗	以容积(mL)和漏斗形状表示，有球形、梨形、筒形等几种。 用途： 用于液体的分离、洗涤和萃取	漏斗口塞子与活塞是配套的，防止滑出打碎。使用前将活塞抹一薄层凡士林，插入转动直至透明，如果过少，会造成漏液，过多会溢出沾污仪器和试液。萃取时，振荡初期要多次放气以免漏斗内气压过大不能加热
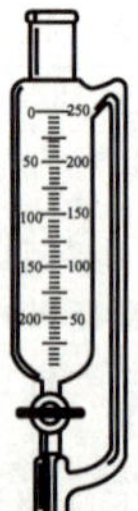 恒压滴液漏斗	恒压滴液漏斗，玻璃材质，以容积(mL)表示，有50mL、100mL、250mL等	必须在无水条件下、在惰性气体保护下，或者有气体参与反应的反应，应使用恒压滴液漏斗

续表

仪器名称	规格、用途	使用注意事项
 干燥器	以内径(cm)表示，分普通和真空干燥器两种，用于存放易吸湿的药品，重量分析中用于冷却经过灼烧的坩埚等	1. 盖与缸身之间的平面经过磨砂，在磨砂处涂以润滑脂，使之密闭。 2. 及时更换干燥剂。 3. 搬动时，必须使用双手，且用双手拇指带住盖子以防滑落。 4. 灼烧过的物品放入干燥器前温度不能过高
 容量瓶	用容积(mL)表示，用于配制准确浓度溶液	不能加热，不能代替试剂瓶用来存放溶液，不能在其中溶解固体，瓶塞与瓶口配套，不能互换
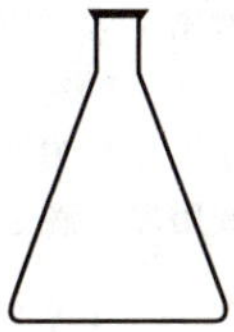 锥形瓶	玻璃质，分硬质和软质，有塞和无塞，广口、细口和微型几种。 按容量(mL)分，有 50、100、150、200、250… 1. 反应容器。 2. 振荡方便，适用于滴定操作	1. 避免振荡时液体溅出。 2. 防止受热不均匀而破裂
 布氏漏斗	布氏漏斗为磁质，以直径(cm)大小表示，与吸滤瓶一起用于减压过滤	不能加热。 注意漏斗大小与过滤的固体或沉淀量相适宜
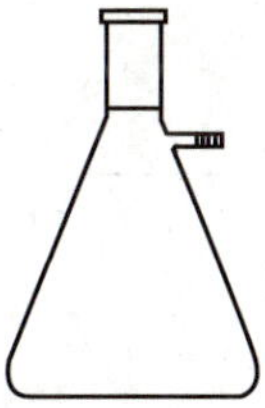 吸滤瓶	吸滤瓶为玻璃质，以容积(mL)大小表示，与布氏漏斗一起用于减压过滤	不能加热
 研钵	瓷质，以钵口直径(cm)表示。也有铁、玻璃、玛瑙制的。 用途：研磨固体，混合固体物质	根据固体的性质和硬度选用，研钵不能代替反应容器用，放入量不能超过容积的 1/3，易爆物质只能轻轻压碎，不能研磨

仪器名称	规格、用途	使用注意事项
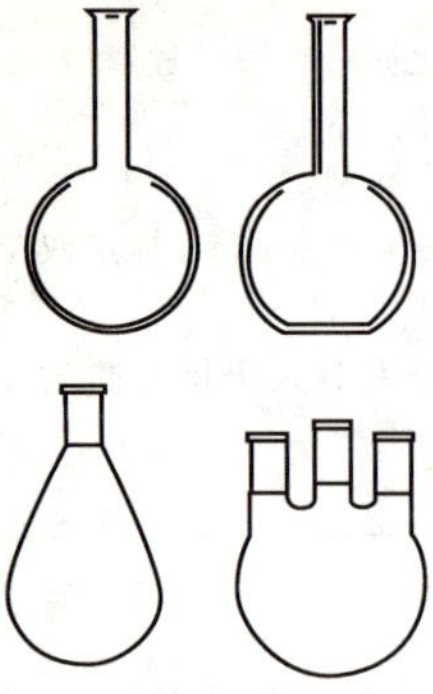 烧瓶	烧瓶包括圆底烧瓶、平底烧瓶、梨形烧瓶、三口烧瓶等，容量有 100mL、250mL、500mL 等多种。烧瓶用作反应容器，可在常温或加热时使用。当溶液需要长时间反应或是加热回流时，一般都会选择使用烧瓶作为容器，加热回流时，可于瓶内放入搅拌子，并以加热搅拌器加以搅拌	通常平底烧瓶用于室温下的反应，而圆底烧瓶则用于较高温度下的反应。圆底烧瓶在使用时应固定在铁架上；加热时应隔石棉网间接加热，烧瓶夹应垫石棉绳或套橡皮管
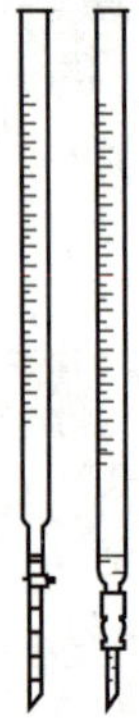 滴定管	滴定管在定量分析（如中和滴定）中用于准确地放出一定量液体。滴定管容量规格有 5mL、10mL、25mL、50mL 等多种。滴定管有酸式滴定管和碱式滴定管两种类型。 酸式滴定管下端有玻璃磨口的活塞，碱式滴定管下端连接着橡皮管，再接一个尖嘴	用滴定管前必须检查滴定管是否漏水，活塞是否转动灵活。 量取体积前，必须调节到滴定管管内没有气泡。 碱式滴定管不能装与橡胶发生反应的物质，见光易分解的溶液用棕色滴定管滴定
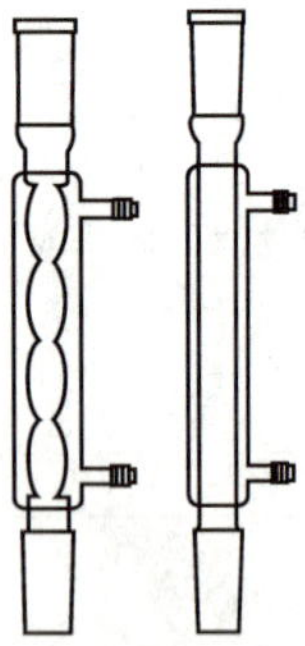 冷凝管	用于冷却蒸气，有球形冷凝管、直型冷凝管、空冷凝管几种，常与圆底烧瓶、蒸馏烧瓶等连接使用。 使用时下支管与自来水龙头相连，上支管把冷却水放出后导入下水道。球形冷凝管用于回流操作，直型冷凝管、空气冷凝管用于蒸馏操作	冷凝管不能加热
 移液管	移液管用于准确移取一定体积的溶液。移液管容积有 1mL、2mL、5mL、10mL、25mL 等多种，按刻度有多刻度管型和单刻度大肚型之分	使用时先用少量所移溶液润洗三次，一般移液管残留最后一滴液体不要吹出（完全流出型应吹出）

续表

仪器名称	规格、用途	使用注意事项
 滴瓶	用于盛放少量液体试剂，容量有 30mL、60mL 两种	滴管与滴瓶磨口配套，不可互换。保存见光易分解试剂时应用棕色瓶
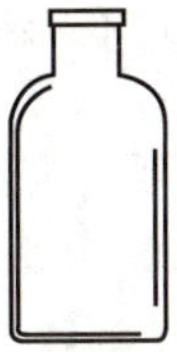 试剂瓶	用于储存液体试剂，容量有 30mL、60mL、250mL、500mL 多种规格	试剂瓶不能加热，盛放碱液时要用橡皮塞；储存见光易分解试剂，应选用棕色瓶
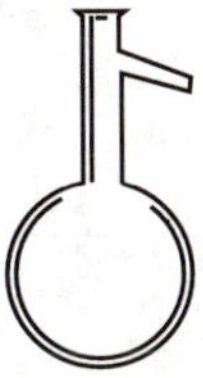 蒸馏烧瓶	用于常压下蒸馏液体，也可作为反应容器，容积有 100mL、2500mL、500mL 等多种	蒸馏烧瓶使用时应固定在铁架台上，烧瓶夹应垫石棉绳或套橡皮管，通常隔石棉网加热，烧瓶夹应夹在支管上瓶颈处
 蒸发皿	有瓷、石英以及铁、铂制作的几种，容量有 30mL、60mL、100mL、200mL 等几种。蒸发皿用于蒸发、浓缩液体或干燥固体	蒸发皿可直接加热；液体接近蒸发完时，需要垫石棉网加热。蒸发皿虽耐高温，但不宜骤冷
 干燥管	用于干燥气体	单球干燥管的球体中可根据所干燥气体的性质选用干燥剂
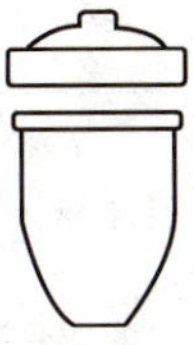 坩埚	有瓷、石英以及铁、铂制作的几种，容量有 30mL、60mL 等几种。坩埚用于灼烧试样	坩埚可直接加热；坩埚虽耐高温，但不宜骤冷

仪器名称	规格、用途	使用注意事项
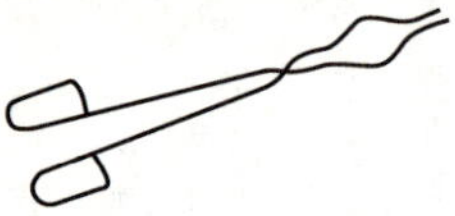 坩埚钳	铁制品，有大小、长短的不同。 主要用于夹持坩埚加热或往高温电炉中放、取坩埚	坩埚钳用后，应尖端朝上平放在实验台上（很高温度时，应放在石棉板上）
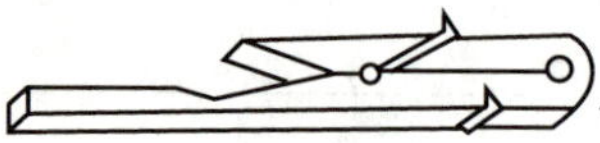 木制试管夹	用于加热试管时夹持试管	夹持试管必须从试管底部慢慢朝上移动试管夹，试管夹不应触及试管口。 夹持试管在酒精灯焰上加热时，必须手持试管夹的长柄部分，同时不可触及试管夹的另半部分
 燃烧匙	铜制或铁制品。 用于检验可燃性，进行固气燃烧反应	放入集气瓶时应从上而下慢慢放入，不可接触瓶底硫、钾、钠的燃烧实验，必须在燃烧匙底垫上少量沙子
试管刷	按粗细、长短分。 用于洗涤试管	根据所洗涤试管的大小，选择适当粗细的试管刷
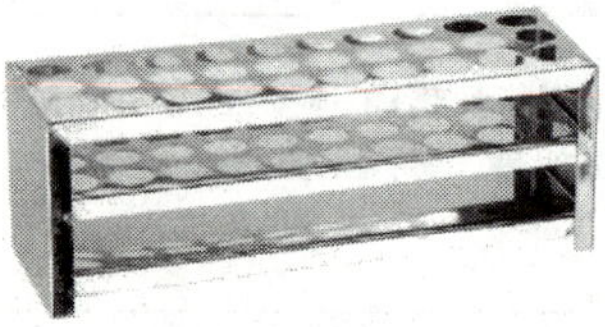 试管架	有木质及塑料制品几种	保持清洁、干燥
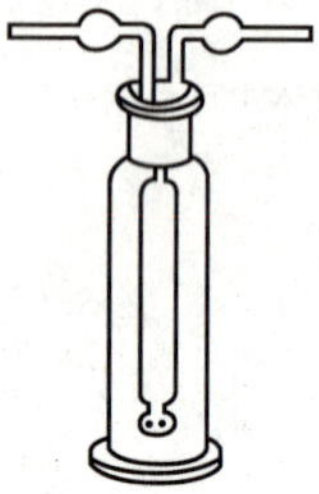 洗气瓶	用于洗涤、干燥气体	要根据所洗涤气体的性质，选择适当的液态洗气剂。洗气剂的用量不可过多或过少
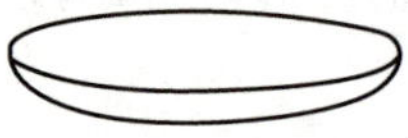 表面皿	按直径大小分类。 用于盖住烧杯	要根据烧杯等的口径选择大小适宜的表面皿。 盖烧杯时，应将表面皿的凹月面朝上

续表

仪器名称	规格、用途	使用注意事项
 称量瓶	按容积大小分，用于精确称量试剂，特别适用于称量易吸湿的固体试样	称量试样前，称量瓶必须洗净、烘干。称量固体试样时，必须尽可能盖好称量瓶的瓶盖
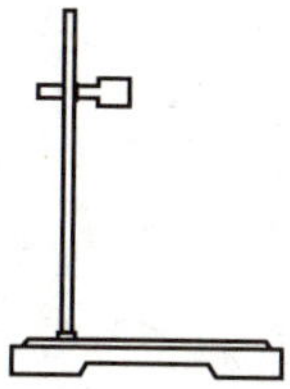 铁架台	用于固定反应容器，或固定铁圈	仪器固定在铁架台上时，仪器与铁架台的重心必须落在铁架台底座中央。 用铁夹夹持仪器时，以仪器不能转动为宜，不可过紧或过松

在化学实验中，还常用带有标准磨口的玻璃仪器。磨口分内磨口和外磨口两种，均按标准尺寸磨制，常用的规格有10、14、19、24、29、34等，这些数字是指磨口最大端的直径，单位为毫米。相同规格的内、外磨口均可紧密相连接，不同规格的磨口可以借助相应的标准接头套接。使用磨口仪器，操作方便，便于清洗，既可免去配塞及钻孔等过程，又能避免反应物或产物被塞子沾污，但其缺点是价格较高。使用磨口玻璃仪器时必须注意：

① 磨口处必须洁净，若沾有固体杂质，会使磨口对接不严，导致漏气。若固体杂质较硬，还会损坏磨口。

② 用后立即拆开，否则长期放置，内外磨口粘牢，难以拆开。

③ 除非反应中有强碱，一般使用时不涂润滑剂，以免沾污产物或反应物。

二、有机合成实验常用装置

在有机合成实验中，有许多常见的基本单元操作，如回流、蒸馏、气体吸收及搅拌等，这些基本操作常用特定的仪器装置进行。

(1) 回流装置

很多有机反应需要在反应体系的溶剂或液体反应物的沸点附近进行，这时就要用回流装置，如图1-2所示。图1-2(a)是可以隔绝潮气的回流装置。如不需要防潮，可以去掉球形冷凝管顶端的干燥管。若回流中无不易冷却物放出，还可把气球套在冷凝管上口，来隔绝潮气的渗入。图1-2(b)为带有吸收反应中生成气体的回流装置。适用于回流时有水溶性气体(如氯化氢、溴化氢、二氧化硫等）产生的实验。图1-2(c)为回流时可以同时滴加液体的装置。加热回流前应先放入沸石，根据瓶内液体的沸腾温度，可选用水浴、油浴或石棉网直接加热等方式。在条件允许时，一般不采用隔石棉网直接用明火加热的方式。回流的速率应控制在液体蒸气浸润不超过冷凝管两个球为宜。

(2) 蒸馏装置

蒸馏是分离两种以上沸点相差较大的液体和除去有机溶剂的常用方法。图1-3是几种常用的蒸馏装置，可用于不同要求的场合。图1-3(a)是常用的蒸馏装置。由于这种装置出口处与大气相通，可能逸出蒸馏蒸气，若蒸馏易挥发的低沸点液体时，需将接液管的支管连上橡皮管，通向水槽或室外。在支管口接上干燥管，可用作防潮的蒸馏。图1-3(b)是使用空气

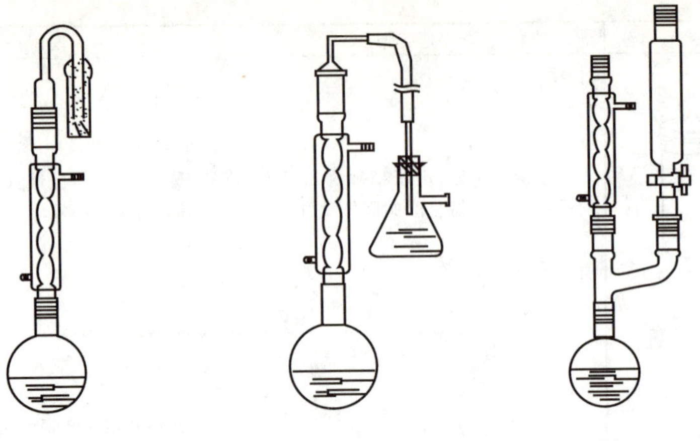

图 1-2 回流装置

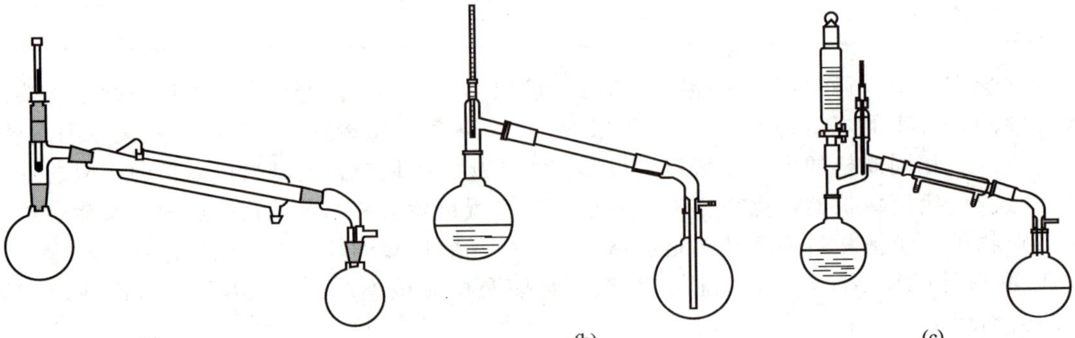

图 1-3 常用蒸馏装置

冷凝管的蒸馏装置，常用于蒸馏沸点在140℃以上的液体。若使用直型水冷凝管，由于液体蒸气温度较高而会使冷凝管夹套炸裂。图 1-3(c)为蒸除较大量溶剂的装置，由于液体可自滴液漏斗中不断地加入，既可调节滴入和蒸出的速度，又可避免使用较大的蒸馏瓶，增加液体残留量。

（3）气体吸收装置

图 1-4 为气体吸收装置，用于吸收反应过程中生成的有刺激性的和水溶性的气体（例如氯化氢、二氧化硫等）。其中图(a)和（b)可作为少量气体的吸收装置。

图(a)中的玻璃漏斗应略微倾斜使漏斗口一半在水中，一半在水面上。这样，既能防止气体逸出，亦可防止水被倒吸至反应瓶中。若反应过程中有大量气体生成或气体逸出很快时，可使用图 1-4(c)的装置，水自上端流入（可利用冷凝管流出的水）抽滤瓶中，在恒定的平面上溢出。粗的玻管恰好伸入水面，被水封住，可防止气体逸入大气中。图中的粗玻管也可用 Y 形管代替。

（4）搅拌装置

当反应在均相溶液中进行时一般可以不用搅拌，因为加热时溶液存在一定程度的对流，从而保持液体各部分均匀地受热。如果是非均相间反应，或反应物之一系逐渐滴加时，为了尽可能使其迅速均匀地混合，以避免因局部过浓、过热而导致其他副反应发生或有机物的分解；有时反应体系中有固体，如不搅拌将影响反应顺利进行；在这些情况下均需进行搅拌操

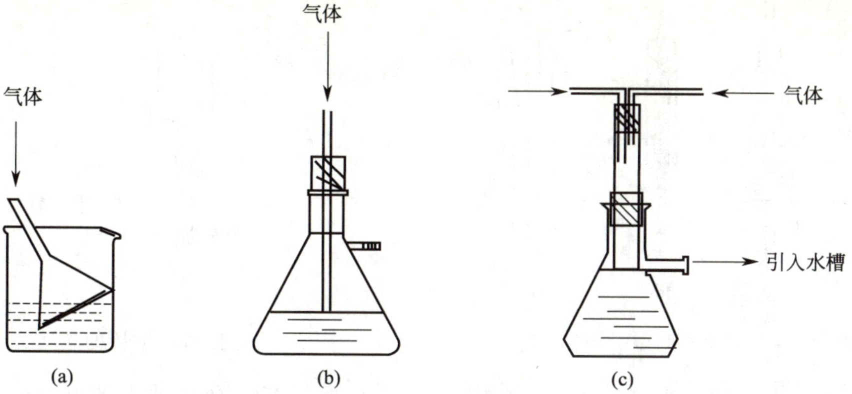

图 1-4 气体吸收装置

作。在许多合成实验中若使用搅拌装置不但可以较好地控制反应温度，同时也能缩短反应时间和提高产率。常用的搅拌装置见图 1-5。

图 1-5(a)是可同时进行搅拌、回流和自滴液漏斗加入液体的实验装置。图 1-5(b)的装置还可同时测量反应温度。

图 1-5 中的搅拌器采用了简易封闭装置，在加热回流的情况下，进行搅拌可避免蒸气或生成的气体直接逸至大气中。简易密封搅拌装置制作方法（以 250mL 三颈瓶为例）：在 250mL 三颈瓶的中口配置软木塞，打孔（孔洞必须垂直且位于软木塞中央），插入长 6～7cm、内径较搅棒略粗的玻管。取一段长约 2cm、内壁必须与搅棒紧密接触、弹性较好的橡皮管套于玻管上端。然后自玻管下端插入已制好的搅棒。这样，固定在玻管上端的橡皮管因与搅棒紧密接触而达到了密封的效果。在搅棒和橡皮管之间滴入少量甘油，可对搅拌起润滑和密闭作用。搅棒的上端用橡皮管与固定在搅拌器上的一短玻棒连接，下端接近三颈瓶底部，离瓶底适当距离，不可相碰。且在搅拌时要避免搅棒与塞中的玻璃管相碰。这种简易密封装置（见图 1-6）在一般减压（1.33～1.6kPa）时也可使用。

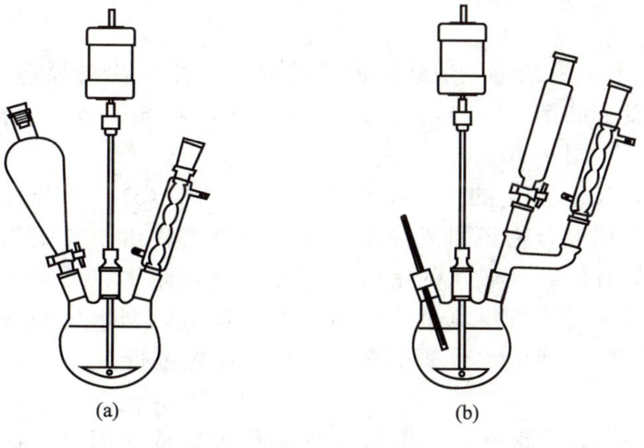

图 1-5 搅拌装置

在使用磨口仪器进行反应而密封要求又不高的情况下，可使用图 1-6(b)的简易密封装置。另一种液封装置，见图 1-6(c)，可用惰性液体（如石蜡油）进行密封。图 1-6(d)是由聚四氟乙烯制成的搅拌密封塞，由上面的螺旋盖 1、中间的硅橡胶密封垫圈 2 和下面的标准口塞 3 组成。使用时只需选用适当直径的搅棒插入标准口塞与垫圈孔中，在垫圈与搅棒接触

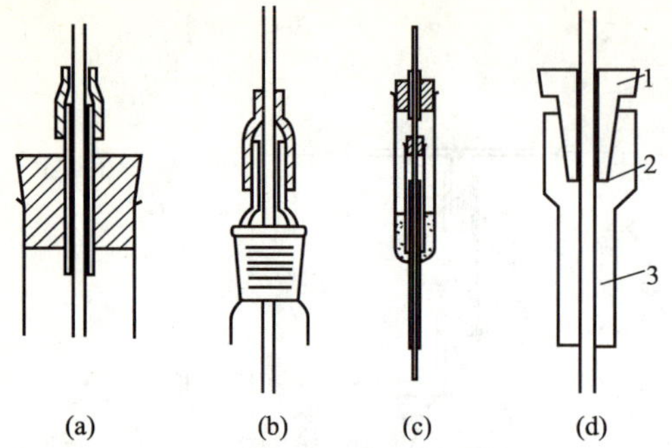

图 1-6 常用密封装置

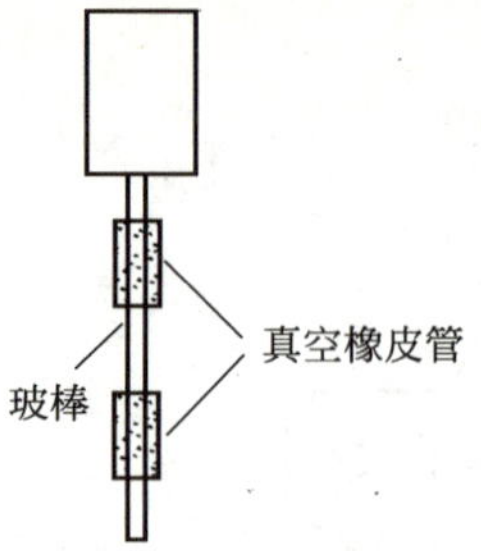

图 1-7 搅棒的连接

处涂少许甘油润滑，旋上螺旋口至松紧合适，并把标准口塞紧在烧瓶上即可。

搅棒机的轴头和搅棒之间还通过两节真空橡皮管和一段玻棒连接，这样搅拌器导管不致磨损或折断（见图 1-7）。

搅拌所用的搅棒通常由玻棒制成，式样很多，常用的见图 1-8。其中（a）、（b）两种可以容易地用玻璃弯制。（c）、（d）较难制，其优点是可以伸入狭颈的瓶中，且搅拌效果较好。（e）为筒形搅棒，适用于两相不混溶的体系，其优点是搅拌平稳，搅拌效果好。

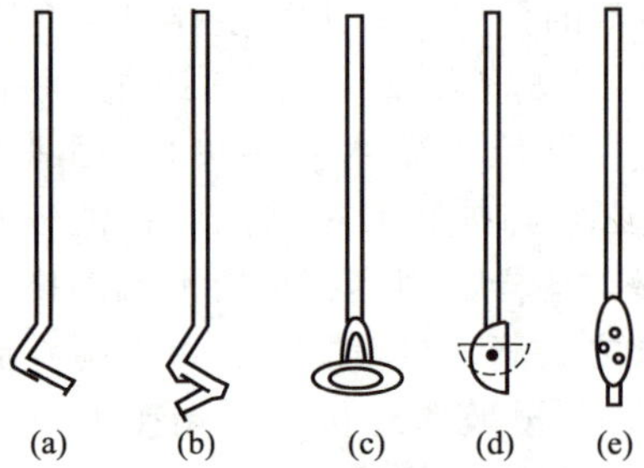

图 1-8 搅棒

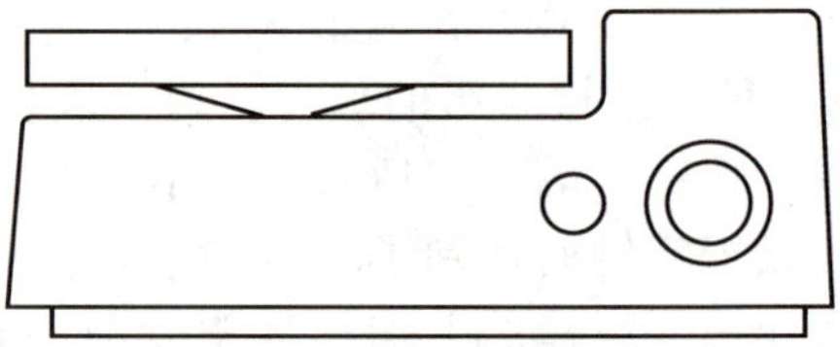

图 1-9 磁力搅拌器

在有些实验中还要用到磁力搅拌器（图 1-9）。

（5）分水装置

分水装置呈“h”形，最顶端一般连接回流冷凝管，用来冷凝反应产生的气体，最下端有活塞（跟酸式滴定管下的活塞一样），活塞上有小孔，对准管体可分离出管中液体；支管部分连接在反应装置上（图 1-10）。

加热反应过程中，反应产生的水（主要是水蒸气的形式）、部分反应物及产物挥发，这些气相混合物经回流冷凝管冷凝成液态，由于有机物与水互不相溶，会有明显分层，一般水的密度又相对大些，则水在下层油状物在上层，且油状物可通过支管溢流至反应器内继续反应，当水位到支管口时，可打开活塞将反应生成的水分离出来，有利于反应进行。

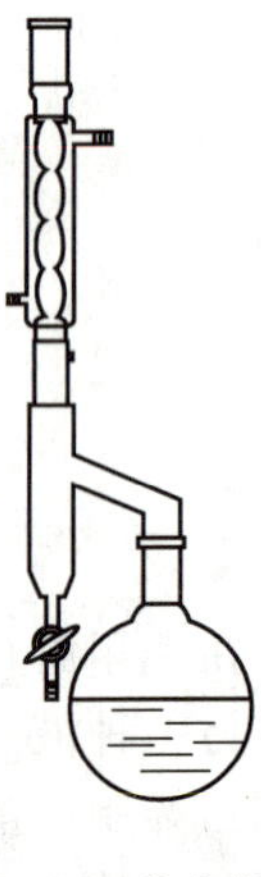

图 1-10 分水装置

三、仪器装置方法

合成实验常用的玻璃仪器装置，一般皆用铁夹将仪器依次固定于铁架上。铁夹的双钳应贴有橡皮、绒布等软性物质，或缠上石棉绳、布条等。若铁钳直接夹住玻璃仪器，则容易将仪器夹坏。

用铁夹夹玻璃器皿时，先用左手手指将双钳夹紧，再拧紧铁夹螺丝，待夹钳手指感到螺丝触到双钳时，即可停止旋动，做到夹物不松不紧。

以回流装置［图 1-2(a)］为例，装置仪器时先根据热源高低（一般以三脚架高低为准）用铁夹夹住圆底烧瓶瓶颈，通过十字接头垂直固定于铁架上。铁架不要歪斜。若铁架歪斜，重心不一致，会造成装置不稳。然后将球形冷凝管下端正对烧瓶口用铁夹垂直固定于烧瓶上方，再放松铁夹，将冷凝管放下，使磨口磨塞塞紧后，再将铁夹稍旋紧，固定冷凝管，使铁夹位于冷凝管中部偏上一些。用合适的橡皮管连接冷凝水，进水口在下方，出水口在上方，最后按图 1-2(a)在冷凝管顶端装置干燥管。

总之，仪器安装应先下后上，从左至右，做到正确、整齐、稳妥、端正，其轴线应与实验台边缘平行。

第二章 无机化学实验部分

实验 2-1 玻璃仪器的认领、洗涤和干燥

一、实验目的

1. 熟悉基础化学实验规则和安全守则。

2. 领取基础化学实验常用仪器，熟悉其名称、规格、用途、性能及其使用方法。

3. 学习并练习常用仪器的洗涤和干燥方法。

二、实验原理

1. 对照仪器清单认领基础化学实验所需常用仪器，并熟悉其名称、规格、用途、性能及使用方法和注意事项。

2. 分类洗涤已经领取的各种仪器。

3. 选用适当方法干燥洗涤后的仪器。

三、实验步骤

1. 领取并清点仪器

按照实验仪器清单领取并清点仪器。检查仪器的数量、规格与仪器清单是否相符，检查有无残破。

2. 玻璃仪器的洗涤

仪器洗涤是为了使实验得到正确的结果，实验所用的玻璃仪器必须是洁净的，有些实验还要求是干燥的，所以需对玻璃仪器进行洗涤和干燥。要根据实验要求、污物性质和沾污的程度选用适宜的洗涤方法。玻璃仪器的一般洗涤方法有冲洗、刷洗及药剂洗涤等。对一般附着的灰尘及可溶性污物可用水冲洗去除。洗涤时先往容器内注入约容积 1/3 的水，稍用力振荡后把水倒掉，如此反复冲洗数次。

为保证实验结果准确，要求实验使用的玻璃器皿一定要干净，根据仪器上附着的污物不同，采用不同的洗涤方法。

(1) 用水刷洗

灰尘和可溶性物质可通过刷洗法除去。一般加入少量的水，不超过要洗涤容器容量的 1/3，用力振荡后将水倾出，反复 2～3 次即可。刷洗试管时要注意选择合适的毛刷，确定手拿试管的部位，来回柔力刷洗，切勿用力过猛损坏仪器。然后用水冲洗干净。

(2) 用洗涤剂等刷洗

用合成洗涤剂可以洗去油污和有机物。

(3) 碱液洗

对于油污和有机物也可用碱液洗。仪器先用碱液浸泡一段时间，再用水冲洗干净。碱液的配制方法是将 1g NaOH 加到 20mL 乙醇中即可，用量视情况而定，可多次使用。若器壁上沾有硫可用煮沸的石灰水清洗。

(4) 酸液洗

洗涤移液管、吸量管、滴定管、坩埚等仪器，可用少量的铬酸洗液润洗，如果污物仍然

洗不掉，可用较多的铬酸洗液浸泡，然后用水冲洗干净。应注意铬酸洗液只要不失效可多次使用，用过的铬酸洗液应倒回原瓶，避免稀释。铬酸洗液对衣物和皮肤有腐蚀性，用时应小心。

（5）超声波洗

小滴瓶等不好洗涤的仪器可放在盛有水的超声波水槽中，开启超声波数分钟，然后用水冲洗干净。

洗涤要求：经上面洗涤干净的仪器，最好用去离子水涮洗 2～3 次，要求是仪器清洁透明、均匀润湿、不挂水珠。

3. 仪器的干燥

有些仪器使用时要求干净干燥，玻璃仪器的干燥一般采用下列方法。

① 风干　将仪器放置一段时间自然晾干。

② 烤干　将仪器外壁擦干，用小火烤干，不断转动仪器使其均匀受热。

③ 烘干　将仪器放入烘箱，一般在 100～120℃的温度下烘干。

④ 吹干　用电吹风吹干。

⑤ 有机溶剂法　先用少量的丙酮或无水酒精均匀润湿内壁后倒出，再用乙醚均匀润湿，然后晾干。

四、注意事项

1. 仪器壁上只留下一层既薄又均匀的水膜，不挂水珠，表示仪器已洗净。
2. 已洗净的仪器不能用布或纸擦拭。
3. 不要未倒废液就注水。
4. 不要几支试管一起刷洗。
5. 用水原则是少量多次。

【思考题】

1. 烤干试管时为什么管口向下倾斜？
2. 玻璃仪器洗净的标志是什么？
3. 湿的试管、量筒、无刻度烧杯、烧瓶、离心试管这些器皿，哪些可以烘干？

实验 2-2　灯的使用与简单玻璃加工

一、实验目的

1. 了解实验室常用灯的构造和原理，掌握正确的使用方法。
2. 学会玻璃管的截断、弯曲、拉制、熔烧等基本操作。

二、实验原理

1. 灯的使用

（1）酒精灯

加热温度通常在 400～500℃。

① 构造　见图 2-1。

② 使用方法　见图 2-2。

使用时应注意：

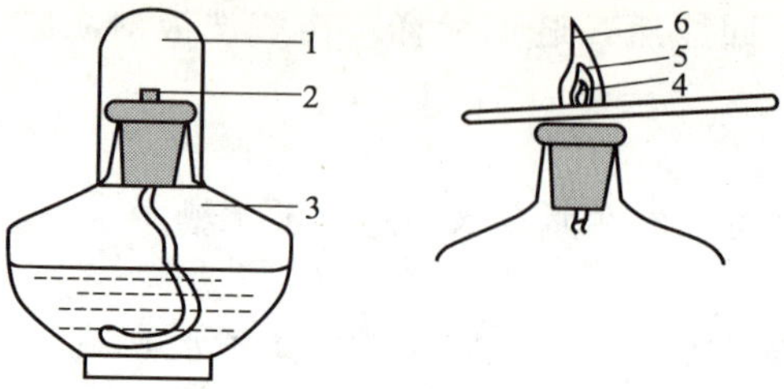

图 2-1　酒精灯的构造

1—灯帽；2—灯芯；3—灯壶；4—焰心；5—内焰；6—外焰

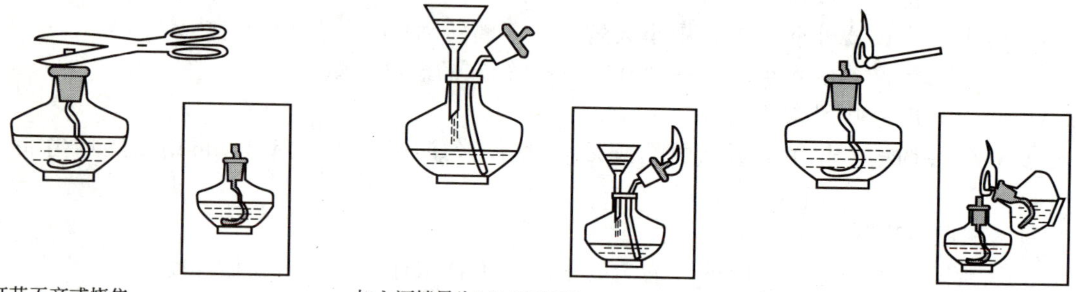

图 2-2　酒精灯的使用方法

灯内酒精不可装得太满，一般不应超过酒精灯容积的 2/3，以免移动时洒出或点燃时受热膨胀而溢出。

点燃酒精灯之前，先将灯头提出，吹去灯内酒精蒸气。

点燃酒精灯时，要用火柴引燃，不能用燃着的酒精灯引燃，避免灯内的酒精洒在外面，着火而引起事故。

熄灭酒精灯时要用灯罩熄灭火焰，不能用嘴吹灭。待火焰熄灭片刻，还需再提起灯盖一次，通一通气再罩好，以免下次使用时打不开盖子。

添加酒精时，应把火焰熄灭，然后借助于漏斗把酒精加入灯内。

（2）酒精喷灯

酒精喷灯是用酒精作为燃料的加热器。使用时，先将酒精气化后与空气混合，点燃混合气体，故其温度高，约 900℃。常用于需要温度高的实验。

酒精喷灯分为座式和挂式两种。

① 座式酒精喷灯　见图 2-3。

使用方法如下：

a. 添加酒精　烧杯取适量酒精，拧下铜帽，用漏斗向酒精壶内添加酒精，酒精量不超过其体积的 2/3。

b. 预热盘中加适量酒精（盛酒精的烧杯须远离火源）并点燃，充分预热，保证酒精全部气化，并适时调节空气调节器。

c. 当灯管中冒出的火焰呈浅蓝色，并发出“哧哧”的响声时，拧紧空气调节器，此时可以进行玻管加工了。正常的氧化火焰分为三层：氧化焰（温度约 800～900℃）；还原焰；焰心。

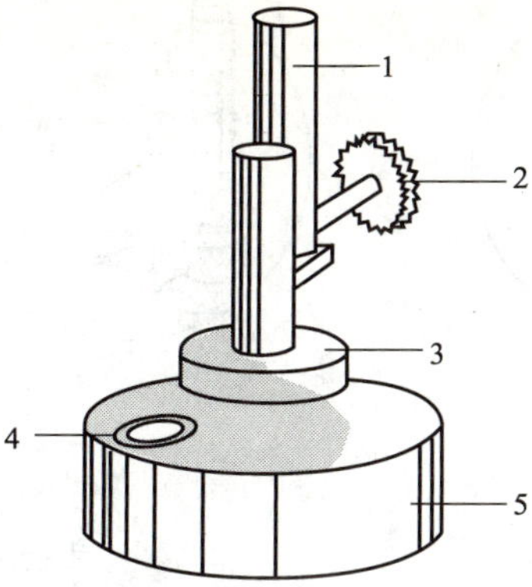

图 2-3　座式酒精喷灯的构造

1—灯管；2—空气调节器；3—预热盘；4—铜帽；5—酒精壶

d. 若一次预热后不能点燃喷灯时，可在火焰熄火后重新往预热盘添加酒精（用石棉网或湿抹布盖在灯管上端即可熄灭酒精喷灯），重复上述操作点燃。但连续两次预热后仍不能点燃时，则需用捅针疏通酒精蒸气出口后，方可再预热。

e. 座式喷灯连续使用不应过长，如果超过半个小时，应先暂时熄灭喷灯。冷却，添加酒精后继续使用，在使用过程中，要特别注意安全，手尽量不要碰到酒精喷灯金属部位。

② 挂式酒精喷灯　见图 2-4。

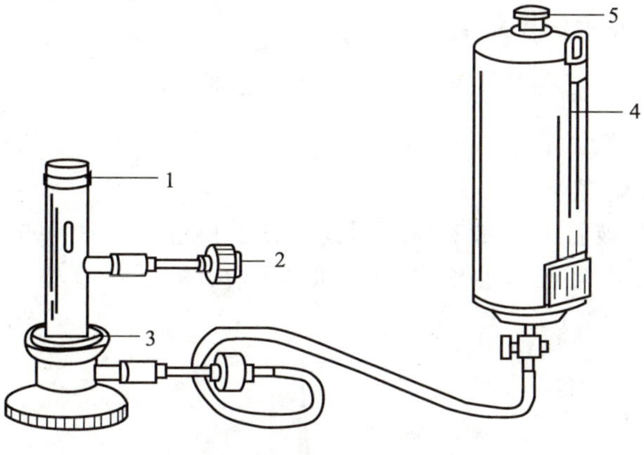

图 2-4　挂式酒精喷灯的构造

1—灯管；2—空气调节器；3—预热盘；4—酒精储罐；5—盖子

使用时（图 2-5），先将储罐挂在高处，打开储罐下的开关，在预热盘中注入酒精并点燃，以预热灯管。待盘内酒精将燃完时，开启蒸气开关，由于灯管已被灼热，进入灯管的酒精即自行气化，酒精蒸气与从气孔进来的空气混合，即可在管口点燃。调节灯管处的蒸气开关可控制火焰的大小。使用完毕，关上储罐下的酒精开关和蒸气开关，火焰即自行熄灭。

必须注意：

a. 点燃前，灯管必须充分预热，否则酒精在管内不能完全气化，开启蒸气开关时，含有的液态酒精从管口喷出，形成“火雨”，四处洒落，酿成事故。这时应立即关闭蒸气开关，重新预热。

b. 酒精蒸气喷出口，应经常用特质的金属针穿通，以防阻塞。

c. 不用时，必须将罐口用盖子盖紧，关好储罐的酒精开关，以免酒精漏失造成危险。

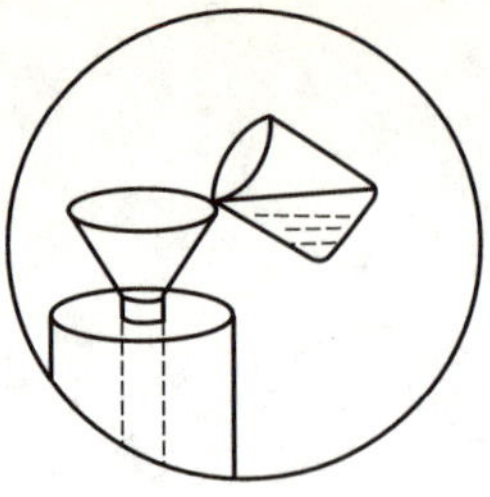

注意关好下口开关，
座式喷灯内储酒精
量不能超过2/3壶

(a) 添加酒精

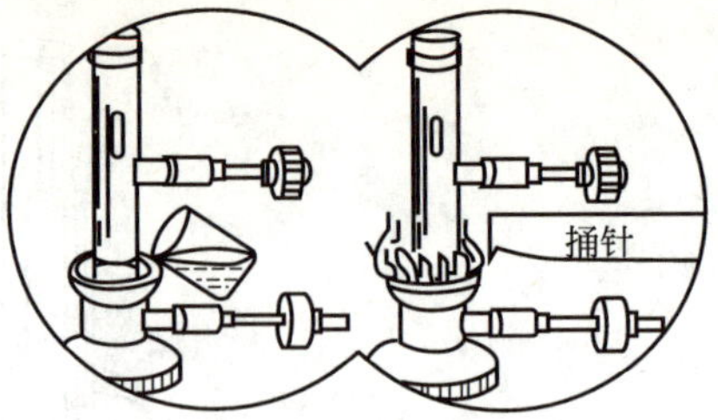

预热盘中加少量酒精点
燃，可多次，但两次不出气，
必须在火焰熄灭后加酒精，
并用捅针疏通酒精蒸气出口
后，方可再预热

(b) 预热

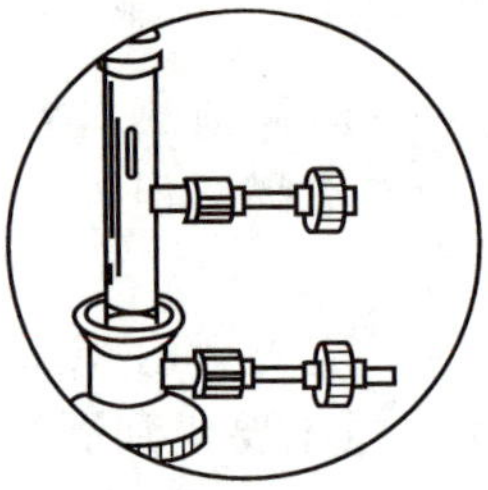

旋转调节器

(c) 调节

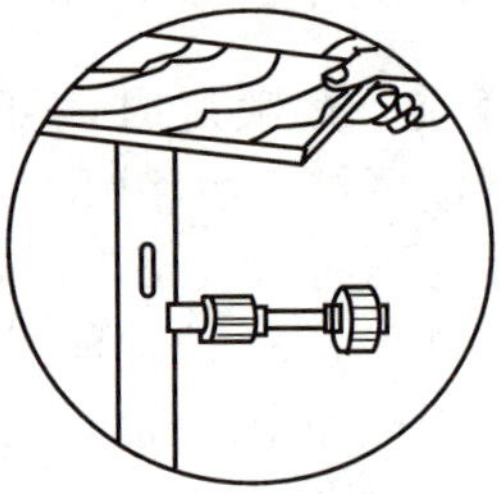

可盖灭，也可旋转调节器熄灭

(d) 熄灭

图 2-5　酒精喷灯的使用

2. 玻管（棒）的简单加工

(1) 玻管的截断和熔光

① 锉痕　左手按紧玻管（平放在桌面上），右手持锉刀，用刀的棱适当用力向前方锉，锉划痕深度适中，不可往复锉，锉痕范围在玻管周长的 1/6～1/3，且锉痕应与玻管垂直。注意不能往复锉动，见图 2-6。

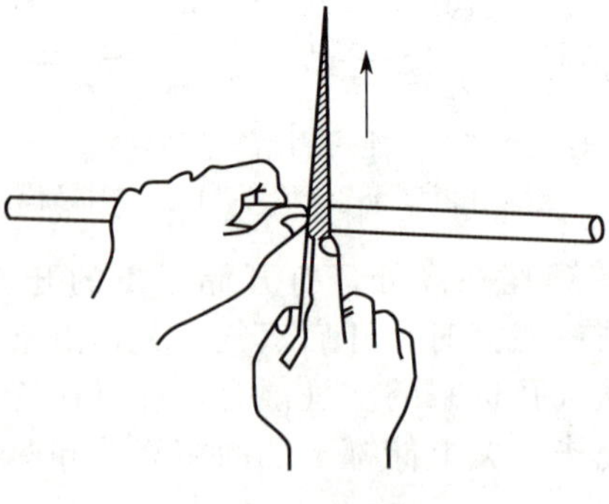

图 2-6　玻管的锉痕

② 截断　双手持玻璃管锉痕两端，拇指齐放在划痕背后向前推压，同时食指向外拉。见图 2-7。

③ 熔光和缘口　将玻管断面斜插入氧化焰上，并不停转动，均匀受热，熔光截面，待玻管加热端刚刚微红即可取出，若截断面不够平整，此时可将加热端在石棉网上轻轻按一

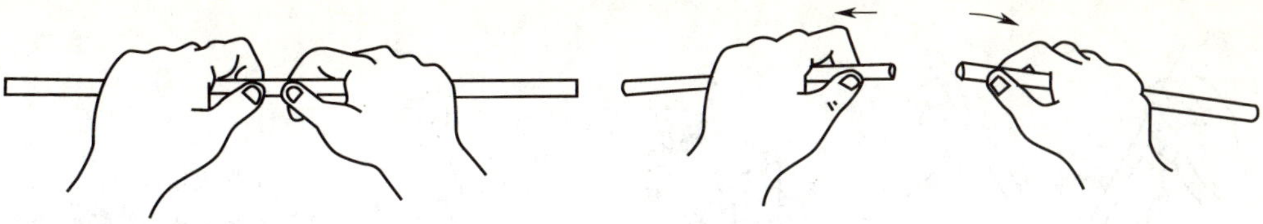

图 2-7　玻管的截断

下。注意加热时间不能太长，以免管口口径缩小。燃烧后的玻璃应放在石棉网上冷却，不可直接放在桌面上，更不能用手去摸，以免烫伤（图 2-8）。

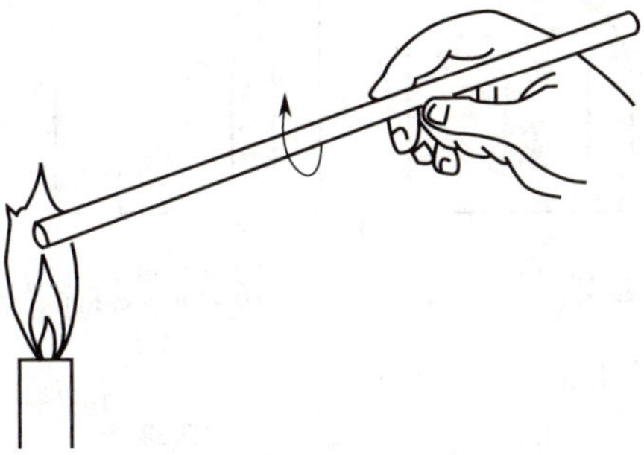

图 2-8　玻管的熔光（前后移动并不停转动，熔光截面）

图 2-9　玻管的缘口

需要套胶头（如滴管）的玻管，须将管口壁扩张和加厚，称为缘口。将预热后的镊子或柄锉刀插入在火焰上烧至红热的玻管口转动，使管口略微扩大。使管口稍向外翻时，迅速将玻管放在石棉网上轻轻压平（图 2-9）。

（2）弯曲玻管

① 烧管　加热前，先用干抹布将玻管擦净，并小火预热加热，双手托住玻管，水平置于火焰上，均匀转动，并左右移动，用力要均匀，移动范围稍大，可稍向中间渐推。转速要一致，不要让玻管在火焰中扭曲。加热到玻管发黄变软。

② 弯管　待玻管发黄变软后（不自动弯曲时）自火焰中取出玻管，拇指和食指垂直夹住玻管两端，1～2s 后，用“V”字形手法将它准确地弯成所需的角度。弯管的手法是两手在上边，玻管的弯曲部分在两手中间的正下方，拇指水平用力于玻管，使玻管弯曲成约 120°的角。120°以上角度可一次弯成。弯曲部分应平滑、均匀、角度准确，整个玻管应在同一平面（见图 2-10、图 2-11）。

③ 然后，分别对 M、N 部位加热，注意均匀转动，掌握火候，脱离火焰，弯成所需角度。标准的弯管是弯曲部位内外均匀平滑。见图 2-12。

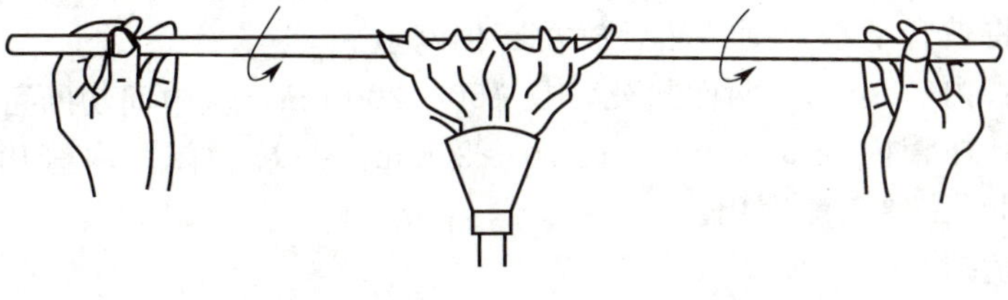

图 2-10　玻管的弯曲（均匀转动，左右移动用力匀称）

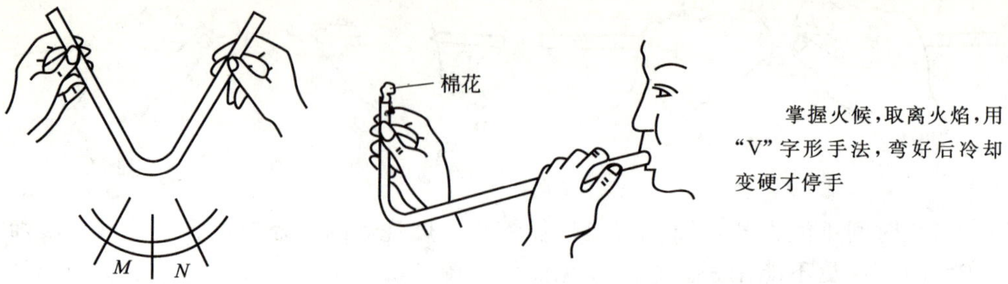

图 2-11　玻管的弯曲（掌握火候，取离火焰，堵管吹起，迅速弯曲）

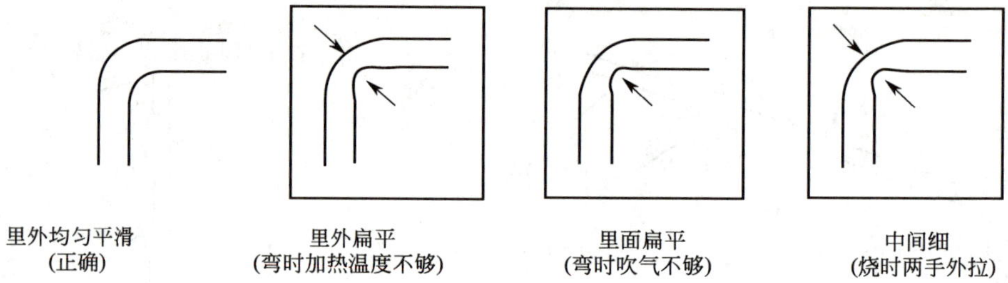

图 2-12　弯管好坏的比较

（3）拉伸　见图 2-13。

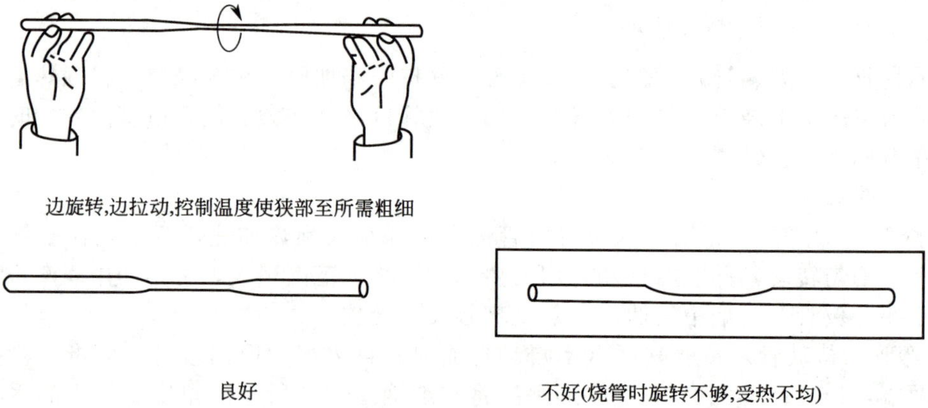

图 2-13　玻管的控制

① 烧管　与弯管中烧管相同，但烧管时间需更长，使玻管烧制部分更软，并尽可能增大烧热部位。

② 拉管　待玻管均匀软化后（烧至红黄色），将玻管轻缓地向内略加压缩，缩减它的长度，使管壁增厚，再移离火焰，顺着水平方向边旋转，边缓慢地拉伸玻管至所需细度。拉伸后右手持玻管，将玻管下垂片刻，然后放在石棉网上。

熔点管要求：内径 1mm，两端封死，长 150～200mm，从中间切断可成为两根熔点管。

沸点管要求：外管内径 3～4mm，长 70～80mm，一端封闭。内管内径 1mm，长 80～90mm，一端封闭。留沸点测定用。

三、仪器与试剂

酒精灯、酒精喷灯、石棉网、锉刀、捅针、玻璃管、镊子等。

四、实验步骤

1. 制作120°、90°、60°弯管各两支。

2. 制作2～4支滴管。

3. 制作熔点管、沸点管各两支。

4. 制作数支减压蒸馏用毛细管。

五、注意事项

1. 灼热的玻璃制品，应放在石棉网上冷却，不要放在桌面上，以免烧焦桌面，也不要用手去摸，以免烫伤，未用完的酒精应远离火源，在实验过程中要细致小心，防烫伤，防割伤，防火灾。

2. 实验完毕后，应清理台面，玻璃碎渣，未用完的玻管放在指定的容器中，熄灭酒精喷灯，保证台面整洁，待成品冷却后，交给老师，预习报告给老师签字。

3. 遇到问题请教老师，及时解决。

【思考题】

1. 在切割玻璃时，怎样防止割伤和刺伤手和皮肤？

2. 烧过的灼热的玻管和冷的玻璃在外表上往往很难分辨，怎样防止烫伤？

3. 制作滴管时应注意些什么？

4. 酒精喷灯火焰分几层？各层的温度和性质是怎样的？怎样讨论？

实验2-3 粗食盐的提纯

一、实验目的

1. 明确无机盐类提纯的基本过程和方法，练习溶解、过滤、蒸发、结晶和干燥等基本操作。

2. 掌握粗食盐提纯的方法、原理和有关离子鉴定方法。

3. 熟练掌握台秤、量筒、试纸、滴管和试管的正确使用方法。

二、实验原理

一般而言，无机盐类中的难溶性杂质可用溶解后过滤的办法除去，多数易溶性杂质离子可先转化为难溶性沉淀后再过滤除去，少数可溶性杂质离子可利用溶解度的差异，采用结晶、重结晶的方法除去，从而可得到试剂级的产品。

粗食盐中除含有泥沙等不溶性杂质外，还含有 K^+、Ca^{2+}、Mg^{2+} 和 SO_4^{2-} 等相应盐类的可溶性杂质。不溶性泥沙等杂质可利用溶解和过滤的方法除去，而可溶性杂质 SO_4^{2-}、Mg^{2+}、Ca^{2+} 则通常用化学方法除去。其方法是：先加入稍过量的 $BaCl_2$ 溶液，使溶液中的 SO_4^{2-} 转化为难溶性 $BaSO_4$ 沉淀：

$$Ba^{2+} + SO_4^{2-} \longrightarrow BaSO_4 \downarrow$$

过滤除去 $BaSO_4$ 沉淀后，再加入稍过量的 NaOH 和 Na_2CO_3 溶液，Ca^{2+}、Mg^{2+} 以及过量的 Ba^{2+} 便都转化为相应沉淀：

$$Ca^{2+} + CO_3^{2-} \longrightarrow CaCO_3 \downarrow$$

$$Mg^{2+} + 2OH^- \longrightarrow Mg(OH)_2 \downarrow$$

$$Ba^{2+}+CO_3^{2-} = BaCO_3 \downarrow$$

过滤除去沉淀后，溶液中的杂质离子主要有 K^+、CO_3^{2-} 和 OH^-。此时用 HCl 酸化溶液并加热，从而除去溶液中的 CO_3^{2-}、OH^- 以及过量 HCl。

$$OH^- + H^+ = H_2O$$

$$CO_3^{2-} + 2H^+ = CO_2 \uparrow + H_2O$$

对于含量不多的可溶性杂质 KCl 由于其溶解度较大，在蒸发、浓缩和结晶过程中，仍留在母液中而与 NaCl 分离。

三、仪器与试剂

烧杯、试管、量筒、漏斗、台秤、酒精灯、玻棒、漏斗架、铁架台、石棉网、泥三角、蒸发皿、吸滤器、布氏漏斗、抽气泵、离心试管等。

pH 试纸、粗食盐、$BaCl_2$（$1mol \cdot L^{-1}$）、NaOH（$2mol \cdot L^{-1}$）、Na_2CO_3（$1mol \cdot L^{-1}$）、HCl（$2mol \cdot L^{-1}$）、镁试剂[1]、$(NH_4)_2C_2O_4$（饱和）、H_2SO_4（$2mol \cdot L^{-1}$）、HAc（$6mol \cdot L^{-1}$）、$Na_3[Co(NO_2)_6]$（$0.1mol \cdot L^{-1}$）、乙醇（95%）。

四、实验步骤

1. 称取 10.0g 粗食盐，放入 100mL 烧杯中。加入 40mL 水，加热搅拌使其溶解，溶液中的少量不溶性杂质留待下一步一并滤去。

2. 将溶液保持微沸，在搅拌下滴加 $1mol \cdot L^{-1}$ $BaCl_2$ 溶液至 SO_4^{2-} 沉淀完全。为检验 SO_4^{2-} 是否沉淀完全，可取约 2mL 溶液冷却、离心后，在溶液中加入约 1mL 95%乙醇，再沿试管壁滴入 $1mol \cdot L^{-1}$ $BaCl_2$ 溶液，如未见溶液浑浊，则说明 SO_4^{2-} 已沉淀完全，沉淀完全后继续煮沸约 3min，以便使沉淀颗粒长大而易于沉降和过滤，趁热过滤，除去 $BaSO_4$ 沉淀和不溶性杂质。

3. 将滤液煮沸，加入 1mL $2mol \cdot L^{-1}$ NaOH 溶液后，滴加 $1mol \cdot L^{-1}$ Na_2CO_3 溶液至沉淀完全为止（同上方法检验沉淀是否完全）。过滤，弃去沉淀。

4. 在滤液中滴加 $2mol \cdot L^{-1}$ HCl 使溶液 pH 值达 3～5。将溶液转入蒸发皿中，用小火加热蒸发，浓缩至糊状稠液为止，切不可蒸干。冷却，抽干。

5. 将晶体转入蒸发皿中，在石棉网上用小火干燥。冷却，称重，计算产率。

6. 产品定性检验[2]：取粗食盐和提纯后的 NaCl 各 1.0g，分别溶于 5mL 蒸馏水中，并将粗食盐过滤。取上述溶液各 1mL，分别用 $1mol \cdot L^{-1}$ $BaCl_2$、$2mol \cdot L^{-1}$ NaOH/镁试剂、饱和 $(NH_4)_2C_2O_4$/$6mol \cdot L^{-1}$ HAc、$2mol \cdot L^{-1}$ H_2SO_4、$0.1mol \cdot L^{-1}$ $Na_3[Co(NO_2)_6]$ 溶液检验 SO_4^{2-}、Mg^{2+}、Ca^{2+}、Ba^{2+} 和 K^+，并加以比较。

【注释】

[1] 镁试剂为对硝基偶氮间苯二酚，反应在碱性介质中进行，紫红色或红色的镁试剂与 Mg^{2+} 作用生成天蓝色沉淀。

[2] 产品的定量检验可用 $0.1000mol \cdot L^{-1}$ 标准 $AgNO_3$ 溶液（用标准 NaCl 溶液标定其浓度）滴定，以 $10g \cdot L^{-1}$ 淀粉溶液和 $5g \cdot L^{-1}$ 荧光素的乙醇溶液为指示剂，滴定至溶液为粉红色，可计算 NaCl 的含量。

【思考题】

1. 为什么选用 $BaCl_2$、Na_2CO_3、NaOH 作为沉淀剂除去 SO_4^{2-}、Mg^{2+}、Ca^{2+}、Ba^{2+}？为什么不用其他钡盐、碳酸盐或强碱溶液？

2. 为什么先除去 SO_4^{2-}，后除去 Ca^{2+} 和 Mg^{2+}，其除去的顺序能否颠倒？

3. 能否等所有杂质离子沉淀完全后一次性过滤除去 $BaSO_4$、$Mg(OH)_2$、$CaCO_3$、

$BaCO_3$ 沉淀和泥沙？298K 时 $BaSO_4$ 转化为 $BaCO_3$ 沉淀的平衡常数是多少？

4. 加热浓缩结晶时，为什么不能将溶液蒸干？

5. 造成产率过低或过高的原因主要有哪些？

实验 2-4 电离平衡和沉淀平衡

一、实验目的

1. 熟悉电离平衡和沉淀平衡的基本原理。
2. 掌握缓冲溶液的配制方法。
3. 了解同离子效应和盐的水解及其抑制水解的方法。
4. 实验沉淀的生成、溶解及转化的方法。
5. 掌握离心机的使用。

二、实验原理

1. 电离平衡和同离子效应

弱酸、弱碱等弱电解质在水溶液中仅能部分电离，且存在电离平衡。

在弱电解质的电离平衡体系中，当加入具有相同离子的强电解质时，根据化学平衡理论，平衡将向左移动。其结果使弱电解质的电离度降低，这一现象称同离子效应。

2. 缓冲溶液

由弱酸及其盐（如 HAc-NaAc）或由弱碱及其盐（如 $NH_3 \cdot H_2O$-NH_4Cl）或某些酸式盐（如 NaH_2PO_4-Na_2HPO_4、$NaHCO_3$-Na_2CO_3）组成的混合溶液，当外加少量的酸或碱、或适当用水稀释时，其溶液的 pH 基本不变，这样的溶液称为缓冲溶液。

3. 盐的水解

所谓盐的水解是指某些盐溶于水后解离出的离子与水电离出的 H^+（或 OH^-）作用生成弱酸（或弱碱）的反应。盐的水解一般规律如下：

弱酸强碱盐水解，溶液呈碱性，如 NaAc；

弱碱强酸盐水解，溶液呈酸性，如 NH_4Cl。

弱酸弱碱盐的水解，溶液的酸碱性取决于生成的弱酸和弱碱的相对强弱。酸碱性可用水解产生的弱酸的 K_a 和产生的弱碱的 K_b 的相对大小来判断：若 $K_a > K_b$，生成的弱酸的电离起主要作用，溶液显酸性，否则，溶液显碱性；弱酸与弱碱的强度相当，溶液呈中性。

调节溶液的酸度，可以抑制或促进水解。加热可以促进水解。

4. 沉淀平衡

在难溶电解质的饱和溶液中，未溶固体物质和溶解后形成的离子存在着多相平衡，根据溶度积规则，判断溶液能否生成沉淀有以下三种情况：

$K_{sp} > Q_i$，溶液未饱和，无沉淀析出；

$K_{sp} < Q_i$，溶液过饱和，有沉淀析出；

$K_{sp} = Q_i$，饱和溶液。

如果溶液中有两种或两种以上的离子都能与加入的某试剂（通常称为沉淀剂）发生反应，难溶电解质，沉淀的先后次序决定于所需沉淀剂浓度的大小，所需沉淀剂浓度小的离子先沉淀，需要沉淀剂浓度大的离子后沉淀，这种先后沉淀的现象称为分步沉淀。一定条件下，一种难溶电解质可转化为另一种难溶电解质，通常是难溶电解质容易转化为更难溶电解质。在特殊条件下，溶度积和难溶强电解质的溶解度可以互求。

三、仪器与试剂

离心机，试管，试管架，离心试管和滴管等。

HCl（0.2mol·L^{-1}，2mol·L^{-1}，6.0mol·L^{-1}），HNO_3（6.0mol·L^{-1}），HAc（0.2mol·L^{-1}，2.0mol·L^{-1}），NaOH（0.2mol·L^{-1}），$NH_3\cdot H_2O$（0.1mol·L^{-1}，2.0mol·L^{-1}），NaCl（0.1mol·L^{-1}，1.0mol·L^{-1}），NaAc（0.1mol·L^{-1}，0.2mol·L^{-1}），$NaHCO_3$（0.1mol·L^{-1}），Na_2CO_3（0.1mol·L^{-1}，0.5mol·L^{-1}），Na_2SO_4（0.5mol·L^{-1}），NaH_2PO_4（0.1mol·L^{-1}），Na_2HPO_4（0.1mol·L^{-1}），Na_3PO_4（0.1mol·L^{-1}），Na_2S（1.0mol·L^{-1}），KI（0.001mol·L^{-1}，0.1mol·L^{-1}），K_2CrO_4（0.05mol·L^{-1}，0.5mol·L^{-1}），$(NH_4)_2C_2O_4$（饱和，0.2mol·L^{-1}），NH_4Cl（0.2mol·L^{-1}），NH_4Ac（0.2mol·L^{-1}），$MgCl_2$（0.1mol·L^{-1}），$BaCl_2$（0.5mol·L^{-1}），$AgNO_3$（0.1mol·L^{-1}），$Pb(NO_3)_2$（0.1mol·L^{-1}），NaAc(s)，NH_4Cl(s)，0.2%甲基橙指示剂和酚酞指示剂，$SbCl_3$ 溶液。

四、实验步骤

1. 同离子效应

（1）取两支试管，各加入 2mL 0.2mol·L^{-1} HAc 和 1 滴甲基橙指示剂，记录溶液的颜色。在一支试管中加入一药匙（黄豆般大小）固体 NaAc，振荡使其溶解，记录溶液颜色的变化，并与另一支试管中溶液颜色相比。试说明两试管溶液颜色不同的原因？

（2）取两支试管，各加入 2mL 0.1mol·L^{-1}氨水溶液和 1 滴酚酞指示剂，记录溶液的颜色。在一支试管中加入一药匙（黄豆般大小）固体 NH_4Cl，振荡使其溶解，记录溶液颜色的变化并与另一支试管中溶液颜色相比。试说明两试管溶液颜色不同的原因？

2. 缓冲溶液

（1）分别用 pH 试纸测定蒸馏水、0.2mol·L^{-1} HAc、0.2mol·L^{-1} NaAc 的 pH。

（2）在两支各盛有 5mL 蒸馏水的试管中，分别加入 1 滴 0.2mol·L^{-1} NaOH 和 0.2mol·L^{-1} HCl，用 pH 试纸分别测定溶液的 pH，将实验结果记录在表 2-1 中。

（3）在一支试管中加入 5mL 0.2mol·L^{-1} HAc 和 5mL 0.2mol·L^{-1} NaAc，振荡试管使其混合均匀，测定溶液的 pH。将溶液分成两份，一份滴入 1 滴 0.2mol·L^{-1} HCl，另一份滴入 1 滴 0.2mol·L^{-1} NaOH，分别测定溶液的 pH，将实验结果记录在表 2-1 中。

表 2-1

体系 / pH	纯水	5mL 纯水中加一滴		HAc-NaAc 缓冲溶液	5mL 缓冲溶液中加一滴	
		0.2mol·L^{-1} HCl	0.2mol·L^{-1} NaOH		0.2mol·L^{-1} HCl	0.2mol·L^{-1} NaOH
实验值						
计算值						

3. 盐类的水解

（1）用 pH 试纸测定浓度均为 0.2mol·L^{-1}下列溶液的 pH：NH_4Cl，NH_4Ac，$(NH_4)_2C_2O_4$，解释为何它们的 pH 不同？

（2）用 pH 试纸测定浓度均为 0.1mol·L^{-1}表 2-2 中的各溶液的 pH，将实验测定值和计算值填写在表 2-2 中。说明酸式盐水溶液是否都呈酸性，为什么？

表 2-2

溶液 / pH	NaH_2PO_4	Na_2HPO_4	Na_3PO_4	$NaHCO_3$	Na_2CO_3	NaAc
实验值						
计算值						

(3) 水解反应的抑制　取少许固体硝酸铁，加水约 5mL 溶解，观察溶液的颜色。将溶液分为三份，第一份留做比较，第二份在小火上加热煮沸，在第三份溶液中加几滴 $6mol \cdot L^{-1}$ HNO_3 后观察现象，写出反应方程式，解释实验现象。

在上面红棕色的溶液中加入数滴浓 HCl，观察并记录溶液颜色变化，解释溶液颜色变化的原因。

(4) 稀释对水解反应的影响　取 $SbCl_3$ 溶液 2～3 滴加到盛有 1mL 蒸馏水的试管中，振荡试管有何现象产生？用 pH 试纸测定其酸碱性。逐滴加入 $6.0mol \cdot L^{-1}$ HCl 溶液，观察沉淀是否溶解？将溶液再稀释又发生什么变化？记录观察到的现象并解释原因，写出有关的反应方程式。

4. 沉淀的生成、溶解和转化

(1) 沉淀的生成

在一支试管中加入 1mL $0.1mol \cdot L^{-1}$ $Pb(NO_3)_2$ 溶液，然后加入 1mL $0.001mol \cdot L^{-1}$ KI 溶液，观察有无沉淀生成？试用溶度积原理解释上面的现象。

(2) 同离子效应

取两支试管，各加入 0.5mL $0.1mol \cdot L^{-1}$ $MgCl_2$ 溶液，在其中一支试管中再加入 0.5mL 饱和的 NH_4Cl 溶液，然后分别在两支试管中各加入 0.5mL $2.0mol \cdot L^{-1}$ $NH_3 \cdot H_2O$，试说明两试管中发生的现象有何不同？

(3) 沉淀的溶解

在三支试管中分别加入 5 滴 $0.5mol \cdot L^{-1}$ Na_2CO_3、Na_2SO_4 和饱和 $(NH_4)_2C_2O_4$ 溶液，再滴加 5 滴 $0.5mol \cdot L^{-1}$ $BaCl_2$ 溶液，离心分离，弃去溶液，分别依次试验每种沉淀在 $2mol \cdot L^{-1}$ HAc 和 $2mol \cdot L^{-1}$ HCl 中的溶解情况并用平衡原理解释之。

(4) 分步沉淀

在试管中加入 0.5mL $0.1mol \cdot L^{-1}$ NaCl 溶液和 0.5mL $0.05mol \cdot L^{-1}$ K_2CrO_4 溶液，然后逐滴加入 $0.1mol \cdot L^{-1}$ $AgNO_3$ 溶液，边加边振荡，观察生成沉淀的颜色变化，解释沉淀颜色变化的原因，写出反应的方程式。

(5) 沉淀的转化

在离心试管中，加 5 滴 $0.1mol \cdot L^{-1}$ $Pb(NO_3)_2$ 溶液，然后加 3 滴 $1mol \cdot L^{-1}$ NaCl 溶液，振荡试管使其反应完全，离心分离，用 0.5mL 的蒸馏水洗涤一次。在 $PbCl_2$ 的沉淀中，加 3 滴 $0.1mol \cdot L^{-1}$ KI 溶液后搅拌，观察颜色的变化。按上述操作先后加入 5 滴 $0.5mol \cdot L^{-1}$ K_2CrO_4 溶液，5 滴 $1.0mol \cdot L^{-1}$ Na_2S 溶液，每加入一种新的溶液，都观察并记录沉淀的颜色变化，解释以上发生的现象，总结沉淀转化的条件。写出有关的反应方程式。

【思考题】

1. 沉淀的生成、溶解和转化的条件是什么？

2. $NaHCO_3$ 是否具有缓冲能力，为什么？

3. 把 $0.1mol \cdot L^{-1}$ 的氨水、乙酸、盐酸、饱和硫化氢水溶液、碳酸氢钠溶液、硫化钠溶液、蒸馏水按 pH 值由小到大的顺序排列。

4. 试解释为什么 $NaHCO_3$ 水溶液显碱性，而 NaH_2PO_4 却显酸性。

实验2-5 氧化与还原平衡

一、实验目的

1. 了解原电池的装置以及浓度对电极电势的影响。

2. 学会用电极电势判断氧化还原反应的方向，了解浓度、酸度对氧化还原反应的影响。

3. 熟悉一些常用的氧化剂和还原剂的反应。

二、实验原理

1. 原电池

原电池是将化学能直接转变成电能的装置。在原电池中，负极上发生的是失去电子的氧化反应，正极上发生的是得到电子的还原反应。用伏特计可测得原电池的电动势。

2. 电极电势

在指定温度下（通常指定25℃），电极反应物质处于标准态时的电极电势称该温度下的标准电极电势，用$\varphi^{\ominus}$表示。电极电势越高，即氧化态是越强的氧化剂。电极电势越低，即还原态是越强的还原剂。电极电势的高低取决于电极反应物质的本性，还与浓度、温度有关。

非标准态物质的电极电势可用能斯特方程式来判断。

$$\varphi=\varphi^{\ominus}+\frac{0.0592\text{V}}{n}\lg\frac{[\text{Ox}]}{[\text{Red}]}$$

设原电池反应为：$Red_1+Ox_2 = Ox_1+Red_2$，电池电动势E等于正、负电极电势之差：

$$E=\varphi_{(+)}-\varphi_{(-)}$$

在有些反应中，H^+参加了氧化还原反应，这时溶液的酸度对电极电势就有明显的影响，下面举例如下：

$$O_2+4H^++4e = 2H_2O \qquad \varphi^{\ominus}=1.23\text{V}$$

$$\varphi=1.23+\frac{0.0592}{4}\lg\frac{p_{(O_2)}}{p^{\ominus}}[H^+]^4$$

$$MnO_4^-+8H^++5e = Mn^{2+}+4H_2O \qquad \varphi^{\ominus}=1.51\text{V}$$

$$\varphi=1.51+\frac{0.0592}{5}\lg\frac{[MnO_4^-][H^+]^8}{[Mn^{2+}]}$$

氧化还原反应的电动势大小与反应速率无关，反应速率却与反应物的浓度成正比。对于H^+参加的反应，H^+浓度越大，反应速率越快。

三、仪器与试剂

伏特计，盐桥，电极架，表面皿，U形管，试管和烧杯（50mL）等。

H_2SO_4（1mol·L^{-1}，2mol·L^{-1}，3mol·L^{-1}），HNO_3（浓，0.2mol·L^{-1}），HAc（6.0mol·L^{-1}），NaOH（6mol·L^{-1}），$NH_3\cdot H_2O$（浓），$Na_2S_2O_3$（0.05mol·L^{-1}），KI（0.1mol·L^{-1}），$K_2Cr_2O_7$（0.1mol·L^{-1}），KBr（0.1mol·L^{-1}），$KMnO_4$（0.01mol·L^{-1}），$ZnSO_4$（0.5mol·L^{-1}），$CuSO_4$（0.5mol·L^{-1}），$FeSO_4$（0.1mol·L^{-1}，饱和），$FeCl_3$（0.1mol·L^{-1}），3% H_2O_2，NH_4F(s)，CCl_4，碘水，溴水，锌粒，淀粉溶液，Na_2SO_3（0.1mol·L^{-1}）。

盐桥，电极（锌片，铜片，碳棒），红色石蕊试纸，导线，砂纸。

四、实验步骤

1. 比较电极电势的高低

(1) 在两支试管中各加入 0.5mL 0.1mol·L^{-1} KI 溶液和 0.5mL 0.1mol·L^{-1} KBr 溶液，然后分别加入 5 滴 0.1mol·L^{-1} $FeCl_3$ 溶液，摇匀后分别加入 0.5mL CCl_4，充分振荡，比较两试管 CCl_4 层颜色有何不同，为什么？写出反应方程式。

(2) 在 0.5mL 0.1mol·L^{-1} KBr 溶液中，加入氯水 4～5 滴，摇匀后加入 0.5mL CCl_4，充分振荡，观察 CCl_4 层颜色有无变化。

(3) 在碘水中加入少量的 CCl_4，振荡，然后滴加 0.1mol·L^{-1} $FeSO_4$ 溶液，振荡，观察 CCl_4 层颜色有无变化？用溴水代替碘水进行试验，观察 CCl_4 层颜色有无变化？写出发生反应的化学方程式。

根据上面的实验结果，定性比较 I_2/I^-、Br_2/Br^-、Fe^{3+}/Fe^{2+} 三个电对的电极电势的相对大小，说明电极电势与氧化还原反应方向的关系。

2. 原电池电动势的测定

在两个 50mL 的小烧杯中，分别加入 15mL 0.5mol·L^{-1} $ZnSO_4$ 溶液和 $CuSO_4$ 溶液。在 $ZnSO_4$ 溶液中插入锌片，在 $CuSO_4$ 溶液中插入铜片组成两个电极，中间以盐桥相通，用导线将锌片和铜片分别与伏特计的负极和正极相接，测量其电动势。

在 $CuSO_4$ 溶液中，逐滴加入浓氨水，边加边搅拌，直到生成的沉淀溶解，形成深蓝色的溶液，观察伏特计指针的偏转情况。

$$2Cu^{2+} + SO_4^{2-} + 2NH_3 + 2H_2O \xlongequal{} Cu_2(OH)_2SO_4\downarrow + 2NH_4^+$$

$$Cu_2(OH)_2SO_4 + 8NH_3 \xlongequal{} 2[Cu(NH_3)_4]^{2+} + SO_4^{2-} + 2OH^-$$

在 $ZnSO_4$，溶液中，逐滴加入浓氨水，边加边搅拌，直到生成的沉淀溶解为止，观察伏特计指针的偏转情况。

$$Zn^{2+} + 2NH_3 + 2H_2O \xlongequal{} Zn(OH)_2\downarrow + 2NH_4^+$$

$$Zn(OH)_2 + 4NH_3 \xlongequal{} [Zn(NH_3)_4]^{2+} + 2OH^-$$

根据观察到的电动势的变化，用能斯特方程式解释实验现象。

3. 常见氧化剂和还原剂的反应

(1) H_2O_2 的氧化性和还原性

在小试管中加入 0.5mL 0.1mol·L^{-1} KI 溶液，再加 2～3 滴 1mol·L^{-1} H_2SO_4 酸化，然后加入 3%的 H_2O_2 溶液 10 滴，振荡试管并记录实验现象，写出反应方程式。

在小试管中加入 3%的 H_2O_2 溶液 10 滴，再加 2～3 滴 1mol·L^{-1} H_2SO_4 酸化，然后逐滴加入 0.1mol·L^{-1} $KMnO_4$ 溶液（等第一滴 $KMnO_4$ 溶液褪色后再加第二滴），边加边振荡并记录实验现象。反应的离子方程式为：

$$2MnO_4^- + 5H_2O_2 + 6H^+ \xlongequal{} 2Mn^{2+} + 5O_2\uparrow + 8H_2O$$

(2) K_2CrO_7 的氧化性

在小试管中加入 0.1mol·L^{-1} K_2CrO_7 溶液 5 滴，再加 5 滴 2mol·L^{-1} H_2SO_4 酸化，然后加入饱和 $FeSO_4$ 溶液 10 滴，观察溶液颜色变化并写出反应方程式。

(3) I_2 的氧化性和 I^- 的还原性

在小试管中加入 0.1mol·L^{-1} KI 溶液 2～3 滴，再加 3～4 滴 2mol·L^{-1} H_2SO_4 酸化，加水 10 滴，然后加入 0.01mol·L^{-1} $KMnO_4$ 溶液 2 滴，此时溶液变为淡黄色。

将上面溶液分为两份，在一份溶液中，加入淀粉溶液 2 滴，振荡试管，观察溶液颜色变化。

在另一支小试管中，滴入 0.05mol·L^{-1} $Na_2S_2O_3$ 溶液数滴，观察溶液颜色变化。上述整个过程中反应的离子方程式为：

$$2MnO_4^- + 10I^- + 16H^+ = 2Mn^{2+} + 5I_2 + 8H_2O$$

$$I_2 + 2S_2O_3^{2-} = 2I^- + S_4O_6^{2-}$$

4. 影响氧化还原产物的因素

(1) 浓度

在两支各盛有一粒锌的试管中，分别注入 2mL 浓 HNO_3 和 2mL 0.2mol·L^{-1} HNO_3，记录发生的实验现象。

观察它们的反应产物是否相同。浓 HNO_3 被还原后的主要产物可根据反应放出气体的颜色作出判断。稀 HNO_3 被还原后的产物中是否有 NH_4^+ 存在可用气室法[1]检验。

根据实验结果分别写出浓、稀 HNO_3 和锌反应的化学方程式。

(2) 介质

取三支试管，各注入 10 滴 0.1mol·L^{-1} Na_2SO_3 溶液，在第一支试管中加 4 滴 2mol·L^{-1} H_2SO_4 酸化，在第二支试管中加 4 滴蒸馏水，在第三支试管中加 4 滴 6mol·L^{-1} NaOH。然后往三支试管中各滴入 2～3 滴 0.01mol·L^{-1} $KMnO_4$ 溶液，观察溶液的颜色和产物有何不同，写出反应方程式。

(3) 络合剂

取两支试管，分别加入 1mL 水、1mL 四氯化碳和 1mL 0.1mol·L^{-1} $FeCl_3$ 溶液，然后向其中的一支试管中加入少许氟化铵固体，振荡后分别加入 1mL 0.1mol·L^{-1} KI 溶液，振荡后观察两支试管四氯化碳层的颜色。

5. 酸度对氧化还原反应速率的影响

在两支各盛有 0.5mL 0.1mol·L^{-1} KBr 溶液的试管中，分别加入 0.5mL 3mol·L^{-1} H_2SO_4 和 0.5mL 6.0mol·L^{-1} HAc 溶液，然后各加入 2 滴 0.01mol·L^{-1} $KMnO_4$ 溶液，观察两支试管中紫红色褪去的速度，分别写出有关反应的方程式。

【思考题】

1. 从实验结果讨论氧化还原反应与哪些因素有关。
2. 为什么金属铁和盐酸作用得到的是 $FeCl_2$，而金属铁和硝酸作用得到的是 $Fe(NO_3)_3$？
3. 为什么 H_2S 气体通入水中得到氢硫酸？氢硫酸长期放置会失效？

【附注】

气室法 NH_4^+ 的检验：取 5 滴被检验的溶液置于表面皿的中心，再加 3 滴 6mol·L^{-1} NaOH 溶液，用玻棒搅匀，在另一个稍小的表面皿的中心沾附一条湿润的红色石蕊试纸，把它盖在盛有试液的表面皿上作为气室，将此气室放在水浴上微热 2～3min，若红色石蕊试纸变蓝，则表示有 NH_4^+ 存在。

实验 2-6 配位解离平衡

一、实验目的

1. 通过实验了解配合物与复盐的不同。
2. 了解配位平衡与沉淀溶解平衡、氧化还原平衡以及溶液酸碱性的关系。
3. 了解螯合物的形成条件和一些涉及螯合物的反应。

二、实验原理

1. 配合物的特点

配合物与复盐不同。在水溶液中，配合物解离出来的配离子很稳定，而复盐则完全解离为简单离子。例如：

$$复盐 \quad KAl(SO_4)_2 = K^+ + Al^{3+} + 2SO_4^{2-}$$

$$配合物 \quad [Cu(NH_3)_4]SO_4 = [Cu(NH_3)_4]^{2+} + SO_4^{2-}$$

但配离子在溶液中也存在解离平衡。例如：

$$[Cu(NH_3)_4]^{2+} = Cu^{2+} + 4NH_3$$

在配离子的溶液中，加入另一种配位剂能和中心离子生成更稳定的配离子时，一种配离子可以转化为另一种配离子。例如：

$$[Ag(NH_3)_2]^+ + 2CN^- = [Ag(CN)_2]^- + 2NH_3$$

配位平衡与溶液的 pH、发生沉淀反应或氧化还原反应以及溶液稀释都有着密切的关系。

2. 螯合物

多齿配体和同一中心离子配位而形成具有环状结构的配合物称为螯合物。形成螯合物必须具备两个条件：①配体应具有 2 个以上配位原子；②这些配位原子应与同一个中心原子或离子相配位。螯合物的稳定性与环的大小及环的多少有关。形成五元环和六元环最稳定。常用螯合剂有 EDTA、邻菲咯啉等。

三、仪器与试剂

离心机、点滴板、离心试管、试管和烧杯等。

H_2SO_4（6mol·L^{-1}），NaOH（1mol·L^{-1}，6mol·L^{-1}），$NH_3 \cdot H_2O$（0.1mol·L^{-1}，6mol·L^{-1}），NaCl（0.1mol·L^{-1}），Na_2S（1mol·L^{-1}），$Na_3[Co(NO_2)_6]$（0.5mol·L^{-1}），$Na_2S_2O_3$（0.5mol·L^{-1}，饱和），KBr（0.1mol·L^{-1}），KI（0.1mol·L^{-1}），$K_3[Fe(CN)_6]$（0.1mol·L^{-1}），NH_4F（2mol·L^{-1}），NH_4SCN（0.1mol·L^{-1}），$(NH_4)_2Fe(SO_4)_2$（0.1mol·L^{-1}），$(NH_4)_2C_2O_4$（饱和），$BaCl_2$（1mol·L^{-1}），$CoCl_2$（0.5mol·L^{-1}），$NiCl_2$（0.1mol·L^{-1}），$CuSO_4$（1mol·L^{-1}），$FeCl_3$（0.1mol·L^{-1}），$AgNO_3$（0.1mol·L^{-1}），EDTA（0.1mol·L^{-1}），0.25%邻菲罗啉，10g·L^{-1}二乙酰二肟，戊醇，丙酮和酒精。

四、实验步骤

1. 配离子的生成、配合物与简单化合物和复盐的区别

（1）取 1mL 1mol·L^{-1} $CuSO_4$ 溶液，逐滴加入 6.0mol·L^{-1} $NH_3 \cdot H_2O$，不断搅拌，至沉淀消失变成深蓝色溶液为止。将此溶液分为三份，在第一份溶液中加入 2～3 滴 1mol·L^{-1} NaOH 溶液；在第二份溶液加入 2～3 滴 1mol·L^{-1} $BaCl_2$ 溶液，有何现象发生？在第三份溶液中加入 1mL 无水酒精，观察现象。

（2）设计实验说明亚铁氰化钾是配合物，而莫尔盐（硫酸亚铁铵）是复盐，写出实验步骤并进行实验。

2. 配离子稳定性的比较

（1）对于同一中心离子，不同的配体与之生成的配离子具有不同的稳定性。一支试管中盛有 1mL $[Fe(SCN)_n]^{3-n}$（n=1～6）溶液（用 0.5mL 0.1mol·L^{-1} $FeCl_3$ 溶液加入 0.5mL 0.1mol·L^{-1} NH_4SCN 溶液配制而成），另一支试管中加 1mL 0.1mol·L^{-1} $K_3[Fe(CN)_6]$ 溶液，然后在两支试管中各加 5 滴 6mol·L^{-1} NaOH 溶液，观察是否都有 $Fe(OH)_3$ 沉淀产生。从实验现象判断哪一种配离子稳定。

（2）在试管中加入 1mL 0.1mol·L^{-1} $FeCl_3$ 溶液，滴加 2 滴 0.1mol·L^{-1} NH_4SCN

溶液，溶液呈何颜色？然后在溶液中滴加 2mol·L^{-1} NH_4F 溶液，边加边振荡，直至溶液变为无色，再滴加饱和 $(NH_4)_2C_2O_4$ 溶液变为黄绿色。写出反应方程式并解释出现的现象。

3. 配位平衡的移动

（1）配位平衡与沉淀溶解平衡的关系

在一支离心试管中，加入 0.1mol·L^{-1} $AgNO_3$ 溶液 5 滴，再加入 0.1mol·L^{-1} NaCl 溶液 5 滴，水浴微热，离心后除去上层清液，然后按下列次序进行实验。

① 滴加 6mol·L^{-1} $NH_3 \cdot H_2O$（不断振荡试管）至沉淀刚好溶解。

② 滴加 0.1mol·L^{-1} KBr 溶液 10 滴，离心，观察有何沉淀生成？

③ 除去上层清液，滴加 0.5mol·L^{-1} $Na_2S_2O_3$ 溶液至沉淀溶解。

④ 滴加 0.1mol·L^{-1} KI 溶液，离心，又有何沉淀生成？

⑤ 除去上层清液，滴加饱和 $Na_2S_2O_3$ 溶液至沉淀溶解。

⑥ 滴加 1mol·L^{-1} Na_2S 溶液，又有何沉淀生成？

写出每一步发生的化学反应方程式。

（2）配位平衡与氧化还原反应

在试管中加入 0.5mL 0.1mol·L^{-1} $FeCl_3$ 溶液和 0.5mL 饱和 $(NH_4)_2C_2O_4$ 溶液，然后再加入 0.5mL 0.1mol·L^{-1} KI 溶液；在另一支试管中加入 0.5mL 0.1mol·L^{-1} $FeCl_3$ 溶液和 0.5mL 蒸馏水，然后也加入 0.5mL 0.1mol·L^{-1} KI 溶液，观察两支试管中溶液颜色有何不同？解释实验现象。

（3）配合物的转化和离子掩蔽

在试管中加入 3～4 滴 0.5mol·L^{-1} $CoCl_2$ 溶液，戊醇和丙酮混合液 0.5mL（配离子在此溶液中相对稳定），再加入 5～6 滴 0.1mol·L^{-1} NH_4SCN 溶液，振荡后上层呈蓝绿色。然后加入 1 滴 0.1mol·L^{-1} $FeCl_3$ 溶液，振荡试管，观察溶液颜色变化，解释现象。

$$Co^{2+} + 4SCN^- \xlongequal{} [Co(SCN)_4]^{2-}$$

$$Fe^{3+} + nSCN^- \xlongequal{} [Fe(SCN)_n]^{3-n} (n=1\sim6)$$

在上面溶液中加入数滴 2mol·L^{-1} NH_4F 溶液（不宜多加），用力振荡试管，至血红色刚好褪去，溶液又显现出蓝绿色。解释实验现象。

$$[Fe(SCN)_n]^{3-n} + 6F^- \xlongequal{} [FeF_6]^{3-} + nSCN^- (n=1\sim6)$$

（4）配位平衡与酸碱介质的关系

① 在试管中加入 1mL 0.1mol·L^{-1} $FeCl_3$ 溶液，然后逐滴加入 2mol·L^{-1} NH_4F 溶液，边加边振荡，直至溶液变为无色，将此溶液分为两份，一份加入足量的 6mol·L^{-1} NaOH 溶液，另一份加入足量的 6mol·L^{-1} H_2SO_4 溶液，观察并解释实验现象。

② 在 0.5mL 0.5mol·L^{-1} $Na_3[Co(NO_2)_6]$ 溶液中，逐滴加入 6mol·L^{-1} NaOH 溶液，振荡试管，有何现象？

酸与碱均可分解 $Na_3[Co(NO_2)_6]$ 中的配离子，反应如下：

在酸中：$2[Co(NO_2)_6]^{3-} + 10H^+ \xlongequal{} 2Co^{2+} + 5NO\uparrow + 7NO_2\uparrow + 5H_2O$

在碱中：$[Co(NO_2)_6]^{3-} + 3OH^- \xlongequal{} Co(OH)_3\downarrow + 6NO_2^-$

4. 螯合物生成

（1）自制硫氰酸铁溶液 1mL［配制方法见本实验内容 2（1）］，在该溶液中滴加 0.1mol·L^{-1} EDTA（酸根离子可简写为 H_2Y^{2-}）溶液，边加边振荡，直至红色褪去。

$$Fe^{3+} + nSCN^- \xlongequal{} [Fe(SCN)_n]^{3-n} (n=1\sim6)$$

$$[Fe(SCN)_n]^{3-n} + H_2Y^{2-} \xlongequal{} [FeY]^- + (n-2)SCN^- + 2HSCN (n=1\sim6)$$

（2）Fe^{3+}在微酸性条件下可与邻菲罗啉溶液生成橘红色配离子。本实验在白瓷点滴板上进行。1滴0.1mol·L^{-1} $(NH_4)_2Fe(SO_4)_2$溶液和2～3滴0.25%邻菲罗啉溶液反应，观察并记录现象（用此原理定量测定Fe^{3+}时，常加HAc-NaAc缓冲溶液以保证溶液呈微酸性）。

（3）Ni^{2+}与二乙酰二肟反应生成鲜红色的内络盐沉淀。本实验在白瓷点滴板上进行。加5滴0.1mol·L^{-1} $NiCl_2$溶液和5滴0.1mol·L^{-1} $NH_3 \cdot H_2O$，再滴加数滴10g·L^{-1}二乙酰二肟溶液，观察并记录现象（本实验合适的酸度是pH值为5～10）。

【思考题】

1. 通过实验说明有哪些因素影响配位解离平衡？

2. 为什么硫化钠溶液不能使亚铁氰化钾溶液产生硫化亚铁沉淀，而饱和的硫化氢的溶液能使铜氨溶液配合物的溶液产生硫化铜沉淀？

3. 用NH_4SCN鉴定Co^{2+}时，为排除溶液中含有少量的Fe^{3+}的干扰，实验中应采取什么措施？

4. 衣服上沾有铁锈时，常用草酸去洗，试说明原因。

【附注】

1. 银氨配合物放置可能产生有爆炸性的叠氮化银沉淀，做完实验可加盐酸使其转化为氯化银，回收。

2. $[FeF_6]^{3-}$与浓H_2SO_4作用会产生HF，最好在通风橱中进行。

实验2-7 乙酸电离度及电离常数的测定

一、实验目的

1. 加深对弱电解质电离平衡及其电离度、电离常数的理解。
2. 掌握用pH法测定乙酸电离度及电离常数的原理和方法。
3. 学会正确使用酸度计。
4. 进一步练习溶液的配制与酸碱滴定的基本操作。

二、实验原理

测定弱电解质的电离度及电离常数一般只要设法测定弱电解质达到平衡时各物质的浓度，便可依据电离常数表达式求得电离常数及电离度。测定电离常数的方法主要有：目测法、pH法、电导率法、电化学法和分光光度法。本实验通过pH法测定乙酸的电离度和电离平衡常数。乙酸（CH_3COOH或HAc）是一元弱酸，在水溶液中存在下列电离平衡：

$$HAc \rightleftharpoons H^+ + Ac^-$$

	HAc	H^+	Ac^-
起始浓度/mol·L^{-1}	c	0	0
平衡浓度/mol·L^{-1}	$c-c\alpha$	$c\alpha$	$c\alpha$

$$\alpha=\frac{[H^+]}{c}$$

$$K_a=\frac{[H^+][Ac^-]}{[HAc]}=\frac{c\alpha^2}{1-\alpha}\quad(\alpha<5\%\text{时 } K_a\approx c\alpha^2=\frac{[H^+]^2}{c})$$

其中，α为乙酸的电离度；K_a为乙酸的电离常数。

严格地说，上式中的浓度应该为对应物质的活度，但稀溶液中活度系数近似等于1，所以用浓度代替活度。

乙酸的总浓度 c 可用标准的 NaOH 溶液滴定测得。滴定后配制一系列经稀释且已知浓度的乙酸溶液，在一定温度下用酸度计测出不同浓度 HAc 溶液的 pH，根据 $pH=-\lg[H^+]$，$[H^+]=10^{-pH}$可计算出各溶液中 $[H^+]$，再由上式求出不同浓度 HAc 的 α 和 K_a。

电离度 α 随起始浓度 c 而变化，而电离常数与 c 无关，因此在一定温度下，对于一系列不同浓度的乙酸溶液，$\frac{c\alpha^2}{1-\alpha}$ 值近似为一常数，取所得一系列 $\frac{c\alpha^2}{1-\alpha}$ 的平均值，即为该温度下乙酸的电离常数 K_a。

三、仪器与试剂

容量瓶（50mL），锥形瓶（250mL），移液管（20mL），吸量管（10mL），洗耳球，烧杯（50mL），碱式滴定管（25mL），温度计，酸度计等。

NaOH 标准溶液（$0.2000mol\cdot L^{-1}$），HAc（约 $0.2mol\cdot L^{-1}$），酚酞指示剂，标准缓冲溶液（pH=4.00）。

四、实验步骤

1. 用清洁的 20mL 移液管吸取待测乙酸溶液 20.00mL，放入 250mL 锥形瓶中，加入酚酞指示剂 2～3 滴，用 NaOH 标准溶液滴定至溶液呈微红色且半分钟不褪色为止，记下所用的 NaOH 溶液体积。平行测定 3 份，把滴定的数据和计算结果填入表 2-3 中。

表 2-3

滴定序号		1	2	3
HAc 溶液用量/mL		20.00		
标准 NaOH 溶液浓度/$mol\cdot L^{-1}$		0.2000		
标准 NaOH 用量/mL				
HAc 溶液	测定浓度/$mol\cdot L^{-1}$			
	平均浓度/$mol\cdot L^{-1}$			

2. 分别吸取 2.50mL，5.00mL，20.00mL 上述 HAc 溶液于三个 50.00mL 容量瓶中，用蒸馏水稀释至刻度，摇匀。并分别计算出三种溶液的准确浓度并填入表 2-4。

3. 分别用四个干燥的小烧杯（50mL）盛装上述三种 HAc 溶液和未经稀释的 HAc 溶液各约 25mL，并依次编号为 1、2、3、4。再将以上四种不同浓度的乙酸溶液按由稀到浓的次序，用酸度计分别测出其 pH 值，记录测得数值和室温，并计算其电离度和电离常数填入表 2-4。

表 2-4　　室温：$T=$____K

编号	$c/mol\cdot L^{-1}$	pH	$[H^+]/mol\cdot L^{-1}$	$\alpha=\frac{[H^+]}{c}$	$K_a=\frac{c\alpha^2}{1-\alpha}$	
					测定值	平均值
1	$\frac{2.5}{50}c_0=$					
2	$\frac{5}{50}c_0=$					
3	$\frac{20}{50}c_0=$					
4	$c_0=$					

注：文献值 298K 时 $K^{\ominus}_{HAc}=1.8\times10^{-5}$，实验结果在 1.0×10^{-5}～2.0×10^{-5}内合格。

【思考题】

1. 根据实验结果讨论HAc的α和K_a与其浓度的关系；如果改变温度，则其α和K_a有无变化？

2. 若所测HAc溶液的浓度极稀，是否能用$K_a \approx \frac{[H^+]^2}{c}$求其电离常数？

3. 为什么在测pH时用于盛装HAc的小烧杯一定要干燥？若无干燥的烧杯，则先用待装溶液洗2～3次亦可，为什么？

4. 在用酸度计测定不同浓度HAc溶液的pH时，为什么一定要按照由稀到浓的次序来进行测量？

附：酸度计

酸度计又称pH计，是测定溶液pH最常用的仪器，同时也可以测量电极电势。实验室常用的酸度计有雷兹25型、pHS-2C型、pHS-3C型、pHS-3D型等。它们的型号和结构虽然不同，但基本原理相同。

1. 基本原理

酸度计由测量电极（玻璃电极）、参比电极（甘汞电极）和精密电位计三部分组成。

(1) 甘汞电极

甘汞电极由金属汞、氯化亚汞（甘汞）和一定浓度的氯化钾溶液组成。其电极反应是：

$$Hg_2Cl_2 + 2e \longrightarrow 2Hg + 2Cl^-$$

在25℃时，$\varphi_{甘汞} = \varphi^{\ominus}_{甘汞} - 0.0592\lg a_{Cl^-}$。

$\varphi^{\ominus}_{甘汞}$在一定温度下为一定值，所以$\varphi_{甘汞}$决定于Cl^-的活度值a_{Cl^-}，与溶液的pH无关。通常用饱和的氯化钾溶液为电解质溶液。25℃时饱和氯化钾溶液的$\varphi_{甘汞}$为0.2415V。

(2) 玻璃电极

玻璃电极下端是一极薄的玻璃球泡，由特殊的敏感玻璃膜构成，对H^+有敏感作用。在玻璃泡中装有$0.1mol \cdot L^{-1}$ HCl和Ag-AgCl电极作为内参比电极，将它浸入待测溶液中组成如下电极：

$$Ag\text{-}AgCl(s)|HCl\ (0.1mol \cdot L^{-1})|玻璃膜|待测溶液$$

待测溶液的H^+与电极玻璃球泡表面水化层进行离子交换，产生一定的电势差，玻璃泡内层同样产生电极电势。由于内层H^+浓度不变，而外层H^+浓度变化，所以该电极的电势只随待测溶液的pH不同而改变。

$$\varphi_{玻} = \varphi^{\ominus}_{玻} - 2.303\frac{RT}{F}pH = \varphi^{\ominus}_{玻} - 0.0592pH$$

(3) 复合电极

复合电极实际上是将玻璃电极和参比电极合并制成的，它以单一接头与精密电位计连接。

(4) 电池电动势

将玻璃电极和甘汞电极一起插入待测溶液组成原电池：

$$Ag\text{-}AgCl(s)|HCl\ (0.1mol \cdot L^{-1})|玻璃膜|待测溶液|甘汞电极$$

连接精密电位计，即可测得电池的电动势。在25℃时，其电动势为：

$$E_x = \varphi_{正} - \varphi_{负} = \varphi_{甘汞} - \varphi_{玻}$$
$$= \varphi_{甘汞} - \varphi^{\ominus}_{玻} + 0.0592pH$$

故

$$pH = \frac{E_x + \varphi^{\ominus}_{玻} - \varphi_{甘汞}}{0.0592}$$

若用复合电极插入待测溶液，连接精密电位计，在25℃时，其电动势为：

$$pH=\frac{E_x+\varphi^{\ominus}_{玻}-\varphi_{Ag/AgCl}}{0.0592}$$

25℃时饱和氯化钾溶液的 $\varphi_{Ag/AgCl}$ 为0.1981V。

对于一个给定的玻璃电极，$\varphi^{\ominus}_{玻}$ 为定值，可以用已知pH的缓冲溶液或酸式盐求得此值。但在实际工作中，并不具体计算出该数值，而是通过标准缓冲溶液对酸度计进行标定，作出校正，然后就可以直接进行测量。

2. pHS-3C型酸度计

pHS-3C型酸度计是一台精密数字显示pH计，该计适用于测定水溶液的pH和电极电位。测量范围：pH 0～14；0～±1999mV；测量精度0.01pH，1mV；温度补偿0～60℃。

其操作步骤如下：

(1) 准备工作

① 电源线插入电源插座，接通电源并开机，仪器开始工作，开机预热10min。

② 拔去复合电极接口的保护端子，将复合电极插入复合电极接口，顺时针方向转动90°，使电极接触紧密，电极夹在电极夹上。

如果不用复合电极，则在复合电极接口处插上电极转换器的插头，将玻璃电极插头插入转换器插座处，甘汞电极插入参比电极接口，使用时应把上面的小橡皮帽和下端橡皮帽拔出，以保持液位压差，不用时要把它们套上。

(2) 仪器的校正

① 把选择开关调到pH挡，显示屏显示pH。

② 调节温度补偿旋钮，使其对准缓冲溶液温度值。

③ 把清洗过的电极插入pH=6.86的缓冲溶液中，调节定位旋钮，使仪器显示数字与该温度下缓冲溶液的pH值相一致。

④ 用蒸馏水清洗电极，再用pH=4.00（和pH=9.18）的缓冲溶液调节斜率调节旋钮到pH=4.00（和pH=9.18）。重复③、④，直至显示值与缓冲溶液的pH值一致［粗调可用pH=6.86和pH=4.00（或pH=9.18）两种溶液调节］。

(3) 测量pH

将电极洗净，插入待测溶液中，搅拌、静置，等显示值稳定后，即为该待测溶液的pH值。

若待测溶液温度和缓冲溶液不相同时，应先将温度补偿旋钮调节到待测溶液温度，然后再测量。

(4) 测量电极电位

① 将选择开关调到“mV”挡，显示屏显示“mV”值。

② 将参比电极插入参比电极接口，离子选择电极与复合电极接口连接。

③ 将洗净、甩干或吸干的电极浸入待测溶液中，搅拌、静置，等显示值稳定后记下读数，即为该溶液的“mV”值。

(5) 测试完毕，洗净电极，套上保护套或浸泡在3.3mol·L^{-1}氯化钾溶液中，关机。

3. 注意事项

(1) 电极的插头、插座，其内芯需保持清洁、干燥，不得污染。

(2) 在使用玻璃电极或复合电极时，应避免电极的敏感玻璃膜与硬物接触，以防损坏电极或使电极失效。

(3) 复合电极在使用前应置于3.3mol·L^{-1}氯化钾溶液中，浸泡6小时进行活化。电极避免长期浸在蒸馏水、蛋白质溶液或含有氟化物的溶液中。

(4) 要保证缓冲溶液的可靠性，不能配错缓冲溶液；缓冲溶液配制时间较长或发生霉变、浑浊等情况，应重新配制。

(5) 仪器经校正好，测试待测溶液时，定位调节旋钮和斜率调节旋钮不可再动，否则仪器线性破坏，影响测试精度。

实验 2-8 s 与 ds 区元素及化合物性质与检验

一、实验目的

1. 试验 s 与 ds 区元素单质及主要化合物的化学性质，初步掌握元素性质变化的周期性。

2. 练习性质实验的基本操作和固液分离操作。

3. 了解 s 与 ds 区元素的常见定性检验方法。

二、实验原理

s 区元素包括碱金属和碱土金属，分别位于周期系ⅠA、ⅡA 族，s 区元素除氢、铍元素外皆为活泼金属元素，且碱金属活泼性分别大于同周期的碱土金属。s 区元素除 H、Be 外，均可与水反应。其离子几乎没有氧化性。

碱金属除 Li 外的绝大部分盐类易溶于水，只有与易变形的大阴离子作用生成的盐才难溶或微溶与水。如 $KClO_4$（白）、$K_2Na[Co(NO_2)_6]$（亮黄）、$NaZn(UO_2)Ac \cdot 6H_2O$（黄绿）、$Na[Sb(OH)_6]$（白）等。

碱土金属的 SO_4^{2-}、$C_2O_4^{2-}$、CO_3^{2-}、CrO_4^{2-} 等盐多为难溶或微溶盐，利用这些盐类的溶解性可以进行沉淀分离和离子检出。

碱金属、碱土金属及其化合物在高温火焰中可发出一定波长的光，使火焰呈特征颜色，称为焰色反应。如 Na（黄），K、Rb、Cs（紫），Li（红），Ca（砖红），Sr（洋红），Ba（黄绿）。利用焰色反应亦可鉴别不同的碱金属和碱土金属及其离子。

ds 区元素位于周期系中的ⅠB 和ⅡB 族，相对于同周期的 s 区元素原子而言，其次外层多了 10 个电子，其原子半径分别小于同周期ⅠA 和ⅡA 族元素的原子，其电负性分别大于同周期ⅠA 和ⅡA 族元素的原子，其单质的活泼性远弱于ⅠA 和ⅡA 族元素的单质。其离子在水溶液中有较强的氧化性（尤其是ⅠB 族元素的高价离子），同时也由于 $(n-1)$d 电子参与反应而具有可变的氧化值。由于该区元素的离子具有较强的极化能力，所以形成配合物的能力也稍强于 s 区元素的离子。

ds 区元素的多数化合物难溶于水或微溶于水，其中许多可作为该区元素离子的鉴定方法。$Zn(OH)_2$ 和 $Cu(OH)_2$ 呈两性，$Cd(OH)_2$ 呈碱性，Ag 和 Hg 的氢氧化物呈碱性且室温下易分解生成相应的氧化物。

三、仪器与试剂

酒精灯、试管、烧杯、小刀、镊子、坩埚、研钵、滤纸、镍铬丝（或铂丝）、钴玻璃、砂纸、火柴、离心机等。

Na(s)，Mg 条，Ca(s)，NaOH（$400g \cdot L^{-1}$，$6mol \cdot L^{-1}$，$2mol \cdot L^{-1}$），$MgCl_2$（$0.5mol \cdot L^{-1}$），$NH_3 \cdot H_2O$（浓，$6mol \cdot L^{-1}$，$2mol \cdot L^{-1}$），NH_4Cl（饱和），HCl（浓，

$6mol \cdot L^{-1}$，$2mol \cdot L^{-1}$），$CaCl_2$（$0.5mol \cdot L^{-1}$），$BaCl_2$（$0.5mol \cdot L^{-1}$），$CuSO_4$（$0.2mol \cdot L^{-1}$），H_2SO_4（浓，$2mol \cdot L^{-1}$），葡萄糖（$100g \cdot L^{-1}$），$AgNO_3$（$0.1mol \cdot L^{-1}$），HNO_3（浓，$2mol \cdot L^{-1}$），$ZnSO_4$（$0.2mol \cdot L^{-1}$），$CdSO_4$（$0.2mol \cdot L^{-1}$），$Hg(NO_3)_2$（$0.2mol \cdot L^{-1}$），NaCl（$1mol \cdot L^{-1}$），KCl（$1mol \cdot L^{-1}$），$KSb(OH)_6$（饱和），$NaHC_4H_4O_6$（饱和），Na_2SO_4（$0.5mol \cdot L^{-1}$），K_2CrO_4（$0.5mol \cdot L^{-1}$），HAc（$2mol \cdot L^{-1}$），$(NH_4)_2C_2O_4$（饱和），$ZnSO_4$（$0.2mol \cdot L^{-1}$），$CdSO_4$（$0.2mol \cdot L^{-1}$），Na_2S（$1mol \cdot L^{-1}$），Cu 屑，$CuCl_2$（$1mol \cdot L^{-1}$），KI（s，$0.1mol \cdot L^{-1}$），$Na_2S_2O_3$（$0.5mol \cdot L^{-1}$），$SnCl_2$（$0.2mol \cdot L^{-1}$），$Hg_2(NO_3)_2$（$0.2mol \cdot L^{-1}$），KOH（$400g \cdot L^{-1}$），$K_4[Fe(CN)_6]$（$0.1mol \cdot L^{-1}$）。

四、实验步骤

1. 单质的性质

（1）取一小块金属 Na 用滤纸吸干其表面的煤油，切去表面的氧化膜，迅速观察断面的颜色和变化。立即将它放入盛水的烧杯中，观察与水反应的情况，并试验所得溶液的酸碱性。

（2）另取一小块金属钠，吸干表面煤油后，切去表面的氧化膜，立即置于坩埚中加热。当 Na 刚开始燃烧时，停止加热。观察反应情况和产物颜色。并取少量产物分别与冷水和热水反应，检验氧气的产生。写出有关化学方程式。

（3）分别取已除去氧化膜的 Mg 条和小块 Ca 于试管中，再分别加少量水，观察反应情况并检验产物，必要时可微热试管。写出化学反应方程式。比较上述几种单质与水的反应情况。

2. 氧化物、氢氧化物生成和性质

（1）在三支试管中分别加入 0.5mL $0.5mol \cdot L^{-1}$ 的 $MgCl_2$ 溶液，再各加入 0.5mL $6mol \cdot L^{-1}$ $NH_3 \cdot H_2O$。观察 $Mg(OH)_2$ 沉淀的生成。然后分别试验沉淀与饱和 NH_4Cl 溶液、$2mol \cdot L^{-1}$ HCl 溶液和 $2mol \cdot L^{-1}$ NaOH 溶液的反应情况。写出有关反应的方程式。

（2）在三支试管中分别加入 0.5mL $0.5mol \cdot L^{-1}$ $MgCl_2$、$CaCl_2$、$BaCl_2$ 溶液，再加入等体积的新配制的 $2mol \cdot L^{-1}$ NaOH 溶液，观察沉淀的生成。

（3）取 1mL $0.2mol \cdot L^{-1}$的 $CuSO_4$ 溶液，滴入 $2mol \cdot L^{-1}$的 NaOH 溶液，观察沉淀的颜色和状态。将生成的沉淀和溶液摇匀后分为三份，其中一份滴加 $2mol \cdot L^{-1}$的 H_2SO_4 溶液，第二份滴加过量的 $6mol \cdot L^{-1}$ NaOH 溶液，第三份加热至固体变黑，再滴加 $2mol \cdot L^{-1}$的 HCl 溶液。观察现象。写出有关化学反应方程式。

取 0.5mL $0.2mol \cdot L^{-1}$ $CuSO_4$ 溶液，加入过量 $6mol \cdot L^{-1}$ NaOH 溶液，使起初生成的沉淀全部溶解，再往此溶液中加入 1mL $100g \cdot L^{-1}$葡萄糖溶液，均匀后水浴加热，观察现象。写出有关的化学反应方程式。

离心分离弃去溶液，并用蒸馏水洗涤沉淀。取少量沉淀加入 $2mol \cdot L^{-1}$ H_2SO_4 并加热，观察现象。另取少量沉淀注入 3mL 浓 $NH_3 \cdot H_2O$，振荡后静置 10min，观察清液颜色变化。写出有关化学反应方程式。

（4）取 2mL $0.1mol \cdot L^{-1}$ $AgNO_3$ 溶液，慢慢滴入新配制的 $2mol \cdot L^{-1}$ NaOH 溶液，振荡，观察沉淀的颜色和状态。离心分离，弃去溶液，用蒸馏水洗涤沉淀。将沉淀分为两份，分别与 $2mol \cdot L^{-1}$ HNO_3 和 $2mol \cdot L^{-1}$的氨水反应，观察现象。写出有关化学反应方程式。

（5）往盛有 $0.2mol \cdot L^{-1}$ $ZnSO_4$ 溶液的试管中滴加 $2mol \cdot L^{-1}$ NaOH 溶液直至大量沉淀生成为止（不要过量!），将沉淀分为两份：一份滴加 $2mol \cdot L^{-1}$ H_2SO_4 溶液，另一份继

续滴加 2mol·L^{-1} NaOH 溶液，观察现象。用 0.2mol·L^{-1} $CdSO_4$ 代替上述 $ZnSO_4$ 溶液进行同样的实验，并与之比较现象差异。写出有关化学反应方程式。

(6) 往 0.2mol·L^{-1} $Hg(NO_3)_2$ 溶液中滴入 2mol·L^{-1} NaOH 溶液，观察现象。将所得沉淀分为两份：一份滴加 2mol·L^{-1} HNO_3；另一份滴加 400g·L^{-1} NaOH 溶液。观察现象并写出有关化学反应方程式。

3. 难溶盐的生成

(1) 微溶性钠盐和钾盐

往 0.5mL 1mol·L^{-1} NaCl 溶液中，滴加 0.5mL 饱和 $KSb(OH)_6$ 溶液，必要时可用玻棒摩擦试管内壁，放置，观察产物的颜色和状态。写出有关化学反应方程式。

往 0.5mL 1mol·L^{-1} KCl 溶液中，滴加 0.5mL 饱和 $NaHC_4H_4O_6$（酒石酸氢钠）溶液，必要时可用玻棒摩擦试管内壁，观察产物的颜色和状态。写出有关化学反应方程式。

(2) 在三支试管中，分别盛有 1mL 0.5mol·L^{-1} $MgCl_2$、$CaCl_2$、$BaCl_2$ 溶液，分别注入等量的 0.5mol·L^{-1}的 Na_2SO_4 溶液，必要时可用玻棒摩擦试管内壁，观察现象。分别检验沉淀与稀 HNO_3 反应情况。写出有关化学反应方程式。

(3) 在两支试管中分别注入 0.5mL 0.5mol·L^{-1}的 $CaCl_2$ 和 $BaCl_2$ 溶液，再注入 0.5mL 0.5mol·L^{-1}的 K_2CrO_4 溶液，观察现象。分别试验沉淀与 2mol·L^{-1} HAc 和 2mol·L^{-1} HNO_3 溶液的反应，写出有关反应方程式。

(4) 往 0.5mL 0.5mol·L^{-1} $CaCl_2$ 溶液中，加入 0.5mL 饱和 $(NH_4)_2C_2O_4$ 溶液，分别试验沉淀与 2mol·L^{-1} HCl 和 2mol·L^{-1} HAc 的反应。写出有关化学反应方程式。

(5) 往三支盛有 0.2mol·L^{-1} $ZnSO_4$、$CdSO_4$、$Hg(NO_3)_2$ 溶液的试管中，分别滴入 1mol·L^{-1}的 Na_2S 溶液，观察沉淀的生成和颜色。

离心分离并洗涤所得沉淀，分别依次试验它们对 2mol·L^{-1} HCl，浓 HCl，王水（自配）的溶解情况，必要时可适当微热。写出有关化学反应方程式。

4. 氧化还原性

(1) 氯化亚铜生成和性质　取 5mL 1.0mol·L^{-1}的 $CuCl_2$ 溶液，加入少量紫铜屑和 3mL 浓 HCl，加热直至溶液变成深棕黄色为止。将加热溶液全部倾入盛有去离子水的小烧杯中，观察白色沉淀的生成。静置，倾去上清液，并用少量蒸馏水洗涤沉淀两次。取少许沉淀，分成两份，一份与浓 $NH_3·H_2O$ 反应，另一份与浓 HCl 反应，观察沉淀溶解以及溶液颜色变化情况，写出有关化学反应方程式。

(2) 碘化亚铜生成　取 1mL 0.2mol·L^{-1} $CuSO_4$ 溶液，滴入 0.1mol·L^{-1} KI 溶液，观察现象。再滴入少量 0.5mol·L^{-1} $Na_2S_2O_3$溶液，以除去反应中生成的 I_2（$Na_2S_2O_3$不能过量，否则 CuI 溶解）。观察 CuI 的颜色和状态。写出有关化学反应方程式。

(3) 银镜反应　取 2mL 0.1mol·L^{-1}的 $AgNO_3$ 溶液，慢慢加入 2mol·L^{-1}的 $NH_3·H_2O$ 至起始生成的沉淀恰好溶解，再补加 2 滴 $NH_3·H_2O$。然后滴入数滴 100g·L^{-1}葡萄糖溶液，摇匀后在 80～90℃水浴中静置。观察现象，写出有关化学反应方程式。

(4) 汞(Ⅱ)的氧化性　往 0.5mL 0.2mol·L^{-1} $Hg(NO_3)_2$ 溶液中在振荡下滴加 0.2mol·L^{-1}的 $SnCl_2$ 溶液直至过量，观察沉淀颜色变化。写出有关化学反应方程式。

5. 配合物

(1) 分别取少量 $CuSO_4$（0.2mol·L^{-1}）、$AgNO_3$（0.1mol·L^{-1}）、$ZnSO_4$，（0.2mol·L^{-1}）、$CdSO_4$（0.2mol·L^{-1}）、$Hg(NO_3)_2$（0.2mol·L^{-1}）、$Hg_2(NO_3)_2$（0.2mol·L^{-1}）溶液，分别滴加 2mol·L^{-1}的 $NH_3·H_2O$ 直至过量，观察现象。写出有关化学反应方程式。

(2) 汞配合物的生成和应用　往 0.5mL 0.2mol・L^{-1}的 $Hg(NO_3)_2$ 溶液中滴加 0.1mol・L^{-1} KI 溶液，观察沉淀的生成和颜色。再加入少量 KI(s) 至沉淀刚好溶解（KI 固体不要过量）。在所得溶液中滴入几滴 400g・L^{-1} KOH 溶液，并与 $NH_3 \cdot H_2O$ 和 NH_4^+ 溶液反应，观察现象。写出有关化学反应方程式。

6. 离子鉴定

(1) 焰色反应　取一只铂丝（或镍铬丝）蘸以 6mol・L^{-1} HCl 在氧化焰中烧至无色。再蘸上 LiCl 溶液在氧化焰中燃烧。观察火焰颜色。依照此法，分别进行 NsCl、KCl、CaCl、SrCl、$BaCl_2$ 溶液的焰色反应实验。每进行完一种溶液的焰色反应后，均需蘸浓 HCl 溶液灼烧铂丝至无色后，再进行新的溶液的焰色反应。钾盐焰色需用蓝色钴玻璃片滤光，以消除钠对钾焰色的干扰。

(2) Cu^{2+}的鉴定　取 1～2 滴 0.2mol・L^{-1} $CuSO_4$ 溶液，再滴入 2～3 滴 2mol・L^{-1} HAc 和几滴 0.1mol・L^{-1} $K_4[Fe(CN)_6]$ 溶液，即生成红棕色的 $Cu_2[Fe(CN)_6]$ 沉淀。在沉淀中注入 6mol・L^{-1} $NH_3 \cdot H_2O$，沉淀溶解生成蓝色溶液，表示有 Cu^{2+} 的存在。写出化学反应方程式。

【思考题】

1. 根据实验结果比较 s 及 ds 区四族元素及其化合物性质的异同性。
2. 总结这两区金属离子的常见鉴定方法。
3. 选用适当的溶剂分别溶解下列固体：

$Cu(OH)_2$、CuS、AgBr、AgI、HgS、CdS、ZnS、$Zn(OH)_2$

4. 从 $\varphi^{\ominus}$ 值说明 Cu(Ⅰ)$\rightleftharpoons$Cu(Ⅱ) 和 Hg(Ⅰ)$\rightleftharpoons$Hg(Ⅱ) 相互转化条件。

实验 2-9　p 区元素及化合物性质与检验（一）——卤素、氧、硫

一、实验目的

1. 掌握卤素单质和离子的氧化性、还原性变化规律。
2. 掌握卤素含氧酸盐的氧化性。
3. 掌握过氧化氢的氧化还原性及鉴定方法。
4. 掌握硫的含氧酸及其盐的性质。

二、实验原理

1. 卤素的性质

卤素的价电子构型为 ns^2np^5，是典型的非金属元素，且其非金属性从上到下逐渐减弱。卤素单质均为强氧化剂，其氧化性顺序为 $F_2 > Cl_2 > Br_2 > I_2$，卤素离子的还原性顺序刚好相反，为 $I^- > Br^- > Cl^- > F^-$。在酸性介质中，卤素含氧酸及其盐均为强氧化剂，且同一卤素的氧化能力随氧化态升高而降低。在碱性介质中，卤素含氧酸及其盐的氧化能力大多明显下降。

卤素单质在常温下都以双原子分子存在，除氟外，氯、溴、碘的价电子层中都有空的 nd 轨道，当它们与电负性更大的元素（如氧）化合时，空的 nd 轨道可以参与成键，从而显示出更高的氧化态，能形成四种氧化态的含氧酸（次、亚、正、高）。以氯为例，比较如下：

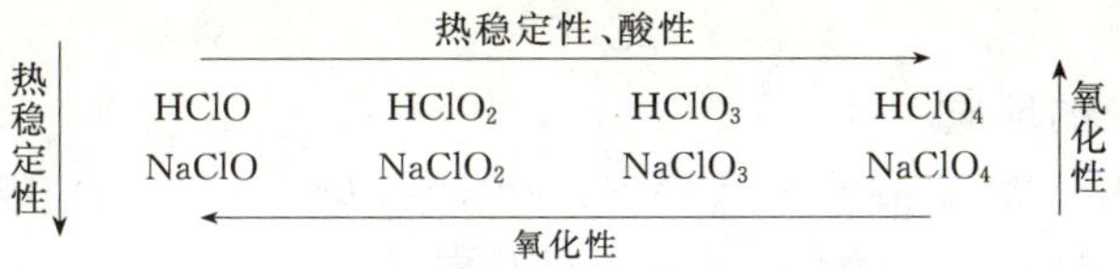

2. 氧族元素的性质

氧族元素的价电子构型为 ns^2np^4，其中氧和硫为较活泼的非金属元素。

(1) H_2O_2 的性质

在氧的化合物中，H_2O_2 是一种淡蓝色的黏稠液体，通常所用为含 H_2O_2 3%的水溶液。H_2O_2 不稳定，易分解放出 O_2。光照、受热、增大溶液酸碱度或痕量重金属的存在都会加速 H_2O_2 的分解。

H_2O_2 中氧的氧化态居中，既有氧化性又有还原性。

H_2O_2 的鉴定反应：在酸性溶液中，H_2O_2 能使 $Cr_2O_7^{2-}$ 生成深蓝色的 $CrO(O_2)_2$。$CrO(O_2)_2$ 不稳定，在水溶液中与 H_2O_2 进一步反应生成 Cr^{3+}，蓝色消失。但 $CrO(O_2)_2$ 能与某些有机溶剂如乙醚、戊醇等形成较为稳定的蓝色配合物，此法可用于鉴定 H_2O_2。反应式如下：

$$4H_2O_2 + Cr_2O_7^{2-} + 2H^+ = 2CrO(O_2)_2 + 5H_2O$$

$$2CrO(O_2)_2 + 7H_2O_2 + 6H^+ = 2Cr^{3+} + 7O_2 + 10H_2O$$

(2) 硫的化合物

H_2S、S^{2-} 具有强还原性，而浓 H_2SO_4、$H_2S_2O_8$ 及其盐具有强氧化性，氧化数居中的硫的化合物既有氧化性又有还原性，但以还原性为主。如：

$$2S_2O_3^{2-} + I_2 = S_4O_6^{2-} + 2I^-$$

$$S_2O_3^{2-} + 4Cl_2 + 5H_2O = 8Cl^- + 10H^+ + 2SO_4^{2-}$$

$Na_2S_2O_3$ 遇热和酸性环境下易分解：

$$S_2O_3^{2-} + 2H^+ = SO_2\uparrow + S\downarrow + H_2O$$

SO_2 是一种无色有刺激性气味的气体，密度较大，易溶于水；是大气污染中危害较大的一种，主要来源于石油和煤中硫化物的燃烧。

除碱金属硫化物和硫化铵易溶于水外，碱土金属硫化物微溶于水，其余金属硫化物都难溶于水，且具有特征颜色。

三、仪器与试剂

试管，试管夹，烧杯，玻棒，酒精灯等。

NaCl，KBr，KI，$KClO_3$，$K_2S_2O_8$，均为固体。

氯水（淡黄绿色），溴水（浓度要小，淡黄即可），碘水，乙醚，CCl_4，品红溶液（0.1%），H_2S（饱和水溶液），KI（0.1mol·L^{-1}），KBr（0.1mol·L^{-1}），NaOH（2mol·L^{-1}），H_2SO_4（2mol·L^{-1}，浓），HCl（2mol·L^{-1}，浓），H_2O_2（3%），$MnSO_4$（0.01mol·L^{-1}），$K_2Cr_2O_7$（0.1mol·L^{-1}），Na_2SO_3（0.1mol·L^{-1}），$Na_2S_2O_3$（0.1mol·L^{-1}），$KMnO_4$（0.01mol·L^{-1}），$AgNO_3$（0.1mol·L^{-1}）。

pH 试纸、淀粉-KI 试纸、乙酸铅试纸。

四、实验步骤

1. 比较卤素单质的氧化性

(1) 氯水与碘离子的反应

取 3 滴 0.1mol·L^{-1}的 KI 溶液于试管中，加 1mL CCl_4，再滴加氯水，边滴加边振荡试管，观察水层和 CCl_4 层的颜色变化。继续往溶液中滴加氯水，有什么现象发生？为什么？

写出各步反应方程式。

(2) 氯水与溴离子的反应

取 3 滴 0.1mol·L^{-1} KBr 溶液于试管中，加 1mL CCl_4，再滴加氯水，边滴加边振荡试管，观察水层和 CCl_4 层的颜色变化，写出反应方程式。

(3) 溴水与碘离子的反应

取 3 滴 0.1mol·L^{-1}的 KI 溶液于试管中，加 1mL CCl_4，再滴加溴水，边滴加边振荡试管，观察水层和 CCl_4 层的颜色变化，写出反应方程式。

2. 比较卤素离子的还原性

(1) 将少量 KI(s) 固体装入干燥的试管中，加入约 1mL 浓 H_2SO_4，用湿润的 $Pb(Ac)_2$ 试纸检验气体产物，观察现象，写出反应方程式。

(2) 用 KBr(s) 代替 KI(s) 做同样的实验，用湿润的淀粉-KI 试纸检验气体产物，观察现象，写出反应方程式。

(3) 用 NaCl(s) 代替 KI(s) 做同样的实验，用湿润的 pH 试纸检验气体产物，观察现象，写出反应方程式。

3. 卤素含氧酸盐的氧化性

(1) 次氯酸盐的氧化性

取 2mL 氯水，滴加 2mol·L^{-1} NaOH 溶液至 pH＝8～9，将所得溶液分成三份，分别进行如下实验：

① 加入数滴浓 HCl，用湿润的淀粉-KI 试纸检验气体产物，观察现象，写出反应方程式。

② 加入数滴 0.1mol·L^{-1}的 KI 溶液和少量 CCl_4，振荡试管，观察 CCl_4 层的颜色变化，写出反应方程式。

③ 加入数滴用 2mol·L^{-1} H_2SO_4 酸化的品红溶液，观察溶液颜色变化，写出反应方程式。

(2) 氯酸盐的氧化性

① 取少量 $KClO_3$ 晶体，加入数滴浓 HCl，用湿润的淀粉-KI 试纸检验气体产物，观察现象，写出反应方程式。

② 取少量 $KClO_3$ 晶体，滴加蒸馏水使之溶解，再加入数滴 0.1mol·L^{-1} KI 溶液和少量 CCl_4，振荡试管，观察 CCl_4 层有无变化；然后加几滴 2mol·L^{-1} H_2SO_4 酸化，观察 CCl_4 层颜色变化。

③ 取少量 $KClO_3$ 晶体，加入数滴用 2mol·L^{-1} H_2SO_4 酸化的品红溶液，观察溶液颜色变化，写出反应方程式。

比较次氯酸盐和氯酸盐氧化性的强弱。

4. 过氧化氢的性质和鉴定

(1) 过氧化氢的氧化性

在试管中加入 10 滴 0.1mol·L^{-1}的 KI 溶液和 2 滴 2mol·L^{-1}的 H_2SO_4 溶液，摇匀后再加入 5 滴 3% H_2O_2 和 0.5mL CCl_4 溶液，观察溶液颜色变化，写出反应方程式。

(2) 过氧化氢的还原性

在试管中加入 0.5mL 3%的 H_2O_2 溶液，加 2 滴 2mol·L^{-1} H_2SO_4酸化，再加入数滴 0.01mol·L^{-1} $KMnO_4$ 溶液，观察现象，写出反应方程式。

(3) 介质酸碱性对过氧化氢氧化还原性质的影响

在试管中加入 0.5mL 3%的 H_2O_2 溶液，加数滴 2mol·L^{-1} NaOH 溶液至碱性。再加

数滴 0.01mol·L^{-1} $MnSO_4$ 溶液，观察现象。静置后倾去清液，往沉淀中加入 2mol·L^{-1} H_2SO_4 酸化，再加入数滴 3% H_2O_2 溶液，观察现象。写出各步反应方程式。

（4）过氧化氢的鉴定

取少量 H_2O_2 溶液，加入 0.5mL 乙醚，再加 3 滴 0.1mol·L^{-1} $K_2Cr_2O_7$ 溶液，振荡试管，观察水层和乙醚层颜色的变化。

5. 硫的含氧酸及其盐的氧化还原性

（1）H_2SO_3、$H_2S_2O_3$ 的分解

在两支试管中分别加入 10 滴 0.1mol·L^{-1} Na_2SO_3 溶液和 10 滴 0.1mol·L^{-1} $Na_2S_2O_3$ 溶液，再各加入 10 滴 2mol·L^{-1} HCl 溶液，观察现象。写出有关化学反应方程式。

（2）SO_3^{2-} 的氧化、还原性

在两支试管中各加入 10 滴 0.1mol·L^{-1} Na_2SO_3 溶液，再分别加入少量 H_2S 饱和水溶液、已用 H_2SO_4 酸化的 0.01mol·L^{-1} $KMnO_4$ 溶液，观察现象。写出有关化学反应方程式。

（3）$S_2O_3^{2-}$ 的还原性

取 10 滴 0.1mol·L^{-1} $Na_2S_2O_3$ 溶液于试管中，滴加碘水，观察溶液颜色变化，写出反应方程式。

（4）$S_2O_8^{2-}$ 的氧化性

取 2 滴 0.01mol·L^{-1} $MnSO_4$ 溶液于试管中，加入 2mL 2mol·L^{-1} H_2SO_4 酸化后，将溶液分成两份，向其中一份滴加 1 滴 0.1mol·L^{-1} $AgNO_3$ 溶液，再各加入少量过二硫酸钾固体，微热试管，观察现象。写出反应方程式。

【思考题】

1. 通 Cl_2 于 KI 溶液中，溶液先变成棕红色，后又褪色，为什么？

2. 如何区别次氯酸盐和氯酸盐？

3. 为什么 H_2O_2 既可作为氧化剂又可作为还原剂？什么条件下 H_2O_2 可将 Mn^{2+} 氧化为 MnO_2，什么条件下 MnO_2 又可将 H_2O_2 氧化为 O_2？它们互相矛盾吗？为什么？

4. 为何亚硫酸盐中常含有硫酸盐？怎样检验亚硫酸盐中的 SO_4^{2-}？怎样检验 SO_3^{2-}？

5. 根据实验比较 $S_2O_3^{2-}$ 和 I^- 还原性强弱、$S_2O_8^{2-}$ 与 MnO_4^- 氧化性强弱，为何后一实验中 Mn^{2+} 用 $MnSO_4$？能否用 $MnCl_2$ 代替？

实验 2-10 p 区元素及化合物性质与检验（二）——氮、磷、硅、硼

一、实验目的

1. 掌握硝酸及其盐、亚硝酸及其盐的性质。

2. 了解磷酸盐的酸碱性和溶解性。

3. 掌握 NH_4^+、NO_3^-、NO_2^-、PO_4^{3-} 鉴定方法。

4. 学习硅酸盐、硼酸及硼砂的主要性质。

5. 练习硼砂珠的有关实验操作。

二、实验原理

NH_4^+ 常用如下两种方法鉴定：

1. 气室法

用 NaOH 与 NH_4^+ 反应生成 NH_3，使湿润的红色石蕊试纸变蓝。

2. 奈氏法

用奈斯勒试剂（$[HgI_4]^{2-}$ 的碱性溶液）与 NH_4^+ 反应生成红棕色沉淀，其反应式为：

$$2[HgI_4]^{2-}+4OH^-+NH_4^+ \longrightarrow \left[O\begin{matrix}\diagup Hg \diagdown \\ \\ \diagdown Hg \diagup\end{matrix}NH_2\right]I\downarrow(\text{红棕色})+7I^-+3H_2O$$

硝酸、亚硝酸及其盐大多热稳定性较差，加热易分解。

HNO_3 的主要特性是它的氧化性，它可将许多非金属氧化成相应的最高价态的含氧酸，自身被还原为 NO。与金属反应时，HNO_3 被还原的产物决定于它的浓度及金属活泼性：浓 HNO_3 一般被还原成 NO_2，稀 HNO_3 被还原为 NO；若 HNO_3 很稀时，则主要被还原为 NH_3，再与过量酸反应生成铵盐。实际上 HNO_3 的这些反应很复杂，还原产物不可能是单一的，一般书写反应方程式时写的是主要产物。

亚硝酸可以通过亚硝酸盐与酸作用而制得。但亚硝酸极不稳定，仅存在于低温的水溶液中：

$$H_2SO_4+NaNO_2 \xrightarrow{\text{冰水浴}} NaHSO_4+HNO_2\downarrow\ (\text{白色晶体})$$

$$2HNO_2 \underset{\text{冷}}{\overset{\text{光/热}}{\rightleftharpoons}} H_2O+N_2O_3\ (\text{浅蓝固体}) \underset{\text{冷}}{\overset{\text{热}}{\rightleftharpoons}} H_2O+NO+NO_2$$

N_2O_3 为中间产物，在水溶液中呈蓝色，不稳定，进一步分解为 NO_2 和 NO。

NO_3^- 可用棕色环法鉴定，其反应如下：

$$3Fe^{2+}+NO_3^-+4H^+ = 3Fe^{3+}+2H_2O+NO$$

$$[Fe(H_2O)_6]^{2+}+NO = [FeNO(H_2O)_5]^{2+}+H_2O$$

NO_2^- 也能产生同样的反应，因此当有 NO_2^- 存在时，必须将之除去。除去方法是在混合液中加入饱和 NH_4Cl 一起加热，反应如下：

$$NH_4^++NO_2^- = N_2\uparrow+2H_2O$$

NO_2^- 和 $FeSO_4$ 在 HAc 酸性溶液中生成棕色溶液。用这一反应来鉴定 NO_2^- 的存在（检验 NO_3^- 时用浓 H_2SO_4 酸化，检验 NO_2^- 时用 HAc 酸化）。

$$NO_2^-+Fe^{2+}+2HAc = NO+Fe^{3+}+2Ac^-+H_2O$$

$$[Fe(H_2O)_6]^{2+}+NO = [FeNO(H_2O)_5]^{2+}+H_2O$$

磷酸是一种非挥发性中强酸，它可以形成三种不同类型的盐，在各种磷酸盐溶液中加入 $AgNO_3$ 溶液都可以生成黄色的磷酸盐沉淀，焦磷酸钠则生成白色沉淀。

磷酸的各种钙盐在水中溶解度不同。$Ca(H_2PO_4)_2$ 易溶于水，$CaHPO_4$ 和 $Ca_3(PO_4)_2$ 难溶于水，但能溶于盐酸，磷酸根能与钼酸铵反应，在强酸性溶液中生成难溶的磷钼酸铵沉淀，故磷酸根可用磷钼酸铵法鉴定之。反应式如下：

$$PO_4^{3-}+3NH_4^++12MoO_4^{2-}+24H^+ \xrightarrow{40\sim50℃}$$
$$(NH_4)_3PO_4\cdot12MoO_3\cdot6H_2O\downarrow(\text{淡黄色晶体})+6H_2O$$

除碱金属硅酸盐以外，其他金属的硅酸盐都不溶于水。在 Na_2SiO_3 溶液中，形成“水中花园”的原因是（以 $CoCl_2$ 为例）：将 $CoCl_2$ 固体投入 Na_2SiO_3 溶液时，$CoCl_2$ 晶体表面稍微有些溶解，整个 $CoCl_2$ 晶体被盐溶液包围，此时，Co^{2+} 与 SiO_3^{2-} 反应，在晶体周围形成硅酸钴的薄膜，这些金属的硅酸盐薄膜是难溶于水的，而且具有半透性。在半透膜内是溶解度大的金属盐，外面是 Na_2SiO_3 溶液，因此，膜内易形成盐的浓溶液，由于存在渗透现象，薄膜外的水不断地透过膜而进入到膜内，内部产生极大的压力，此种压力，在半透膜的任何点都是一样的，但由于外液的水压在膜的上部比较小，所以水压小的上部半透膜破裂。在破裂的地方金属盐溶液溢出，与薄膜外的 Na_2SiO_3 溶液作用，在上部又形成新的难溶硅酸钴半透膜，如此反复破裂，反复形成，则不断向上生长，直至 Na_2SiO_3 液面，生成五颜六色的化学树，俗称“水中花园”。

硼酸为一元弱酸，它是一种 Lewis 酸，其酸性是因为硼原子为缺电子原子，能加合水分子的氢氧根而使水释放出氢离子；加入多羟基化合物，可使硼酸的酸性大为增强。$B(OH)_3$ 与醇在浓硫酸作用下，生成硼酸酯，燃烧会发出特殊的绿色火焰，该焰色反应可用于鉴定硼酸或硼酸根。

三、仪器与试剂

试管、蒸发皿、烧杯、酒精灯等。

$NaNO_3$、$Cu(NO_3)_2$、$AgNO_3$、$FeSO_4$、Zn、硫粉、$CaCl_2$、$Co(NO_3)_2$、$CuSO_4$、$NiSO_4$、$ZnSO_4$、$MnSO_4$、$FeSO_4$、$CrCl_3$、$FeCl_3$、硼酸晶体、硼砂，均为固体。

NH_4Cl（0.1mol·L^{-1}），NaOH（2mol·L^{-1}），奈斯勒试剂，H_2SO_4（3mol·L^{-1}，浓），$NaNO_2$（0.1mol·L^{-1}，饱和），KI（0.1mol·L^{-1}），$KMnO_4$（0.1mol·L^{-1}），HNO_3（浓，0.5mol·L^{-1}），HCl（6mol·L^{-1}，2mol·L^{-1}），KNO_3（0.1mol·L^{-1}），无水乙醇，Na_3PO_4（0.1mol·L^{-1}），Na_2HPO_4（0.1mol·L^{-1}），NaH_2PO_4（0.1mol·L^{-1}），对氨基苯磺酸，α-萘胺，$AgNO_3$（0.1mol·L^{-1}），$CaCl_2$（0.5mol·L^{-1}），HAc（2mol·L^{-1}），氨水（2mol·L^{-1}），20%硅酸钠，饱和硼酸溶液，甘油，钼酸铵试剂。

pH 试纸、冰、铂丝（或镍铬丝）、石蕊试纸。

四、实验步骤

1. NH_4^+ 的鉴定

（1）气室法

在一大表面皿内加入 5 滴 0.1mol·L^{-1} NH_4Cl 和 5 滴 2mol·L^{-1} NaOH，在一小表面皿上贴一块湿润的红色石蕊试纸，将两个表面皿一起放在水浴上加热，观察现象，写出反应式。观察红色石蕊试纸是否变为蓝色。

（2）奈氏法

在点滴板上加入 1 滴 0.1mol·L^{-1} NH_4Cl 溶液，再加入 1 滴奈斯勒试剂，观察现象，写出反应方程式。

2. 亚硝酸和亚硝酸盐

（1）亚硝酸的生成和分解

取 1mL 饱和亚硝酸钠溶液于试管中，在冰水中冷却，再加入 1mL 3mol·L^{-1}的硫酸溶液，观察反应情况和产物的颜色。将试管从冰水中取出，放置片刻，观察有何现象发生。解释现象，写出反应方程式。

（2）亚硝酸盐的氧化性和还原性

在试管中滴入 2 滴 0.1mol·L^{-1}的碘化钾溶液，用 3mol·L^{-1}硫酸酸化，再滴加 0.1mol·L^{-1}亚硝酸钠溶液，观察现象，写出反应方程式。

用 0.1mol·L^{-1}高锰酸钾溶液代替 KI 溶液重复上述实验，观察溶液的颜色有无变化，写出反应方程式。总结亚硝酸盐的性质。

（3）NO_2^- 的鉴定

在点滴板上加入 1 滴 0.01mol·L^{-1} $NaNO_2$ 溶液（用 0.1mol·L^{-1}$NaNO_2$ 溶液稀释制备），用 1 滴 2mol·L^{-1} HAc 酸化，再加入对氨基苯磺酸和 α-萘胺各 1 滴，溶液即显红色，

其反应式如下：

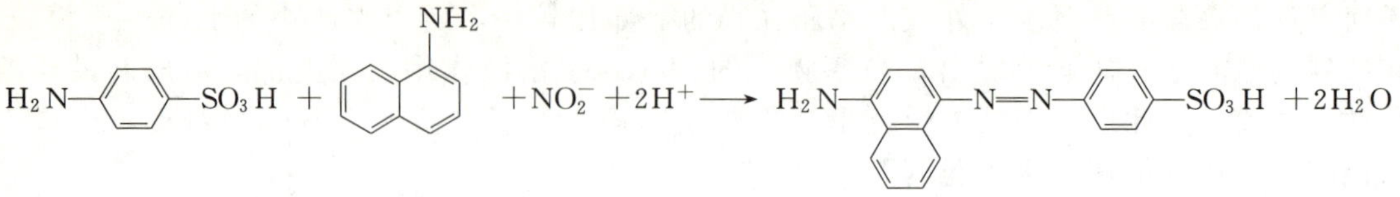

（红色）

（注意：NO_2^- 浓度过大时，会产生黄色溶液或出现褐色沉淀。）

3．硝酸和硝酸盐

（1）硝酸的氧化性

① 浓硝酸与非金属反应

取绿豆大硫粉于试管中，加入 1mL 浓硝酸，水浴加热。观察有何气体产生。冷却，检验反应产物。

② 浓硝酸与金属反应

分别往两支各盛少量锌片的试管中加入 1mL 浓硝酸、1mL 0.5mol·L^{-1} 硝酸溶液，观察两者反应速率和反应产物有何不同。并用奈斯勒试剂检验 Zn 和稀硝酸反应产物中 NH_4^+ 的存在。

（2）硝酸盐的热分解

在三支干燥的试管中，分别加入少量固体硝酸钠、硝酸铜、硝酸银，加热，观察反应的情况和产物的颜色，如何检验气体产物？写出反应方程式。总结硝酸盐热分解与阳离子的关系。

（3）NO_3^- 的鉴定

在试管中加入绿豆大 $FeSO_4$ 固体，用少量蒸馏水溶解后，再加入 3 滴 0.1mol·L^{-1} KNO_3 溶液，摇匀后，将试管斜持，沿管壁慢慢加入约 0.5mL 浓 H_2SO_4。由于浓 H_2SO_4 相对密度比水大，溶液分成两层。观察浓 H_2SO_4 和溶液交接面处棕色环的出现。棕色环成分是 $[FeNO(H_2O)_5]^{2+}$ 配合物，此配合物不稳定，微热或振摇溶液时“棕色环”立即消失。反应式如下：

$$3Fe^{2+} + NO_3^- + 4H^+ \Longrightarrow 3Fe^{3+} + NO + 2H_2O$$

$$[Fe(H_2O)_6]^{2+} + NO \Longrightarrow [FeNO(H_2O)_5]^{2+}\text{（棕色）} + H_2O$$

注意：NO_2^- 可发生同样反应（鉴定 NO_3^- 时用浓 H_2SO_4，鉴定 NO_2^- 时用 HAc 酸化）；此外，Br^-、I^- 存在时可生成游离的 Br_2 和 I_2，与环的颜色相似，妨碍鉴定，必须除去。

4．磷酸盐的性质

（1）酸碱性

① 用 pH 试纸测定 0.1mol·L^{-1} Na_3PO_4、Na_2HPO_4、NaH_2PO_4 溶液的 pH 值。

② 分别往三支试管中注入 0.5mL 0.1mol·L^{-1} Na_3PO_4、Na_2HPO_4、NaH_2PO_4 溶液，再各滴加 0.1mol·L^{-1}的 $AgNO_3$ 溶液，观察是否有沉淀产生。实验溶液的酸碱性有无变化，为什么？写出反应方程式。

（2）溶解性

取三支试管各加入 1mL 浓度均为 0.1mol·L^{-1}的 Na_3PO_4、Na_2HPO_4、NaH_2PO_4 溶液，再滴加 0.5mol·L^{-1}氯化钙溶液，观察有何现象发生？用 pH 试纸试验它们的 pH 值。滴入几滴 2mol·L^{-1}氨水，有何变化？再滴入 2mol·L^{-1}盐酸，又有何变化？

（3）PO_4^{3-} 的鉴定——磷钼酸铵沉淀法

在试管中加入 2 滴 0.1mol·L^{-1} Na_3PO_4 溶液，再加入 5 滴钼酸铵试剂（注意：磷钼酸铵能溶于过量磷酸盐，所以在鉴定 PO_4^{3-} 时，必须加入过量钼酸铵试剂），水浴加热，观察现象。写出离子反应方程式。

5．硅酸和硅酸盐

（1）硅酸水凝胶的生成

往 2mL 20％硅酸钠溶液中滴加 6mol · L^{-1} 盐酸，观察反应物的颜色、状态。

（2）微溶性硅酸盐的生成——“水中花园”

在 100mL 的小烧杯中加入约 50mL 20％的硅酸钠溶液，然后把氯化钙、硝酸钴、硫酸铜、硫酸镍、硫酸锌、硫酸锰、硫酸亚铁、三氯化铁固体各一小粒投入杯内（注意：各固体间应保持一定间隔，记住它们的位置），放置半小时后，观察有何现象发生。

6．硼酸及硼酸的焰色鉴定反应

（1）硼酸的性质

取 1mL 饱和硼酸溶液，用 pH 试纸测其 pH。在硼酸溶液中滴入 3～4 滴甘油，再测溶液的 pH。该实验说明硼酸具有什么性质？

（2）硼酸的鉴定反应

在蒸发皿中放入少量硼酸晶体，加入 1mL 无水乙醇和几滴浓硫酸。混合后点燃，观察火焰的颜色有何特征。

7．硼砂珠实验

（1）硼砂珠的制备

用 6mol · L^{-1} 盐酸清洗镍铬丝，然后将其置于氧化焰中灼烧片刻；取出再浸入酸中，如此重复数次，直至镍铬丝在氧化焰中灼烧不产生离子特征的颜色，表示镍铬丝已经洗干净了。将这样处理过的镍铬丝蘸上一些硼砂固体，在氧化焰中灼烧并熔融成亮圆珠，观察硼砂珠的颜色、状态。

（2）用硼酸珠鉴定钴盐和铬盐

用烧热的硼砂珠分别蘸少量硝酸钴和三氯化铬固体，熔融之，冷却后观察硼砂珠的颜色。写出相应的反应方程式。

【思考题】

1．如何区分 $NaNO_2$ 和 $NaNO_3$？

2．在 $NaNO_2$ 与 KI 或 $KMnO_4$ 溶液反应时为什么加酸酸化？用什么酸好？

3．通过实验可以用几种方法将磷酸钠、磷酸氢钠、磷酸二氢钠一一鉴别出来。

4．为什么装有水玻璃的试剂瓶长期敞开瓶口后水玻璃会变浑浊？反应 $Na_2CO_3 + SiO_2 = Na_2SiO_3 + CO_2\uparrow$ 能否正向进行？说明理由。

5．为什么说硼酸是一元酸？在硼酸溶液中加入多羟基化合物后，溶液的酸度会怎样变化？为什么？

6．如何用硼砂珠鉴定钴盐与铬盐？

实验 2-11 d 区元素及化合物性质与检验

一、实验目的

1．试验 d 区元素及化合物主要性质，掌握常见 d 区离子的检验方法。

2. 进一步练习性质实验的基本操作。

二、实验原理

d 区元素包括从ⅢB 到ⅦB 族的元素，由于其次外层电子参与成键，它们中绝大多数具有多种可变价态、水溶液中离子多数有颜色。d 区元素的离子极化能力较强，故其难溶盐也较多，水溶液中的高价离子往往以含氧酸根的形式存在。本实验主要试验铬、锰、铁、钴、镍重要化合物的性质。这五种金属的氢氧化物酸碱性见表 2-5。

表 2-5 金属氢氧化物酸碱性

项目	$Cr(OH)_3$	$Mn(OH)_2$	$Fe(OH)_2$	$Co(OH)_2$	$Ni(OH)_2$	$Fe(OH)_3$	$Co(OH)_3$	$Ni(OH)_3$
颜色	灰绿	白	白	粉红	绿	红褐	褐色	黑
酸碱性	两性	碱性	极弱两性	极弱两性	碱性	弱两性	碱性	碱性

Cr、Mn 各价态的氧化还原性受介质的影响较大，低价态的 Cr^{3+}、Mn^{2+} 在中性、酸性介质中较为稳定，在碱性介质中易被氧化。水溶液中的 Cr（Ⅵ）有两种存在形式：

$$2CrO_4^{2-}(\text{黄色})+2H^+ \rightleftharpoons Cr_2O_7^{2-}(\text{橙色})+H_2O$$

酸碱度大小可改变二者的相对含量。

在酸性介质中，$Cr_2O_7^{2-}$ 与 H_2O_2 反应生成蓝色过氧化铬 CrO_5，可用于 Cr(Ⅵ) 或 Cr(Ⅲ) 的鉴定。

在碱性介质中，白色 $Mn(OH)_2$ 易被空气氧化为棕色二氧化锰水合物 $MnO(OH)_2$。酸性介质中 Mn^{2+} 很稳定，只有很强的氧化剂如 PbO_2、$NaBiO_3$、$S_2O_8^{2-}$ 才能将其氧化为 MnO_4^-。

$$5NaBiO_3+2Mn^{2+}+14H^+ = 2MnO_4^-+5Bi^{3+}+5Na^++7H_2O$$

此反应可鉴定 Mn^{2+} 的存在。

MnO_4^{2-} 只能存在于强碱性溶液中，在中性或微碱性或酸性溶液中易歧化生成 MnO_4^- 和 MnO_2。

MnO_4^- 具有较强的氧化性，它的还原产物与溶液酸碱性有关。一般而言，在酸性、中性、强碱性介质中的还原产物依次是 Mn^{2+}、MnO_2、MnO_4^{2-}。

+2 价态的 Fe、Co、Ni 均具有还原性，且还原性依次减弱。

+3 价态的 Fe、Co、Ni 均具有氧化性，且氧化性依次增强，特别是在酸性介质中更为明显，除 $Fe(OH)_3$ 外，$Co(OH)_3$、$Ni(OH)_3$ 与 HCl 作用，均能产生 Cl_2。

Fe、Co、Ni 能形成多种配合物，常见配体有 NH_3、CN^-、SCN^-、F^- 等，Fe 无论二价或三价均难以形成配合物。由于配合物生成，其氧化还原性也发生较大的变化，一般会使高价离子氧化性减弱，低价离子还原性增强。

此外，Fe、Co、Ni 的一些配合物稳定且具有特征颜色，可用于离子鉴定。

三、仪器与试剂

普通试管。

0.1mol·L^{-1} $CrCl_3$、$MnSO_4$、$(NH_4)_2Fe(SO_4)_2$、$FeCl_3$、$CoCl_2$、$NiCl_2$，2mol·L^{-1} NaOH，3% H_2O_2，6mol·L^{-1} HNO_3，0.1mol·L^{-1} $K_2Cr_2O_7$，2mol·L^{-1} H_2SO_4，0.1mol·L^{-1} $Na_2S_2O_3$，0.01mol·L^{-1} $KMnO_4$，400g·L^{-1} NaOH，0.1mol·L^{-1} $K_3[Fe(CN)_6]$，0.1mol·L^{-1} $K_4[Fe(CN)_6]$，0.1mol·L^{-1} KSCN，浓 $NH_3·H_2O$，0.1mol·L^{-1} $NH_3·H_2O$，10g·L^{-1} 丁二酮肟溶液，戊醇，乙醚，MnO_2 固体，$NaBiO_3$ 固体，KSCN 固体，溴水，浓 HCl。

四、实验步骤

1. 氢氧化物生成和性质

分别取 0.5mL 0.1mol·L^{-1} 的 $CrCl_3$、$MnSO_4$、$(NH_4)_2Fe(SO_4)_2$、$FeCl_3$、$CoCl_2$、$NiCl_2$ 溶液，分别滴加 2mol·L^{-1} NaOH 溶液，直至过量［$Fe(OH)_2$ 生成过程中应尽量避免空气进入］。振荡试管，放置，观察现象。写出有关化学反应方程式。

2. 氧化还原性

（1）Cr(Ⅲ) 的还原性

在 1～2 滴自制的 CrO_2^- 溶液中滴加 3 滴 3% H_2O_2 溶液，观察溶液颜色变化。冷却后加入 0.5mL 乙醚，滴入 6mol·L^{-1} HNO_3 酸化，振荡，观察乙醚层是否出现蓝色。写出有关化学反应方程式。

（2）Cr(Ⅵ) 转化平衡和氧化性

取 10 滴 0.1mol·L^{-1} $K_2Cr_2O_7$ 溶液，滴加 2mol·L^{-1} NaOH 溶液使呈碱性，观察溶液颜色变化，再滴加 2mol·L^{-1} H_2SO_4 酸化，观察溶液颜色变化。写出有关反应方程式。

另取 0.5mL 0.1mol·L^{-1} $K_2Cr_2O_7$ 溶液，滴加 2mol·L^{-1} H_2SO_4 酸化，再滴加少量 0.1mol·L^{-1} $Na_2S_2O_3$ 溶液，观察溶液颜色变化。写出有关化学反应方程式。

（3）Mn(Ⅱ) 的还原性

取 5 滴 0.1mol·L^{-1} $MnSO_4$ 溶液，加入少量 $NaBiO_3$ 固体，再滴入 6mol·L^{-1} HNO_3，振荡，必要时可微热试管，观察溶液颜色变化。写出有关化学反应方程式。

（4）Mn(Ⅵ) 的生成和歧化

取几滴 0.01mol·L^{-1} $KMnO_4$ 溶液，加入 1mL 400 g·L^{-1} NaOH 溶液，再加入少量 MnO_2 固体，微热，振荡，离心分离，观察上层清液颜色。取少量上层清液，滴加 2mol·L^{-1} H_2SO_4 酸化，观察现象。写出有关化学反应方程式。

（5）Mn(Ⅶ) 的氧化性

在三支试管中各取少量 0.01mol·L^{-1} $KMnO_4$ 溶液，然后分别加入 2mol·L^{-1} H_2SO_4、H_2O 和 400g·L^{-1} NaOH 溶液数滴，再在各试管中加入 0.1mol·L^{-1} $Na_2S_2O_3$ 溶液数滴。观察溶液颜色。写出有关化学反应方程式。

（6）Co(Ⅲ)、Ni(Ⅲ) 的氧化性

在自制的 $Co(OH)_2$、$Ni(OH)_2$ 中滴入数滴溴水，分别得到 $Co(OH)_3$ 和 $Ni(OH)_3$ 沉淀，再在两沉淀中分别滴加浓 HCl，用湿润的淀粉碘化钾试纸检验生成的气体。写出有关的化学反应方程式。

3. 配合物的生成和离子鉴定

（1）铁配合物

在 Fe^{2+} 溶液中滴加 0.1mol·L^{-1} $K_3[Fe(CN)_6]$ 溶液，在 Fe^{3+} 溶液中分别滴加 0.1mol·L^{-1} $K_4[Fe(CN)_6]$ 和 0.1mol·L^{-1} KSCN 溶液。观察现象并写出有关化学反应方程式。

另取 Fe^{3+} 和 Fe^{2+} 溶液，分别滴加浓 $NH_3 \cdot H_2O$ 直至过量，观察现象，写出有关化学反应方程式。

（2）钴配合物

① 在 0.1mol·L^{-1} $CoCl_2$ 溶液中滴加浓 $NH_3 \cdot H_2O$ 直至生成的沉淀刚好溶解，静置一段时间，观察现象。写出有关化学反应方程式。

② 在 0.1mol·L^{-1} $CoCl_2$ 溶液中加入少量 KSCN 固体，再滴入数滴戊醇和乙醚，振荡后，观察水相和有机相的颜色。该反应可用于 Co^{2+} 的鉴定。

（3）镍配合物

① 在 0.1mol·L^{-1} $NiCl_2$ 溶液中滴加浓 $NH_3·H_2O$ 直至生成的沉淀刚好溶解，静置一段时间，观察溶液颜色有无变化。写出有关化学反应方程式。

② 在点滴板中取 5 滴 0.1mol·L^{-1} $NiCl_2$ 溶液，加入 5 滴 0.1mol·L^{-1} $NH_3·H_2O$，再加入数滴 10g·L^{-1}丁二酮肟溶液，观察沉淀颜色，该反应可鉴定 Ni^{2+} 存在。

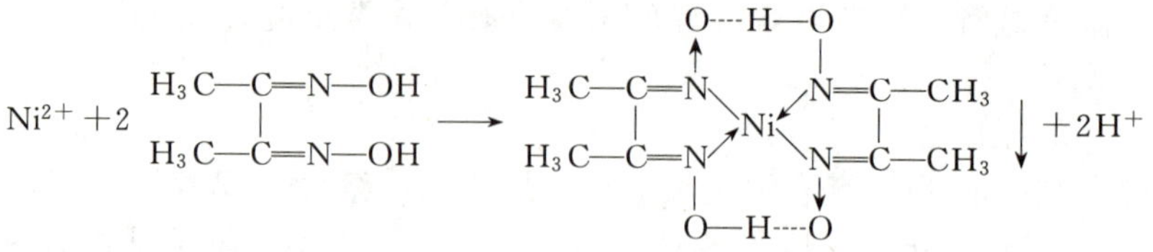

（鲜红色）

【思考题】

1. 试验 $K_2Cr_2O_7$ 或 $K_2Cr_2O_4$ 以及 $KMnO_4$ 或 K_2MnO_4 溶液氧化性时，为什么酸化试剂通常用 H_2SO_4，而不是用 HCl?

2. 一未知液中可能含有 Cr^{3+}、Mn^{2+}、Fe^{2+}、Co^{2+}、Ni^{2+}，如何鉴定各离子的存在并将它们分离开来?

实验 2-12 硫酸铜的制备

一、实验目的

1. 熟悉利用废铜氧化法制备硫酸铜的原理和方法。
2. 学会间接碘量法测定铜含量。
3. 巩固无机物制备中的加热、过滤、重结晶等基本操作。

二、实验原理

1. 制备及提纯

$CuSO_4·5H_2O$ 俗称胆矾或蓝矾，易溶于水，难溶于乙醇，在干燥空气中会风化，加热至 230℃时会失去全部结晶水成白色无水 $CuSO_4$。它是重要的工业原料，也常用作印染工业的媒染剂、防腐剂等。

制备 $CuSO_4·5H_2O$ 的方法有多种，主要有废铜粉焙烧氧化法和废铜的 HNO_3-H_2SO_4 氧化法。本实验采用后一种方法制备 $CuSO_4·5H_2O$。有关反应如下：

$$Cu+2HNO_3+H_2SO_4 \longrightarrow CuSO_4+2NO_2\uparrow+2H_2O$$

$$CuO+2H^+ \longrightarrow Cu^{2+}+H_2O$$

反应后溶液中不溶性杂质可用过滤的方法除去，可溶性杂质主要为 Fe^{2+} 和 Fe^{3+}，除去的方法为：先将 Fe^{2+} 用氧化剂（如 H_2O_2 等）氧化为 Fe^{3+}，再调节溶液 pH 值至 3 左右，Fe^{3+} 以 $Fe(OH)_3$ 形式沉淀除去。

$$2Fe^{2+}+2H^++H_2O_2 \longrightarrow 2Fe^{3+}+2H_2O$$

$$Fe^{3+}+3H_2O \longrightarrow Fe(OH)_3\downarrow+3H^+$$

所得硫酸铜溶液因为 $CuSO_4·5H_2O$ 在水中溶解度随温度变化大，可用蒸发浓缩结晶过滤的方法，得到较为纯净的蓝色水合硫酸铜晶体。

2. 组成分析

硫酸铜晶体中结晶水的数目可用间接碘量法来测定。其原理为：在弱酸介质中，通常用 NH_4HF_2 控制溶液 pH 值为 3.5～4.0（或加入 H_3PO_4 和 NaF）。这种介质对测定铜矿和铜合金特别有利，因铜矿中含有的 Fe，As，Sb 及铜合金中的 Fe 对铜的测定有干扰，而 F^- 可以掩蔽 Fe^{3+}，且 pH＞3.5 时，五价的 As，Sb 不能氧化 I^-，反应如下：

$$2Cu^{2+} + 4I^- \longrightarrow 2CuI\downarrow + I_2$$

反应生成的 I_2 用淀粉作为指示剂，用标准的 $Na_2S_2O_3$ 溶液滴定：

$$I_2 + 2S_2O_3^{2-} \longrightarrow 2I^- + S_4O_6^{2-}$$

CuI 沉淀表面易吸附 I_2 使终点变色不够敏锐且产生误差，使测定结果偏低。通常采取终点前加入 KSCN，使 CuI 沉淀转化为溶度积更小的 CuSCN 沉淀。

$$CuI + SCN^- \longrightarrow CuSCN + I^-$$

CuSCN 更容易吸收 SCN^-，从而释放出 I_2 使滴定趋于完全。

三、仪器与试剂

滴定管（10mL）、吸滤装置、烧杯、容量瓶、吸量管、蒸发皿、水浴锅、台秤、分析天平等。

铜屑、H_2SO_4（$3mol\cdot L^{-1}$）、HNO_3（浓）、H_3PO_4（浓）、KI（$1mol\cdot L^{-1}$）、淀粉溶液（$2g\cdot L^{-1}$）、KSCN（$100g\cdot L^{-1}$）、NaF（$0.5mol\cdot L^{-1}$）、标准 $Na_2S_2O_3$（$0.100mol\cdot L^{-1}$）。

四、实验步骤

1. 称取 3g 铜屑（粉）放入蒸发皿中，加入 11mL $3mol\cdot L^{-1}$ H_2SO_4，再分批加入 5mL 浓 HNO_3，待反应缓和后盖上表面皿，水浴加热。在加热过程中补加 6mL $3mol\cdot L^{-1}$ H_2SO_4 和 1mL 浓 HNO_3（加入酸量取决于反应情况而定）。待 Cu 近于全部溶解后，趁热用倾析法将溶液转移至小烧杯中。然后再将溶液转回已洗净的蒸发皿中，水浴加热，浓缩至表面有晶膜出现。取下蒸发皿，冷却，析出粗 $CuSO_4\cdot 5H_2O$ 晶体，抽干，称重。

2. 将粗产品以 1∶1.2 的质量比溶于水中，加热使 $CuSO_4\cdot 5H_2O$ 完全溶解，趁热过滤，滤液收集在小烧杯中，让其自然冷却，必要时再加热蒸发，冷却，有晶体析出。抽干称重，计算产率。

3. 取上述晶体约 1.2000g，溶于水后，加入 4mL 浓 H_3PO_4，在 50mL 容量瓶中定容、摇匀。再用吸量管取 5.00mL 上述溶液于 50mL 碘量瓶，加入 2mL $0.5mol\cdot L^{-1}$ NaF，振荡后加入 2mL $1mol\cdot L^{-1}$ KI 溶液，塞好瓶塞，置暗处 10min 后，加水摇匀，以 $0.100mol\cdot L^{-1}$的标准 $Na_2S_2O_3$ 溶液滴定至呈黄色，加入 1mL $2g\cdot L^{-1}$的淀粉滴定至蓝色消失。再加入 2mL $100g\cdot L^{-1}$的 KSCN 溶液，平行测定三次，计算产品中 $CuSO_4\cdot 5H_2O$ 含量。

【思考题】

1. 浓硝酸在制备硫酸铜过程中的作用是什么？为什么要缓慢加入且用量要尽可能少？
2. 简述本实验中 NaF 和 KSCN 的作用。

实验 2-13 硝酸钾的制备和纯化

一、实验目的

1. 学习利用无机盐类在不同温度下溶解度的差别进行制备的方法。

2. 学习并掌握无机制备中称量、溶解、冷却、过滤、重结晶的基本操作。

二、实验原理

制备 KNO_3 是利用不同物质的溶解度随温度改变而发生不同变化的原理。当 $NaNO_3$ 和 KCl 溶液混合后，溶液中同时存在 Na^+、K^+、Cl^- 和 NO_3^- 四种离子，它们可以组成四种盐类，其不同温度下溶解度有着较大的差别。升高温度，NaCl 的溶解度几乎没有多大改变，而 KNO_3 的溶解度却增大得很快（图 2-14）。在高温下，蒸发溶剂，除去 NaCl。然后，冷却降温，KNO_3 达到饱和，析出晶体，得到粗产品。

$$KCl + NaNO_3 \xlongequal{\quad} KNO_3 + NaCl$$

初次结晶得到的晶体中常会混有可溶性杂质，需要将所得晶体溶于少量溶剂中，重结晶提纯产物。

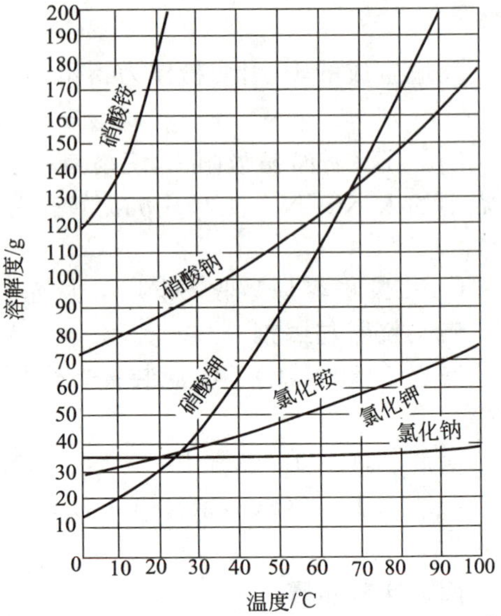

图 2-14　不同温度下的溶解度

三、仪器与试剂

试管，烧杯，滴管，酒精灯，蒸发皿，表面皿等。

$NaNO_3$，KCl，稀硝酸，0.1mol·L^{-1} $AgNO_3$。

四、实验步骤

（1）制备 KNO_3 粗品

称取 17g $NaNO_3$ 和 15g KCl 放入 100mL 小烧杯中，加 30mL H_2O，加热溶解后标记，继续加热蒸发至原溶液体积 2/3，趁热过滤。在滤液中加入沸水 15mL 并转移到烧杯中加热浓缩至原体积的 3/4，冷却，抽滤。称重，计算产率。

（2）KNO_3 提纯

除保留少量粗产品供纯度检验外，按粗产品∶水＝2∶1（质量比）的比例，将粗产品溶于蒸馏水中。加热、搅拌，待晶体全部溶解后停止加热。待溶液冷却至室温后抽干。然后将 KNO_3 晶体转移到表面皿上，水浴烘干，称重，计算产率。

（3）检验纯度

分别取 0.1g 粗产品和重结晶后的 KNO_3 晶体放入小试管中，各加 2mL 蒸馏水配成溶液，各加 1 滴稀 HNO_3 酸化，再加 2 滴 0.1mol·L^{-1} $AgNO_3$ 溶液，观察现象。

【思考题】

1. 何谓重结晶？本实验涉及哪些基本操作？
2. 能否将除去 NaCl 后的滤液直接冷却制取 KNO_3？
3. 实验中为何要趁热过滤除去 NaCl 晶体？

实验 2-14　$[Cu(NH_3)_4]SO_4$ 的制备和组成分析

一、实验目的

1. 了解硫酸四氨合铜（Ⅱ）的制备步骤并掌握其组成的测定方法。
2. 掌握蒸馏法测定氨的技术。

二、实验原理

1. 硫酸四氨合铜（Ⅱ）的制备

$[Cu(NH_3)_4]SO_4$ 是常用的杀虫剂、媒染剂，在碱性镀铜中也常用作电镀液的主要成分，在工业上用途广泛。该配合物是一种绛蓝色的晶体，常温下易与空气中的水和二氧化碳反应而碱化，变成绿色的粉末。其制备的主要原理是：

$$CuSO_4 + 4NH_3 + H_2O = [Cu(NH_3)_4]SO_4 \cdot H_2O$$

由于其中配位的氨在受热时容易失去，该配合物制备时不宜选用蒸发等方法。

通常在 $[Cu(NH_3)_4]SO_4$ 的制备中有两种方法来析出晶体。

① 向硫酸铜溶液中通入过量氨气，并加入一定量硫酸钠晶体，使硫酸四氨合铜晶体析出。

② 由于 $[Cu(NH_3)_4]SO_4$ 在乙醇溶液中的溶解度远小于在水中的溶解度，通过向硫酸铜溶液中加入浓氨水，再加入浓乙醇溶液使其结晶析出。

2. 组分分析

① NH_3 含量的测定

$$[Cu(NH_3)_4]SO_4 + 2NaOH = CuO\downarrow + 4NH_3\uparrow + Na_2SO_4 + H_2O$$

$$NH_3 + HCl(过量) = NH_4Cl$$

$$HCl(剩余量) + NaOH = NaCl + H_2O$$

② SO_4^{2-} 含量的测定

$$SO_4^{2-} + Ba^{2+} = BaSO_4\downarrow$$

③ Cu^{2+} 含量的测定　分光光度法。

三、仪器及试剂

锥形瓶、导气管、酒精灯、铁架台、试管、坩埚、720 型分光光度计等。

$CuSO_4 \cdot 5H_2O$、95％乙醇、浓氨水、乙醚、10％ NaOH、0.5000mol・L^{-1} HCl、0.5000mol・L^{-1} NaOH、0.1％甲基红、6mol・L^{-1} HCl、0.1mol・L^{-1} $BaCl_2$、0.1mol・L^{-1} $AgNO_3$、6mol・L^{-1} H_2SO_4、1mol・L^{-1}氨水、2mol・L^{-1}氨水。

四、实验步骤

1. $[Cu(NH_3)_4]SO_4$ 的制备

称取 10g $CuSO_4 \cdot 5H_2O$ 置于 100mL 烧杯中，加入 14mL 蒸馏水充分溶解后加入浓氨水 20mL，沿烧杯壁缓慢滴加 95％乙醇 35mL，盖上表面皿后静置。析出晶体后抽滤，晶体用乙醇与浓氨水 1∶2 的混合液洗涤，并用乙醇和乙醚的混合液淋洗。50～60℃烘干称重。

2. $[Cu(NH_3)_4]SO_4$ 的组成测定

(1) NH_3 的测定

准确称取 0.2g 左右的试样，放入 250mL 锥形瓶中，加入 80mL 水溶解，然后加入 10mL 10％ NaOH 溶液于小试管中。在另一锥形瓶中准确移取 30～35mL 0.5000mol・L^{-1} 标准 HCl 溶液放入冰浴中冷却。

按图 2-15 装配仪器，从漏斗加入 3～5mL 10％ NaOH 溶液于小试管中，漏斗下端插入液面下 2～3cm。加热试样液，近沸腾时改用小火保持微沸 1h 左右，即可将 NH_3 蒸出。蒸馏完毕，取出插入 HCl 的导管，用蒸馏水冲洗导管内外（洗涤液流入氨气吸收瓶）。取出吸收瓶，加入 2 滴 0.1％甲基红溶液，用 0.5000mol/L 标准 NaOH 溶液滴定过剩的 HCl，计算氨的含量。

(2) SO_4^{2-} 的测定

准确称取 0.65g 左右试样（含硫量约 90mg），置于 400mL 烧杯中，加入 25mL 蒸馏水

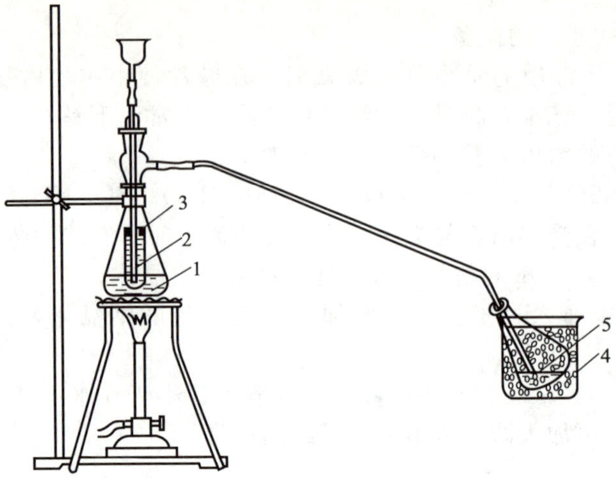

图 2-15　蒸氨装置

1—样品液；2—10% NaOH 溶液；3—切口橡皮塞；4—冰浴；5—标准盐酸溶液

使其溶解稀释至 200mL。

在上述溶液中加入 6mol・L^{-1} 稀盐酸 2mL，盖上表面皿，加热至近沸。取 $BaCl_2$ (0.1mol・L^{-1}) 溶液 30～35mL，加热至沸，搅拌下滴入样品溶液中。当 $BaCl_2$ 即将加完时，静置，于上层清液中加入 1～2 滴 $BaCl_2$，检查沉淀是否完全。盖上表面皿继续加热搅拌陈化约半小时，冷却。

将上层清液用倾注法倒入漏斗中的滤纸上，用一个干净烧杯收集滤液（检查有无穿滤现象，若有，应重新换滤纸）。用少量热蒸馏水洗涤沉淀 3～4 次（每次加入热水 10～15mL），然后将沉淀小心地转移至滤纸上。用洗瓶吹洗烧杯内壁，洗涤液并入漏斗中，并用撕下的滤纸角擦拭玻棒和烧杯内壁，将滤纸角放入漏斗中，再用少量蒸馏水洗涤滤纸上的沉淀（约 10 次），至滤液不显 Cl^- 反应为止（用 0.1mol・L^{-1} $AgNO_3$ 溶液检查）。

取下滤纸，将沉淀包好，置于已恒重的坩埚中，先用小火烘干炭化，再用大火灼烧至滤纸灰化。然后将坩埚转入马弗炉中，在 800～850℃ 灼烧约 30min。取出坩埚，待红热退去，置于干燥器中，冷却 30min 后称量。再重复灼烧 20min，冷却，取出，称量，直至恒重。

根据 $BaSO_4$ 重量计算试样中硫酸的百分含量。

(3) Cu^{2+} 的测定

① 绘制工作曲线

取标准 $CuSO_4$ 溶液（0.2mol・L^{-1}）5.00mL、4.00mL、2.50mL、1.00mL 配制 50mL 浓度分别为 0.02000，0.01600，0.01000，0.00400（mol・L^{-1}）的 $CuSO_4$ 溶液。

取上面配制的四种浓度的 $CuSO_4$ 溶液各 10.00mL，分别加入 10.00mL 氨水溶液（2mol・L^{-1}），混合后用 1cm 比色皿在波长 λ 为 610 nm 的条件下，用 720 型分光光度计测定溶液吸光度，以吸光度 A～Cu^{2+} 浓度作图。

② Cu^{2+} 的含量测定

称取 0.65～0.70g（标准至 0.0002g）样品，用 10mL 水溶解后，滴加 H_2SO_4（6mol・L^{-1}）至溶液从深蓝色变为蓝色（表示配合物已解离），定量转移到 250mL 容量瓶中，稀释至刻度，摇匀。取出 10.00mL，加入 10.00mL 氨水（1mol・L^{-1}），混合均匀后，在与测定工作曲线相同的条件下测定吸光度。

根据测定的吸光度，从工作曲线上找出相应的 Cu^{2+} 浓度，并计算 Cu^{2+} 含量。

五、数据记录与处理

1. 试样质量

2. 计算 NH_3 含量

$$w_{NH_3}=\frac{(c_1V_1-c_2V_2)\times 17.04}{m_s\times 1000}\times 100\%$$

式中，c_1V_1 为标准 HCl 溶液的浓度和体积；c_2V_2 为标准 NaOH 溶液的浓度和体积；m_s 为样品质量；17.04 为 NH_3 的摩尔质量。

3. 计算 SO_4^{2-} 含量

$$w_{SO_4^{2-}}=\frac{m_{BaSO_4}M_{SO_4^{2-}}}{M_{BaSO_4}m_s}\times 100\%$$

4. 计算 Cu^{2+} 含量

$$w_{Cu^{2+}}=\frac{c\times 63.54}{4m_s}\times 100\%$$

式中，c 为工作曲线上查出的 Cu^{2+} 浓度；63.54 为 Cu 摩尔质量。

5. 计算 H_2O 的含量

$$w_{H_2O}=1-w_{NH_3}-w_{SO_4^{2-}}-w_{Cu^{2+}}$$

6. 确定试样的实验式

【附注】

1. 组分含量的理论值：Cu^{2+} 25.86%，NH_3 27.73%，SO_4^{2-} 39.08%，H_2O 7.33%。
2. 实验前，应预习和本实验有关的基本操作相关内容。
3. 溶液加热近沸，但不应煮沸，防止溶液溅失。
4. $BaSO_4$ 沉淀的灼烧温度应控制在 800～850℃，否则，$BaSO_4$ 将与碳作用而被还原。
5. 检查滤液中的 Cl^- 时，用小表面皿收集 10～15 滴滤液，加 2 滴 $AgNO_3$ 溶液，观察是否出现浑浊，若有浑浊则需继续洗涤。

【思考题】

1. 试拟出测定硫酸四氨合铜中 SO_4^{2-} 含量的实验步骤。
2. 硫酸四氨合铜中 NH_3、SO_4^{2-}、Cu^{2+} 还可以用哪些方法测定？

实验 2-15 常温固相合成纳米氧化锌

一、实验目的

1. 了解绿色化学实验概念，熟悉固相化学反应。
2. 学会纳米氧化锌材料的制备和初步表征。

二、实验原理

传统的化学合成往往是在溶液里或气相中进行，由于受到耗能高、时间长、环境污染严重以及工艺复杂等的限制而越来越多地受到排斥。面临传统的合成方法受到的严峻挑战，化学家们正致力于合成手段的战略革新，力求使合成工艺合乎节能、高效的绿色生产要求，于是越来越多的化学家将目光转向被人类最早利用的化学过程之一——固相化学反应。

固相反应不使用溶剂，具有高选择性、高产率、工艺过程简单等优点，已成为固体材料合成的主要手段之一。根据反应发生的温度，固相反应分为三类，即反应温度低于100℃的低热固相反应，反应温度介于100～600℃之间的中热固相反应以及反应温度高于600℃的高热固相反应。本实验采用低热固相反应制备纳米氧化锌。

纳米氧化锌是近年来发现的一种新型纳米材料。所谓纳米材料是指由极细的晶粒组成，粒子尺寸在1～100nm。由于极细的晶粒具有明显的表面效应、体积效应、量子尺寸效应和宏观隧道效应，在催化、光学、磁性、力学等方面具有许多特异功能，使其在陶瓷、化工、电子、光学、生物、医药等许多方面有重要的应用价值，其前景非常广阔。纳米氧化锌的制备方法有大量报道。本实验采用碳酸锌作为前驱体分解得到纳米氧化锌。

三、仪器与试剂

研钵、烘箱、红外干燥器、托盘天平、抽滤瓶等。

$ZnSO_4 \cdot 7H_2O(s)$、无水$Na_2CO_3(s)$、无水乙醇。

四、实验步骤

1. 前驱体碳酸锌的制备

称取14.5g的$ZnSO_4 \cdot 7H_2O$和5.5g无水Na_2CO_3分别研磨10min，充分混合研磨10min，100℃远红外干燥2h，得到前驱体碳酸锌。

2. 纳米氧化锌的制备

将干燥后的前驱体在200℃焙烧1h，经重量分析，确定碳酸锌已全部分解为氧化锌。

3. 纳米氧化锌的纯化

将焙烧后的氧化锌用去离子水洗至无SO_4^{2-}，再用无水乙醇洗涤3次，减压过滤，然后再120℃干燥得到纯净的纳米氧化锌产品。

4. 纳米氧化锌的表征

纳米氧化锌可用X射线粉末衍射（XRD）和透射电子显微镜表征。

【思考题】

1. 查阅有关文献，熟悉绿色化学实验和固相反应合成。

2. 在理论上，在焙烧碳酸锌制备氧化锌过程中，失重多少可表明碳酸锌已全部分解？

【参考文献】

[1] 张永康，刘建本，易保华等. 常温固相反应合成纳米氧化锌. 精细化工，2000，17（6）：343-344.
[2] 周益明，忻新泉. 低温固相合成化学. 无机化学学报，1999，15（3）：273-290.

第三章　分析化学实验部分

一、学生须知

1. 课程目的

(1) 正确、熟练地掌握分析化学实验的基本操作技能，学习并掌握典型的分析方法。

(2) 将所学的理论知识与实验结合起来，培养动手能力和统筹安排能力。

(3) 确立“量”、“误差”和“有效数字”的概念，学会正确、合理地选择实验条件和实验仪器，以保证实验结果的可靠性。

(4) 通过自拟方案实验，培养分析问题和解决问题的能力；如信息、资料的收集与整理，数据的记录与分析，问题的提出与证明，观点的表达与讨论。

(5) 培养严谨的科学态度和实事求是、一丝不苟的科学作风；达到科学工作者应有的基本素质。

2. 课程要求

(1) 认真写好实验预习报告，理解实验原理，了解实验步骤，思考影响实验结果准确性的实验要点，未写预习报告者不得进入实验室进行实验。

(2) 所有实验数据，尤其是各种测量的原始数据，必须及时记录在预习报告本或专用实验记录本上。并在实验结束后写在实验室准备的本课程实验数据记录本上，以便于教师批改实验报告时对照，不得涂改原始实验数据。

(3) 认真阅读“实验室使用规则”和“天平室使用规则”，遵守实验室的各项规章制度。了解消防设施和安全通道的位置。树立环境保护意识，节约试剂，尽量降低化学物质（特别是有毒有害试剂以及洗液、洗衣粉等）的消耗。多班级实验中，能回收的试液尽量回收重复使用。

(4) 低毒废液直接倒入水槽，沉淀废渣倒入废液桶，不可将废渣倒入水槽，不可在水槽里洗拖把，以免堵塞下水道；废纸和火柴梗可丢弃地面方便清扫，碎玻璃及时清扫到实验室外的垃圾桶。

(5) 提前10min进入实验室，将预习实验报告和上次实验报告交给组长，准备本次实验仪器和试剂。

(6) 保持室内安静，保持实验台面清洁整齐。爱护仪器和公共设施，树立良好的公共道德。

3. 实验课评分标准

实验数据及结果30%；实验操作及技能30%；预习、记录及其他30%；纪律与卫生10%。

二、对教师的要求

(1) 必须仔细阅读实验教材，认真备课。实验前做实验准备，若因故不能完成实验准备，则可请实验准备教师代为完成，并做好实验准备记录。

(2) 每次实验应提前进入实验室，检查实验设施，熟悉药品摆放等。实验过程中不得擅自离开，若临时有事须向主讲教员请假或请实验准备教师代为管理。

(3) 实验结束后，提醒学生整理好台面；检查值日情况，检查水、电、气、门窗、钥匙柜。然后告知实验室值班人员，经检查后方可离开。着白色实验服，关闭手机。

(4) 热情、负责地对待每一位学生，严格要求，态度和蔼，为人师表。

第一节　化学分析实验部分

实验 3-1　分析化学实验仪器的认领、清洗和干燥

一、实验目的

1. 学习基础化学实验室规则和安全守则，建立常用玻璃仪器管理责任制。

2. 领取并熟悉基础化学实验常用仪器，熟悉其名称、规格、用途、性能及使用方法。

3. 学会并练习常用仪器的洗涤和干燥方法。

二、实验原理

1. 玻璃仪器的洗涤

化学实验所用的玻璃仪器必须是十分洁净的，否则会影响实验效果，甚至导致实验失败。洗涤时应根据污物性质和实验要求选择不同方法。洁净的玻璃仪器的内壁应能被水均匀地润湿而不挂水珠，并且无水的条纹。一般而言，附着在仪器上的污物既有可溶性物质，也有尘土、不溶物及有机物等，常见洗涤方法如下。

(1) 刷洗法

用水和毛刷刷洗仪器，可以去掉仪器上附着的尘土、可溶性物质及易脱落的不溶性物质，注意使用毛刷刷洗时，不可用力过猛，以免戳破容器。

(2) 合成洗涤剂法

去污粉是由碳酸钠、白土、细沙等混合而成的。它利用 Na_2CO_3 的碱性具有强的去污能力，细沙的摩擦作用，白土的吸附作用，增加了对仪器的清洗效果。先将待洗仪器用少量水润湿后，加入少量去污粉，再用毛刷擦洗，最后用自来水洗去去污粉颗粒，并用蒸馏水洗去自来水中带来的钙、镁、铁、氯等离子，每次蒸馏水的用量要少（本着“少量、多次”的原则）。其他合成洗涤剂也有较强的去污能力，使用方法类似于去污粉。

(3) 铬酸洗液法

这种洗液是由浓 H_2SO_4 和 $K_2Cr_2O_7$ 配制而成的（将 25g $K_2Cr_2O_7$ 置于烧杯中，加 50mL 水溶解，然后在不断搅拌下，慢慢加入 450mL 浓 H_2SO_4），呈深褐色，具有强酸性、强氧化性，对有机物、油污等的去污能力特别强。太脏的仪器应用水冲洗并倒尽残留的水后，再加入铬酸洗液润洗，以免洗液被稀释。洗液可反复使用，用后倒回原瓶并密闭，以防吸水。当洗液由棕红色变为绿色时即失效。可再加入适量 $K_2Cr_2O_7$ 加热溶解后继续使用。实验中常用的移液管、容量瓶和滴定管等具有精确刻度的玻璃器皿，可恰当地选择洗液来洗。但铬酸洗液具有很强的腐蚀性和毒性，故近年来较少使用。NaOH/乙醇溶液洗涤附着有机物的玻璃器皿效果较好。

(4)“对症”洗涤法

针对附着在玻璃器皿上不同物质的性质，采用特殊的洗涤法，如硫黄用煮沸的石灰水；难溶硫化物用 HNO_3/HCl；铜或银用 HNO_3；AgCl 用氨水；煤焦油用浓碱；黏稠焦油状有机物用回收的溶剂浸泡；MnO_2 用热浓盐酸等。光度分析中使用的比色皿等，系光学玻璃制成，不能用毛刷刷洗，可用 HCl-乙醇浸泡、润洗。

2. 玻璃仪器的干燥

(1) 空气晾干

又叫风干，是最简单易行的干燥方法，只要将仪器在空气中放置一段时间即可。

（2）烤干

将仪器外壁擦干后用小火烘烤，并不停转动仪器，使其受热均匀。该法适用于试管、烧杯、蒸发皿等仪器的干燥。

（3）烘干

将仪器放入烘箱中，控制温度在105℃左右烘干。待烘干的仪器在放入烘箱前应尽量将水倒净并放在金属托盘上。此法不能用于精密度高的容量仪器。

（4）吹干

用电吹风吹干。

（5）有机溶剂法

先用少量丙酮或无水乙醇使内壁均匀润湿后倒出，再用乙醚使内壁均匀润湿后倒出，再依次用电吹风冷风和热风吹干，此种方法又称为快干法。

三、仪器与试剂

基础化学实验常用仪器一套（规格与数量请与柜子里的清单对照）。

$K_2Cr_2O_7$(s)，H_2SO_4(浓)、NaOH(s)、去污粉、丙酮、无水乙醇、乙醚。

四、实验步骤

1. 排固定实验位置，每位同学有自己的柜子，自己管理自己的实验仪器。
2. 按仪器清单认领基础化学实验所需常用仪器，并熟悉其名称、规格、用途、性能及其使用方法和注意事项。
3. 配制铬酸洗液，洗涤已领取的仪器。
4. 选用适当方法干燥洗涤后的仪器。

实验 3-2 常用阳离子混合液的分离与鉴定

一、实验目的

1. 学会离心分离操作方法，熟悉离心机的使用。
2. 学会沉淀的生成、洗涤、转移等操作。
3. 初步了解阳离子分离的一般原理。
4. 熟悉 Ag^+、Ba^{2+}、Fe^{3+}、Cu^{2+}、K^+ 等常见阳离子的有关性质。

二、实验原理

在生产和科研中，我们经常需要知道物质中含有哪些组分，即对物质进行定性分析。随着仪器分析的发展，越来越多的组分可以通过仪器简单地加以分析，但在很多情况下，传统的定性分析方法仍不失为一种方便而有效的分析方法。

在实际的工作中，由于需分析的物质多数情况下是复杂的物质或是多种离子的混合溶液，在鉴定其中某种离子时，常会遇到其他共存离子的干扰。所以，在分析工作中常需进行分离处理或将产生干扰的离子进行掩蔽。

就阳离子的分析而言，由于阳离子的种类较多，常见的有20多种，个别定性检出时，亦容易发生相互干扰。所以，一般阳离子分析利用阳离子的某些共同特性，先分成几组，然后再根据阳离子的个别特性加以检出。凡能使一组阳离子在适当的条件下生成沉淀而与其他组阳离子分离的试剂称为组试剂。利用不同组试剂把阳离子逐级分离再进行检出的方法，叫做阳离子的系统分析。在阳离子系统分析中，利用不同的组试剂有多种不同的分组方案，其中硫化氢系统分析法和两酸两碱系统分析法是应用最广泛的两种分析方法。

1. 硫化氢系统分析法

此方法依据各阳离子硫化物溶解度的差异以及其氯化物、碳酸盐溶解度的不同，以 HCl、H_2S、$(NH_4)_2S$、$(NH_4)_2CO_3$ 为组试剂，将 20 多种常用阳离子：Ag^+、Hg_2^{2+}、Pb^{2+}、Bi^{3+}、Cu^{2+}、Cd^{2+}、Hg^{2+}、As(Ⅲ，Ⅴ)、Sb(Ⅲ，Ⅴ)、Sn(Ⅱ，Ⅳ)、Al^{3+}、Cr^{3+}、Fe^{3+}、Fe^{2+}、Mn^{2+}、Zn^{2+}、Co^{2+}、Ni^{2+}、Ba^{2+}、Sr^{2+}、Ca^{2+}、Mg^{2+}、K^+、Na^+、NH_4^+ 分为五个组，从而消除了不同组离子之间的干扰。分组方案如图 3-1 所示。

在上述组试剂中，由于 H_2S 气体毒性较大，而且制备也不太方便，在实际工作中，常选用硫代乙酰胺 CH_3CSNH_2（通常简写为 TAA）的水溶液代替 H_2S 作为沉淀剂。同时，硫代乙酰胺在不同的介质中加热时还可发生不同的水解作用，因而亦可代替 $(NH_4)_2S$ 作为沉淀剂。

TAA 在酸性溶液中加热水解产生 H_2S，故可代替 H_2S：

$$CH_3CSNH_2 + H^+ + 2H_2O \longrightarrow CH_3COOH + NH_4^+ + H_2S\uparrow$$

TAA 在氨性溶液中加热水解生成 HS^-，相当于 $(NH_4)_2S$ 的作用：

$$CH_3CSNH_2 + 2NH_3 \longrightarrow CH_3C(NH_2)NH + NH_4^+ + HS^-$$

由于硫代乙酰胺的沉淀作用属于均相沉淀，所得硫代物一般具有良好的晶形，易于分离和洗涤，共沉淀现象也较少，是一种较好的沉淀剂。

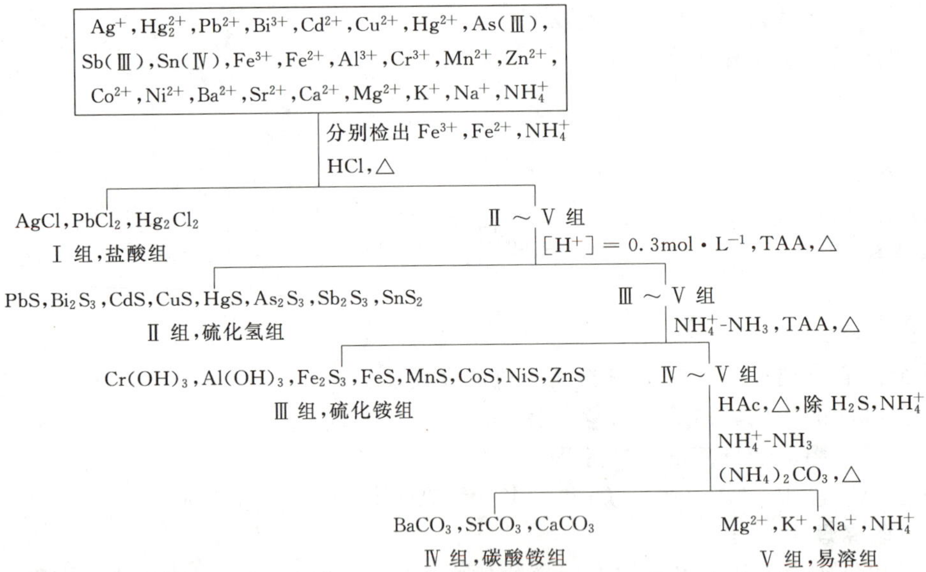

图 3-1　阳离子的硫化氢系统分组方案

2. 两酸两碱系统分析法

此方法主要依据各阳离子氯化物、硫酸盐、氢氧化物的溶解度不同，以两酸（HCl、H_2SO_4）、两碱（$NH_3 \cdot H_2O$、NaOH）为组试剂，将 20 多种阳离子分成五组（图 3-2）。每组分出后，继续再进行组内分离，直至鉴定时相互不发生干扰为止。在实际分析中，如果发现某组离子整组不存在（无沉淀产生），这组离子的分析就可省去，从而简化了分析的手续。常见阳离子的主要鉴定反应请参阅有关书籍。

本实验选取了 Ag^+、Ba^{2+}、Fe^{3+}、Cu^{2+}、K^+ 五种常见的阳离子加以分离鉴定，给出了两酸两碱法分析示例。请阅读有关阳离子系统分析的材料，设计用硫化氢系统和其他方案

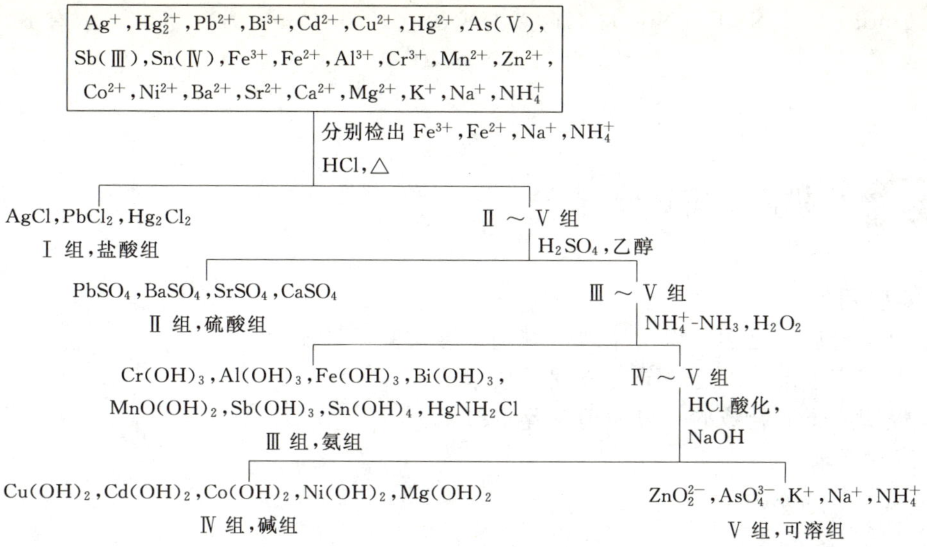

图 3-2　阳离子的两酸两碱系统分组方案

分离鉴定这五种阳离子。

三、仪器与试剂

常备仪器、离心机、铂丝等。

HCl ($3mol \cdot L^{-1}$、浓)、HNO_3 ($6mol \cdot L^{-1}$)、H_2SO_4 ($3mol \cdot L^{-1}$)、氨水 ($6mol \cdot L^{-1}$)、NH_4SCN (饱和)、NaOH ($6mol \cdot L^{-1}$)、HAc ($6mol \cdot L^{-1}$)、$Na_3Co(NO_2)_6$ ($0.1mol \cdot L^{-1}$)。

四、实验步骤

在离心管中加入 Ag^+、Ba^{2+}、Fe^{3+}、Cu^{2+}、K^+ 试液各 4 滴，摇匀备用。

1. Ag^+ 的分离鉴定

混合液加入 $3mol \cdot L^{-1}$ HCl 溶液 2 滴，搅拌，离心沉淀，再在清液上加 $3mol \cdot L^{-1}$ HCl 1 滴，证实沉淀已经完全后，清液倾出按“2”处理。分离得到的沉淀以含 HCl 的水洗一次，加 $6mol \cdot L^{-1}$ 氨水 5～10 滴，充分摇动至沉淀溶解，滴加 $6mol \cdot L^{-1}$ HNO_3 溶液，又生成白色沉淀，示有 Ag^+。

2. Ba^{2+} 的分离鉴定

在“1”分离得到的清液中加入 $3mol \cdot L^{-1}$ H_2SO_4 2 滴，搅拌，离心分离，清液倾出按“3”处理。沉淀用蒸馏水洗涤后，加浓 HCl 数滴，以铂丝蘸取，在无色火焰上灼烧，若焰色反应呈黄绿色，示有 Ba^{2+}。

3. Fe^{3+} 的分离鉴定

在“2”得到的清液中滴加 $6mol \cdot L^{-1}$ 氨水至有明显的氨臭，加热，搅拌，离心分离。清液倾出按“4”处理。沉淀用 $3mol \cdot L^{-1}$ HCl 溶解，取 1 滴于点滴板上，加饱和 NH_4SCN 1 滴，溶液如呈血红色，示有 Fe^{3+}。

4. Cu^{2+} 的分离鉴定

“3”得到的清液若为深蓝色，则表示有 Cu^{2+} 存在。滴加 $6mol \cdot L^{-1}$ NaOH 并水浴加热至沉淀完全，离心分离，清液倾出按“5”处理。

5. K^+ 的鉴定

将“4”得到的清液中 NH_4^+ 除去，加入 $6mol \cdot L^{-1}$ HAc 使成弱酸性，取 1 滴于点滴板上，加 0.1mol·L^{-1} $Na_3Co(NO_2)_6$ 1 滴，生成黄色 $K_2NaCo(NO_2)_6$ 沉淀，示有 K^+。

实验 3-3 无机离子定性分析

一、实验目的

1. 学会综合运用化学知识及原理，掌握定性实验设计能力。
2. 掌握阳离子混合液逐一分离原理及技术。
3. 掌握阴离子混合液的分离原理及鉴定技术。

二、实验要求

1. 卤离子的沉淀。
2. Cl^- 的分离和鉴定。
3. B^- 和 I^- 的鉴定。

三、仪器与试剂

离心管、离心机、滴管、玻棒、酒精灯、烧杯、试管夹等。

对应提供 HNO_3（6mol·L^{-1}）、H_2SO_4（3mol·L^{-1}）、$AgNO_3$ 溶液、$(NH_4)_2CO_3$ 溶液（120g·L^{-1}）、苯（或 CCl_4）、新制氯水、Zn 粉。

四、实验步骤

取 1 滴 I^- 试液和 Cl^-、Br^- 试液各 2 滴于离心试管中，配成混合试液。注意选择玻棒能够伸入底部的离心管，方便搅拌！

1. 卤离子的沉淀

向混合试液中加 1 滴 6mol·L^{-1} HNO_3 酸化，加 2 滴 $AgNO_3$ 至沉淀完全，加热，离心沉降，将离心液吸出弃去，沉淀以水洗 2～3 次，按“2”处理。

2. Cl^- 的分离和鉴定

在沉淀上滴加 20～30 滴 120g·L^{-1} $(NH_4)_2CO_3$，充分搅拌，离心沉降，吸出离心液，滴加 KBr，出现浓厚的浑浊，示有 Cl^-。

3. 将溴和碘转入溶液

在沉淀上加少许 Zn 粉和 5 滴水，充分搅拌，离心沉降，取离心液按“4”处理。

4. Br^- 和 I^- 的鉴定

取“3”的离心液，以 3mol·L^{-1} H_2SO_4 酸化，加苯（CCl_4）3～4 滴，然后滴加氯水，边加边摇，观察苯层颜色，如出现紫色，示有 I^-。继续滴加氯水，如紫色消失后出现红棕色或黄色，示有 Br^-。

实验 3-4 分析天平的使用及称量练习——差量称量法

一、实验目的

1. 了解分析天平的构造，掌握分析天平的正确操作和使用规则。

2. 学会天平零点的调节。

3. 学会差量称量法。

二、仪器与试剂

台秤、电光分析天平、电子天平、表面皿、药匙、电子分析天平（精度 0.1mg）等。

试样（细沙或 NaCl 试样）。

三、半自动电光分析天平的基本构造及使用方法

1. 分析天平的构造原理

天平是根据杠杆原理制成的，它用已知重量的砝码来衡量被称物体的重量。在分析工作中，通常说称量某物质的重量，实际上称得的都是物质的质量。

2. 基本构造

见图 3-3。

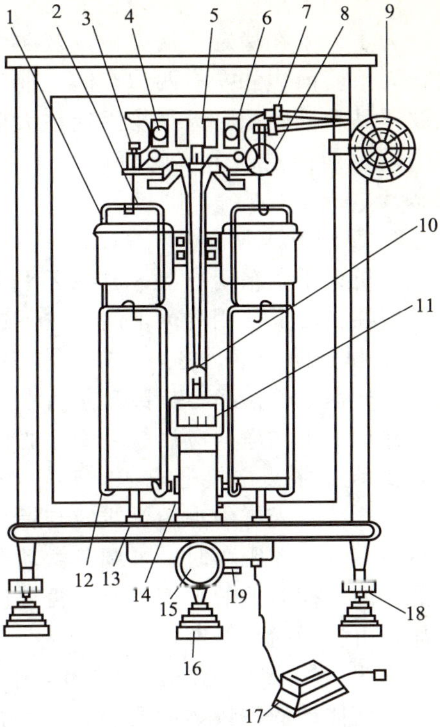

图 3-3 TG-328B 型分析天平的结构

1—横梁；2—平衡铊；3—吊耳；4—指针；5—支点刀；6—框罩；7—圆形砝码；8—指数盘；9—支力销；10—折叶；11—阻尼内筒；12—投影屏；13—秤盘；14—托盘；15—螺旋脚；16—垫脚；17—旋钮；18—零点调节杆；19—调屏拉杆

（1）天平梁

天平梁是天平的主要部件，在梁的中下方装有细长而垂直的指针，梁的中间和等距离的两端装有三个玛瑙三棱体，中间三棱体刀口向下，两端三棱体刀口向上，三个刀口的棱边完全平行且位于同一水平面上。梁的两边装有两个平衡螺丝，用来调整梁的平衡位置（也即调节零点）。

（2）吊耳和秤盘

两个承重刀上各挂一吊耳，吊耳的上钩挂着秤盘，在秤盘和吊耳之间装有空气阻尼器。空气阻尼器是两个套在一起的铝制圆筒，内筒比外筒略小，正好套入外筒，两圆筒间有均匀的空隙，内筒能自由地上下移动。当天平启动时，利用筒内空气的阻力产生阻尼作用，使天平很快达到平衡。

（3）开关旋钮（升降枢）和盘托

天平启动和关闭是通过开关升降枢完成的。需启动时，顺时针旋转开关旋钮，带动升降枢，控制与其连接的托叶下降，天平梁放下，刀口与刀承相承接，天平处于工作状态。需关闭时，逆时针旋转开关旋钮，使托叶升起，天平梁被托起，刀口与刀承脱离，天平处于关闭状态。秤盘下方的底板上安有盘托，也受开关旋钮控制。关闭时，盘托支持着秤盘，防止秤盘摆动，可保护刀口。

（4）机械加码装置

机械加码装置是一种通过转动指数盘加减环形码（亦称环码）的装置。环码分别挂在码钩上。称量时，转动指数盘旋钮将砝码加到承受架上。当平衡时，环码的质量可以直接在砝码指数盘上读出。指数盘转动时可经天平梁上加 10～990mg 砝码，内层由 10～90mg 组合，外层由 100～900mg 组合。大于 1g 的砝码则要从与天平配套的砝码盒中取用（用镊子夹取）。

（5）光学读数装置

光学读数装置固定在支柱的前方。称量时，固定在天平指针上微分标尺的平衡位置可以通过光学系统放大投影到光屏上。标尺上的读数直接表示 10mg 以下的质量，每一大格代表 1mg，每一小格代表 0.1mg。从投影屏上可直接读出 0.1～10mg 以内的数值。

(6) 天平箱

为了天平在稳定气流中称量及防尘、防潮，天平安装在一个由木框和玻璃制成的天平箱内，天平箱前边和左右两边有门，前门一般在清理或修理天平时使用，左右两侧的门分别供取放样品和砝码用。天平箱固定在大理石板上，箱座下装有三个支脚，后面的一个支脚固定不动，前面的两个支脚可以上下调节，通过观察天平内的水平仪，使天平调节到水平状态。

3. 使用方法

分析天平是精密仪器，放在天平室里。天平室要保持干燥清洁。进入天平室后，对照天平号坐在自己要使用的天平前，按下述方法进行操作：

① 掀开防尘罩，将前、左、右三片叠放在天平箱上方。检查天平是否正常：天平是否水平，秤盘是否洁净，指数盘是否在“000”位，环码有无脱落，吊耳是否错位等。如天平内或秤盘上不洁净，应用软毛刷小心清扫。

② 调节零点　接通电源，轻轻顺时针旋转升降枢，启动天平，在光屏上即看到标尺，标尺停稳后，光屏中央的黑线应与标尺中的“0”线重合，即为零点（天平空载时平衡点）。如不在零点，差距小时，可调节微动调节杆，移动屏的位置，调至零点；如差距大时，关闭天平，调节横梁上的平衡螺丝，再开启天平，反复调节，直至零点。若有困难，应报告指导教师，由教师指导调节。

③ 称量　零点调好后，关闭天平。把称量物通常放在左秤盘中央，关闭左门；打开右门，根据估计的称量物的质量，把相应质量的砝码放入右盘中央，然后将天平升降枢半打开，观察标尺移动方向（标尺迅速往哪边跑，哪边就重），以判断所加砝码是否合适并确定如何调整。当调整到两边相差的质量小于 1g 时，应关好右门，再依次调整 100mg 组和 10mg 组环码，每次均从中间量开始调节，即使用“减半加减码”的顺序加减砝码，可迅速找到物体的质量范围。调节环码至 10mg 以后，完全启动天平，准备读数。

称量过程中必须注意以下事项：

a. 称量未知物的质量时，一般要在台秤上粗称。这样不仅可以加快称量速度，同时可保护分析天平的刀口。

b. 加减砝码的顺序是：由大到小，依次调定。在取、放称量物或加减砝码时（包括环码），必须关闭天平。启动开关旋钮时，一定要缓慢均匀，避免天平剧烈摆动。这样可以保护天平刀口不致受损。

c. 称量物和砝码必须放在秤盘中央，避免秤盘左右摆动。不能称量过冷或过热的物体，以免引起空气对流，使称量的结果不准确。称取具腐蚀性、易挥发物体时，必须放在密闭容器内称量。

d. 同一实验中，所有的称量要使用同一架天平，以减小称量的系统误差。天平称量不能超过最大载重，以免损坏天平。

e. 砝码盒中的砝码必须用镊子夹取，不可用手直接拿取，以免沾污砝码。砝码只能放在天平秤盘上或砝码盒内，不得随意乱放。在使用机械加码旋钮时，要轻轻逐格旋转，避免环码脱落。

④ 读数　砝码与环码调定后，关闭天平门，待标尺在投影屏上停稳后再读数，及时在记录本上记下数据。砝码、环码的质量加标尺读数（均以克计）即为被称物质量。读数完毕，应立即关闭天平。

⑤ 复原　称量完毕，取出被称物放到指定位置，砝码放回盒内，指数盘退回到“000”位，关闭两侧门，盖上防尘罩。登记，教师签字，凳子放回原处，然后离开天平室。

4. 称量方法

（1）直接法

天平零点调好以后，关闭天平，把被称物用一干净的纸条套住（也可采用戴一次性手套、专用手套、用镊子或钳子等方法），放在天平左秤盘中央，调整砝码使天平平衡，所得读数即为被称物的质量。这种方法适合于称量洁净干燥的器皿、棒状或块状的金属及其他整块的不易潮解或升华的固体样品。

（2）固定质量称量法

此法用于称取指定质量的试样。适合于称取本身不宜吸水，并在空气中性质稳定的细粒或粉末状试样，其步骤如下：先称出容器（如表面皿、铝勺、硫酸纸）的质量。或将天平的左右两秤盘中放上大小相等，质量相近的两个表面皿，若质量相差太大，可将轻的表面皿放在右盘，在右盘中添加适量玻璃碎片，使天平平衡，调节零点（左盘的表面皿用后及时清洗，烘干，放置天平上备用）。然后加入固定质量的砝码于右盘中，再用牛角勺将试样慢慢加入盛放试样的表面皿（或其他器皿、硫酸纸）中。开始加样时，天平应处于关闭状态。少量加样后，判断加入的量距指定的质量差多少。用牛角勺逐渐加入试样，半开天平进行称重。当所加试样与指定质量相差不到10mg时，完全打开天平，极其小心地将盛有试样的牛角勺伸向左秤盘的容器上方约2～3cm处，勺的另一端顶在掌心上，用拇指、中指及掌心拿稳牛角勺，并用食指轻弹勺柄，将试样慢慢抖入容器中，直至天平平衡。此操作必须十分仔细，若不慎多加了试样，只能关闭升降枢，用牛角勺取出多余的试样，再重复上述操作直到符合要求为止。然后，取出表面皿，将试样直接转入接受器。

（3）差量（递减）称量法

即称取试样的量是由两次称量之差而求得。此法比较简便、快速、准确，在化学实验中常用来称取待测样品和基准物，是最常用的一种称量法。它与上述两种方法不同，称取样品的质量只要控制在一定要求范围内即可。操作步骤如下：用手拿住表面皿的边沿，连同放在上面的称量瓶一起从干燥器里取出。用小纸片夹住称量瓶，打开瓶盖，将稍多于需要量的试样用牛角勺加入称量瓶（在台秤上粗称），盖上瓶盖，用清洁的纸条叠成约1cm宽的纸带套在称量瓶上，左手拿住纸带尾部把称量瓶放到天平左盘的正中位置，选取适量的砝码放在右盘上使之平衡，称出称量瓶加试样的准确质量（准确到0.1mg），记下读数设为m_1(g)。关闭天平，将右盘砝码或环码减去需称量的最小值。左手仍用纸带将称量瓶从秤盘上拿到接受器上方，右手用纸片夹住瓶盖柄打开瓶盖，瓶盖不能离开接受器上方。将瓶身慢慢向下倾斜，并用瓶盖轻轻敲击瓶口，使试样慢慢落入容器内，不要把试样撒在容器外。当估计倾出的试样已接近所要求的质量时（可从体积上估计），慢慢将称量瓶竖起，用盖轻轻敲瓶口，使沾附在瓶口上部的试样落入瓶内，然后盖好瓶盖，将称量瓶再放回天平左盘上称量。若左边重，则需重新敲击，若左边轻，则不能再敲，需准确称取其质量，设此时质量为m_2(g)。则倒入接受器中的质量为m_1-m_2(g)。按上述方法连续操作，可称取多份试样。

注意：

不能用手直接接触称量瓶及瓶盖。

不论是“半开”还是“全开”状态，一律不准取放称量物和砝码，最好关闭天平再进行该操作。

只有在天平全开的状态下才能读数。

保持安静，如实对使用过程进行登记。

电子天平的结构见图3-4。

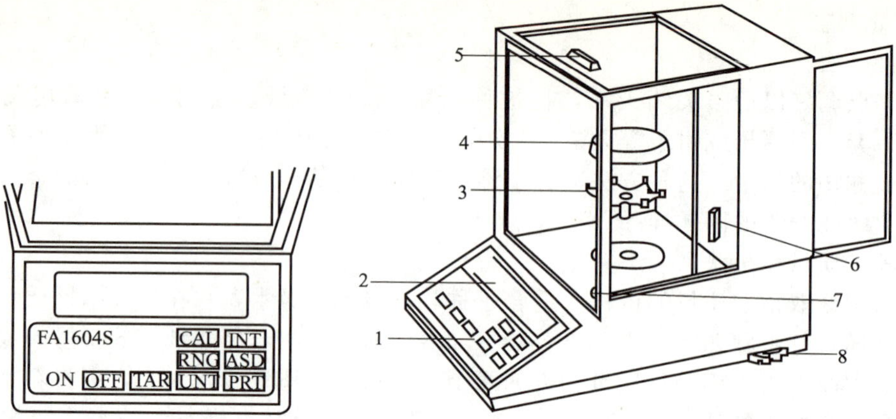

图 3-4　电子天平

1—键盘；2—质量显示器；3—托盘；4—秤盘；5—顶盖；6—左右移门；7—水平仪；8—水平调节脚

四、实验内容

1. 教师示范电子分析天平称量操作。

2. 用直接称量法称出一根头发的质量。

3. 差量法称出三份质量范围为 0.2～0.3g 的 NaCl 样品。

4. 用固定质量称量法称出两份质量为 0.2400g 的 NaCl 样品。

实验 3-5　酸碱标准溶液的配制及标定

一、实验目的

1. 学会标准溶液的配制方法，掌握标定过程及原理。

2. 学会酸碱滴定管的基本操作，掌握滴定过程及指示剂选择原则和变色原理。

3. 熟练掌握台秤、量筒的操作。

二、实验原理

标准溶液是指已知准确浓度的溶液。其配制方法通常有两种：直接法和标定法。

1. 直接法

准确称取一定质量的物质经溶解后定量转移到容量瓶中，并稀释至刻度，摇匀。根据称取物质的质量和容量瓶的体积，即可算出该标准溶液的准确浓度。适用此方法配制标准溶液的物质必须是基准物质。

2. 标定法

大多数物质的标准溶液不宜用直接法配制，可选用标定法。即先配成近似所需浓度的溶液，再用基准物质或已知准确浓度的标准溶液标定其准确浓度。HCl 和 NaOH 标准溶液在酸碱滴定中最常用，但由于浓盐酸易挥发，NaOH 固体易吸收空气中的 CO_2 和水蒸气，故只能选用标定法来配制。其浓度一般在 0.01～1mol·L^{-1}之间，通常配制 0.1mol·L^{-1}的溶液。

常用标定碱标准溶液的基准物质有邻苯二甲酸氢钾、草酸等。本实验选用邻苯二甲酸氢钾作为基准物质，其反应为：

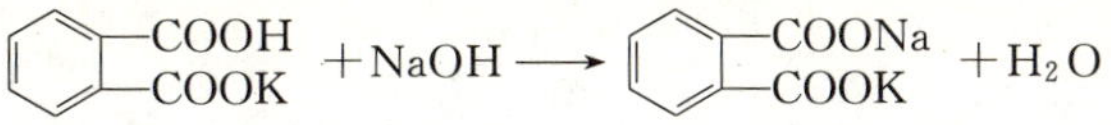

化学计量点时，溶液呈弱碱性（pH=9.2），可选用酚酞作为指示剂。常用于标定酸的基准物质有无水碳酸钠和硼砂。其浓度还可通过与已知准确浓度的 NaOH 标准溶液比较进行标定。0.1mol·L^{-1} HCl 和 0.1mol·L^{-1} NaOH 溶液的比较标定是强酸强碱的滴定，化学计量点时 pH=7.0，滴定突跃范围比较大（pH=4.3～9.7），因此，凡是变色范围全部或部分落在突跃范围内的指示剂，如甲基橙、甲基红、酚酞、甲基红-溴甲酚绿混合指示剂，都可用来指示终点。比较滴定中可以用酸溶液滴定碱溶液，也可用碱溶液滴定酸溶液。若用 HCl 溶液滴定 NaOH 溶液，选用甲基橙为指示剂。

三、仪器与试剂

台秤、量筒（10mL）、烧杯、试剂瓶、酸式滴定管（50mL）、碱式滴定管（50mL）、锥形瓶（250mL）等。浓盐酸（AR）、NaOH(s)(AR)、酚酞指示剂（0.2%乙醇溶液）、甲基橙指示剂（0.2%）、邻苯二甲酸氢钾(s)(AR)。

四、实验步骤

1. 酸碱标准溶液的配制

（1）0.1mol·L^{-1} HCl 溶液的配制　用洁净量筒量取 1∶1 浓 HCl 约 8.5mL（为什么？预习中应计算）倒入 500mL 试剂瓶中（如果没有试剂瓶，可临时用容量瓶代替），用蒸馏水稀释至 1000mL，盖上玻璃塞，充分摇匀。贴好标签，写好试剂名称，浓度（空一格，留待填写准确浓度），配制日期，班级，姓名等项。长期使用的试剂一定要贴试剂标签，写上试剂名称及浓度，学生练习实验、临时实验的试剂，如果不产生混淆，可不贴标签。

（2）0.1mol·L^{-1} NaOH 溶液的配制　用台秤迅速称取 2g NaOH 固体（为什么？）于 100mL 小烧杯中，加约 30mL 无 CO_2 的去离子水溶解，然后转移至试剂瓶中，用蒸馏水稀释至 500mL，摇匀后，用橡皮塞塞紧。贴好标签，备用。

2. NaOH 溶液浓度的标定

洗净碱式滴定管，检查不漏水后，用所配制的 NaOH 溶液润洗 2～3 次，每次用量 5～10mL，然后将碱液装入滴定管中至“0”刻度线上，排除管尖的气泡，调整液面至 0.00 刻度或零点稍下处，静置 1min 后，精确读取滴定管内液面位置，并记录在报告本上。

用差减法准确称取 0.4～0.6 g 已烘干的邻苯二甲酸氢钾三份，分别放入三个已编号的 250mL 锥形瓶中，加 20～30mL 水溶解（若不溶可稍加热，冷却后），加入 1～2 滴酚酞指示剂，用 0.1mol·L^{-1} NaOH 溶液滴定至呈微红色，半分钟不褪色，即为终点。计算 NaOH 标准溶液的浓度。

3. HCl 溶液浓度的标定

洗净酸式滴定管，经检漏、润洗、装液、静置等操作，备用。酸式滴定管涂好凡士林后，每次使用时，只要不漏液，就不需要再涂凡士林。

取 250mL 锥形瓶，洗净后放在碱式滴定管下，由滴定管放出约 20mL NaOH 溶液于锥形瓶中，加入 1～2 滴 0.2%甲基橙指示剂，用 HCl 溶液滴定。边滴边摇动锥形瓶，使溶液充分反应。

待滴定近终点时，用去离子水冲洗在瓶壁上的酸或碱液，再继续逐滴或半滴滴定至溶液恰好由黄色转变为橙色，即为终点。若 HCl 过量，也可用 NaOH 返滴定，或再滴加 NaOH 溶液，仍以 HCl 溶液滴定至终点（可反复操作和观察终点颜色）。读取并记录 NaOH 溶液和 HCl 溶液的精确体积，计算 V_{NaOH}/V_{HCl}。平行做 3～4 次，计算标准溶液浓度和相对平均偏差，要求相对平均偏差不大于 0.2%。

$$c_{NaOH}=\frac{\frac{m_{KHP}}{204.23}\times 10^3}{V_{NaOH}}$$

【思考题】

1. NaOH 和 HCl 能否直接配制成标准溶液？为什么？
2. 用台秤称取固体 NaOH 时，应注意什么？
3. 溶解基准物质的水的体积，是否需要准确？为什么？
4. 标准溶液的浓度应保留几位有效数字？
5. 从滴定管中流出半滴溶液的操作要领是什么？
6. 标定 NaOH 溶液，邻苯二甲酸氢钾的质量是怎样计算得来的？
7. 滴定管和移液管为什么要用溶液润洗三遍？锥形瓶是否也要用溶液润洗？

实验 3-6 铵盐中含氮量的测定

一、实验目的

1. 学会用甲醛法测定氮含量，掌握间接滴定的原理。
2. 学会 NH_4^+ 的强化，掌握试样消化操作。
3. 掌握容量瓶、移液管的正确操作。
4. 进一步熟悉分析天平的使用。

二、实验原理

常用的含氮化肥有 NH_4Cl、$(NH_4)_2SO_4$、NH_4NO_3、NH_4HCO_3 和尿素等，其中 NH_4Cl、$(NH_4)_2SO_4$ 和 NH_4NO_3 是强酸弱碱盐。由于 NH_4^+ 的酸性太弱（$K_a=5.6\times10^{-10}$），因此不能直接用 NaOH 标准溶液滴定，用甲醛法可以间接测定其含量。尿素通过处理也可以用甲醛法测定其含氮量。甲醛与 NH_4^+ 作用，生成质子化的六亚甲基四胺（$K_a=7.1\times10^{-6}$）和 H^+，其反应如下：

$$4NH_4^+ + 6HCHO = (CH_2)_6N_4H^+ + 3H^+ + 6H_2O$$

所生成的 H^+ 和 $(CH_2)_6N_4H^+$ 可用 NaOH 标准溶液滴定，采用酚酞作为指示剂（为什么?）。

三、仪器与试剂

容量瓶（250mL）、移液管（25mL）、锥形瓶（250mL）、碱式滴定管等。

$(NH_4)_2SO_4$ 试样（s）、甲基红指示剂（0.2%水溶液）、酚酞（0.2%乙醇溶液）、甲醛溶液（1∶1）、NaOH（$0.1mol\cdot L^{-1}$标准溶液）。

四、实验步骤

1. 准确称取 1.6～2.0g $(NH_4)_2SO_4$ 试样于小烧杯中，用少量蒸馏水溶解，然后完全转移至 250mL 容量瓶中，用水稀释至刻度，摇匀。

2. 用移液管移取 25.00mL 上述试液于 250mL 锥形瓶中，加水 20mL，加 1～2 滴甲基红指示剂，溶液呈红色，用 $0.1mol\cdot L^{-1}$ NaOH 溶液中和至红色转变成金黄色；然后加入 10mL 已中和的 1∶1 甲醛溶液和 1～2 滴酚酞指示剂，摇匀，静置 2min 后，用 $0.1mol\cdot L^{-1}$ NaOH 标准溶液滴定至溶液呈淡红色，持续半分钟不褪色即为终点，记下读数，计算试样中氮的质量分数，以 w_N 表示。平行测定三次，要求相对平均偏差不大于5%。

$$w_N=\frac{(cV)_{NaOH}\times10^{-3}\times14.007\times\frac{1}{10}}{m_{(NH_4)_2SO_4}}\times100\%$$

【思考题】

1. 尿素为有机碱，为什么不能用标准酸溶液直接滴定？尿素经消化转为 NH_4^+，为什么能用 NaOH 溶液直接滴定？

2. 计算称取试样量的原则是什么？本实验试样量如何计算？

3. NH_4HCO_3 中的含氮量能否用甲醛法测定？

实验 3-7 盐酸标准溶液的配制及标定

一、实验目的

1. 学会标准溶液的配制方法，掌握标定过程及原理。

2. 学会酸式滴定管的基本操作，掌握滴定过程及指示剂选择原则和变色原理。

3. 熟练掌握电子天平、量筒的操作。

二、实验原理

常用标定盐酸标准溶液的基准物质有硼砂和无水碳酸钠等，本实验选用无水碳酸钠作为基准物质，其反应为：

$$Na_2CO_3+2HCl=\!=\!=2NaCl+CO_2+H_2O$$

化学计量点时，溶液呈弱酸性（pH=4.0），可选用甲基橙作为指示剂。

三、仪器与试剂

试剂瓶、酸式滴定管（50mL）、锥形瓶（250mL）、小烧杯（100mL）、容量瓶（250mL）、移液管（25mL）等。6mol·L^{-1}盐酸（AR）、甲基橙指示剂（0.2%）、无水碳酸钠（s）（AR）。

四、实验步骤

1. 盐酸标准溶液的配制

0.1mol·L^{-1} HCl 溶液的配制，用洁净量筒量取 HCl 约 8.5～9mL（为什么？预习中应计算）倒入 500mL 试剂瓶中，用蒸馏水稀释至 500mL，盖上玻璃塞，充分摇匀。贴好标签，写好试剂名称，浓度（空一格，留待填写准确浓度），配制日期，班级，姓名等项。

2. 盐酸标准溶液浓度的标定

准确称取 1～1.2g 无水碳酸钠于小烧杯中，加 30mL 蒸馏水溶解，然后完全转移到 250mL 容量瓶中，稀至刻度，摇匀。

用 25mL 移液管取 25mL 上述碳酸钠溶液于锥形瓶中，加入 2 滴 0.2%甲基橙指示剂，用 HCl 溶液滴定至橙色，记下消耗的盐酸溶液体积。平行实验 3～4 次。计算盐酸标准溶液浓度和相对平均偏差，要求相对平均偏差不大于 0.2%。

$$c_{HCl}=\frac{\frac{m_{Na_2CO_3}}{105.99}\times2\times10^3\times\frac{1}{10}}{V_{HCl}}$$

实验 3-8 混合碱的分析(双指示剂法)

混合碱的分析方法主要有双指示剂法和氯化钡法。氯化钡法准确度比较高,但操作较为烦琐;双指示剂法由于第一计量点时酚酞变色不太明显,误差较大,但由于操作简单,应用较多。

本次实验采用双指示剂法对混合碱水样进行分析。

一、实验原理

混合碱一般是指 NaOH 与 Na_2CO_3 或 Na_2CO_3 与 $NaHCO_3$ 的混合物。NaOH 与 Na_2CO_3 双指示剂法分析的分析原理如下:

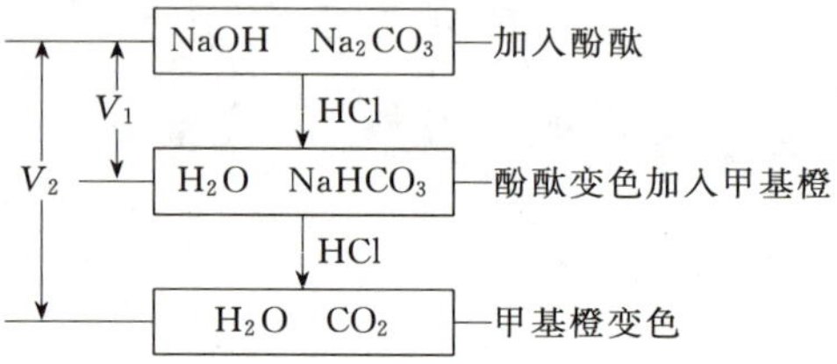

二、实验步骤

1. $0.1mol \cdot L^{-1}$ HCl 标准溶液的标定

同实验 3-7。

2. 混合碱的滴定

用 25mL 移液管移取 25.00mL 混合碱液于 250mL 锥形瓶中,滴加 2 滴酚酞指示剂,摇匀,以标准 HCl 溶液滴定之,至溶液由红色变为微红色即达到第一计量点,记下消耗标准 HCl 溶液的量 V_1。

向已变色的溶液中滴加甲基橙指示剂 2 滴,继续以标准 HCl 溶液滴定,至溶液由黄色转变为橙色即达到第二计量点,记下消耗标准 HCl 溶液的量 V_2。平行三份。

$$c_{Na_2CO_3}=\frac{\bar{c}_{HCl}\times(V_2-V_1)}{25.00}$$

$$c_{NaOH}=\frac{\bar{c}_{HCl}\times(2V_1-V_2)}{25.00}$$

比较 V_1 与 V_2 的大小,判断混合碱的成分及含量。

实验 3-9 EDTA 标准溶液的配制与标定

一、实验目的

1. 了解 EDTA 标液的配制和标定原理。

2. 掌握常用的标定 EDTA 的方法。

二、实验原理

乙二胺四乙酸 H_4Y (EDTA),由于在水中的溶解度很小,通常把它制成二钠盐

($Na_2H_2Y \cdot 2H_2O$)，也称为 EDTA 或 EDTA 二钠盐。EDTA 相当于六元酸，在水中有六级离解平衡。与金属离子形成螯合物时，络合比一般为 1∶1。

EDTA 因常吸附 0.3%的水分且其中含有少量杂质而不能直接配制标准溶液，通常采用标定法制备 EDTA 标准溶液。标定 EDTA 的基准物质有纯的金属如 Cu、Zn、Ni、Pb 以及它们的氧化物，某些盐类如 $CaCO_3$、$ZnSO_4 \cdot 7H_2O$、$MgSO_4 \cdot 7H_2O$。

金属离子指示剂通过在络合滴定时与金属离子生成有色络合物来指示滴定过程中金属离子浓度的变化。

$$\underset{}{M} + \underset{\text{颜色甲}}{In} = \underset{\text{颜色乙}}{MIn}$$

滴入 EDTA 后，金属离子逐步被络合，当达到反应化学计量点时，已与指示剂络合的金属离子被 EDTA 夺出，释放出指示剂的颜色：

$$\underset{\text{颜色乙}}{MIn} + Y = MY + \underset{\text{颜色甲}}{In}$$

指示剂变化的 pM_{ep} 应尽量与化学计量点的 pM_{sp} 一致。金属离子指示剂一般为有机弱酸，存在着酸效应，要求显色灵敏，迅速，稳定。

常用金属离子指示剂介绍如下。

铬黑 T（EBT）：pH=10 时，用于 Mg^{2+}，Zn^{2+}，Cd^{2+}，Pb^{2+}，Hg^{2+}，In^{3+}。

二甲酚橙（XO）：pH 5～6 时，用于 Zn^{2+}。

K-B 指示剂（酸性铬蓝 K-萘酚绿 B 混合指示剂）：pH=10 时，用于 Mg^{2+}，Zn^{2+}，Mn^{2+}。pH=12 时，用于 Ca^{2+}。

三、实验步骤

1. 0.01mol·L^{-1} EDTA 溶液的配制

称取 1.6～1.8g EDTA 于 250mL 烧杯中，加 100mL 水溶解，必要时还需加热。转移至试剂瓶中，稀至 400mL，长期储存要放在聚乙烯塑料瓶中。

2. Ca^{2+} 标准溶液的配制

准确称取 0.25g $CaCO_3$ 于 100mL 小烧杯中，用少量水润湿，盖上表面皿，用滴管从烧杯嘴处滴加 5mL 6mol·L^{-1} HCl 至 $CaCO_3$ 完全溶解，冲洗表面皿和烧杯壁，定量转移至 250mL 容量瓶中，定容，摇匀。

3. EDTA 的标定

用移液管移取 25.00mL Ca^{2+} 标准溶液于锥形瓶中，加 10mL 氨性缓冲溶液，适量的 K-B 指示剂，用 EDTA 滴定至蓝绿色，记下滴定体积，平行实验三次。

$$c_{EDTA} = \frac{\dfrac{m_{CaCO_3}}{100.09} \times 10^3 \times \dfrac{1}{10}}{V_{EDTA}}$$

【思考题】

1. 阐述 Mg^{2+}-EDTA 能够提高终点敏锐度的原理。
2. 滴定为什么要在缓冲溶液中进行？如果没有缓冲溶液存在，将会导致什么现象发生？
3. 配制 $CaCO_3$ 溶液和 EDTA 溶液时，各采用何种天平称量？为什么？
4. 以 HCl 溶液溶解 $CaCO_3$ 基准物质时，操作中应注意些什么？

实验 3-10 自来水总硬度测定

一、实验目的

1. 学会用配位滴定法测定水的总硬度，掌握配位滴定的原理，了解配位滴定的特点。

2. 学会 K-B 指示剂、铬黑 T 指示剂的使用及终点颜色变化的观察，掌握配位滴定操作。

二、实验原理

水的硬度主要来自于水中含有的钙盐和镁盐，其他金属离子如铁、铝、锰、锌等离子也形成硬度，但一般含量甚小，测定工业用水总硬度时可忽略不计。测定水的硬度常采用配位滴定法，用 EDTA 溶液滴定水中 Ca、Mg 总量，然后换算为相应的硬度单位。在要求不严格的分析中，EDTA 溶液可用直接法配制，但通常采用间接法配制。为了减小系统误差，本实验中选用 $CaCO_3$ 为基准物，以 K-B 为指示剂，进行标定。用 EDTA 溶液滴定至溶液由紫红色变为蓝绿色即为终点。

按国际标准方法测定水的总硬度：在 pH＝10 的 NH_3-NH_4Cl 缓冲溶液中（为什么?），以铬黑 T（EBT）为指示剂，用 EDTA 标准溶液滴定至溶液由酒红色变为纯蓝色即为终点。滴定过程反应如下：

滴定前：

$$\underset{(蓝色)}{EBT} + Mg^{2+} = \underset{(紫红色)}{Mg\text{-}EBT}$$

滴定时：

$$EDTA + Ca^{2+} = \underset{(无色)}{Ca\text{-}EDTA}$$

$$EDTA + Mg^{2+} = \underset{(无色)}{Mg\text{-}EDTA}$$

终点时：

$$EDTA + \underset{(紫红色)}{Mg\text{-}EBT} = Mg\text{-}EDTA + \underset{(蓝色)}{EBT}$$

到达计量点时，呈现指示剂的纯蓝色。若水样中存在 Fe^{3+}、Al^{3+} 等微量杂质时，可用三乙醇胺进行掩蔽，Cu^{2+}、Pb^{2+}、Zn^{2+} 等重金属离子可用 Na_2S 或 KCN 掩蔽。

各国对水的硬度表示不同，我国采用的硬度表示方法为：将钙镁离子折合为碳酸钙，以两种单位表示硬度，$mmol \cdot L^{-1}$ 和 $mg \cdot L^{-1}$。

若要测定钙硬度，可控制 pH 值介于 12～13 之间，选用钙指示剂进行测定。镁硬度可由总硬度减去钙硬度求出。

三、仪器与试剂

台秤、分析天平、酸式滴定管、锥形瓶、移液管（25mL）、容量瓶（250mL）、烧杯、试剂瓶、量筒（100mL）、表面皿等。

EDTA 标准溶液（$0.01mol \cdot L^{-1}$）、K-B 指示剂（指示剂与 NaCl 粉末 1∶100 混匀）、三乙醇胺（1∶1）、NH_3-NH_4Cl 缓冲溶液（pH＝10）、铬黑 T 指示剂（0.05%）、钙指示剂（指示剂与 NaCl 粉末 1∶100 混匀）。

四、实验步骤

取水样 100mL 于 250mL 锥形瓶中，加入 5mL 1∶1 三乙醇胺（若水样中含有重金属离子，则加入 1mL 2% Na_2S 溶液掩蔽），5mL 氨性缓冲溶液，适量铬黑 T（EBT）指示剂，$0.01mol \cdot L^{-1}$ EDTA 标准溶液滴定至溶液由紫红色变为纯蓝色，即为终点。注意接近终点时应慢滴多摇。平行测定三次，计算水的总硬度，以 $mmol \cdot L^{-1}$ 和 $mg \cdot L^{-1}$ 两种单位表示分析结果。

附：钙硬度和镁硬度的测定

取水样 100mL 于 250mL 锥形瓶中，加入 2mL $6mol \cdot L^{-1}$ NaOH 溶液，摇匀，再加入 0.01g 钙指示剂，摇匀后用 $0.01mol \cdot L^{-1}$ EDTA 标准溶液滴定至溶液由酒红色变为纯蓝色即为终点。计算钙硬度。由总硬度和钙硬度求出镁硬度。

$$c_{EDTA}=\frac{\frac{m_{CaCO_3}}{100.09}\times 10^3\times\frac{1}{10}}{V_{EDTA}}\ (mol/L)$$

$$\rho_{CaCO_3}=\frac{\bar{c}_{EDTA}V_{EDTA}}{0.100}\ (mmol/L)$$

$$=\frac{\bar{c}_{EDTA}V_{EDTA}\times 100.09}{0.100}\ (mg/L)$$

【附注】

铬黑 T 与 Mg^{2+} 显色灵敏度高，与 Ca^{2+} 显色灵敏度低，当水样中 Ca^{2+} 含量高而 Mg^{2+} 很低时，得到不敏锐的终点，可在水样中加入少许 Mg-EDTA，利用置换滴定法的原理来提高终点变色的敏锐性，或者采用 K-B 混合指示剂。

水样中含铁量超过 $10mg \cdot mL^{-1}$ 时用三乙醇胺掩蔽有困难，需用蒸馏水将水样稀释到 Fe^{3+} 不超过 $10mg \cdot mL^{-1}$ 即可。

【思考题】

1. 铬黑 T 指示剂是怎样指示滴定终点的？
2. 配位滴定中为什么要加入缓冲溶液？
3. 用 EDTA 法测定水的硬度时，哪些离子的存在有干扰？如何消除？
4. 配位滴定与酸碱滴定法相比，有哪些不同点？操作中应注意哪些问题？

实验 3-11 铝合金中铝含量的测定

一、实验目的

1. 掌握置换滴定原理。
2. 学会铝合金的溶样方法。

二、实验原理

铝合金中含有：Si、Mg、Cu、Mn、Fe、Zn，个别还含有 Ti、Ni、Ca 等，返滴定测定铝含量时，所有能与 EDTA 形成稳定络合物的离子都产生干扰，缺乏选择性。对于复杂物质中的铝，一般都采用置换滴定法。

先调节溶液 pH 值为 3～4，加入过量 EDTA 标准溶液，煮沸，使 Al^{3+} 与 EDTA 络合，冷却后，再调节溶液的 pH 值为 5～6，以二甲酚橙为指示剂，用 Zn^{2+} 标准溶液滴定过量的 EDTA（不计体积），然后，加入过量 NH_4F，加热至沸，使 AlY^- 与 F^- 之间发生置换反应，并释放出与 Al^{3+} 等物质的量的 EDTA：

$$AlY^- + 6F^- + 2H^+ = AlF_6^{3-} + H_2Y^{2-}$$

释放出来的 EDTA，再用 Zn^{2+} 盐标准溶液滴定至紫红色，即为终点。铝合金中杂质元素较多，通常可用 NaOH 分解法或 HNO_3-HCl 混合溶液进行溶样。

三、主要试剂

EDTA 溶液（$0.02mol \cdot L^{-1}$），二甲酚橙（XO，$2g \cdot L^{-1}$）水溶液，NaOH 溶液（$200g \cdot L^{-1}$，储于塑料瓶中），HCl（$6mol \cdot L^{-1}$，$3mol \cdot L^{-1}$），$NH_3 \cdot H_2O$（1+1），六亚甲基四胺溶液（$200g \cdot L^{-1}$），Zn^{2+}（$0.02mol \cdot L^{-1}$），NH_4F 溶液（$200g \cdot L^{-1}$，储于塑料瓶中），铝合金试样。

四、实验步骤

1. 样品的预处理

准确称取 0.25 g 左右铝（*M* 26.98）合金于 100mL 塑料烧杯中，加入 10mL NaOH 溶液，在水浴中加热溶解，待样品大部分溶解（有少许黑渣为碱不溶物），加入 $6mol \cdot L^{-1}$ HCl 20mL，少许黑渣溶解后，将上述溶液定量转至 250mL 容量瓶中，稀释至刻度，摇匀。

2. 铝合金中铝含量的测定

移取铝合金试液 25.00mL 于 250mL 锥形瓶中，加入 EDTA 溶液 50mL，滴加 3 滴二甲酚橙，此时溶液呈黄色，滴加（1+1）氨水调至溶液恰好出现红色（pH=7～8），再滴加 $6mol \cdot L^{-1}$ HCl 至试液呈黄色，如不呈黄色，可用 $3mol \cdot L^{-1}$ HCl 来调节。用 $0.02mol \cdot L^{-1}$ 锌标准溶液滴定至溶液由黄色变为紫红色（不计滴定的体积），加入 $200g \cdot L^{-1}$ NH_4F 溶液 10mL，将溶液加热至微沸，流水冷却。再补加二甲酚橙指示剂 1 滴，用 $3mol \cdot L^{-1}$ HCl 调节溶液呈黄色后，再用 $0.02mol \cdot L^{-1}$ 锌标准溶液滴定至溶液由黄色变为红色，即为终点。根据消耗的锌盐溶液体积，计算 Al 的质量分数。

【思考题】

1. 用锌标准溶液滴定多余的 EDTA，为什么不计滴定体积？能否不用锌标准溶液，而用没有准确浓度的 Zn^{2+} 溶液滴定？

2. 实验中使用的 EDTA 需不需要标定？

3. 能否采用 EDTA 直接滴定方法测定铝？

实验 3-12 高锰酸钾标准溶液的配制与标定

一、实验目的

1. 掌握高锰酸钾标准溶液的配制和标定方法以及标定反应条件。
2. 学习玻璃砂芯漏斗的使用。
3. 进一步掌握滴定分析的操作、巩固减量法称量、滴定等基本操作。

二、实验原理

一般用草酸钠标定高锰酸钾，为了加快反应速率，加热到 75～85℃，必要时加入 Mn^{2+} 为催化剂，其反应为：

$$2MnO_4^- + 5C_2O_4^{2-} + 16H^+ \xrightarrow{75\sim80℃} 2Mn^{2+} + 10CO_2\uparrow + 8H_2O$$

三、仪器与试剂

1. $Na_2C_2O_4$ 基准物质，于 105℃干燥 2h 后备用。
2. H_2SO_4（1+5）。

3. $KMnO_4$（AR）。

四、实验步骤

1. 0.02mol·L^{-1} $KMnO_4$ 溶液的配制

称取 1.3～1.5g $KMnO_4$（M 158.03），加入适量水，使其溶解后，转移到洁净的棕色试剂瓶中，用水稀释至 400mL，摇匀，塞好塞子。静置 7～10 天后，用 3 号玻璃砂芯漏斗过滤上层清液，倒掉残余溶液和沉淀。洗净试剂瓶，将溶液倒回瓶内，摇匀，待标定。急用时，将溶液煮沸并微沸 1h，冷却后过滤，标定。

2. $KMnO_4$ 溶液的标定

准确称取 1.6～1.8g $Na_2C_2O_4$（M 134.00g·mol^{-1}）于小烧杯中，加入适量水，使其溶解后，然后完全转移至 250mL 容量瓶中，稀至刻度，摇匀。用移液管移取上述 $Na_2C_2O_4$ 溶液 25mL 于锥形瓶中，加入 15mL H_2SO_4，用水浴慢慢加热至有蒸汽冒出（75～85℃），趁热用待标定的 $KMnO_4$ 溶液进行滴定。待溶液中有 Mn^{2+} 产生后，反应速率加快。近终点时，紫红色褪去很慢，应减慢滴定速度并充分搅拌，以防超过终点。最后滴加半滴 $KMnO_4$ 溶液，搅匀后，微红色半分钟不褪，表明已到终点，记下滴定体积，平行实验 3～4 次。

计算 $KMnO_4$ 的浓度：

$$c_{KMnO_4}=\frac{\frac{m_{Na_2C_2O_4}}{134.00}\times10^3\times\frac{2}{5}\times\frac{1}{10}}{V_{KMnO_4}}$$

【思考题】

1. 配制 $KMnO_4$ 标准溶液时，为什么要将 $KMnO_4$ 溶液煮沸一定时间并放置数天？配好的 $KMnO_4$ 溶液为什么要过滤后才能保存？过滤时是否可以用滤纸？

2. 配制好的 $KMnO_4$ 溶液为什么要盛放在棕色瓶中保护？如果没有棕色瓶怎么办？

3. 在滴定时，$KMnO_4$ 溶液为什么要放在酸式滴定管中？

4. 用 $Na_2C_2O_4$ 标定 $KMnO_4$ 时，为什么必须在 H_2SO_4 介质中进行？酸度过高或过低有何影响？可以用 HNO_3 或 HCl 调节酸度吗？为什么要加热到 70～80℃？溶液温度过高或过低有何影响？

5. 盛放 $KMnO_4$ 溶液的烧杯或锥形瓶等容器放置较久后，其壁上常有棕色沉淀物，是什么？此棕色沉淀物用通常方法不容易洗净，应怎样洗涤才能除去此沉淀？

实验 3-13 COD的测定

一、实验目的

1. 掌握高锰酸钾标准溶液的配制和标定方法以及标定反应条件。

2. 掌握生活污水滴定分析的原理及水样取样方法。

二、实验原理

化学需氧量系指用适当氧化剂处理水样时，水样中需氧污染物所消耗的氧化剂的量，通常以相应的氧量来表示。COD（chemical oxygen demand）是表示水体或污水的污染程度的重要综合性指标之一，是环境保护和水质控制中经常需要测定的项目。COD 值越高，说明水体污染越严重。COD 的测定分为酸性高锰酸钾法、碱性高锰酸钾法和重铬酸钾法，本实验采用酸性高锰酸钾法。方法提要是：在酸性条件下，向被测水样中定量加入高锰酸钾溶液，加热水样，使高锰酸钾与水样中有机污染物充分反应，过量的高锰酸钾用一定量的草酸钠还原，最后用高锰酸钾溶液返滴过量的草酸钠，由此计算出水样的耗氧量。氯离子有干扰，所以此法不适合氯离子含量较大的水样。

三、仪器与试剂

1. 0.02mol·L^{-1} $KMnO_4$ 标准溶液。

2. 0.002mol·L^{-1} $KMnO_4$ 标准溶液：吸取 0.02mol·L^{-1} $KMnO_4$ 标准溶液 25mL，置于 250mL 容量瓶中，以新煮沸且冷却的蒸馏水稀至刻度。

3. 0.005mol·L^{-1} $Na_2C_2O_4$ 标准溶液：准确称取 0.17 g $Na_2C_2O_4$ 于小烧杯中，加入适量水，使其溶解后，然后完全转移至 250mL 容量瓶中，稀至刻度，摇匀。

4. H_2SO_4 (1+3)。

四、实验步骤

准确移取 10～100mL 污水样于锥形瓶中，加入 10mL H_2SO_4 溶液，加入 V_1 = 10.00mL 0.002mol·L^{-1} $KMnO_4$ 标准溶液（或者滴加至溶液变为紫红色，再继续滴加过量，记下加入的 $KMnO_4$ 标准溶液的准确体积），在沸水浴中加热 30min，使水体中还原性物质全部被氧化，试样溶液呈稳定的紫红色。从冒第一个大气泡开始计时，用小火煮沸 10min，取下锥形瓶，趁热加入 10.00mL $Na_2C_2O_4$ 标准溶液（或滴加至溶液变为无色，再继续滴加过量一部分，记下加入 $Na_2C_2O_4$ 标准溶液的准确量），过量的 $KMnO_4$ 标准溶液被 $Na_2C_2O_4$ 标准溶液还原，此时溶液由紫红色转为无色。再用 0.002mol·L^{-1} $KMnO_4$ 标准溶液滴定至溶液为淡红色即为终点，此时消耗 $KMnO_4$ 标准溶液体积为 V_2，平行实验三次。

计算公式：

$$\text{COD}=\frac{\left[\frac{5}{4}c_{\text{MnO}_4^-}(V_1+V_2)_{\text{MnO}_4^-}-\frac{1}{2}(cV)_{\text{C}_2\text{O}_4^{2-}}\right]\times 32.00\times 10^3}{V_{\text{水样}}}\quad (\text{O}_2\,\text{mg/L})$$

实验 3-14 高锰酸钾法测定过氧化氢的含量

一、实验目的

1. 掌握高锰酸钾标准溶液的配制和标定方法以及标定反应条件。

2. 掌握过氧化氢滴定分析的原理。

二、实验原理

过氧化氢具有还原性，在酸性介质和室温条件下能被高锰酸钾定量氧化，其反应方程式为：

$$2MnO_4^- + 5H_2O_2 + 6H^+ = 2Mn^{2+} + 5O_2\uparrow + 8H_2O$$

室温时，滴定开始反应缓慢，随着 Mn^{2+} 的生成而加速。H_2O_2 加热时易分解，因此，滴定时通常加入 Mn^{2+} 作为催化剂。

三、仪器与试剂

$KMnO_4$ 标准溶液（0.020mol·L^{-1}），H_2SO_4 溶液（3mol·L^{-1}），H_2O_2 试样，市售质量分数约为 30%的 H_2O_2 水溶液。

四、实验步骤

用移液管移取 H_2O_2 试样溶液 2.00mL 置于 500mL 容量瓶中，加水稀释到刻度，充分摇匀后备用。用移液管移取稀释过的 H_2O_2 20.00mL 于 250mL 锥形瓶中，加入 3mol·L^{-1} H_2SO_4 5mL，用 $KMnO_4$ 标准溶液滴定到溶液呈微红色，半分钟不褪即为终点。平行测定 3 次，计算试样中 H_2O_2 的质量浓度（g·L^{-1}）和相对平均偏差。

【附注】

H_2O_2 试样若系工业产品，用高锰酸钾法测定不合适，因为产品中常加有少量的乙酰苯胺等有机化合物作为稳定剂，滴定时也将被 $KMnO_4$ 氧化，引起误差。此时应采用碘量法或硫酸铈法进行测定。

【思考题】

1. 用高锰酸钾法测定 H_2O_2 时，能否用 HNO_3 或 HCl 来控制酸度？
2. 用高锰酸钾法测定 H_2O_2 时，为何不能通过加热来加速反应？

实验 3-15 铜盐中铜含量的测定

一、实验目的

1. 学会碘量法操作，掌握间接碘量法测定铜的原理和条件。
2. 学会 $Na_2S_2O_3$ 的配制、保存和标定，掌握其标定的原理和方法。
3. 学会淀粉指示剂的正确使用，了解其变色原理。
4. 掌握氧化还原滴定法的原理，熟悉其滴定条件和操作。

二、实验原理

在弱酸性溶液中（pH＝3～4），Cu^{2+} 与过量 I^- 作用生成难溶性的 CuI 沉淀和 I_2。其反应式为：

$$2Cu^{2+} + 4I^- \longrightarrow 2CuI\downarrow + I_2$$

生成的 I_2 可用 $Na_2S_2O_3$ 标准溶液滴定，以淀粉溶液为指示剂，滴定至溶液的蓝色刚好消失即为终点。滴定反应为：

$$I_2 + 2S_2O_3^{2-} \longrightarrow S_4O_6^{2-} + 2I^-$$

由所消耗的 $Na_2S_2O_3$ 标准溶液的体积及浓度即可求算出铜的含量。

由于 CuI 沉淀表面吸附 I_2 致使分析结果偏低，为此可在大部分 I_2 被 $Na_2S_2O_3$ 溶液滴定后，再加入 NH_4SCN 或 KSCN 使 CuI（$K_{sp}=1.1\times10^{-12}$）沉淀转化为溶解度更小的 CuSCN（$K_{sp}=4.8\times10^{-15}$）沉淀，释放出被吸附的碘，从而提高测定结果的准确度。

由于结晶的 $Na_2S_2O_3\cdot5H_2O$ 一般都含有少量杂质，同时还易风化及潮解，所以 $Na_2S_2O_3$ 标准溶液不能用直接法配制，而应采用标定法配制。配制时，使用新煮沸后冷却的蒸馏水并加入少量 Na_2CO_3，以减小水中溶解的 CO_2，杀死水中的微生物，使溶液呈碱性，并放置暗处 7～14 天后标定，以减小由于 $Na_2S_2O_3$ 的分解带来的误差，得到较稳定的 $Na_2S_2O_3$ 溶液。$Na_2S_2O_3$ 溶液的浓度可用 $K_2Cr_2O_7$ 作为基准物标定。

$K_2Cr_2O_7$ 先与 KI 反应析出 I_2：

$$Cr_2O_7^{2-} + 6I^- + 14H^+ \longrightarrow 2Cr^{3+} + 3I_2 + 7H_2O$$

析出的 I_2 再用 $Na_2S_2O_3$ 标准溶液滴定。

此两种滴定过程均采用的是间接碘量法。利用此法还可测定铜合金、矿石（铜矿）及农药等试样中的铜。但必须设法防止其他能氧化I^-的物质（如NO^{3-}、Fe^{3+}等）的干扰。

三、仪器与试剂

分析天平、台秤、碱式滴定管、锥形瓶（250mL）、移液管（25mL）、容量瓶（250mL）、烧杯、碘量瓶（250mL）等。

$K_2Cr_2O_7$(s，AR)（于140℃电烘箱中干燥2h，储于干燥器中，备用），$Na_2S_2O_3\cdot5H_2O$(s)(AR)，Na_2CO_3(s)(AR)，KI（20%），HCl（6mol·L^{-1}），淀粉溶液（0.5%），$CuSO_4\cdot5H_2O$(s)(AR)，H_2SO_4（1mol·L^{-1}），NH_4SCN（10%）。

四、实验步骤

1. 0.1mol·L^{-1} $Na_2S_2O_3$溶液的配制与标定

用台秤称取13g $Na_2S_2O_3\cdot5H_2O$溶于刚煮沸并冷却后的400mL蒸馏水中，加约0.1g Na_2CO_3，保存于棕色瓶中，塞好瓶塞，于暗处放置一周后标定。

(1) 0.2mol·L^{-1} $K_2Cr_2O_7$标准溶液的配制

准确称取已烘干的$K_2Cr_2O_7$ 1.3～1.4g于100mL小烧杯中，加约30mL去离子水，定量转移至250mL容量瓶中，用去离子水稀释至刻度，充分摇匀，计算其准确浓度。

(2) 标定$Na_2S_2O_3$溶液

移取25.00mL $K_2Cr_2O_7$标准溶液于250mL碘量瓶中，加入20% KI溶液5mL，6mol·L^{-1} HCl溶液5mL，加盖摇匀，在暗处放置5min，待反应完全，加入50mL水稀释（为什么?），用待标定的$Na_2S_2O_3$溶液滴定至浅黄绿色，加入3mL 0.5%淀粉溶液，继续滴定至蓝色变为亮绿色即为终点。记下消耗的$Na_2S_2O_3$溶液的体积，计算$Na_2S_2O_3$标准溶液的浓度。平行测定三次。

2. 铜盐中铜含量的测定

准确称取$CuSO_4\cdot5H_2O$样品5～6 g，置于100mL烧杯中，加1mL 1mol·L^{-1} H_2SO_4和少量去离子水溶解试样，定量转移于250mL容量瓶中，用水稀释至刻度，摇匀。

移取上述试液25.00mL置于250mL锥形瓶中，加1mol·L^{-1} H_2SO_4 4mL，去离子水50mL，20% KI溶液5mL，立即用$Na_2S_2O_3$标准溶液滴定至浅黄色。然后加入0.5%淀粉溶液3mL，继续滴定至呈浅蓝色，再加入10% NH_4SCN溶液10mL，摇匀后溶液的蓝色转浑。继续滴定到蓝色刚好消失，此时溶液呈CuSCN的米色悬浮液即为滴定终点。根据所消耗$Na_2S_2O_3$标准溶液的体积，计算出铜的百分含量。平行测定三次。

【附注】

1. 若无碘量瓶，可用锥形瓶盖上表面皿代替。

2. 淀粉溶液必须在接近终点时加入，否则易引起淀粉凝聚，而且吸附在淀粉上的I_2不易释出，影响测定结果。

3. 滴定完了的溶液放置后会变蓝色。那是由于光照可加速空气氧化溶液中的I^-生成少量的I_2所致，酸度越大此反应越快。如经过5～10min后才变蓝属于正常；如很快而且不断变蓝，则说明$K_2Cr_2O_7$和KI的作用在滴定前进行得不完全，溶液稀释得太早。遇到后者情况，实验应重做。

4. 注意平行实验时，KI做一份加一份。

【思考题】

1. 在标定过程中加入KI的目的何在？为什么不能直接标定？
2. 要使$Na_2S_2O_3$溶液的浓度比较稳定，应如何配制和保存？
3. 为什么碘量法测铜必须在弱酸性溶液中进行？
4. 淀粉指示剂和NH_4SCN应在什么情况下加入？为什么？
5. 在碘量法测定铜含量时，能否用盐酸或硝酸代替硫酸进行酸化？为什么？

实验 3-16 可溶性氯化物中氯含量的测定（莫尔法）

一、实验原理

莫尔法是在中性或弱酸性溶液中[1]，以 K_2CrO_4 为指示剂，用 $AgNO_3$ 标准溶液直接滴定待测试液中的 Cl^-。主要反应如下：

$$Ag^+ + Cl^- \longrightarrow AgCl\downarrow \text{（白色）}$$
$$2Ag^+ + CrO_4^{2-} \longrightarrow Ag_2CrO_4\downarrow \text{（砖红色）}$$

由于 AgCl 的溶解度小于 Ag_2CrO_4，所以当 AgCl 定量沉淀后，微过量的 Ag^+ 即与 CrO_4^{2-} 形成砖红色的沉淀，它与白色的 AgCl 沉淀在一起，使溶液略带橙红色，即为终点。

二、仪器与试剂

$AgNO_3$ 分析纯；NaCl 优级纯，使用之前在高温炉中 500～600℃下干燥 2～3h，储于干燥器内备用；K_2CrO_4 溶液 $50g\cdot L^{-1}$。

三、实验步骤

1. 配制 $0.1mol\cdot L^{-1}$ $AgNO_3$

称取 $AgNO_3$ 晶体 8.5 g 于小烧杯中，用少量水溶解后，转入棕色试剂瓶中[2]，稀释至 50mL 左右，摇匀置于暗处、备用。

2. $0.1mol\cdot L^{-1}$ $AgNO_3$ 溶液浓度的标定

准确称取 0.55～0.60 g 基准试剂 NaCl 于小烧杯中，用水完全溶解后，定量转移到 100mL 容量瓶中，稀释至刻度，摇匀。用移液管移取 20mL 此溶液置于 250mL 锥形瓶中，加 20mL 水，1mL $50g\cdot L^{-1}$ K_2CrO_4 溶液，在不断摇动下，用 $AgNO_3$ 滴定到溶液微呈橙红色，即为终点。平行做三份，计算 $AgNO_3$ 溶液的准确浓度。

3. 试样中 NaCl 含量的测定

准确称取含氯试样（含氯质量分数约为 60％）1.6g 左右于小烧杯中，加水溶解后，定量转入 250mL 容量瓶中，稀释至刻度、摇匀。准确移取 20mL 此试液三份，分别置于 250mL 锥形瓶中，加水 20mL，$50g\cdot L^{-1}$ K_2CrO_4 溶液 1mL，在不断摇动下，用 $AgNO_3$ 标准溶液滴定溶液微呈橙红色，即为终点。根据试样的质量，$AgNO_3$ 标准溶液的浓度和滴定中消耗的体积，计算试样中氯的含量。

必要时进行空白测定，即取 20.00mL 蒸馏水按上述同样操作测定，计算时应扣除空白测定所耗 $AgNO_3$ 标准溶液之体积[3]。

【注释】

[1] 最适宜的 pH 值范围为 6.5～10.5；若有铵盐存在，为了避免 $Ag(NH_3)_2^+$ 生成，溶液的 pH 值范围应控制在 6.5～7.2 为宜。

[2] $AgNO_3$ 见光析出金属银

$$2AgNO_3 \xrightarrow{h\nu} 2Ag + NO_2 + O_2$$

故需保存在棕色瓶中；$AgNO_3$ 若与有机物接触，则起还原作用，加热颜色变黑，故勿使 $AgNO_3$ 与皮肤接触。

[3] 实验结束后，盛装 $AgNO_3$ 溶液的滴定管应先用蒸馏水冲洗 2～3 次，再用自来水冲洗，以免产生 AgCl 沉淀，难以洗净。含银废液应予回收，切不能随意倒入水槽。

【思考题】

1. 配制好的 $AgNO_3$ 溶液要储于棕色瓶中，并置于暗处，为什么？

2. 做空白测定有何意义？K_2CrO_4 溶液浓度的大小或用量的多少对测定结果有何影响？

3. 能否用莫尔法以 NaCl 标准溶液直接测定 Ag^+，为什么？

实验 3-17 钡盐中钡含量的测定（沉淀重量法）

一、实验目的

熟悉沉淀重量分析法的要点和过程。

二、实验原理

Ba^{2+} 能生成 $BaCO_3$、$BaCrO_4$、$BaSO_4$、BaC_2O_4 等一系列难溶化合物。其中 $BaSO_4$ 的溶解度最小（$K_{sp}=1.1\times10^{-10}$），其组成与化学式相符合，摩尔质量较大，性质稳定，符合重量分析对沉淀的要求。因此常以 $BaSO_4$ 沉淀形式和称量形式测定 Ba^{2+}。为了获得颗粒较大和纯净的 $BaSO_4$ 晶形沉淀，试样溶于水后加 HCl 酸化，使部分 SO_4^{2-} 成为 HSO_4^-，以降低溶液的相对过饱和度，同时可以防止其他的弱酸盐，如 $BaCO_3$ 的形成。加热近沸，在不断搅动下缓慢加入适当过量的沉淀剂稀 H_2SO_4，形成的 $BaSO_4$ 晶形沉淀经陈化、过滤、洗涤、灼烧后，以 $BaSO_4$ 形式称量，即可求得试样中 Ba 的含量。

三、仪器和试剂

瓷坩埚，漏斗，马弗炉，定量滤纸等。

$BaCl_2\cdot2H_2O$，H_2SO_4（$1mol\cdot L^{-1}$），$AgNO_3$（$0.1mol\cdot L^{-1}$），HCl（$2mol\cdot L^{-1}$）。

四、实验步骤

1. 在分析天平上准确称取 $BaCl_2\cdot2H_2O$ 试样 0.4～0.5g 两份，分别置于 250mL 的烧杯中，各加蒸馏水 100mL，搅拌溶解（注意：玻棒直至过滤、洗涤完毕才能取出）。加入 $2mol\cdot L^{-1}$ HCl 溶液 4mL，加热近沸（勿使沸腾以免溅失）。

2. 取 4mL $1mol\cdot L^{-1}$ H_2SO_4 溶液两份，分别置于小烧杯中，加水 30mL，加热至沸，趁热将稀 H_2SO_4 溶液用滴管逐滴加入至试样溶液中，并不断搅拌，搅拌时，玻棒不要触及杯壁和杯底，以免划伤烧杯，使沉淀黏附在杯壁划痕内难以洗下。沉淀作用完毕，待 $BaSO_4$ 沉淀下沉后，于上层清液中加入稀 H_2SO_4 溶液 1～2 滴，观察是否有白色沉淀以检验其沉淀是否完全。盖上表面皿，在沸腾的水浴上陈化半小时，其间要搅动几次，放置冷却后过滤。

3. 取慢速定量滤纸两张，按漏斗角度的大小折好滤纸，使其与漏斗能够很好的贴合，以水润湿，使漏斗颈内保持水柱，将漏斗置于漏斗架上，漏斗下面各放一只洁净的烧杯。小心地将沉淀上面的清液沿玻棒倾入漏斗中，再用倾析法洗涤沉淀三次，每次用 15～20mL 洗涤液（3mL $1mol\cdot L^{-1}$ H_2SO_4 溶液用 200mL 水稀释）。然后将沉淀定量地转移到滤纸上，以洗涤液洗涤沉淀到无氯离子产生为止（用 $AgNO_3$ 溶液检查）。

4. 取两只洁净带盖的坩埚，在 800～850℃下灼烧至恒重，记下坩埚的质量。将洗净的沉淀和滤纸按照图 3-5 所示包好，放入已经恒重的坩埚中，在电炉上烘干，炭化后，置于马弗炉中，于 800～850℃下灼烧至恒重。

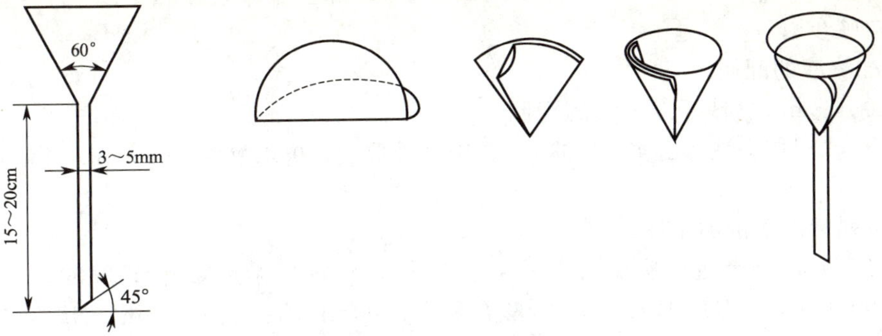

图 3-5　滤纸的折叠方法

根据试样和沉淀的质量计算试样中 Ba 的质量分数。

实验 3-18　邻二氮菲分光光度法测定铁

一、实验目的

1. 学会吸收曲线及标准曲线的绘制，了解分光光度法的基本原理。
2. 掌握用邻二氮菲分光光度法测定微量铁的方法原理。
3. 学会 722 型分光光度计的正确使用方法，了解其工作原理。
4. 学会数据处理的基本方法。
5. 掌握比色皿的正确使用。

二、实验原理

根据朗伯-比耳定律：$A=\varepsilon bc$，绘出以吸光度 A 为纵坐标，浓度 c 为横坐标的标准曲线，测出试液的吸光度，就可以由标准曲线查得对应的浓度值，即未知样的含量。用分光光度法测定试样中的微量铁，可选用显色剂邻二氮菲。

在 pH = 2 ～ 9 的溶液中，Fe^{2+} 与邻二氮菲（phen）生成稳定的橘红色配合物$Fe(phen)_3^{2+}$

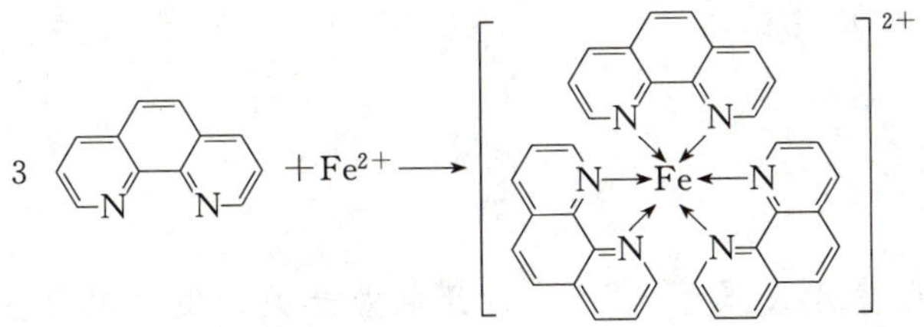

此配合物的 $\lg K_{稳}=21.3$，摩尔吸光系数 $\varepsilon_{510}=1.1\times10^4 L\cdot mol^{-1}\cdot cm^{-1}$，而 Fe^{3+} 能与邻二氮菲生成 3∶1 配合物，呈淡蓝色，$\lg K_{稳}=14.1$。所以在加入显色剂之前，应用盐酸羟胺（$NH_2OH\cdot HCl$）将 Fe^{3+} 还原为 Fe^{2+}，其反应式如下：

$$2Fe^{3+}+2NH_2OH\cdot HCl \longrightarrow 2Fe^{2+}+N_2\uparrow+2H_2O+4H^{+}+2Cl^{-}$$

测定时控制溶液的酸度为 pH=5 较为适宜。

三、仪器与试剂

722 型分光光度计，容量瓶（100mL，50mL），吸量管等。

盐酸羟胺（100g·L^{-1}），NaAc（1mol·L^{-1}），邻二氮菲（1.5g·L^{-1}）。

四、实验步骤

1. 标准溶液的配制

（1）10μg·mL^{-1}铁标准溶液的配制

100μg·mL^{-1}储备液（由实验室提供）。用时吸取10.00mL稀释至100mL，得10μg·mL^{-1}工作液。

（2）系列标准溶液的配制

取6个50mL容量瓶依次编号，然后分别加入铁标准溶液0.00，2.00，4.00，6.00，8.00，10.00（mL），然后加入1mL盐酸羟胺，2.00mL邻二氮菲，5mL NaAc溶液，每加入一种试剂都应初步混匀。用去离子水定容至刻度，充分摇匀，放置10min。

2. 吸收曲线的绘制

选用1cm比色皿，以试剂空白为参比溶液，取4号容量瓶试液，选择440～560nm波长，每隔10nm测一次吸光度，其中500～520nm之间，每隔5nm测定一次吸光度。以所得吸光度A为纵坐标，以相应波长λ为横坐标，在坐标纸上绘制A与λ的吸收曲线。从吸收曲线上选择测定Fe的适宜波长，一般选用最大吸收波长λ_{max}为测定波长。

3. 标准曲线（工作曲线）的绘制

用1cm比色皿，以试剂空白为参比溶液，在选定波长下，测定各溶液的吸光度。在坐标纸上，以铁含量为横坐标，吸光度A为纵坐标，绘制标准曲线。

4. 试样中铁含量的测定

从实验教师处领取含铁未知液一份，放入50mL容量瓶中，按以上方法显色，并测其吸光度。

依据试液的A值，从标准曲线上即可查得其浓度，最后计算出原试液的含铁量（以μg·mL^{-1}表示）。

【思考题】

1. 本实验中哪些试剂应准确加入，哪些不必严格准确加入？为什么？
2. 加入盐酸羟胺的目的是什么？
3. 配制$NH_4Fe(SO_4)_2 \cdot 12H_2O$溶液时，能否直接用水溶解？为什么？
4. 如何正确使用比色皿？
5. 何谓“吸收曲线”、“工作曲线”？绘制及目的各有什么不同？

附：分光光度计（722型）介绍

1. 结构

见图3-6。

2. 使用方法

① 预热仪器　将选择开关置于“T”，打开电源开关，使仪器预热20min。为了防止光电管疲劳，不要连续光照，预热仪器时和不测定时应将试样室盖打开，使光路切断。

② 选定波长　根据实验要求，转动波长手轮，调至所需要的单色波长。

③ 固定灵敏度挡　在能使空白溶液很好地调到“100%”的情况下，尽可能采用灵敏度较低的挡，使用时，首先调到“1”挡，灵敏度不够时再逐渐升高。但换挡改变灵敏度后，须重新校正“0%”和“100%”。选好的灵敏度，实验过程中不要再变动。

④ 调节T=0%　轻轻旋动“0%”旋钮，使数字显示为“00.0”(此时试样室是打开的)。

⑤ 调节T=100%　将盛蒸馏水（或空白溶液，或纯溶剂）的比色皿放入比色皿座架中

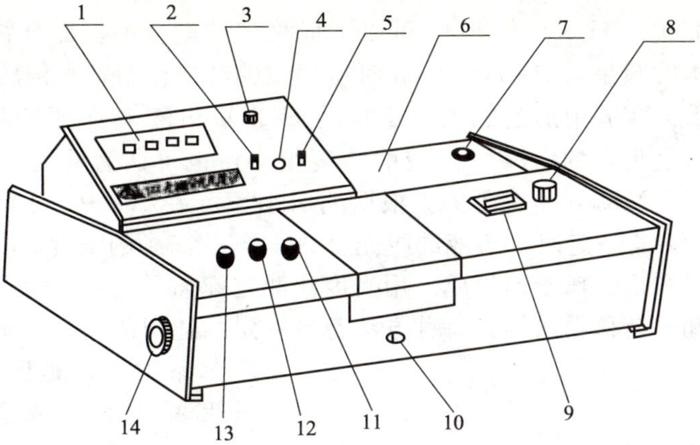

图 3-6 722 型分光光度计

1—数字显示器；2—吸光度调零旋钮；3—选择开关；4—吸光度调斜率电位器；
5—浓度旋钮；6—光源室；7—电源开关；8—波长手轮；9—波长刻度窗；10—试样架拉手；
11—100%T 旋钮；12— 0%T 旋钮；13—灵敏度调节旋钮；14—干燥器

的第一格内，并对准光路，把试样室盖子轻轻盖上，调节透过率“100%”旋钮，使数字显示正好为“100.0”。

⑥ 吸光度的测定　将选择开关置于“A”，盖上试样室盖子，将空白液置于光路中，调节吸光度调节旋钮，使数字显示为“.000”。将盛有待测溶液的比色皿放入比色皿座架中的其他格内，盖上试样室盖，轻轻拉动试样架拉手，使待测溶液进入光路，此时数字显示值即为该待测溶液的吸光度值。读数后，打开试样室盖，切断光路。重复上述测定操作 1～2 次，读取相应的吸光度值，取平均值。

⑦ 浓度的测定　选择开关由“A”旋至“C”，将已标定浓度的样品放入光路，调节浓度旋钮，使得数字显示为标定值，将被测样品放入光路，此时数字显示值即为该待测溶液的浓度值。

⑧ 关机　实验完毕，切断电源，将比色皿取出洗净，并将比色皿座架用软纸擦净。

3. 注意事项

① 为了防止光电管疲劳，不测定时必须将试样室盖打开，使光路切断，以延长光电管的使用寿命。

② 取拿比色皿时，手指只能捏住比色皿的毛玻璃面，而不能碰比色皿的光学表面。

③ 比色皿不能用碱溶液或氧化性强的洗涤液洗涤，也不能用毛刷清洗。比色皿外壁附着的水或溶液应用擦镜纸或细而软的吸水纸吸干，不要擦拭，以免损伤它的光学表面。

实验 3-19　磺基水杨酸合铁（Ⅲ）配合物的组成及稳定常数的测定

一、实验目的

1. 学会用光度法测定配合物的组成及稳定常数，掌握其原理。
2. 进一步熟悉分光光度计的使用。
3. 进一步巩固溶液的配制、液体的移取等操作。

二、实验原理

磺基水杨酸（简式为 H_3R）与 Fe^{3+} 可以形成稳定的配合物。配合物的组成因溶液 pH 值的不同而改变。本实验是测定 pH＝2～3 时所形成的红褐色磺基水杨酸合铁（Ⅲ）配离子的组成及其稳定常数。实验中通过加入一定量的 $HClO_4$ 溶液来控制溶液的 pH 值。由于所测溶液中磺基水杨酸是无色的，Fe^{3+} 溶液的浓度很小，也可认为是无色的，只有磺基水杨酸合铁（Ⅲ）配离子（MR_n）是有色的。根据朗伯-比耳定律 $A=\varepsilon bc$ 可知，当波长、溶液的温度及比色皿的厚度 b 均一定时，溶液的吸光度 A 只与配离子的浓度 c 成正比。通过对溶液吸光度的测定，可以求出配离子的组成。用光度法测定配离子组成，通常有摩尔比法、等摩尔系列法、斜率法和平衡移动法等，每种方法都有一定的适用范围，本实验采用等摩尔系列法。等摩尔系列法即是保持溶液中金属的浓度（c_M）和配体 R 的浓度（c_R）之和不变，即 c_M+c_R＝定值的前提下，改变 c_M 和 c_R 的相对量，配制成一系列溶液，并测定相应的吸光度。很明显，这一系列溶液中，有一些溶液是金属离子过量，还有一些溶液是配体过量，这两部分溶液中配离子的浓度都不可能达到最大值。只有当溶液中的金属离子与配位体的物质的量比与配位比一致时，配离子的浓度才能最大，此时吸光度值也最大。若以吸光度 A 为纵坐标，以 c_R 在总浓度中所占分数为横坐标作图，得等摩尔系列法曲线（如图 3-7 所示）。将曲线两边的直线延长相交于 B，E 点的吸光度 A 最大，由 E 点横坐标值 A_E 可以计算配离子中金属与配体的配位比，即可求出配离子 MR_n 中配体的数目 n。

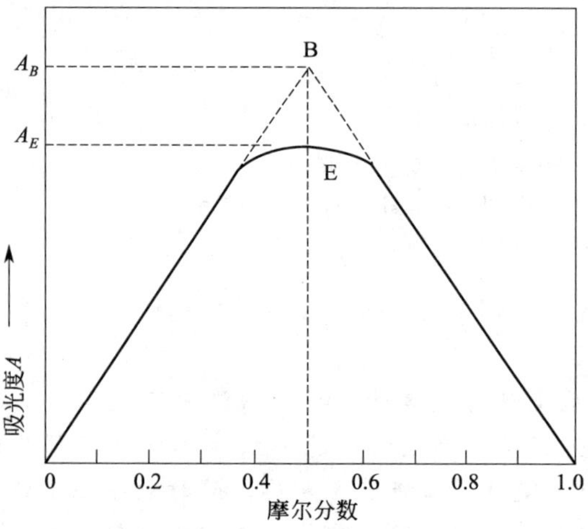

图 3-7　等摩尔系列法曲线

由图 3-7 可以看出，最大吸光度 A 可被认为是 M 与 R 全部形成配合物时的吸光度。但由于配离子处于平衡时有部分离解，其浓度要稍小一些，因此，实验测得的最大吸光度在 B 点，其值为 A_B。配离子离解度 $\alpha=(A_B-A_E)/A_B$。配离子的条件稳定常数 K' 可由以下平衡关系导出：

$$M+nR \rightleftharpoons MR_n$$

平衡浓度　　$c\alpha$　　$nc\alpha$　　$c(1-\alpha)$

$$K'=\frac{[MR_n]}{[M][R]}=\frac{c(1-\alpha)}{c\alpha(nc\alpha)^n}=\frac{1-\alpha}{n^n(c\alpha)^{n+1}}$$

式中，c 为 B 点时 M 的总浓度。$n=1$ 时，$K'=\frac{1-\alpha}{c\alpha^2}$。

三、仪器与试剂

722 型分光光度计、吸量管（5mL）、容量瓶（50mL）等。

$HClO_4$（0.1mol·L^{-1}）、Fe^{3+}（0.0100mol·L^{-1}）、磺基水杨酸（0.0100mol·L^{-1}）。

四、实验步骤

1. 配制系列溶液

洗净 9 个 50mL 容量瓶，烘干、编号。

用 3 支 5mL 吸量管按表 3-1 列出的体积数，分别吸取相应体积的 0.1mol·L^{-1} $HClO_4$，0.0100mol·L^{-1} Fe^{3+} 溶液和 0.0100mol·L^{-1} 磺基水杨酸溶液，一一注入 1～9 号容量瓶中，

用去离子水稀释到刻度，摇匀。

表 3-1 磺基水杨酸合铁系列溶液的组成

溶液编号	$0.1mol \cdot L^{-1}$ $HClO_4$/mL	$0.0100mol \cdot L^{-1}$ Fe^{3+}/mL	$0.0100mol \cdot L^{-1}$ 磺基水杨酸/mL
1	10.00	9.00	1.00
2	10.00	8.00	2.00
3	10.00	7.00	3.00
4	10.00	6.00	4.00
5	10.00	5.00	5.00
6	10.00	4.00	6.00
7	10.00	3.00	7.00
8	10.00	2.00	8.00
9	10.00	1.00	9.00

2. 测定系列溶液的吸光度

选定波长 $\lambda = 500nm$，1cm 比色皿，以 1 号溶液为参比，在 722 型分光光度计上测定 2～9 号系列溶液的吸光度。将测得的数据记入表 3-2。

以吸光度 A 为纵坐标，$c_R/(c_M + c_R)$ 为横坐标作图，求出磺基水杨酸合铁（Ⅲ）的组成，并计算条件稳定常数 K'。

表 3-2 原始数据记录表

溶液编号	$0.1mol \cdot L^{-1}$ $HClO_4$/mL	$0.0100mol \cdot L^{-1}$ Fe^{3+}/mL	$0.0100mol \cdot L^{-1}$磺基水杨酸/mL	$\frac{V_M}{V_M + V_L}$	吸光度 A
1	10.00	9.00	1.00	0.9	
2	10.00	8.00	2.00	0.8	
3	10.00	7.00	3.00	0.7	
4	10.00	6.00	4.00	0.6	
5	10.00	5.00	5.00	0.5	
6	10.00	4.00	6.00	0.4	
7	10.00	3.00	7.00	0.3	
8	10.00	2.00	8.00	0.2	
9	10.00	1.00	9.00	0.1	

实验 3-20 薄层色谱法——染料组分的分离和鉴别

一、实验目的

1. 学会薄层板的制备方法和薄层色谱操作。
2. 掌握薄层色谱的基本原理。
3. 学会比移值 R_f 的测定方法

二、实验原理

色谱法是分离、提纯和鉴定混合物各组分的一种重要方法，有极广泛的用途。它是一种物理化学分离方法，利用混合物各组分的物理化学性质的差异在两相间的分配比不同而进行分离。其中一相是固定相，另一相是流动相。常用的色谱分离法有薄层色谱、柱色谱、纸色谱和气相色谱法等。

薄层色谱（thin layer chromatography）常用 TLC 表示，兼有柱色谱和纸色谱的优点，是近年来发展起来的一种微量、快速而简单的分离方法。它是将吸附剂（固定相）均匀地铺在一块玻璃板表面上形成薄层（其厚度一般为0.1～2mm），在此薄层上进行色谱分离。由于混合物中的各个组分对吸附剂的吸附能力不同，当选择适当的溶剂（称为展开剂，即流动相）流经吸附剂时，发生无数次吸附和解吸过程，吸附力弱的组分随流动相向前移动，吸附力强的组分滞留在后，由于各组分具有不同的移动速率，被流动相带到薄层板不同高度，最终得以在固定相薄层上分离。这一过程可表示为：化合物在固定相和在流动相平衡常数 K 的大小取决于化合物吸附能力的强弱。一个化合物愈强烈地被固定相吸附，K 值愈低，那么这个化合物随着流动相移动的距离就愈小。

薄层色谱除了用于分离外，更主要的是通过与已知结构化合物相比较来鉴定少量有机物的组成。此外，薄层色谱也经常用于寻找柱色谱的最佳分离条件。试样中各组分的分离效果可用它们比移值 R_f 的差来衡量。R_f 值是某组分的色谱斑点中心到原点的距离与溶剂前沿至原点距离的比值，R_f 值一般在0～1之间，当实验条件严格控制时，每种化合物在选定的固定相和流动相体系中有特定的 R_f 值。R_f 值大表示组分的分配比大，易随溶剂流下。混合样品中，两组分的 R_f 相差越大，则它们的分离效果越好。应用薄层色谱进行分离鉴定的方法是将被分离鉴定的试样用毛细管点在薄层板的一端，样点干后放入盛有少量展开剂的器皿中展开。借吸附剂的毛细作用，展开剂携带着组分沿着薄层缓慢上升，由于各组分在展开剂中溶解能力和被吸附剂吸附的程度不同，其在薄层板上升的高度亦不同，R_f 也不同。混合样中各组分可通过比较薄层板上各斑点的位置或通过 R_f 值的测定来进行鉴别。如果各组分本身带有颜色，待薄层板干燥后会出现一系列的斑点；如果化合物本身不带颜色，那么可以用显色方法使之显色，如碘熏显色、喷显色剂或用荧光板在紫外灯下显色等。

三、仪器与试剂

载玻片（7.5cm×2.5cm）、烧杯（50mL）、毛细管（内径小于1mm）、色谱缸等。

硅胶H，CMC（羧甲基纤维素钠）（1%），乙酸乙酯：甲醇：水＝78：20：2，罗丹明B的乙醇饱和溶液，孔雀绿的乙醇饱和溶液，苏丹Ⅲ的乙醇饱和溶液（或品红的乙醇饱和溶液）。

四、实验步骤

本实验以硅胶H为吸附剂，羧甲基纤维素钠（CMC）为黏合剂，制成薄层板，用乙酸乙酯：甲醇：水＝78：20：2的混合溶剂作为展开剂。通过实验测出罗丹明B、孔雀绿及苏丹Ⅲ的 R_f 值，并分析确定混合试样的组成。

1. 薄层板制备

取7.5cm×2.5cm左右的载玻片5块，洗净晾干。

在50mL烧杯中，放置3g硅胶H，逐渐加入1%羧甲基纤维素钠（CMC）水溶液约9mL，边加边搅拌，调成均匀的糊状，用药匙或玻棒涂于上述洁净的载玻片上，用食指和拇指拿住载玻片，作前后左右摇晃摆动，使流动糊状物均匀地铺在载玻片上。必要时，可在实验台面上，让一端接触台面，而另一端轻轻跌落数次并互换位置。然后把薄层板放于水平的长玻板上，自然晾干。半小时后置于烘箱中经110℃活化30min。取出，稍冷后置于干燥器中备用。

2. 点样

在小试管或滴管中分别取少量罗丹明B、孔雀绿、苏丹Ⅲ的乙醇溶液以及1～2个混合物溶液作为试样。在离薄层板一端1cm处，用铅笔轻轻画一直线。取管口平整内径小于1mm的毛细管插入样品溶液中，吸取液面高度为5mm，于铅笔画线处轻轻点样，斑点直径不超过2mm，每块板可点样两处，样点与样点之间相距以1～1.5cm为宜，待样点干燥后，方可进行展开。先点已知纯样品，再点混合样品。

3. 展开

在色谱缸（或250mL广口瓶）的一侧贴上一与缸壁大小相同的滤纸，稍倾斜后，把展开剂沿滤纸顶部倒入，扶正缸体时缸底部展开剂的高度为0.5cm。盖上顶盖，放置10～15min，以保证缸内均匀地被展开剂蒸气所饱和。

将点好样的薄层板样点一端朝下小心地放入色谱缸中，并成一定角度（大约倾斜45°～60°），同时应使展开剂的水平线在样点以下，盖上顶盖，观察展开剂前沿上升到离板的上端约1cm处取出，并立即用铅笔标出展开剂的前沿位置，晾干。计算各样品的 R_f 值并确定混合物的组成。

实验 3-21 自拟方案实验（设计实验）

根据教师提供的题目，选择自己感兴趣的实验内容，将题目报给老师。可以是一种测定对象，尝试多种方法；也可以是选择多个题目。要求独立查阅资料，独立设计方案，独立进行实验。提倡同学之间相互交流，特别是做相同题目的同学，可以在课下、课上讨论，分头实施方案，一起归纳总结，但是必须独立撰写实验报告。

希望在报告后附上自己在学习这门课程中的感受，特别欢迎提出宝贵的意见和建议。

第二节 仪器分析实验部分

实验 3-22 对羟基苯甲酸酯类混合物的反相高效液相色谱分析

一、实验目的

1. 学习高效液相色谱保留值定性方法和归一化法定量。
2. 学习高效液相色谱仪基本结构和工作原理以及初步掌握其操作技能。

二、实验原理

在对羟基苯甲酸酯类混合物中含有对羟基苯甲酸甲酯、对羟基苯甲酸乙酯、对羟基苯甲酸丙酯和对羟基苯甲酸丁酯，它们都是强极性化合物，可反相液相色谱进行分析，选用非极性的 C_{18} 烷基键合相作为固定相，甲醇的水溶液作为流动相。

由于在一定的实验条件下，酯类各组分的保留值保持恒定，因此在同样条件下，将测得的未知物的各组分保留时间，与已知纯酯类各组分的保留时间进行对照，即可确定未知物中各组分存在与否，这种利用纯物质对照进行定性的方法，适用于来源已知，且组分简单的混合物。

本实验采用归一化法定量，归一化法要求样品中的所有组分都必须出色谱峰，计算公式为：

$$c_i = \frac{f_i A_i}{\sum_{i=1}^{n} f_i A_i} \times 100\%$$

对羟基苯甲酸酯类混合物属同系物，具有相同的生色团和助色团，因此它们在紫外光度检测器上具有相同较正因子，故上式可简化为：

$$c_i = \frac{A_i}{\sum_{i=1}^{n} A_i} \times 100\%$$

三、仪器与试剂

高效液相色谱仪（含恒流泵、可变波长紫外光度检测器、高压六通阀进样器及 20μL 定量管），色谱工作站，微量进样器 50μL，超声波发生器，流动相过滤装置（用孔径为 0.45μm 的有机相和水相过滤膜）等。

对羟基苯甲酸甲酯、对羟基苯甲酸乙酯、对羟基苯甲酸丙酯、对羟基苯甲酸丁酯、甲醇等均为分析纯；

纯水：去离子水，再经过一次蒸馏；标准储备液：浓度均为 $1000\mu g \cdot mL^{-1}$ 的上述四种酯类化合物的甲醇溶液；

标准使用液：浓度均为 $10\mu g \cdot mL^{-1}$ 的上述四种酯类化合物的甲醇溶液，摇匀备用；

标准混合使用液：用上述四种标准储备液，配制均含 $10\mu g \cdot mL^{-1}$ 的酯类混合物的甲醇溶液。

四、实验条件

1. 色谱柱：长 15cm、内径 4.6mm，装填 C_{18} 烷基键合相、颗粒度为 5μm 的固定相。
2. 流动相：甲醇/水＝55/45（体积比），流量 $1mL \cdot min^{-1}$。
3. 检测波长：254nm。
4. 进样量：20μL。

五、实验步骤

1. 将配制好的流动相甲醇水溶液过滤后，置于超声波发生器上脱气 15 min。
2. 根据实验条件，将仪器按照仪器的操作步骤调节至进样状态，待仪器液路和电路系统达到平衡时，记录仪基线呈平直，即可进样。
3. 依次分别吸取四种标准使用液、标准混合使用液和未知试液进样，记录各色谱图，并重复两次。
4. 测量四种对羟基苯甲酸酯类化合物色谱图的保留时间 t_R。
5. 依次测量标准混合使用液色谱图上各色谱峰的保留时间 t_R。
6. 记录未知试液各组分峰面积，应用归一化法计算未知试样各组分含量。

六、数据及处理

1. 记录实验条件。
2. 测量四种对羟基苯甲酸酯类化合物色谱图的保留时间 t_R。
3. 依次测量标准混合使用液色谱图上各色谱峰的保留时间 t_R，确定各色谱峰代表何种化合物。
4. 测量未知试样色谱图上各组分的峰面积，计算其含量。

【思考题】

1. 高效液相色谱分析采用归一化法定量有何优缺点？本实验为什么可以不用相对质量校正因子？
2. 在高效液相色谱中，为什么可利用保留值定性？这种定性方法你认为可靠吗？
3. 高效液相色谱分析中流动相为何要过滤和脱气，否则对实验有何妨碍？

附：HPLC 测定对羟基苯甲酸酯类混合物含量的仪器及实验条件

1. 仪器

(1) 恒流及高压泵：LC-10Atvp (SHIMADZU CO.)

(2) 紫外可见光度检测器：SPD-10Avp (SHIMADZU CO.)

(3) 高压六通进样阀：7725 (RHEODYNE，Made in U. S. A.)

(4) 色谱工作站：江申色谱工作站

(5) 微量进样器：50μL

(6) 超声波发生器：AS3120A

2. 实验条件

(1) 色谱柱：150mm × 4.6mm，ODSC-18 (SHIMADAZU CO.)

(2) 流动相：甲醇：水 (55：45)，流量 0.7mL·min^{-1}

(3) 检测波长：254nm

(4) 温度 t=16℃

(5) 进样量：20μL (定量管定量)

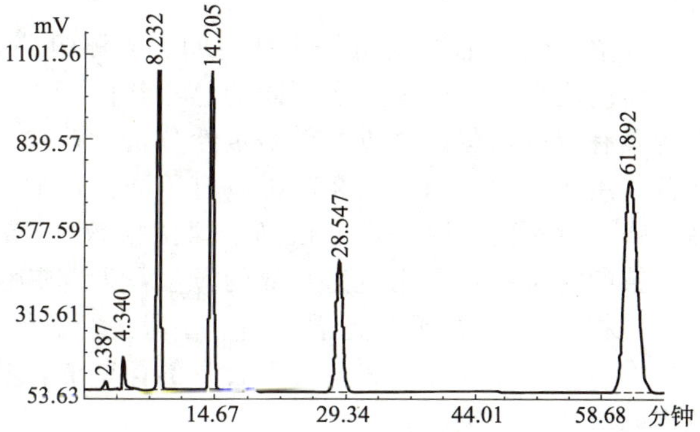

归一化法色谱定量报告

谱图文件：\chromwin\data\051215-1.sla

保留时间/min	峰面积	含量	标记
2.061	214927	0.087	V
2.387	600935	0.245	V
4.340	4602139	1.873	进样系统峰
8.232	40368830	16.427	对羟基苯甲酸甲酯
14.205	49385626	20.097	对羟基苯甲酸乙酯
28.547	33071700	13.458	对羟基苯甲酸丙酯
61.892	117496236	47.813	对羟基苯甲酸丁酯
合计	245740393	100.00	

实验 3-23 气相色谱定性分析——纯物质对照法

一、实验目的

1. 学习利用保留值和相对保留值进行色谱对照的定性方法。

2. 熟悉色谱仪器操作。

二、实验原理

各种物质在一定的色谱条件（一定的固定相与操作条件等）下有各自确定的保留值，因此保留值可作为一种定性指标。对于较简单的多组分混合物，若其中所有待测组分均为已知，它们的色谱峰均能分开，则可将各个色谱的保留值与各相应的标准样品在同一条件下所得的保留值进行对照比较，就能确定各色谱峰所代表的物质，这就是纯物质对照法定性的原理。该法是气相色谱分析中最常用的一种定性方法。以保留值作为定性指标，虽然简便，但由于保留值的测定受色谱操作条件的影响较大，而相对保留值仅与所用的固定相和温度有关，不受其他色谱操作条件的影响，因而更适合用于色谱定性分析。相对保留值 r_{is}定义为：

$$r_{is}=\frac{t'_{Ri}}{t'_{Rs}}=\frac{t_{Ri}-t_M}{t_{Rs}-t_M}$$

式中，t_M、t'_{Ri}、t'_{Rs}分别为死时间、被测组分 i 及标准物质 s 的调整保留时间。

还应注意，有些物质在相同的色谱条件下，往往具有相近的甚至相同的保留值，因此在进行具有相近保留值物质的色谱定性分析时，要求使用高柱效的色谱柱，以提高分离效率，并且采用双柱法（即分别在两根具有不同极性的色谱柱上测定保留值）。在没有已知标准样品可作为对照的情况下，可借助于保留指数（Kovats 指数）文献值进行定性分析。对于组分复杂的混合物，采用更为有效的方法，即与其他鉴定能力强的仪器联用，如气相色谱/质谱、气相色谱/红外吸收光谱联用等手段进行定性分析。

本实验测定环己烷和苯的混合物的保留值，然后以相应的纯物质的保留值，确定混合物色谱峰所对应的物质。

三、仪器与试剂

102 型气相色谱仪，氮气钢瓶，色谱柱　2m×ϕ6mm，微量进样器 2μL、5μL 等。

苯、环己烷均为分析纯。

四、实验条件

25%DNP；流动相为氮气，流量为 25mL·min^{-1}；柱温 100 ℃；气化温度 150℃；检测器 TD；桥电流 100mA；衰减比 1/4；进样量 1μL；记录仪纸速 600mm·h^{-1}。

五、实验步骤

1. 根据实验条件，将色谱仪按仪器操作步骤调节至可进样状态，待仪器上的电路和气路系统达到平衡，记录仪上基线平直时，即可进样。

2. 分别吸取以上各种混合液 1μL，依次进样，并在记录纸上于进样信号附近标明混合液组分名称。重复进样两次。

【思考题】

1. 什么可以利用色谱峰的保留值进行定性？

2. 假如两个相邻碳的同系物，一个保留值是另一个的两倍，保留值大的色谱峰的峰高是另一个的三倍，试估计它们的含量之比。

实验 3-24　用氟离子选择性电极测定微量 F$^-$——标准曲线法

一、实验目的

学习氟离子选择性电极测定微量 F$^-$ 的原理和测定方法。

二、实验原理

氟离子选择性电极的敏感膜为 LaF_3 单晶膜（掺有微量 EuF_2，利于导电），电极管内放入 NaF+NaCl 混合溶液作为内参比溶液，以 Ag-AgCl 作为内参比电极。当将氟电极浸入含

F^-的溶液中时，在其敏感膜内外两侧产生膜电位

$$\Delta E_m = K - 0.05916\lg a_{F^-} \quad (25℃)$$

以氟电极作为指示电极，饱和甘汞电极作为参比电极，浸入试液组成工作电池

$$Hg, HgCl_2 | KCl(饱和) \| F^- 试液 | LaF_3 | NaF, NaCl | AgCl, Ag$$

工作电池的电动势为

$$E = K' - 0.05916\lg a_{F^-} (25℃)$$

在测量时加入以 HAc-NaAc，柠檬酸钠和大量 NaCl 配制成的总离子强度调节缓冲液（TISAB），由于加入了高离子强度的溶液（本实验所用的 TISAB 的离子强度 $I > 1.2$），可以在测量过程中维持离子强度恒定，因此工作电池电动势与 F^- 浓度的对数成线性关系：

$$E = K - 0.05916\lg c_{F^-}$$

本实验采用标准曲线法测定 F^- 浓度，即配制成不同浓度的 F^- 标准溶液，测定工作电池的电动势，并在同样条件下测得试液的 E_x，由 E-$\lg c_{F^-}$ 曲线查得未知试液中的 F^- 浓度。当试液组成较为复杂时，则应采用标准加入法或 Gran 作图法测定之。

氟电极的适用酸度范围为 pH＝5～6，测定浓度范围在 $10^{-6} \sim 10^{0} mol \cdot L^{-1}$ 内，E 与 $\lg c_{F^-}$ 呈线性响应，电极的检测下限在 $10^{-7} mol \cdot L^{-1}$ 左右。

氟离子选择性电极是比较成熟的离子选择性电极之一，其应用范围比较广泛。本实验所介绍的测定方法，完全适用于人指甲中 F^- 的测定（指甲需先经适当的预处理），为诊断氟中毒程度提供科学依据；采取适当措施，用标准曲线法可直接测定雪和雨水中的痕量 F^-；磷肥厂的废渣，经 HCl 分解，即可用于快速、简便地测定其 F^- 含量；用标准加入法不需预处理即可直接测定尿中的无机氟与河水中的 F^-；通过预处理，则可测定尿和血中的总氟含量；大米、玉米、小麦粒经磨碎、干燥，并经 $HClO_4$ 浸取后，不加 TISAB，即可用标准加入法测定其中的微量氟，本法还可测定儿童食品中的微量氟。

三、仪器与试剂

pHS-3C 型酸度计（精确到 1mV）或 ZD-2A 自动滴定电位计，氟离子选择性电极，饱和甘汞电极，电磁搅拌器，容量瓶 1000mL、100mL、50mL，吸量管 5mL、1mL，CPU486 以上计算机，自编计算机程序等。

$0.100 mol \cdot L^{-1}$ F^- 标准溶液：准确称取 120℃ 干燥 2h，并经冷却的优级纯 NaF 4.20g 于小烧杯中，用水溶解后，转移至 1000mL 容量瓶中配成水溶液，然后转入洗净、干燥的塑料瓶中。

总离子强度调节缓冲液（TISAB）：于 1000mL 烧杯中加入 500mL 水和 57mL 冰醋酸，58g NaCl，12g 柠檬酸钠（$Na_3C_6H_5O_7 \cdot 2H_2O$），搅拌至溶解。将烧杯置于冷水中，在 pH 计的监测下，缓慢滴加 $6 mol \cdot L^{-1}$ NaOH 溶液，至溶液的 pH＝5.0～5.5，冷却至室温，转入 1000mL 容量瓶中，用水稀至刻度，摇匀。转入洗净、干燥的试剂瓶中。

F^- 试液：浓度约在 $10^{-2} \sim 10^{-1} mol \cdot L^{-1}$（本实验测定自来水中微量 F^-）。

四、实验步骤

1. 按 pHS-3C 型酸度计说明书操作步骤所述调试仪器，按下 mV 按键。摘去甘汞电极

的橡皮帽，并检查内电极是否浸入饱和 KCl 溶液中，如未浸入，应补充饱和 KCl 溶液。安装电极。

2. 准确吸取 0.100mol·L^{-1} F^- 标准溶液 5.00mL，置于 50mL 容量瓶中，加入 TISAB 5.00mL，用水稀释至刻度，摇匀，得 pF=2.00 溶液。

3. 吸取 pF=2.00 溶液 5.00mL，置于 50mL 容量瓶中，加入 TISAB 4.5mL，用水稀释至刻度，摇匀，得 pF=3.00 溶液。

仿照上述步骤，配制 pF=4.00、pF=5.00 和 pF=6.00 溶液。

4. 将配制的标准溶液系列由低浓度到高浓度逐个转入塑料小烧杯中，并放入氟电极和饱和甘汞电极及搅拌子，开动搅拌器，调节至适当的搅拌速度，保持搅拌速度不变，至电位读数恰到 2min 不变，读取各溶液的毫伏值。

5. 吸取 F^- 试液 45.0mL，置于 50mL 干燥的小烧杯中，加入 5.0mL TISAB。按标准溶液的测定步骤，测定其电位 E_x 值。

五、数据及处理

原始数据、计算机拟合曲线方程及结果。

【参考文献】

[1] 开小明. 离子选择性电极多次标准加入法电极电势测量方法研究. 分析试验室，2001，20 (2)：64.

[2] 史生华，郭艳丽，索志荣. 氯离子选择性电极瞬时电位分析法研究. 高等学校化学学报，2001，22 (4)：556.

实验 3-25 用氟离子选择性电极测定微量 F^-——Gran 作图法

一、实验目的

1. 了解电位的测定方法。
2. 学习 Gran 作图法的基本原理和数据处理方法。

二、实验原理

氟离子选择性电极的敏感膜为 LaF_3 单晶膜（掺有微量 EuF_2，利于导电），电极管内放入 NaF+NaCl 混合溶液作为内参比溶液，以 Ag-AgCl 作为内参比电极。Gran 作图法是多次加入欲测组分的标准溶液，测量电位值 E，并计算每次加入标准溶液后的 $(V_0+V_s)\times 10^{E/S}$值，然后以其为纵坐标，以 V_s 为横坐标作图，延长各实验点的连线，得出与横坐标的交点 V_e。由下式计算欲测组分的浓度

$$c_x=-\frac{c_s V_e}{V_0}$$

Gran 作图法中 $(V_0+V_s)\times 10^{E/S}$的计算较繁，若采用特制的半反对数坐标纸，可将实验数据直接标在图纸上。不需烦琐计算，即可求得 V_e 值，甚为简便。本实验采用计算机拟合曲线方程，测定更为方便、灵活。

由于 Gran 作图法是通过多次测量电位值进行求算欲测组分浓度，提高了测定准确度，尤其是对于含量较低的试样，加入标准溶液后，欲测组分浓度增加，于是在较高浓度进行电位测量，电极易于达到平衡，测得的电位较稳定，因而实验的重现性也较好。

Gran 作图法都是在有其他组分共存情况下进行测量的，因此实验上避免了共存组分的

影响，所以这种方法适合于成分不明或组成复杂试样的测定。在本实验中，我们采用了计算机处理数据，模拟作图，因此处理数据比较方便。

氟离子选择性电极使用方便，是应用较广的一种离子选择性电极，在化学工业、食品工业以及环境科学等许多领域都有实际应用。

三、仪器与试剂

pHS-3C 型酸度计或 ZD-2A 自动滴定电位计，氟离子选择性电极，电磁搅拌器，容量瓶 250mL、100mL、50mL，吸量管 5mL、2mL、1mL，CPU486 以上计算机，自编计算机程序等。

总离子强度调节缓冲液（TISAB）。

1.0mol·L^{-1} NaF 标准溶液：取优级纯 NaF 于高温炉中在 500～600℃灼烧半小时，放置于干燥器中冷却，准确称取 NaF 14.61g 于小烧杯中，用水溶解后，转移至 250mL 容量瓶中配成水溶液。

F^- 试液：浓度为 10^{-3}mol·L^{-1}。

四、实验步骤

1. 调试好 pHS-3C 型酸度计，测电池的电动势。

2. 于 50mL 烧杯中，加入 45mL 自来水和 5mL TISAB 溶液，测电池的电动势，然后每次加入 0.5mL 浓度为 10^{-3}mol·L^{-1} F^- 试液，测一次电动势，共加入 5 次。

五、数据及处理

$$s=58\text{mV}。$$

【参考文献】

[1] 开小明. 离子选择性电极多次标准加入法电极电势测量方法研究. 分析试验室，2001，20（2）：64.

[2] 史生华，郭艳丽，索志荣. 氯离子选择性电极瞬时电位分析法研究. 高等学校化学学报，2001，22（4）：556.

实验 3-26 原子吸收光谱法测定水体中 Cu 的含量——标准曲线法

一、实验目的

1. 学习原子吸收分光光度法的基本原理。

2. 了解原子吸收分光光度计的基本结构及其使用方法。

3. 掌握应用标准曲线法测定水体中 Cu 的含量。

二、实验原理

标准曲线法是原子吸收分光光度分析中一种常用的定量方法，常用于未知试液中共存的基体成分较为简单的情况。如果溶液中共存基体成分比较复杂，则应在标准溶液中加入相同类型和浓度的基体成分，以消除或减少基体效应带来的干扰，必要时须采用标准加入法而不用标准曲线法。标准曲线法的标准曲线有时会发生向上或向下弯曲现象，造成标准曲线弯曲的原因有：

1. 当标准溶液浓度超过标准曲线的线性范围时，待测元素基态原子相互之间或与其他元素基态原子之间的碰撞概率增大，使吸收线半宽度变大，中心波长偏移，吸收选择性变差，致使标准曲线向浓度坐标轴弯曲（向下）。

2. 因火焰中共存大量其他易电离的元素，由这些元素原子的电离所产生的大量电子，

将抑制待测元素基态原子的电离效应，使测得的吸光度增大，使标准曲线向吸光度坐标轴方向弯曲（向上）

3. 空心阴极灯中存在杂质成分，产生的辐射不能被待测元素基态原子所吸收，以及杂散光存在等因素，形成背景辐射，在检测器上同时被检测，使标准曲线向浓度坐标轴方向弯曲（向下）。

4. 由于操作条件选择不当，如灯电流过大，将引起吸光度降低，也使标准曲线向浓度坐标轴方向弯曲。

总之，要获得线性好的标准曲线，必须选择好适当的实验条件，并严格实行。

三、仪器

GBC-932AA 原子吸收分光光度计（澳大利亚），Cu 空心阴极灯等。

四、实验步骤

1. 用移液管准确移取 0.50mL、1.00mL、1.50mL、2.00mL 100$\mu g \cdot mL^{-1}$ Cu 标准液，分别放入 4 个 50mL 容量瓶中，用蒸馏水稀释到刻度。即得 1 号：1.00 $\mu g \cdot mL^{-1}$；2 号：2.00$\mu g \cdot mL^{-1}$；3 号：3.00$\mu g \cdot mL^{-1}$；4 号：4.00$\mu g \cdot mL^{-1}$ Cu 标准溶液。

2. 开启稳压电源开关，安装铜空心阴极灯。

3. 打开计算机电源开关，进入 Dos 操作系统，在 C:\下，输入 932，进入原子吸收操作系统主菜单。

4. 设置实验参数［火焰、文件名：分析人员＋分析类型＋分析元素＋编号（不能超过 8 位）、分析元素、基体类型（water）、灯电流、波长、狭缝宽度、狭缝高度（自动）、仪器模式（手动）、校正参数（最小二乘法）、灯架表（输入相应元素符号）等］。

5. 打开原子吸收主机电源、空气压缩机电源和燃气气源开关。

注意：开启空气压缩机电源前，要将空气压缩机上的放空开关旋紧。原子吸收主机 support 面板上的开关处于 off 位置。空压机的压力表指针指示到 5 刻度。

打开燃气气源开关前，一定要将原子吸收主机 support 机板上的开关处于 off 位置、fuel 机板上的开关旋紧（向右），均处于关闭状态。

打开乙炔气瓶时，手柄向左旋转，使输出压力为 0.6kgf/cm^2。

6. 将原子吸收主机 support 机板上的开关处于 air 位置，调整控制空气流量开关（左大右小），使空气流量为 7.5。

7. 调整原子吸收主机 fuel 机板上的控制乙炔气的流量开关（左大右小），使乙炔气流量为 2.8。

8. 按下原子吸收主机 fuel 机板上方的 IGNTION 按钮，点火（若不成功，就手动点火）。

9. 将导入毛细管插入蒸馏水烧杯中，待机器稳定（从计算机上的时间和吸光度的变化可以判断）。

10. 根据计算机上的提示进行标准样品和待测样品的测定。

11. 测定结束后，打印出实验结果。

12. 先关闭乙炔钢瓶，火焰自动熄灭，然后将毛细管放入蒸馏水中，待原子吸收仪冷却到室温时，再关闭空气压缩机电源和原子吸收主机电源。

13. 按 Esc 键，弹出计算机退出菜单，选择 Yes，按回车键退出计算机。

14. 盖好原子吸收仪和计算机，实验结束。

五、原始数据及结果

【思考题】

1. 标准溶液为什么要临时配制？

2. 原子吸收光谱的测量条件有哪些？

实验 3-27 荧光分光光度法测定水杨酸含量

一、实验目的

1. 掌握荧光分光光度法测定水中水杨酸含量的方法。

2. 了解分子荧光分析法的基本原理。

二、实验原理

大多数分子在常温下处于基态最低振动能级，产生荧光的原因是物质分子吸收了特征频率的光能后，由基态跃迁至较高能级的第一激发态或第二激发态，处于激发态的分子，可以通过无辐射去活，将多余的能量转移给其他分子；或通过内转换到第一激发态的最低振动能级，然后再以辐射的形式去活，跃迁回至基态各振动能级，发射出荧光。荧光是物质吸收光的能量后产生的，因此任何荧光物质都具有两种光谱：激发光谱和发射光谱。

水杨酸在碱性条件下，可用激发波长（E_x）306nm 激发，其最大发射波长（E_m）为 418nm，且荧光强度与水杨酸浓度成正比。

三、仪器与试剂

日立（HITACHI）F-4500 荧光分光光度计或岛津 RF-5301PC 荧光分光光度计，100mL 容量瓶 6 个，烧杯等。

硼砂（$Na_2B_4O_7 \cdot 10H_2O$）缓冲溶液：称取硼砂（$Na_2B_4O_7 \cdot 10H_2O$ 的分子量为 381.37g・mol^{-1}）19.07g 于 250mL 烧杯中，加蒸馏水使之溶解，然后将其溶液定量转移到 1000mL 容量瓶中，加蒸馏水稀释到刻度，即得 0.05mol・L^{-1} 硼砂缓冲溶液。

1.00mg・mL^{-1} 水杨酸标准溶液：称取 0.2500g 水杨酸（分子量为 138.12 ）于一干净的 50mL 小烧杯中，加入少量 3.0mol・L^{-1} NaOH 使之溶解，然后定量转移到 250mL 容量瓶中，并用蒸馏水稀释到刻度，即可。

四、实验步骤

1. F-4500 荧光分光光度计的使用方法

（1）打开电源开关，开启 Xe 灯，再开启运行（Run）开关。

（2）开启计算机，进入 Windows 界面。

（3）双击 FL Solutions 2.0 图标，进入操作窗口，机器开始自检。

（4）自检完成后，点击右边 Method 图标，设置仪器参数，E_x、E_m 波长，激发狭缝宽度，发射狭缝宽度。

（5）在选择 Emission 的条件下，固定 E_x（max）值，选择 E_m 波长扫描范围后，点击右边的 Measure 图标，测定不同标准溶液的荧光强度，并记录相应浓度下的荧光强度 (Fluorescence intensity，I_F)，且在菜单 file 下，用 save as 命令，将扫描图保存为相应浓度下的 0、2、4、6、8、10 文件。

（6）图形叠加

① 将 E_x 图和 E_m 图叠加　在菜单 Data 下，点击 Overlay 命令，选择右边的“来源于文件”按钮，然后选择要叠加的图形文件 E_x、E_m 后，按下打开按钮，叠加完成。此后，保存叠加文件为 EXEM. dx 或 EXEM. txt。

② 标准曲线图的叠加　在菜单 Data 下，点击 Overlay 命令，选择右边的“来源于文件”按钮，然后选择要叠加的图形文件 2、4、6、8、10 后，按下打开按钮，叠加完成。此后，保存叠加文件为 Cal. dx 或 Cal. txt。

（7）双击 Origin 6.0 图标，打开操作窗口，完成实验图。

2. 实验操作

（1）标准溶液系列的配制　取 6 个编号为 1#、2#、3#、4#、5#、6# 的 100mL 容量瓶，各加入 5mL 硼砂缓冲溶液，分别移取 0mL、0.2mL、0.4mL、0.6mL、0.8mL、1.0mL 1.00mg · mL^{-1} 的水杨酸溶液于上述 6 个容量瓶中，然后加去离子水至刻度，配制成水杨酸浓度分别为 0μg · mL^{-1}、2μg · mL^{-1}、4μg · mL^{-1}、6μg · mL^{-1}、8μg · mL^{-1}、10μg · mL^{-1} 的标准溶液。

（2）最大激发、发射波长的确定　选用上述 4 号溶液，按仪器操作方法进行。

（3）工作曲线的测绘　将上述溶液分别装入比色皿中（体积的 2/3～3/4），用柔软的卫生纸将表面的溶液擦干净后放入仪器的比色皿架上，测定各标准溶液的 I_F。以 I_F-c 作图，即为标准曲线。

（4）取未知样品试液适量放入 100mL 容量瓶，加入 5mL 硼砂缓冲溶液，用去离子水至刻度。然后与测定标准曲线相同，测定其溶液的 I_F，再从标准曲线上查得其含量。

附：RF-5301PC 荧光光度计的使用

1. 接通电源，打开激发光源开关，开启 RF-5301PC 电源开关，预热半小时。

2. 开启计算机。

3. 双击界面上 RF-530XPC 图标，进入 RF-5301PC 窗口。

4. 在 Acquire Mode 菜单下，选择 Spectrum。

5. 在 Configure 菜单下，点击 Parameters，弹出 Spectrum Parameters 菜单。先选定 Spectrum Type 中的 EX Wavelength：270；EM wavelength Range：Start 300 End 500；Recording Range：Low 0.000 High 150.000；Scanning Speed：Super；Slit Width（nm）：EX 3 EM 3 ；Response Time（sec）Auto 后，点击 OK。

6. 在 Configure 菜单下，点击 PC Configuration，弹出菜单 PC Configuration Parameters。在 Data Directory：指定存入数据路径。如：C:\RFPC\data\dyj\08hx(1)\(必须先在 C:\下建好此文件夹)；在 Export Directory 下也指明路径。如：C:\RFPC\data\dyj\08hx(1)\asc\(必须先在 C:\下建好此文件夹) Fluoromrter Serial Port 下选 1 ，点击 OK，设定完成。

7. 放入测量试样，点击 Start 键，开始“获取数据”，完成“获取数据”后，文件名对话框出现，按规律输入文件名，不要加扩展名，计算机会自动加上扩展名“TMC”。当输入完成后，点击 Save 键，将数据保存入通道内。

8. 欲知道峰值及对应波长，可在 Manipulate 菜单中，选 Peak Pick，弹出一菜单，下拉到最后，可看见峰值及对应波长，记录其数据。

9. 欲存储所有获得的数据，可在“File”菜单中，点击 Channel 菜单下的 Save Channel，出现一对话框，点击选择 All 后，再点击 OK，保存完成。

10. 将所“获得的数据”整理，作图。

实验 3-28 循环伏安法判断电极过程

一、实验目的

1. 学会使用 BAS 电化学分析站。

2. 了解循环伏安法的原理。

3. 学会判断电化学过程的可逆性。

二、实验原理

循环伏安法就是将线性扫描的电位，由起始电位 E_i 线性扫描到终止电位 E_f；然后再从终止电位 E_f 线性扫描到起始电位 E_i，完成一个循环。整个过程相当于两个连续的方向相反的线性扫描过程，对于一个可逆氧化还原过程，如果起始电位向负方向扫描，则先发生还原反应，然后还原物（阴极过程）在后半扫描过程中被氧化（阳极过程），可得到循环伏安图。i_p 用于定量分析，此外，循环伏安法实验可以得到很多有关的信息。

三、电极可逆性判别

对于可逆电极反应：

（1）峰电位 E_p 与扫描速度无关。ΔE_p 确切数值与扫描过峰电位（E_{p_c} 或 E_{p_a}）之后多少毫伏再回扫有关，即与 E_f 有关。一般在峰电位之后有足够的毫伏数再回扫，ΔE_p 值为 $58/n$ mV。

（2）电流函数性质：$i_p/v^{1/2}$ 与 v 无关。

（3）阳极电流与阴极电流的性质：$i_{p_a}/i_{p_c}=1$ 与 v 无关。

四、仪器与试剂

BAS100 电化学分析站等。

$1mol \cdot L^{-1}$ KNO_3，$0.5mol \cdot L^{-1}$ $K_3Fe(CN)_6$。

五、实验步骤

1. 玻碳电极的预处理：用 Al_2O_3 粉将电极表面抛光，然后用蒸馏水清洗，待用。

2. 配制溶液：移取 5.0mL $1mol \cdot L^{-1}$ KNO_3 于电解池中，然后加入 0.5mL $0.5mol \cdot L^{-1}$ $K_3Fe(CN)_6$。

3. 将三电极连接好，选择 Epsilon 软件，用鼠标双击，弹出仪器操作界面。

4. 选择实验参数，以不同的扫描速度［10、20、40、80、100 和 200（mV/s）］，于 −0.2～0.8V 间进行循环扫描，记录循环伏安曲线，并记录其氧化还原电流及峰电位。

六、数据与处理

1. 依据铁氰化钾和抗坏血酸循环伏安实验结果，讨论电极反应的可逆性。见图 3-8。

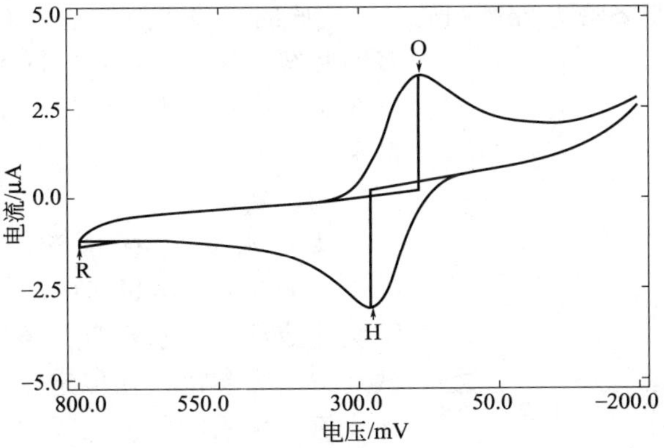

图 3-8 电极反应的可逆性

2. 依据铁氰化钾和抗坏血酸循环伏安实验结果，讨论扫描速度对 i_{p_c} 和 i_{p_a} 的影响，绘制铁氰化钾的 i_{p_c} 和 i_{p_a} 与 $v^{1/2}$ 的关系曲线，见图 3-9。

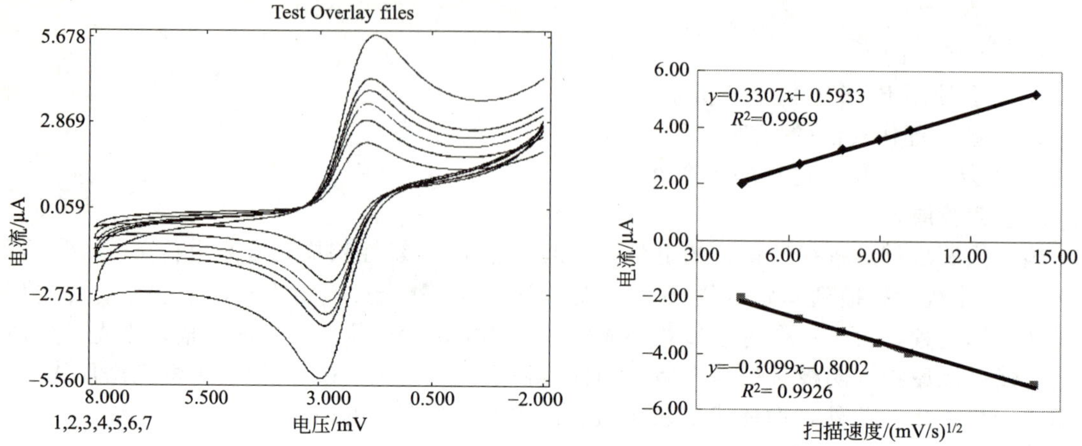

图 3-9　i_{p_c} 和 i_{p_a} 与 $v^{1/2}$ 的关系曲线

实验 3-29　分光光度法测量水杨酸

一、实验目的

1. 了解自动扫描法测量吸收曲线的操作。
2. 了解计算机作吸收曲线和标准曲线的方法。
3. 掌握分光光度法测量水杨酸的原理。

二、实验原理

水杨酸应用非常广泛，经常存在于如生产水杨酸的制药废水中。水杨酸对环境会造成很大的污染。很多场所及产品对水杨酸的含量都有一定的要求，故测量水杨酸的含量是十分必要的。水杨酸最大吸收波长为 295.5nm。

三、仪器与试剂

732 型分光光度计，2501PC 紫外可见分光光度计等。

水杨酸标准溶液：储备液为 $2mg \cdot mL^{-1}$，实验时稀释为 $200\mu g \cdot mL^{-1}$ 的工作溶液；六亚甲基四胺缓冲溶液：70g $(CH_2)_6N_4 + 9mL$ 浓 HCl 稀释到 500mL；其他试剂均为分析纯；实验用水为二次蒸馏水。

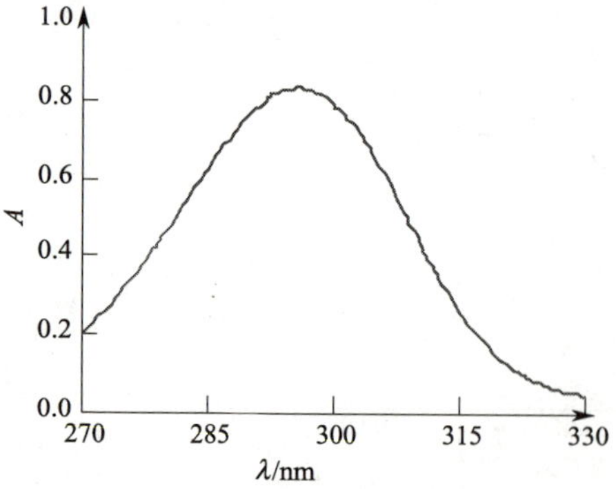

图 3-10　水杨酸吸收曲线

四、实验步骤

移取水杨酸标准溶液 0、2、4、6、8、10 (mL) 于 50mL 容量瓶中，加入 2.0mL 六亚甲基四胺缓冲溶液，加水定容，摇匀，用 1cm 比色皿，以试剂空白为参比，在拟定的波长范围扫描，测量吸光度值。水杨酸的最大吸收波长为 295.5nm，吸收曲线见图 3-10。

以最大吸收波长处的吸光度对浓度作图，得标准曲线。

取适量未知样品溶液于50mL容量瓶中，加入2.0mL六亚甲基四胺缓冲溶液，加蒸馏水定容，摇匀，用1cm比色皿，以试剂空白为参比，在拟定的波长范围内扫描，测其吸光度，再从标准曲线上查其含量。

实验3-30 石墨炉原子吸收光谱法测定钼

一、实验目的

1. 学习原子吸收分光光度法的基本原理。

2. 了解TAS-990（普析）光栅1200line/mm，分辨率优于0.3nm原子吸收分光光度计的基本结构及其使用方法。

二、仪器与试剂

TAS-990原子吸收分光光度计（北京普析通用公司），HGA 2700型石墨炉等。

抗坏血酸溶液100g·L^{-1}（当天配制）。

硫氰酸铵溶液50g·L^{-1}。

硫酸铁铵100g·L^{-1}。

钼标液1mg·mL^{-1}：称取基准$(NH_4)_6Mo_7O_{24}\cdot 4H_2O$ 1.8400g，溶于10mL浓氨水中，用亚沸蒸馏水定容至1 L。使用时，逐级稀释至所需浓度。

样品溶液：取适量未知样溶液，按标准工作液条件配成测定样品溶液。

三、实验步骤

1. 打开AA Win 2.0软件。

2. 开仪器主机开关，石墨炉开关。

3. 联机。

4. 元素灯设置（钼灯）。

5. 点寻峰。

6. 应用——能量测试-自动能量平衡。

7. 设置石墨炉工作参数。

石墨炉工作参数如下：

升温步骤	温度 T/℃	升温时间 t/s	保持时间 t/s	内部气体流量 q_v/mL·min^{-1}
1	70	10	30	300
2	120	5	10	300
3	800	1	15	300
4	2650	0	7	0
5	2600	1	5	300

8. 开氩气。

9. 开水龙头。

10. “空烧”2～3次。

11. 按样品设置的顺序用微量进样器进样，以此测定0、25μg·L^{-1}、50μg·L^{-1}、75μg·L^{-1}、100μg·L^{-1}系列标准溶液及样品溶液的吸光度，绘制标准曲线，查出样品浓度。

12. 测量结束，先关氩气，关水，关石墨炉开关，关仪器主机电源，保存数据后关电脑。

实验 3-31 丁烷混合气的气相色谱分析——归一化法定量

一、实验目的

1. 学习归一化法定量的基本原理及测定方法。

2. 掌握色谱气体进样操作技术。

二、实验原理

使用归一化法定量，要求试样中的各个组分都能得到完全分离，并且在色谱图上应能绘出其色谱峰，计算式为：

$$c_i = \frac{m_i}{\sum_{i=1}^{n} m_i} \times 100\%$$

而由前述

$$m_i = f_i A_i;\ A_i = h_i Y_{1/2}$$

$$c_i = \frac{f_i h_i Y_{1/2}}{\sum_{i=1}^{n} f_i h_i Y_{1/2}} \times 100\%$$

在一定操作条件下，同系物的半峰宽与保留时间成正比，因此在做相对计算时，可用 $h_i t_{Ri}$ 表示峰面积 A_i，故

$$c_i = \frac{f_i h_i t_{Ri}}{\sum_{i=1}^{n} f_i h_i t_{Ri}} \times 100\%$$

归一化法优点是计算简便，定量结果与进样量无关，且操作条件不需严格控制，是常用的一种色谱定量方法。但此法缺点是不管试样中某组分是否需要测定，都必须全部分离流出，并获得可测量的信号，而且其校正因子也应为已知。

本实验通过测量丁烷混合气中丙烷、异丁烷和丁烷三种组分的 h_i 和 t_{Ri}，计算各组分的百分含量。

三、仪器及试剂

102 型气相色谱仪；氮气钢瓶；色谱柱 2m×ϕ6mm；固定液 25% DNP；流动相为氮气，流量为 25mL·min^{-1}；柱温为室温；气化温度为室温；检测器 TD；桥电流 100mA；衰减比 1/4；六通阀定量管进样；记录仪纸速 600mm·h^{-1}。

市售罐装液态丁烷混合气（用于气体打火机）。

四、实验步骤

1. 通过一段塑料管，直接将市售的液态丁烷混合气罐的出口连接在六通阀的进样口上，进样时将丁烷混合气体罐口朝上，然后进样。

2. 根据实验条件，将色谱仪按仪器操作步骤调至可进样状态，待仪器电器电路和气路系统达到平衡，记录仪基线平直时，即可进样。记录色谱图，重复进样两次。

【附注】

进样后根据混合气中各组分出峰高低情况，调整进样量，使出峰最高的色谱峰高度约占记录纸宽度的80%左右。

【思考题】

1. 分离丁烷混合气体最好使用什么固定液？
2. 本实验为什么在室温下操作？

第四章　有机化学实验部分

实验 4-1　蒸馏及沸点的测定

一、实验目的

1. 熟悉蒸馏和测定沸点的原理，了解蒸馏和测定沸点的意义。

2. 掌握蒸馏和测定沸点的操作要领和方法。

二、实验原理

液体的分子由于分子运动有从表面逸出的倾向，这种倾向随着温度的升高而增大，进而在液面上部形成蒸气。当分子由液体逸出的速度与分子由蒸气中回到液体中的速度相等，液面上的蒸气达到饱和，称为饱和蒸气。它对液面所施加的压力称为饱和蒸气压。实验证明，液体的蒸气压只与温度有关。即液体在一定温度下具有一定的蒸气压。

当液体的蒸气压增大到与外界施于液面的总压力（通常是大气压力）相等时，就有大量气泡从液体内部逸出，即液体沸腾。这时的温度称为液体的沸点。

但是具有固定沸点的液体不一定都是纯粹的化合物，因为某些有机化合物常和其他组分形成二元或三元共沸混合物，它们也有一定的沸点。

蒸馏是将液体有机物加热到沸腾状态，使液体变成蒸气，又将蒸气冷凝为液体的过程。

通过蒸馏可除去不挥发性杂质，可分离沸点差大于 30℃的液体混合物，还可以测定纯液体有机物的沸点及定性检验液体有机物的纯度。

三、仪器与试剂

乙醇、蒸馏瓶、温度计、直型冷凝管、尾接管、锥形瓶、量筒等。

四、实验装置

主要由气化、冷凝和接收三部分组成 ，如图 4-1 所示。

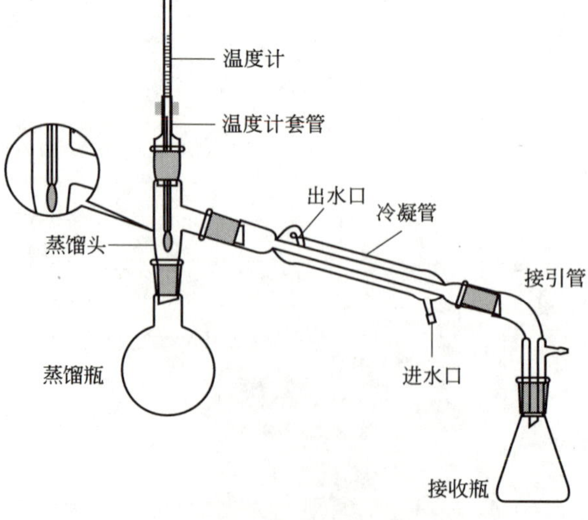

图 4-1　蒸馏装置

1. 蒸馏瓶

蒸馏瓶的选用与被蒸液体量的多少有关，通常装入液体的体积应为蒸馏瓶容积的1/3～2/3。液体量过多或过少都不宜（为什么?）。在蒸馏低沸点液体时，选用长颈蒸馏瓶；而蒸馏高沸点液体时，选用短颈蒸馏瓶。

2. 温度计

温度计应根据被蒸馏液体的沸点来选，低于100℃，可选用100℃温度计；高于100℃，应选用250～300℃水银温度计。

3. 冷凝管

冷凝管可分为水冷凝管和空气冷凝管两类，水冷凝管用于被蒸液体沸点低于140℃；空气冷凝管用于被蒸液体沸点高于140℃（为什么?）。

4. 尾接管及接收瓶

尾接管将冷凝液导入接收瓶中。常压蒸馏选用锥形瓶为接收瓶，减压蒸馏选用圆底烧瓶为接收瓶。

仪器安装顺序为：先下后上，先左后右。卸仪器与其顺序相反。

五、实验步骤

1. 加料

将待蒸乙醇40mL小心倒入蒸馏瓶中，不要使液体从支管流出。加入几粒沸石（为什么），塞好带温度计的塞子，注意温度计的位置。再检查一次装置是否稳妥与严密。

2. 加热

先打开冷凝水龙头，缓缓通入冷水，然后开始加热。注意冷水自下而上，蒸气自上而下，两者逆流冷却效果好。当液体沸腾，蒸气到达水银球部位时，温度计读数急剧上升，调节热源，让水银球上液滴和蒸气温度达到平衡，使蒸馏速度以每秒1～2滴为宜。此时温度计读数就是馏出液的沸点。

蒸馏时若热源温度太高，使蒸气成为过热蒸气，造成温度计所显示的沸点偏高；若热源温度太低，馏出物蒸气不能充分浸润温度计水银球，造成温度计读得的沸点偏低或不规则。

3. 收集馏液

准备两个接收瓶，一个接收前馏分或称馏头，另一个（需称重）接收所需馏分，并记下该馏分的沸程：即该馏分的第一滴和最后一滴时温度计的读数。

在所需馏分蒸出后，温度计读数会突然下降。此时应停止蒸馏。即使杂质很少，也不要蒸干，以免蒸馏瓶破裂及发生其他意外事故。

4. 拆除蒸馏装置

蒸馏完毕，先应撤出热源，然后停止通水，最后拆除蒸馏装置（与安装顺序相反）。

注意事项

1. 冷却水流速以能保证蒸气充分冷凝为宜，通常只需保持缓缓水流即可。

2. 蒸馏有机溶剂均应用小口接收器，如锥形瓶。

【思考题】

1. 什么叫沸点？液体的沸点和大气压有什么关系？文献里记载的某物质的沸点是否即为你们那里的沸点温度？

2. 蒸馏时加入沸石的作用是什么？如果蒸馏前忘记加沸石，能否立即将沸石加至将近沸腾的液体中？当重新蒸馏时，用过的沸石能否继续使用？

3. 为什么蒸馏时最好控制馏出液的速度为1～2滴/s?

4. 如果液体具有恒定的沸点，那么能否认为它是单纯物质？

实验 4-2 重结晶

一、实验目的

1. 理解重结晶基本原理。

2. 掌握重结晶的基本操作。

3. 熟练掌握常压过滤和减压过滤的操作技术。

二、实验原理

重结晶是利用被提纯物和杂质的溶解度及各自在混合物中的含量不同，而进行的一种分离纯化方法。固体有机物在溶剂中的溶解度一般随温度的升高而增大。把固体有机物溶解在热的溶剂中使之饱和，冷却时由于溶解度降低，有机物又重新析出晶体。利用溶剂对被提纯物质及杂质的溶解度不同，使被提纯物质从过饱和溶液中析出。让杂质全部或大部分留在溶液中，从而达到提纯的目的。

重结晶只适宜杂质含量在5%以下的固体有机混合物的提纯。从反应粗产物直接重结晶是不适宜的，必须先采取其他方法初步提纯，然后再重结晶提纯。

三、仪器与试剂

烧杯、酒精灯、热水漏斗、滤纸、无颈漏斗、布氏漏斗、抽滤瓶、表面皿、玻棒、量筒、水循环真空泵等。

苯甲酸、活性炭。

四、实验步骤

取0.1g待提纯的苯甲酸置于试管中，加入1mL水，振摇。如不溶，可加热至沸，振荡后观察，还不溶时，可分批每次加入0.5mL溶剂，每次加液后均加热煮沸，振荡观察，记录所用溶剂的毫升数，然后再多加20%的溶剂（过多会损失，过少会析出，有机溶剂需要回流装置）。待溶液稍冷后加活性炭，煮沸5～10min。用热水漏斗趁热过滤。结晶滤液放置冷却，析出结晶。抽滤，干燥。

【思考题】

1. 理想溶剂应具备的条件是什么？

2. 活性炭使用时应注意什么？

3. 抽气过滤时应注意什么？

实验 4-3 熔点的测定

一、实验目的

了解熔点测定的意义，掌握测定熔点的方法。

二、实验原理

通常当结晶物质加热到一定的温度时，即从固态转变为液态。此时的温度为该化合物的熔点，或者说，熔点应为固液两态在大气压力下成平衡时的温度。纯粹的固体有机化合物一般都有它固定的熔点。常用熔点测定法来鉴定纯粹固体有机化合物。纯化合物开始熔化至完全熔化（初熔至全熔）的温度范围叫熔程。温度一般不超过 0.5～1℃。如该化合物含有杂质，其熔点往往偏低，且熔程也较长。所以根据熔程长短可判别固体化合物的纯度。

三、仪器与试剂

熔点测定仪等。

萘、乙酰苯胺。

四、实验步骤

1. 样品的装入

放少许待测熔点的干燥样品（约 0.1g）于干净的表面皿上，用玻棒或不锈钢刮刀将它研成粉末并集成一堆。将熔点管开口端向下插入粉末中，然后把熔点管开口端向上，轻轻地在桌面上敲击，以使粉末落入和填紧管底。或者取一支长约 30～40cm 的玻管，垂直于一干净的表面皿上，将熔点管从玻管上端自由落下，可更好地达到上述目的，为了要使管内装入高约 2～3mm 紧密结实的样品，一般需如此重复数次。沾于管外的粉末须拭去，以免沾污加热浴液。要测得准确的熔点，样品一定要研得极细，装得密实，使热量的传导迅速均匀。对于蜡状的样品，为了解决研细及装管的困难，只得选用较大口径（2mm 左右）的熔点管。

2. 操作方法

将干燥的 b 形熔点管竖直固定于铁架台上，加入选定的导热液，导热液的用量应使插入温度计后其液面略高于 b 形管的上支管口。将装好样品的熔点管用橡皮圈固定在温度下端，使熔点管装样品的部分位于温度计水银球的中部。在 b 形管口安装开口的软木塞，将带有熔点管的温度计插入其中，刻度面向塞子的开口，温度计的水银球处于 b 形管上、下支管的中间位置，此处对流循环好，使循环导热液的温度能在温度计上较准确地反映出来（图 4-2）。

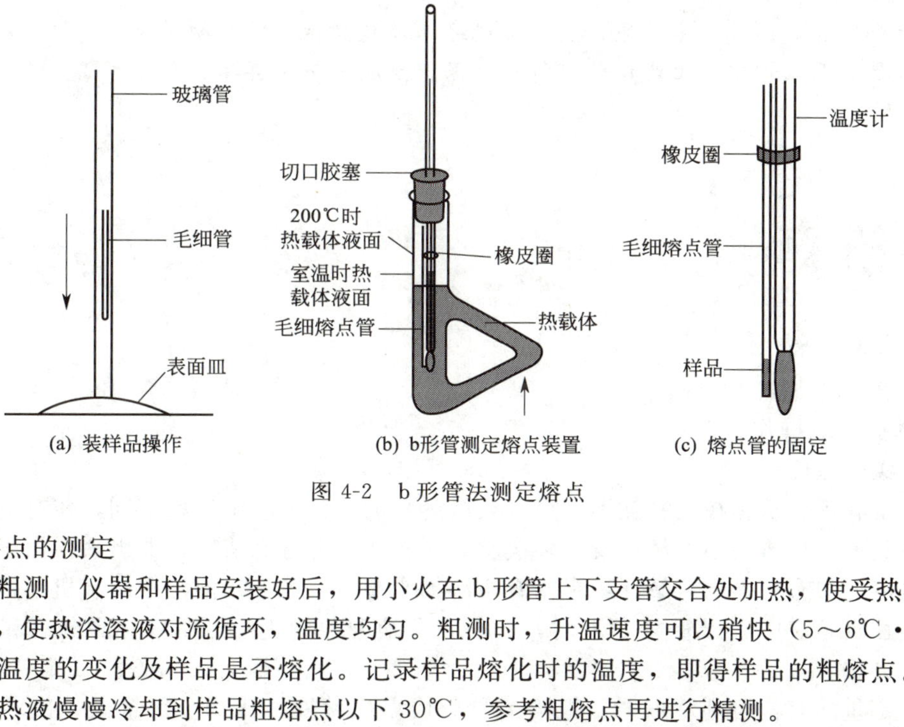

图 4-2　b 形管法测定熔点

3. 熔点的测定

（1）粗测　仪器和样品安装好后，用小火在 b 形管上下支管交合处加热，使受热液体沿管上升运动，使热浴溶液对流循环，温度均匀。粗测时，升温速度可以稍快（5～6℃ · min^{-1}）。仔细观察温度的变化及样品是否熔化。记录样品熔化时的温度，即得样品的粗熔点。移去热源，当导热液慢慢冷却到样品粗熔点以下 30℃，参考粗熔点再进行精测。

（2）精测　取出温度计，换上新的毛细熔点管做精密测定。精测时，开始升温可以稍快一些，4～5℃ · min^{-1}，当离粗测熔点约 10℃时，要控制升温速度在 1℃ · min^{-1}左右，在接近熔点时，加热速度更应缓慢，正确控制升温速度是准确测定熔点的关键。当熔点管中样品开始润湿、塌落、出现小液滴时，表示样品开始深化，记录此时温度（初熔点）。继续微热，当固体刚好完全消失、变为透明液体时，则表示完全熔化，记录此时温度（全熔点）初熔点至合熔点的温度范围就是该样品的熔程。

4. 后处理

实验完毕，取出温度计，待其自然冷却至室温方可用水冲洗，否则，可能造成温度计水银球炸裂。

【思考题】

1. 加热的快慢为什么会影响熔点？在什么情况下加热可以快些？而在什么情况下加热则要慢些？

2. 是否可以使用第一次测熔点时已经熔化了的有机化合物再做第二次测定呢？为什么？

附：熔点仪测量熔点步骤

1. 开启电源开关，稳定 20min，此时，保温灯、初熔灯亮，电表偏向右方，初始温度为 50℃左右。

2. 通过拨盘设定起始温度，通过起始温度按钮，输入此温度，此时预置灯亮。

3. 选择升温速率，将波段开关调至需要位置。

4. 预置灯熄灭时，起始温度设定完毕，可插入样品毛细管。此时电表基本指零，初熔灯熄灭。

5. 调零，使电表完全指零。

6. 按下升温钮，升温指示灯亮（注意：忘记插入带有样品的毛细管按升温钮，读数屏将出现随机数提示您纠正操作）。

7. 数分钟后，初熔灯先闪亮，然后出现终熔读数显示，欲知初熔读数，按初熔钮即得。

8. 只要电源未切断，上述读数值将一直保留至测下一个样品。

实验 4-4 萃取

一、实验目的

1. 了解萃取原理。

2. 掌握萃取操作。

二、实验原理

萃取是利用有机物在两种互不相溶（或微溶）的溶剂中溶解度的不同，使有机物从一种溶剂转移到另一种溶剂中。经过反复多次萃取，将绝大部分有机物提取出来。由于多数有机物在有机溶剂中有更好的溶解性，常用有机溶剂来萃取溶解于水溶液中的有机物是萃取的典型实例。在实验室中进行液-液萃取时，一般在分液漏斗中进行。萃取也是分离和提纯有机物常用的方法。

用一定量的有机溶剂萃取时，把溶剂量分成多次萃取，比用全部量做一次萃取效果要好。例如在 100mL 水中溶有 4g 丁酸，15℃时用 100mL 苯来萃取其中的丁酸，用 100mL 苯一次萃取时，在水中丁酸的剩余量为 1.0g，但若将 100mL 苯分三次萃取，则剩余量减少为 0.5g（此数值可由公式计算得出）。一般萃取次数为 3～5 次即可。

另外，在萃取时，若在水溶液中加入一定量的电解质（如氯化钠），利用“盐析效应”以降低有机物和萃取溶剂在水溶液中的溶解度，可提高萃取效率。

萃取溶剂的选择应由被萃取的有机物的性质而定。一般难溶于水的物质用石油醚萃取，较易溶于水的物质，用苯或乙醚萃取，易溶于水的物质，则用乙酸乙酯萃取。在选择溶剂时，不仅要考虑溶剂对被萃取物与杂质应有相反的溶解度，而且溶剂的沸点不宜过高，否则不易回收溶剂，甚至在溶剂回收时可能使产品发生分解。此外还应考虑溶剂的毒性要小，化学稳定性要高，不与溶质发生化学反应，溶剂的密度也要适当等。

三、仪器与试剂

分液漏斗、碱式滴定管、移液管、锥形瓶、铁架台、蝴蝶夹等。

冰醋酸与水的混合液（冰醋酸与水以 1∶19 的体积比混合），乙醚，酚酞指示剂，0.2mol·L^{-1}氢氧化钠溶液。

四、实验步骤

（一）分液漏斗的使用

分液漏斗是一种用来分离两种不相混溶液的仪器。它常用于从溶液中萃取有机物或者用水、碱、酸等洗涤粗品中的杂质。

1. 使用前的准备工作

① 分液漏斗上口的顶塞应用小线系在漏斗上口的颈部，旋塞则用橡皮筋绑好，以避免脱落打破。

② 取下旋塞并用纸将旋塞及旋塞腔擦干，在旋塞孔的两侧涂上一层薄薄的凡士林，再小心塞上旋塞并来回旋转数次，使凡士林均匀分布并透明。但上口的顶塞不能涂凡士林。

③ 使用前应先用水检查顶塞、旋塞是否紧密。倒置或旋转旋塞时都必须不漏水，方可使用。

2. 萃取与洗涤操作

把分液漏斗放置在固定于铁架台的铁环（用石棉绳缠扎）上。关闭旋塞并在漏斗颈下面放一个锥形瓶。图 4-3 由分液漏斗上口倒入溶液与溶剂（液体总体积应不超过漏斗容积的 2/3），然后盖紧顶塞并封闭气孔。取下分液漏斗，振摇使两层液体充分接触。振摇时，右手捏住漏斗上口颈部，并用食指根部（或手掌）顶住顶塞，以防顶塞松开。用左手大拇指、食指按住处于上方的旋塞把手，既要能防止振摇时旋塞转动或脱落，又要便于灵活地旋开旋塞。漏斗颈向上倾斜 30°～45°角。见图 4-4。

用两手旋转振摇分液漏斗数秒钟后，仍保持漏斗的倾斜度，旋开旋塞，放出蒸气或发生的气体，使内外压力平衡。当漏斗内有易挥发有机溶剂（如乙醚）或有二氧化碳气体放出时，更应及时放气并注意远离他人。放气完毕，关闭旋塞，再行振摇。如此重复 3～4 次至无明显气体放出。操作易挥发有机物时，不能用手拿球体部分。

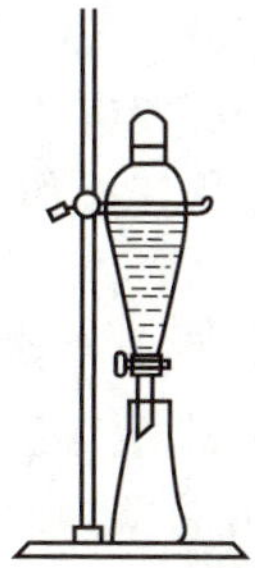

图 4-3　分离两层液体

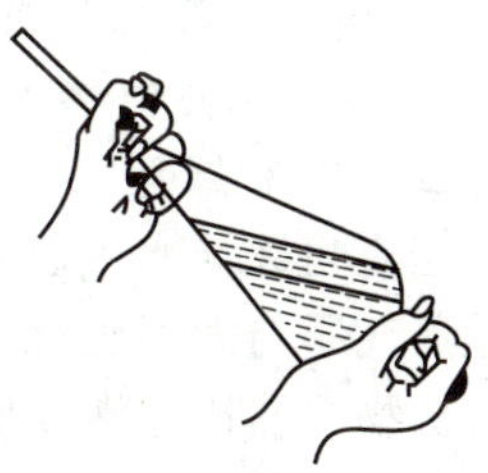

图 4-4　分液漏斗的使用

3. 两相液体的分离操作

分液漏斗进行液体分离时，必须放置在铁环上静置分层；待两层液体界面清晰时，先将顶塞的凹缝与分液漏斗上口颈部的小孔对好（与大气相通），再把分液漏斗下端靠在接收瓶壁上，然后缓缓旋开旋塞，放出下层液体，放时先快后慢，当两液面界限接近旋塞时，关闭旋塞并手持漏斗颈稍加振摇，使沾附在漏斗壁上的液体下沉，再静置片刻，下层液体常略有增多，再将下层液体仔细放出，此种操作可重复 2～3 次，以便把下层液体分净。当最后一滴下层液体刚刚通过旋塞孔时，关闭旋塞。待颈部液体流完后，将上层液体从上口倒出。绝不可由旋塞放出上层液体，以免被残留在漏斗颈的下层液体所沾污。

不论萃取还是洗涤，上下两层液体都要保留至实验完毕。否则一旦中间操作失误，就无法补救和检查了。

分液漏斗与碱性溶液接触后，必须用水冲洗干净。不用时，顶塞、旋塞应用薄纸条夹好，以防粘住（若已粘住，不要硬扭，可用水泡开）。当分液漏斗需放入烘箱中干燥时，应先卸下顶塞与旋塞，上面的凡士林必须用纸擦净，否则凡士林在烘箱中炭化后，很难洗去。

（二）实验过程

1. 一次萃取法

用移液管准确量取 10mL 冰醋酸和水的混合液，放到分液漏斗中，用 30mL 乙醚萃取。将分液漏斗放到铁圈中静置，分层彻底后，放出下层水溶液于 50mL 锥形瓶中，加 2～3 滴酚酞指示剂，用 $0.2mol \cdot L^{-1}$ 氢氧化钠溶液滴定，记录用去氢氧化钠的体积。

2. 多次萃取法

用移液管准确量取 10mL 冰醋酸和水的混合液，放到分液漏斗中，用 30mL 乙醚，分三次，每次用 10mL 乙醚萃取，最后将用乙醚萃取过的水溶液放入 50mL 的锥形瓶中，加 2～3 滴酚酞指示剂，用 $0.2mol \cdot L^{-1}$ 氢氧化钠溶液滴定，记录用去氢氧化钠的体积。

比较两种不同萃取法，所耗用氢氧化钠溶液的体积数，可得出什么结论。

【思考题】

1. 影响萃取法萃取效率的因素有哪些？怎样才能选择好溶剂？
2. 使用分液漏斗的目的何在？使用分液漏斗时要注意哪些事项？
3. 乙醚作为一种常用的萃取剂，其优缺点是什么？

实验 4-5 水蒸气蒸馏

一、实验目的

1. 学习水蒸气蒸馏的原理及其应用。
2. 掌握水蒸气蒸馏的装置及其操作方法。

二、实验原理

当有机物与水一起共热时，整个系统的蒸气压，根据分压定律，应为各组分蒸气压之和。当总蒸气压与大气压力相等时，则液体沸腾。显然，混合物的沸点低于任何一个组分的沸点。即有机物可在比其沸点低得多的温度，而且在低于 100℃ 的温度下随蒸气一起蒸馏出来。

三、仪器与试剂

水蒸气发生器，三口烧瓶，圆底烧瓶，玻璃管，T 形管，冷凝管，接液管等。

四、实验步骤

按图 4-5 搭装好仪器。

在水蒸气发生器中，加入约占容器 3/4 的热水，并加入数片素烧瓷。在检查整个装置不漏气后，旋开 T 形管的螺旋夹，加热至沸腾。当有大量水蒸气产生从 T 形管的支管冲出时，立即旋紧螺旋夹，水蒸气便进入蒸馏部分，开始蒸馏。在蒸馏过程中，如由于水蒸气的冷凝

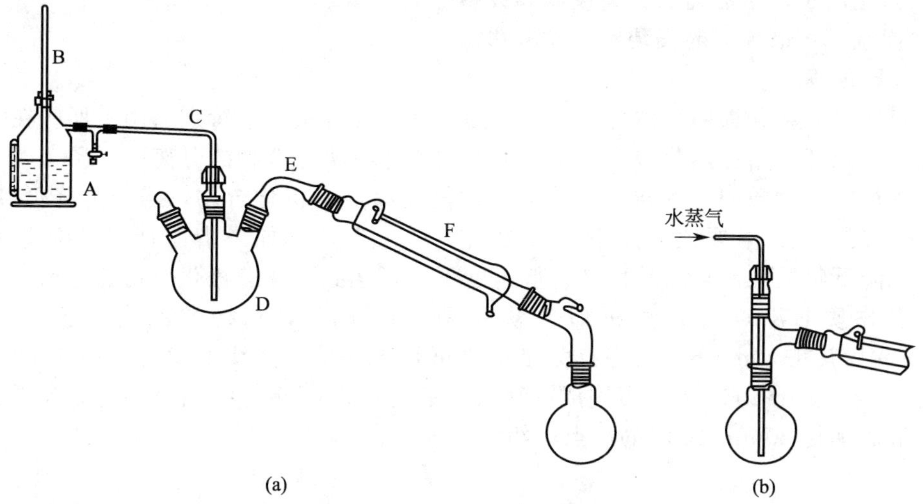

图 4-5　水蒸气蒸馏装置

A—水蒸气发生器；B—安全管；C—水蒸气导管；
D—三口圆底烧瓶；E—馏出液导管；F—冷凝管

而使烧瓶内液体量增加，以至于超过烧瓶容积的 2/3 时，或者水蒸气蒸馏速度不快时，则将蒸馏部分隔石棉网加热之，蒸馏速度为 2～3 滴/s。

在蒸馏过程中，必须经常检查安全管中的水位是否正常，有无倒吸现象，蒸馏部分混合物溅飞是否严重。一旦发生不正常，应立即旋开螺旋夹，移去热源，找原因排故障，待故障排除后，方可继续蒸馏。

当馏出液无明显油珠，澄清透明时，便可停止蒸馏，这时必须先旋开螺旋夹，然后移开热源，以免发生倒吸现象。

【思考题】

1. 水蒸气蒸馏装置主要由几大部分组成？
2. 在水蒸气蒸馏过程中，发生下列情况应如何处理？

(1) T 形管经常充满冷凝水。
(2) 蒸馏瓶中的混合物迟迟不翻腾。
(3) 蒸馏瓶中因水蒸气冷凝速度太快致使液体混合物体积迅速增加。
(4) 安全管中的水柱持续上升。
(5) 加热水蒸气的热源中断。
(6) 冷凝管里有被蒸馏物的结晶析出或被阻塞。
(7) 接收器部分直冒蒸汽。

实验 4-6　减压蒸馏

一、实验目的

1. 学习减压蒸馏的原理和应用。

2. 认识应用于减压蒸馏的相关仪器和设备。

3. 掌握减压蒸馏仪器的安装和操作方法。

二、实验原理

减压蒸馏是分离和提纯液体有机化合物的一种重要方法。它特别适用于那些在常压蒸馏时，未达到沸点即开始受热分解、氧化或聚合的液体有机化合物的分离。

减压蒸馏时，物质的沸点与压力有关，一般高沸点有机化合物，当压力降低到2666Pa（20mmHg）时，其沸点要比常压下的沸点低100～120℃。如果借助真空泵降低系统内压力，就可以降低物质的沸点，从而在较低温度下即可达到液体有机化合物的分离。

高沸点物质的沸点-压力的近似关系见图4-6，例如，水杨酸乙酯常压下的沸点为234℃，现欲找其在20mmHg的沸点为多少，可在图4-6的B线上找出相当于234℃的点，将此点与C线上20mmHg处的点连成一直线，把此线延长于A线相交，其交点所示的温度就是水杨酸乙酯在20mmHg时的沸点，约为118℃。

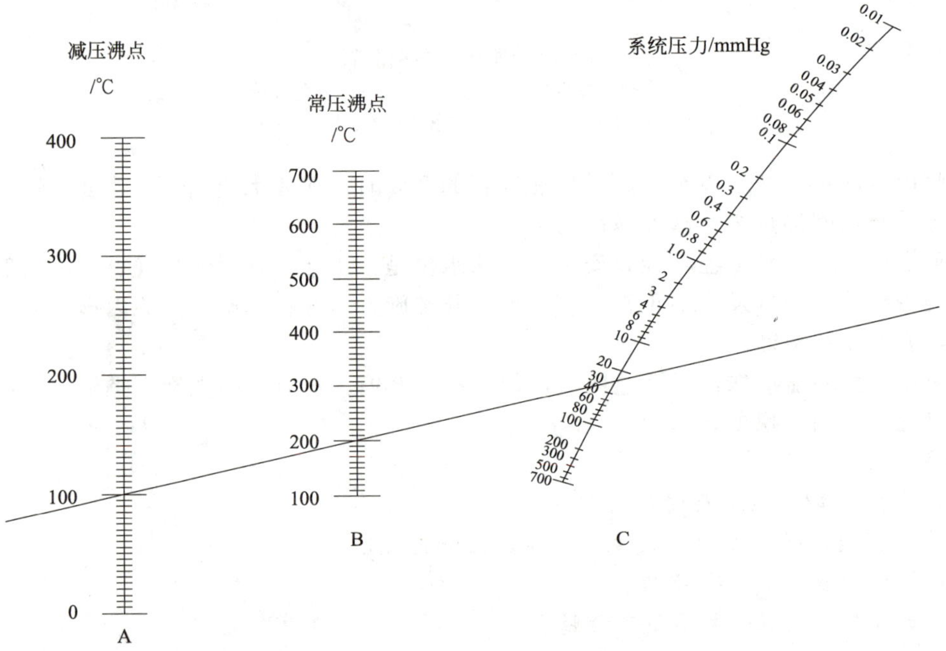

图4-6 液体在常压和减压下的沸点近似关系图（1mmHg≈133Pa）

三、仪器与试剂

图4-7、图4-8是常用的减压蒸馏系统。整个系统分为蒸馏、抽气（减压）以及在它们之间的保护和测压装置三部分。

圆底烧瓶（50mL），克氏蒸馏头，毛细管，温度计（150℃），温度计套管，直型冷凝管，多尾接液管，圆底烧瓶接收器（25mL），量筒（20mL），真空系统（安全瓶、冷却阱、真空计、气体吸收塔、缓冲瓶及油泵，冷却阱可置于广口保温瓶中，用液氮或冰-盐冷却剂冷却）。

20mL乙酰乙酸乙酯。

四、实验步骤

按图搭建仪器，在50mL圆底烧瓶中加入20mL乙酰乙酸乙酯，检查装置的气密性及减压程度。打开调节旋塞，使仪器达到所需压力。如果达不到所需的真空度，可从蒸气压-温度曲线查出在该压力下乙酰乙酸乙酯的沸点。调节螺旋夹，使液体中有连续平稳的小气泡通

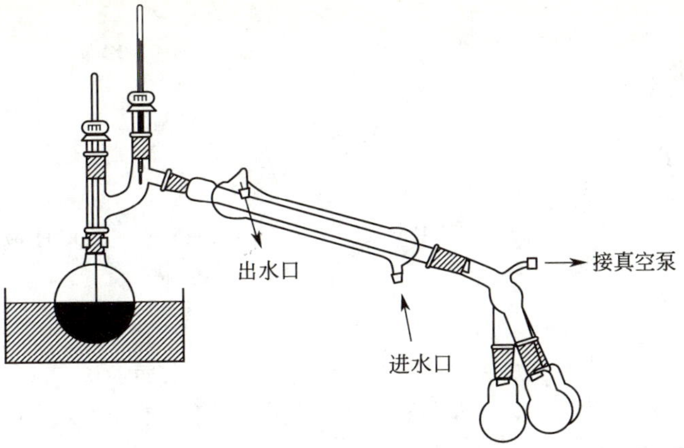

图 4-7　减压蒸馏装置

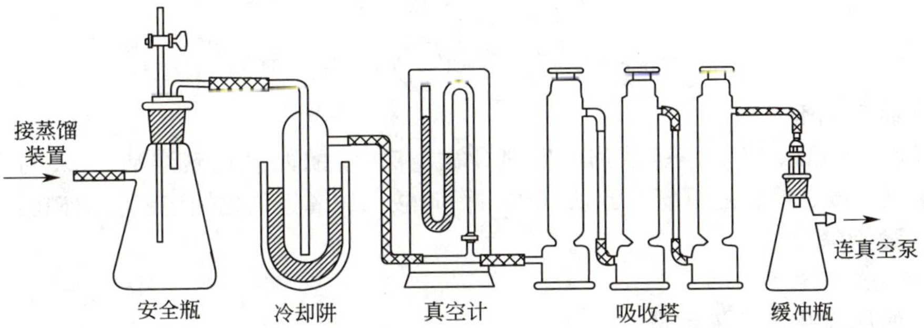

图 4-8　减压蒸馏油泵防护装置

过。打开冷凝水，用油浴加热圆底烧瓶[1]，控制浴温比该压力下液体的沸点高 20～30℃，保持馏出速度在 1～2 滴/s，注意瓶颈上温度计和压力的读数。如果起始蒸出的馏液比要收集的物质沸点低，则在蒸至预期温度时通过多尾接液管更换接收瓶[2]。

蒸馏完毕，灭去火源，撤去油浴，稍冷后缓缓解除真空[3]，使系统处于常压状态，关泵。再按先搭建的后拆，后搭建的先拆的原则拆除装置。

【注释】

[1]　圆底烧瓶至少有 2/3 部分浸入浴液中。

[2]　在用油泵减压蒸馏前，一定要先做简单蒸馏或用水泵减压蒸馏，以蒸除低沸点物质，防止低沸点物质抽入油泵。

[3]　如果引入气体太快，水银柱会很快上升，有冲破 U 形管压力计的可能。

【思考题】

1. 为什么进行减压蒸馏时须先抽气再加热？
2. 减压蒸馏中毛细管的作用是什么？能否用沸石代替毛细管？

实验 4-7　烃的鉴定

一、实验目的

1. 掌握不饱和烃的性质。

2. 掌握芳烃的性质。

二、实验原理

1. 烯烃的亲电加成

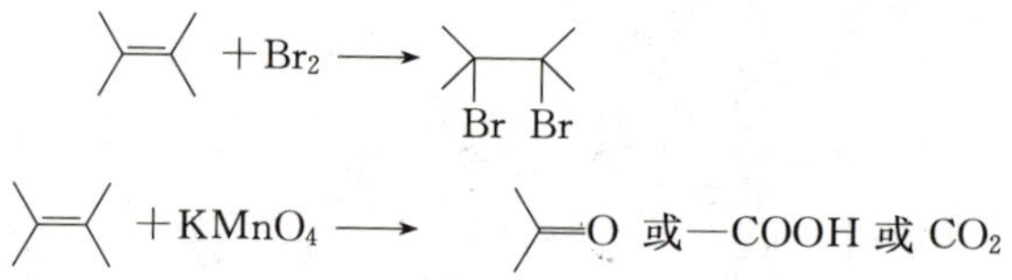

2. 炔烃的酸性

$$R—≡—H + Ag(NH_3)_2OH \longrightarrow R—≡—Ag$$
$$R—≡—H + Cu(NH_3)_2OH \longrightarrow R—≡—Cu$$

3. 芳烃的亲电取代

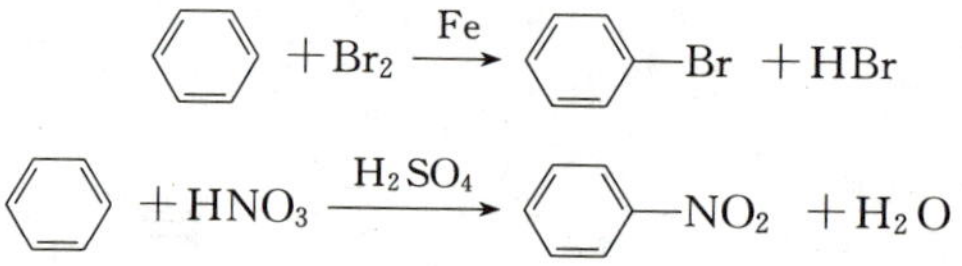

三、仪器与试剂

环己烯、石油醚、苯、溴、铁屑、四氯化碳、5%溴的四氯化碳溶液、0.5%高锰酸钾溶液、硝酸银氨溶液、氯化亚铜氨、乙炔气体、稀硝酸、10%氢氧化钠溶液、浓硝酸、浓硫酸。

四、实验步骤

1. 不饱和烃的性质

(1) 溴的四氯化碳溶液实验

在 2 支试管中分别加入 5 滴环己烯和精制石油醚，再加入 2mL 四氯化碳，然后分别滴加 5%溴的四氯化碳溶液，随时摇动试管，观察溴的橙红色是否褪去。

(2) 高锰酸钾溶液实验

在 2 支试管中分别加入 15 滴环己烯和精制石油醚，再分别滴加 0.5%高锰酸钾溶液，随时摇动试管，观察高锰酸钾紫色是否褪去，有无褐色二氧化锰沉淀生成。

(3) 炔金属的生成

在 2 支试管中分别装入 2mL 硝酸银氨溶液和氯化亚铜氨溶液。再分别通入乙炔气体，观察是否有沉淀生成及沉淀的颜色。

用玻棒挑出少许（小米粒大小）炔金属沉淀，放在石棉网上，用小火加热，观察其爆炸情况。

观察完毕，立即在试管中加入稀硝酸将炔化物分解后弃去。

2. 芳烃的性质

(1) 苯的溴化

在一干燥试管中加入 1mL 苯。再加入 3 滴溴，然后加少许铁屑，振荡后观察现象。如无反应发生，可在沸水浴上温热片刻，观察结果。用润湿的蓝色石蕊试纸接近试管口，观察有何变化。待反应缓和后，在水浴上加热数分钟，使反应趋于完全。

然后将试管中液体倒入盛有 10mL 水的烧杯中，用玻棒搅拌，观察现象。再往混合液里滴加 10%氢氧化钠溶液，边加边摇动，观察有机层颜色变化。解释所有变化原因。

(2) 苯的硝化

在干燥试管中加入 1.5mL 浓硝酸，再慢慢加入 2mL 浓硫酸，充分混合后冷却至室温，在振摇下慢慢滴加 1mL 苯。若反应放热剧烈，可用冷水浴冷却。然后在 50～60℃ 水浴上加热 10min，把反应液倾入盛有 20mL 冷水的烧杯中搅拌、静置，观察现象。

【思考题】

1. 为何石油醚选用精制的？
2. 苯硝化反应时为何加入浓硫酸？

实验 4-8 醇、酚、醚的性质

一、实验目的

1. 验证醇、酚、醚的主要化学性质。
2. 掌握醇、酚的鉴别方法。

二、实验原理

醇、酚、醚都可看作是烃的含氧衍生物。由于氧原子连接的基团（或原子）不同，使醇、酚、醚的化学性质有很大的区别。

醇类的特征反应与羟基有关，羟基中的氢原子可被金属钠取代生成醇钠。羟基还可被卤原子取代。伯、仲、叔醇与卢卡斯（Lucas）试剂（无水氯化锌的浓盐酸溶液）作用时，反应速率不尽相同，生成的产物氯代烷不溶于卢卡斯试剂中，故可以根据出现浑浊的快慢来鉴别伯、仲、叔醇。立即出现浑浊放置分层的为叔醇，经微热几分钟后出现浑浊的为仲醇，无明显变化的为伯醇。此外，伯、仲醇易被氧化剂如高锰酸钾、重铬酸钾等氧化，而叔醇在室温下不易被氧化，故可用氧化反应区别叔醇。丙三醇、乙二醇及 1,2-二醇等邻二醇都能与新配制的氢氧化铜溶液作用，生成绛蓝色产物，此反应可用于邻二醇的鉴别。

酚的反应比较复杂，除具有酚羟基的特性外，还具有芳环的取代反应。由于两者的相互影响，使酚具有弱酸性（比碳酸还弱），故溶于氢氧化钠溶液中，而不溶于碳酸氢钠溶液中。苦味酸（2,4,6-三硝基酚）则具有中强的酸性。苯酚与溴水反应可生成 2,4,6-三溴苯酚的白色沉淀，可用于酚的鉴别。此外，苯酚容易被氧化，可使高锰酸钾紫色褪去。与三氯化铁溶液发生特征性的颜色反应，可用于酚类的鉴别。

醚与浓的强无机酸作用，可生成𬌗盐，故乙醚可溶于浓硫酸中。当用水稀释时，𬌗盐又分解为原来的醚和酸。利用此性质可分离或除去混在卤代烷中的醚。此外，醇、醛、酮、酯等中性含氧有机物，也都能形成 盐而溶于浓硫酸。

三、仪器与试剂

无水乙醇，正丁醇，仲丁醇，叔丁醇，卢卡斯试剂，$CuSO_4$（1%），甘油，乙二醇，苦味酸，对苯二酚，碳酸氢钠溶液（5%），三氯化铁溶液（1%），乙醚，金属钠，酚酞溶液，浓硫酸（96%～98%），稀盐酸（$6mol \cdot L^{-1}$），苯酚，氢氧化钠（5%，10%，20%），碳酸钠（5%），饱和溴水，稀硫酸（$3mol \cdot L^{-1}$），重铬酸钾溶液（5%）。

四、实验步骤

（一）醇的性质

1. 醇钠的生成与水解

在两支干燥的试管中，分别加入 1mL 无水乙醇，1mL 正丁醇，再各加入一粒黄豆大小的金属钠，观察两支试管中反应速率有何差异。用大拇指按住试管口片刻，再用点燃的火柴接近管口，有什么情况发生？醇与钠作用后期，反应逐渐变慢，这时需用小火加热，使反应进行完全，直至钠粒完全消失。静置冷却，醇钠从溶液中析出，使溶液变黏稠（甚至凝固）。然后向试管中加入5mL水，并滴入2滴酚酞指示剂，观察溶液颜色的变化。试管中若还有残余钠粒，绝不能加水！否则金属钠遇水，反应进行剧烈，会发生着火事故！此外未反应完的钠粒绝不能倒入水槽（或废酸缸）中。

2. 醇的氧化

在三支试管中分别加入1mL 5% $K_2Cr_2O_7$ 溶液和1mL 3mol·L^{-1} H_2SO_4，混匀后再分别加入3～4滴正丁醇、仲丁醇、叔丁醇，观察各试管中溶液颜色的变化。

3. 与卢卡斯试剂作用（伯、仲、叔醇的鉴别）

在三支干燥试管中，分别加入0.5mL正丁醇、仲丁醇、叔丁醇，再各加入1mL卢卡斯试剂，管口配上塞子。用力振摇片刻后静置，观察各试管中的变化，并记录出现第一个浑浊的时间。然后将其余两支试管放入50～55℃水浴中，几分钟后观察两支试管中有无变化，并加以记录。

4. 多元醇与氢氧化铜的作用

在两支试管中，分别加入1mL 1% $CuSO_4$ 溶液和1mL 10% NaOH溶液，立即析出蓝色氢氧化铜沉淀。倾去上层清液，再各加入2mL水，充分振摇后分别滴入3滴甘油、乙二醇，振摇并观察溶液颜色的变化。再加入过量的稀盐酸观察溶液颜色又有何变化。

（二）酚的性质

1. 苯酚的水溶性和弱酸性

（1）在试管中放入少量苯酚晶体和1mL水，振摇并观察溶解性。加热后再观察其中的变化。将溶液冷却，加入几滴20% NaOH溶液，然后再滴加3mol·L^{-1} H_2SO_4，观察反应现象。

（2）在2支试管中，各加入少量苯酚晶体，再分别加入1mL 5% $NaHCO_3$ 溶液、1mL 5% Na_2CO_3 溶液，振摇并用手握住试管底部片刻，观察各个试管中的现象并加以对比。

（3）在试管中加入1mL 5% $NaHCO_3$ 溶液，再加入少量苦味酸晶体，振摇并观察现象。

2. 苯酚与溴水作用

在试管中放入少量苯酚晶体，并加入2～3mL水，制成透明的苯酚稀溶液，滴加饱和溴水，观察现象。

3. 苯酚与三氯化铁作用

（1）在试管中放入少量苯酚晶体并加入2～3mL水，制成透明的苯酚稀溶液。再滴加2～3滴1% $FeCl_3$ 溶液，观察现象。

（2）在试管中加入少量对苯二酚晶体与2mL水，振摇后，再加入1mL 1% $FeCl_3$ 溶液，观察溶液颜色的变化。放置片刻后再观察有无结晶析出（可用玻棒摩擦试管壁，加速结晶析出）。

（三）醚的性质

乙醚与酸的作用（𨦡盐的形成）：在干燥试管中放入2mL浓 H_2SO_4，用冰水浴冷却后，再小心加入已冰冷的1mL乙醚，观察现象并嗅其气味。然后在振摇和冷却下，把试管内的混合液倒入盛5mL冰水的试管里，观察现象并嗅其气味。再小心滴加几滴5% NaOH溶液，混合液又发生什么变化？

【思考题】

1. 为什么必须使用无水乙醇与金属钠反应？反应产物加水后用酚酞检验，产生什么现象并加以说明。

2. 用卢卡斯试剂如何鉴别伯、仲、叔醇。

3. 多元醇如甘油可用什么溶液鉴别？并写出有关反应式。

4. 苯酚和三氯化铁溶液显紫色，当加入 NaOH 溶液，使溶液呈碱性，请预测可能出现的现象，并用实验加以验证。

5. 乙醚为什么能溶于浓的无机强酸？加水稀释后乙醚为何又浮在上层？加几滴碱后乙醚层为何又增多？

实验 4-9 醛、酮、羧酸及其衍生物的性质

一、实验目的

1. 学会考察醛、酮、羧酸及其衍生物的化学性质的基本方法。

2. 学习并掌握鉴别醛、酮、羧酸及其衍生物的化学方法。

二、实验原理

1. 醛、酮类化合物的性质

(1) 亲核加成反应

① 与 2,4-二硝基苯肼加成-消去反应，反应通式：

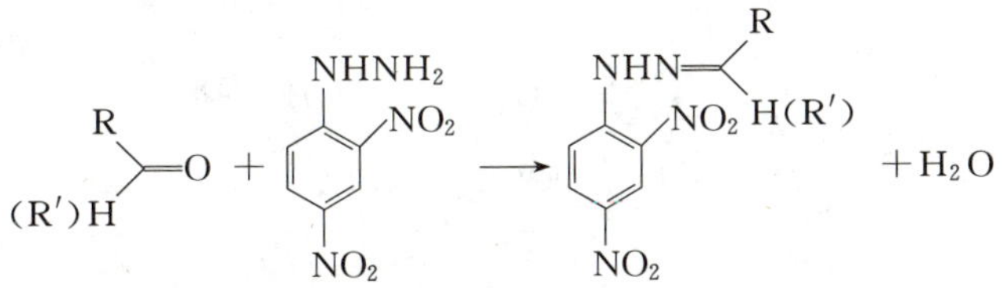

所有醛、酮均有此反应，生成黄色、橙色或橙红色的 2，4-二硝基苯腙沉淀。该沉淀是有固定熔点的结晶，易从溶液中析出，是用于醛、酮鉴定的主要方法，也是制备醛、酮衍生物的一种方法。但缩醛因水解为醛、某些烯丙醇和苄醇由于易被氧化剂氧化为相应的醛、酮，因而也对 2,4-二硝基苯肼显正性实验，对鉴定醛、酮产生干扰。

②与饱和 $NaHSO_3$ 溶液加成，加成产物与稀盐酸或稀的碳酸钠溶液共热，分解为原来的醛、酮。

(2) 碘仿反应

羰基 α-H 具有活泼性，甲基酮和乙醛，可以在碱性条件下，与碘生成黄色沉淀——碘仿。凡是具有 CH_3CO—基团或其他易被次碘酸氧化成这种基团的化合物，如 $CH_3CH(OH)$—，均能发生碘仿反应。反应通式为：

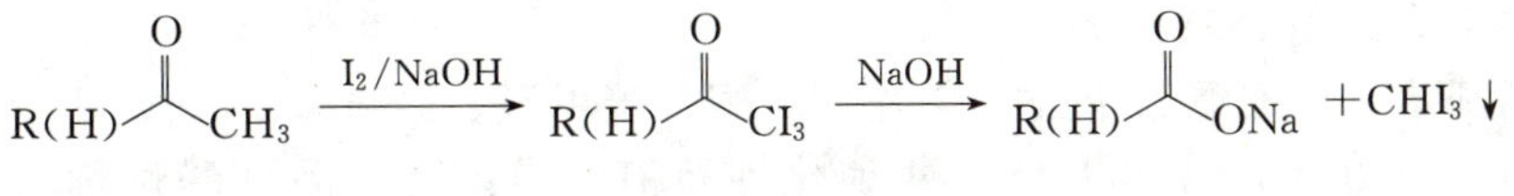

(3) 醛、酮的区别

鉴于醛比酮易氧化的性质，选用适当的氧化剂可加以区别。

① 土伦（Tollen）试剂　Tollen 试剂是银氨络离子的碱性水溶液，反应时醛被氧化成羧酸，银离子被还原为银附着在试管壁上，故 Tollen 实验又称为银镜反应。酮不发生反应，所以可用来鉴定醛的存在：

$$\underset{(ArCHO)}{RCHO} + 2Ag(NH_3)_2OH \longrightarrow \underset{(ArCOONH_4)}{RCOONH_4} + 2Ag\downarrow + 3NH_3 + H_2O$$

② 费林（Fehling）试剂和 Benedict 试剂　它们是含铜离子的络盐（分别是酒石酸和枸橼酸盐），作为氧化剂。用这两种试剂时，一般水溶性的醛将 Cu^{2+} 还原为 Cu^{+}，有砖红色氧化亚铜生成，本身被氧化为羧酸：

$$RCHO + 2Cu(OH)_2 + NaOH \longrightarrow RCOONa + Cu_2O\downarrow + 3H_2O$$

③ 席夫（Schiff）试剂　醛显正性反应（呈紫红色溶液，且加大量强酸——浓硫酸或浓盐酸后，唯甲醛的紫红色不褪），因此，此试剂不仅可以区别醛、酮，还能检验出甲醛和其他醛。

2. 羧酸及其衍生物的性质

（1）羧酸的性质

羧酸具有酸的通性，可与氢氧化钠和碳酸氢钠发生成盐反应；同时，羧酸还可以与醇在浓硫酸的催化下，发生成酯反应：

$$RCOOH \xrightarrow{NaOH} RCOONa + H_2O$$

$$RCOOH \xrightarrow[\triangle]{R'OH/H^+} RCOOR' + H_2O$$

（2）羧酸衍生物的性质

① 水解反应　羧酸衍生物均可发生水解反应，但活性大小有很大的差别，一般酰氯的活性最高，其次为酸酐，再次为酯，酰胺的活性最低：

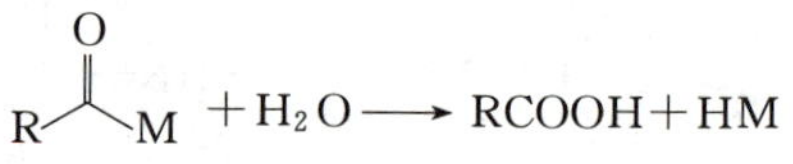

（M＝—Cl、—OOCR、—OR′、—NH_2）

② 醇解反应

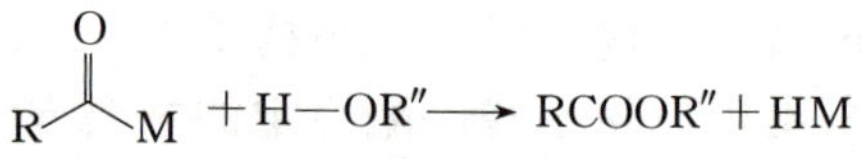

（M＝—Cl、—OOCR、—OR′）

其中，酯的醇解也称为酯交换反应。

③ 氨解反应

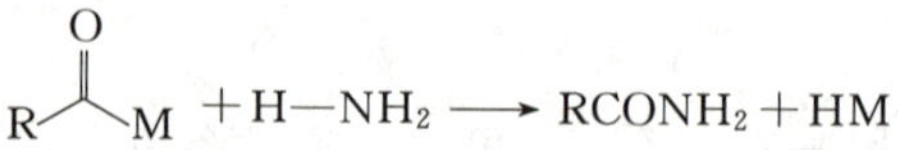

M＝—Cl、—OOCR、—OR′

三、仪器与试剂

烧杯、试管、滴管、玻棒等。

2,4-二硝基苯肼、乙醇、甲醛、丁醛、丙酮、苯甲醛、二苯酮、3-戊酮、饱和亚硫酸氢钠、二氧六环、100g·L^{-1} NaOH、碘-碘化钾溶液、异丙醇、品红醛试剂（Schiff 试剂）、土伦（Tollen）试剂、费林（Fehling）试剂 A、费林（Fehling）试剂 B、甲酸、乙酸、草酸、刚果红试纸、苯甲酸、10% HCl、浓盐酸、浓硫酸、乙酰氯、20g·L^{-1} 硝酸银、乙酸酐、乙酰胺、$100g \cdot L^{-1}$ NaOH、$200g \cdot L^{-1}$ NaOH 、$100g \cdot L^{-1}$ H_2SO_4、红色石蕊试纸、乙酸乙酯、冰醋酸。

四、实验步骤

1. 醛、酮的加成反应

(1) 2,4-二硝基苯肼实验

在4支洁净的小试管中，分别加1mL 2,4-二硝基苯肼试剂，再加入1～2滴试样（若试样为固体，则先向试管中加入10mg试样，滴1～2滴乙醇或二氧六环使之溶解，再与2,4-二硝基苯肼试剂作用），振荡，静置片刻，若无沉淀生成，可微热30s，再振荡，冷却后有橙黄色或橙红色沉淀生成[1]。

试样：丁醛、丙酮、苯甲醛、二苯酮。

(2) 与饱和的亚硫酸氢钠反应

在4支洁净的小试管中分别加入2mL新制的饱和亚硫酸氢钠溶液，然后分别滴加1mL试样，振荡，摇匀后置于冰水中冷却数分钟，观察比较沉淀析出的相对速度[2]。

试样：苯甲醛、丁醛、丙酮、3-戊酮。

2. 醛、酮 α-H 的活性

碘仿实验：在5支洁净的小试管中分别加入1mL蒸馏水和3～4滴试样（若试样不溶于水，则加入几滴二氧六环使之溶解），再分别滴加1mL $100g \cdot L^{-1}$ NaOH溶液，然后滴加碘-碘化钾溶液至溶液呈浅黄色，边滴边摇；继续振荡，溶液的浅黄色逐渐消失，随之析出黄色沉淀[3]。若未发生沉淀或为白色乳液，可将试管放在50～60℃水浴中温热几分钟（若溶液变成无色，应补加几滴碘-碘化钾溶液），观察实验现象。

试样：丁醛、丙酮、乙醇、异丙醇、3-戊酮。

3. 醛、酮的区别

(1) 席夫（Schiff）实验

在3支试管中分别加入1mL品红醛试剂，然后分别滴加2滴试样，振荡摇匀，放置数分钟。然后分别向溶液显紫红色的试管逐滴加入浓盐酸或浓硫酸，边滴边摇，观察溶液颜色的变化[4]。

试样：甲醛、丁醛、丙酮。

(2) 土伦（Tollen）实验

在2支洁净的小试管中分别加入1mL Tollen试剂[5]，然后分别滴加2滴试样，摇匀后静置数分钟，若无变化可将试管放在50～60℃水浴中温热几分钟，观察银镜的生成。

试样：丁醛、丙酮。

(3) 费林（Fehling）实验

在3支试管中分别加入Fehling A和Fehling B溶液各0.5mL，振荡摇匀后分别滴加3～4滴试样，再振荡摇匀，置于沸水浴中加热3～5min，观察颜色的变化。

试样：丁醛、苯甲醛、丙酮。

4. 羧酸的性质

(1) 酸性的实验

将甲酸、乙酸各5滴及草酸0.2g分别溶于2mL水中。然后用洗净的玻棒分别蘸取相应的酸液在同一条刚果红试纸上画线，比较各线条的颜色和深浅程度。

(2) 成盐反应

取0.2g苯甲酸晶体放入盛有1mL水的试管中，加入 $100g \cdot L^{-1}$ NaOH溶液数滴，振荡并观察现象。接着再加数滴10%的盐酸，振荡并观察所发生的变化。

(3) 成酯反应

在一干燥的试管中加入 1mL 无水乙醇和 1mL 冰醋酸，再加入 0.2mL 浓硫酸，振荡均匀后浸在 60～70℃的热水浴中约 10min。然后将试管浸入冷水中冷却，最后向试管内再加入 5mL 水。这时试管中有酯层析出并浮于液面上，注意所生产的酯的气味。

5. 羧酸衍生物的水解反应

(1) 酰氯的水解反应

在试管中加入 1mL 蒸馏水，再加入 3 滴乙酰氯，观察现象。反应结束后，加入 1～2 滴 $20g \cdot L^{-1}$ 硝酸银溶液。观察现象，写出相关的反应式[6]。

(2) 酸酐的水解反应

在试管中加入 1mL 蒸馏水，再加入 3 滴乙酸酐，乙酸酐是否溶解？把试管略微加热，可嗅到什么气味？用相关的反应式表示所发生的化学变化。

(3) 酯的水解反应

在 3 支洁净的试管中，各加入 1mL 乙酸乙酯和 1mL 水。在第二支试管中再加入 3 滴 $100g \cdot L^{-1}$ H_2SO_4；在第三支试管中再加入 3 滴 $200g \cdot L^{-1}$ NaOH 溶液，摇动试管，观察 3 支试管中酯层消失的相对快慢。

(4) 酰胺的水解反应

① 碱性水解　取 0.1g 乙酰胺和 1mL $200g \cdot L^{-1}$ NaOH 溶液一起放入一小试管中，混合均匀并用小火加热至沸。用湿润的红色石蕊试纸在试管口检验所产生的气体的性质。

② 酸性水解　取 0.1g 乙酰胺和 2mL $100g \cdot L^{-1}$ H_2SO_4 溶液一起放入一小试管中，混合均匀，沸水浴加热 2min，注意有醋酸味产生。放冷并加入 $200g \cdot L^{-1}$ NaOH 溶液至反应液呈碱性，再次加热。用湿润的红色石蕊试纸在试管口检验所产生的气体的性质。

【注释】

[1] 固体苯肼的颜色与所用的醛酮有关，醛酮共轭体越大，颜色越深。

[2] 如无沉淀，可用玻棒摩擦试管壁，或加入 1～2mL 无水乙醇，静置 2～3min 后，再观察。

[3] 具有 CH_3COR 或 $CH_3CH(OH)R$ 等结构的化合物可发生碘仿反应，但具有 CH_3COCH_2COOR、$CH_3COCH_2NO_2$、CH_3COCH_2CN 的化合物不发生碘仿反应。

[4] 醛或其他可与二氧化硫作用的物质，都会使品红醛试剂显紫红色。如果试样是固体且不溶于水，可先取 10～20mg 溶于无醛乙醇中，再进行实验。

[5] 所用试管需依次用浓硝酸、水、蒸馏水洗涤，使生成的银镜光亮。Tollen 试剂应现用现配，不可长时间放置。

[6] 乙酰氯活性太高，试剂瓶盖打开，即与空气中的水分反应，在瓶口上方产生盐酸酸雾。所以，取样时应在通风橱内完成。

【思考题】

1. 银镜反应时，如果试管不洁净或反应进行太快，则有什么现象发生？
2. 用刚果红试纸比较羧酸酸性大小时，是否试纸颜色越深，酸性越强？

实验 4-10 天然有机物性质及鉴定

一、实验目的

1. 学会考察糖、氨基酸、蛋白质等天然有机物主要化学性质的基本方法。

2. 学会并掌握糖类、氨基酸、蛋白质的鉴定方法。

二、实验原理

糖类可分为还原糖和非还原糖。还原糖含有半缩醛（酮）的结构，可以使 Tollen 试剂、Fehling 试剂还原，呈阳性反应；而非还原糖不发生相应反应。

鉴定糖类物质的定性反应是 Molish 反应。间苯二酚反应用来区别酮糖和醛糖，酮糖与间苯二酚溶液生成鲜红色沉淀。

淀粉的碘实验是鉴定淀粉的很灵敏的方法。此外，糖脎的晶形、生成时间、糖类物质的比旋光度对鉴定糖类物质都有一定的意义。

蛋白质与水所形成的亲水胶体，在重金属盐、生物碱的存在下，容易析出沉淀。蛋白质还能发生二缩脲、黄蛋白、茚三酮等颜色反应。

三、仪器与试剂

试管，烧杯，玻棒等。

$100g \cdot L^{-1}$ α-萘酚 95%乙醇溶液，浓硫酸，$50g \cdot L^{-1}$葡萄糖、果糖、麦芽糖、蔗糖、淀粉溶液，间苯二酚，Tollen 试剂，Fehling 试剂 A 和 B，$100g \cdot L^{-1}$苯肼盐酸盐溶液，$150 g \cdot L^{-1}$乙酸钠溶液，碘-碘化钾溶液，淀粉，浓盐酸，清蛋白溶液，饱和硫酸铜、碱性乙酸铅，饱和硫酸铵，$50g \cdot L^{-1}$乙酸溶液，饱和苦味酸溶液，茚三酮试剂，浓硝酸，$100g \cdot L^{-1}$氢氧化钠溶液，$50g \cdot L^{-1}$硫酸铜溶液，硝酸汞试剂。

四、实验步骤

1. Molish 实验

在三支试管中分别加入 1mL $50g \cdot L^{-1}$糖溶液，滴入 2 滴 $100g \cdot L^{-1}$ α-萘酚的 95%乙醇溶液，混匀后，将试管倾斜 45°，沿试管壁慢慢加入 1mL 浓硫酸（勿摇动），观察结果。

试样：葡萄糖、蔗糖、淀粉。

2. 间苯二酚实验

取 2 支试管，分别加入间苯二酚溶液 2mL，再分别加入 1mL $50g \cdot L^{-1}$果糖、葡萄糖溶液，混匀，于沸水浴中加热 1～2min，观察颜色有何变化？加热 20min 后，再观察结果。

3. Tollen 试剂和 Fehling 试剂检出还原糖

① 取 5 支干净试管，分别加入 0.5mL 试样和 5mL Tollen 试剂。将 5 支试管放在 60～80℃热水浴中加热几分钟，观察结果。

试样：$50g \cdot L^{-1}$葡萄糖、果糖、麦芽糖、蔗糖、淀粉溶液。

② Fehling 试剂 A 和 B 各 3mL，混匀，等分为 5 份分别置于 5 支试管中，加热煮沸后分别滴入试样 0.5mL，观察结果。

试样：$50g \cdot L^{-1}$葡萄糖、果糖、麦芽糖、蔗糖、淀粉溶液。

4. 糖脎的生成

在试管中加入 1mL $50g \cdot L^{-1}$试样，再加入 0.5mL $100 g \cdot L^{-1}$苯肼盐酸盐溶液和 0.5mL $150 g \cdot L^{-1}$乙酸钠溶液，在沸水浴中加热并不断振荡，记录成脎的时间。

试样：葡萄糖、果糖、麦芽糖、蔗糖。

5. 淀粉的碘实验和酸性水解

① 用 7.5mL 冷水和 0.5g 淀粉充分混合成一均匀的悬浮物，勿使块状物存在。将此悬浮物倒入 67mL 沸水中，继续加热几分钟即得到胶淀粉溶液，备用。

向 1mL 胶淀粉溶液中加入 9mL 水，充分混合，加入 2 滴碘-碘化钾溶液，溶液呈蓝色。将此蓝色溶液每次稀释 10 倍直至蓝色很浅，加热，蓝色是否消失？放冷后，蓝色是否再现？

② 在 100mL 烧杯中，加入 30mL 胶淀粉溶液，加 4～5 滴浓盐酸。在水浴上加热，每隔 5min 取少量液体做碘实验，直到不再起碘反应为止。先用 $100g \cdot L^{-1}$ 氢氧化钠溶液中和，再用 Tollen 试剂试验，有何现象？

6. 蛋白质的沉淀

① 取 2 支试管，各盛 1mL 清蛋白溶液，分别加入饱和的硫酸铜、碱性乙酸铅 2～3 滴，观察有无蛋白质沉淀析出？

② 取 2mL 清蛋白溶液放在试管里，加入同体积的饱和硫酸铵溶液，将混合物稍加振荡，析出蛋白质沉淀使溶液变浑或呈絮状沉淀。将 1mL 浑浊溶液倾入另一支试管中，加入 1～3mL 水，振荡时，蛋白质沉淀是否溶解？

③ 在试管中加入 1mL 清蛋白溶液及数滴 $50g \cdot L^{-1}$ 乙酸溶液，再加入 5～10 滴饱和苦味酸溶液，直到沉淀产生。

7. 蛋白质的颜色反应

① 在试管里加入 1mL 清蛋白溶液，再滴加茚三酮试剂 2～3 滴，在沸水中加热 10～15min，观察有何现象？

② 在试管里加入 1mL 清蛋白溶液和 1mL 浓硝酸，在灯焰上加热煮沸，观察溶液和沉淀的颜色。

③ 在试管中加入 1 滴蛋白质溶液及 15～20 滴 $100g \cdot L^{-1}$ 氢氧化钠溶液，混合均匀后，再加入 3～5 滴 $50g \cdot L^{-1}$ 硫酸铜溶液，边加边摇，观察有何现象？

④ 在试管里加入 2mL 清蛋白溶液，加硝酸汞试剂 2～3 滴，有何现象？小心加热，此时原先析出的白色絮状物是否聚集成块状？是否显砖红色？用酪氨酸重复上述实验过程，现象如何？

【思考题】

用间苯二酚反应来区别果糖和葡萄糖时，实验操作要注意什么？

实验 4-11 生物碱的提取（从茶叶中提取咖啡因）

一、实验目的

1. 学习从茶叶中提取咖啡因的基本原理和方法，了解咖啡因的一般性质。
2. 掌握用索氏提取器提取有机物的原理和方法。
3. 进一步熟悉萃取、蒸馏、升华等基本操作。

二、实验原理

1. 咖啡因

咖啡因又叫咖啡碱，是一种生物碱，存在于茶叶、咖啡、可可等植物中。例如茶叶中含有 1%～5%的咖啡因，同时还含有单宁酸、色素、纤维素等物质。

咖啡因是弱碱性化合物，可溶于氯仿、丙醇、乙醇和热水中，难溶于乙醚和苯（冷）。纯品熔点 235～236℃，含结晶水的咖啡因为无色针状晶体，在 100 ℃时失去结晶水，并开始升华，120 ℃时显著升华，178℃时迅速升华。利用这一性质可纯化咖啡因。咖啡因的结构式为：

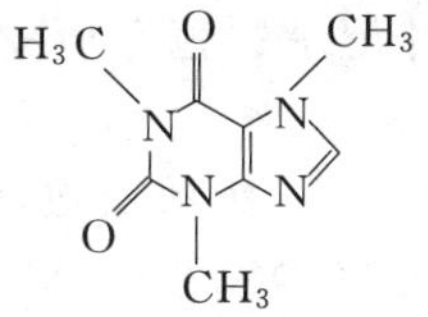

咖啡因（1,3,7- 三甲基 -2,6- 二氧嘌呤）是一种温和的兴奋剂，具有刺激心脏、兴奋中枢神经和利尿等作用。工业上咖啡因主要是通过人工合成制得。它具有刺激心脏、兴奋大脑神经和利尿等作用。故可以作为中枢神经兴奋药，它也是复方阿司匹林（A. P. C）等药物的组分之一。

提取咖啡因的方法有碱液提取法和索氏提取器提取法。本实验以乙醇为溶剂，用索氏提取器提取，再经浓缩、中和、升华，得到含结晶水的咖啡因。

2. 索氏提取器

索氏（Soxhlet）提取器由烧瓶、抽提筒、回流冷凝管三部分组成。索氏提取器是利用溶剂的回流及虹吸原理，使固体物质每次都被纯的热溶剂所萃取，减少了溶剂用量，缩短了提取时间，因而效率较高。萃取前应先将固体物质研细，以增加溶剂浸溶面积。然后将研细的固体物质装入滤纸筒内，再置于抽提筒，烧瓶内盛溶剂，并与抽提筒相连，抽提筒索式提取器上端接冷凝管。溶剂受热沸腾，其蒸气沿抽提筒侧管上升至冷凝管，冷凝为液体，滴入滤纸筒中，并浸泡筒中样品。当液面超过虹吸管最高处时，即虹吸流回烧瓶，从而萃取出溶于溶剂的部分物质。如此多次重复，把要提取的物质富集于烧瓶内。提取液经浓缩除去溶剂后，即得产物，必要时可用其他方法进一步纯化。

三、仪器与试剂

索氏提取器等。

乙醇。

四、实验步骤

称取 5g 干茶叶装入滤纸筒内，轻轻压实，滤纸筒上口塞一团脱脂棉，置于抽提筒中，圆底烧瓶内加入 60～80mL 95％乙醇，加热乙醇至沸，连续抽提 1h，待冷凝液刚刚虹吸下去时，立即停止加热。

将仪器改装成蒸馏装置，加热回收大部分乙醇。然后将残留液（大约 10～15mL）倾入蒸发皿中，烧瓶用少量乙醇洗涤，洗涤液也倒入蒸发皿中，蒸发至近干。加入 4g 生石灰粉，搅拌均匀，用电热套加热（100～120V），蒸发至干，除去全部水分。冷却后，擦去沾在边上的粉末，以免升华时污染产物。

将一张刺有许多小孔的圆形滤纸盖在蒸发皿上，取一支大小合适的玻璃漏斗罩于其上，漏斗颈部疏松地塞一团棉花。用电热套小心加热蒸发皿，慢慢升高温度，使咖啡因升华。咖啡因通过滤纸孔遇到漏斗内壁凝为固体，附着于漏斗内壁和滤纸上。当纸上出现白色针状晶体时，暂停加热，冷至 100℃左右，揭开漏斗和滤纸，用小刀把附着于滤纸及漏斗壁上的咖啡因刮入表面皿中。将蒸发皿内的残渣加以搅拌，重新放好滤纸和漏斗，用较高的温度再加热升华一次。此时，温度不宜太高。合并两次升华所收集的咖啡因，测定熔点。

咖啡因的鉴定方法如下：

1. 与生物碱试剂

取咖啡因结晶的一半于小试管中，加 4mL 水，微热，使固体溶解。分装于 2 支试管中，一支加入 1～2 滴 5％鞣酸溶液，记录现象。另一支加 1～2 滴 10％盐酸，再加入 1～2 滴碘-碘化钾试剂，记录现象。

2. 氧化

在表面皿剩余的咖啡因中，加入 30％ H_2O_2 8～10 滴，置于水浴上蒸干，记录残渣颜色。再加一滴浓氨水于残渣上，观察并记录颜色有何变化。

【思考题】

1. 试述索氏提取器的萃取原理，它与一般的浸泡萃取相比，有哪些优点？

2. 本实验进行升华操作时，应注意什么？

3. 为什么要将固体物质（茶叶）研细成粉末？

4. 为什么要放置一团脱脂棉？

5. 咖啡因与过氧化氢等氧化剂作用的实验现象是什么？

实验 4-12 正丁醚的制备

一、实验目的

1. 掌握醇分子间脱水制备醚的反应原理和实验方法。

2. 掌握共沸脱水的原理和分水器的实验操作。

二、实验原理

主反应：
$$2C_4H_9OH \xrightleftharpoons{H_2SO_4} C_4H_9-O-C_4H_9 + H_2O$$

副反应：
$$CH_3CH_2CH_2CH_2OH \xrightarrow{H_2SO_4} C_2H_5CH=CH_2 + H_2O$$
$$CH_3CH_2CH_2CH_2OH \xrightarrow{H_2SO_4} C_2H_5CH_2COOH + SO_2\uparrow + H_2O$$
$$SO_2 + H_2O \longrightarrow H_2SO_3$$

本实验主反应为可逆反应，为了提高产率，利用正丁醇能与生成的正丁醚及水形成共沸物的特性，可把生成的水从反应体系中分离出来。

三、仪器与试剂

100mL 三口烧瓶、球形冷凝管、分水器，温度计、125mL 分液漏斗，50mL 蒸馏瓶等。

正丁醇、浓硫酸、5%氢氧化钠溶液、无水氯化钙、饱和氯化钙溶液。

四、实验步骤

在 100mL 三口烧瓶中，加入 31mL 正丁醇、4.5mL 浓硫酸和几粒沸石，摇匀后，一口装上温度计，温度计插入液面以下，另一口装上分水器，分水器的上端接一回流冷凝管。先在分水器内放置（$V-4.0$）mL 水，另一口用塞子塞紧。然后将三口烧瓶放在石棉网上小火加热至微沸，进行分水。反应中产生的水经冷凝后收集在分水器的下层，上层有机相积至分水器支管时，即可返回烧瓶。大约经 1.5h 后，三口烧瓶中反应液温度可达 134～136℃。当分水器全部被水充满时停止反应。若继续加热，则反应液变黑并有较多副产物烯生成。

将反应液冷却到室温后倒入盛有 50mL 水的分液漏斗中，充分振摇，静置后弃去下层液体。上层粗产物依次用 25mL 水、15mL 5%氢氧化钠溶液、15mL 水和 15mL 饱和氯化钙溶液洗涤，用 1～2g 无水氯化钙干燥。干燥后的产物倾入 50mL 梨形瓶中蒸馏，收集 140～144℃馏分，产量 7～8g。

纯正丁醚的沸点 142.4℃，n_D^{20} 1.3992。

【思考题】

1. 如何得知反应已经比较完全？

2. 反应物冷却后为什么要倒入 25mL 水中？各步的洗涤目的何在？

3. 能否用本实验方法由乙醇和2-丁醇制备乙基仲丁基醚？你认为用什么方法比较好？

4. 如果反应温度过高，反应时间过长，可导致什么结果？

实验 4-13 苯乙酮的制备

一、实验目的

1. 学习傅-克酰基化制备芳香酮的方法和原理。
2. 掌握带干燥管和吸收有害气体回流装置的基本操作。
3. 掌握搅拌装置——电磁搅拌的基本操作。
4. 掌握分液漏斗分离洗涤、萃取的基本操作。

二、实验原理

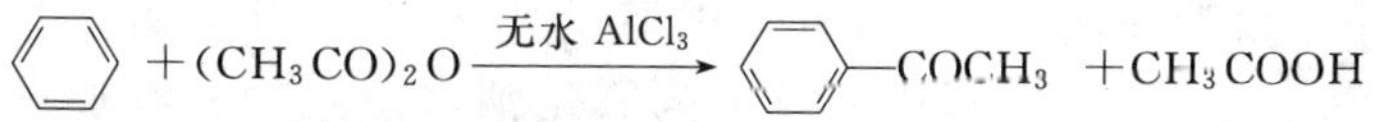

苯大大过量，既是反应物，又是溶剂。

本反应是放热反应，应注意乙酸酐的滴加速度，使反应平稳进行。

所用催化剂比其他反应所用催化剂都过量：

$$n(AlCl_3)/n(Ac_2O)=2.2$$

三、仪器与试剂

乙酸酐、无水苯、无水三氯化铝、盐酸、苯、5%氢氧化钠溶液、无水氯化钙。

四、实验步骤

安装带搅拌、滴液漏斗、回流、干燥及气体吸收的反应装置。迅速称取20g无水$AlCl_3$放入250mL三口烧瓶中，再加入30mL无水苯。自滴液漏斗慢慢滴加7mL乙酸酐，边加边磁力搅拌，约15min加完。沸水浴上回流20min，直到无氯化氢气体放出。将反应物冷至室温，搅拌下加入100mL配制好的1∶1盐酸溶液。当固体溶解完后，分液，用10mL苯萃取两次，合并有机层。依次用50mL等体积的5% NaOH和水洗涤有机层，无水$CaCl_2$干燥。干燥后的产物分批加入50mL的圆底烧瓶中，水浴或电热套小火加热蒸去苯。升高温度至140℃，稍冷后改空冷管，收集194～198℃的馏分。称重、计算产率。

【思考题】

1. 本装置为何要干燥，为何加料要迅速？
2. 反应完成后，为何要加入浓盐酸和在冰水中冰解（加入1∶1的浓盐酸和水）？

实验 4-14 呋喃甲醇和呋喃甲酸的制备

一、实验目的

学习由呋喃甲醛制备呋喃甲醇和呋喃甲酸的原理和方法并掌握相关的实验操作技能，加深对Cannizzaro反应的认识。

二、实验原理

在浓的强碱作用下，不含α-活泼氢的醛类可以发生分子间自身氧化还原反应，一分子醛被氧化成酸，而另一分子醛则被还原为醇，此反应称为坎尼查罗（Cannizzaro）反应。

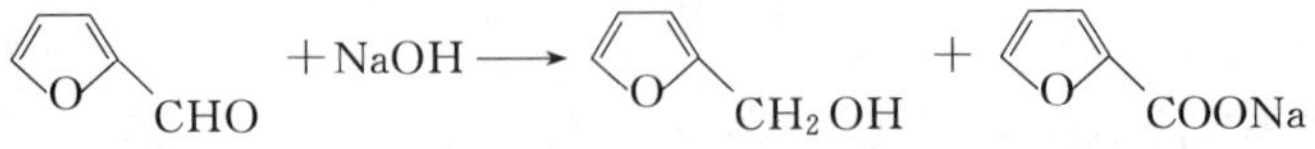

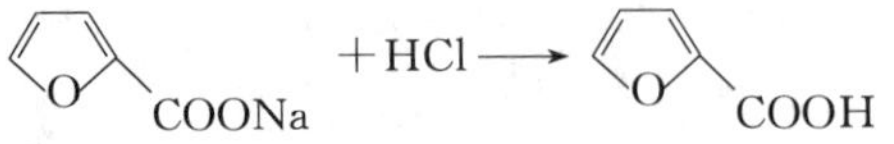

三、仪器与试剂

三口烧瓶、球形冷凝管、布氏漏斗、抽滤瓶、恒压漏斗（滴液漏斗）、分液漏斗、电磁搅拌器、空气冷凝管、碱式滴定管、水浴锅等。

呋喃甲醛、固体 NaOH、乙醚、无水硫酸镁、刚果红试纸、浓盐酸、冰水。

四、实验步骤

1. 在 50mL 三口烧瓶中将 3.2g 氢氧化钠溶于 4.8mL 水中，并用冰水冷却。在搅拌下滴加 6.56mL（7.6g，0.08mol）呋喃甲醛于氢氧化钠水溶液中。滴加过程必须保持反应混合物温度在 8～12℃之间，加完后，保持此温度继续搅拌 30min。

2. 在搅拌下向反应混合物加入适量水（≤10mL）使其恰好完全溶解得暗红色溶液，将溶液转入分液漏斗中，用乙醚萃取（6mL×4），合并乙醚萃取液，用无水硫酸镁干燥 10min 以上。

3. 在乙醚提取后的水溶液中慢慢滴加浓盐酸，搅拌，滴至刚果红试纸变蓝（pH＝3），冷却，结晶，抽滤，产物用少量冷水洗涤，抽干后，收集粗产物，然后用水重结晶（如粗品有颜色可加入适量活性炭脱色），得到的产品转入已称重和标记的干燥表面皿中，压碎摊开。由指导教师分批用托盘集中后放入烘箱，在 85℃下干燥 40min，称量产品，记录外观，计算产率。

4. 将干燥后的有机相先在水浴中蒸去乙醚，然后用电磁搅拌器或电热套加热蒸馏，收集 169～172℃馏分，称重。

【思考题】

1. 乙醚萃取后的水溶液用盐酸酸化，为什么要用刚果红试纸？
2. 干燥呋喃甲醇时可否用无水氯化钙作为干燥剂，为什么？
3. 本实验根据什么原理来分离呋喃甲酸和呋喃甲醇？

实验 4-15 肉桂酸的合成

一、实验目的

1. 学习应用珀金反应制备α,β-不饱和羧酸的原理和方法。
2. 学习并掌握水蒸气蒸馏的原理和操作技能。

二、实验原理

当有机物与水一起共热时，整个系统的蒸气压，根据分压定律，应为各组分蒸气压之和。当总蒸气压与大气压力相等时，则液体沸腾。显然，混合物的沸点低于任何一个组分的沸点。即有机物可在比其沸点低得多的温度，而且在低于 100℃的温度下随蒸气一起蒸馏出来。

肉桂酸可以利用珀金反应合成：

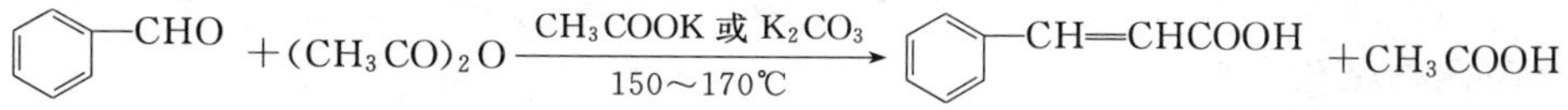

该反应要求控制反应温度在 150～170℃之间，温度过低反应难以进行，过高则产物分解。

三、仪器与试剂

三口烧瓶（100mL），温度计套管，空心塞，蒸馏头，空气冷凝管，直型冷凝管，接液管，接收瓶，温度计（250℃），布氏漏斗，抽滤瓶，烧杯等。

苯甲醛、乙酸酐、无水碳酸钾、碳酸钠、浓盐酸、无水乙醇和活性炭。

四、实验步骤

在 100mL 三口烧瓶中放入 1.5mL（0.015mol）新蒸馏过的苯甲醛、4mL（0.036mol）新蒸馏过的乙酸酐以及研细的 2.2g（0.016mol）无水碳酸钾，混合均匀后，装上空气冷凝管及温度计，加热回流 0.5h，维持反应温度在 150～170℃之间。由于有二氧化碳放出，反应初期有泡沫产生。

反应完毕后，待反应物冷却后，加入 40mL 水，边加热边振荡一会，再慢慢加入碳酸钠中和反应液至 pH 值等于 8，进行简易水蒸气蒸馏，直至馏出液无油珠为止。待三口烧瓶中的剩余液体稍冷后，加入少量活性炭煮沸 10～15min 趁热过滤，将滤液冷却至室温，小心地用浓盐酸酸化至 pH 值等于 3，充分冷却后进行抽滤，用少量水洗涤晶体，抽干后在空气中晾干。粗产品可用水或 5∶1 的水-乙醇溶液重结晶。

【思考题】

1. 什么情况下需要采用水蒸气蒸馏？
2. 本实验用水蒸气蒸馏的目的是什么？如何判断水蒸气蒸馏的终点？
3. 写出苯甲醛和丙酸酐在碳酸钾的作用下得到的产物。

实验 4-16 β-萘甲醚的合成

一、实验目的

1. 通过以氯化铁为催化剂，微波辐射制备 β-萘甲醚，进一步学习脱水制备醚的原理和方法。
2. 熟练掌握使用分液漏斗进行萃取的基本操作技能。
3. 巩固微型蒸馏、吸滤及重结晶的操作技术。
4. 进一步掌握在有机合成中的微波加热技术。

二、实验原理

传统的加热方式，能量的转移一般是通过热传导或热辐射的方式由表及里地进行。而微波加热是材料在电磁场中由介质损耗而引起的体加热，微波直接作用于样品分子，使其升温，并不依赖于温度梯度的推动。微波加热意味着将微波电磁能转变成为热能，其能量将通过空间或媒质以电磁波形式来传递，对物质的加热过程与物质内部分子的极化有着密切的关系。由于微波加热的特殊机制，与常规加热方式相比，它具有加热速度快，均匀，热效率高，无热惯性等优越性。

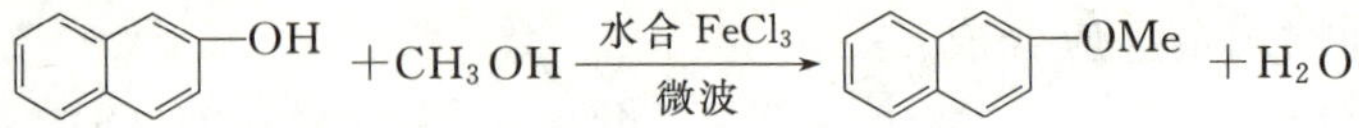

三、仪器与试剂

家用微波炉，聚四氟乙烯反应釜，分液漏斗，温度计套管，空心塞，微型蒸馏头，微型冷凝管，接液管，接收瓶，温度计，烧杯等。

β-萘酚，无水甲醇，无水乙醇，无水乙醚，结晶氯化铁，10% NaOH 溶液，无水氯化钙。

四、实验步骤

向聚四氟乙烯反应釜中依次加入 0.70g β-萘酚，1.10g 无水甲醇，0.15g 氯化铁，旋紧釜盖充分振荡均匀，放入微波炉中，用 280W 微波辐射 10min，再将反应釜取出冷却至室温，开釜注入 5mL 水，再用 10mL 无水乙醚分两次萃取，醚层再依次用 5mL 10% NaOH 溶液和 5mL 水洗涤。醚层用无水氯化钙干燥后，在水浴上蒸去乙醚，冷却析出浅黄色晶体，得粗产品。再用 5mL 热无水乙醇重结晶，得到白色鳞片状晶体，称重，计算产率，测熔点。

【思考题】

本实验制备β-萘甲醚与一般制备醚的原理有何不同？

实验 4-17 甲基橙的合成

一、实验目的

通过甲基橙的合成，学习应用重氮化反应和偶合反应制备偶氮染料的实验原理和操作技能。

二、实验原理

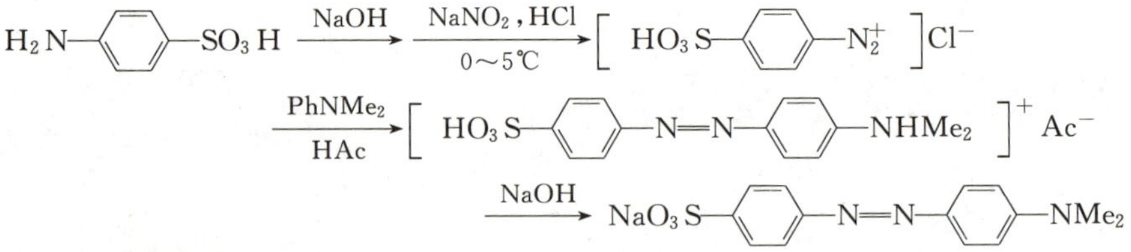

三、仪器与试剂

试管，量筒，温度计（250℃），布氏漏斗，抽滤瓶，水泵，滴管，移液管，洗耳球，烧杯等。

对氨基苯磺酸，*N*,*N*-二甲基苯胺，0.4%、5%和 10%氢氧化钠水溶液，亚硝酸钠，浓盐酸，冰醋酸，95%乙醇，乙醚，饱和食盐水，淀粉-碘化钾试纸。

四、实验步骤

1. 对氨基苯磺酸重氮盐的制备

在 100mL 烧杯中加入 2g 对氨基苯磺酸晶体，10mL 5%氢氧化钠水溶液，在热水浴中温热使溶，另加入 0.8g 亚硝酸钠，溶解后，在冰盐浴冷却至 0～5℃，搅拌下将该混合液分批滴加到盛有 13mL 冰冷的水和 2.5mL 浓盐酸的 50mL 烧杯中，使温度始终保持在 5℃以下，反应液由橙黄色变为乳黄色，并有白色细粒状沉淀产生。滴完后，用淀粉-碘化钾试纸检验。然后在冰浴中放置15min，以保证反应完全。

2. 偶合制备甲基橙

在试管中将加入的1.3mL *N*,*N*-二甲基苯胺和1mL冰醋酸振荡使其混合均匀。在搅拌下将此溶液慢慢滴加到上述冷却的重氮盐溶液中，加完后，继续搅拌10min，此时有红色的酸性黄沉淀。在冷却下搅拌，慢慢加入15mL 10%氢氧化钠水溶液，此时反应物变为橙黄色浆状物，搅拌均匀，在沸水浴上加热5min（使固体陈化），冷却使晶体完全析出。抽滤，用20mL饱和食盐水分两次冲洗烧杯，并用于洗涤产品，然后依次用少量乙醇、乙醚洗涤，压干，得到粗产品，称量，计算产率。

3. 重结晶

将粗产品用0.4%氢氧化钠水溶液进行重结晶，得到橙黄色明亮的小叶片状晶体。

溶解少许甲基橙于水中，加入几滴稀盐酸，随后用稀氢氧化钠水溶液中和，观察颜色变化。

【思考题】

亚硝酸钠的用量对重氮化反应影响很大，用什么方法来判断亚硝酸钠的用量是否合适？

实验4-18 二苯甲醇的制备

一、实验目的

1. 学习和应用还原法合成醇类化合物的原理和方法。
2. 巩固萃取、抽滤、重结晶、熔点测定等操作技能。

二、实验原理

醇是有机化学中应用广泛的有机试剂和溶剂。醇的制备方法很多，其中以醛酮为原料，通过还原反应进行制备，是实验室合成醇的常用方法。硼氢化钠是一个选择性地将醛酮还原为醇的负氢离子还原剂，它对溶剂的适应性广、操作方便，经常用于醇类化合物的制备。

$$(C_6H_5)_2C{=}O + NaBH_4 \longrightarrow Na^+ + B^-[OCH(C_6H_5)_2]_4$$

$$Na^+ + B^-[OCH(C_6H_5)_2]_4 \xrightarrow{H_2O} 4(C_6H_5)_2CHOH$$

三、仪器与试剂

圆底烧瓶（50mL、100mL），蒸馏头，直型冷凝管，真空接液管，温度计（100℃），分液漏斗，锥形瓶（50mL），烧杯（100mL），量筒（25mL、10mL），水泵，加热磁力搅拌器等。

2g（0.011mol）二苯酮，0.6g（0.015mol）硼氢化钠，30mL甲醇，45mL乙醚，20mL石油醚，少量无水硫酸镁。

四、实验步骤

在50mL圆底烧瓶中，放入30mL甲醇和2g二苯酮，搅拌溶解，小心加入0.6g硼氢化钠[1]，混合均匀后，常温下磁力搅拌25～30min。在水浴上常压蒸馏，除去大部分甲醇，冷却后将残液倒入50mL蒸馏水中，继续在常温下磁力搅拌直至硼酸酯的络合物充分水解。用45mL乙醚分三次萃取水层，合并醚萃取液，用适量的无水硫酸镁干燥。滤去硫酸镁，在水浴上蒸去乙醚[2]，抽滤，保留滤饼。用20mL石油醚对滤饼进行重结晶，得1.2g二苯甲醇的针状结晶。称重，测熔点，熔点为68~69℃。

纯二苯甲醇的熔点为69℃。

【注释】

[1] 应当用新鲜的粉状硼氢化钠，且该物质有腐蚀性，注意勿与皮肤直接接触。

[2] 蒸去乙醚时，切忌周围有明火存在。

【思考题】

1. 实验室中，有哪些合适的方法制备醇类化合物？

2. 硼氢化钠和氢化铝锂都是常用的负氢离子还原剂，在使用时各有何特点？

实验 4-19 乙酰苯胺的制备

一、实验目的

1. 学习和应用酰化反应合成胺类化合物的原理和方法。

2. 掌握分馏的原理和操作技能。

3. 巩固抽滤、重结晶、熔点测定等操作技能。

二、实验原理

芳香族伯胺的氨基及芳环都特别活泼，易与很多试剂发生反应。作为一种保护措施，通常将其转化为相应的乙酰衍生物，以降低芳胺的化学活性，使其不被反应试剂破坏。

常用的乙酰化试剂为乙酰氯、乙酸酐和冰醋酸，其中乙酰氯活性最高，乙酸酐次之，冰醋酸为试剂则需要较长的反应时间，但价格便宜，操作方便。

$$C_6H_5NH_2 + CH_3COOH \overset{\triangle}{\rightleftharpoons} C_6H_5NHCOCH_3 + H_2O$$

装置见图 4-9。

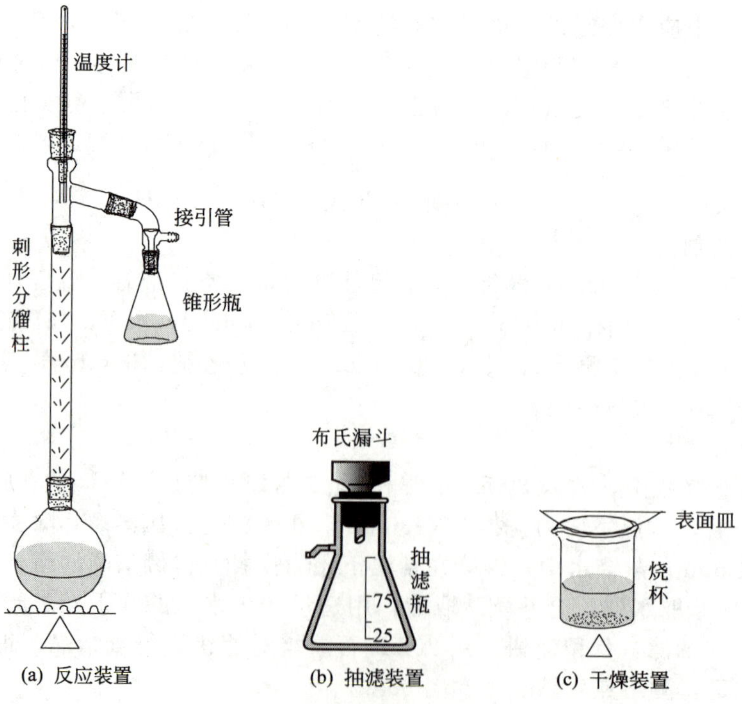

图 4-9 装置图

三、仪器与试剂

圆底烧瓶（50mL），刺形分馏柱，直型冷凝管，真空接液管，温度计（150℃），锥形瓶（50mL），烧杯（250mL），量筒（25mL、10mL），水泵，加热磁力搅拌器等。

15mL（0.16mol）苯胺，22.5mL（0.39mol）冰醋酸，少量锌粉。

四、实验步骤

在50mL圆底烧瓶中加入15mL新蒸的苯胺[1]、22.5mL冰醋酸，少量的锌粉（约0.2g）[2]，摇匀，装上刺形分馏柱，搭成简单分馏装置，其中接收瓶外部用冷水浴冷却。

将圆底烧瓶用石棉网小火加热，保持反应微沸15min，逐渐升高温度，当温度达到100℃左右时，支管即有液体流出。维持反应温度在100～110℃约1.5h，反应生成的水和少量的乙酸被蒸出，当温度出现波动时，反应结束。

在搅拌下趁热将反应物倒入盛有200mL冰水的水浴中，有白色固体析出，冷却、抽滤、冰水洗涤。粗产物用水重结晶[3]，干燥。得13～15g乙酰苯胺的片状结晶。称重，测熔点，熔点为113～114℃。

纯乙酰苯胺的熔点为114℃。

【注释】

[1] 久置的苯胺色深，影响生成的乙酰苯胺的质量。

[2] 锌粉的作用是防止苯胺在反应中被氧化，新蒸馏过的苯胺也可以不加锌粉。

[3] 若粗产物颜色较深，可在重结晶时用活性炭脱色。

【思考题】

1. 分馏时接收瓶外部为什么要用冷水浴冷却？

2. 加入的锌粉如果过多，会造成什么后果？

实验4-20 乙酰乙酸乙酯的制备

一、实验目的

1. 学习和应用克莱森酯缩合反应的原理和方法。

2. 学习和掌握无水操作的合成技术。

3. 巩固减压操作技能。

二、实验原理

具有α-活性氢的酯在碱性催化剂的作用下，与另一分子酯作用，生成β-羰基酯的反应称为酯缩合反应，乙酰乙酸乙酯就是通过这种方法来制备的。乙酰乙酸乙酯是在无水条件下，由乙醇钠催化乙酸乙酯合成的。反应式如下：

$$2CH_3COOC_2H_5 \xrightarrow[-C_2H_5OH]{C_2H_5ONa} [CH_3COCHCOOC_2H_5]^- Na^+ \xrightarrow[-CH_3COONa]{CH_3COOH} CH_3COCH_2COOC_2H_5$$

三、仪器与试剂

圆底烧瓶（50mL），球形冷凝管，干燥管，分液漏斗，锥形瓶（50mL），圆底烧瓶（25mL），克氏蒸馏头，温度计套管，直型冷凝管，双头真空接液管，温度计（200℃），烧杯（100mL），量筒（10mL），循环水泵（真空机组、安全瓶、冷阱）等。

10mL（0.1mol）乙酸乙酯，1g（0.05mol）金属钠，5mL二甲苯，乙酸，饱和氯化钠水溶液，无水硫酸钠适量。

四、实验步骤

在干燥的50mL圆底烧瓶中加入1g除去表面氧化膜的金属钠和5mL新鲜的二甲苯，装上球形冷凝管，在石棉网上小火加热至金属钠完全熔融。停止加热，立即拆去冷凝管，用塞子塞紧圆底烧瓶，用力振荡，使钠尽可能发散为均匀细小的小珠，缓缓摇动烧瓶，直至二甲苯逐渐冷却至室温[1]。将二甲苯滗出回收，立即加入10mL（约0.1mol）精制的乙酸乙酯[2]，重新安装带有氯化钙干燥管的冷凝管。反应随即开始，并伴有氢气生成。若反应不发生或非常缓慢，可稍微加热至反应发生，即除去热源。

待剧烈反应阶段过后，将反应瓶在石棉网上维持小火加热，保持微沸状态，至金属钠全部作用完毕，反应约需1.5～2h。此时反应体系为一橘红色透明液体（有时析出黄白色固体）。

待反应液稍冷后，在振荡下向圆底烧瓶内加入50%的乙酸溶液直至反应体系呈弱酸性（pH＝5～6）为止，此时所有的固体物基本溶解[3]。将反应物转移至分液漏斗中，加等体积饱和氯化钠溶液，用力振荡后静置，分出乙酰乙酸乙酯层。粗产物用无水硫酸钠干燥，干燥后的有机层滤入蒸馏烧瓶中，用沸水浴蒸出残余的乙酸乙酯，瓶内剩余液体进行减压蒸馏。

乙酰乙酸乙酯沸点与压力的关系如下：

压力/mmHg	760	80	60	40	30	20	18	14	12
沸点/℃	181	100	97	92	88	82	78	74	71

【注释】

[1] 在二甲苯逐渐冷却的过程中，为防止钠珠固化成团，需缓缓晃动烧瓶。

[2] 所用的乙酸乙酯必须是无水的，但应含有1%～2%的乙醇，提纯方法如下：用饱和氯化钙溶液将普通的乙酸乙酯洗涤数次，再用熔融过的无水碳酸钾干燥，在水浴上蒸馏，收集76～77℃的馏分。

[3] 乙酸中和时，控制pH＝5～6，瓶内固体物会逐渐消失，得到澄清液体，但若仍有少量固体，可加入少许水使其完全溶解，应避免加入过量的乙酸，否则会增加酯在水中的溶解度而降低产率。

【思考题】

1. 为什么原料乙酸乙酯中应含有微量的乙醇？本反应中起催化作用的物质是什么？
2. 本实验中加入50%乙酸和饱和氯化钠溶液有何作用？

【参考文献】

[1] 兰州大学，复旦大学化学系有机化学教研室编．有机化学实验．第2版．北京：高等教育出版社，1994.
[2] 王伦，方宾主编．化学实验．北京：高等教育出版社，2003.

实验4-21 7,7-二氯双环[4,1,0]庚烷

一、实验目的

1. 学习二氯卡宾活性中间体的制备方法及在三元环化合物合成中的应用。
2. 了解相转移催化剂在有机合成中的作用。

二、反应原理

多卤代甲烷在强碱作用下会生成碳烯，碳烯与烯烃之间可发生加成反应，生成三元环，

这是三元碳环制备的常用方法。

氯仿与 NaOH 作用，发生 α-消去反应生成二氯碳烯；二氯碳烯再与环己烯反应生成 7,7-二氯双环[4,1,0]庚烷。

在相转移催化剂如苄基三乙基氯化铵（TEBA）存在下，氯仿与浓的氢氧化钠水溶液起反应，产生的碳烯立即与环己烯作用，生成 7,7-二氯双环[4,1,0]庚烷。反应式如下：

$$(C_2H_5)_3\overset{+}{N}CH_2C_6H_5Cl^- \xrightarrow[\text{水相}]{NaOH} (C_2H_5)_3\overset{+}{N}CH_2C_6H_5OH^- + NaCl$$

$$CHCl_3 + (C_2H_5)_3\overset{+}{N}CH_2C_6H_5OH^- \xrightarrow{\text{相界面}} (C_2H_5)_3\overset{+}{N}CH_2C_6H_5CCl_3^- + H_2O$$

$$(C_2H_5)_3\overset{+}{N}CH_2C_6H_5CCl_3^- \xrightarrow{\text{有机相}} CCl_2 + (C_2H_5)_3\overset{+}{N}CH_2C_6H_5Cl^-$$

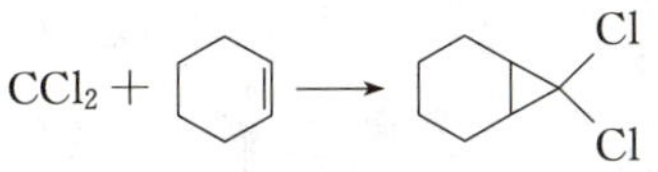

三、仪器与试剂

磁力加热搅拌器、150mL 三口烧瓶、球形冷凝管、温度计（100℃、200℃）、温度计套管、空心塞、100mL 分液漏斗、圆底烧瓶（50mL）、克氏蒸馏头、直型冷凝管、双头真空接液管、烧杯（100mL）、接液瓶（50mL）、量筒（10mL）、锥形瓶（150mL）、循环水泵（真空机组、安全瓶、冷阱）等。

8.2g（10.1mL，0.1mol）环己烯，氯仿，0.5g 苄基三乙基氯化铵，氢氧化钠，乙醚，无水硫酸镁。

四、实验步骤

称取 18g 氢氧化钠倒入 150mL 锥形瓶中，慢慢加入 18mL 蒸馏水，搅拌溶解，在冰水浴中冷却至室温，制取 50%的氢氧化钠溶液。

在装有回流冷凝管、温度计的 150mL 三口烧瓶中加入 10.1mL 环己烯、0.5g TEBA[1] 和 30mL 氯仿，塞上空心塞。开动磁力搅拌器，由冷凝管上口缓慢滴加上述 50%的氢氧化钠溶液，在 20min 左右完成。发热反应使瓶内温度上升至 50～60℃，反应物颜色由灰白逐渐变为橙黄色。滴加完毕后，加热回流，继续搅拌 45min～1h[2]。

将反应物冷却至室温，然后加入 60mL 冰水。把反应混合物倒入分液漏斗中，静置分层。分出有机相[3]，碱性水层用 30mL 乙醚提取一次[3]。合并醚萃取液和有机层，用等体积的水洗涤二次，用无水硫酸镁干燥。

水浴上蒸去溶剂，然后进行减压蒸馏，收集 78～80℃/2.0kPa（15mmHg）的馏分。产品也可在常压下蒸馏，收集 190～198℃馏分[3]。

产品约 10g。

【注释】

[1] 也可用其他相转移催化剂，如四乙基氯化铵、四乙基溴化铵等。

[2] 适当增加反应时间可以提高产率。

[3] 分液时，如两层界面上有较多的乳化液，可过滤。

【思考题】

1. 本实验中氯仿大大过量，为什么？

2. 本实验为什么要使用相转移催化剂？如果不用，会造成什么后果？

实验 4-22 阿司匹林的制备

一、实验目的

1. 了解阿司匹林制备的反应原理和实验方法。

2. 通过阿司匹林制备实验，初步熟悉有机化合物的分离、提纯等方法。

3. 巩固称量、溶解、加热、结晶、洗涤、重结晶等基本操作。

二、实验原理

水杨酸分子中含羟基（—OH）、羧基（—COOH），具有双官能团。本实验采用以强酸硫酸为催化剂，以乙酸酐为乙酰化试剂，与水杨酸的酚羟基发生酰化作用形成酯。反应如下：

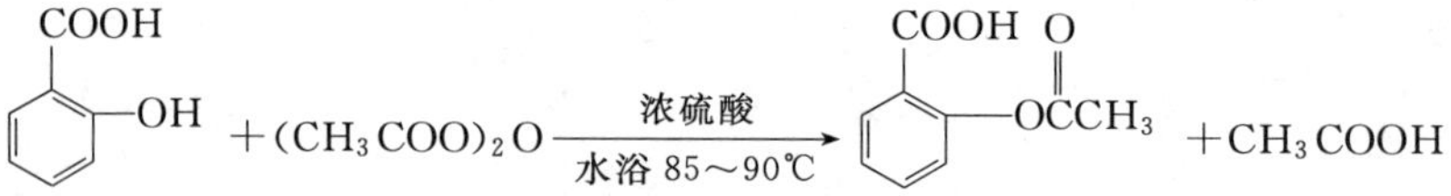

引入酰基的试剂叫酰化试剂，常用的乙酰化试剂有乙酰氯、乙酸酐、冰醋酸。本实验选用经济合理而反应较快的乙酸酐作为酰化剂。

副反应有：

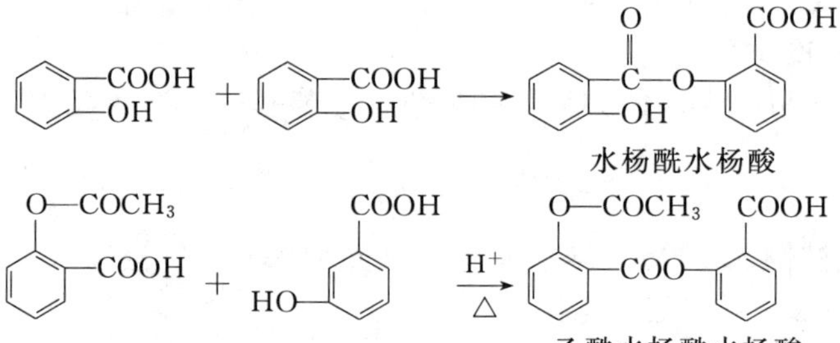

制备的粗产品不纯，除上面两副产品外，可能还有没有反应的水杨酸等杂质。

本实验用 $FeCl_3$ 检查产品的纯度，此外还可采用测定熔点的方法检测纯度。杂质中有未反应完酚羟基，遇 $FeCl_3$ 呈紫蓝色。如果在产品中加入一定量的 $FeCl_3$，无颜色变化，则认为纯度基本达到要求。

利用阿司匹林的钠盐溶于水来分离少量不溶性聚合物。

三、仪器与试剂

150mL 锥形瓶，5mL 吸量管（干燥，附洗耳球），100mL、250mL、500mL 烧杯各一只，加热器，橡胶塞，温度计，玻棒，布氏漏斗，表面皿，药匙，50mL 量筒，烘箱等。

水杨酸 2g，乙酸酐 5mL（0.053mol），浓硫酸，冰水，95%乙醇。

四、实验步骤

在干燥的锥形瓶中放入称量好的水杨酸（2g）、乙酸酐（5mL、0.053mol），滴入 5 滴浓硫酸，轻轻摇荡锥形瓶使溶解，在 85～90℃水浴中加热约 15min，从水浴中移出锥形瓶，当内容物温热时慢慢滴入 3～5mL 冰水，此时反应放热，甚至沸腾。反应平稳后，再加入 40mL 水，用冰水浴冷却，并用玻棒不停搅拌，使结晶完全析出。抽滤，用少量冰水洗涤两次，得阿司匹林粗产物。

将粗产品放入100mL锥形瓶中，加入95%乙醇和适量水（每克粗产品约需3mL 95%乙醇和5mL水），安装球形冷凝管，于水浴中温热并不断振摇，直至固体完全溶解。拆下冷凝管，取出锥形瓶，向其中缓慢滴加水至刚刚出现浑浊，静置冷却。结晶析出完全后抽滤。将结晶小心转移至洁净的表面皿上，晾干后称量。

【附注】

1. 因为乙酸酐具有强烈刺激性，实验在通风橱中进行，并注意不要沾在皮肤上。
2. 仪器要全部干燥，药品也要经干燥处理。
3. 乙酸酐要使用新蒸馏的，收集139～140℃的馏分。长时间放置的乙酸酐遇空气中的水，容易分解成乙酸。
4. 要按照书上的顺序加样。否则，如果先加水杨酸和浓硫酸，水杨酸就会被氧化。
5. 水杨酸和乙酸酐最好的比例为1∶2或1∶3。
6. 本实验中要注意控制好温度（85～90℃），否则温度过高将增加副产物的生成，如水杨酰水杨酸、乙酰水杨酰水杨酸、乙酰水杨酸酐等。
7. 将反应液转移到水中时，要充分搅拌，将大的固体颗粒搅碎，以防重结晶时不易溶解。

【思考题】

1. 反应容器为什么要干燥无水？
2. 为什么用乙酸酐而不用乙酸？
3. 加入浓硫酸的目的是什么？
4. 副产物中的高聚物如何除去呢？
5. 水杨酸可以在各步纯化过程和产物的重结晶过程中被除去，如何检验水杨酸已被除尽？

实验4-23 环己烯的制备

一、实验目的

1. 熟悉环己烯反应原理，掌握环己烯的制备方法。
2. 学习分馏操作，巩固分液漏斗的使用。

二、实验原理

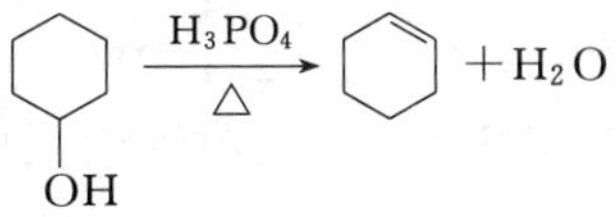

三、仪器与试剂

圆底烧瓶、冷凝管、分馏冷凝管、接引管支管、锥形瓶、温度计等。

环己醇、浓磷酸、精盐、无水氯化钙、5%碳酸钠。

四、实验步骤

在50mL干燥的圆底烧瓶中，放入6g环己醇、2.5mL浓磷酸和几粒沸石，充分振摇使混合均匀。烧瓶上装一短的分馏柱作为分馏装置，接上冷凝管，用锥形瓶作为接收器，外用冰水冷却。将烧瓶在石棉网上用小火慢慢加热，控制加热速度使分馏柱上端的温度不要超过90℃，馏液为带水的混合物。当烧瓶中只剩下很少量的残渣并出现阵阵白雾时，即可停止蒸馏。全部蒸馏时间约需 1h。

将蒸馏液用精盐饱和，然后加入适量 5%碳酸钠溶液中和微量的酸。将此液体倒入小分液漏斗中，振摇后静置分层。将下层水溶液自漏斗下端活塞放出、上层的粗产物自漏斗的上口倒入干燥的小锥形瓶中，加入 1～2g 无水氯化钙干燥。将干燥后的产物滤入干燥的蒸馏瓶中，加入沸石后用水浴加热蒸馏。收集 80～85℃的馏分于一已称重的干燥小锥形瓶中。

【附注】

1. 环己醇在常温下是黏稠状液体，因而若用量筒量取时应注意转移中的损失，环己醇与磷酸应充分混合，否则在加热过程中可能会局部炭化。

2. 最好用简易空气浴，使蒸馏时受热均匀。由于反应中环己烯与水形成共沸物（沸点 70.8℃，含水 10%）；环己醇与环己烯形成共沸物（沸点 64.9℃，含环己醇 30.5%）；环己醇与水形成共沸物（沸点 97.8℃，含水 80%）。因此在加热时温度不可过高，蒸馏速度不宜太快。以减少未作用的环己醇蒸出。

3. 水层应尽可能分离完全，否则将增加无水氯化钙的用量，使产物更多地被干燥剂吸附而导致损失，这里用无水氯化钙干燥较适合，因它还可除去少量环己醇。

4. 在蒸馏已干燥的产物时，蒸馏所用仪器都应充分干燥。

【思考题】

1. 采用分馏装置制备环己烯，要控制分馏柱顶端温度不超过 90℃，为什么？

2. 在粗制品中加入精盐，使水层饱和的目的是什么？

实验 4-24 乙酸乙酯的制备

一、实验目的

1. 了解由醇和羧酸制备羧酸酯的原理和方法。
2. 掌握酯的合成法（可逆反应）及反应条件的控制。
3. 掌握产物的分离提纯原理和方法。
4. 学习液体有机物的蒸馏、洗涤和干燥等基本操作。

二、实验原理

乙酸乙酯由乙酸和乙醇在少量浓硫酸催化下制得。

主反应： $CH_3COOH + CH_3CH_2OH \longrightarrow CH_3COOCH_2CH_3 + H_2O$

副反应：$CH_3CH_2OH + CH_3CH_2OH \longrightarrow CH_3CH_2OCH_2CH_3 + H_2O$（140～150℃）

反应中，浓硫酸除了起催化剂作用外，还吸收反应生成的水，有利于酯的生成。若反应温度过高，则促使副反应发生，生成乙醚。

三、仪器与试剂

培养皿，1000mL 烧杯，25mL 圆底烧瓶，空气冷凝管，球形冷凝器等。

浓硫酸，乙醇，冰醋酸，饱和碳酸钠，饱和氯化钙及饱和氯化钠水溶液，无水硫酸镁。

四、实验步骤

在 25mL 圆底烧瓶中加入 2.9mL 冰醋酸和 4.6mL 乙醇，在摇动下，慢慢加入 1.5mL 浓硫酸，充分混合均匀后加入几粒沸石，装上回流装置，回流 30min。稍冷，改为蒸馏装置，在相同的环境中加热蒸馏，直至不再有馏出物为止，停止加热，得粗乙酸乙酯。

在摇动下慢慢向粗产物中加入饱和碳酸钠水溶液，直到不再有二氧化碳气体逸出并使有机相 pH 值呈中性为止。将液体转入分液漏斗中，振摇后静置，分去水相，有机相用 2mL 饱和食盐水洗涤后，再每次用 2mL 饱和氯化钙洗涤两次。弃去下层液，酯层转入干燥的锥形瓶，用无水硫酸镁干燥。

将干燥后的粗产品乙酸乙酯滤入 25mL 蒸馏瓶中，在水浴上进行蒸馏，收集 73～78℃ 馏分，得产品 4.0～4.5g 。

【附注】

1. 控制反应温度在 120～125℃，控制浓硫酸滴加速度。
2. 洗涤时注意放气，有机层用饱和 NaCl 洗涤后，尽量将水相分干净。
3. 干燥后的粗产品进行蒸馏、收集 73～78℃馏分。

【思考题】

1. 酯化反应有什么特点，本实验如何创造条件使酯化反应尽量向生成物方向进行？
2. 本实验有哪些可能的副反应？

第五章　物理化学实验部分

物理化学实验测量技术

一、温度测量

热化学主要研究化学反应过程中所发生的热效应及其规律，是热力学在化学反应中的具体应用，除了研究生成热、燃烧热、中和热及化学反应热外，还包括研究混合、溶解、熔化、凝固、晶变、分解等物理过程及生物过程的热效应。热量的测量一般是通过温度测量来实现的，测量的理论依据是热力学第零定律。而温度量值的确定则严格建立在温标定义的基础上。

1. 温标

（1）热力学温标（K）

又称开尔文温标，是一种建立在卡诺循环基础上，与工作物质无关的、理想的、科学的温标。根据理想气体在定容下的压力或定压下的体积与温度成严格的线性关系，选定气体（氢、氦、氮等）温度计作为标准温度计，采用纯水的三相点作为单一的固定点，在绝对零度和纯水三相点之间划分成 273.16 分度，单位符号 K。

（2）摄氏温标（℃）

使用最早，应用普遍。它以水银玻璃温度计实现温度测量，以普通水的冰点及沸点作为两个固定点，其间 100 分度，单位符号℃，普通水冰点低于纯水三相点约 0.0099℃，所以摄氏温标与热力学温标的换算关系是 $T=273.15+t$。

（3）华氏温标（℉）

以冰与食盐混合物凝固点温度为 0℉，水的沸点为 212℉，其间划分成 212 分度，单位符号℉。与摄氏温标换算为：$℃=\frac{5}{9}(℉-32)$

2. 温度计

（1）气体温度计

（2）液体温度计（水银、酒精等）

实验室中常用的水银温度计有：普通水银温度计、接触温度计、贝克曼温度计。

普通水银温度计测量时要进行零点校正、露茎校正。

（3）固体温度计

包括热电偶温度计、数字温度计、数字贝克曼温度计。

3. 量热计及量热方法

按量热计测量原理可分为补偿式和温差式两大类，按工作方式又可分为绝热、恒温和环境恒温三种。实验热效应依据：$Q=C(计)\ \Delta T$；$C(计)$ 为量热计热容，必须用已知热效应值的标准物质来标定。由于量热计与环境之间的热漏是难免的，故要以雷诺（Reynolds）校正图予以修正。

4. 恒温方法

（1）介质恒温浴

用物质的相变温度的恒定性来控制温度。最常用的如冰水混合物、蒸汽浴等，简便易行，但只局限于工作物质的特定温度下。

(2) 恒温槽浴

根据所需恒温温度，选取不同的工作物质：0℃以上，100℃以下采用水浴；超过100℃用液体石蜡或蒸气压较低的汽缸油等油类；高温则用沙浴、盐浴、金属浴或空气恒温槽。

恒温槽构成：浴槽、导电表即接触温度计（或热敏温度计）、电子继电器、加热器、搅拌器和温度计等。

二、压力测量与真空技术

1. 压力计

传统的测压力仪器是采用U形管水银压力计或者金属外壳的气压表头。近年来出现了电子压力计数显微压计等。大气压的测量仪表称为气压计，常用福廷式和固定槽式两种。

2. 真空技术

(1) 真空区域的划分

由于历史的原因，传统的真空区域的划分是按“mmHg”（1mmHg=133.322Pa）进行的，将其换算，应是：

粗真空	$10^5 \sim 1333$Pa
低真空	$1333 \sim 1.333\times10^{-1}$Pa
高真空	$1.333\times10^{-1} \sim 1.333\times10^{-5}$Pa
超高真空	$1.333\times10^{-5} \sim 1.333\times10^{-9}$Pa
极高（宇宙）真空	$<1.333\times10^{-9}$Pa

(2) 获取真空——真空泵

实验室常用机械泵（图5-1）（$10^{-2} \sim 10^{-3}$mmHg）和扩散泵（图5-2）（10^{-6}mmHg）获取真空，扩散泵不能独立工作，必须依靠机械泵作为前置泵。

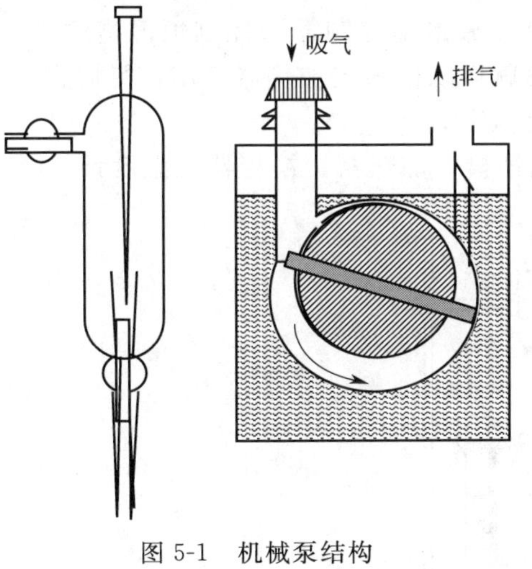

图5-1　机械泵结构

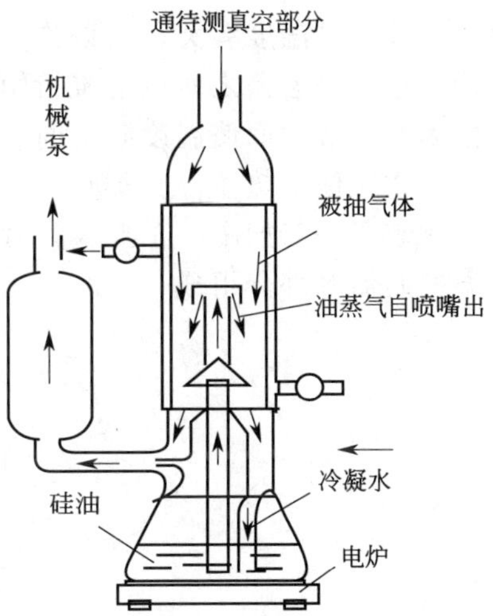

图5-2　油扩散泵

① 水流泵——粗真空。

② 机械泵——低真空。

③ 扩散泵——高真空。

(3) 真空度的测量——真空规

① 麦氏真空规——绝对真空规。

② 热偶真空规——相对真空规。

③ 电离真空规——相对真空规。

三、光学测量与光谱技术

实验室常用的光学仪器有：旋光仪，折光仪，分光光度计，红外光谱，紫外光谱，激光。

四、电学、磁学技术

① UJ-25 电位差计。

② 恒电位仪。

③ 电导仪。

④ pHs-2 酸度计。

⑤ 电泳仪、电渗仪。

实验 5-1 恒温槽装配和性能测试

一、实验目的

1. 了解恒温槽的构造及恒温原理，初步掌握其装配和调试的基本技术。

2. 绘制恒温槽的灵敏度曲线（温度-时间）曲线，学会分析恒温槽的性能。

3. 掌握玻璃贝克曼温度计的构造特点、调节与使用方法。

4. 掌握接触温度计的构造与使用方法。

二、实验原理

在物理化学实验中所测得的数据，如折射率、黏度、蒸气压、表面张力、电导、化学反应速率常数等都与温度有关，所以许多物理化学实验必须在恒温下进行。通常用恒温槽来控制、维持恒温。恒温槽之所以能维持恒温，主要是依靠恒温控制器来控制恒温槽的热平衡。当恒温槽因对外散热而使温度降低时，恒温控制器就启动槽内的加热器工作，待加热到所需的温度时，它又使加热器停止加热，这样温度保持恒定。

恒温槽装置一般如图 5-3 所示：恒温槽一般由浴槽、加热器、搅拌器、温度计、感温元件、恒温控制器等部分组成。

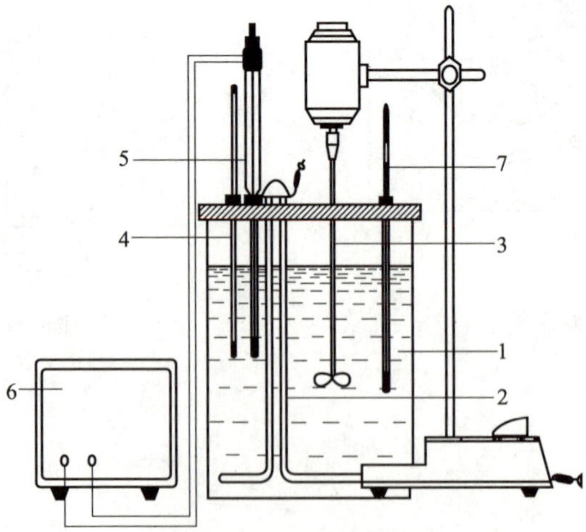

图 5-3 恒温槽装置图

1—浴槽；2—加热器；3—搅拌器；4—温度计；5—感温元件；6—恒温控制器；7—贝克曼温度计

1. 浴槽

通常采用玻璃槽以利于观察，其容量和形状视需要而定。物理化学实验一般采用 10L 圆柱形玻璃缸。浴槽内之液体一般采用蒸馏水。若温度要求超过 100℃ ，可采用液体石蜡或甘油等。

2. 加热器

常用的是电加热器。根据恒温槽的容量、恒温温度以及与环境的温差大小，来选择加热器的功率。如容量 20L、恒温 25℃的大型恒温槽一般需要功率为 250W 的加热器。为了提高恒温的效率和精度，有时可采用两套加热器。开始时，用功率较大的加热器加热，当温度达恒定时，再用功率较小的加热器来维持恒温。

3. 搅拌器

一般采用 40W 的电动搅拌器，用变速器来调节搅拌速度。

4. 温度计

常用 1/10℃温度计作为观察温度用。测定恒温槽的灵敏度用贝克曼温度计。

5. 感温元件

它是恒温槽的感觉中枢，是提高恒温槽精度的关键所在。感温元件的种类很多，如接触温度计、热敏电阻感温计等。本实验采用热敏电阻感温计（也称热敏温度计）。

6. 恒温控制器

由直流电桥电压比较器、控温继电器等部分组成。当感温探头热敏电阻感受到的实际温度低于控温选择温度时，电压比较器使温控指示灯由红灯转为绿灯，并通过电压跟随电路，接通控温继电器，加热；当感温探头热敏电阻感受到的实际温度与控温选择温度相同或更高时，控温指示灯由绿灯转为红灯，控温继电器也断开，使恒温槽停止加热。当感温探头热敏电阻感受到的温度再下降时，继电器再动作，重复上述过程达到控温的目的。

由于这种温度控制装置属于“通”、“断”类型，传热都有一个速度问题，就会出现温度传递的滞后。即当断开控温继电器时，实际上加热器附近的水温已超过了指定温度，因此，恒温槽温度高于指定温度。同理，降温时也会出现滞后状态。由此可知，恒温槽控制的温度是有一个波动范围的，而不是控制在某一固定不变的温度，并且恒温槽内各处的温度也会因搅拌效果的优劣而不完全相同。控制温度的波动范围越小，各处的温度越均匀，恒温槽的灵敏度就越高。灵敏度是衡量恒温槽性能的主要标志。

恒温槽灵敏度的测定是在指定温度下，观察温度的波动情况。用较灵敏的贝克曼温度计，记录温度随时间的变化，常常以温度为纵坐标，以时间为横坐标，绘制成温度-时间曲线来表示。由该曲线来确定恒温槽灵敏度，计算公式为：

$$t_E = \pm \frac{1}{2}(t_{max} - t_{min})$$

式中，t_{max}、t_{min}是曲线上的最高点与最低点的温度值。

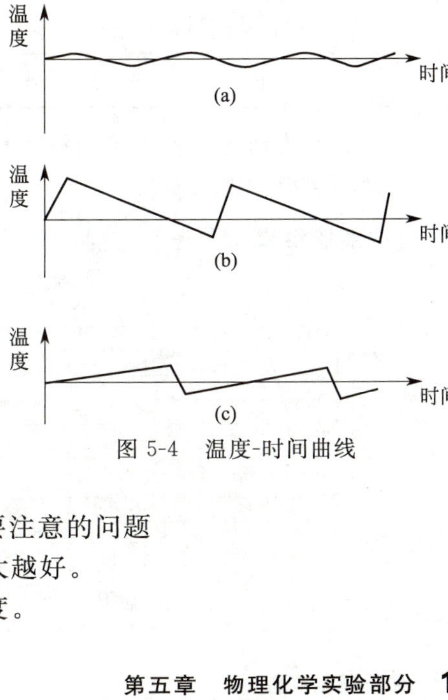

图 5-4　温度-时间曲线

图 5-4 是三个恒温槽的温度-时间曲线，(a) 表示恒温槽灵敏度较高，(b) 表示加热器功率太大，(c) 表示加热器功率太小或散热太快。(b)、(c) 灵敏度较低。

7. 为了提高恒温槽的灵敏度，在设计恒温槽时要注意的问题

① 恒温槽的热容量要大些，传热质的热容量越大越好。

② 尽可能加快加热器与接触温度计间的传热速度。

③ 搅拌器效率要高。

④ 作为调节温度用的加热器功率要小些。

三、仪器与试剂

玻璃缸（容量10L或视需要而定），停表，搅拌器（功率40W或视需要而定），温度指示控制仪，加热器（功率250W的电热丝或视需要而定），温度计（1/10℃），贝克曼温度计，烧杯（200mL）等。

四、实验步骤

1. 将蒸馏水注入浴槽至容积的2/3处，按装置图，安装温度指示控制仪、搅拌器、加热器等。

2. 调节温度指示控制仪控温旋钮使所指的温度稍低于25℃（通常低0.2～0.3℃）。接通电源，打开搅拌器开关并加热。当继电器指示停止加热时，注意观察1/10℃温度计读数。例如，达到24.2℃时，需重新调节温度指示控制仪控温旋钮，调节到当1/10℃温度计达25℃时，加热器刚刚停止加热（这一状态可由电子继电器的红绿指示灯来判断，一般来说，红灯表示加热，绿灯表示加热停止）。需要注意在调节过程中，**绝不能以温度指示控制仪控温旋钮所指的温度为依据，**必须以1/10℃的标准温度计为准。温度指示控制仪控温旋钮所指的温度只是给我们一个粗略的估计。

3. 调贝克曼温度计：将贝克曼温度计的水银柱在25℃时调到刻度2.5左右，并安放到恒温槽中。如何调贝克曼温度计，见附1，或认真听老师介绍，这点非常重要，是物理化学实验重要内容。

4. 恒温槽灵敏度的测定：待恒温槽已调节到25℃后，观察贝克曼温度计，利用停表，每隔1min记录一次贝克曼温度计读数；温度变化范围要求在±0.15℃之内，测定约60min。

5. 按上述步骤，将恒温槽重新调节至35℃，按同样方法测定恒温槽灵敏度。

五、数据处理

1. 将操作步骤中4、5之数据记录于下表中：

25℃时，时间与温度关系

时间/min						……
温度/℃						……

35℃时，时间与温度关系

时间/min						……
温度/℃						……

2. 以时间为横坐标、温度为纵坐标，分别绘制25℃和35℃时温度-时间曲线。

3. 计算恒温槽的灵敏度。

一次实验结果（参考）

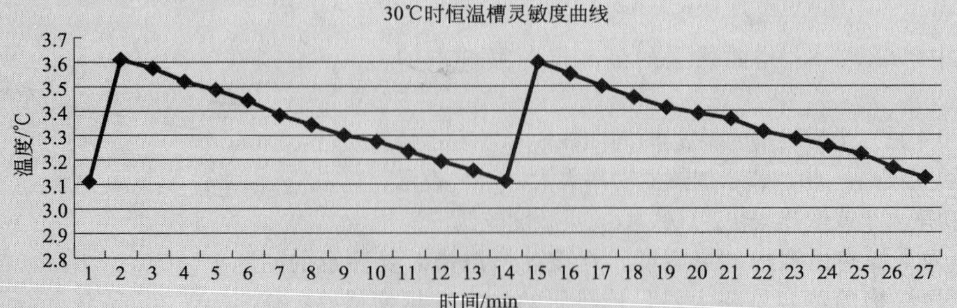

灵敏度＝±(3.612－3.110)/2＝±0.25 ℃

附 1　贝克曼温度计的构造及其调节使用方法

1. 贝克曼温度计的构造及特点

在物理化学实验中，常常需要对体系的温度差进行精确的测量，如燃烧热的测定、中和热的测定及冰点降低法测定相对分子质量等均要求温度测量精确到 0.001～0.002℃。而普通温度计不能达到，需用贝克曼温度计进行测量。

贝克曼温度计的构造如图 5-5 所示，它也是水银温度计的一种，与一般水银温度计不同之处在于，它除在毛细管下端有一水银球外，在温度计的上部还有辅助水银储槽。

贝克曼温度计的特点是：刻度精细刻至 0.01℃的间隔，用放大镜读数时可估计到 0.002℃；量程较短（一般只有 5 ℃）；不能测定温度的绝对值，只能测温差值。要测不同范围内温度的变化，则需利用上端的水银槽中的水银调节下端水银球中的水银量。

目前玻璃贝克曼温度计的水银储槽的形式有两种，如图5-5 所示。调试方法有些不同。

2. 贝克曼温度计的调节

贝克曼温度计的调节视实验的具体情况而异。若用在冰点降低法测相对分子质量时，测量温度下降值，要求水银柱停在刻度的上段；若用在沸点升高法测相对分子质量，测量温度上升值，应使水银柱停在刻度下段；若用来测定温度的波动时，应使水银柱停在刻度的中间。

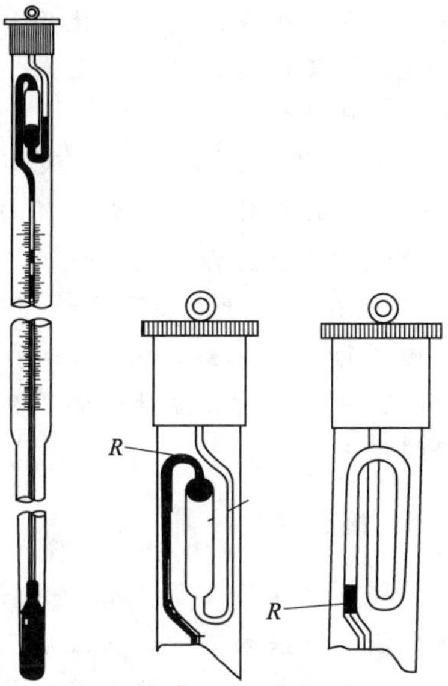

图 5-5　贝克曼温度计

调节时过程如下：

① 连接上下水银槽。将贝克曼温度计放在盛水的小烧杯内慢慢加热，使水银柱上升至毛细管顶部，此时将贝克曼温度计从烧杯中移出，并倒转使毛细管的水银柱与上面水银槽中的水银相连接。

② 在调节之前首先计算出水银线柱振断点温度 R（见图5-5）。若实验的起点温度为 t（℃），按实验要求把 t（℃）调成贝克曼温度计的某点 B（下端 0℃或上端 5℃），R 点计算公式为：$R=t+(5-B)+3$（3 是贝克曼温度计上段刻度 5℃到水银线柱振断点 R 的距离，相当于 3℃水银柱的长，即没有刻度部分长）。举例说明：若测量 20℃时温度上升，即把 20℃调成贝克曼温度计的 0～1℃之间的 0.5℃，那么 $R=20+(5-0.5)+3=27.5$℃；若测量 5℃时温度下降（苯凝固点 5℃），即把 5℃调成贝克曼温度计的 5℃左右，$R=5+(5-5)+3=8$℃；若测量 25℃时温度上下波动，即把 25℃调成贝克曼温度计的 2.5℃左右，$R=25+(5-2.5)+3=30.5$℃。

③ 把小烧杯中水加热到 R（℃），把贝克曼温度计放入 R（℃）恒温水中恒温，使其自动调节上下水银槽中水银量。一般恒温 3min 左右。等水银柱稳定后，取出温度计，右手握住温度计中间部位，温度计垂直向下，以左手掌轻拍右手腕，如图 5-6 所示（注意在操作时应远离实验台，且不可直接敲打温度计，以免损坏）。依靠振动的力量使毛细管中上端的水银线柱与水银槽中的水银断开，这时温度计可满足实验要求。由于温度计从水中取出后水银体积会变化，因此这一操作要求迅速、快捷，但不能慌乱，以免造成失误。

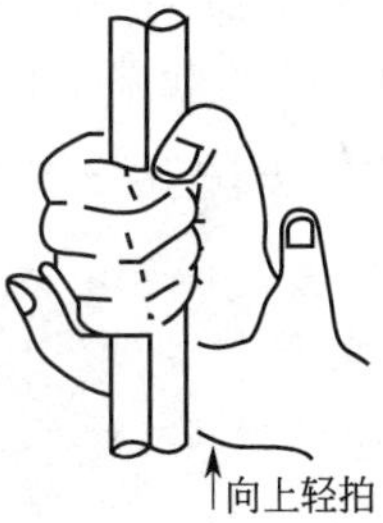

图 5-6　操作图

④ 调试好贝克曼温度计，要检验放在实验温度 t（℃）时是否符合要求，若不合适，应重新调节。

说明：若是另一种构造的贝克曼温度计，即图 5-5 右图构造的贝克曼温度计，是将温度计倒过来，轻敲手腕，使水银线振断，操作比较容易。另有一种快速调节贝克曼温度计的方法，是利用上水银槽旁边的标尺，只有熟练、有经验的操作者才能做到。

3. 贝克曼温度计使用注意事项

① 贝克曼温度计属于较贵重的玻璃仪器，并且毛细管较长易于损坏。所以在使用时必须十分小心，不能随便放置，一般应安装在仪器上或调节时握在手中，用毕应放置到温度计盒内。

② 调节时，注意不可骤冷骤热，以防温度计破裂。另外操作时动作不可过大，并与实验台要有一定距离，以免触到实验台上损坏温度计。

③ 在调节时，如温度计下部水银球中的水银与上部储槽中的水银始终不能相接时，应停下来，检查一下原因。不可一味对温度计升温，致使下部水银过多地导入上部储槽中。

附 2　接点温度计

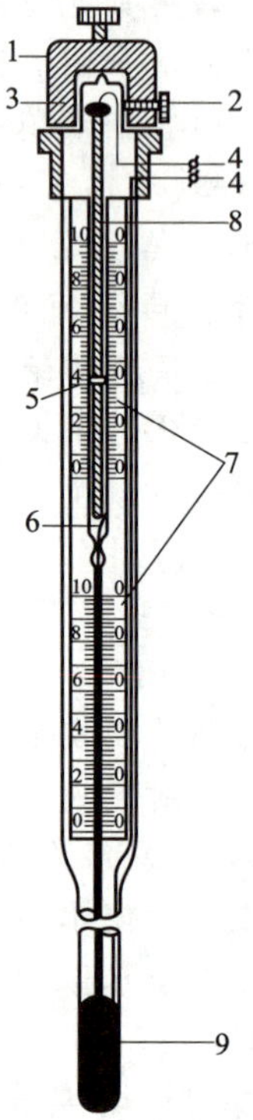

1—调节帽；
2—锁定螺丝；
3—磁铁；
4—螺丝杆引线；
5—标铁（调节螺母）；
6—触针；
7—上下刻度板；
8—螺杆；
9—水银槽

图 5-7　接点温度计

接点温度计又称水银导电表（图 5-7）。控温原理是通过调节标铁的高度，当温度上升，水银柱升高，与触针接通，继电器断开加热电路，停止加热；温度降低，水银柱下降，与触针分开，继电器就接通加热电路，开始加热。

例如，要把温度控制在 60℃，松开上端锁定螺丝 2，旋转调节帽 1，磁铁带动内部螺杆 8 转动，使标铁 5 上下移动，当标铁移动到上面刻度板 60℃，即标铁的上面与 60℃线同在一水平线上。固定锁定螺丝 2，调节结束。

【思考题】

1. 在实验室要求自己组装一台恒温水浴，需要哪些仪器配件，请指出其名称。

2. 如何配置恒温槽各部件？

3. 恒温槽放在 20℃的实验室内，欲控制 25.0℃的恒温温度。恒温槽在 25.0℃时的散热速率是 0.060℃ · min^{-1}，恒温槽内盛水 10.0L，问应使用多少瓦的控温加热器为好？已知 1L 水为 1000g，水的热容为 4.184J · g^{-1} · K^{-1}。

4. 某学生在测量一恒温槽的温度波动曲线时，获得以下的波动曲线，他使用的是一只 800W 的加热器。问：此曲线说明加热器的功率太小还是太大？为什么？可以采取什么最简单的措施来改善这种加热状况？

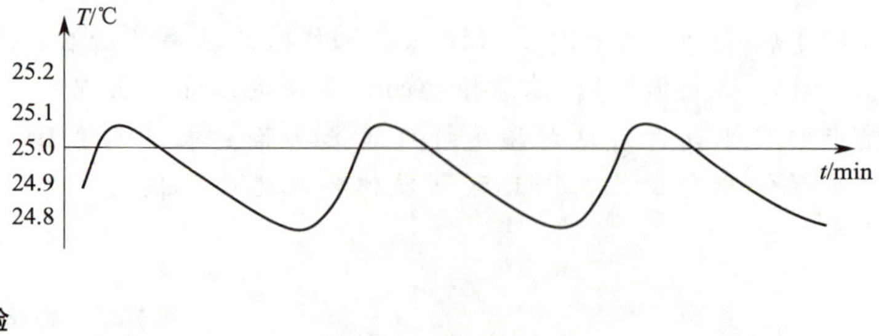

5. 如果所需恒定的温度低于室温，不能用制冷设备，如何装备恒温槽？

实验5-2 物质燃烧热的测定（电脑量热计）

一、实验目的

1. 明确燃烧热的定义，了解恒压燃烧热和恒容燃烧热的差别及相互关系。
2. 了解氧弹式量热计的原理、构造及使用方法；掌握压片机、气体钢瓶等使用方法。
3. 掌握有关热化学实验的一般知识和测量技术。
4. 了解计算机控制实验原理与方法。

二、实验原理

1. 燃烧热

燃烧热的定义：指一摩尔物质完全燃烧时所放出的热量。“完全燃烧”的含义要明确。在恒容条件下测得的燃烧热称为恒容燃烧热（$Q_V=\Delta U$）。在恒压条件下测得的燃烧热称为恒压燃烧热（$Q_p=\Delta H$）。若反应的气体为理想气体，则两者关系式为：$Q_p=Q_V+\Delta n_g RT$。T 为反应前后的温度，实验中是指外筒中水的温度。

2. 量热的原理

直接测定 Q_V 或 Q_p 的实验方法称为量热法。测量热效应的仪器称为量热计（也称为卡计）。量热计的种类很多，本实验是用氧弹式卡计。

基本方法：在绝热的条件下，将一定量的待测物质样品在氧弹中完全燃烧，燃烧时放出的热量使卡计、周围介质（本实验用水）、搅拌器、内桶等体系的温度升高。测定了燃烧前后体系即卡计（包括周围介质）温度的变化值，从而求算出样品的燃烧热。

计算公式：

$$\frac{m}{M}Q_V=W_{卡}\ \Delta T-Q_{点火丝}\cdot m_{点火丝}$$

式中，m 是待测物质的质量，g；M 是待测物质的摩尔质量；$Q_{点火丝}$ 是点火丝的燃烧热；$m_{点火丝}$ 是燃烧的点火丝质量；ΔT 是样品燃烧前后卡计温度变化值；$W_{卡}$ 为卡计（包括卡计中水）的热容量（又叫水当量），表示卡计温度升高1℃所需要吸收的热量，卡计的 $W_{卡}$ 是通过测量已知燃烧热的物质（如苯甲酸，$Q_V=-26460\text{J}\cdot\text{g}^{-1}$）来确定的。

注：本实验使用电脑控制的量热计，点火丝不是压在样品中，每次燃烧的点火丝质量几乎一样，点火丝燃烧放出的热量电脑计算时已扣除，因此实验中不必称量点火丝，可以省许多时间。

3. 用氧弹测定燃烧热的关键

首先是要保证样品完全燃烧，其次是使燃烧放出的热量尽可能全部传给卡计（包括周围介质），而几乎不与周围其他环境发生热交换。为了实现上述要求，氧弹充以高压氧气（15～20atm），粉末样品要压成片状，以免充气时冲散样品或者在燃烧时飞散出来，造成实验误差。燃烧时要尽量减少热量散失。对于无法避免的热量散失，如辐射等，要通过作图法进行温度校正，或者用有关公式计算校正。

本实验采用先进的电脑量热计，由计算机用国际标准的计算公式计算校正，计算出温度差，不必手工画温度校正曲线。电脑可以打印给出，实验数据以及结果。

三、仪器与试剂

数显氧弹量热计1套；万用电表等工具1套；计算机以及温度控制箱1台；台秤1台；电子天平（0.0001g）1台；氧气钢瓶1只；氧气减压阀1只；压片机2台；容量瓶（1000mL）1只；容量瓶（2000mL）1只；塑料桶1个；剪刀1把。

苯甲酸（AR），萘（AR）。

四、操作步骤

实验装置图见图5-8。

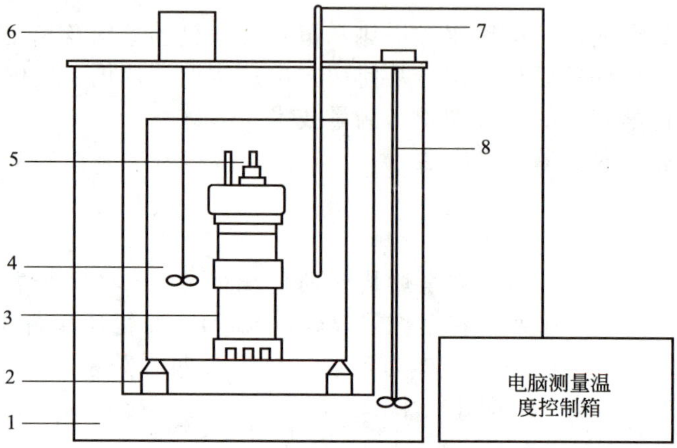

图5-8　氧弹量热计示意图

1—外筒，实验时充满水，通过搅拌器搅拌形成恒温环境；2—绝热定位圈；3—氧弹；4—内桶，用以盛自来水；5—电极；6—内桶搅拌器；7—温度传感器探头；8—外筒搅拌器

1. 熟悉氧弹式量热计的构造

认识内桶与外桶，掌握安装、使用与简单拆分。

用大容量瓶在内桶中加3000mL自来水，测量外桶中水的温度，即为实验测得的萘燃烧热的温度。

2. 学会压片机的使用

目前实验室有两种压片机，直压式与旋转式，常用是直压式，不需要固定在一个地方，使用方便。

在台秤粗称0.8g左右苯甲酸，压片，再在分析天平或电子天平上精确称量，要学会电子天平使用方法。样品萘是0.6～0.8g。

3. 学会吊装点火丝

取一段点火丝（15cm左右），用手、镊子吊装，点火丝固定在两个电极上，要做成倒Ω形状，下端离样品表面1～2mm（如图5-9所示）。

4. 学会气体钢瓶使用与充氧气

认识不同气体钢瓶的颜色。常见氧气瓶是天蓝色；氢气瓶是深绿色；氮气瓶是黑色；氨气瓶是黄色。

按逆时针方向旋转打开氧气钢瓶出口阀（顺时针方向则关闭），右边的气压表上显示出钢瓶中氧气的压力，单位是MPa(10^6Pa)；连接好导气管（接到氧弹上充气口），按顺时针方向打开减压阀（是推进螺栓，顶开阀门），左边气压表上显示输出气体压力，加压到1即10atm，停一下，打开氧弹的放气口，排除氧弹内空气，再关闭放气口，继续加压充气到

15～18atm，停一会，逆时针旋转减压阀（松掉），关闭减压阀。拆除导气管，装上电极，用万用表测量电路是否畅通。见图 5-10。

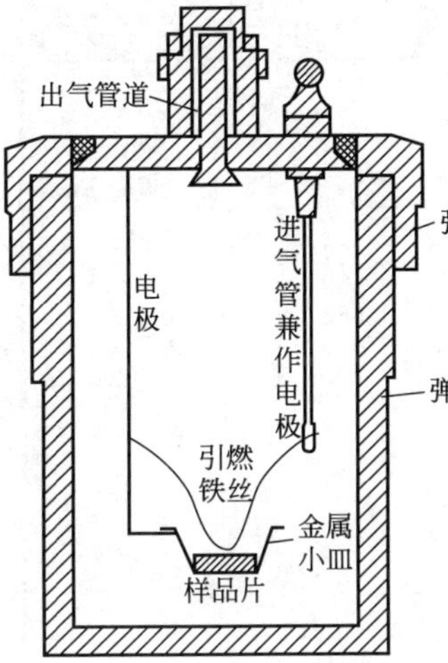

图 5-9　吊装点火丝

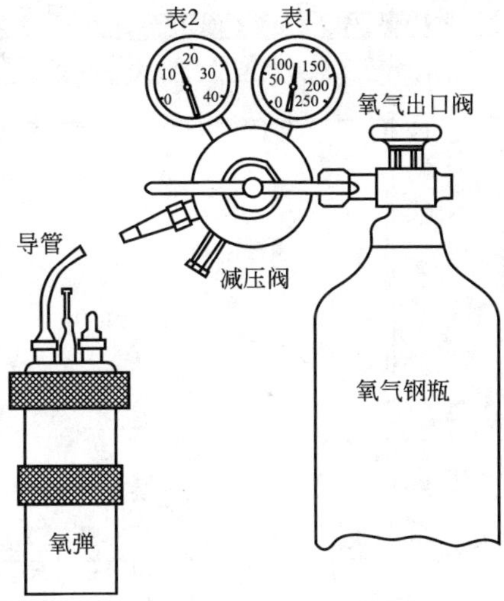

图 5-10　氧化钢瓶

5．卡计热容量（水当量）$W_{卡}$的测定（用已知燃烧热的苯甲酸）

① 把 0.8g 左右苯甲酸压片、称量后放入燃烧池，吊装好点火丝，充好氧气，检查电路。

② 把充好氧气的氧弹放入量热计内桶的自来水中，插上电极（注意不要插错），把电脑量热计的温度探头插入外桶中。

③ 打开氧弹量热器的电源开关，启动搅拌器。

④ 学会测量程序应用。

启动测量程序（由于一台计算机带两台电脑量热计，要分清接口），选择测量热容量，输入样品质量，按确定按钮，系统先测量外桶温度，到达热平衡后，要 21s 时间，按电脑提示，把温度探头从外桶中取出，再插入内筒水中，注意不能碰到氧弹，系统测量内桶温度，等到内桶温度基本不改变后再按确定按钮。为了使实验更准确，要求开始时内桶中自来水温度比外桶低 0.5～1℃（可以在内桶中调换一定量的凉水或热水）。

观测电脑量热计采集数据，30s 采集一组数据，在屏幕上显示数据与曲线上图点，初始阶段 6 组数据后就自动点火，屏幕有红色图块，观察温度升高情况（如温度不升高则点火失败，电脑会提示，就要重做），屏幕显示数据与曲线图点状态。测量最后，是结束阶段，也是 6 组数据，实验结束，电脑有提示，保存数据（文件名可用自己学号）。

⑤ 测量结束后，关闭搅拌器，把温度探头拿到外桶中。计算机不要关闭，打开量热计盖子，拔下电极，取出氧弹，放气，打开，观测燃烧情况。

取出内桶，换上新的 3000mL 自来水。

6．萘的燃烧热测量

操作步骤基本与测量热容量相同。只是要选择测量发热量。在输入样品质量后，要输入萘的摩尔质量 $128.17g \cdot mol^{-1}$。测量后数据要存盘，启动打印机，打印出实验结果，计算机已换算成萘的恒压摩尔燃烧热（给出正值）。

7．如果时间充足，重复 2 与 3 步骤，再测量一次热容量，再测量一个萘的燃烧热。

一次实验测量萘燃烧热实验记录（参考）

测量过程屏幕显示测量情况与结果：

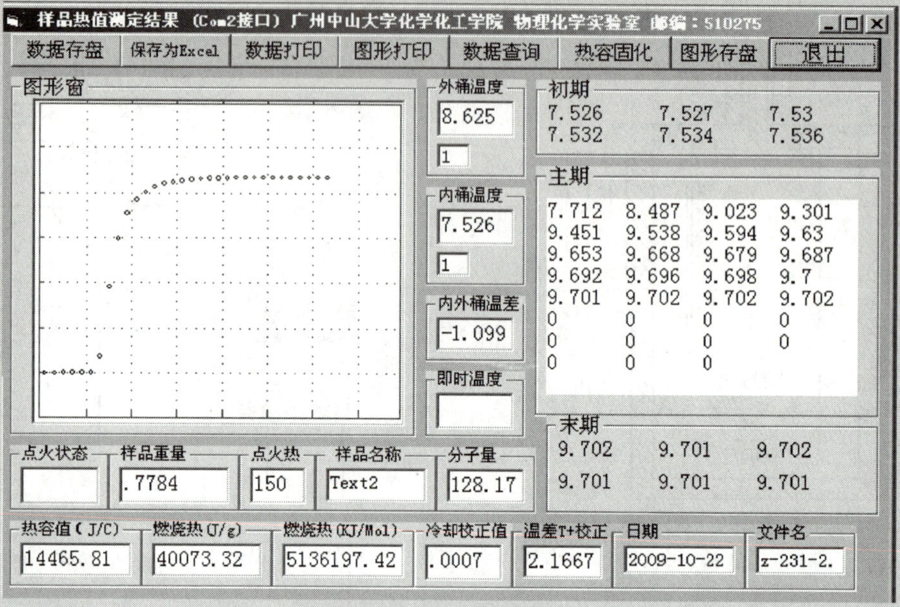

五、数据处理

1. 对两次萘的恒压摩尔燃烧热取平均值，若实验温度不是25℃，要换算成25℃时燃烧热

$$C_{10}H_8 + 12O_2 = 10CO_2 + 4H_2O$$

产物与反应物的热容量之差为154.86J·K。

注意：燃烧热是负值。

2. 计算实验的相对误差

萘的相对分子质量是128.17；25℃时萘的标准燃烧热 $\Delta_c H_m = -5153.9\text{kJ}\cdot\text{mol}^{-1}$

举例：一次实验，外桶温度为13℃，测量的热容量为14465.81J·K^{-1}。

测量出萘的摩尔恒压燃烧热为5136197.42J·mol^{-1}，数据处理：

$$\Delta_c H_m^{\ominus}(25℃) = \Delta_c H_m^{\ominus}(13℃) + 154.86\times(25-13)$$
$$= -5135197.42 + 154.96\times 12 = -5133.4(\text{kJ}\cdot\text{mol}^{-1})$$

$$\eta = \frac{|-5133.4-(-5153.9)|}{5153.9}\times 100\% = 0.398\%$$

【思考题】

1. 在燃烧热测定实验中，哪些是体系？哪些是环境？有无热交换？有何影响？

2. 开始加入内筒的水温为什么要选择比外桶（环境）低0.5～1℃？否则有何影响？

3. 在燃烧热测定实验中，哪些因素容易造成实验误差？如何提高实验的准确度？

4. 说明恒容热效应 Q_V 与恒压热效应 Q_p 的区别与联系？

5. 实验测量出的萘燃烧热是不是25℃下的燃烧热？是哪个温度下的燃烧热（外桶温度，还是内桶温度）？

6. 量热实验中，量热计水当量的定义是什么？常用哪些方法测定量热计水当量？

7. 用氧弹量热计测定物质的燃烧热时，作雷诺图求 ΔT 的目的是什么？图中是测定数据描绘的 T-t 图。用雷诺作图法求 ΔT 时，图中 O 点的位置应如何确定？校正后温度差如何表示？

8. 某研究所，需要测定牛奶样品的热值，请提出所需仪器及实验步骤。

9. 用氧弹量热计测定有机化合物的燃烧热实验，有的实验教材上要求在量热测定时，在氧弹中加几滴纯水，然后再充氧气、点火，请说明加的这几滴水的作用是什么？

实验 5-3 凝固点降低法测摩尔质量

一、实验目的

1. 掌握用凝固点降低法测定物质摩尔质量的方法。
2. 通过实验加深对稀溶液依数性质的理解。
3. 掌握凝固点测量仪与数字贝克曼温度计的使用方法。

二、实验原理

溶液的凝固点：在一定压力下，固体溶剂与溶液成平衡时的温度。

稀溶液具有依数性，稀溶液的凝固点低于纯溶剂的凝固点。在确定了溶剂的种类和数量后，溶液凝固点降低值仅仅取决于所含溶质分子的数目。

凝固点降低值的多少，直接反映了溶液中溶质的质点数目。溶质在溶液中有离解、缔合、溶剂化和络合物生成等情况存在，都会影响溶质在溶剂中的表观摩尔质量。因此溶液的凝固点降低法可用于研究溶液的电解质电离度，溶质的缔合度，溶剂的渗透系数和活度系数等。

由此可见，实验的成功与否决定于凝固点的精确测量。凝固点测定方法是将已知浓度的溶液逐渐冷却成过冷溶液，然后促使溶液结晶；当晶体生成时，放出的凝固热使体系温度回升，当放热与散热达成平衡时，温度不再改变，此固液两相达成平衡的温度，即为溶液的凝固点。

本实验测定纯溶剂和溶液的凝固点之差。

纯溶剂（单组分）在凝固前温度随时间均匀下降，当达到凝固点时，固体析出，放出热量，补偿了对环境的热散失，因而温度保持恒定，直到全部凝固后，温度再均匀下降，其冷却曲线见图 5-11 中曲线 a。但实际上，只有固相充分分散到液相中，也就是固液两相的接触面相当大时，平衡才能到达。实际测量中，将纯液体冷却，达到凝固点时，由于固体是逐渐

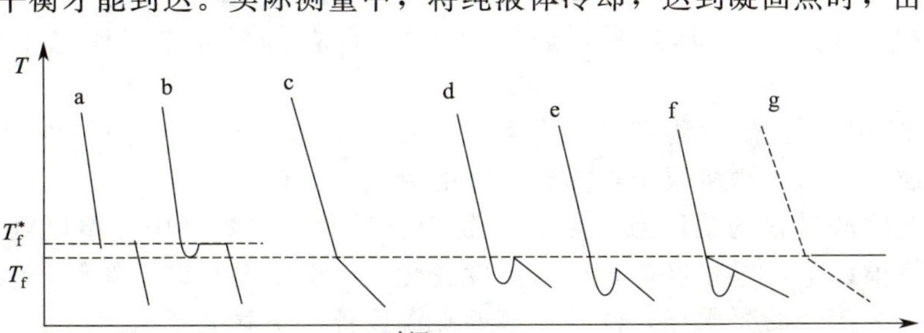

图 5-11 冷却曲线

析出，当凝固热放出速率小于冷却速率，温度会不断下降，难以确定凝固点温度。为此，采取的方法是，先使液体过冷，再突然搅拌，固相骤然析出大量微小晶体，两相充分接触，放出大量凝固热，温度回升，达到凝固点温度，保持恒定，然后再开始下降。见图 5-11 中曲线 b。

溶液的冷却情况与此不同，纯溶剂两相共存时，自由度 $f^{*}=1-2+1=0$，而对于溶液，当冷却到凝固点，开始析出固态纯溶剂，自由度 $f^{*}=2-2+1=1$，温度仍可下降 。并且随着溶剂的析出，溶液浓度相应增大。所以溶液的凝固点随着溶剂的析出，浓度变大而不断下降，在冷却曲线上得不到温度不变的水平线段。见图 5-11 中曲线 c。

在实际测量时，如果溶液过冷程度不大，析出的固体溶剂比较少，浓度变化比较小，则过冷回升的温度可作为溶液的凝固点，见图 5-11 中曲线 d；如果溶液过冷程度比较大，析出的固体溶剂比较多，浓度变化较大，则过冷回升的温度低于溶液的凝固点，见图 5-11 中曲线 e。因此实验中要控制过冷程度，不能太大，并且每次的过冷程度要基本一样，若不能做到，最好测量出步冷曲线，再进行校正，见图 5-11 中曲线 f。或画出步冷曲线，确定凝固点，见图 5-11 中曲线 g。

三、仪器与试剂

NGC-1 型凝固点测量仪一套；普通温度计（0～50℃）1 支；25mL 移液管 1 支；压片机一台；数字贝克曼温度计 1 支；大烧杯（1000mL）1 只。

环己烷（AR），萘（AR）。

四、实验步骤

1. 按要求安装 NGC-1 凝固点测定仪，注意要清洗测定管，搅棒，并要吹干。

2. 取出内管与空气夹套，加入冰水混合液（达 4/5 左右）。

3. 实验注意事项：溶剂，溶质的纯度都直接影响实验的结果。实验中要防止水进入溶液中。

4. 纯环己烷凝固点的测量　取出内管（测量管），加入 25mL 环己烷，放回，盖好，插上数字贝克曼温度计的探头。注意搅拌器的位置。搅动冰水混合物，使其冷却空气套管，从而降低纯环己烷温度，并同时小心搅拌环己烷，观察温度降低情况。一般情况是温度随时间改变不断下降，下降到一定程度后，温度开始上升（这是发生过冷造成的），当温度回升到一定程度，保持稳定，该温度即为环己烷的凝固点。测量时要注意，在温度低于凝固点 0.5℃以下，不要搅拌，温度会下降后再上升的，回升到一定温度，基本保持不变，就是凝固点。

取出测量管，用手加温，使固体熔化后，重复上面操作，再测量环己烷凝固点。共测三次，求其凝固点的平均值。

5. 溶液凝固点的测定　先粗称 0.1～0.2g 的萘，在压片机上压成薄片（若因量太少不好压片，可以称 0.3g 左右，压好后，剪去一半），再在分析天平（或电子天平）上精确称量。

取出装有 25mL 环己烷的测定管（也可重新量取 25mL 纯环己烷）。称量后的萘片，搅拌使其完全溶解后，放入测量仪中，测定溶液的凝固点。

方法是先粗略测量它的凝固点，估算出凝固点的范围。测量中，温度随时间改变而降低，降低到估算值以下，停止搅拌，观察温度变化，一般情况是继续降低，然后回升，回升的最高点温度即为溶液的凝固点，注意，最高点温度停一下就会降低的。

同样重复测量两次，求其平均值。

6. 实验后，关电源，取出样品管，把管中溶液倒入回收瓶中。清洗、擦干样品管，排除冰水混合物，整理好实验台。

五、数据处理

1. 环己烷的密度公式：$\rho(\mathrm{g\cdot cm^{-3}})=0.7971-0.8879\times10^{-3}t(℃)$

用该公式计算出环己烷的密度，计算出25mL环己烷的质量。

2. 环己烷的冰点下降常数 $K_f=20.1\mathrm{kg\cdot K^{-1}\cdot mol^{-1}}$，由测量的纯环己烷的凝固点温度与溶液凝固点温度，计算出凝固点降低值 ΔT，代入前面公式，计算萘的相对分子质量。

3. 萘的相对分子质量的理论值为 $128.17\mathrm{g\cdot mol^{-1}}$，计算测量的相对误差。

一次实验结果（参考）

温度15℃，测量出环己烷的凝固点平均值为6.435℃；0.1801g的萘溶于25mL环己烷中，稀溶液凝固点平均值为4.961℃。

$$\Delta T=6.435-4.961=1.474(℃)$$

$$\rho(\mathrm{g/cm^3})=0.7971-0.8879\times10^{-3}\times15=0.7838 \quad W_A=0.7838\times25=19.60(\mathrm{g})$$

$$M=K_f\frac{W_B\times1000}{W_A\Delta T}=20.1\times\frac{0.1801\times1000}{19.60\times1.4774}=125.30(\mathrm{g\cdot mol^{-1}})$$

$$\eta=\frac{|125.30-128.17|}{129.17}=2.22\%$$

【思考题】

1. 凝固点降低法测分子量公式，在什么条件下才能适用？

2. 在冷却过程中，冷冻管内固液相之间和寒剂之间，有哪些热交换？对测量有何影响？

3. 当溶质在溶液中有离解、缔合和生成络合物的情况时，对相对分子质量的测量值影响如何？

4. 影响凝固点精确测量的因素有哪些？

5. 本实验中的萘样品不压片，直接用粉末状萘可不可以？

6. 什么是凝固点？纯溶剂的凝固点与溶液的凝固点的含义是否相同？

7. 液体冷却时为什么产生过冷现象？如何控制过冷程度？

8. 根据什么原则考虑加入溶质的量？太多太少影响如何？

9. 为什么测定溶剂的凝固点时，过冷程度大一些对测定结果影响不大，而测定溶液凝固点时却必须尽量减少过冷现象？

10. 已知某物质的相对分子质量为146，它溶于环己烷中，但不知道它在环己烷中是以单体还是二聚体，或两者的平衡状态存在。请提出一种实验方法，对该物质在环己烷中的存在状况做出判断（需说明方法、哪些条件需已知和要测定的数据）。

实验5-4 中和热的测定

一、实验目的

1. 掌握中和热的测定方法。

2. 通过中和热的测定，计算弱酸的离解热。

二、实验原理

在一定的温度、压力和浓度下，含有1mol H^+ 的强酸溶液和含有1mol OH^- 的强碱溶液中和时，所产生的热效应称为中和热。由于强酸和强碱的水溶液在足够稀的情况下几乎是完全电离的，因此，在固定温度和浓度足够稀的情况下，中和热可近似看作一定值。在不同温度下中和热的经验公式为：

$$\Delta H_{中和}/J \cdot mol^{-1} = -57111.6 + 209.2(t/℃ - 25)$$

式中，t 为实验温度，当实验温度在 25℃时，$\Delta H_{中和} = -57.11kJ \cdot mol^{-1}$。

$$H^+(aq) + OH^-(aq) = H_2O(l)$$

可作为强酸与强碱中和反应的通式，中和热的大小与酸的阴离子和碱的阳离子无关。当溶液浓度相当浓时，所测得的中和热数值常常偏高，这是由于离子间相互作用力及其他影响的结果。

若所用的酸或碱只是部分电离的，当其与强碱或强酸发生中和反应时，其热效应与强酸强碱的中和反应不同，因为弱酸或弱碱在反应之前要进行离解。如乙酸和氢氧化钠反应：

$$CH_3COOH = H^+ + CH_3COO^- \qquad \Delta H_{解离}$$

$$H^+ + OH^- = H_2O \qquad \Delta H_{中和}$$

总反应：$CH_3COOH + OH^- = H_2O + CH_3COO^- \qquad \Delta H$

由此可见，ΔH 是弱酸与强碱中和反应总的热效应，它包括中和热和解离热两部分。根据盖斯定律可知，如果测得这一反应中的热效应 ΔH 以及 $\Delta H_{中和}$，则弱酸的解离热为：$\Delta H_{解离} = \Delta H - \Delta H_{中和}$。

乙酸和氢氧化钠在 25℃时表观中和热的文献值为 $-52.9kJ \cdot mol^{-1}$，据此可知 25℃时乙酸的解离热为 $4.21kJ \cdot mol^{-1}$。

在恒压容器中测定热效应的方法通常有两种：

① 先测定量热系统的热容量 C，再根据反应过程中温度变化 ΔT 与 C 的乘积求出热效应（此法一般用于放热过程）。

② 先测定体系的起始温度 T，吸热反应时体系温度随吸热过程的进行而降低，再用电加热法使体系升温至起始温度，则电加热所补偿的热量等于吸热反应所吸收的热量，根据所消耗的电能求出热效应（此法一般用于吸热过程）。

本实验以绝热良好的杜瓦瓶恒压量热计在恒压下测定中和反应的热效应，并用电热法测定量热计的热容。根据焦耳定律和平均热容的定义，在电加热器中通过一定的电流，若所产生的热量全部被溶液和量热计吸收，致使量热计温度升高 $\Delta T_{电}$，则：

$$Q_{电} = IUt = C_{计}\Delta T_{电}$$

式中，I 为电流强度，A；U 为通电电压，V；t 为通电时间，s；$C_{计}$ 为量热计的总热容，其物理意义是量热计每升高 1℃所需要的热量。它是由杜瓦瓶以及其中仪器和试剂的质量和比热容所决定的。当使用某一固定量热计时，$C_{计}$ 为常数。则有：

$$C_{计} = Q_{电}/\Delta T_{电}$$

量热计热容标定后，测出中和反应热的温度变化 ΔT，即可计算出中和热数值。

三、仪器与试剂

SWC－ZH 一体式中和热测定装置；计算机一台；量筒；移液管等。

浓度为 $1.000mol \cdot L^{-1}$ 的 NaOH、HCl 和 CH_3COOH 溶液。

四、操作步骤

1. 仪器准备

(1) 打开机箱盖，将仪器平稳地放在实验台上，将传感器 PT100 插头接入后面板传感器座，用配置的加热功率输出线接入“I+”、“I－”，“红-红”、“蓝-蓝”，接入 220V 电源。

(2) 打开电源开关，仪器处于待机状态，待机指示灯亮，预热 10min。

2. 量热计常数 K 的测定

(1) 用布擦净量热杯，量取 500mL 蒸馏水注入其中，沿杯壁小心放入搅拌磁珠。转动“调速”旋钮，调节适当转速，旋紧瓶盖。

(2) 将传感器插入量热杯中（不要与加热丝相碰），将功率输入线两端接在电热丝两接头上。按“状态转换”键切换到测试状态（测试指示灯亮），调节“加热功率”调节旋钮，使其输出为所需功率（一般为 2.5W），再次按“状态转换”键切换到待机状态，并取下加热丝两端任一夹子。设定“定时”10s，蜂鸣器每隔 10s 响一次。

(3) 待温度基本稳定后，按“状态转换”键切换到测试状态，仪器对温差自动归零。

(4) 连接计算机，自动采集数据。

根据仪器上方所贴标签，双击打开相应的中和热程序。

首先设置温度-时间曲线的坐标。在图形窗口右击鼠标，出现小菜单，选取“设置坐标”，“请输入纵坐标温度”设置为“从－0.4 到 2.0℃”，“请输入横坐标最大值（分钟）”设置为“30min”，“确定”即可。

然后在“端口选择”中根据实际选取“com1”或“com2”，在“过程选择”中选取“量热计常数 K 的测定”，“采样速率”选择“10 秒”。点击“开始绘图”，界面会出现“提示信息”框，仔细阅读后，按“确定”。计算机在 10s 后开始自动采集数据。

“数据记录”窗口开始每隔 10s 记录一次数据，记录到第 60 个数据（即 10min）时，根据蜂鸣器提示，夹上取下的加热丝一端的夹子，并同时点击“过程 1 通电计时”下方的“开始”按钮。此时为加热的开始时刻，记录加热起始点温度 T_1 及数据编号。记录加热功率数值。加热至体系温度升高 1.2～1.3℃时，根据蜂鸣器提示，在取下加热丝一端夹子同时，点击“过程 1 通电计时”小窗口下的“结束”按钮。此时停止通电。记录通电结束点温度 T_2 及数据编号。

体系继续自动采集数据，直至体系中温差几乎不变并维持一段时间即可，点击“停止绘图”停止测量。记录终止点数据编号。在测定装置上，按“状态转换”，使“待机”灯亮。

(5) 对所得温度-时间曲线用雷诺校正法得出通电过程前后实际温度差值。

首先根据通电前温度 T_1 和通电终止点的温度 T_2，计算出中间温度 $T=(T_1+T_2)/2$。

然后利用计算机进行雷诺校正。

点击“校正”，出现提示信息。输入第一段校正曲线的起始点编号后按“确定”，输入第一段校正曲线的终止点编号后按“确定”，出现“是否需要重新校正？”的询问窗口，而图形窗口出现对通电前的温度校正横线（红色），观察是否符合实际情况。不符合就需要重新校正。若不需要重新校正，按“否”。出现“请输入中间温度值”窗口，输入 T 数值后点“确定”。图形窗口出现以中间温度值为交点的十字交叉线。然后再按照提示信息依次输入第二段校正曲线的起始点和终止点编号。最后图形窗口出现校正后的三个温度点及其数值。校正出的温度差值显示在“过程 1 温度差℃”窗口内。

如果需要重新校正，重复上述步骤即可。

(6) 计算量热计常数 K。

点击“计算常数 K”按钮，在“请输入加热功率”窗口输入加热时的实际功率，计算结果显示在“常数 K”窗口中。

(7) 保存结果。

点击“保存”按钮，将结果保存为“学号—K”。

3. 中和热的测定

(1) 将量热杯中的水倒掉，用干布擦净，重新用量筒取 400mL 蒸馏水注入其中，然后加入 50mL 1mol·L^{-1}的 HCl 溶液。再取 50mL 1mol·L^{-1}的 NaOH 溶液注入碱储液管中，仔细检查是否漏液。

(2) 插入温度探头，在测定装置上按“状态转换”按钮，使“测试”灯亮。在“过程选择”下选取“盐酸中和热的测定”。待温度稳定后，根据蜂鸣器提示，点击“开始绘图”，计算机开始每 10s 记录一次温差，记录 10min。

(3) 在记录第 60 个数据的同时，根据蜂鸣器提示，拔出玻棒，加入碱溶液（不要用力过猛，以免相互碰撞而损坏仪器）。此时即为酸碱中和反应的起始点，记录反应起始点温度 T_1 及数据编号。计算机自动每隔 10s 记录一次温差（注意整个过程时间是连续记录的）。

(4) 加入碱溶液后，温度上升，待体系中温差几乎不变并维持一段时间后，点击“停止绘图”即可停止测量。

在测定中和反应时，当加入碱液后，温度上升很快，要读取温差上升所达的最高点即为反应终止点 T_2，若温度一直上升而不下降，则温度上升变缓慢的数据点即为反应终止点 T_2，记录数据编号。

(5) 雷诺校正得出中和反应前后体系实际升高的温度差值。方法同步骤 2 中的第(5) 步。

(6) 点击“计算盐酸中和热”按钮，根据提示信息框，输入盐酸溶液的浓度、NaOH 的体积。计算结果显示在“盐酸中和热 kJ/mol”窗口内。保存为“学号—HCl”。

4. 表观中和热的测定

将 HCl 换成 HAc，操作步骤同 3。

注意！实验之前，一定要用蒸馏水仔细清洗碱储液管，并且即时吹干。

实验结束，断水、断电，清洗仪器，清理实验桌。

五、数据处理

1. 温度变化的校正——雷诺曲线法

在量热时，为准确测得 ΔT，不仅要准确记录实验温度随时间的变化，还必须对影响 ΔT 的因素（包括热传导、蒸发、辐射等所引起的热交换和搅拌所引入的能量）进行校正，一般采用雷诺图解外推法。图 5-12 中 b 点相当于开始通电加热或开始反应之点，c 点为观察到的最高温度读数点，由于杜瓦瓶和外界的热量交换，曲线 ab 及 cd 经常发生倾斜。EE'表示环境辐射进来的热量所造成量热计温度的升高，必须扣除。FF'表示量热计向环境辐射出热量而造成量热计温度的降低，必须加入。因此作图确定出 ΔT_1、ΔT_2、ΔT_3。

注意：此法校正时，体系温度与外界温度之差最好不超过 2～3℃，否则会引进误差。

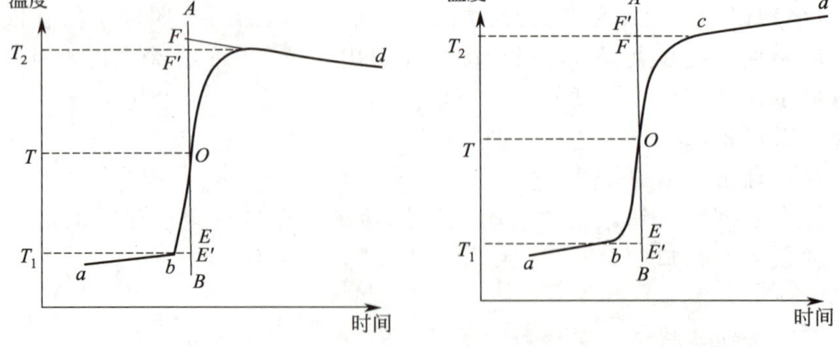

图 5-12 雷诺曲线

2. 量热计常数的计算

由实验可知，通电所产生的热量使量热计温度上升 ΔT_1，则有：

$$Q=UIt=C\Delta T_1$$

3. 中和热的计算

反应的摩尔热效应可表示为：

$$\Delta H=-C\Delta T\times 1000/(cV)$$

式中，c 为溶液的浓度；V 为溶液的体积，mL；ΔT 为体系的温度升高值。

利用上式，将 K 及 ΔT_2、ΔT_3 代入，分别求出强酸、弱酸与强碱中和反应的摩尔热效应。利用盖斯定律求出弱酸分子的摩尔离解热 $\Delta H_{解离}$，即：

$$\Delta H_{解离}=\Delta H-\Delta H_{中和}$$

一次实验结果（参考）

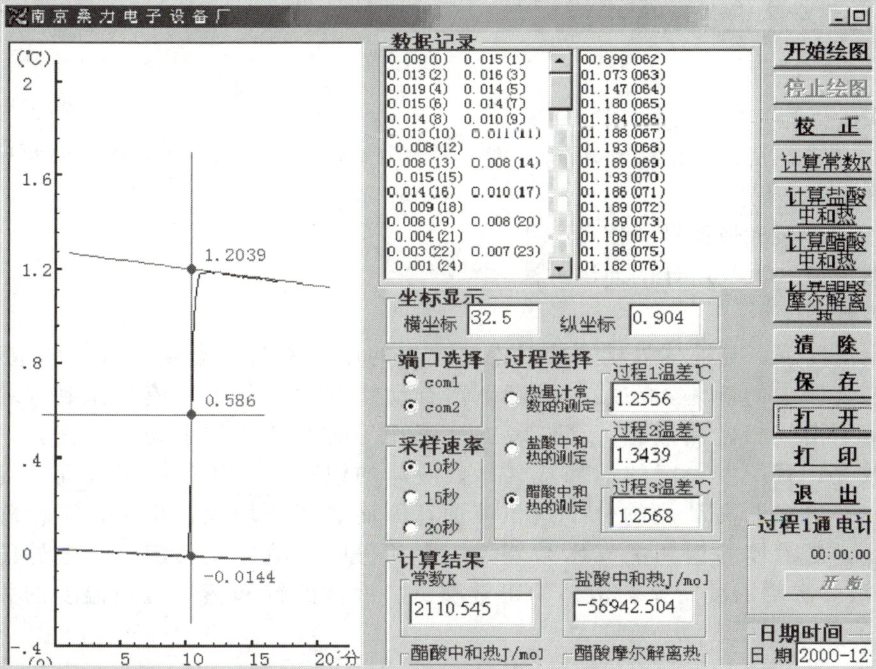

实验温度：23.2℃，酸碱浓度：1.000mol·L^{-1}，酸碱体积：50.000mL

中和热参考标准数据：$\Delta H(\mathrm{J\cdot mol^{-1}})=-57111.6+209.2(t/℃-25)$

计算出实验温度下的标准值，$\Delta H(\mathrm{J\cdot mol^{-1}})=-57488.2\mathrm{J\cdot mol^{-1}}$

量热计常数 $C=2110.545\mathrm{J\cdot K^{-1}}$

盐酸中和热＝$-56942.504\mathrm{J\cdot mol^{-1}}$，乙酸中和热＝$-53050.659\mathrm{J\cdot mol^{-1}}$

乙酸解离热＝$3891.845\mathrm{J\cdot mol^{-1}}$

盐酸中和热相对误差计算：$E_r=\dfrac{-56942.504-(-57488.2)}{-57488.2}\times100\%=-0.94\%$

【附注】

1. 电热法标定热容，在调整恒流电源的初始输出功率时，必须保证量热计中已注入水，否则电热丝易被烧坏。

2. 每次测量过程中，应尽量保持测定条件的一致。如水和酸碱溶液体积的量取、搅拌速度的控制、初始状态的水温等。

3. 实验所用的 $1mol \cdot L^{-1}$ NaOH、$1mol \cdot L^{-1}$ HCl、$1mol \cdot L^{-1}$ HAc 溶液应准确配制，必要时可进行标定。

4. 在电加热测定温差的过程中，要经常观察电流强度和电压是否保持恒定。

5. 中和热和解离热与浓度和所处的测量温度有关，因此在测定中和过程和离解过程的热效应时，必须注意记录酸和碱的浓度以及测量的温度。

【思考题】

1. 本实验是用电热法求得量热计常数，试考虑是否可用其他方法？能否设计出一个实验方案来？

2. 试分析测量中影响实验结果的因素有哪些？

实验 5-5 液体饱和蒸气压的测定

一、实验目的

1. 掌握用静态法测定液体在不同温度下蒸气压的方法，并通过实验求出在所测温度范围内的平均摩尔气化热。

2. 掌握真空泵和恒温槽的使用方法。

3. 掌握福廷式大气压计的使用方法。

二、实验原理

在一定温度下，与液体处于平衡状态时蒸气的压力称为该温度下液体的饱和蒸气压。密闭在真空容器中的液体，在某一温度下，有动能较大的分子从液相跑到气相；也有动能较小的分子由气相碰回液相，当二者的速率相等时，就达到了动态平衡，气相中蒸气密度不再改变，就产生一定的饱和蒸气压。液体的饱和蒸气压是随温度而改变的，当温度升高时，有更多的高动能的分子逸出液面，因而蒸气压增大；反之，温度降低时，则蒸气压减小。当液体的饱和蒸气压与外界压力相等时，液体就会沸腾。把外压为标准压力 $p^{\ominus}$ 时的液体沸腾温度定义为液体的正常沸点。液体的饱和蒸气压与温度的关系可用克劳修斯-克拉贝龙方程表示：

$$\frac{\mathrm{d}\ln p}{\mathrm{d}T}=\frac{\Delta_{\mathrm{vap}}H_{\mathrm{m}}}{RT^2}$$

式中，p 为液体在温度 T 时的饱和蒸气压：$\Delta_{\mathrm{vap}}H_{\mathrm{m}}$ 为液体的摩尔气化热，$\mathrm{J \cdot mol^{-1}}$；$R$ 为气体常数。在温度较小的变化范围内，$\Delta_{\mathrm{vap}}H_{\mathrm{m}}$ 可视为常数，积分上式可得：$\ln p=-\frac{\Delta_{\mathrm{vap}}H_{\mathrm{m}}}{RT}+B'$。由此可知，若将 $\ln p$ 对 $1/T$ 作图应得一直线，斜率 $m=-\Delta_{\mathrm{vap}}H_{\mathrm{m}}/R$，$\Delta_{\mathrm{vap}}H_{\mathrm{m}}=-Rm$。

本实验是用 U 形等压计在不同温度下测定乙醇的蒸气压。U 形管等压计如图 5-13 所示，Ⅰ球内储存液体，Ⅱ、Ⅲ 管之间由 U 形管相连通。当Ⅱ、Ⅲ间 U 形管中的液体在同一水平时，表示Ⅰ、Ⅲ管间空间的液体饱和蒸气压恰与管Ⅱ上方的体系压力相等，记下此时的温度和压力值，即为该温度下液体的饱和蒸气压。

三、仪器与试剂

精密数字压力计一台；玻璃 U 形等压计一支；不锈钢稳压包一只；真空泵一台；玻璃水浴、电炉等一套。福廷式大气压计一支。

四、仪器的安装及调试

1. 测定液体饱和蒸气压常用方法

(1) 不同压力下测量液体的沸点。

(2) 不同温度下测量液体的蒸气压。

本实验采用第一种方法。实验装置见图 5-13。

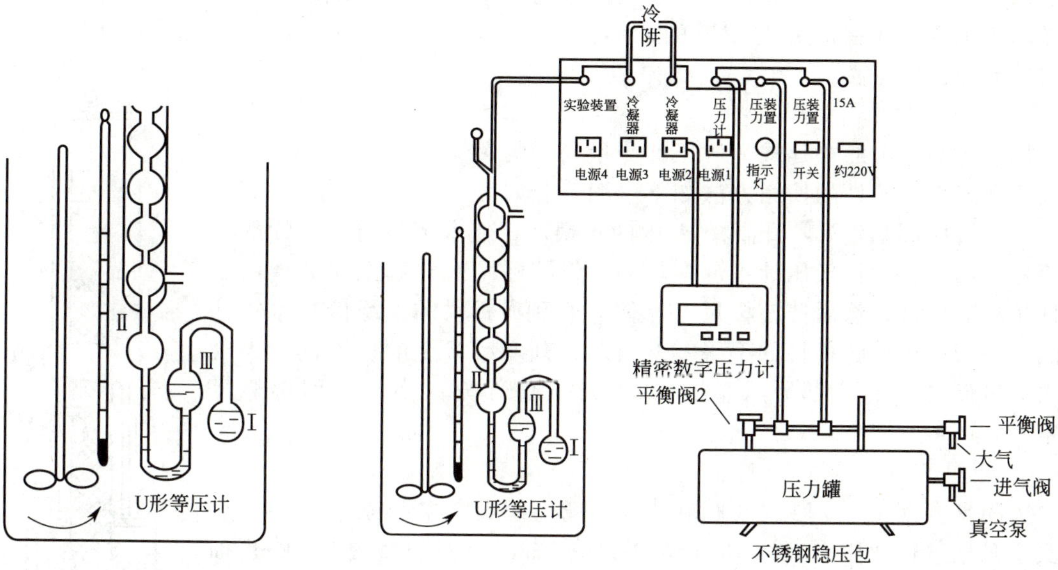

图 5-13 U 形等压计

2. 精密数字压力计的使用

(1) 预热 按下开关，通电预热半小时后方可进行实验，否则将影响实验精度。

(2) 调零 连通系统和大气，调节零点读数为 0.00，重复 2～3 次。压力计显示读数为系统压力和大气压的差值，读数为 0.00 是表示系统压力和外界大气压相等。

(3) 单位选择 按下“单位”按钮，选择压力计显示数值单位为“kPa”。

3. 不锈钢稳压包的使用

(1) 见图 5-14，进气阀连接真空泵和压力罐，开启即可改变压力罐内压力。平衡阀 2（系统调压阀）连接压力罐和系统，压力计上显示数值为系统压力。平衡阀 1（微调阀）连接系统和大气，缓慢调节可对系统微小增压。

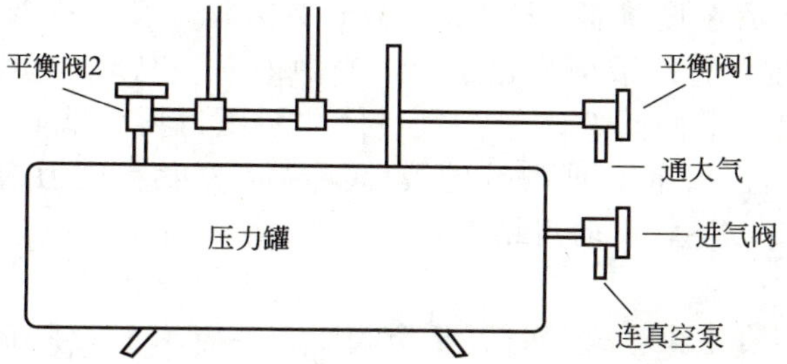

图 5-14 不锈钢稳压包

(2) 首次使用或长期未用，应先做密封性试验。将进气阀、平衡阀 2 打开，平衡阀 1 关闭，启动真空泵加压或抽气，压力计上显示数字即为压力罐内的压力值，停止真空泵工作，关闭平衡阀 2，观察压力计，显示数值每分钟下降小于 0.1kPa 即为正常，说明气密性良好。否则需要进行压力罐、阀门和连接口的检查。

五、实验步骤

1. 装样

从加样口注入乙醇，关闭平衡阀 1，打开进气阀和平衡阀 2 使真空泵与系统相通，启动真空泵，抽至乙醇蒸气泡成串上窜，关闭平衡阀 2，打开平衡阀 1，漏入空气，使乙醇充满试样球体积的 2/3 和 U 形管双臂的大部分。说明，为了节约时间，一般装样工作由实验员或实验老师提前完成。

2. 大气压测量

用挂在墙壁上的福廷式大气压计测量当天的大气压。

福廷式大气压计的使用方法如下（图 5-15）。

先旋转底部螺丝 C，升高槽 A 内的水银面，使水银面与象牙针的尖端恰好接触；再旋转气压计中部螺丝 G，将游标尺 F 升起至比玻璃内水银柱稍高的位置；然后使游标尺 F 下降，直到游标尺的下缘恰与水银柱的凸面相切；按照游标尺的下缘零线所对的刻度尺 E 上的位置读出大气压力测量值的准确值部分（整数），而可疑值部分（小数）用游标尺确定。

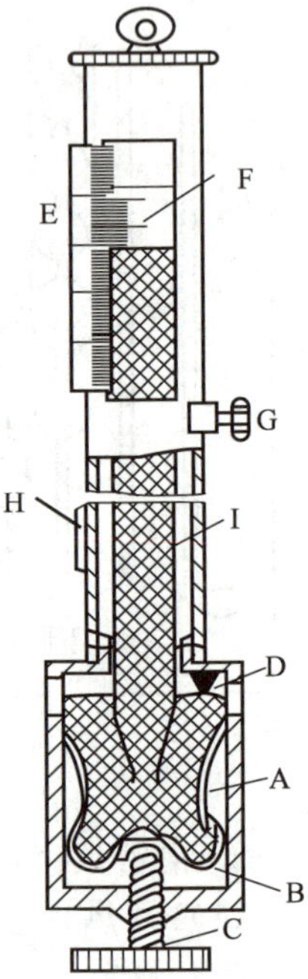

图 5-15　福廷式大气压计

A—水银槽；B—羚羊皮膜；C—底部螺丝；D—象牙针；E—标尺；F—游标尺；G—中部螺丝；H—温度计；I—压力计

3. 检漏

关闭平衡阀 1，开启进气阀和平衡阀 2，使真空泵与系统相通，启动真空泵抽气，使压力表读数为－50kPa 左右，关闭平衡阀 2，停止抽气，检查有无漏气，若无漏气即可进行测定。

4. 测量当天大气压下液体的沸点

打开平衡阀 1，使系统和大气相通。开动电炉加热水浴，直到等压计中乙醇沸腾 3～5min，停止加热，搅拌使其降温，注意观察 U 形管Ⅱ、Ⅲ两臂的液面变化情况，当Ⅱ、Ⅲ两臂的液面到达同一水平时，立即记下此时的温度（即沸点），就是当天大气压下液体的沸点温度。

5. 测量不同温度下的蒸气压

开启真空泵和进气阀，调节平衡阀 2 缓慢抽气，使试样与 U 形管间的空气呈气泡状通过 U 形管中的液体而慢慢逸出（如发现气泡成串上窜，可关闭平衡阀 2，慢慢打开平衡阀 1 漏入空气使沸腾缓和）。用滴管滴加冷水并搅拌使热水浴温度降低 2～3℃，调节平衡阀 1 和平衡阀 2。仔细观察 U 形管Ⅱ、Ⅲ两臂的液面变化情况，当两液面等高时，立即记下此时的温度计读数和压力表读数。再打开平衡阀 2 缓慢抽气，使体系压力再减低4～5kPa，然后滴加冷水、搅拌降低温度，测量 U 形管Ⅱ、Ⅲ两臂的液面等高时温度和压力表读数。重复上述操作，直到体系温度降到 45℃以下，实验可结束。

6. 结束实验

实验结束后，关闭真空泵，慢慢打开平衡阀 2 和平衡阀 1，使真空泵与大气相通，压力计恢复零位。关闭恒温槽等电源。

六、数据处理

1. 读取大气压值并校正。

读数：__________仪器校正：__________温度校正：__________ $p_{大气}$/kPa：__________

2. 将实验数据填入下表：

温度		1/T	数字压力计读数（负值）/kPa	饱和蒸气压（$p_{大气}+p_{表}$）/kPa	$\ln[(p_{大气}+p_{表})/\text{kPa}]$
t/℃	T/K				

3. 将 $\ln(p_{大气}+p_{表})$ 对 $1/T$ 作图，斜率即为 $-\Delta_{vap}H_m/R$，可求得气化焓。由文献数据，乙醇的摩尔气化焓为 42.064kJ · mol^{-1}，求算实验相对误差。

一次实验结果（参考）

p（大气压）＝100.69kPa

温度		$(1/T)/10^{-3}$	数字压力计读数（负值）/kPa	饱和蒸气压（$p_{大气}+p_{表}$）/kPa	$\ln[(p_{大气}+p_{表})/\text{kPa}]$
t/℃	T/K				
66	339	2.95	−37.98	62.71	4.138520925
63	336	2.976	−42.25	58.44	4.068000587
60.6	333.6	2.998	−51.4	49.29	3.897721221
58.4	331.4	3.018	−55.78	44.91	3.804660487
56.2	329.2	3.038	−60.25	40.44	3.699819394
54.6	327.6	3.053	−63.38	37.31	3.619261387
53	326	3.067	−65.74	34.95	3.553918469
50.4	323.4	3.092	−70.44	30.25	3.409496184
48.6	321.6	3.109	−73.37	27.32	3.307619035
46.8	319.8	3.127	−75.45	25.24	3.228430038

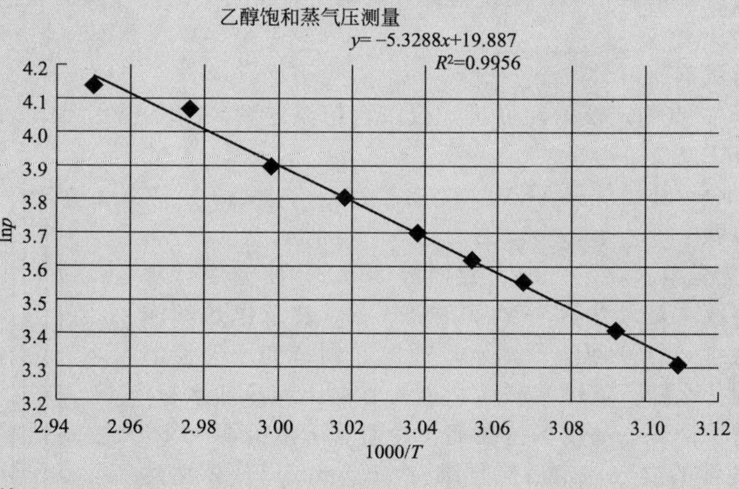

乙醇的气化热 $\Delta_{vap}H_m=-Rm=8.314\times5.3288\times1000=44.304$（kJ · mol^{-1}）

$$\eta=\frac{44.304-42.064}{42.064}\times100\%=5.32\%$$

【思考题】

1. 静态法能否用于测定溶液的蒸气压？为什么？

2. 在实验过程中为何要防止空气倒灌？如果在等压计Ⅰ、Ⅲ间有空气，对实验有何影响？如何判断空气已经全部排出？

3. 测定液体饱和蒸气压装置中有一缓冲瓶（本实验为不锈钢稳压包），其作用是什么？

4. 简要说明，测定乙醇的饱和蒸气压的动态法、静态法和饱和蒸气流法的原理。

实验 5-6 双液系相图的测绘

一、实验目的

1. 用回流冷凝法测定沸点时气相与液相的组成，绘制双液系相图。并找出恒沸点混合物的组成及恒沸点的温度。

2. 了解阿贝折光仪的构造原理，熟悉掌握阿贝折光仪的使用。

二、实验原理

理想的二组分体系在全部浓度范围内符合拉乌尔定律。结构相似、性质相近的组分间可以形成近似的理想体系，这样可以形成简单的 T-x (y) 图。大多数情况下，曲线将出现或正或负的偏差。当这一偏差足够大时，在 T-x (y) 曲线上将出现极大点（负偏差）或极小点（正偏差）。这种最高和最低沸点称为恒沸点，所对应的溶液称为恒沸混合物。考虑综合因素，现行实验教材一般都选择具有最低恒沸点的异丙醇-环己烷体系。根据相平衡原理，对二组分体系，当压力恒定时，在气液平衡两相区，体系的自由度为 1。若温度一定时，则气液两相的组成也随之而定。当原溶液组成一定时，根据杠杆原理，两相的相对量也一定。反之，实验中利用回流的方法保持气液两相的相对量一定，则体系的温度也随之而定。沸点测定仪就是根据这一原理设计的。

组成的测定可以根据相对密度或其他方法确定，折射率的测定具有快速、简单、样品量少等优点。

三、仪器与试剂

FDY 双液系沸点测定仪；阿贝折光仪（含恒温装置）；移液管：1mL 2 支，5mL 2 支，10mL 1 支；25mL 2 支。

异丙醇（AR）；环己烷（AR）。

四、实验步骤

1. 将沸点仪洗净、烘干，加入异丙醇 25mL，使温度计水银球的位置一半浸入溶液中，一半露在蒸气中。注意电热丝应完全浸没于溶液中，打开回流冷却水，通电并调节变压器使溶液缓慢加热（为什么?）。液体沸腾后，再调节电压和冷却水量，使蒸气在冷凝管中回流的高度保持在高于冷凝管入水处 1～2cm 左右。测温温度计的读数稳定后应再维持 3～5min 以使体系达到平衡。在此过程中，不时将袋状部（图 5-16）中凝聚的液体倾入蒸馏器底部。记录所得温度和室内大气压力。停止通电。

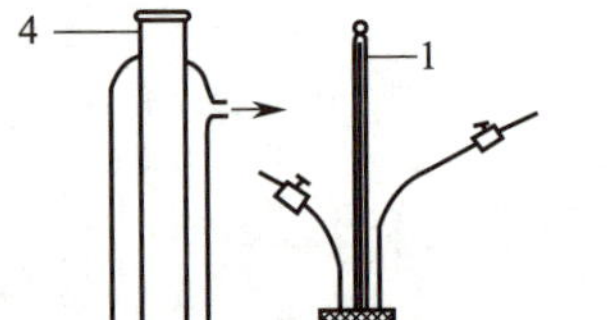

图 5-16 蒸馏器的结构图
1—温度计；2—加料；3—加热丝；4—蒸出液取样口；5—袋状部

2. 在沸点仪中加入 1mL 环己烷，同法加热使溶液沸腾。最初在冷凝管下端袋状部的液体不能代表平衡时气相的组成（为什么?）。为加速达到平衡，可将袋状部内最初冷凝的液体倾回蒸馏器底部，并反复 2～3 次，待温度读数恒定后记下沸点并停止加热。随即在冷凝管上口插入干燥长吸液管，吸取袋状部的蒸出液，迅速测其折射率。待蒸馏器内溶液冷却后，再用另一根短的干燥吸液管由加样口吸取蒸馏器底部的溶液约1mL。上述两者即可认为是体系平衡时气、液两相的样品。样品的转移要迅速，并应尽早测定其折射率。依次移取2mL、3mL、4mL、5mL、10mL的环己烷加入沸点仪，分别测定其沸点、气相样品和液相样品的折射率。

3. 将沸点仪内的溶液倒入回收瓶中，并用环己烷清洗蒸馏器。然后取25mL环己烷注入蒸馏器内，同上法测定。以后分别加入异丙醇0.2mL、0.3mL、0.5mL、1mL、4mL、5mL，测定其沸点及气相样品和液相样品的折射率。

4. 在折射率-组成工作曲线上找出对应的气、液相组成。

5. 作 T-x 相图。

五、数据处理

溶液沸点								
气相冷凝液	折射率							
	组成							
液相	折射率							
	组成							

一次实验结果（参考）

大气压：100.6kPa，室温：28.2℃

溶液沸点/℃		82.1	79.9	76.9	74.2	72.2	71.0	70.0
气相冷凝液	折射率 n_D^{25}	—	1.3872	1.3932	1.3951	1.3982	1.4020	1.4041
	组成 $x_{环己烷}$	0	0.190	0.242	0.292	0.354	0.410	0.454
液相	折射率 n_D^{25}	—	1.3832	1.3851	1.3858	1.3900	1.3912	1.3992
	组成 $x_{环己烷}$	0	0.066	0.082	0.106	0.172	0.224	0.336
溶液沸点/℃		81.2	79.4	76.7	73.9	71.5	69.7	68.5
气相冷凝液	折射率 n_D^{25}	—	1.4258	1.4189	1.4159	1.4148	1.4129	1.4085
	组成 $x_{环己烷}$	1	0.968	0.800	0.702	0.630	0.564	0.538
液相	折射率 n_D^{25}	—	1.4271	1.4252	1.4239	1.4231	1.4150	1.4085
	组成 $x_{环己烷}$	1	1.000	0.986	0.932	0.874	0.702	0.538

恒沸温度：68.5℃　　恒沸组成：0.538

根据实验数据绘制 T-x 相图

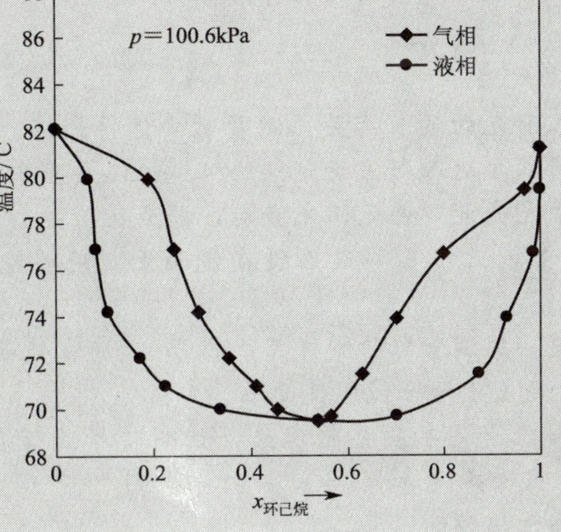

【附注】

1. 接通加热电源前，必须检查调压变压器旋钮是否处于零位置，以免引起有机组分燃烧或烧坏加热电阻丝。

2. 必须在停止加热后才能取样分析。

3. 测定折射率时，动作必须迅速，避免组分挥发，能否快速准确的测定折射率是本实验的关键之一。所测折射率是 n_D^{25}，为介质在 25℃时对钠黄光的折射率。

4. 实验过程中应注意大气压的变化，必要时需进行沸点校正。

【思考题】

1. 在手册或文献中，查到某液体折射率的符号记作 n_D^{20}，试说明 n、20、D 各代表什么？

2. 用物理化学方法将下列物质区别开来：

①水　②KCl 溶液　③蔗糖水溶液　④乙醇和环己烷

每种物质至少给出一种确切的物理化学参数，并准确给出②和④的浓度，并给出①的等级，是纯水还是自来水。

3. 若蒸馏时仪器保温条件欠佳，在气相到达袋状部前，沸点较高的组分会发生部分冷凝，则 T-x 图将怎样变化？

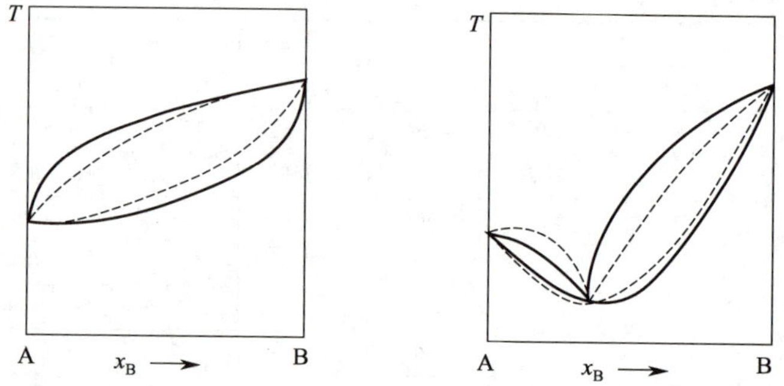

4. 根据什么原则寻找完全互溶双液系相图？

5. 实验中如何做到气-液两相处于平衡状态？

6. 测定中加样量是否需要精确量度？

7. 估计哪些因素是主要误差来源？

8. 沸点仪袋状部分容积过大对实验结果有何影响？

附　阿贝折光仪使用

1. 折射率与温度和入射光的波长有关，测量时要保持恒温。使用前应先打开超级恒温槽，在 25℃恒温，并将恒温水通入阿贝折光仪的棱镜恒温夹套中。

2. 将阿贝折光仪置于光亮处，避免阳光直射，调节反射镜。

3. 打开棱镜，滴 1～2 滴无水乙醇或乙醚在镜面上，用擦镜纸轻轻擦干镜面，再合上棱镜。

4. 测量时，打开棱镜，用滴管取待测样品，滴 2～3 滴在镜面上，再合上棱镜，旋紧锁钮。务必使被测物质均匀覆盖于两棱镜间镜面上。

5. 旋转棱镜使目镜中能看到半明半暗现象，让明暗界线落在目镜交叉线法线交点上。调节消色补偿器，使黑白明暗界线清晰。

6. 测完后用擦镜纸擦干棱镜面。

实验 5-7　金属（Bi-Cd）相图测绘

一、实验目的

1. 学会用热分析法绘制二组分凝聚体系相图。

2. 掌握热分析法的测量技术。

3. 学会计算机控制的数字控温仪的使用方法。

二、实验原理

热分析法是绘制凝聚体系相图的基本方法之一。这种方法是通过观察体系在冷却时，温度随时间的变化关系，来判断有无相变发生。通常做法是先将体系全部熔化，然后让其在一定环境中进行冷却，并每隔一段时间（例如半分钟或一分钟），记录一次温度，以温度（T）为纵坐标，时间（t）为横坐标，画出步冷曲线 T-t 图。

如图 5-17 是一条步冷曲线，体系从 a 点开始，冷却时，若体系不发生相变，则体系温度随时间均匀变化，冷却也较快，如图中 ab 线段。若体系发生相变，液体变成固体，放出凝固热，则体系温度随时间变化速率就发生改变，冷却速率减慢，步冷曲线出现拐点（又叫转折点），如图中 b 点，或者出现平台（停顿点），如图中 cc'线段，这时体系温度保持不变，不随时间而改变。

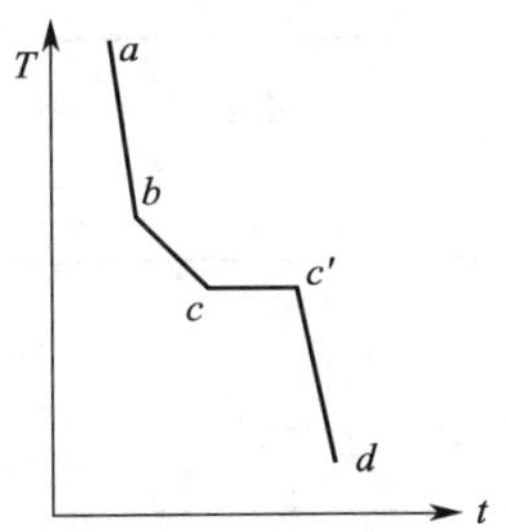

图 5-17　步冷曲线

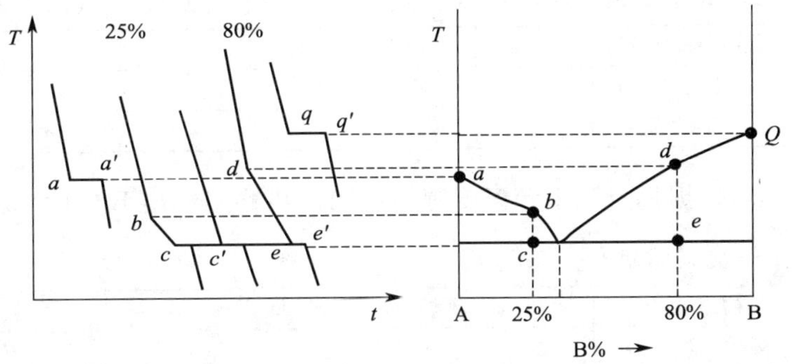

图 5-18　等压相图

利用两组分不同比例的体系，测绘出它们的步冷曲线，依据步冷曲线上拐点、平台，判断发生相变的温度，可以绘出两组分凝聚体系的等压相图（见图 5-18）。

三、仪器与试剂

KWL-08 可控升降温电炉一个；专用样品管 3～5 支；SWKY 数字控温仪 1 台；台秤，一架。

金属 Bi(AP)；金属 Cd(AP)。

四、操作步骤

1. 本实验使用计算机控制的 SWKY 数字控温仪测量步冷曲线，一台计算机控制两台数字控温仪，由计算机采集数据，绘制步冷曲线，从屏幕上的各个样品的步冷曲线上得出“拐点”、“平台”温度，从而绘制出 Bi-Cd 相图。

2. 配制不同组成混合物样品，用感量 0.1g 的台秤称量，分别配制纯铋、纯镉 100g，以及含镉 25%、40%、70%的混合物 100g。分别装在测量管中，放在试管架上。

3. 安装 KWI-08 可控升降温电炉与 SWKY 数字控温仪，观察面板，熟悉各种按钮、开关。

4. 测绘各样品的步冷曲线

(1) 把装有样品的样品管放入电炉中，把温度计探头放在样品管外（或管内）。

(2) 启动计算机，运行控制程序，设置好温度坐标的范围和测量时间。

(3) 打开电炉电源开关，电炉控制开关置于“外控”（或内控），调节“加热量调节”旋钮（右旋）到适当位置，电压表指针在150～200V，开始升温。

(4) 当温度升到320℃以上，把温度计探头拿出，再放入样品管中；调节“加热量调节”旋钮（左旋）到底，电压表指针在“0”。电炉控制开关置于“内控”。

若开始就把温度计探头放在样品管内，使用“内控”，则不用拿出温度计探头，当温度升高到200℃时，就把“加热量调节”旋钮左旋到底，电压表指针在“0”处停止加热，靠电炉余热把样品加热到320℃以上。

(5) 当样品温度达到320℃以上，停止加热后，打开冷风机，吹风降温。调节“冷风量调节”旋钮（右旋）到“5”V左右，当温度降到300℃以下，开始记录。观察屏幕上步冷曲线测绘状况。并在步冷曲线上找出“拐点”、“平台”温度，填在下列表格中。当温度降低到140℃以下，该样品测量结束，保存数据。

(6) 换另一个样品，重复上面操作。纯Bi的熔点为271℃，纯Cd的熔点为321℃，可以不测量，直接画出步冷曲线。

五、数据处理

1. 由计算机上步冷曲线上查出拐点、平台温度，填在下列表格中：

样品(含Cd)/%	0	10	20	40	50	70	80	100
拐点温度/℃	—			—				—
平台温度/℃	271			140				321

2. 依据拐点和平台温度画出相图，粗略绘制出B-Cd金属相图。

一次实验结果（参考）

样品(含Cd)/%	0	10	20	40	60	70	80	100
拐点温度/℃	—	250	221	—	212	248	274	—
平台温度/℃	271	139.5	140	140	140	140	140	321

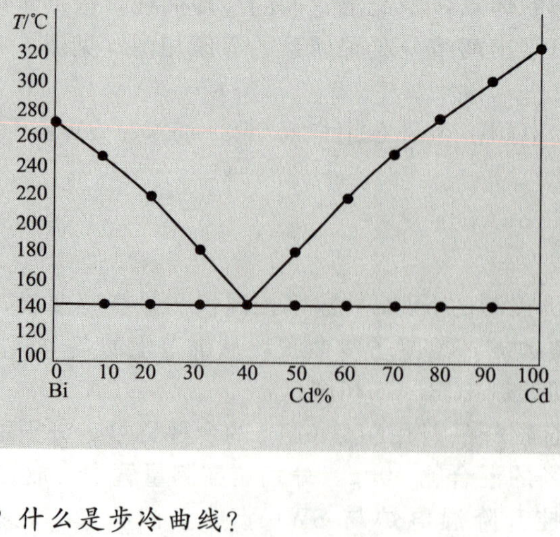

【思考题】

1. 什么是热分析法？什么是步冷曲线？

2. 步冷曲线上为什么会出现拐点或平台？

3. 对含 Cd 70%的步冷曲线，分析各段相状态与自由度数？

4. 用逐步加热曲线能否绘制出凝聚体系相图？

5. 绘制两组分凝聚体系相图，除热分析法外，还有其他方法吗？

实验 5-8 电极制备及电池电动势测量

一、实验目的

1. 学会铜电极、锌电极的制备。

2. 掌握 SDC 数字电位差计与 U-J25 电位差计、标准电池等原理与使用方法。

3. 加深对原电池、电极电位等概念的理解。

二、基本原理

1. 电池：$Zn|ZnSO_4(a_1)||CuSO_4|(a_2)|Cu$

$$E=\varphi_+-\varphi_-=\left(\varphi^{\ominus}_{Cu^{2+}/Cu}-\frac{RT}{2F}\ln\frac{a_{Cu}}{a_{Cu^{2+}}}\right)-\left(\varphi^{\ominus}_{Zn^{2+}/Zn}-\frac{RT}{2F}\ln\frac{a_{Zn}}{a_{Zn^{2+}}}\right)$$

电极电位与电极本性、温度、离子活度有关。

2. 电池电动势不能用伏特计直接测量，用对消法原理测量。其原理如图 5-19 所示。

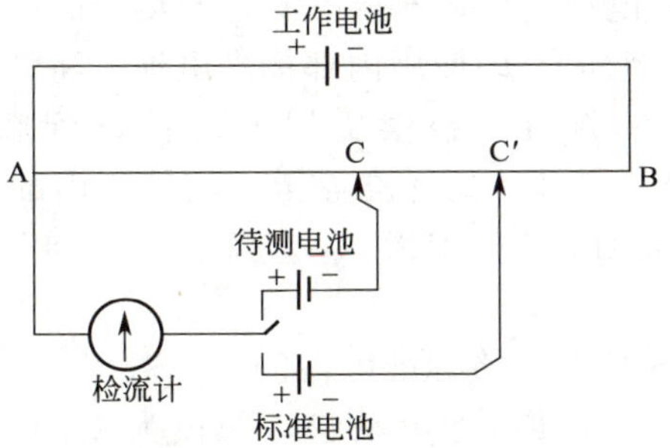

图 5-19 对消法测量原理

3. 标准电池。实验室用的是韦斯顿标准电池，特点：电动势稳定；电池电动势温度系数小。

三、仪器与试剂

SDC 数字电位差综合测试仪（或用 U-J25 电位差计、工作电池、标准电池、检流计等）；Zn 电极；Cu 电极。

饱和 KCl 溶液；$ZnSO_4$ 溶液（$0.1000mol \cdot L^{-1}$）；$CuSO_4$ 溶液（$0.1000mol \cdot L^{-1}$）；H_2SO_4 溶液（$3mol \cdot L^{-1}$）；HNO_3 溶液（$6mol \cdot L^{-1}$）；$Hg_2(NO_3)_2$（饱和溶液）等。

四、实验步骤

1. 电极的制备

（1）锌电极制备

先用约 $3mol \cdot L^{-1}$ 的稀硫酸除去用作锌电极的锌片表面上的氧化物，然后用水洗涤，再用蒸馏水淋洗。把处理好的电极浸入饱和硝酸亚汞溶液3～5s，取出后用棉花或滤纸轻轻擦拭电极，使锌电极表面上有一层均匀的汞齐。再用蒸馏水洗净（硝酸亚汞有剧毒，用过的棉花或滤纸不要随便乱扔，应投入指定的有盖广口瓶内，以便统一处理）。把汞齐化的锌电极插入清洁的电极管（见图5-20）内并塞紧，将电极管的虹吸管口浸入所需浓度的硫酸锌溶液中，用针筒或洗耳球自支管抽气，将溶液吸入电极管直到较虹吸管略高一点时，停止抽气，旋紧螺旋夹。装好的虹吸管电极（包括管口）不能有气泡，不能有漏液现象。汞齐化的目的是使锌电极片表面均匀，以便得到重现性较好的电极电位。

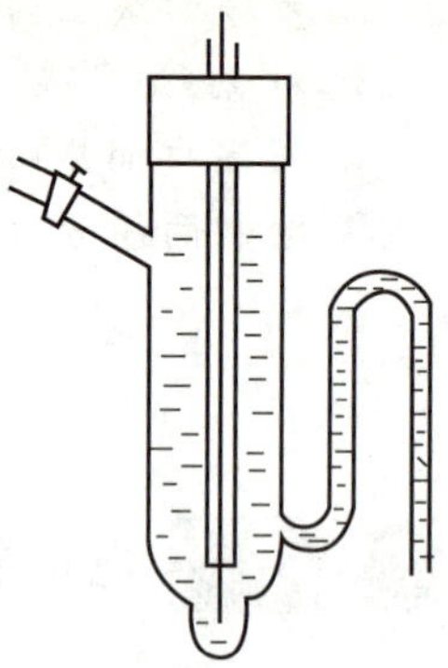

图 5-20 电极管

（2）铜电极制备

先用约 $6mol \cdot L^{-1}$ 的硝酸浸洗用作铜电极的铜片，去掉表面的氧化物膜。然后取出用水洗涤，再用蒸馏水淋洗。以此电极片作为阴极，另取一纯铜片作为阳极，接稳流电源。电镀液配制：1000mL水中溶解15g $CuSO_4 \cdot 5H_2O$，5g浓 H_2SO_4 和5g C_2H_5OH。控制电流密度为 $25mA \cdot cm^{-2}$ 左右，电镀时间约30min。电镀后应使铜电极表面有一新鲜的、紧密的铜镀层，镀完后取出，用蒸馏水淋洗再用滤纸吸干，插入电极管，按上法吸入所需浓度的 $CuSO_4$ 溶液，制成铜电极。

（3）若应用标准电池，标准电池电动势与温度关系公式如下：

$$E_t = 1.0186 - 4.06 \times 10^{-5}(t-20) - 9.5 \times 10^{-7}(t-20)^2$$

2. 学会SDC数字电位差综合测试仪的使用

（1）将被测电动势按“+”、“−”极性与测量端子对应连接好。

（2）将仪器和交流220V电源连接、开启电源，预热5min。

（3）一般采用“内标”校验时，即使用内部标准电池，将“测量选择”置于“内标”位置，将100位旋钮置1，其余旋钮和补偿旋钮逆时针旋到底，此时“电位指示”显示“1.00000”V，就是由仪器产生1.0V的标准等压，相等于内部标准电池，待检零指示数值稳定后，按下“采零”键，此时，“检零指示”应显示“0000”。就是与内部标准电池相对消，回路中电流为零。

（4）若要采用“外标”校验时，将标准电池的“+”、“−”极按极性与“外标”端子接好，先要计算出实验温度时的标准电池电动势，假设为1.01862V，将“测量选择”置于“外标”，调节“$10^0 \sim 10^{-4}$”和补偿电位器，使“电位指示”数值与标准电池数值（1.01862V）相同，待“检零指示”数值稳定之后，按下“采零”键，此时“检零指示”为“0000”。

（5）仪器用“内标”或“外标”，校验完毕后将被测电池按“+”、“−”极与“测量”端子接好，将“测量选择”置于“测量”，将“补偿”电位器逆时针旋到底，调节“$10^0 \sim 10^{-4}$”五个旋钮，使“检零指示”为“−”，且绝对值最小时，再调节补偿电位器，使“检零指示”为“0000”，此时，“电位指示”显示的数值即为被测电池电动势（注：测量过程中，若“电位指示”值与被测电动势值相差过大时，“检零指示”将显示“OUL”溢出符号）。

3. 电池电动势的测量

在小烧杯中加入饱和KCl溶液（作为盐桥），放入甘汞与做好的Zn电极、Cu电极，用SDC数字电位差综合测试仪分别测量下列三个电池的电动势，每个电池测量三次，求平均值，注意，每次测量前要到“检零指示”校正。

$Zn|ZnSO_4(0.1mol \cdot L^{-1})||$饱和甘汞电极　　参考值　1.059V

饱和甘汞电极$||CuSO_4(0.1mol \cdot L^{-1})|Cu$　　参考值　0.043V

$Zn|ZnSO_4(0.1mol \cdot L^{-1})||CuSO_4(0.1mol \cdot L^{-1})|Cu$　　参考值　1.089V

五、数据处理

1. 饱和甘汞电极与温度关系

$$\varphi=0.2415-7.6\times10^{-4}(t-25)$$

$0.1mol \cdot L^{-1}$的$CuSO_4$中铜离子的活度系数为0.16；$0.1mol \cdot L^{-1}$的$ZnSO_4$中锌离子的活度系数为0.15。

铜电极 $\varphi^{\ominus}=0.337V$　　温度系数 $d\varphi/dT=0.008\times10^{-3}V \cdot K^{-1}$

锌电极 $\varphi^{\ominus}=-0.7628V$　　温度系数 $d\varphi/dT=0.091\times10^{-3}V \cdot K^{-1}$

2. 数据处理步骤

(1) 计算出t(℃)(室温)时的饱和甘汞电极电位。

(2) 由测量值，计算出t(℃)时铜电极$\varphi_{Cu^{2+}}/Cu$、锌电极$\varphi_{Zn^{2+}}/Zn$电极电位的测量值。

(3) 用电极温度系数计算出25℃时铜电极、锌电极电极电位的测量值。

(4) 用能斯特方程计算出25℃时铜电极、锌电极标准电极电位。

(5) 分别计算出铜电极、锌电极与理论值的相对误差。

一次实验结果（参考）

温度30℃时，测量下列三个电池的电动势平均值为：

$Zn|ZnSO_4(0.1mol \cdot L^{-1})||$饱和甘汞电极　　$E_1=1.08375V$

饱和甘汞电极$||CuSO_4(0.1mol \cdot L^{-1})|Cu$　　$E_2=0.04708V$

$Zn|ZnSO_4(0.1mol \cdot L^{-1})||CuSO_4(0.1mol \cdot L^{-1})|Cu$　$E_3=1.09859V$

数据处理举例：

1. 计算30℃时饱和甘汞电极电位：$\varphi_{甘汞}=0.2415-7.6\times10^{-4}\times(30-25)=0.2377$ (V)

2. 由$E_1=\varphi_{甘汞}-\varphi_{Zn^{2+}/Zn}$与$E_2=\varphi_{Cu^{2+}/Cu}-\varphi_{甘汞}$

$$\varphi_{Zn^{2+}/Zn}=\varphi_{甘汞}-E_1=0.2377-1.08375=-0.8460\ (V)$$

$$\varphi_{Cu^{2+}/Cu}=\varphi_{甘汞}+E_2=0.2377+0.04706=0.28476\ (V)$$

3. 用温度系数计算出25℃时的锌电极电位：

$$\varphi_{Zn^{2+}/Zn,25℃}=\varphi_{Zn^{2+}/Zn}+0.091\times10^{-3}\times(25-30)=-0.84650\ (V)$$

$$\varphi_{Cu^{2+}/Cu,25℃}=\varphi_{Cu^{2+}/Cu}+0.008\times10^{-3}\times(25-30)=0.28472\ (V)$$

4. 用能斯特方程计算出25℃的标准电极电位：

$$\varphi_{Zn^{2+}/Zn}=\varphi^{\ominus}_{Zn^{2+}/Zn}+\frac{0.05915}{2}=\lg(0.1\times0.15)$$

$$\varphi^{\ominus}_{Zn^{2+}/Zn}=\varphi_{Zn^{2+}/Zn}-\frac{0.05915}{2}\lg(0.1\times0.15)=-0.7921\ (V)$$

$$\varphi^{\ominus}_{Cu^{2+}/Cu}=\varphi_{Cu^{2+}/Cu}-\frac{0.05915}{2}\lg(0.1\times0.16)=0.3379\ (V)$$

5. 计算相对误差：

$$\eta_{Zn}=\frac{|-0.7573-(-0.7628)|}{-0.7628}\times100\%=-0.72\%$$

$$\eta_{Cu}=\frac{|0.3379-0.337|}{0.3370}\times100\%=0.27\%$$

【思考题】

1. 锌电极制备中，为什么要浸入硝酸亚汞溶液中 3～5s，再用湿棉花或滤纸轻轻拭电极？

2. 镀铜液组成如何？电流密度多大？为什么不能太大？

3. 检流计上，直接、×1、×0.1、×0.01 挡是什么意思？

4. 韦斯顿标准电池的特点是什么？

5. 为什么不能用伏特表测量电池电动势？

6. 对消法测量电池电动势的主要原理是什么？

7. 在测量过程中，若检流计光点总是朝一边偏转可能是什么原因造成的？

8. 电池电动势测量时，产生误差的主要原因是什么？

9. 有电位差计及必要的辅助仪器，如何测定某一氧化-还原反应的热力学函数？

10. 设计实验测定下述反应

$$Zn + CuSO_4 = ZnSO_4 + Cu$$

的 ΔG、ΔH、ΔS、Q_p、Q_R。

提示：将上述反应设计成可逆电池，测定该电池反应的温度系数。

要求：写出实验所根据的原理、具体的实验步骤和实验方案、数据处理的依据。写出所用的仪器、试剂名称。凡涉及实验所用电极，均要求自己制作，写出制备原理和方法。

11. 在直流电位差计面板上有若干个端钮，供接图示的各个仪器或装备。请把干电池、韦斯顿（wesston）电池、检流计，用连线与电位差计上的端钮正确相接。

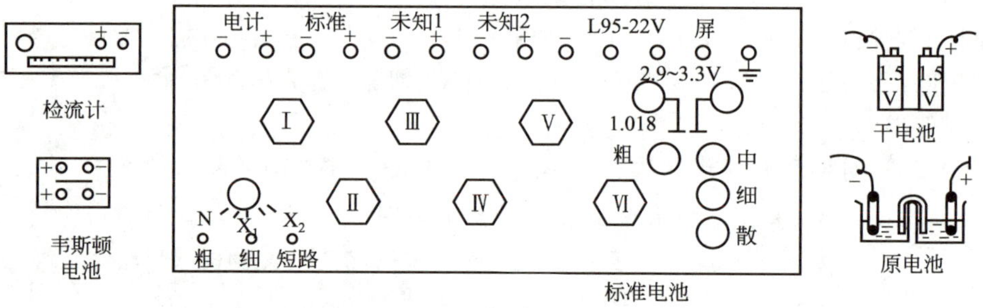

实验 5-9 碳钢电极（阳极）极化曲线的测定（恒电位法）

一、实验目的

1. 了解平衡电极电位和电极电位的区别。

2. 掌握用恒电位法测定碳钢在碳酸铵溶液中的极化曲线。

3. 学会恒电位仪的使用方法及操作规程。

二、实验原理

测定极化曲线实际上是测定有电流流过电极时，电极的电位与电流的关系，极化曲线的测定可以用恒电流和恒电位两种方法。恒电流法是控制通过电极的电流（或电流密度），测定各个不同电流密度时的电极电位，从而得到极化曲线；恒电位法是将电极的电位控制在一定数值，然后测定不同电极电位时通过电极的电流（或电流密度），从而得出极化曲线。

由于在同一电流密度下，碳钢电极可能对应有不同的电极电位，因此用恒电流法不能完整地描述出电流密度与电位间的全部复杂关系，而恒电位法可以做到，因此本实验采用控制电极电位的恒电位法，测定碳钢在碳酸铵溶液中的阳极极化曲线，该曲线可分为四个区域，如图 5-21 所示。

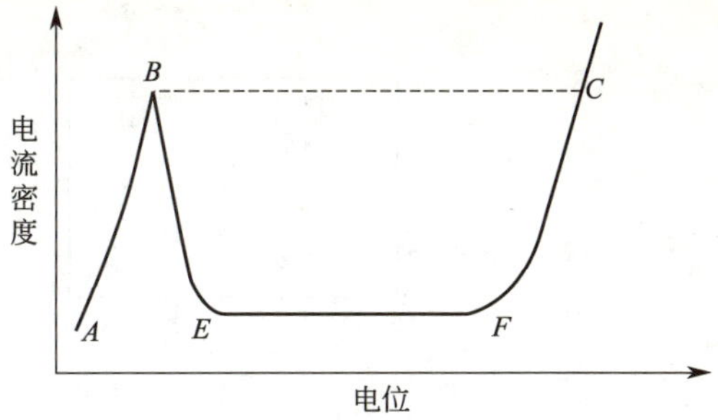

图 5-21　极化曲线

1. 从点 A 到点 B 的电位范围称金属活化溶解区。此区域内的 AB 线段是金属的正常阳极溶解，铁以二价形式进入溶液，即 $Fe \longrightarrow Fe^{2+} + 2e$。$A$ 点称为金属的自然腐蚀电位。

2. 从 B 点到 E 点称为钝化过渡区。BE 线是由活化态到钝化态的转变过程，B 点所对应的电位称为致钝电位，其对应的电流密度 i 称为致钝电流密度。

3. 从 E 点到 F 点的电位范围称为钝化区。在此区域内由于金属的表面状态发生了变化，形成致密的氧化膜，使金属的溶解速度降低到最小值，与之对应的电流密度很小，基本上不随电位的变化而改变。此时的电流密度称为维持钝化的电流密度，其数值几乎与电位变化无关。

4. FC 段的电位范围称为过钝化区。在此区阳极电流密度又重新随电位增大而增大，金属的溶解速度又开始增大，这种在一定电位下使钝化了的金属又重新溶解的现象叫做过钝化。电流密度增大的原因可能是产生了高价离子（如铁以高价转入溶液），如果达到了氧的析出电位，则析出氧气。

凡是能使金属保护层破坏的因素都能使钝化了的金属重新活化。例如，加热，通入还原性气体，或加入某些活性离子，改变溶液的 pH 值等都能出现过钝化现象。实验表明，Cl^- 可有效地使钝化了的金属活化。

在实际测量中，常用的恒电位方法有静态法和动态法两种。静态法是将电极电位较长时间地维持在某一恒定值，同时测量电流密度随时间的变化直到电流基本上达到某一稳定值。如此逐点测量在各个电极电位下的稳定电流密度，以得到完整的极化曲线。动态法是控制电极电位以较慢的速度连续地改变或扫描，测量对应电极电位下的瞬时电流密度，并以瞬时电流密度值与对应的电位作图就得到整个极化曲线。改变电位的速度或扫描速度可根据所研究体系的性质而定。一般来说，电极表面建立稳态的速度越慢，电位改变也应越慢，这样才能使所得的极化曲线与采用静态法测得的结果接近。从测量结果的比较看，静态法测量的结果虽然接近稳定值，但测量时间太长。有时需要在某一个电位下等待几个甚至几十个小时，所以在实际测量中常采用动态法。本实验采用的是手工动态法。

三、仪器与试剂

DJS-292 型恒电位仪，1 台；铂电极，1 支；碳钢电极（$1.0cm^2$），1 个；饱和甘汞电极，1 支；KNO_3 盐桥，1 只；50mL 烧杯，3 个；$2mol \cdot L^{-1}$ 碳酸铵；$0.5mol \cdot L^{-1}$ 硫酸；饱和氯化钾溶液。

四、实验步骤

1. 按图 5-22 接好线路。三电极法，“电解池”的两条线中，一条接研究电极（碳钢），另一条接辅助电极（铂电极），不能接错。

2. 向两小烧杯中分别加入饱和 KCl 和 $(NH_4)_2CO_3$ 溶液，烧杯之间放置盐桥；并使盐桥的尖嘴接近碳钢电极的表面，以减小测量电位时欧姆电位降的影响。

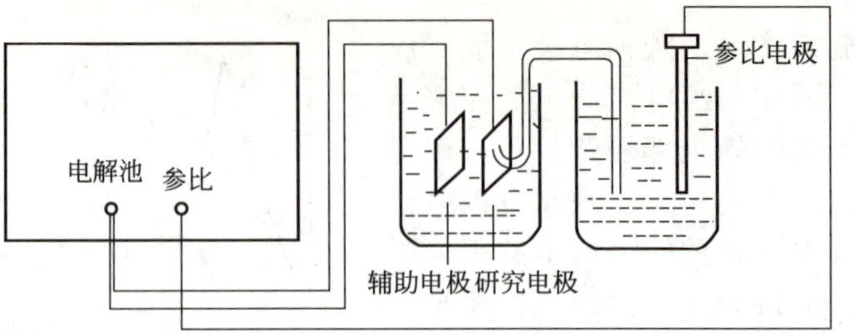

图 5-22 线路图

3. 在盛有 $(NH_4)_2CO_3$ 溶液的烧杯中放入碳钢电极与辅助铂电极；在盛有饱和 KCl 溶液的烧杯中放参比电极（饱和甘汞电极）。见图 5-22。

4. 学会 DJS-292 型恒电位仪实验操作

见图 5-23。

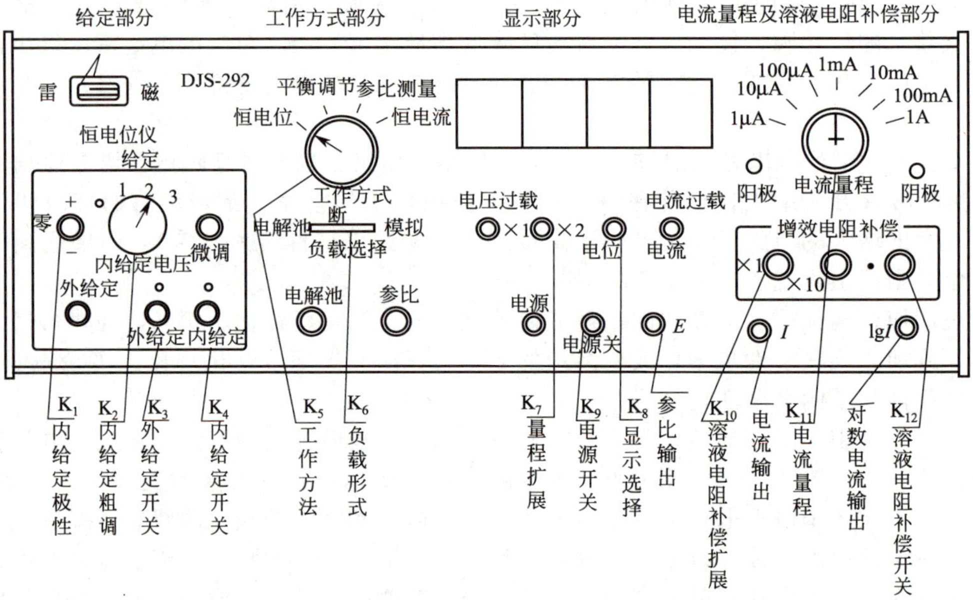

图 5-23 DJS-292 型恒电位仪前面板图

(1) 将 K_6 置于“断”；K10 置于“1A”，打开电源开关，将仪器预热 30min。

(2) 参比电位差的测量

把 K_1 的极性打到“+”，K_5 置于“参比测量”，K_6 置于电解池；那么面板上的数字电压表显示的是参比电位差。电位应显示 0.860 左右（若不是 0.860 左右，要进行研究电极处理，方法见下），该数值即参比电极相对于研究电报的开路电位差，即可逆电位差（电池电动势）。

电极处理方法：先用零号砂纸将碳钢电极粗磨，再用金相砂纸磨光，用丙酮清洗表面油污，在另外一个小烧杯加入 0.5mol·L^{-1}的 H_2SO_4 溶液，放入研究电极与辅助电极，把 K_1 极性打到“+”。将 K_5 置于“恒电位”，合上内给定开关 K_4，K_6 置于“电解池”，向右旋转“微调”旋钮，使电位增加到 1.0～1.2V，观察到辅助电极上有连续气泡产生，3～5min 后即可。再将研究电极与辅助电极冲洗干净，重新放入盛有 $(NH_4)_2CO_3$ 溶液的烧杯中，K_5 再置于“参比测量”，测量参比电位差，达到 0.840V 以上就可以进行。

饱和甘汞电极电位为 0.2401V，开始溶液中 Fe^{2+} 浓度很小，设为 10^{-6}，那么碳钢（铁电极）的电位为：

$$\varphi_{Fe^{2+}/Fe}=\varphi^{\ominus}_{Fe^{2+}/Fe}+\frac{0.05915}{2}\lg10^{-6}=-0.447-0.177=-0.624\ (V)$$

因此饱和甘汞电极和碳钢电极的电位差（即电池电动势）为：

$$E=0.2401-(-0.624)=0.8641\ (V)$$

（3）平衡电位的设置

将 K_5 置于“平衡调节”，合上内给定开关 K_4，K_6 置于“电解池”，转动“微调”，使数字电压表的电位显示为零。其作用是：在碳钢电极（阳极）与铂电极（阴极）组成的电解池上加上一个电位差，其数值与饱和甘汞电极和碳钢电极的电位差大小相等，也就是让辅助电极与参比电极电位一样。

5. 极化测量电流

将 K_5 置于“恒电位”，合上内给定开关 K_4，K_6 置于“电解池”。利用研究电极与辅助电极组成的电解池回路，让一定量电流通过碳钢电极，使其极化；再由饱和甘汞电极与碳钢电极组成电池，由电位差计测量电池电动势，饱和甘汞电极的电极电位是不变的，就可以得出不同电流通过碳钢时碳钢电极极化时电位。

（1）把 K_1 的极性打到“＋”。K_8 显示开关置于“电位”，向左旋转“微调”，使电位降低 0.02V，其目的是：使碳钢电极离开可逆电位，产生 0.02V 的过电位。把 K_8 显示开关置于“电流”，读出电流数值，即为 0.02V 的过电位时极化电流（注意：记录过电位与极化电流数值）。

（2）重复操作（1），每次都降低 0.02V，过电位是累加的：0.02V，0.04V，0.06V，0.08V，…。测量电流的时间不要太长，1s 左右即可，因为是动态法。

（3）当电位降低或接近 0.0V 后，碳钢的极化过电位已经到达 0.86V，如图 5-24 的 s 点，碳钢电极电位将高于饱和甘汞电极电位，电位差计的正负极要改变才能继续测量。把 K_1 的极性打到“－”。向右旋转“微调”，使电位每次增加 0.02V，测量对应的极化电流数值。注意，记录时过电位继续累加。

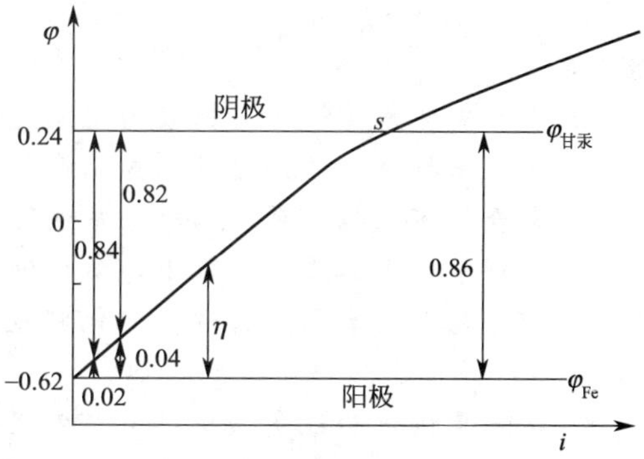

图 5-24　极化曲线

（4）当过电位增加到－1.10V 左右，出现过钝化现象，电流大于 100mA 后，可以结束实验。

五、数据处理

1. 将实验数据填入下表：

过电位 η	电流 i	过电位 η	电流 i	过电位 η	电流 i
0.02					
0.04					
…		…		…	

2. 以极化电流密度为纵坐标，给定电压为横坐标，绘出碳钢在碳酸氢铵溶液中的钝化曲线。

3. 求出实验条件下碳钢电极的致钝电位、致钝电流密度和维钝电流。

一次实验结果（参考）

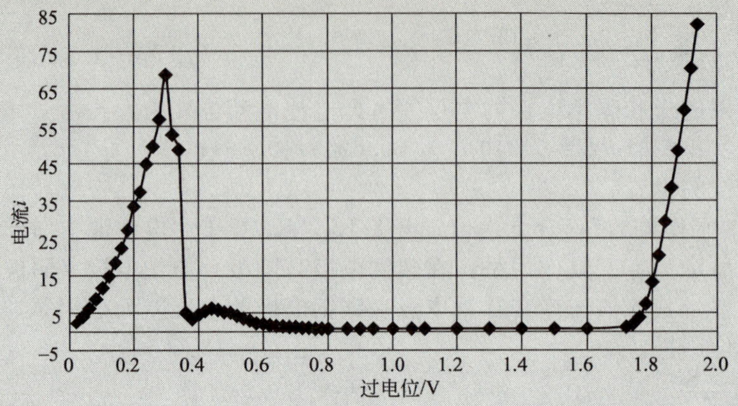

碳钢电极的致钝电位是 0.30V，致钝电流是 70mA，维钝电流是 0.8mA 。

六、参考文献值

40℃时碳钢在饱和 NH_4HCO_3（工业品）溶液中的致钝电流密度为 240A · m^{-2}，维钝电流密度为 0.08A · cm^{-2}，钝化区间和致钝电位分别是 0～＋8.5V 和－0.5V（相对于饱和甘汞电极）。摘自陈其忠等编．电化学保护在化肥生产中的应用．北京：石油化学工业出版社，1975：14，23，104.

【思考题】

1. 参比电位差与给定电位差的意义是什么？
2. 阳极保护法，碳钢电位应控制在什么范围内？
3. 是否任何金属都可用阳极保护法防腐？
4. 在测量极化曲线的电路中，参比电极与辅助电极各起什么作用？
5. 测定电极在有电流通过时的电极电位，通常采用三电极的方法，请画出此测量装置的示意图，并标出三个电极的名称。
6. 在测量极化曲线实验中是否可以用饱和 KCl 溶液作为盐桥溶液？

实验 5-10 弱酸电离常数测定

一、实验目的

1. 用电位（pH 值）滴定法测定乙酸溶液的浓度。
2. 通过测定 HAc-NaAc 缓冲溶液的 pH 值，计算乙酸电离常数近似值。
3. 掌握 pH 计的使用。

二、基本原理

不论在化学反应或生产过程中，溶液的 pH 常作为一个重要的指标，因此 pH 的测定有其重要意义。它的定义式为：$pH=-\lg a_{H^+}$。当用一种碱溶液滴定乙酸时，溶液的 pH 不断变化，而在滴定终点附近，溶液的 pH 会发生突变。根据 pH 的突变来确定滴定终点的方法，就是 pH 滴定法，本质是电位滴定法。

乙酸在水溶液中存在下列电离平衡：

$$HAc = H^+ + Ac^-$$

平衡常数可写为：

$$K_a = \frac{a_{H^+} a_{Ac^-}}{a_{HAc}} = a_{H^+} \frac{c_{Ac^-} \gamma_{Ac^-}}{c_{HAc} \gamma_{HAc}}$$

取对数：

$$\lg K_a = \lg a_{H^+} + \lg \frac{c_{Ac^-}}{c_{HAc}} + \lg \frac{\gamma_{Ac^-}}{\gamma_{HAc}} \qquad \lg K_a = -pH + \lg \frac{c_{Ac^-}}{c_{HAc}} + \lg \frac{\gamma_{Ac^-}}{\gamma_{HAc}}$$

当溶液的离子强度不大时，可把未离解的 HAc 的活度系数看成 1，而 γ_{Ac^-} 则等于该浓度下 NaAc 的活度系数，并可用戴维斯经验公式计算：

$$\lg \gamma_{\pm} = -0.509 |z_+ z_-| \left(\frac{\sqrt{I}}{1-\sqrt{I}} - 0.3I \right)$$

式中，z_+、z_- 为正负离子的价数；I 为离子强度。对于 1-1 型电解质，I 近似等于其浓度。由此可知，如果能够正确地测得 HAc-NaAc 缓冲溶液的 pH，并计算出 HAc、Ac^- 的浓度与活度系数，就可以得到乙酸的电离常数。

溶液的 pH 可用精密 pH 计测得。为了改变溶液中 HAc 与 Ac^- 的浓度，可在一定的 HAc 溶液中滴加 NaOH 溶液，这时一部分 HAc 被中和，变成完全电离的 NaAc，从滴入 NaOH 的数量可以算出溶液中剩余的 HAc 与生产的 Ac^- 浓度。

三、仪器与试剂

pHS-3B 型精密酸度计；复合电极；标准缓冲溶液（pH＝6.86）；磁力搅拌器；碱式滴定管（50mL）；移液管（25mL）；烧杯（100mL），2 个；NaOH 标准溶液（0.1mol・L^{-1}）；HAc 溶液（约 0.1mol・L^{-1}）。

四、实验步骤

1. 了解 pH 计的基本原理，熟悉其操作规程。pHS-3B 精密 pH 计简单使用说明如下：

（1）安装好 pH 计，插好复合电极。打开电源，预热 30min。

（2）采用手动温度补偿：用温度计测量待测溶液的温度，将“选择开关旋钮”置于℃（或 T）；用“温度调节旋钮”，使显示温度与待测溶液相同。

（3）标定：用蒸馏水清洗复合电极，滤纸吸干，将复合电极插入标准缓冲溶液（本实验用的是 pH＝6.86 缓冲溶液）中，将“选择开关旋钮”置于“pH”上，把“斜率调节旋钮”顺时针旋到底，调节“定位旋钮”，使数字显示值为标准缓冲溶液 pH 值（6.86）。严格测量，要用两个不同 pH 值的标准缓冲溶液分别标定。

（4）取出复合电极，用蒸馏水清洗复合电极，滤纸吸干。

2. 用移液管吸取 25mL 的 0.1mol・L^{-1}的 HAc 溶液，放入 100mL 小烧杯中，小烧杯放在磁力搅拌器上，放入转子，插入复合电极，开动磁力搅拌器；注意不要让转子碰到电极。在碱式滴定管中装入 50mL 的 NaOH 标准溶液。

（1）试滴：开始每滴入 5mL NaOH 溶液读取一次 pH，加入 20mL NaOH 后，每滴入 1mL 的 NaOH 溶液，读取一次 pH。注意观察 pH 的突变情况，确定滴定终点的大概位置。

（2）精确滴定：重新取 25mL HAc 溶液，在滴加 12mL 前，每滴 5mL 记录一次 pH 值；并且要测量滴加 12mL、13mL、14mL NaOH 时溶液的 pH 值，以便以后计算；滴入 14mL 后，改为滴加 2～3mL 记录一次，滴入到 23mL 后，每滴 1mL 记录一次，在接近滴定终点时（24mL 后），每隔滴入 0.1～0.2mL NaOH 就记录一次 pH 值。到达滴定终点后（26mL 左右）每次加入 1～2mL 记录一次，以后可以每加入 2～3mL 记录一次，滴入 35～40mL 后，实验可结束。

3. 重复步骤 2 再做一次。

五、数据处理

1. NaOH 标准溶液浓度：__________　被滴定乙酸溶液体积：25mL

滴入 NaOH 体积/mL	pH	ΔpH/ΔV

2. 以 pH 为纵坐标，以加入的 NaOH 溶液体积为横坐标作出滴定曲线（图 5-25）。

3. 以 ΔpH/ΔV 为纵坐标，NaOH 溶液体积为横坐标作微分滴定曲线（图 5-26），曲线的拐点（即最高点）对应的体积为滴定终点时 NaOH 体积，由滴定终点 NaOH 溶液体积计算出 HAc 的浓度。

4. 取滴定过程中三个不同浓度溶液来计算电离常数。

一般采用 HAc 被中和一半时，即滴入 12.5mL 左右溶液的 pH 值，计算出相应的乙酸、乙酸钠浓度，计算出 Ac^- 的活度系数，代入公式计算乙酸的电离常数 K_a。计算出不同浓度时 3 个数值，求出平均值。

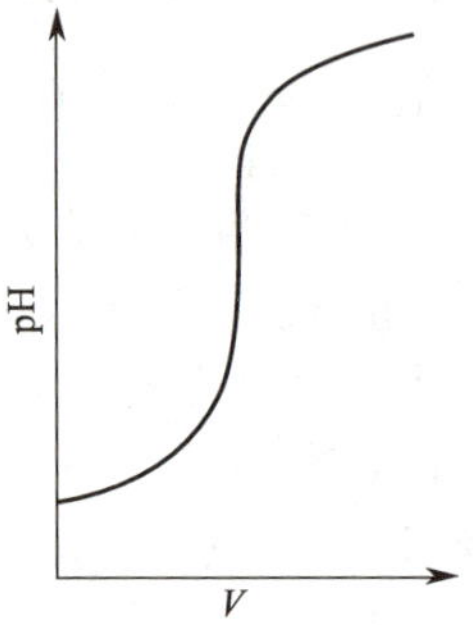

图 5-25　滴定曲线

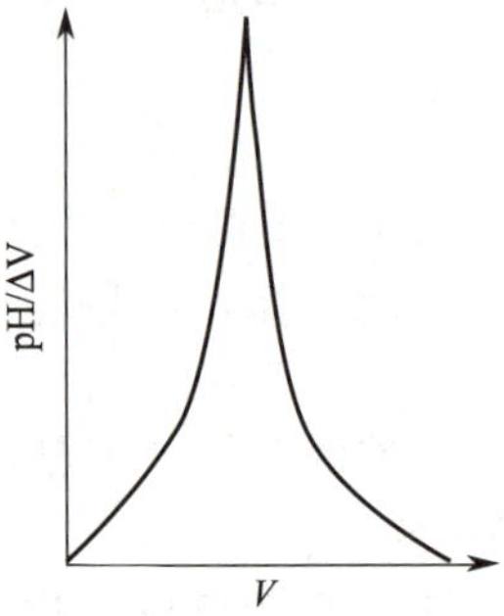

图 5-26　微分滴定曲线

5. 乙酸的电离常数理论值，15℃时为 1.746×10^{-5}；25℃时为 1.754×10^{-5}。计算测量的相对误差。

一次实验结果（参考）

实验温度：13.0℃　　$c_{NaOH}=0.10mol\cdot L^{-1}$

NaOH	一次滴定		NaOH	二次滴定	
V/mL	pH	ΔpH/ΔV	V/mL	pH	ΔpH/ΔV
0.0	2.94		0.0	2.96	
5.0	4.07	0.226	5.0	4.09	0.226
10.0	4.48	0.082	10.0	4.49	0.080
12.0	4.61	0.065	12.0	4.63	0.070
13.0	4.68	0.070	13.0	4.69	0.060
14.0	4.75	0.070	14.0	4.76	0.070
16.0	4.89	0.070	16.0	4.91	0.075
18.0	5.07	0.090	18.0	5.09	0.090
20.0	5.25	0.090	20.0	5.27	0.090
21.0	5.38	0.130	21.0	5.40	0.130
22.0	5.54	0.160	22.0	5.55	0.150
23.0	5.74	0.200	23.0	5.77	0.220
24.0	6.14	0.400	24.0	6.14	0.370
24.1	6.19	0.500	24.1	6.21	0.700
24.2	6.27	0.800	24.2	6.24	0.300
24.3	6.34	0.700	24.3	6.30	0.600
24.4	6.48	1.400	24.4	6.42	1.200
24.5	6.54	0.600	24.5	6.52	1.000
24.6	6.73	1.900	24.6	6.73	2.100
24.7	7.13	4.000	24.7	6.95	2.200
24.8	8.40	12.700	24.8	7.44	4.900
24.9	9.65	12.500	24.9	9.49	20.500
25.0	10.12	4.700	25.0	10.14	6.500
26.0	11.40	1.280	26.0	11.42	1.280
27.0	11.70	0.300	27.0	11.76	0.340
29.0	12.00	0.150	29.0	12.03	0.135
30.0	12.10	0.100	30.0	12.12	0.090
35.0	12.37	0.054	35.0	12.38	0.052

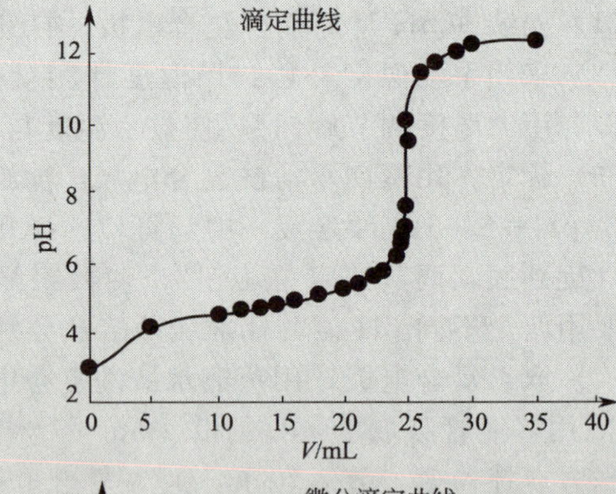

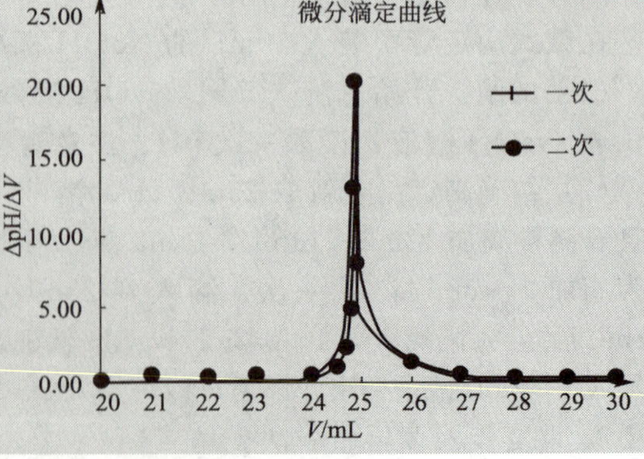

滴定终点时消耗的 V_{NaOH} 为：24.85mL。那么乙酸的浓度为 $c_{HAc}=0.09940\text{mol}\cdot\text{L}^{-1}$

当加入 12.0mL NaOH 时，$[HAc]=0.03473\text{mol}\cdot\text{L}^{-1}$　　pH=4.61

$I=[Ac^-]=0.032432\text{mol}\cdot\text{L}^{-1}$　　$\gamma_\pm=0.7853112$　　$K_a=1.759\times10^{-5}$

当加入 13.0mL NaOH 时，$[HAc]=0.031184\text{mol}\cdot\text{L}^{-1}$　　pH=4.68

$I=[Ac^-]=0.034211\text{mol}\cdot\text{L}^{-1}$　　$\gamma_\pm=0.7792272$　　$K_a=1.766\times10^{-5}$

当加入 14.0mL NaOH 时，$[HAc]=0.027821\text{mol}\cdot\text{L}^{-1}$　　pH=4.75

$I=[Ac^-]=0.035897\text{mol}\cdot\text{L}^{-1}$　　$\gamma_\pm=0.7735835$　　$K_a=1.755\times10^{-5}$

电离常数平均值 $=1.760\times10^{-5}$

$$\text{相对误差}:\eta=\frac{(1.76-1.754)\times10^{-5}}{1.754\times10^{-5}}\times100\%=0.342\%$$

【思考题】

1. pHS-3B 型酸度计在测量前，为什么要进行温度校正？
2. 说明 pH 滴定法比一般容量法的优点。
3. 本实验为什么要取滴定一半时的离子浓度、溶液 pH 来计算电离平衡常数？
4. 一次实验，已测出 HAc 的浓度为 $0.09940\text{mol}\cdot\text{L}^{-1}$，取这样 HAc 溶液 25mL，用 $0.1\text{mol}\cdot\text{L}^{-1}$ 的标准 NaOH 溶液滴定，滴入 12.0mL 时，溶液 pH=4.64，已知 Ac^- 的活度系数计算公式：$\lg\gamma=-0.50\left(\frac{\sqrt{I}}{1-\sqrt{I}}-0.3I\right)$，计算 HAc 的电离常数 K_a。

实验 5-11　蔗糖水解反应速率常数的测量

一、实验目的

1. 根据物质的光学性质研究蔗糖水解反应，测量其反应速率常数。
2. 了解旋光仪的基本原理，掌握使用方法。
3. 研究酸催化反应，掌握一级反应的动力学特点。

二、实验原理

1. 蔗糖水解反应是典型准一级反应

$$C_{12}H_{22}O_{11}+H_2O(\text{酸催化})=C_6H_{12}O_6(\text{葡萄糖})+C_6H_{12}O_6(\text{果糖})$$

本是二级反应，由于水是大量的，成为准一级反应。

速率方程为：

$$-\mathrm{d}c/\mathrm{d}t=k[H^+]c=k_1c$$

积分得出动力学方程：

$$\ln c=-k_1t+B \text{ 或 } \ln\frac{c}{c_0}=k_1t$$

2. 旋光度 α 与浓度的关系

由于蔗糖、葡萄糖、果糖分子中都具有手性碳原子，都具有旋光性，因此可以用测量体系旋光度的方法来研究蔗糖水解反应的动力学行为。20℃时，蔗糖的比旋光度 $[\alpha]=$

66.6°；葡萄糖比旋光度 $[\alpha]=52.5°$；果糖的比旋光度 $[\alpha]=-91.9°$。蔗糖水解反应，开始体系是右旋的角度大，随反应进行，旋光角度减小，最后变成左旋。

旋光角度 α 与浓度关系式：$\alpha=[\alpha]Lc$，L 是旋光管长度，$[\alpha]$ 仅与温度有关，当温度、旋光管长度一定，α 与浓度 c 成正比。可写成 $\alpha=Kc$。

3. 用 α 表示的一级反应动力学方程

$$A \longrightarrow B + D$$

$$t=0 \quad c_0$$

$$\alpha_0=k_A c_0 \tag{1}$$

$$t=t \quad c_A \quad c_B=c_0-c_A \quad c_D=c_0-c_A$$

$$\alpha_t=\alpha_A+\alpha_B+\alpha_D=k_A c_A+(c_B+k_D)(c_0-c_A) \tag{2}$$

$$t=\infty \quad 0 \quad c_0 \quad c_0$$

$$\alpha_\infty=(k_B+k_D)c_0 \tag{3}$$

$(1)-(3)$：$\alpha_0-\alpha_\infty=(k_A-k_B-k_D)c_0 \qquad c_0=(\alpha_0-\alpha_\infty)/(k_A-k_B-k_D)$

$(2)-(3)$：$\alpha_0-\alpha_t=(k_A-k_B-k_D)c_A \qquad c_A=(\alpha_0-\alpha_t)/(k_A-k_B-k_D)$

代入一级反应动力学方程 $\ln\frac{c}{c_0}=k_1 t$，得

$$k_1 t=\ln\frac{c_0}{c_A}=\ln\frac{\alpha_0-\alpha_\infty}{\alpha_t-\alpha_\infty}$$

或代入 $\ln c=-k_1 t+B$，得到

$$\ln(\alpha_t-\alpha_\infty)=-k_1 t+B'$$

三、仪器与试剂

旋光仪 1 台；停表 1 块；容量瓶（50mL）1 个；天平（0.1g）1 台；锥形瓶（100mL）2 个；移液管（25mL）2 支。

蔗糖（分析纯）；HCl 溶液（$2\text{mol}\cdot\text{L}^{-1}$）。

四、实验步骤

（一）仪器操作

1. 开启旋光仪（图 5-27）电源，预热 2～3min。

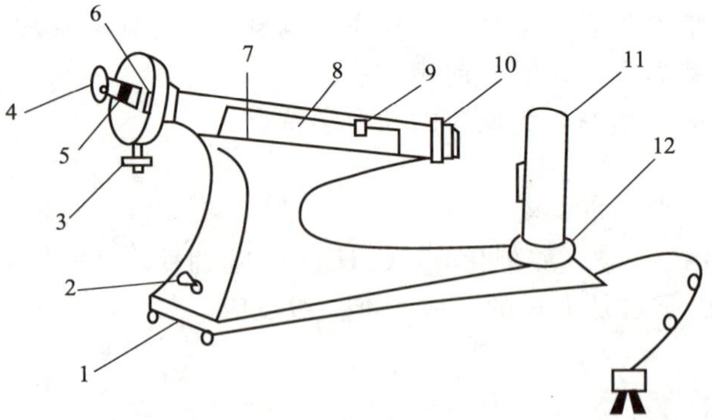

图 5-27 旋光仪

1—底座；2—电源开关；3—刻度盘旋转手轮；4—目镜；5—视度调节螺旋；6—刻度盘游标；7—镜筒；8—镜筒盖；9—镜盖手柄；10—镜盖连接圈；11—灯罩；12—灯座

2. 用蒸馏水校正零点

（1）洗旋光管，旋下管盖和玻片，加液，上玻片，旋紧管盖。

（2）赶气泡，放旋光管，盖上盖子。

（3）测出旋光度［要学会调节到三分视野（图 5-28）消失、正确读出旋光度］。

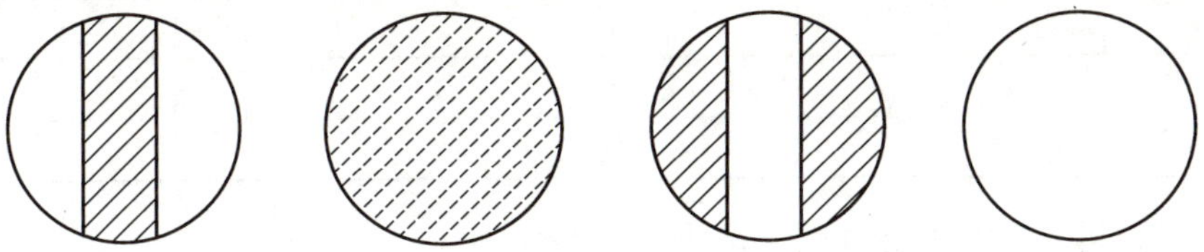

(a) >或<零度视场　(b) 零度视场　(c) <或>零度视场　(d) 全亮视场

图 5-28　视野

3. 正确读溶液的旋光度数

（1）调目镜焦距（视野中清楚，黑、黄分明）。

（2）要学会调节到三分视野消失界面（是比较全暗的界面，不全明亮的界面）。

（3）正确读出旋光度（正、负，及小数点后两位的读法）。

一般通过小放大镜读或直接读，方法类似游标卡尺、千分尺的读法（图 5-29）。

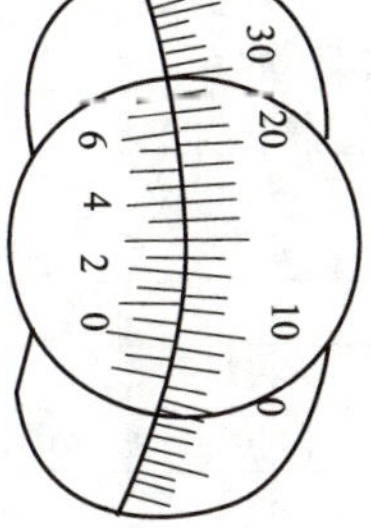

图 5-29　读数

（二）溶液配制

1. 称取蔗糖：用台秤称取蔗糖 10g（精确到 0.1g）。

2. 用容量瓶配制 50mL 蔗糖溶液

（1）清洗烧杯、玻棒、容量瓶，滴管。

（2）在烧杯加入 10g 蔗糖，加水 30mL 左右（注意不能加水），搅拌或加热搅拌再冷却；使蔗糖完全溶解。

（3）将蔗糖溶液沿玻棒倒入容量瓶；清洗玻棒、烧杯二次倒入容量瓶；再滴管加水至刻度。

（4）盖紧，摇匀（倒置）。

（三）旋光度测量

1. 开启恒温槽，调控温至 60℃。

2. 测溶液旋光度

（1）用移液管取 25mL 蔗糖液于锥形瓶中。

（2）用另一支移液管取 25mL HCl（$2mol \cdot L^{-1}$）溶液，加入到以上锥形瓶中，注意，估计酸加入一半时开始计时，盖上锥形瓶，使其充分摇匀。

（3）倒锥形瓶中少量混合液冲洗旋光管一次（倒出）。

（4）用混合液加满旋光管，盖上管盖，赶气泡，把旋光管放入旋光仪中，测量不同时刻旋光度。

（5）调节旋光仪，第 5 分钟时测出第一个数据，一般在 $11^\circ \sim 15^\circ$之间。以后每 5min 测一次，测量 50～60min。

3. 将锥形瓶中剩余混合液，盖紧放入 60℃的恒温槽内，50h 后取出，冷却备测反应进行到底时旋光度。

4. 测定 α_∞。

打开旋光仪，倒掉旋光管溶液，把从恒温槽内取出经过冷却的溶液加入到旋光管中，同样盖好、赶气泡，调节，测量 α_∞（约 -4.0°，读数时注意，整数是负的，小数是正的）。

五、数据处理

1. 计算 $\alpha_t-\alpha_\infty$ 及 $\ln(\alpha_t-\alpha_\infty)$（要列表计算）$\alpha_\infty=$________

t/min	5	10	15	……
α_t/(°)				……
$\ln(\alpha_t-\alpha_\infty)$				……

2. 以 ln（$\alpha_t-\alpha_\infty$）对 t 作图找出最佳直线。

3. 在直线上取两点（一般不能取原数据点），计算出直接的斜率，求出室温下的反应速率常数 k_1。并计算出半衰期。最好使用计算机处理数据，用 Excel 软件，得出直接的斜率。

4. 该反应活化能为 $103\text{kJ}\cdot\text{mol}^{-1}$，用 Arrhenius 方程计算 298.2K 时的反应速率常数。理论参考值：298K 时，$k_1=0.0125\text{min}^{-1}$，计算相对误差。

一次实验结果（参考）

蔗糖水解反应速率常数测定

$\alpha_\infty=-3.7$　　　　$T=15$℃

t/min	α_t	$\alpha_t-\alpha_\infty$	$\ln(\alpha_t-\alpha_\infty)$	t/min	α_t	$\alpha_t-\alpha_\infty$	$\ln(\alpha_t-\alpha_\infty)$
5	11.80	15.50	2.74084	35	6.00	9.70	2.27213
10	10.25	13.95	2.63548	40	4.55	8.25	2.11021
15	9.20	12.90	2.55723	45	4.20	7.90	2.06686
20	8.30	12.00	2.48491	50	3.45	7.15	1.96711
25	7.05	10.75	2.37491	55	3.05	6.75	1.90954
30	6.70	10.40	2.34181	60	2.45	6.15	1.81645

一级反应速率常数 $k=0.01679\text{min}^{-1}$

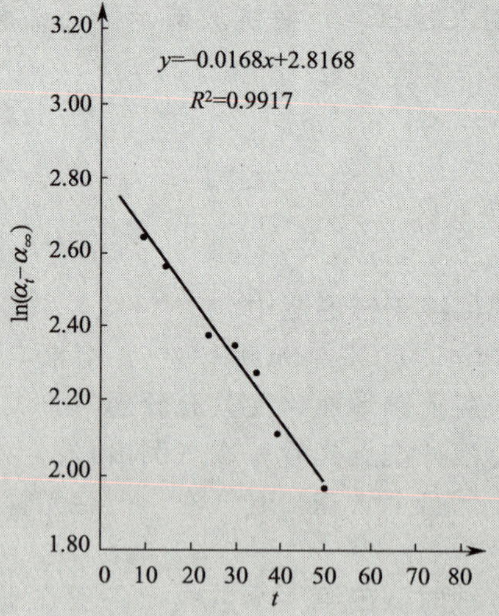

【思考题】

1. 旋光仪由哪些部件构成？

2. 蔗糖溶液中加入 HCl 的作用是什么？

3. 在测量蔗糖转化速率常数时，选用长的旋光管好，还是短的旋光管好？

4. 在旋光度的测量中，为什么要用蒸馏水对零点进行校正？在本实验中若不进行校正，对实验结果是否有影响？

5. 记录反应开始的时间晚了一些，或测第一个旋光度数据时开始计时，对 k 值的测定是否有影响？为什么？若为二级反应怎样？

6. 如何判断某一旋光物质是左旋还是右旋？

7. 配制蔗糖溶液时称量不够准确或实验所用蔗糖不太纯对实验结果有什么影响？

8. 使用旋光仪时以三分视野消失且较暗的位置读数，能否以三分视野消失且较亮的位置读数？哪种方法更好？

9. 本实验中旋光仪的光源改用其他波长的单色光而不用钠光灯可以吗？

10. 在测量过程中，为什么旋光度逐渐减小？为什么 α_∞ 为负值？

11. 用旋光仪测定蔗糖转化反应的浓度和时间（c-t）关系时，其中 c 是由跟踪反应体系的旋光性变化而间接得到的。蔗糖、葡萄糖、果糖的旋光度与各自的浓度成正比，比例常数依次为 A_1，A_2，A_3，体系的旋光度具有加和性。当 $t=0$ 时，蔗糖浓度为 c_0，葡萄糖、果糖的浓度为零，$t=t$ 时，蔗糖浓度为 c_t，此时 c_t 与旋光度 α_t 的关系式应为什么？

12. 物理法对某一反应的宏观动力学性质进行实验测定时，选择跟踪反应的某一物理量，一般希望它具有什么条件？

实验 5-12 乙酸乙酯皂化反应速率常数的测定

一、实验目的

1. 学会用电导法测定乙酸乙酯皂化反应速率常数的原理和方法。
2. 用图解法验证二级反应的特点。
3. 掌握电导仪的使用方法。

二、实验原理

乙酸乙酯皂化反应是双分子反应，设反应物 $CH_3COOC_2H_5$ 和 NaOH 的起始浓度为 c_0，时间 t 时浓度为 c。

$$CH_3COOC_2H_5+OH^- = CH_3COO^- +C_2H_5OH$$

$t=0$	c_0	c_0	0	0
$t=t$	c	c	c_0-c	c_0-c

$$-\frac{dc}{dt}=k_2c^2$$

积分

$$\frac{1}{c}-\frac{1}{c_0}=k_2t$$

即

$$\frac{c_0-c}{c}=k_2c_0t$$

其中 c_0 是已知的，只要测定时间 t 时的溶液浓度 c 就可以求得速率常数 k_2。

实验中乙酸乙酯和乙醇不具有明显的导电性，它们的浓度变化不致影响电导的数值。在稀的水溶液中 NaOH、CH_3COONa 完全电离。反应中 Na^+ 的浓度始终不变，它对溶液的电导具有固定的贡献，与电导的变化值无关。体系中只是 OH^- 和 CH_3COO^- 的浓度变化对电导的影响较大，由于 OH^- 的电迁移速率约是 CH_3COO^- 的五倍，所以溶液的电导随着

OH^-的消耗而逐渐降低。

溶液在时间 $t=0$，$t=t$，$t=\infty$时的电导可分别以 G_0、G_t 和 G_∞ 来表示。实质上，G_0 是开始时 NaOH 溶液的电导（浓度为 c_0），G_t 是 NaOH 溶液电导 G_{NaOH}（浓度为 c）与 CH_3COONa 溶液电导 G_{CH_3COONa}（浓度为 c_0-c）之和，而 G_∞ 则是产物 CH_3COONa 溶液的电导（浓度为 c_0）。由于溶液的电导和电解质的浓度成正比，所以有：

$$G_{NaOH}=G_0\frac{c}{c_0} \text{和} G_{CH_3COONa}=G_\infty\frac{c_0-c}{c_0}$$

因此，G_t 可以表示为：

$$G_t=G_0\frac{c}{c_0}+G_\infty\frac{c_0-c}{c_0}$$

则：

$$G_0-G_t=(G_0-G_\infty)\frac{c_0-c}{c_0} \qquad G_t-G_\infty=(G_0-G_\infty)\frac{c}{c_0}$$

所以：

$$\frac{G_0-G_t}{G_t-G_\infty}=\frac{c_0-c}{c}=k_2c_0t$$

变形为：

$$G_t=\frac{1}{k_2c_0}\frac{G_0-G_t}{t}+k_2c_0G_\infty$$

可知 G_t 与（G_0-G_t）$/t$ 成直线关系，作图可得一直线，直线斜率为$\frac{1}{k_2c_0}$。

所以速率常数 $k_2=1/$(斜率 c_0)。

若测得两组不同温度下的 $k(T_2)$ 与 $k(T_1)$，根据阿仑尼乌斯公式，$\ln\frac{k_2}{k_1}=\frac{E_a}{R}\frac{(T_2-T_1)}{T_1T_2}$ 可求得活化能 E_a。

三、仪器与试剂

玻璃恒温水浴 1 套；锥形瓶（250mL）1 只；数字电导率仪（或 DDS-11A 型电导率仪）1 套；50mL、25mL、10mL、1mL 移液管各 1 支；微量移液管或 0.2mL 移液管 1 支。NaOH（$0.0110mol\cdot L^{-1}$）溶液；纯 $CH_3COOC_2H_5$（AR）液体，密度 $0.9002g\cdot cm^{-3}$。

四、实验步骤

1. 将恒温槽调至 25℃。

2. 熟悉 DDS-12A 数字电导率仪（浙江萧山产）使用方法，使用方法见下面附 1。

若用 DDS-11A 型电导率仪，打开仪器，预热 10min，按电导率仪说明书校正仪器进行电导池常数补偿。本实验使用的是低周。

3. G_0 的测量

向锥形瓶内加入 $0.011mol\cdot L^{-1}$ NaOH 溶液 185.6mL，放恒温槽中恒温 10min 以上。

把电导池（即电导电极）放入 NaOH 溶液中，温度恒定后，测量电导 G_0。观察电导数值不改变，记下数据。

4. G_t 的测量

用微量移液管移取 0.20mL 的乙酸乙酯溶液注入锥形瓶中，开始计时，并立即摇晃锥形瓶，使溶液混合反应。由计时开始在第 2、4、6、8、10、15、20、25、30、40（min）测其电导。共测量 60min。

5. 调节恒温槽温度在 35.00℃±0.05℃，重复上述步骤测定其 G_0 和 G_t。

五、数据处理

1. 将实验数据记录于下表：

室温：　　　　　　大气压：　　　　　　G_0（25℃）：　　　　　　G_0（35℃）：

25℃			35℃		
t/min	G_t	$(G_0-G_t)/t$	t/min	G_t	$(G_0-G_t)/t$

2. 以 G_t 对（G_0-G_t）/t 作图，由直线斜率分别求 25℃、35℃时的速率常数。

$$k=\frac{1}{1000R(\text{斜率})c_0}=\frac{1}{1000R(\text{斜率})\times 0.011}(\text{mol}^{-1}\cdot\text{L}\cdot\text{min}^{-1})$$

3. 利用阿仑尼乌斯公式计算活化能 E_a。

一次实验结果（参考）

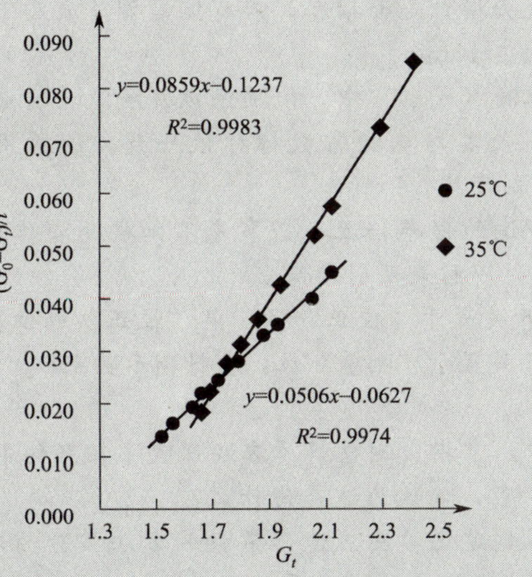

$$T_1=298\text{K}\qquad k_1=\frac{0.0506}{0.011}=4.60\ (\text{mol}^{-1}\cdot\text{L}\cdot\text{min}^{-1})$$

$$T_2=398\text{K}\qquad k_2=\frac{0.0859}{0.011}=7.81\ (\text{mol}^{-1}\cdot\text{L}\cdot\text{min}^{-1})$$

$$E_a=\frac{RT_2T_1}{(T_2-T_1)}\ln\frac{k_2}{k_1}=\frac{8.314\times 308\times 298}{10}\ln\frac{7.81}{4.60}=40.294\ (\text{kJ}\cdot\text{mol}^{-1})$$

附 1　DDS-12A 数字电导率仪使用方法

1. 接电源线，接上电源开关及电脑，仪器预热 10min。用高周、低周两种测量频率，使用低周则放开所有量程按钮，在没有接入电极时使用调零旋钮使仪器读数为 000。

2. 电导池常数补偿，当十进位制旋钮逆时针到头在 00 位置时，常数为 0.50，当顺时针到头在 1.00 的位置时常数为 1.50；当在其他位置时，旋钮的指示加上 0.50，例如本实验使用的电极常数是 0.92，则旋钮应旋到 0.42，表示补偿常数为 0.42+0.5=0.92。

3. 将仪器温度旋钮置于 25℃位置，第二次为 35℃。

4. 测量时用低周，量程用 $20mS\cdot cm^{-1}$ 或 $2mS\cdot cm^{-1}$。

附 2　DDS-11A 型电导率仪使用方法

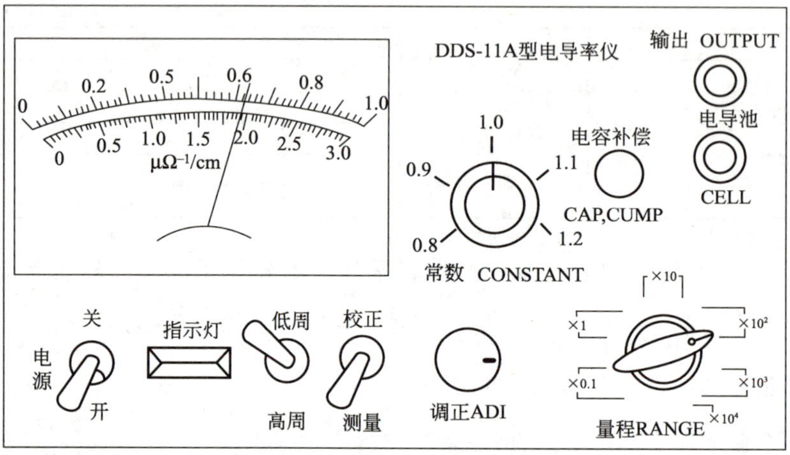

1. 接通电源前观察表头指针是否指零，若有偏差调节表头下方凹孔，使其恰指零。

2. 接通电源，仪器预热 10min。

3. 将电极浸入被测溶液（或水）中，须确保极片浸没，将电极插头插入插座。

4. 调节“常数”钮，使其与电极常数标称值一致。例所用电极的常数为 0.98，则把“常数”钮白线对准 0.98 刻度线。

5. 将“量程”置在合适的倍率挡上，若事先不知被测液体电导率高低，可先置于较大的电导率挡，再逐挡下降，以防表头针打弯。

6. 将“校正-测量”开关置于“校正”位，调“校正”电位器使表针指满度值 1.0。

7. 将“校正-测量”开关置于“测量”位，表针指示数乘以“量程”倍率即为溶液电导率。

【思考题】

1. 在电导仪说明书中，常指出测电解质溶液用镀了铂黑的电导电极（电导池），而测蒸馏水电导时应用光亮铂电极，你认为这是为什么？

2. 在恒温、恒压下，测定化学反应速率常数的方法常分为物理法及化学法两类，请你以做过的实验为例，简述这两类方法的主要区别及优缺点。

3. 为什么以 $0.011mol\cdot L^{-1}$ 的 NaOH 和 $0.011mol\cdot L^{-1}$ 的 CH_3COONa 溶液测得的电导，就可以认为是 G_0 和 G_∞？为什么要取稀的 NaOH？

4. 为什么要使 NaOH 和 $CH_3COOC_2H_5$ 两种溶液的浓度相等？

5. 反应进程中溶液的电导为什么发生变化？

6. 为何本实验要在恒温条件下进行，而且乙酸乙酯和氢氧化钠溶液混合前还要预先恒温？

7. 如果 NaOH 和 $CH_3COOC_2H_5$ 溶液为浓溶液，能否用此法测定速率常数 k？为什么？

8. 原教材上是先配好相同浓度的乙酸乙酯与氢氧化钠溶液，本实验改进为，在 185.78mL NaOH 溶液中，加入 0.2mL 纯乙酸乙酯，这样做有什么好处？

9. 本实验为什么要取 185.6mL 的 NaOH 溶液？

10. 本实验为什么要在 25℃与 35℃时各做一次？

11. 用物理法对某一反应的宏观动力学性质进行实验测定时，选择跟踪反应的某一物理量，一般希望它具有什么条件？

实验 5-13　丙酮碘化反应速率常数的测量

一、实验目的

1. 通过本实验加深对复杂反应特征的理解。
2. 利用分光光度法测量酸催化作用下丙酮碘化反应的速率常数。
3. 了解分光光度法在化学动力学研究中的应用，掌握分光光度计的使用方法。

二、实验原理

大多数化学反应是由若干个基元反应组成的复杂反应，这类复杂反应的反应速率和反应物活度之间的关系大多不能用质量作用定律预示。对于复杂反应，可采用一系列实验方法获得可靠的实验数据，并据此建立反应速率方程式，以其为基础，推测反应的机理、提出反应模式。

1. 酸催化下丙酮碘化反应是一个复杂反应，其反应式为：

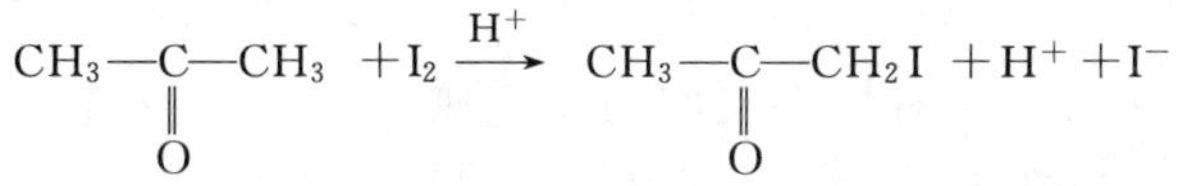

H^+ 是反应的催化剂，因丙酮碘化反应本身有 H^+ 生成，所以，这是一个自动催化反应。研究表明，其丙酮碘化反应机理如下：

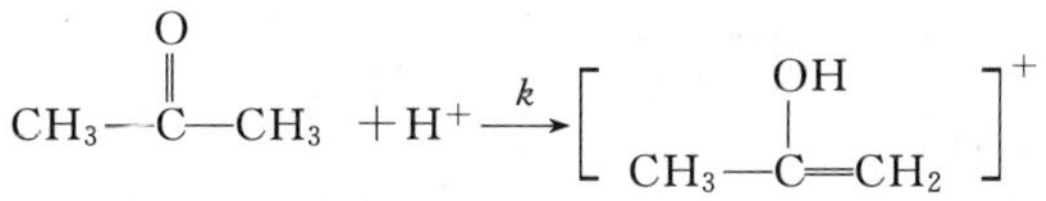
(1)

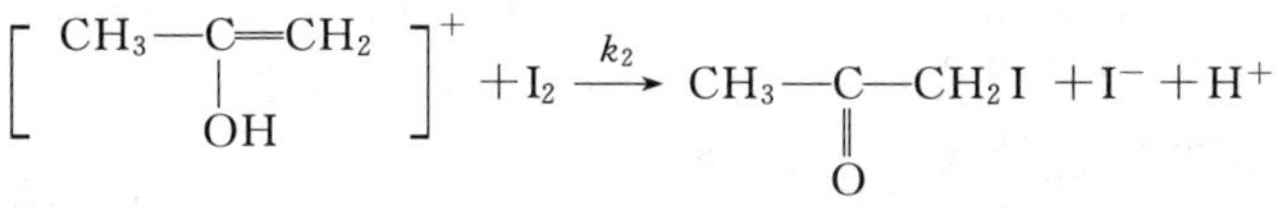
(2)

第（1）步反应速率慢，第（2）步反应速率快，其反应速率方程为：

$$\frac{dc_E}{dt}=kc_A c_{H^+} \tag{3}$$

式中，c_E 是中间产物烯醇的浓度；c_A 是丙酮浓度；c_{H^+} 是酸的浓度。

由第（2）步反应 $-\frac{dc_E}{dt}=-\frac{dc_{I_2}}{dt}$

那么
$$-\frac{dc_{I_2}}{dt}=-kc_A c_{H^+} \tag{4}$$

若反应中，丙酮和酸的浓度对于碘是大量的，则反应中可以认为丙酮和酸的浓度基本保持不变，$c_A c_{H^+}$ 可视为常数，即 $\frac{dc_{I_2}}{dt}=kc_A c_{H^+}=$常数

对式(4) 积分可得

$$c_{I_2}=kc_Ac_{H^+}t+B \tag{5}$$

并可由 c_{I_2} 对时间 t 作图，求得速率常数 k。

2. 用透光度表示的动力学方程

碘在可见光区有一个很宽的吸收带，因此可以方便地用分光光度计测量反应过程中碘浓度随时间变化的关系。

按照比耳（Beer）定律，某指定波长的光通过碘溶液后光的强度为 I，通过蒸馏水后的光强度为 I_0，那么碘溶液的透光度为 $T=I/I_0$。

而透光度与碘浓度、比色皿长度 l、吸光系数 ε 的关系为：

$$\lg T=\lg\left(\frac{I}{I_0}\right)=-\varepsilon lc_{I_2} \tag{6}$$

在同一实验条件下，通过测量已知浓度碘溶液的透光度，得出 εl 的数值，为常数。

把式(5) 代入式(6)，得到光度表示的反应动力学方程：

$$\lg T=-k\varepsilon lc_Ac_{H^+}t+B' \tag{7}$$

很显然，以分光光度计测量不同时间（t）的透光度（T），再以 $\lg T$ 对 t 作图可得一直线，其直线斜率（$\tan\alpha$）为：

$$\tan\alpha=kc_Ac_{H^+}k_Al \tag{8}$$

所以

$$k=\frac{\tan\alpha}{c_Ac_{H^+}k_Al} \tag{9}$$

c_A、c_{H^+} 可取丙酮和酸的起始浓度。

三、仪器与试剂

722 型分光光度计 1 台，带有恒温夹层的比色皿 1 个，超级恒温槽 1 台，反应样品池 1 套，50mL 容量瓶 6 只，5mL 移液管 4 支，秒表 1 只。

1.0mol·L^{-1}标准 HCl 溶液，2mol·L^{-1}丙酮溶液，0.01mol·L^{-1}碘溶液（含 4% KI)。

四、实验步骤

1. 调节超级恒温槽的温度至 25℃。

2. 调整 722 型分光光度计

(1) 将电源线接于稳压电源上，把开关置于“开”的位置。

(2) 用“频率调节”旋钮调节频率窗中的读数为 560nm 处。

(3) 将“灵敏度调节”旋钮置于“1”位置。

(4) 打开比色皿暗箱盖，调节 0 旋钮，使读数为零。

(5) 将样品池装上蒸馏水，盖上暗箱盖，预热 10min，调节 100 旋钮，使读数为 100.00。

(6) 注意：调节旋钮是由一组多圈电位器系统组成的，调节时切勿用力过猛或快速旋转。

3. εl 数值的测定

用移液管取 10mL 碘的标准液，注入 50mL 的容量瓶中，用蒸馏水稀释至刻度，混合均匀后，置于恒温槽恒温 10min，取容量瓶中溶液荡洗比色皿 3 次后注满，测其透光度。重复测定 2 次，取其平均值。每次测定前都必须用蒸馏水校正零点。

4. 丙酮碘化过程中透光度测定

(1) 取 1 个洁净干燥的 50mL 容量瓶，注入 50mL 二次蒸馏水，放恒温槽中恒温。

(2) 再取 1 个洁净干燥的 50mL 容量瓶，用移液管移取 5mL 碘溶液（0.01mol·L^{-1}）

与 5mL HCl 溶液（1.0mol·L^{-1}），混合后，塞好瓶塞放入恒温槽中恒温。

（3）再取 1 个洁净干燥的 50mL 容量瓶，用移液管移取 5mL 丙酮溶液（2.0mol·L^{-1}），可加入少量蒸馏水，塞好瓶塞放入恒温槽中恒温。恒温时间不少于 10min。

（4）将已恒温的丙酮溶液倒入盛有盐酸与碘溶液的 50mL 容量瓶中（丙酮溶液倒入一半开始计时，以此作为反应开始时间），并用恒温的蒸馏水洗涤盛丙酮容量瓶 3～4 次，倒入盛有碘溶液与盐酸的容量瓶中，并稀释至 50mL 刻度，摇匀。然后，用反应溶液淋洗几遍样品池后，将其装满，放入暗盒中，测量透光度（T），每 2～3min 读数一次。

（5）测量完毕后，检查一下零点与蒸馏水透光度 100%。

5. 若实际允许，把恒温槽调到 35℃，重复上述操作，测 35℃的速率常数 k。

五、实验要点及注意事项

1. 在测量 k 时，从丙酮溶液与碘、盐酸溶液混合到将其装入反应样品池中测量的整个过程中，操作既要准确又要迅速，最好不要超过 3min。

2. 将蒸馏水从反应样品池倒出后，装入反应溶液放在暗盒中，反应样品池应放置在样品架上正确复位，这是本实验成败的关键所在。

六、数据处理

1. 数据记录

$c_A=$　　　　$c_{H^+}=$　　　　$c_{I_2}=$　　　　$\varepsilon l=$

t/min	T(25℃)	lg$T$(25℃)	T(35℃)	lg$T$(35℃)
3				
5				
8				
12				
16				
20				

2. 分别以 25℃、35℃测得的值，作 lg$T$-t 图，求得直线斜率 tanα，并按公式计算 k。

3. 求该反应的活化能 E_a。

4. 参考数据：反应速率常数 k(25℃)$=2.86\times10^{-5}$ L·mol^{-1}·s^{-1}

k(35℃)$=8.80\times10^{-5}$ L·mol^{-1}·s^{-1}

活化能 $E_a=86.2$kJ·mol^{-1}

一次实验结果（陕西师大，参考）

$c_A=0.4$mol·L^{-1}　$c_{H^+}=0.2$mol·L^{-1}　$c_{I_2}=0.001$mol·L^{-1}　$\varepsilon l=66.2$

t/min	T(25℃)	lg$T$(25℃)	T(35℃)	lg$T$(35℃)
2	0.313	−0.50446	0.63	−0.20066
4	0.303	−0.51856	0.45	−0.34679
6	0.291	−0.53611	0.329	−0.4828
8	0.279	−0.5544	0.265	−0.57675
10	0.264	−0.5784	0.196	−0.70774
12	0.25	−0.60206	0.126	−0.89963
14	0.236	−0.62709	0.085	−1.07058
16	0.225	−0.64782	0.045	−1.34679
18	0.215	−0.66756	0.032	−1.49485
20	0.202	−0.69465	0.022	−1.65758

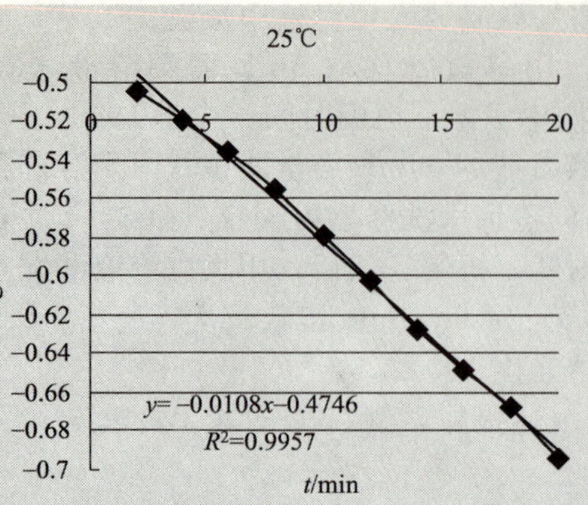

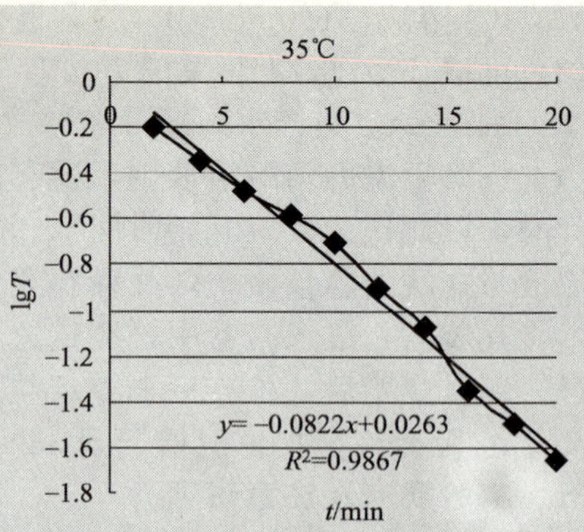

$$T=298\mathrm{K},k_1=\frac{0.0108}{0.4\times0.2\times66.2\times60}=3.399\times10^{-5}(\mathrm{mol^{-1}\cdot L\cdot s^{-1}})$$

$$T=308\mathrm{K},k_1=\frac{0.0282}{0.4\times0.2\times66.2\times60}=8.875\times10^{-5}(\mathrm{mol^{-1}\cdot L\cdot s^{-1}})$$

活化能 $$E_a=\frac{RT_1T_2}{(T_2-T_1)}\ln\frac{k_2}{k_1}=\frac{8.314\times298\times308}{10}\ln\frac{8.875}{3.399}=73.238(\mathrm{kJ\cdot mol^{-1}})$$

【思考题】

1. 影响本实验结果的主要因素是什么？

2. 本实验中，丙酮碘化反应按几级反应处理，为什么？

3. 为什么在丙酮碘化反应中，只考虑碘吸收波长的选择问题？

4. 某同学用分光光度计测定一溶液的吸光度，测定时用两个相同厚度的比色皿，一个盛纯水，另一个盛测定液，在固定温度及波长下，得到测定值的透光度为102%，仪器正常，仪器操作及读数无误，出现这种现象的可能原因是什么？

5. 本实验中将反应物混合、摇匀、倒入比色皿测透光度 T 时才开始计时，这对实验结果有无影响？为什么？

6. 丙酮的卤化反应是复杂反应，为什么？

7. 丙酮溴化反应中，加入 HCl 的作用是什么？

8. 在丙酮溴化反应中，为什么要注意控制反应温度？

9. 为什么通过测定反应液各个时刻的消光值，就可获得各个时刻的溴浓度？

10. 若实验中，原始溴的浓度不准确，对实验结果是否有影响？为什么？

11. 反应 $C_2O_4^{2-}+Br_2 \longrightarrow 2CO_2\uparrow+2Br^-$ 请提出做该反应的宏观动力学测定的两种实验方法，对其中的一种方法设计测定该反应的 $C_2O_4^{2-}$ 和 Br_2 的反应级数的实验方案。

实验 5-14 最大气泡压力法测定溶液的表面张力

一、实验目的

1. 掌握最大气泡压力法测定表面张力的原理和技术。

2. 通过对不同浓度乙醇溶液表面张力的测定，加深对表面张力、表面自由能、表面张力和吸附量关系的理解。

二、实验原理

在一个液体的内部，任何分子周围的吸引力是平衡的（图 5-30）。可是在液体表面层中，每个分子都受到垂直于并指向液体内部的不平衡力。所以说分子在表面层比在液体内部有较大的位能，这个位能就是表面自由能。通常把增大 $1m^2$ 表面所需的最大功 W'_{max} 或增大 $1m^2$ 表面所引起的表面自由能的变化 ΔG，称为单位表面的表面能，其单位为 $J \cdot m^{-2}$；从另一个角度看，它是液体限制其表面及力图使它收缩的单位直线长度上所作用的力，称为表面张力，其单位是 $N \cdot m^{-1}$。如欲使液体表面面积增加 ΔA 时，所消耗的可逆功 W' 应该是：

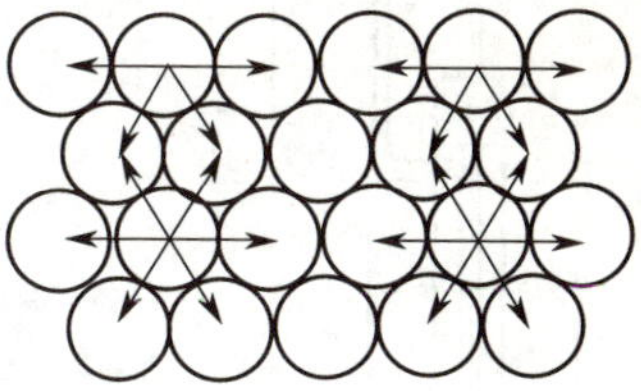

图 5-30　分子间吸引示意图

$$W' = \Delta G = \sigma \Delta A \tag{1}$$

液体的表面张力与温度有关，温度愈高，表面张力愈小。

根据能量最低原则，若溶质能降低溶剂的表面张力，则表面层中溶质的浓度应比溶液内部的浓度大，如果所加溶质能使溶剂的表面张力升高，那么溶质在表面层中的浓度应比溶液内部的浓度低。这种表面浓度与溶液内部浓度不同的现象叫做溶液的表面吸附。在一定的温度和压力下，溶液表面吸附溶质的量与溶液的表面张力和加入的溶质量（即溶液的浓度）有关，它们之间的关系可用吉布斯（Gibbs）公式表示：

$$\Gamma = -\frac{c}{RT}\left(\frac{\partial \sigma}{\partial c}\right)_T \tag{2}$$

式中，Γ 为吸附量，$mol \cdot m^{-2}$；σ 为表面张力，$J \cdot m^{-1}$；c 为溶液浓度，$mol \cdot L^{-1}$；R 为气体常数，$8.314 J \cdot K^{-1} \cdot mol^{-1}$。$\left(\frac{\partial \sigma}{\partial c}\right)_T$ 表示在一定温度下表面张力随溶液浓度而改变的变化率。如果 σ 随浓度的增加而减小，也即 $\left(\frac{\partial \sigma}{\partial c}\right)_T < 0$，则 $\Gamma > 0$，此时溶液表面层的浓度大于溶液内部的浓度，称为正吸附作用。如果 σ 随浓度的增加而增加，即 $\left(\frac{\partial \sigma}{\partial c}\right)_T > 0$，则 $\Gamma < 0$，此时溶液表面层的浓度小于溶液本身的浓度，称为负吸附作用。

从式(2) 可看出，只要测定溶液的浓度和表面张力，就可求得各种不同浓度下溶液的吸附量 Γ。

本实验中，溶液浓度的测定是应用浓度与折射率的对应关系，表面张力的测定是应用最大气泡压力法。

图 5-31 是最大气泡压力法测定表面张力的装置图。将欲测表面张力的液体装于支管试管 5 中，使毛细管 6 的端面与液面相切，液面即沿着毛细管上升，打开滴液漏斗 2 的活塞进行缓慢抽气，此时由于毛细管内液面上所受的压力（$p_{大气}$）大于支管试管中液面上的压力（$p_{系统}$），故毛细管内的液面逐渐下降，并从毛细管管端缓慢地逸出气泡。在气泡形成过程中，由于表面张力的作用，凹液面产生了一个指向液面外的附加压力 Δp，因此有下述关系：

$$p_{大气} = p_{系统} + \Delta p \qquad \Delta p = p_{大气} - p_{系统} \tag{3}$$

附加压力 Δp 和溶液的表面张力 σ 成正比，与气泡的曲率半径 R 成反比，其关系式为：

$$\Delta p = 2\sigma / R \tag{4}$$

若毛细管管径较小，则形成的气泡可视为是球形的。气泡刚形成时，由于表面几乎是平的，所以曲率半径 R 极大；当气泡形成半球形时，曲率半径 R 等于毛细管管径 r，此时 R 值为最小；随着气泡的进一步增大，R 又趋增大（如图 5-32 所示），直至逸出液面。根据式(4) 可知，当 $R=r$ 时，附加压力最大，为：

$$\Delta p = 2\sigma / r \tag{5}$$

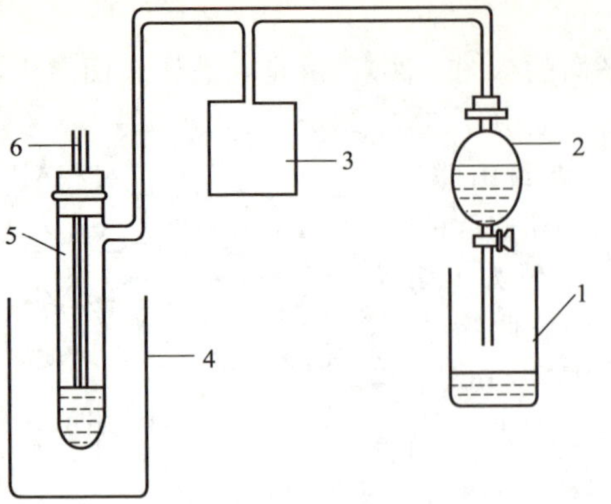

图 5-31　最大气泡压力法测定表面张力的装置图
1—烧杯；2—滴液漏斗；3—数字式微压差测量仪；4—恒温装置；5—带有支管的试管；6—毛细管

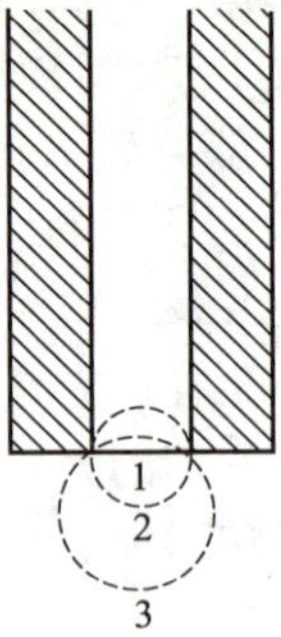

图 5-32　气泡示意图

这最大附加压力可由数字式微压差测量仪上读出。

在实验中，若使用同一支毛细管，则 r 是一个常数。如果将已知表面张力的液体作为标准，由实验测得其 Δp 后，就可求出 r。然后只要用这一仪器测定其他液体的 Δp 值，通过式(5) 计算，即可求得各种液体的表面张力 σ。

三、仪器与试剂

恒温水浴；DP-A 数字压力计；表面张力测定仪；CS501 型超级恒温槽；阿贝折光仪。

乙醇试样。

四、实验步骤

1. 仪器常数 r 的测定

(1) 打开表面张力测定仪和恒温水浴，设定工作温度为 25℃。仔细洗净支管试管和毛细管。将数字式压力计接上电源，预热后归零。然后按图 5-31 所示连接装置。在滴液漏斗中装满水。

(2) 加入适量的蒸馏水于支管试管中，调节毛细管的高低使其端面与液面相切。然后等待 10min，使样品在 25℃条件下恒温。

(3) 打开滴液漏斗活塞进行缓慢抽气，使气泡从毛细管口逸出。调节气泡逸出的速度不超过每分钟 20 个时，读出压力计压力差。重复读数三次，取其平均值。

2. 待测样品表面张力 σ 的测定

(1) 直接取用适量的 0 号样品于支管试管中，按仪器常数测定时的操作步骤，测定该未知浓度乙醇溶液的 Δp 值。

(2) 然后，打开试管弯管处的活塞，用滴管取出试样，用阿贝折光仪测定待测样品的折射率，并从乙醇水溶液的折射率-浓度工作曲线上找出其相应的浓度值。

(3) 倒走测过的样品，不用清洗试管，按照 0～6 号的编号顺序由稀到浓依次测定各试样的附加压力和浓度。

五、数据处理

1. 用表格列出各溶液的最大压力差与折射率数值，并求得其表面张力和浓度的数值。

2. 以浓度 c 为横坐标，表面张力 σ 为纵坐标作图，绘制表面张力-浓度曲线，计算机拟合出曲线方程。

3. 在 σ-c 曲线上任取若干点，计算出表面张力随浓度变化的浓度系数 $\left(\frac{\partial \sigma}{\partial c}\right)_T$，代入

Gibbs 等温吸附式求出对应的吸附量。

4. 绘制吸附量-浓度曲线，计算机拟合出方程，外推求算饱和吸附量 Γ_∞，最后求出表面活性剂分子截面积 $A_s=\dfrac{1}{\Gamma_\infty N_A}$。

本实验使用的为乙醇试样，乙醇是表面活性物质，所以由此法会引入较大误差。如果使用正丁醇等，实验结果会比较准确。

一次实验结果（参考）

最大泡压法测乙醇溶液的表面张力

水的表面张力＝0.072N·m^{-1}，Δp＝0.75kPa

仪器常数 K＝0.096N·m^{-1}·kPa^{-1}

实验数据记录（25℃）

编号	折射率	浓度/%	Δp/kPa	γ/N·m^{-1}
0	1.3339	2.20	0.64	0.06144
1	1.3385	9.00	0.55	0.05280
2	1.3459	19.75	0.38	0.03648
3	1.3510	28.50	0.34	0.03264
4	1.3560	39.25	0.31	0.02976
5	1.3591	48.25	0.29	0.02784
6	1.3615	59.50	0.27	0.02592

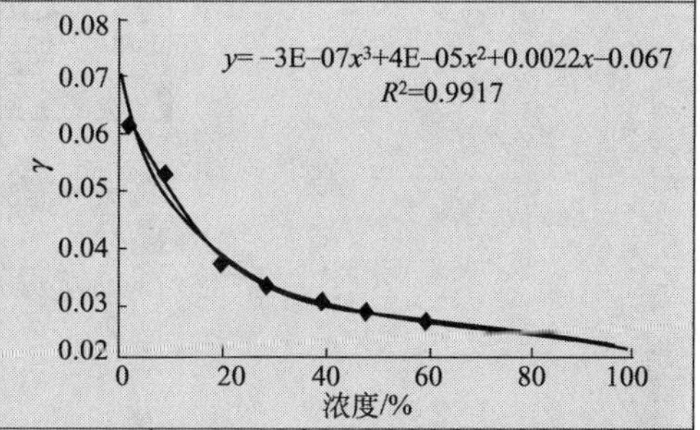

γ=	−3E−07	c^3＋	5E−05	c^2＋	−2E−03	c＋	7E−02	
浓度系数＝		−9.0E−07	c^2＋	1.0E−04	c＋	−0.0023		

编号	浓度 c/%	斜率/10^{-4}	Γ/10^{-6}mol·m^{-2}	c/Γ	
0	2.00	−21.04	1.69726	1.1784	则吉布斯饱和吸附量 Γ_∞ 为
1	4.00	−19.14	3.08921	1.2948	11.532×10^{-6}mol·m^{-2}
2	6.00	−17.32	4.19329	1.4309	
3	8.00	−15.58	5.02691	1.5914	乙醇分子截面积为
4	10.00	−13.90	5.60751	1.7833	14.398Å^2
5	11.00	−13.09	5.80837	1.8938	
6	11.50	−12.69	5.88740	1.9533	
7	12.00	−12.30	5.95251	2.0160	
8	12.50	−11.91	6.00399	2.0819	

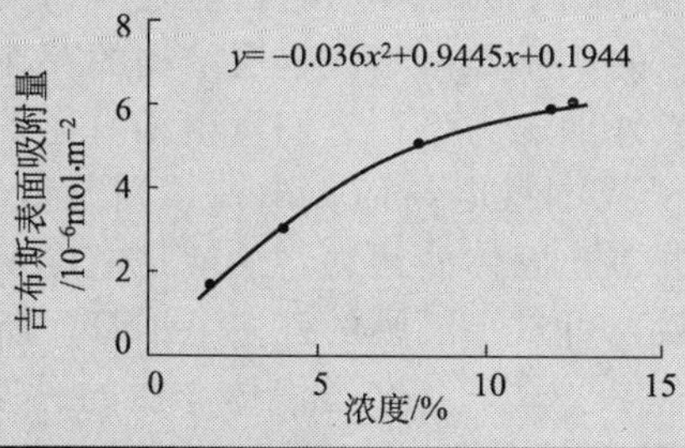

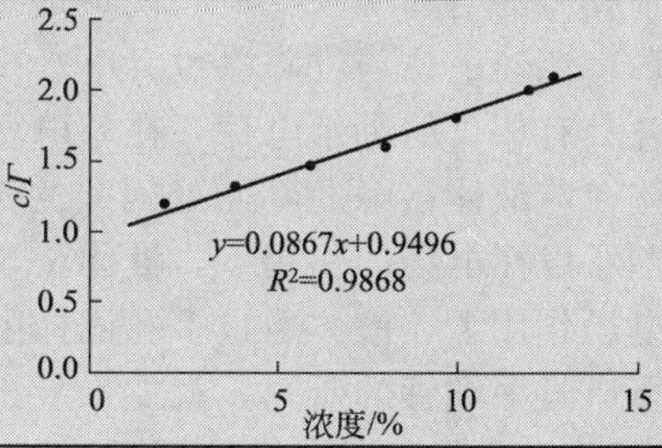

乙醇的饱和吸附量 Γ_∞＝11.532×10^{-6}mol·m^{-2}

乙醇分子的截面积 A_s＝14.398Å^2＝14.398×10^{-20}m^2

【思考题】

1. 最大气泡压力法测液体的表面张力实验时，某同学发现，当毛细管管端不是刚刚与液面相接触，而是插入液面一小段距离时，测得的 Δp 偏高。因而该同学在讨论中说毛细管管端插入液体内部，将使测得的表面张力值偏高，你认为这一说法对吗？为什么？

2. 在用最大气泡法测定溶液的表面张力的实验操作中，为什么要求读出最大压力差？

3. 用最大气泡法测定溶液表面张力的装置如下，请简答如下问题（选自华南理工大学1999年考研试题）：

(1) 简述测定溶液表面张力及等温吸附的原理；
(2) 实验中应取什么数据；
(3) 如何处理实验数据；
(4) 实验中应注意什么问题。

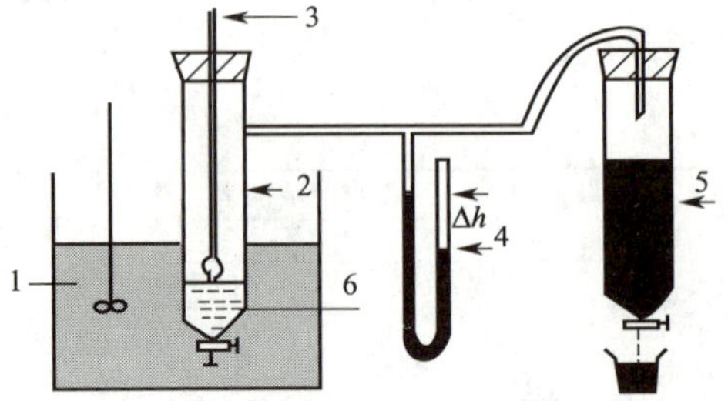

最大气泡法测定表面张力装置示意图

1—恒温槽；2—试样管；3—毛细管；4—压差计；
5—抽气管；6—乙醇溶液

实验 5-15 电渗法测定胶粒的 ζ 电势

一、实验目的

1. 通过电渗法测定 SiO_2 对水的 ζ 电势，掌握电渗法测定 ζ 电势的基本原理和技术。

2. 加深理解电渗是胶体中液相和固相在外电场作用下相对移动而产生的电性现象。

二、实验原理

电渗属于胶体的电动现象。电动现象是指溶胶粒子的运动与电性能之间的关系。一般包括电泳、电渗、流动电位与沉降电位。电动现象的实质是由于双电层结构的存在，其紧密层和扩散层中各具有相反的剩余电荷，在外电场或外加压力下，它们发生相对运动。

多孔固体在与液体接触的界面处因吸附离子或本身电离而带电荷，则分散介质-液体带相反的电荷，所以在电场的作用下，液体将通过多孔固体而运动，这就是电渗现象。

在外加电场作用下，液体通过多孔固体隔膜，可贯穿隔膜的许多毛细管。所以根据液体在外加电场下通过毛细管的研究，就能推导出电渗公式。若知道液体介质的黏度 η，介电常数 ε，电导率 κ，只要测定在电场作用下通过液体介质的电流强度 I 和单位时间内液体流过毛细管的流量 V，可根据下式求出 ζ 电势。

$$\zeta=\frac{\eta\kappa V}{\varepsilon I} \tag{1}$$

利用式(1) 计算 ζ 电势，可用实验方法测得 V、κ 和 I 值，而 η、ε 值可从手册中查得。本实验中，由于纯水的电导率过低，采用上式计算时将引入一些误差。

本实验中的分散介质是蒸馏水，在 25℃时，黏度 $\eta=1.0\times10^{-3}\,Pa\cdot s$，介电常数 $\varepsilon=8.89\times10^{-9}\,C\cdot V\cdot m^{-1}$。

三、仪器与试剂

电渗仪，一台；DDS-11A 型电导率仪，一台。

四、实验步骤

装置电渗仪。

电渗仪如图 5-33 所示。刻度毛细管两端通过连通管分别与铂电极相连；A 管的两端装有多孔薄瓷板，A 管内装有 80～100 目的二氧化硅粉末与蒸馏水拌和而成的糊状物；在刻度毛细管的一端接有另一根尖嘴形的毛细管 G 管，通过它可以将一个测量流速用的气泡压入刻度毛细管。

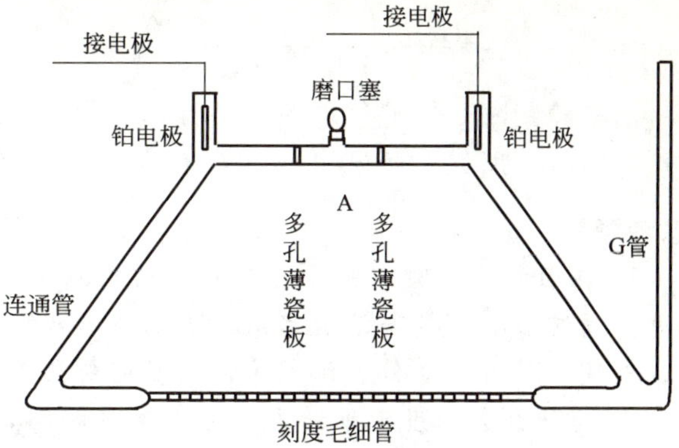

图 5-33　电渗仪

分别拔去铂电极，从电极管口注入蒸馏水，直至能淹没电极为止，插好铂电极。用洗耳球从 G 管内向刻度毛细管中吹入一个大小合适的气泡，长度在 1cm 左右。将整个电渗仪浸入恒温水浴中，恒温 10min 以待测定。

1. 测定电渗时液体的流量 V 和电流强度 I

调节电源电压，使电渗时毛细管中气泡由一端刻度至另一端刻度，即移动 5mL，行程时间约 50s。然后准确测定此时间。求出单位时间内毛细管中气泡所移动过的体积，此体积即为液体介质（水）在单位时间内通过 A 室的体积 V。

电渗仪中的液体还可以因静水压差等其他原因流动，利用换向开关使铂电极的极性变换，从而使电渗方向倒向。由于电源电压较高，换向操作时应先切断电源开关、换向开关转换后，再接通电源开关。反复测定正、反向时的电渗流量各 5 次，同时记录毫安表上各次的 I 值。

2. 测定电导率 κ 值

关闭电源，拔去铂电极，用 DDS-11A 型电导率仪测定电渗仪中蒸馏水的电导率 κ 值。

在电渗实验中，由于使用高压电源，操作时一定要注意安全。

五、数据处理

1. 计算各次测定的 $\frac{V}{I}$ 值，并取平均值。

2. 将 $\frac{V}{I}$ 平均值和 κ 值代入式(1)，计算 SiO_2 对水的 ζ 电势。

3. 记录水的流动方向和两个铂电极的极性，从而确定 ζ 电势是正值还是负值。

一次实验结果（参考）

电导率 $\kappa = \underline{2.02\times10^{2}}\,\mu S\cdot cm^{-1} = \underline{2.02\times10^{-2}}\,S\cdot m^{-1}$

项目	实验序号	时间 t/s	电流 I/mA	单位时间流量 $V/mL\cdot s^{-1}=0.5/t$	$V/I/mL\cdot s^{-1}\cdot mA^{-1}$	$\frac{\overline{V}}{I}$
正向	1	36.9	8.08	0.0135	0.00168	0.001443
	2	36.7	8.67	0.0136	0.00157	
	3	35.1	8.93	0.0142	0.00160	
	4	35.3	9.23	0.0142	0.00153	
	5	36.0	9.31	0.0139	0.00149	
反向	6	45.6	8.78	0.011	0.00125	
	7	41.2	9.00	0.0121	0.00135	
	8	42.1	9.25	0.0119	0.00128	
	9	41.9	9.25	0.0119	0.00129	
	10	39.2	9.20	0.0128	0.00139	

$$\zeta=\frac{\eta\kappa}{\varepsilon}\cdot\frac{\overline{V}}{I}=\frac{1.0\times10^{-3}\times2.02\times10^{-2}}{6.95\times10^{-10}}\times0.001443\times10^{-3}=0.0419\ (\mathrm{V})=41.9\ (\mathrm{mV})$$

由实验判断，气泡和水的流动方向相反，水始终向阴极移动，说明水带正电，则 SiO_2 胶粒带负电。所以 $\zeta(SiO_2)=-41.9\mathrm{mV}$。

【思考题】

1. 在由电泳法测定胶体的 ζ 电位的实验中，溶胶上面要加入与溶胶的电导率相同的辅助电解质溶液，使其与溶胶形成清晰的界面，然后在外界电场下，测定界面移动一定距离所需的时间，计算 ζ 电位。试问为何辅助电解质溶液的电导率要与溶胶的电导率相同？

2. 为什么说刻度毛细管中气泡在单位时间内移动的体积就是单位时间内流过试样管 A 的液体量？

3. 固体粉末样品粒度太大，电渗测定结果重现性差，其原因何在？

4. 如果电泳仪事先没有洗净，管壁上残留有微量的电解质，对电泳测定的结果将有什么影响？

5. 电泳速率的快慢与哪些因素有关？

6. 电渗测量时，连续通电使液体发热，会造成什么后果？

实验 5-16 黏度法测高聚物相对分子质量

一、实验目的

1. 测定聚乙烯醇的相对分子质量的平均值。

2. 掌握用乌贝路德（Ubbelohde）黏度计测定黏度的方法。

二、实验原理

相对分子质量是表征化合物特性的基本参数之一。但高聚物相对分子质量大小不一，参差不齐，一般在 $10^3\sim10^7$ 之间，所以通常所测高聚物的相对分子质量是平均相对分子质量。测定高聚物相对分子质量的方法很多，对线型高聚物，各方法适用的范围如下：

测量方法	高聚物相对分子质量范围	测量方法	高聚物相对分子质量范围
端基分析	$<3\times10^4$	光散射	$10^4\sim10^7$
沸点升高、凝固点降低、等温蒸馏	$<3\times10^4$	超离心沉降及扩散	$10^4\sim10^7$
渗透压	$10^4\sim10^6$	黏度法	$10^4\sim10^7$

其中黏度法设备简单，操作方便，有相当好的实验精度，但黏度法不是测相对分子质量的绝对方法，因为此法中所用的特性黏度与相对分子质量的经验方程是要用其他方法来确定的，高聚物不同，溶剂不同，相对分子质量范围不同，就要用不同的经验方程式。

高聚物在稀溶液中的黏度，主要反映了液体在流动时存在着内摩擦。在测高聚物溶液黏度求相对分子质量时，常用到下面的一些名词。

名词与符号	物理意义
纯溶剂黏度 η_0	溶剂分子与溶剂分子间的内摩擦表现出来的黏度
溶液黏度 η	溶剂分子与溶剂分子之间、高分子与高分子之间和高分子与溶剂分子之间，三者内摩擦的综合表现
相对黏度 η_r	$\eta_r=\eta/\eta_0$　溶液黏度对纯溶剂黏度的相对值

名词与符号	物理意义
增比黏度 η_{sp}	$\eta_{sp}=(\eta-\eta_0)/\eta_0=\eta/\eta_0-1=\eta_r-1$ 高分子与高分子之间，纯溶剂与高分子之间的内摩擦效应
比浓黏度 η_{sp}/c	单位浓度下所显示出的黏度
特性黏度$[\eta]$	$\lim\limits_{c\to 0}\frac{\eta_{sp}}{c}=[\eta]$反映高分子与溶剂分子之间的内摩擦

高聚物的分子量愈大，则它与溶剂间的接触表面也愈大，摩擦就大，表现出的特性黏度也大。特性黏度和分子量之间的经验关系式为：

$$[\eta]=KM^{\alpha} \tag{1}$$

式中，M 为黏均分子量；K 为比例常数；α 是与分子形状有关的经验参数。K 和 α 值与温度、聚合物、溶剂性质有关，也与分子量大小有关。K 值受温度的影响较明显，而 α 值主要取决于高分子线团在某温度下，某溶剂中舒展的程度，其数值介于 0.5～1 之间。

K 与 α 的数值可通过其他绝对方法确定，例如渗透压法、光散射法等，而黏度法只能测得 $[\eta]$。

在无限稀释条件下：
$$\lim_{c\to 0}\frac{\eta_{sp}}{c}=\lim_{c\to 0}\frac{\ln\eta_r}{c}=[\eta] \tag{2}$$

因此我们获得 $[\eta]$ 的方法有两种：一种是以 η_{sp}/c 对 c 作图，外推到 $c\to 0$ 的截距值；另一种是以 $\ln\eta_r/c$ 对 c 作图，也外推到 $c\to 0$ 的截距值，如图 5-34 所示，两根线应会合于一点，这也可校核实验的可靠性。一般这两条直线的方程表达式为下列形式：

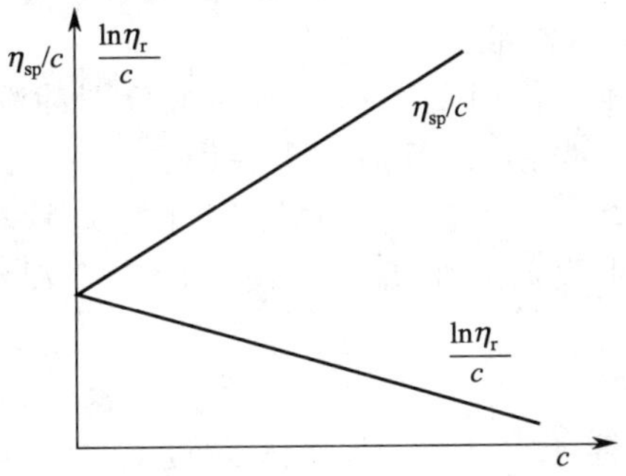

图 5-34 作图法获得 $[\eta]$

$$\frac{\eta_{sp}}{c}=[\eta]+K'[\eta]^2c$$
$$\frac{\ln\eta_r}{c}=[\eta]+\beta[\eta]^2c \tag{3}$$

测定黏度的方法主要有毛细管法、转筒法和落球法。在测定高聚物分子的特性黏度时，以毛细管流出法的黏度计最为方便。若液体在毛细管黏度计中，因重力作用流出时，可通过泊肃叶（Poiseuille）公式计算黏度。

$$\frac{\eta}{\rho}=\frac{hgr^4t}{8lV}-m\frac{V}{8\pi lt} \tag{4}$$

式中，η 为液体的黏度；ρ 为液体的密度；l 为毛细管的长度；r 为毛细管的半径；t 为流出的时间；h 为流过毛细管液体的平均液柱高度；V 为流经毛细管的液体体积；m 为毛细管末端校正的参数（一般在 $r/l\ll 1$ 时，可以取 $m=1$）。对于某一只指定的黏度计而言，式（4）可以写成下式：

$$\frac{\eta}{\rho}=At-\frac{B}{t} \tag{5}$$

式中，$B<1$，当流出的时间 t 在 2min 左右（大于 100s），该项（亦称动能校正项）可以从略。又因通常测定是在稀溶液中进行（$c<1\times10^{-2}\,g\cdot cm^{-3}$），所以溶液的密度和溶剂的密度近似相等，因此可将 η_r 写成：

$$\eta_r=\frac{t}{t_0} \tag{6}$$

式中，t 为溶液的流出时间；t_0 为纯溶剂的流出时间。所以通过溶剂和溶液在毛细管中的流出时间，从式(6) 求得 η_r，由式(7) 计算出 η_{sp}。再由作图法求得 $[\eta]$。

$$\eta_{sp}=\eta_r-1=\frac{\eta}{\eta_0}-1=\frac{t}{t_0}-1 \tag{7}$$

可见，通过测量不同浓度的溶液通过黏度计的时间，与溶剂通过的时间比较，得到不同浓度下的相对黏度 η_r 值，再计算得增比黏度 η_{sp}。作图求得特性黏度 $[\eta]$，从式(1) 即可计算得到黏均分子量。

三、仪器与试剂

恒温槽；乌贝路德黏度计；洗耳球；停表；移液管（10mL）。

聚乙烯醇溶液。

四、实验步骤

本实验用的乌贝路德黏度计，又叫气承悬柱式黏度计。它的最大优点是可以在黏度计里直接稀释溶液。

1. 先用洗液将黏度计洗净，再用自来水、蒸馏水分别冲洗几次，每次都要注意反复流洗毛细管部分，洗好后烘干备用。

2. 调节恒温槽温度至（25.0±0.1）℃，在黏度计的 B 管和 C 管上都套上橡皮管，然后将其垂直放入恒温槽，使水面完全浸没 1 球（图 5-35）。

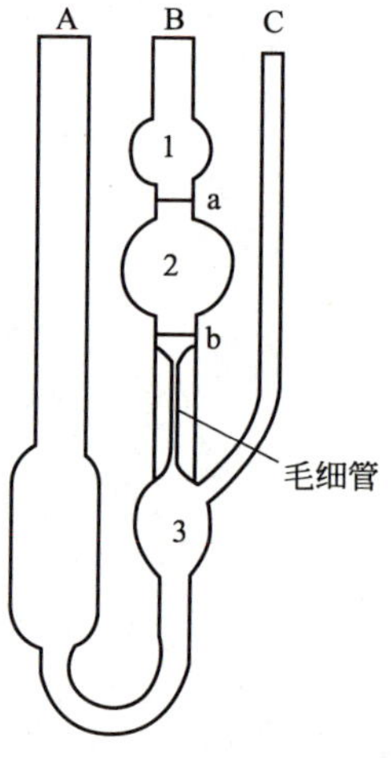

图 5-35　黏度计

3. 溶剂流出时间 t_0 的测定

移取 10mL 已恒温的蒸馏水，由 A 管注入黏度计中，再恒温 5min。用橡胶管封闭 C 管口，用洗耳球从 B 管吸溶剂使溶剂上升至球 1。然后同时松开 C 管和 B 管，使空气进入球 3，在毛细管内形成气承悬液柱，使 B 管溶剂在重力作用下流经毛细管。记录溶剂液面通过 a 标线到 b 标线所用时间，重复三次，任意两次时间相差小于 0.3s。如果相差过大，则应检查毛细管有无堵塞现象；查看恒温槽温度是否符合。

4. 溶液流出时间 t 的测定

测完 t_0 后，在原 10mL 水中，取 10mL 已配好并恒温的聚乙烯醇溶液从 A 管加入黏度计中，用洗耳球将溶液反复抽吸至球 A 管内几次，使混合均匀。测定 $c=1/2$ 的流出时间 t_1。然后再依次加入 10mL 蒸馏水，逐级稀释成浓度为 1/3、1/4、1/5 的溶液，并分别测定流出时间 t_2、t_3、t_4（每个数据重复三次，取平均值）。每加一次溶液，均要封闭 C 管，并用洗耳球从 B 管口多次吸溶液至 1 球，以洗涤 B 管并使溶液均匀混合。聚乙烯醇是一种起泡剂，搅拌抽吸混合时，容易起泡，不易混合均匀；溶液中分散的微小气泡好像杂质微粒，容易局部堵塞毛细管，所以应注意抽吸的速度。

5. 实验完毕，黏度计应洗净，然后用洁净的蒸馏水浸泡或倒置使其晾干。

五、数据处理

1. 将所测的实验数据及计算结果填入下表中。

室温：____℃；大气压力：____ Pa；原始溶液浓度 c_0（$g \cdot mL^{-1}$）：____；恒温温度：____℃

项目		流出时间 t/s				η_r	η_{sp}	η_{sp}/c	$\ln\eta_r$	$\ln\eta_r/c$
		测量值			平均值					
		1	2	3						
溶剂										
溶液	$c=1/2$									
	$c=1/3$									
	$c=1/4$									
	$c=1/5$									

2. 作（η_{sp}/c)-c 图和（$\ln\eta_r/c$)-c 图并外推至 $c=0$，从截距求出［η］值，［η］＝截距/c_0。

注意：在特性黏度的测定过程中，有时并非操作不慎，作图结果会出现如下图 5-36 的异常现象，在式(3) 的第一式中的 K' 和 η_{sp}/c 值与高聚物结构和形态有关，而式(3) 的第二式，其物理意义不太明确，因此出现异常现象时，以式(3) 的第一式曲线即（η_{sp}/c)-c 求［η］值。

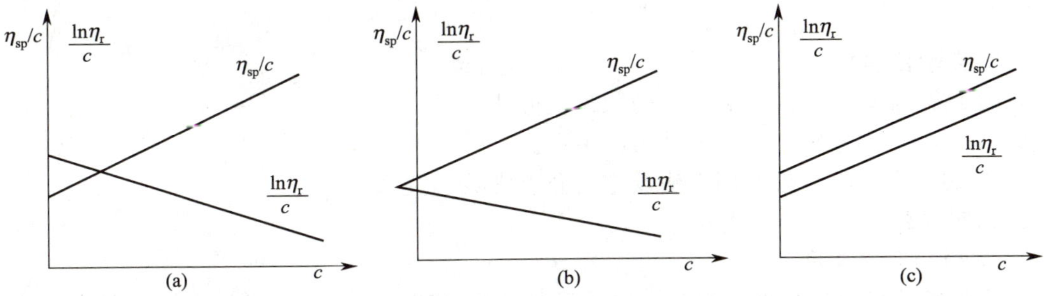

图 5-36　异常现象

3. 由式(1) 计算聚乙烯醇在水中的黏均分子量，查表得，25℃时：$K=2.0\times10^{-4}$，$\alpha=0.76$。

一次实验结果（参考）

项目			时间/s				η_r	η_{sp}	η_{sp}/c	$\ln\eta_r$	$\ln\eta_r/c$
			测量值			平均值					
			1	2	3						
纯溶剂水的时间			128.00	128.20	128.10	128.10	—	—	—	—	—
溶液浓度 c	1 号	0.50	145.60	145.40	145.60	145.53	1.1361	0.1361	0.2722	0.1276	0.2552
	2 号	0.33	138.80	138.70	138.85	138.78	1.0834	0.0834	0.2502	0.0801	0.2403
	3 号	0.25	135.60	135.80	136.00	135.80	1.0601	0.0601	0.2404	0.0584	0.2335
	4 号	0.20	134.11	134.10	134.09	134.10	1.0468	0.0468	0.2342	0.0458	0.2289

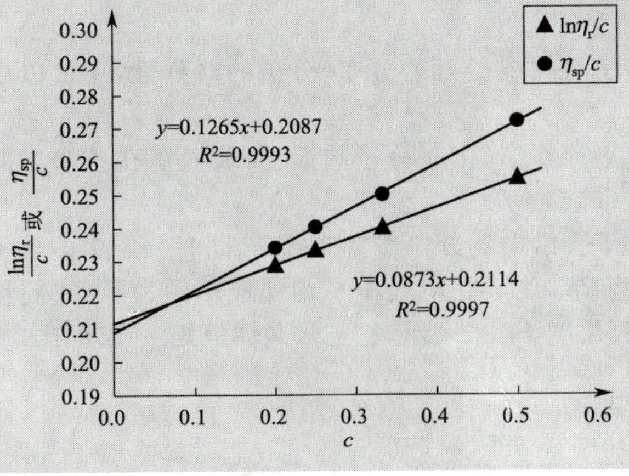

$\frac{\eta_{sp}}{c}$-c 截距＝0.2087，［η］＝0.8348

相对分子质量＝66182

【附注】

1. 黏度计必须洁净。

2. 实验过程中，恒温槽的温度要保持恒定。加入样品后待恒温才能进行测定。

3. 黏度计要垂直浸入恒温槽中，实验中不要振动黏度计。

【思考题】

1. 用乌贝路德黏度计（三管）和奥氏黏度计（两管）测定液体的黏度时，操作要求有何不同？为何有此不同的要求？它们在测定液体的黏度时需要什么条件？

2. 试分析影响实验精确度，作图时线性不佳的主要因素。

实验 5-17 偶极矩的测定

一、实验目的

1. 了解溶液法测定丙酮偶极矩的原理及方法。

2. 了解分子偶极矩与分子电性质的关系。

3. 掌握小电容测量仪使用方法及它与介电常数的关系。

二、实验原理

1. 偶极矩与极化度

分子的结构可以近似地看成是由电子云和分子骨架（原子核和内层电子）所构成。由于其空间构型的不同，其正负电荷中心可以是重合的（此时为非极性分子），也可以是不重合的（此时为极性分子）。

1912 年 Debye 提出“偶极矩”μ 的概念来度量分子极性的大小，如图 5-37 所示，其定义是：

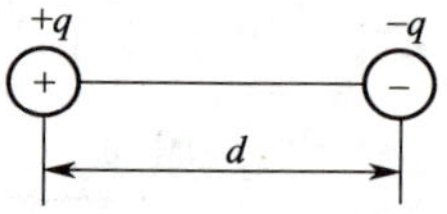

图 5-37 偶极矩

$$\vec{\mu}=qd \quad (1)$$

式中，q 为正、负电荷中心所带的电荷量；d 为正、负电荷中心间的距离；$\vec{\mu}$ 为向量，其方向规定为从正到负，单位 C·m（库伦·米）。

例如一个电子的电荷为 1.6022×10^{-19}C，而分子中原子核间距为 $1\text{Å}=10^{-10}$m 的量级，所以偶极矩的量级为 $\mu=1/6022\times10^{-19}\times10^{-10}=1.6022\times10^{-29}$C·m。在 CGS 制中，$\mu=4.8\times10^{-18}$cm·esu$=4.8$D。其中 D 为 Debye(德拜)，cm·esu(厘米·静电单位)。1D$=1\times10^{-18}$cm·esu$=3.338\times10^{-30}$C·m。

通过偶极矩的测定，可以了解分子结构中有关电子云的分布，分子的对称性，还可以用来判别几何异构体和分子的立体结构等。

极性分子具有永久偶极矩，在没有外电场存在时，由于分子热运动，偶极矩在各个方向上的取向机会均等，故其偶极矩的统计值为零。

若将极性分子置于均匀的外电场中，分子会沿电场方向作定向转动，同时分子中的电子云相对于分子骨架会发生移动，分子骨架也会变形，使其在电场中平均偶极矩不为零，我们称其分子被极化。其中转向极化可用摩尔转向极化度 P_0 来表示，它与永久偶极矩 μ^2 成正比，与热力学温度成反比。

$$P_0=\frac{4}{3}\pi N_A\alpha_0=\frac{4}{9}\pi N_A\frac{\mu^2}{kT} \quad (2)$$

式中，N_A 是阿伏伽德罗常数；α_0 是分子转向磁化率，统计力学证明 $\alpha_0=\frac{\mu^2}{3kT}$；$k$ 为波尔兹曼常数。对于非极性分子，$\mu=0$，$P_0=0$。

在均匀的外电场中，不论是极性分子还是非极性分子，都会发生分子中的电子云对分子骨架发生相对移动，分子骨架也会变形，这叫分子变形极化，变形极化可由摩尔极化度 P_D 来衡量。它包括两部分，即电子云变形极化度 P_E 与分子骨架变形极化度 P_A：

$$P_D=P_E+P_A$$

其中

$$P_E=\frac{4}{3}\pi N_A\alpha_E \qquad P_A=\frac{4}{3}\pi N_A\alpha_A \tag{3}$$

α_E 与 α_A 分别是电子极化率与原子极化率。

显然，在均匀的外电场中，极性分子的摩尔极化度 P 由三项组成：

$$P=P_0+P_E+P_A \tag{4}$$

非极性分子的摩尔极化度 P 由两项组成，因为 $P_0=0$，即：

$$P=P_E+P_A \tag{5}$$

2. 介电常数的测定

介电常数是通过电容测定计算而得到的。

如果我们在电容器的两个极板间充以某种电介质，电容器的电容量就会增大，如果维持极板上的电荷量不变，那么充以电介质的两极板间电势差就会减小。若 C_0 为极板间处于真空时的电容量，C 为充以电介质时的电容量，则 C 和 C_0 之比值 ε 称为该电介质的介电常数。

$$\varepsilon=\frac{C}{C_0} \tag{6}$$

克劳修斯（Clausius）、莫索第（Mosotti）和德拜（Debye）从电磁理论得到物质摩尔极化度与介电常数 ε 之间的关系式：

$$P=\frac{\varepsilon-1}{\varepsilon+2}\cdot\frac{M}{\rho}=\frac{4}{3}\pi N_A\alpha=\frac{4}{3}\pi N_A\left(\frac{\mu^2}{3kT}+\alpha_E+\alpha_A\right) \tag{7}$$

式中，M 为被测物质的分子量；ρ 为该物质在 T(K) 时的密度。

但该式是假定分子间无相互作用而推导得到的，所以只能适用于温度不太低的气相体系，然而测定气相的介电常数和密度在实验上困难较大，对某些物质甚至无法获得其气相状态，因此后来提出了一种溶液法来解决这一困难，溶液法的基本思想是，在无限稀释的非极性溶液中，溶质分子所处的状态和气相时相近，于是无限稀释溶液中溶质的摩尔极化度 P，就可以看作式(7) 中的摩尔极化度 P。

要求得介电常数，必须测量电介质的电容 C。本实验采用小电容测试仪来测量电容。

由于在小电容测量仪测定电容时，除电容池两极板间的电容 C 外，整个测试系统中还有分布电容 C_d 的存在，所以实际测得的电容应为 C 和 C_d 之和，即

$$C_x=C+C_d \tag{8}$$

C 随测定物质而异，而 C_d 对一台仪器（包括所配的导线和电容池）来说是一定值，因

此在以后各次测量中必须扣除分布电容值 C_d，才能得到待测物的电容 C。

其测定方法为先测定一已知介电常数 $\varepsilon_{标}$ 的标准物质的电容 $C'_{标}$，则：

$$C'_{标}=C_{标}+C_d \tag{9}$$

而不放样品时（空气）所测 $C'_{空}$ 为

$$C'_{空}=C_{空}+C_d \tag{10}$$

两式相减得

$$C'_{标}-C'_{空}=C_{标}-C_{空} \tag{11}$$

已知物质介电常数 ε 等于电介质的电容与真空时的电容之比，如果把空气的电容近似看作真空时的电容，$C_{空}=C_0$，则：

$$C'_{标}-C'_{空}=C_{标}-C_0 \tag{12}$$

由定义

$$\varepsilon_{标}=C_{标}/C_{空} \tag{13}$$

变为

$$C'_{标}-C'_{空}=\varepsilon_{标}\cdot C_0-C_0=(\varepsilon_{标}-1)C_0$$
$$C_0=(C'_{标}-C'_{空})/(\varepsilon_{标}-1)$$

代入式(10) 得

$$C_d=(\varepsilon_{标}\ C'_{空}-C'_{标})/(\varepsilon_{标}-1) \tag{14}$$

这样，测量出 C_x，扣除 C_d，再有 C_0，可以计算出物质的介电常数 ε。

3. 折射率与偶极矩的测定

根据光的电磁理论，在同一频率的高频电场作用下，透明物质的介电常数 ε 与折射率 n 的关系为：

$$\varepsilon=n^2$$

代入式(7) 得极化计算公式（R 表示摩尔极化度）：

$$R=\frac{n^2-1}{n^2+2}\cdot\frac{M}{\rho}=\frac{4}{3}\pi N_A\alpha \tag{15}$$

称为洛仑兹-罗伦斯（Lorenz-Lroentz）公式。必须指出，用 n^2 代替 ε，此时 ε 是指交变电场中测得的 ε，与静电场中测得的 ε 有所不同。

这是因为：

(1) 当在交变电场的频率处于低频（小于 10^{10} Hz，相当于无线电波），与静电场无区别，此时对极性分子而言

$$P=P_0+P_E+P_A$$

(2) 当在交变电场的频率增加到中频（$10^{12}\sim10^{14}$ Hz，相当于红外波段），极性分子的转向运动跟不上电场变化，此时极性分子

$$P=P_E+P_A$$

(3) 当在交变电场的频率增加到高频（大于 10^{15} Hz，紫外可见波段），分子骨架也跟不上电场变化，此时只剩下电子云变形极化度。极性分子

$$P=P_E$$

在实验室通常用可见光（紫外可见）测量出折射率，计算出极化度：

$$R=\frac{n^2-1}{n^2+2}\cdot\frac{M}{\rho}=P_E=\frac{4}{3}\pi N_A\alpha_E\approx\frac{4}{3}\pi N_A\alpha_D \tag{16}$$

然后在低频电场测量出极性分子的介电常数 ε，代入式(7) 计算出摩尔极化度 P，那么由 $P=P_0+P_E+P_A$ 得出：

$$P_0=P-R$$

把 P_0 数值代入式(2)，可计算出极性分子的偶极矩。

本实验用阿贝折光仪测量物质折射率 n。

4. 测定偶极矩的基本公式

为了消除极性分子相互影响，本实验将极性溶质（丙酮）以较小浓度溶于非极性溶剂（环己烷）中，配成不同浓度的溶液，其摩尔极化度 P_{12} 可用式(7) 表示：

$$P_{12}=\frac{\varepsilon_{12}-1}{\varepsilon_{12}+2}\cdot\frac{M_1x_1+M_2x_2}{\rho_{12}}=P_1x_1+P_2x_2 \tag{17}$$

式中，下标 12 表示溶液；下标 1 表示溶剂；下标 2 表示溶质，x_1、x_2 是摩尔分数。

用 $V_{m,12}$ 表示溶液的平均摩尔体积，$V_{m,1}$ 表示溶剂的摩尔体积：

$$V_{m,12}=\frac{M_1x_1+M_2x_2}{\rho_{12}} \qquad V_{m,1}=\frac{M_1}{\rho_1}$$

溶剂的极化度：
$$P_1=\frac{\varepsilon_1-1}{\varepsilon_1+2}\cdot\frac{M_1}{\rho_1}=\frac{\varepsilon_1-1}{\varepsilon_1+2}V_{m,1} \tag{18}$$

溶质的极化度：
$$P_2=\frac{4\pi}{3}N_A\left(\alpha_E+\alpha_A+\frac{\mu^2}{3kT}\right) \tag{19}$$

将式(18)、式(19) 代入式(17)

$$P_{12}=\frac{\varepsilon_{12}-1}{\varepsilon_{12}+12}\cdot V_{m,12}=\frac{\varepsilon_1-1}{\varepsilon_1+2}V_{m,1}x_1+\frac{4\pi}{3}N_A(\alpha_E+\alpha_A+\frac{\mu^2}{3kT})x_2 \tag{20}$$

在高频可见光测量出折射率 n 的极化度公式为

$$R_{12}=\frac{n_{12}^2-1}{n_{12}^2+2}\cdot V_{m,12}=\frac{n_1^2-1}{n_1^2+2}V_{m,1}x_1+\frac{4\pi}{3}N_A\alpha_E \tag{21}$$

式(20) 减去式(21)，得

$$P_{12}-R_{12}=\left(\frac{\varepsilon_{12}-1}{\varepsilon_{12}+2}-\frac{n_{12}^2-1}{n_{12}^2+2}\right)V_{m,12} \tag{22}$$

$$P_{12}-R_{12}=\left(\frac{\varepsilon_{12}-1}{\varepsilon_{12}+2}-\frac{n_{12}^2-1}{n_{12}^2+2}\right)V_{m,1}x_1+\frac{4\pi N_A\mu^2}{9kT}x_2 \tag{23}$$

对于稀溶液，$V_{m,12}\approx V_{m,1}x_1$，由式(22)、式(23) 可得

$$\left(\frac{\varepsilon_{12}-1}{\varepsilon_{12}+2}-\frac{n_{12}^2-1}{n_{12}^2+2}\right)V_{m,12}=\left(\frac{\varepsilon_1-1}{\varepsilon_1+2}-\frac{n_1^2-1}{n_1^2+2}\right)V_{m,12}+\frac{4\pi N_A\mu^2}{9kT}x_2 \tag{24}$$

对上式两边同除 $V_{m,12}$，并设 $\frac{x_2}{V_{m,12}}=c_2\times10^3$ （c_2 单位为 $mol\cdot L^{-1}$），则

$$\left(\frac{\varepsilon_{12}-1}{\varepsilon_{12}+2}-\frac{n_{12}^2-1}{n_{12}^2+2}\right)=\left(\frac{\varepsilon_1-1}{\varepsilon_1+2}-\frac{n_1^2-1}{n_1^2+2}\right)+\frac{4\pi N_A\mu^2\times10^{-3}}{9kT}c_2 \tag{25}$$

或者
$$\left(\frac{\varepsilon_{12}-1}{\varepsilon_{12}+2}-\frac{n_{12}^2-1}{n_{12}^2+2}\right)-\left(\frac{\varepsilon_1-1}{\varepsilon_1+2}-\frac{n_1^2-1}{n_1^2+2}\right)=\frac{4\pi N_A\mu^2\times10^{-3}}{9kT}c_2 \tag{26}$$

对于式(25)，如果测量出不同浓度 c_2 时的 ε_{12}、n_{12}，以 $\left(\frac{\varepsilon_{12}-1}{\varepsilon_{12}+2}-\frac{n_{12}^2-1}{n_{12}^2+2}\right)$ 对 c_2（横坐标）作图，得一条直线，其斜率为

$$\tan\theta=\frac{4\pi N_A\mu^2\times10^{-3}}{9kT} \tag{27}$$

那么
$$\mu=\sqrt{\frac{9k}{4\pi N_A\mu^2\times10^{-3}}}\cdot\sqrt{T\tan\theta}=1.355\times10^{-30}\cdot\sqrt{T\tan\theta}(\mathrm{C\cdot m}) \tag{28}$$

纯溶剂的 ε_1、n_1 也有用，对于式(25)，是不过原点的直线，用 ε_1、n_1 计算出截距与作图的截距比较，对结果加以验证；对于式(26) 作图，直线是经过原点的，作图方便。

三、仪器与试剂

精密小电容测试仪 1 台；电容池 1 个；阿贝折光仪 1 台；电吹风 1 个；容量瓶（25mL）5 个；5mL 以下移液管数支，20mL、10mL 移液管 4 支；微量取液器 1 支，分析天平一台。

环己烷（分析纯）；丙酮（分析纯）。

四、实验步骤

1. 配制溶液

配制丙酮的环己烷溶液，浓度分别 0.200、0.400、0.800、1.000（$\mathrm{mol\cdot L^{-1}}$）各 25mL。

操作时注意防止溶质、溶液的挥发和吸收极性较大的水汽。配好后迅速盖上瓶盖。

2. 折射率测定

在 25.0℃±0.1℃条件下，用阿贝折光仪测定纯溶剂环己烷以及 4 种溶液的折射率，各样品需加样 2 次以上，读取 2 个以上数据，取其平均值。

3. 介电常数测定

(1) 电容 C_0 和 C_d 的测定

本实验采用环己烷作为标准物质，其介电常数的温度公式为：

$$\varepsilon(\text{环己烷})=2.023-1.60\times10^{-3}(t-20)$$

t 为摄氏温度。

用电吹风将电容池样品室吹干，并将电容池和电容测定仪连接线接好，将电容测定仪的电源开关置于“通”位，预热 10min 左右即可测量。盖好电容池样品室盖。待数字显示稳定后，记下 $C'_{空}$。

用移液管量取 1mL 标准环己烷注入电容池样品室，然后用滴管逐滴加入样品，使之浸没内、外电极，盖好样品室盖。待数字稳定后，记下 $C'_{标}$。

然后打开样品室盖，倒去室内环己烷（放入回收瓶），用电吹风将样品室吹干，至显示的数字与 $C'_{空}$ 值相差无几（小于 0.02pF），再重新加入环己烷，测量 $C'_{标}$，重复测量。由 $C'_{空}$、$C'_{标}$ 以及折射率计算出 C_0 与 C_d。

(2) 溶液电容的测定

按上述方法分别测量各溶液的 C'_{12}，重复测定时，不但要抽去样品室内的溶液，还要用电吹风将样品室吹干，然后重复测 $C'_{空}$ 值，再加入该溶液，测出电容值 C'_{12}。两次测量值应

小于 0.05pF。用 C'_{12} 平均值减去 C_d 即为各溶液电容 C_{12}。

五、结果与讨论

1. 实验记录与数据处理

按测量结果完成下表：

编号	浓度 c/mol·L^{-1}	C_{12}/pF			ε_{12}/F·m^{-1}	n_{12}			a	b	$a-b$	$(a-b)-(a'-b')$
		1	2	平均		1	2	平均				
0	0											
1	0.200											
2	0.400											
3	0.800											
4	1.000											

说明：编号 0 是纯溶剂环己烷，此行中为 C_1、ε_1、n_1、a'、b'。

$$a'=\frac{\varepsilon_1-1}{\varepsilon_1+2}\qquad b'=\frac{n_1^2-1}{n_1^2+2}$$

对于溶液（编号 1，2，3，4）：

$$a=\frac{\varepsilon_{12}-1}{\varepsilon_{12}+2}\qquad b=\frac{n_{12}^2-1}{n_{12}^2+2}\qquad C_{空}=\frac{C'_{标}-C'_{空}}{\varepsilon_{标}-1}\qquad C_d=C'_{空}-C_{空}=\frac{\varepsilon_{标}C'_{空}-C'_{标}}{\varepsilon_{标}-1}$$

$$C_{12}=C'_{12}-C_d\qquad \varepsilon_{标}=\varepsilon_1=\frac{C_1}{C_0}\qquad \varepsilon_{12}=\frac{C_{12}}{C_0}$$

2. 作图求偶极矩 μ

(1) 应用 4 个溶液的 $a-b$ 值对浓度 c 作图，求出该直线斜率。

(2) 将直线斜率代入公式(28)，计算出偶极矩 μ_1。

(3) 应用 4 个溶液的 $(a-b)-(a'-b')$ 值对浓度 c 作一过原点的直线，求出该直线斜率，再求出偶极矩 μ_2。

3. 讨论

(1) 对比 μ_1 和 μ_2。

(2) 求出相对误差。丙酮的 $\mu=9.82\times10^{-30}$C·m=2.95D。

【附注】

1. 丙酮易挥发，配制溶液时动作要迅速，配好后要立即盖上盖子。防止溶液的挥发及吸收极性较大的水蒸气。

2. 配制溶液的器具应干燥，溶液应透明不发生浑浊。

3. 用阿贝折光仪测量时要迅速、准确。

4. 测量电容时，注入的液体要浸没内、外电极，但不要接触到上盖（不能太满以防溢出）；要盖紧样品室盖子，以防漏气。

一次实验结果（参考张星星）：$t=12$℃，$T=285$K

1. 实验记录与数据处理

编号	浓度 c /mol·L^{-1}	C_{12}/pF			ε_{12} /F·m^{-1}	n_{12}			a	b	$a-b$	$(a-b)-(a'-b')$
		1	2	平均		1	2	平均				
0	0	2.42	2.42	2.42	1.08	1.4286	1.4288	1.4287	0.2857	0.2576	0.0281	0
1	0.200	5.21	5.39	5.30	2.37	1.4280	1.4278	1.4279	0.3135	0.2572	0.0563	0.0282
2	0.400	5.68	5.54	5.61	2.50	1.4270	1.4272	1.4271	0.3333	0.2568	0.0765	0.0484
3	0.800	6.85	6.47	6.66	2.97	1.4260	1.4262	1.4261	0.3964	0.2563	0.1401	0.1115
4	1.000	7.22	7.10	7.16	3.17	1.4250	1.4250	1.4250	0.4197	0.2557	0.1640	0.1359

$$\varepsilon_{标} = 2.023 - 1.60 \times 10^{-3}(12-20) = 2.0358$$

$$C_d = 2.74\text{pF} \qquad C_0 = C'_{空} - C_d = 2.24\text{pF}$$

2. 作图：$a-b$ 对 c 作图

c	$a-b$
0	0.0281
0.2	0.0563
0.4	0.0765
0.8	0.1401
1.0	0.1640

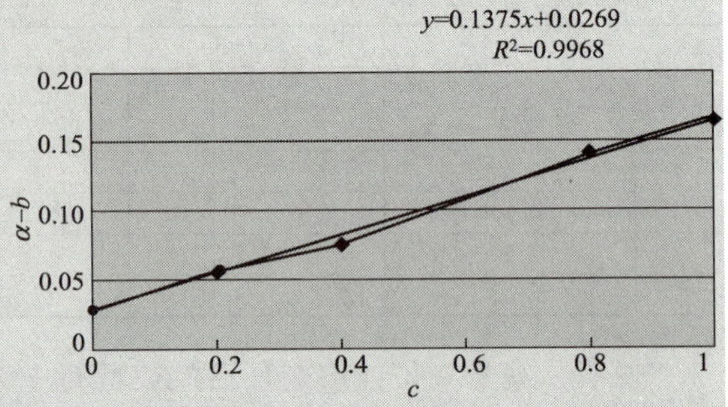

$$\tan\theta = 0.1375 \qquad T = 285\text{K}$$

$$\mu_1 = 1.355 \times 10^{-30} \cdot \sqrt{T\tan\theta} = 1.355 \times 10^{-30} \cdot \sqrt{285 \times 0.1375} = 8.482 \times 10^{-30}\ (\text{C} \cdot \text{m})$$

$(a-b)-(a'-b')$ 对 c 作图：

c	$(a-b)-(a'-b')$
0	0
0.2	0.0282
0.4	0.0484
0.8	0.1115
1.0	0.1359

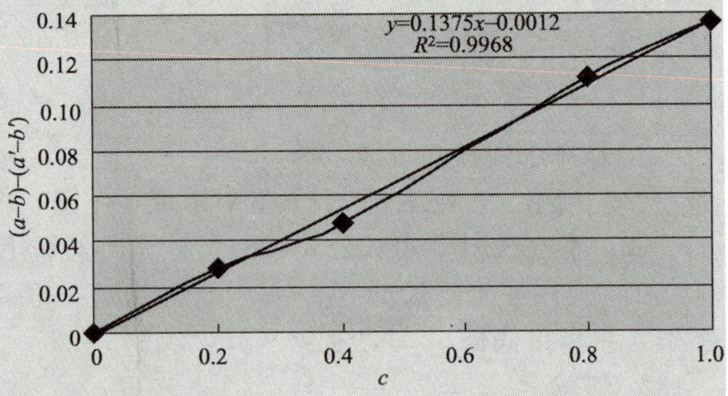

$$\tan\theta = 0.1375$$

$$\mu_2 = 1.355 \times 10^{-30} \times \sqrt{285 \times 0.1375} = 8.482 \times 10^{-30}\ (\text{C} \cdot \text{m})$$

3. 讨论

（1）对比 μ_1 和 μ_2，相差极小，几乎相等，说明两种作图处理时结果一样。

（2）求出相对误差。丙酮的 $\mu = 9.82 \times 10^{-30}\text{C} \cdot \text{m} = 2.95\text{D}$。

相对误差＝(9.82-8.48)/9.82＝0.1364＝13.64％

【思考题】

1. 极性分子在电场中极化度包括哪几部分？

2. 极性分子在红外波段电场中极化度包括哪几部分？

3. 用比重瓶在恒温条件下测定液体密度的实验中，一般都忽略了称空比重瓶时瓶中所含空气的质量，即称空瓶实际称的是空瓶加瓶中的空气，把瓶加瓶中空气的质量作为空瓶质量处理。若要精确测定，如何能消除这一因素产生的误差。

4. 试分析偶极矩测定的实验中影响实验结果的因素。

5. 测定介电常数时，如何最大限度保证分布电容 C_d 为定值？

6. 准确测定溶质摩尔极化度和摩尔折射度时，为什么要外推至无限稀释？

7. 本实验使用的主要仪器有哪些？

8. 由于本实验使用的有机溶剂易挥发，所以整个实验过程中应注意哪些问题？
9. 比重瓶的使用应注意哪些问题？
10. 电容池的使用应注意哪些问题？

实验 5-18 物质磁化率的测定

一、实验目的

1. 通过测定一些络合物的磁化率，求算未成对电子数和判断这些分子的配键类型。
2. 掌握 Gouy 法测定磁化率的原理和实验方法。
3. 学会用霍尔法测定磁场强度。

二、实验原理

1. 磁化率

物质的磁化率表征着物质的磁化能力。

物质置于外加磁场 $\vec{H}$ 中，该物质内部的磁感应强度为：

$$\vec{B}=(1+4\pi x)\vec{H}$$

χ 称为单位磁化率（单位体积），是物质一种宏观磁性质。化学上常用单位质量磁化率 χ_m 或摩尔磁化率 χ_M 表示物质的磁性质。它们的定义是：

$$\chi_m=\frac{\chi}{\rho} \qquad \chi_M=M\chi_m=\frac{M\chi}{\rho}$$

式中，ρ 是物质的密度；M 是摩尔质量。

由于 χ 是无量纲的量，故 χ_m 和 χ_M 的单位分别是 $m^3 \cdot kg^{-1}$ 和 $m^3 \cdot mol^{-1}$。

$\chi_M<0$ 的物质称为反磁性物质。分子中电子自旋已配对的物质一般是反磁性物质。反磁性的产生在于内部电子的轨道运动，在外磁场作用下产生拉摩运动，感应出一个诱导磁矩。磁矩的方向与外磁场相反。如 Hg、Cu、Bi 等。

$\chi_M>0$ 的物质称为顺磁性物质。顺磁性一般是具有自旋未配对电子的物质。因为电子自旋未配对的原子或分子具有分子磁矩（亦称永久磁矩）μ_m，如 Mn、Cr、Pt 等。由于热运动，μ_m 指向各个方向的机会相同，所以该磁矩的统计值等于 0，在外磁场作用下，一方面分子磁矩会按着磁场方向排列，其磁化方向与外磁场方向相同，其磁化强度与外磁场成正比。另一方面物质内部电子的轨道运动也会产生拉摩运动，感应出诱导磁矩，其磁化方向与外磁场方向相反。所以顺磁性物质的摩尔磁化率 χ_M 是摩尔顺磁化率 χ_u 和摩尔反磁化率 χ_o 两部分之和。

$$\chi_M=\chi_u+\chi_o$$

但由于 $\chi_M \gg |\chi_o|$，故顺磁性物质 $\chi_M>0$，且近似地把 χ_u 当作 χ_M，即：

$$\chi_M=\chi_u$$

除反磁性物质和顺磁性物质外，还有少数物质的磁化率特别大，且磁化程度与外磁场之间并非正比关系，称为铁磁性物质。

2. 分子磁矩和磁化率

顺磁磁化率χ_u 和分子磁矩的关系，一般服从居里定律：

$$\chi_u = \frac{N_A \mu_m^2}{3kT}$$

式中，N_A 为阿伏伽德罗常数；k 为波尔兹曼常数；T 为热力学温度。

由于$\chi_M \approx \chi_u$，因此：

$$\chi_M = \frac{N_A \mu_m^2 \mu_0}{3kT} \tag{1}$$

由式(1) 可得分子磁矩 μ_m：

$$\mu_m = \sqrt{\frac{3k\chi_M T}{\mu_0 N_A}} = \frac{1}{\mu_B}\sqrt{\frac{3k\chi_M T}{\mu_0 N_A}}(\mu_B) = 797.7\ \sqrt{\chi_M T(\mu_B)} \tag{2}$$

式中，μ_B 是波尔磁子，是磁矩的自然单位，其数值为：$\mu_B = 0.9274 \times 10^{-23}\,J \cdot T^{-1}$。

式(2) 将物质的宏观磁性质χ_M 和其微观性质 μ_m 联系起来。因此只要实验测得χ_M，就可算出分子磁矩 μ_m。

3. 物质的分子磁矩 μ_m 和它所包含的未成对电子数 n 的关系

物质的顺磁性主要来自于和电子自旋相关的磁矩（由于化学键使其轨道“冻结”）。电子有两个自旋状态。如果原子、分子或离子中有两个自旋状态的电子数不相等，则该物质在外磁场中就呈现顺磁性。这是由于每一个轨道上成对电子自旋所产生的磁矩是相互抵消的。所以只有尚未成对电子的物质才具有分子磁矩，它在外磁场中表现为顺磁性。

物质的分子磁矩 μ_m 和它所包含的未成对电子数 n 的关系可用下式表示：

$$\mu_m = \sqrt{n(n+2)}(\mu_B) \qquad n = -1 + \sqrt{1+\mu_m^2} \tag{3}$$

由实验测定χ_M，代入式(2)，求出 μ_m，再代入式(3) 求出未成对的电子数 n。理论值与实验值一定有误差，这是由于轨道磁矩完全被冻结的缘故。

4. 根据未成对电子数判断络合物的配键类型

由式(3) 算出的未成对电子数 n，对于研究原子或离子的电子结构，判断络合物的配键类型是很有意义的。

图 5-38　Fe^{2+} 在自由离子状态下的电子结构

络合物的价键理论认为：络合物可分为电价络合物和共价络合物。电价络合物是指中央离子与配位体之间靠静电库仑力结合起来，这种化学键称为电价配键。这时中央离子的电子结构不受配位体影响，基本上保持自由离子的电子结构。例如，Fe^{2+} 在自由离子状态下的电子结构，如图 5-38 所示。当它与 6 个水配位体形成络离子$[Fe(H_2O)_6]^{2+}$时，中央离子 Fe^{2+} 仍能保持着上述自由离子状态下的电子结构，故此络合物是电价络合物。

共价络合物则是以中央离子的空的价电子轨道接受配位体的孤对电子以形成共价电子重排，以腾出更多空的价电子轨道，并进行“杂化”，来容纳配位体的电子对。见图 5-39：当

Fe^{2+}与6个CN^-配位体形成络离子$[Fe(CN)_6]^{4-}$，铁的电子重排，6个电子集中在三个d轨道上，空出的2个d轨道和空的4s和4p轨道，进行杂化变成d^2sp^3杂化轨道，以此来容纳6个CN^-中的C原子上的6对孤对电子，形成6个共价配键，电子自旋全部配对，是反磁性物质。

图5-39 d^2sp^3杂化轨道

5．磁化率的测定

本实验采用古埃磁天平法测定物质的χ_M（图5-40）。

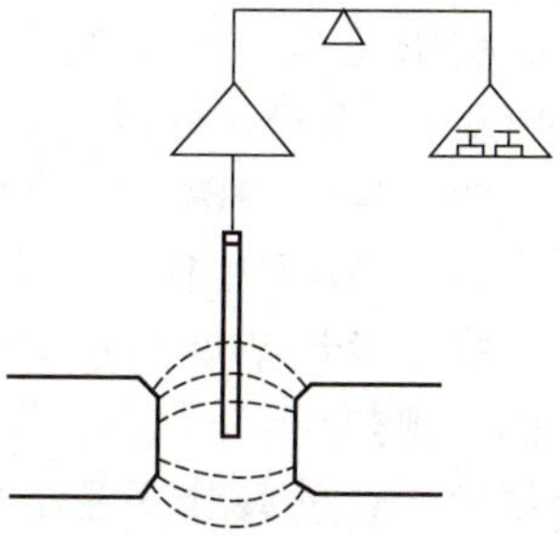

图5-40 古埃磁天平示意图

将圆柱形样品管悬挂在天平的一个臂上，使样品管下端处于电磁铁两极中心，亦即磁场强度H最强处。样品应足够长，使其上端所处的磁场强度H_0可忽略不计。这样，圆形样品管就处在一个不均匀磁场中，则磁场对样品作用力f为：

$$df=\int_H^{H_0}(\chi-\chi_{空})AH\frac{\partial H}{\partial S}dS$$

式中，A为样品截面积；$\chi_{空}$为空气的磁化率；S为样品管轴方向距离；$\frac{\partial H}{\partial S}$为磁场强度梯度；$H$为磁场中心强度；$H_0$为样品顶端磁场强度。

假定空气的磁化率可以忽略，且$H_0=0$，上式积分得：

$$f=\frac{1}{2}\chi H^2A$$

由天平称得装有样品的样品管和不装样品的空样品管，在加与不加磁场时的重量变化，求出：

$$f_2=\Delta m_{样品+空管}g \qquad f_1=\Delta m_{空管}g$$

显然

$$f=f_2-f_1$$

于是有

$$\frac{1}{2}\chi H^2A=(\Delta m_{样品+空管}-\Delta m_{空管})g \tag{4}$$

由于$\chi_M=\frac{M\chi}{\rho}$ $\rho=\frac{m}{hA}$，则有

$$\chi_m=\frac{2(\Delta m_{样品+空管}-\Delta m_{空管})gh}{\mu_0 m_{样品}H^2} \tag{5}$$

$$\chi_M=\frac{2(\Delta m_{样品+空管}-\Delta m_{空管})gh}{\mu_0 m_{样品}H^2}=M \tag{6}$$

式中，$\Delta m_{样品+空管}$为装有样品的管加磁场时的质量减去装有样品的管不加磁场时的质量；$\Delta m_{空管}$为不装样品的空管加磁场时的质量减去不装样品的空管不加磁场时的质量；g为重力加速度；M为样品摩尔质量；h为样品实际高度，cm；$m_{样品}$为样品在无磁场时的实际

质量；μ_0 为真空磁导率（$4\pi\times10^{-7}$）；H 为磁场强度。

H 可以由标准物质求出。用已知磁化率的标准样品，测定出 $\Delta m_{样品+空管}$、$\Delta m_{空管}$、$m_{样品}$ 和 h。本实验用莫尔氏盐即硫酸亚铁铵$(NH_4)_2SO_4 \cdot FeSO_4 \cdot 6H_2O$ 为标准样品，已知其单位质量磁化率为：

$$\chi_m=\frac{9500}{T+1}\times4\pi\times10^{-9}(m^3 \cdot kg^{-1}) \tag{7}$$

式中，T 为热力学温度。

三、仪器与试剂

古埃磁天平一台；玻璃样品管 1 支；温度计 1 支；电吹风 1 个；装样品工具（角匙、小漏斗、竹针）。

莫尔氏盐 $(NH_4)_2SO_4 \cdot FeSO_4 \cdot 6H_2O$（分析纯）；$K_4Fe(CN)_6 \cdot 3H_2O$（分析纯）；$FeSO_4 \cdot 7H_2O$（分析纯）。

四、实验步骤

1. 磁场两极中心处磁感应强度（B）测量

将电流调节旋钮左旋到底，打开电源开关，调节到任一电流值，预热 5min。在霍尔探头（图 5-41）远离磁场时，调节调零旋钮，使其数字显示为“0”。把霍尔探头放入磁铁的中心支架上，使其顶端放入待测磁场中，并轻轻、缓慢地前后、左右调节探头的位置，观察数字显示值，直至调节到最大值，固定。把电流调节至零，缓慢由小到大调节励磁电流。分别读取 $I=1A$、$I=2A$、$I=3A$、$I=4A$ 时 B 的值，缓慢调节至 $I=5A$，然后再缓慢由大到小调节励磁电流，分别读取 $I=4A$、$I=3A$、$I=2A$、$I=1A$ 时 B 的值，并记入下表；再重复操作一次。关闭电源。

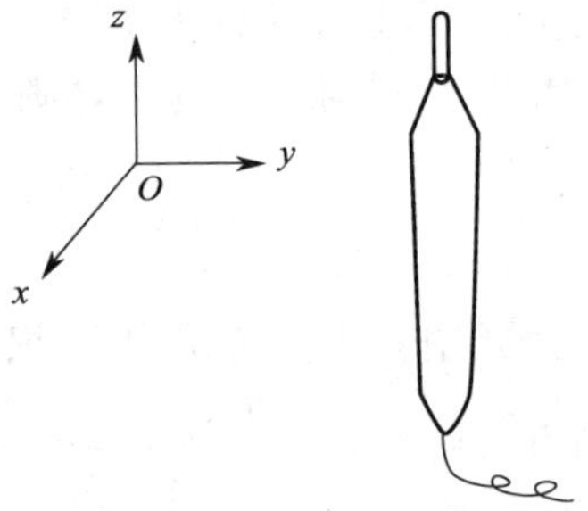

图 5-41　霍尔元件探头

不同励磁电流下磁感应强度

励磁电流 I/A	B_1	B_2	B_3	B_4	B(平均)
$I=0$					
$I=1$					
$I=2$					
$I=3$					
$I=4$					

2. 样品管 $\Delta m_{空管}$ 的测定

取一只洁净、干燥的样品管悬挂在天平的一端，使样品管底部与两磁极中心连线平齐（样品管不能与磁极相接触），准确称取空样品管质量，然后接通电源，缓慢由小到大调节电流，分别称取 $I=1A$、$I=2A$、$I=3A$、$I=4A$ 时的空样品管质量，缓慢调节至 $I=5A$，再缓慢由大到小调节励磁电流，分别称取 $I=4A$、$I=3A$、$I=2A$、$I=1A$ 时的空样品管质量，再缓慢调节至 $I=0A$，断开电源开关。在无励磁电流的情况下，再准确称取一次空样品管的质量。

测量注意点：①两磁极距离不得随意变动；②样品管不得与磁极相接触；③实验时应避免气流对测量的影响；④每次测量后应将天平托盘托起。用励磁电流由小至大、由大至小，这种测量方法是为了抵消实验时磁场剩磁现象的影响。

空样品管在励磁电流下质量

励磁电流 I/A	$m_{空}$(1)	$m_{空}$(2)	$m_{空}$(平均)	有无励磁磁场时质量差 $\Delta m_{空}$
$I=0$	①	①′	$a=$(①+①′)/2	—
$I=1$	②	②′	$b=$(②+②′)/2	$b-a$
$I=2$	③	③′	$c=$(③+③′)/2	$c-a$
$I=3$	④	④′	$d=$(④+④′)/2	$d-a$
$I=4$	⑤	⑤′	$e=$(⑤+⑤′)/2	$e-a$

同法重复测定一次，将两次测得的数据取平均值。

3. 用莫尔氏盐标定磁场强度

取下样品管，用小漏斗装入事先研细并干燥过的莫尔氏盐，并不断让样品管底部在软木垫上轻轻碰撞，使粉末样品均匀填实，直至装入所要求的高度，用直尺准确测量样品高度 h。按 2 方法分别准确称取相应电流强度下的质量。

标准物莫尔氏盐在励磁电流下质量

励磁电流 I/A	$m_{空+样}$(1)	$m_{空+样}$(2)	$m_{空+样}$(平均)	有无励磁磁场时质量差 $\Delta m_{空+样}$
$I=0$				
$I=1$				
$I=2$				
$I=3$				
$I=4$				

同法重复测定一次，将两次测得的数据取平均值。测定完毕后，将样品管中的莫尔氏盐样品倒入回收瓶中，然后洗净、烘干样品管。

4. 样品 $FeSO_4 \cdot 5H_2O$ 和 $K_4[Fe(CN)_6] \cdot 3H_2O$ 的测量

用同一样品管，同样方法测定 $FeSO_4 \cdot 5H_2O$ 和 $K_4[Fe(CN)_6] \cdot 3H_2O$ 在不同电流强度下的质量。要特别注意：样品在样品管中的高度与莫尔氏盐在样品管中高度完全相等。

其他数据记录：样品高度 h ________________；热力学温度 T ________________。

$FeSO_4 \cdot 5H_2O$ 在励磁电流下质量

励磁电流 I/A	$m_{空+样}$(1)	$m_{空+样}$(2)	$m_{空+样}$(平均)	有无励磁磁场时质量差 $\Delta m_{空+样}$
$I=0$				
$I=1$				
$I=2$				
$I=3$				
$I=4$				

$K_4[Fe(CN)_6] \cdot 3H_2O$ 在励磁电流下质量

励磁电流 I/A	$m_{空+样}$(1)	$m_{空+样}$(2)	$m_{空+样}$(平均)	有无励磁磁场时质量差 $\Delta m_{空+样}$
$I=0$				
$I=1$				
$I=2$				
$I=3$				
$I=4$				

五、数据处理

1. 由式(7) 算出莫尔氏盐的质量磁化率χ_m，并结合有关实验数据利用式(5) 计算相应励磁电流下的磁场强度（可与用特斯拉计测量的结果对照）。

2. 按式(6) 算出待测样品 $FeSO_4 \cdot 7H_2O$ 和 $K_4[Fe(CN)_6] \cdot 3H_2O$ 摩尔磁化率χ_M。

3. 再根据式(2) 和式(3) 计算待测样品 $FeSO_4 \cdot 7H_2O$ 和 $K_4[Fe(CN)_6] \cdot 3H_2O$ 的永久磁矩 μ_m 和未成对电子数 n。

4. 根据未成对电子数，讨论 $FeSO_4 \cdot 7H_2O$ 和 $K_4[Fe(CN)_6] \cdot 3H_2O$ 中的中心离子 Fe^{2+} 的最外层电子结构，并由此判断配键类型。

【附注】

1. 电源开关打开或关闭前，应先将电位器逐渐调节至零。
2. 励磁电流的升降应平稳、缓慢、严防突发性断电。
3. 空样品管需干燥、洁净，样品应均匀填实。
4. 实验时应避免气流对测量的影响

【思考题】

1. 试述古埃（Gouy）法测定物质磁化率的测定范围。
2. 从理论上讲，不同励磁电流下测得的样品的摩尔磁化率是否相同？实验中不同励磁电流下测得的样品摩尔磁化率是否相同？
3. 在实验过程中为什么采用励磁电流由小至大，再由大至小的测定方法？
4. 本实验中样品管装样时，为何样品的高度要足够高？
5. 实验过程中应注意哪些问题？
6. 讨论 $FeSO_4 \cdot 7H_2O$ 和 $K_4Fe(CN)_6 \cdot 3H_2O$ 的配键类型。

第六章　中学化学教学法实验部分

实验 6-1　"电解水"实验的准备和演示

一、实验目的

1. 掌握演示"电解水"实验的操作技能。

2. 探索水电解器（霍夫曼电解器）的代用装置。

3. 初步掌握演示"电解水"实验的讲解法。

二、实验原理

水在直流电的作用下，分解成氢气和氧气。为了增强导电性，水中可加入少量 H_2SO_4、NaOH 或 Na_2SO_4。电解某些强含氧酸如 H_2SO_4、可溶性强碱如 NaOH、某些活泼金属的强含氧酸盐如 Na_2SO_4 的水溶液时，实际上是电解水。如电解 NaOH 溶液时：

阴极：$4H^+ + 4e^- = 2H_2\uparrow$

阳极：$4OH^- - 4e^- = 2H_2O + O_2\uparrow$

总反应：$2H_2O \xlongequal{电解} 2H_2\uparrow + O_2\uparrow$

三、仪器与试剂

导线、水槽、直流稳压电源、电插板、试管、铁钉、保险丝等。

1∶10 的稀 H_2SO_4、10%的 NaOH 溶液。

四、实验步骤

1. 水的电解

图 6-1 是实验室电解水简易装置的示意图。

在水槽里加入容积约占 1/2 的 10%的 NaOH 溶液。取容积相同的两支试管，充满 10%的 NaOH 溶液，倒扣在水槽里（管底不得留有空气泡），将作为电极的铁钉放到试管口内，接通直流电源（直流电压 6V）后，注意管内发生的现象。

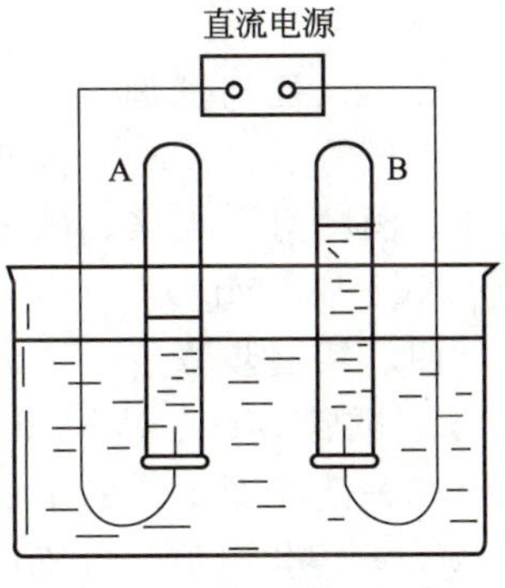

图 6-1　电解水的简易装置

改变两电极之间的距离（由最远移到最近，但两极不可相碰而短路），观察两电极之间距离的改变对电解速度的影响。

改变直流电压（在 5～12V 范围内，由低到高），观察直流电压的改变对电解速度的影响。

改变电极材料（先后换成石墨电极和铜片电极），观察电极材料的改变对电解的影响。

改变电解液的浓度（将电解液稀释），观察电解液浓度的改变对电解速度的影响。

改变电解质（将 10%的 NaOH 溶液换成 1∶10 的稀 H_2SO_4），观察电解质的改变对电解的影响。

2. 自行设计电解水的简易装置（要求设计合理、装置简单、便于操作、现象鲜明）。

【思考题】

1. 是否用任何材料作为电极、配以任何溶液作为电解液，都适用于电解水的演示实验？

2. 影响水电解速度的主要因素有哪些？（浓度大小、电压高低、电极间的距离）

3. 在某些实验中，所得氢气和氧气的体积比远远偏离 2∶1，其原因何在？你在实验中所得现象与此一致吗？

4. 铜片和碳棒能作为电解水实验的电极材料吗？为什么？

实验 6-2 氧气的制法和性质

一、实验目的

1. 掌握实验室制取氧气的方法，并试验氧气的重要性质。

2. 掌握氧气的收集方法。

二、实验原理

实验室常用分解过氧化氢溶液、加热氯酸钾或加热高锰酸钾的方法制取氧气（本实验用氯酸钾法制取氧气）。

1. 过氧化氢法

$$2H_2O_2 \xlongequal{MnO_2} 2H_2O + O_2\uparrow$$

2. 氯酸钾法

$$2KClO_3 \xlongequal[\triangle]{MnO_2} 2KCl + 3O_2\uparrow$$

3. 高锰酸钾法

$$2KMnO_4 \xlongequal{\triangle} K_2MnO_4 + MnO_2 + O_2\uparrow$$

三、仪器与试剂

大试管、试管夹、铁架台（带铁圈）、单孔橡皮塞、橡皮管、导管、集气瓶、水槽、玻璃片、酒精灯、火柴、砂纸、镊子、燃烧匙、角匙、表面皿、研钵等。

$KClO_3$、MnO_2、$KMnO_4$、木炭、红磷、硫黄、细铁丝、棉花、石灰水。

四、实验步骤

1. 试验 MnO_2 对 $KClO_3$ 分解的催化作用

在一洁净而干燥的小试管里加入少量 $KClO_3$，用试管夹夹住该试管，在火焰上加热直至 $KClO_3$ 熔化以后，并随时将带火星的木条伸入试管检验有无氧气放出（当 $KClO_3$ 加热至熔化以后，才缓慢放出氧气，使带火星的木条复燃）。

在另一洁净而干燥的小试管里加入少量 $KClO_3$，先用试管夹夹住该试管，在火焰上加热至 $KClO_3$ 刚好熔化，取带火星的木条伸入试管，观察发生的现象（可观察到木条并不复燃，或稍有复燃）。这时候有没有氧气放出？再把试管移离火焰，迅速加入少量 MnO_2 粉末，立即将准备好的带火星的木条伸入管内。观察到什么现象（可观察到木条复燃，或猛烈复燃）？从这个实验得出什么结论？

2. 氧气的实验室制取

用带有导管的橡皮塞塞紧试管（图 6-2）。检查这个装置是否漏气。

将集气瓶盛满水，并用玻璃片盖住瓶口（注意不要让瓶口水面留有气泡）。把盛满水的瓶子连同玻璃片一起倒立在盛水的水槽内。观察瓶底有没有气泡。如果有气泡，就要重新操作。

用干燥而洁净的表面皿，在台秤上分别称取 9g $KClO_3$ 和 3g MnO_2，倒入研钵中混匀，用药匙装入大试管中，然后按图 6-2 把仪器装好。

给试管加热。先使酒精灯在试管下方来回移动，让试管均匀受热，然后对药品所在的部位加热。

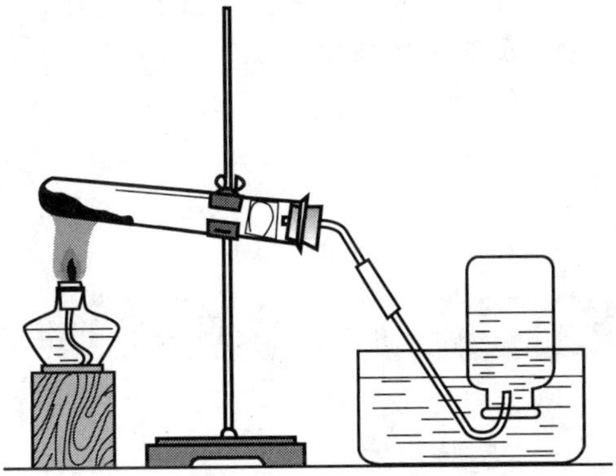

图 6-2　实验室制取氧气

导管口开始有气泡放出时，不宜立即收集，为什么？当气泡连续并比较均匀地放出时，再把导管口伸入盛满水的集气瓶里。等瓶子里的水排完以后（你怎样判断?），用玻璃片盖住瓶口。小心地把瓶子移出水槽，正放在桌子上。用同样的方法再收集 3 瓶氧气。停止加热时，先要把导管移出水面，然后熄灭火焰，为什么？

3. 试验氧气的化学性质

（1）木炭在氧气里燃烧

用镊子夹取一小块木炭，在酒精灯的火焰上烧红，再放在燃烧匙里，立刻插入盛有氧气的集气瓶中，要注意将其从瓶口慢慢地伸到瓶底。观察有什么现象发生（可以看到木炭烧得更旺，并发出白光）。

等燃烧停止后，取出燃烧匙，立即向集气瓶内倒入少量澄清石灰水，振荡。有什么现象（澄清石灰水变浑浊）？木炭在氧气里燃烧，生成什么物质（CO_2）？

（2）硫黄在氧气里燃烧

见图 6-3。在燃烧匙里放入少量硫粉，在酒精灯火焰上加热，直到发生燃烧，观察硫在空气里燃烧时发生的现象。然后把盛有燃着的硫的燃烧匙伸进盛满氧气的集气瓶里，并立即将玻璃片盖上，观察硫在氧气里燃烧时发生的现象。比较硫在空气里和在氧气里燃烧有什么不同（硫在空气里燃烧发出微弱的淡蓝色火焰，而在氧气里燃烧更旺，发出明亮的蓝紫色火焰，生成了一种无色有刺激性气味的气体，并放出热量）。集气瓶里要预先放少量 NaOH 溶液，为什么？

图 6-3　硫黄在氧气里燃烧

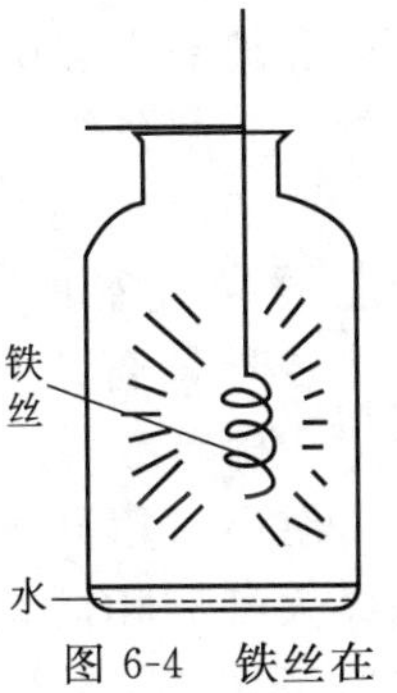

图 6-4　铁丝在氧气里燃烧

（3）铁丝在氧气里燃烧

见图 6-4。用砂纸把细铁丝打亮后，绕成螺旋状，一端系在燃烧匙的柄上，另一端系一根火柴，点燃火柴，待火柴快燃尽时，插入充满氧气的集气瓶中，观察发生的现象（铁丝在氧气里剧烈燃烧，火星四射，生成了一种黑色固体）。集气瓶里要预先放少量水或在瓶底铺上一薄层细沙，为什么？

【思考题】

1. 为什么在称取 $KClO_3$ 时要用干燥而洁净的表面皿而不用一般的纸？
2. 将红热的木炭放进盛有氧气的集气瓶里时，为什么要从瓶口慢慢地伸到瓶底？

3. 检验木炭在氧气里燃烧生成的CO_2为什么要用新制的、饱和的、澄清的石灰水？

4. 在做铁丝在氧气里燃烧的实验时，集气瓶里要预先放少量水或在瓶底铺上一薄层细沙，为什么？

实验 6-3 “氢气”演示实验的准备

一、实验目的

1. 掌握实验室制取氢气和检验氢气纯度的方法。
2. 熟悉启普发生器的构造和原理，掌握其操作技能。探索启普发生器的代用装置。
3. 试验氢气的重要化学性质。

二、实验原理

实验室常用稀酸如稀硫酸与金属如锌粒起反应来制取氢气。

$$Zn + H_2SO_4 \xlongequal{\quad} ZnSO_4 + H_2 \uparrow$$

三、仪器与试剂

启普发生器、试管、单孔橡皮塞、导管、橡皮管、止水夹、铁架台（带铁夹）、水槽、漏斗、尖嘴管、表面皿、烧杯、易拉罐、火柴、酒精灯等。

锌粒、稀（$3mol \cdot L^{-1}$）H_2SO_4。

四、实验步骤

1. 利用启普发生器制取氢气

实验室里制取较多的氢气常用启普发生器。

启普发生器（图 6-5）由球形漏斗 1、玻璃球和玻璃半球所组成的容器 2 和带旋钮的导气管 3 三部分组成。

最初使用时，将仪器横放，把锌粒由容器上插导气管的口中加入，然后放正仪器，再将装导气管的塞子塞好，接着由球形漏斗口加入稀硫酸。

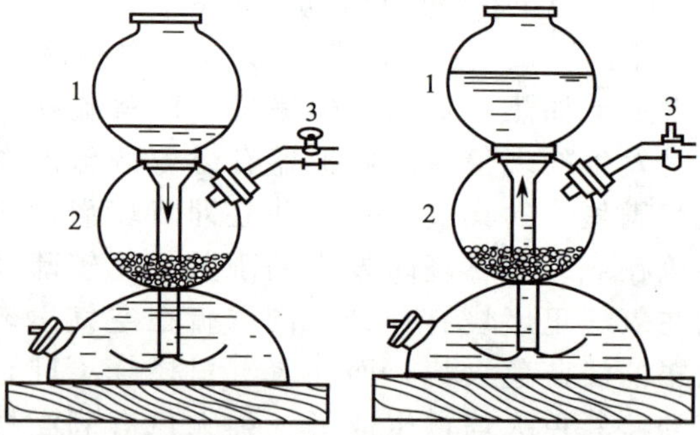

(a) 扭开活塞时的情形　(b) 关闭活塞时的情形

图 6-5　启普发生器

使用时扭开导气管活塞，容器内气压与外界大气压相同，球形漏斗内的酸液在重力作用下流到容器中，与锌粒接触，发生反应，产生的氢气从导气管放出。不用时关闭导气管活塞，由于酸液仍与锌粒接触，氢气依然生成，容器内气压不断加大，当容器内部气压大于外界大气压时，酸液将被压回球形漏斗里，使酸与锌粒脱离接触，反应即自行停止。

用启普发生器制取氢气十分方便，可以随时使反应发生，也可以随时使反应停止。

凡是用块状固体与液体反应制取气体，只要反应不需加热，且生成的气体难溶于水，就可以用这种装置。

2. 自行设计制取氢气的简易装置

3. 试验氢气的重要化学性质

（1）氢气的可燃性

经过验纯后，将导管移出水面，用燃着的火柴把氢气点燃。观察氢气燃烧时的火焰。用干冷的小烧杯罩在氢气的火焰上，观察烧杯内壁上发生的现象，写出氢气燃烧的化学方程式。

（2）氢气的还原性

在干燥的硬质试管底部铺一层黑色的氧化铜，按图6-6装置好。注意管口略向下倾斜。通入经检验已证明是纯净的氢气，过一会儿再加热试管里铺有氧化铜的部位。观察黑色的氧化铜有什么变化，管口有什么生成。反应完成后停止加热，还要继续通入氢气，直到试管冷却。为什么？

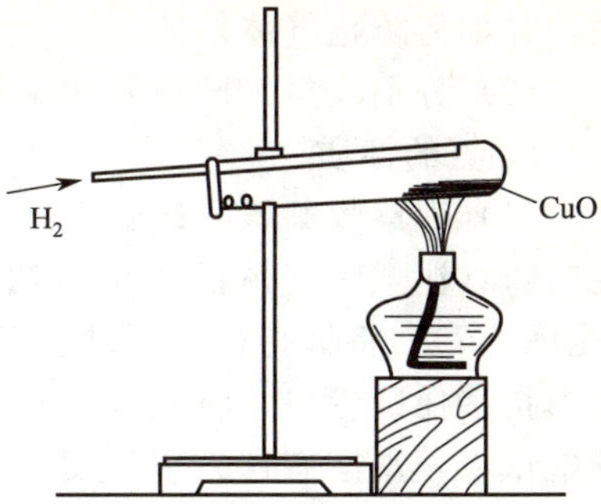

图 6-6　氢气还原氧化铜

【思考题】

1. 中学阶段，哪些气体的制取可使用启普发生器？符合哪几个条件？
2. 实验室所用锌粒为何要在 $CuSO_4$ 溶液中浸泡后才可使用？
3. 做氢气还原 CuO 实验时要注意哪些问题？

实验 6-4　氨气的实验室制备与性质实验

一、实验目的

1. 掌握实验室制取氨的方法及操作要领。
2. 对氨的物理性质和化学性质进行再认识。
3. 掌握喷泉实验的操作技术。

二、实验原理

实验室制取氨气的常用方法有：

1. 固态铵盐与消石灰混合共热制取氨气，常用 NH_4Cl 与 $Ca(OH)_2$ 反应

$$2NH_4Cl + Ca(OH)_2 \xlongequal{\triangle} CaCl_2 + 2NH_3\uparrow + 2H_2O$$

2. 在浓氨水中加碱制取氨气，因为在氨水中存在平衡

$$NH_3 + H_2O \rightleftharpoons NH_3 \cdot H_2O \rightleftharpoons NH_4^+ + OH^-$$

加碱平衡左移，同时碱溶解时放出的热量促进氨水挥发。

三、仪器与试剂

药匙、研钵、试管、带有弯玻璃导管的塞子、棉花、铁架台、酒精灯、火柴、球形干燥管、镊子、圆底烧瓶、胶头滴管、橡皮塞、水槽、玻棒、点滴板等。

NH_4Cl、$Ca(OH)_2$、浓盐酸、浓硝酸、浓硫酸、酚酞试液。

四、实验步骤

1. 氨的制取

（1）取 5g NH_4Cl 和 8g $Ca(OH)_2$ 放在研钵里，用研钵轻轻压碎，搅拌均匀。注意：是否有气体放出？说明发生了什么反应，写出反应的化学方程式。

（2）设计实验装置，并利用上述混合物作为反应物，制取氨。注意应采用什么收集方

法，并如何防止气体外逸？

(3) 分别收集1试管氨和1瓶（干燥的圆底烧瓶）氨。怎样检验氨是否集满？

2. 氨的性质

(1) 观察收集氨的试管中气体的颜色。取下橡皮塞，用拇指轻轻堵住试管口，小心闻氨的气味（注意闻气体的正确方法）。把上述充满氨的试管管口向下倒拿着放入水槽的水中（见图6-7）。将拇指稍移开试管口，有什么现象发生？为什么？当水进入试管后，在水面下用拇指堵住试管口，将试管从水中取出，使管口向上，并振荡试管，然后向溶液中滴入几滴酚酞试液，观察有什么现象发生？

(2) 用带有玻璃管和滴管（滴管里预先吸满水）的塞子塞紧充满氨气的圆底烧瓶瓶口，立即倒置烧瓶，使玻璃管插入盛有水的烧杯里（水里事先加入少量酚酞试液），按图6-8安装好装置。打开橡皮管上的夹子，挤压滴管的胶头，使少量水进入烧瓶。观察现象。

(3) 将实验步骤1中制取氨的装置按图6-9装好。在点滴板的3个凹穴中分别滴入1滴浓盐酸、浓硝酸和浓硫酸。然后加热 NH_4Cl 和 $Ca(OH)_2$ 的混合物，当有氨放出时，移动点滴板，使导管口依次对准不同的酸。观察现象并解释原因。

图6-7　氨在水中的溶解

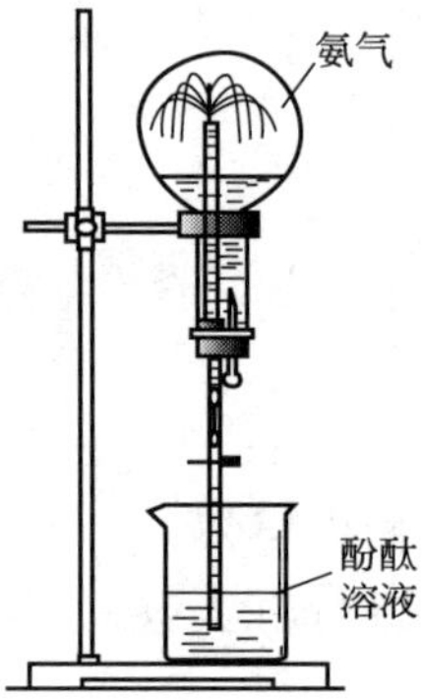

图6-8　氨溶于水的喷泉实验

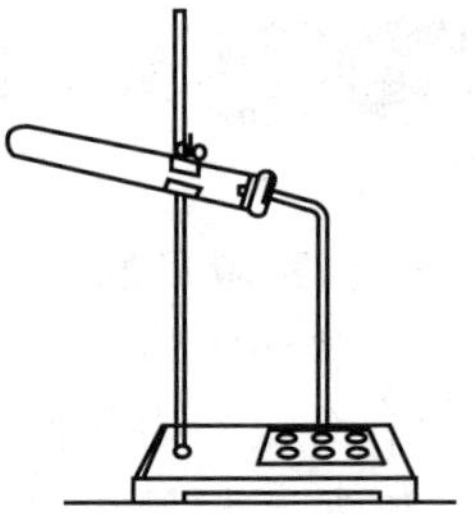

图6-9　氨与酸的反应

【思考题】

1. 制取氨气能用 NH_4NO_3、NH_4HCO_3 和 $(NH_4)_2CO_3$ 代替 NH_4Cl 吗？

2. 如用浓氨水来制取氨可以吗？如 $NH_3 \cdot H_2O$ 不够浓，采用何办法？

3. 喷泉实验时，应注意哪些问题？用图6-8装置进行喷泉实验，上部烧瓶已装满干燥氨气，引发水上喷泉的操作是什么？该实验的原理是什么？如果只提供图6-10的装置，请

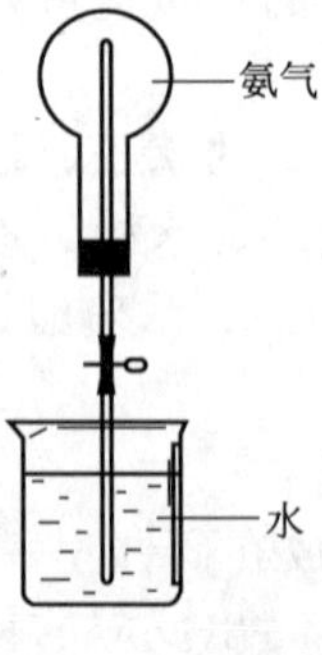

图6-10　实验装置

说明引发喷泉的方法。若图 6-8 装置烧瓶装满干燥 CO_2，能否引发喷泉？怎样才能使其引发喷泉？

实验 6-5 同周期、同主族元素性质递变的实验

一、实验目的

1. 巩固对同周期、同主族元素性质递变规律的认识。

2. 掌握演示实验的操作技术。

3. 进一步认识运用科学实验发现、总结规律的科学研究方法。

二、实验原理

同周期（从左到右）元素的金属性逐渐减弱、非金属性逐渐增强；同主族（从上到下）元素的金属性逐渐增强、非金属性逐渐减弱。

三、仪器与试剂

试管、试管夹、试管架、酒精灯、烧杯、砂纸、药匙、小刀、滤纸、玻璃片、镊子、火柴等。

Na、K、Mg、Al、稀盐酸（$1mol \cdot L^{-1}$）、酚酞试液、$MgCl_2$ 溶液（$1mol \cdot L^{-1}$）、$AlCl_3$溶液（$1mol \cdot L^{-1}$）、H_2SO_4溶液（$3mol \cdot L^{-1}$）、NaOH 溶液（$3mol \cdot L^{-1}$）、新制的氯水、溴水、NaCl 溶液、NaBr 溶液、NaI 溶液。

四、实验步骤

（一）同周期元素性质的递变

1. 比较钠、镁、铝与水的反应

在小烧杯中加入少量水，滴入几滴无色酚酞试液，再取一小块（约为黄豆粒大）钠，用滤纸吸干其表面的煤油并投入烧杯中。观察反应的现象和溶液颜色的变化。

取两支试管，分别放入用砂纸擦去表面氧化膜的一小段镁带和一小片铝，再向两支试管中加入 3mL 水，并往水中滴入 2 滴无色酚酞试液。观察现象。然后分别加热两支试管至水沸腾。观察现象。

2. 比较镁、铝与酸的反应

取两支试管，分别放入用砂纸擦去表面氧化膜的一小段镁带和一小片铝，再各加入 2mL $1mol \cdot L^{-1}$盐酸。观察发生的现象。

3. 比较 $MgCl_2$、$AlCl_3$与碱的反应及 $Mg(OH)_2$、$Al(OH)_3$与酸和碱的反应

取两支试管，分别加入 $1mol \cdot L^{-1}$ $MgCl_2$溶液、$1mol \cdot L^{-1}$ $AlCl_3$溶液，再分别滴加 $3mol \cdot L^{-1}$ NaOH 溶液至产生大量 $Mg(OH)_2$、$Al(OH)_3$白色沉淀为止。

将 $Mg(OH)_2$沉淀分盛在两支试管中，然后在两支试管中分别加入 $3mol \cdot L^{-1}$ H_2SO_4溶液和 $3mol \cdot L^{-1}$ NaOH 溶液。观察现象。

同样，也将 $Al(OH)_3$沉淀分盛在两支试管中，然后在两支试管中分别加入 $3mol \cdot L^{-1}$ H_2SO_4溶液和 $3mol \cdot L^{-1}$ NaOH 溶液。观察现象。

（二）同主族元素性质的递变

1. 比较钠、钾与水的反应

向一个盛有水的小烧杯里滴入几滴酚酞试液，然后把一小块（约为绿豆粒大）钾（用滤

纸吸干其表面的煤油）投入小烧杯。观察反应的现象和溶液颜色的变化。比较钾与水反应和钠与水反应的现象。

2. 比较 NaCl、NaBr 和 NaI 与新制的氯水的反应

取一块白色点滴板，在三个孔穴中分别滴入 3 滴 NaCl 溶液、NaBr 溶液和 NaI 溶液，再向那三个孔穴中分别滴入 2 滴新制的氯水（图 6-11）。观察现象。

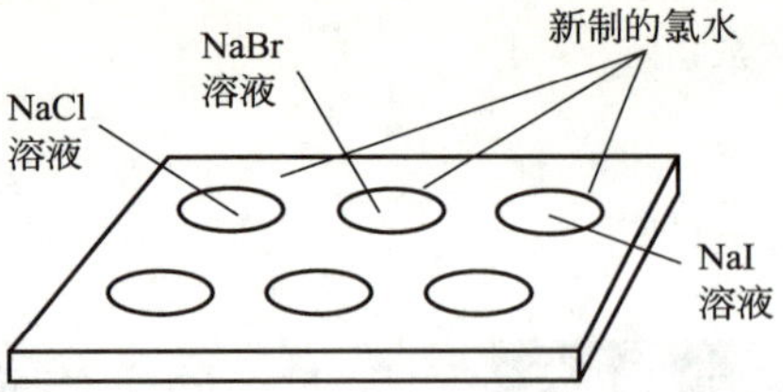

图 6-11　卤素之间的置换反应

3. 比较 NaCl、NaBr 和 NaI 与溴水的反应

用溴水代替氯水在另三个孔穴中做上述实验，观察现象。

【思考题】

1. 镁与沸水反应产生气体，溶液能使酚酞变红，说明生成了 $Mg(OH)_2$，为何没有沉淀现象产生？

2. 铝片在水中加热也不能反应吗？

3. 铝片在酸中反应缓慢，为什么？怎样处理？

实验 6-6　配制一定物质的量浓度的溶液

一、实验目的

1. 学会配制一定物质的量浓度溶液的方法和技能。

2. 掌握容量瓶和滴定管的使用方法。

二、实验原理

1. 物质的量浓度

$$c=n/V=(m/M)/V$$

式中，n 为溶质的物质的量；m 为溶质的质量；V 为溶液的体积。

2. 稀释定律

稀释前后溶液中溶质的质量和物质的量不变。

$$c_1V_1=c_2V_2 \Longrightarrow c_2=c_1V_1/V_2$$

式中，c_1、c_2 为稀释前后溶液中溶质的物质的量浓度。

三、仪器与试剂

烧杯、容量瓶（100mL）、胶头滴管、量筒、玻棒、药匙、滤纸、托盘天平等。

NaCl、蒸馏水。

四、实验步骤

（一）配制 100mL 2.0mol・L^{-1} NaCl 溶液

1. 计算

计算配制 100mL 2.0mol・L^{-1} NaCl 溶液所需 NaCl 固体的质量。

2. 称量

在托盘天平上称出所需质量的 NaCl 固体。注意：称量固体一般在托盘天平的两端各垫一张纸，若是易潮解的或腐蚀性的物质则用烧杯称量。

3. 溶解

将称好的 NaCl 固体置于烧杯内，加入约所配溶液体积一半的蒸馏水，用玻棒搅拌，使 NaCl 固体完全溶解。

4. 转移

将烧杯中的溶液沿玻棒转移到容量瓶中。

5. 洗涤

用少量蒸馏水洗涤烧杯和玻棒 2～3 次，并将洗涤液也全部转移到容量瓶中。轻轻摇动容量瓶，使溶液混合均匀。

6. 定容

向容量瓶中加水至液面在刻度线以下 1～2 cm 处，改用胶头滴管逐滴加水，使溶液凹面恰好与刻度线相切。

7. 摇匀

盖好容量瓶瓶塞，用食指顶住瓶塞，另一只手的手指托住瓶底，把容量瓶反复颠倒，使溶液混合均匀。

8. 装瓶

将配制好的溶液倒入试剂瓶中。

9. 贴标签

（二）用 2.0mol・L^{-1} NaCl 溶液配制 100mL 0.5mol・L^{-1} NaCl 溶液

1. 计算

计算配制 100mL 0.5mol・L^{-1} NaCl 溶液所需 2.0mol・L^{-1} NaCl 溶液的体积。

2. 取液

用量筒量取所需体积的 2.0mol・L^{-1} NaCl 溶液。

3. 稀释

先向烧杯中加入约 20mL 蒸馏水，再将量取的 2.0mol・L^{-1} NaCl 溶液沿烧杯内壁或玻棒注入烧杯中，用玻棒慢慢搅动，使其混合均匀。

4. 转移

将烧杯中的溶液沿玻棒转移到容量瓶中。

5. 洗涤

用少量蒸馏水洗涤烧杯和玻棒 2～3 次，并将洗涤液也转移到容量瓶中。

6. 定容

加水至刻度。

7. 摇匀

盖好容量瓶瓶塞。反复颠倒、摇匀。

8. 装瓶

将配制好的 100mL 0.5mol・L^{-1} NaCl 溶液倒入指定的容器中。

9. 贴标签

【思考题】

1. 应该怎样称量 NaOH 固体？

2. 将烧杯里的溶液转移到容量瓶中以后，为什么要用蒸馏水洗涤烧杯和玻棒 2～3 次，并将洗涤液也全部转移到容量瓶中？

3. 在用容量瓶配制溶液时，如果加水超过了刻度线，倒出一些溶液，再重新加水到刻度线。这种做法对吗？这样做会引起什么误差？

实验 6-7 化学反应速率和化学平衡

一、实验目的

1. 加深巩固浓度、温度和催化剂等条件对化学反应速率的影响的知识。

2. 加深巩固浓度、温度对化学平衡的影响的知识。

3. 通过本实验，培养学生的操作技能和观察能力。

二、实验原理

1. 浓度、温度和催化剂等条件对化学反应速率的影响

其他条件不变时，增大反应物的浓度，可以加大化学反应速率；减小反应物的浓度，可以减小化学反应速率。

其他条件不变时，升高温度，可以增大反应速率；降低温度，可以减慢反应速率。

催化剂能改变化学反应速率。

2. 浓度、温度对化学平衡的影响

其他条件不变时，增大反应物浓度或减小生成物浓度，平衡向正反应方向移动；增大生成物浓度或减小反应物浓度，平衡向逆反应方向移动。

其他条件不变时，升高反应体系的温度，平衡向吸热反应方向移动；降低反应体系温度，平衡向放热反应方向移动。

三、仪器与试剂

试管、小烧杯、大烧杯、量筒、滴管、温度计、小纸片、秒表、胶条、黑色笔、药匙、酒精灯、火柴、剪刀、木条等。

3% $Na_2S_2O_3$溶液、H_2SO_4溶液（体积比为 1∶20）、3% H_2O_2溶液、0.1mol·L^{-1} $FeCl_3$溶液、0.1mol·L^{-1} KSCN 溶液、封装有 NO_2和 N_2O_4混合气体的玻璃球（或试管）、MnO_2、蒸馏水。

四、实验步骤

（一）浓度、温度、催化剂等对化学反应速率的影响

1. 浓度对化学反应速率的影响

取 3 支大试管，分别编为 1、2、3 号，并按下表中规定的数量分别加入 $Na_2S_2O_3$溶液和蒸馏水，摇匀，把试管放在一张有字的纸前，这时隔着试管可以清楚地看到字迹。再取 3 支小试管，分别加入 2mL H_2SO_4溶液，再同时将 3 支小试管中的 H_2SO_4溶液分别加到 3 支大试管中，摇匀并开始记录时间，到溶液出现的浑浊（$Na_2S_2O_3 + H_2SO_4 = Na_2SO_4 + SO_2\uparrow + S\downarrow + H_2O$）使试管后面的字看不见时，停止计时。将记录的时间填入下表。

编号	加 $Na_2S_2O_3$溶液的体积/mL	加 H_2O 的体积/mL	加 H_2SO_4的体积/mL	所需时间/s
1	5	5	2	
2	7	3	2	
3	10	0	2	

2. 温度对化学反应速率的影响

取 2 支小试管，分别加入 2mL H_2SO_4溶液，待用。

取 2 支大试管，分别编为 4、5 号，并按下表中规定的数量分别加入 $Na_2S_2O_3$溶液和蒸馏水，摇匀并把这 2 支大试管分别放入盛有热水、沸水的大烧杯中保持一会儿，然后分别加入上述 2mL H_2SO_4溶液，并开始记录时间，到溶液出现的浑浊使试管后面的字看不见时，停止计时。将记录的时间分别填入下表。

编号	加 $Na_2S_2O_3$溶液的体积/mL	加 H_2O 的体积/mL	加 H_2SO_4的体积/mL	温度/℃	所需时间/s
1	5	5	2	室温：	
4	5	5	2	热水浴：	
5	5	5	2	沸水浴：	

3. 催化剂对化学反应速率的影响

在 2 支试管里分别加入 3mL 3%的 H_2O_2溶液，观察是否有气泡产生。在其中的一支试管里加入少量 MnO_2粉末（$2H_2O_2 \xlongequal{MnO_2} 2H_2O + O_2\uparrow$），观察是否有气泡产生，用带火星的木条放在试管口，观察现象。比较两个试管里的反应现象有什么不同。

（二）浓度、温度对化学平衡的影响

1. 浓度对化学平衡的影响

在小烧杯中先加入 10mL 蒸馏水，滴入 $0.1mol \cdot L^{-1}$ $FeCl_3$溶液和 $0.1mol \cdot L^{-1}$ KSCN 溶液各 1 滴，得到红色溶液[$FeCl_3 + 3KSCN = Fe(SCN)_3 + 3KCl$]。再将此红色溶液平均分到 3 支试管中。

在第一支试管里滴入几滴 $0.1mol \cdot L^{-1}$ $FeCl_3$溶液，在第二支试管里滴入几滴 $0.1mol \cdot L^{-1}$ KSCN 溶液。观察这两支试管里溶液颜色的变化，并与第三支试管相比较。

根据溶液颜色的变化，试说明浓度对化学平衡的影响。

2. 温度对化学平衡的影响

取 3 个封装有 NO_2和 N_2O_4混合气体（$2NO_2 \rightleftharpoons N_2O_4$）的玻璃球，把第一个球浸在盛有热水的大烧杯里，把第二个球浸在盛有冷水的大烧杯里（见图 6-12），观察这两个球里气体颜色的变化并与第三个球相比较。将前两个球互换位置，再观察这两个球里气体颜色的变化并与第三个球相比较。

根据玻璃球里气体颜色的变化，试说明温度对化学平衡的影响。

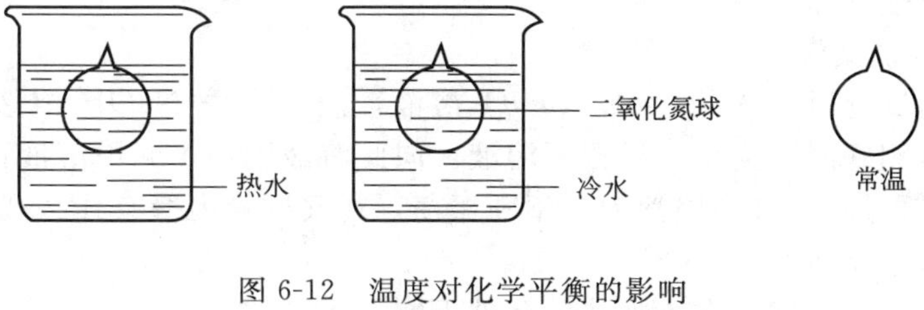

图 6-12　温度对化学平衡的影响

【思考题】

1. 在做浓度、温度对化学反应速率影响的实验时，为什么溶液的总体积必须保持相等？

2. 在实验步骤（一）2 中，为什么要预先使小烧杯在热水浴中温热一会儿后再加入硫酸？

3. 在做温度和浓度对化学反应速率或化学平衡影响的实验时，应注意什么？分别采取了哪些措施？

实验 6-8 “银镜反应”演示实验的研究

一、实验目的

1. 探讨银镜反应演示实验的教学方法。

2. 探索生成光亮银镜的实验条件。

二、实验原理

在碱性溶液中，醛及某些含有醛基的有机化合物能使银氨配合物中的银离子还原成银。以乙醛为例其反应如下：

$$AgNO_3 + 3NH_3 \cdot H_2O = [Ag(NH_3)_2]OH + NH_4NO_3 + 2H_2O$$

$$CH_3CHO + 2[Ag(NH_3)_2]OH \longrightarrow CH_3COONH_4 + 2Ag\downarrow + 3NH_3 + H_2O$$

析出的银在玻璃器壁上形成光亮的镀层即银镜，故称银镜反应。

三、仪器与试剂

试管、试管夹、烧杯、胶头滴管、三脚架、石棉网、酒精灯、火柴等。

2% $AgNO_3$溶液、2%氨水、5% NaOH 溶液、乙醛稀溶液、甲溶液（40%乙醛：乙醇＝1：1）。

四、实验步骤

1. 加热条件下的银镜反应

（1）洁净试管的准备

在试管里倒入少量 NaOH 溶液，加热煮沸，振荡。把 NaOH 溶液倒去后，再用蒸馏水冲洗试管，备用。

（2）银氨溶液的配制

在洁净的试管里，注入 1mL 2% $AgNO_3$溶液，逐滴加入 2%氨水，边滴边振荡，直到最初生成的沉淀刚好溶解为止。

（3）银镜反应的发生

向刚配制好的银氨溶液中滴入 3 滴乙醛稀溶液，把试管放在盛有热水的烧杯里，静置几分钟。观察试管内壁有什么现象产生。

2. 改进后的银镜反应

在一支洁净的试管里加入约 1mL $AgNO_3$溶液，滴入 1 滴 NaOH 溶液，再逐滴加入氨水，边滴边振荡至刚好澄清为止，得银氨溶液。向此溶液中加 1 滴甲溶液，不断振荡，观察有什么现象产生。再加 1～2 滴甲溶液，不断振荡，观察试管内壁有什么现象产生。

3. 自行设计实验方案

要求自行设计实验方案，在不加热的条件下制出光亮的银镜。

注意事项：

（1）试管要洁净。若试管不洁净，还原出来的银大部分呈黑色疏松颗粒状析出，致使管壁上所附的银层不均匀不平整，得不到明亮的银镜。

（2）加入的氨水要适量。氨水的浓度不能太大，滴加氨水的速度不能太快，否则氨水容易过量。滴加氨水的量最好以最初产生的沉淀在刚好溶解与未完全溶解之间。这是因为，一方面过量的 NH_3使银氨溶液中银离子被过度地络合，降低银氨溶液的氧化能力；另一方面过量的 NH_3会降低试剂的灵敏度，且容易生成爆炸性物质。

(3) $AgNO_3$溶液的浓度不宜太小，以$AgNO_3$的质量分数为2%～4%为宜。

(4) 银氨溶液只能临时配制，不能久置。久置的银氨溶液中会析出氮化银、亚氨基化银等爆炸性沉淀物。这些沉淀物即使用玻棒摩擦也会分解而发生猛烈爆炸。所以，实验完毕应立即将试管内的废液倾去，用稀硝酸溶解管壁上的银镜，然后用水将试管冲洗干净。如果要保存银镜，应先处理试管内的混合液，然后用清水把试管壁上的液体冲洗干净。

(5) 反应必须在水浴中加热，不要用火焰直接加热，否则有可能发生爆炸。在水浴加热过程中，不要振荡试管，也不要搅拌溶液，水浴温度也不要过高，否则难以得到光亮的银镜，而只能得到黑色细粒银的沉淀。

【思考题】

1. 做银镜反应实验用的试管，为什么要用热的NaOH溶液洗涤？
2. 根据实验结果，说明制取银氨溶液时，应注意什么？为什么一般用稀氨水而不用浓氨水？

实验6-9 相对分子质量的测定

一、实验目的

了解一种测定相对分子质量的方法——蒸气密度法。

二、实验原理

四氯化碳（CCl_4）的沸点低（76.8℃）、易挥发。在一定温度下，使液态的CCl_4气化，测出气态CCl_4的体积V和质量m，根据理想气体状态方程$pV=nRT$(其中$n=m/M$)，可计算出CCl_4的相对分子质量：

$$M=mRT/pV$$

式中，M为CCl_4的相对分子质量；m为气态CCl_4的质量；R为气体常数；T为气化时的热力学温度（$T=273.15+t$），t为气化时的摄氏温度；p为实验时的大气压力；V为气态CCl_4的体积；n为CCl_4的物质的量。

三、仪器与试剂

托盘天平、烧杯（500mL）、圆底烧瓶（250mL）、量筒（10mL、100mL）、铝箔、棉线、针、酒精灯、铁架台（附铁圈、铁夹）、石棉网等。

四氯化碳。

四、实验步骤

1. 沸水的准备

在500mL烧杯中加入200mL热水，放在铁架台的石棉网上，用酒精灯加热至沸腾(100℃)，供下面实验使用。

2. 圆底烧瓶容积的测量

取一洁净的圆底烧瓶，用量筒取水，倒入该烧瓶中，当烧瓶被水充满时，所用水的体积就是烧瓶的容积V。

3. 圆底烧瓶质量的称量

将上述圆底烧瓶烘干，待其冷至室温后，与封口用的铝箔和棉线一起在托盘天平上称其

质量 m_1（g）。

4. 四氯化碳的气化

往上述圆底烧瓶中加入约 2mL CCl_4，用已称过质量的铝箔和棉线将瓶口封好。在铝箔中间位置用针扎一小孔。将烧瓶固定在铁架台上并浸入沸水中（图 6-13）进行加热（此时要继续加热，使水保持沸腾状态）。烧瓶中的 CCl_4 受热气化，同时将瓶中空气排出。

5. 四氯化碳质量的称量

待 CCl_4 完全气化后，将烧瓶从沸水中取出。烧瓶中的 CCl_4 蒸气因被空气冷却而全部凝成液体。当烧瓶冷却到室温后，将其表面擦干，再称量圆底烧瓶的总质量 m_2（g），则气态四氯化碳的质量 $m=m_2-m_1$（g）。

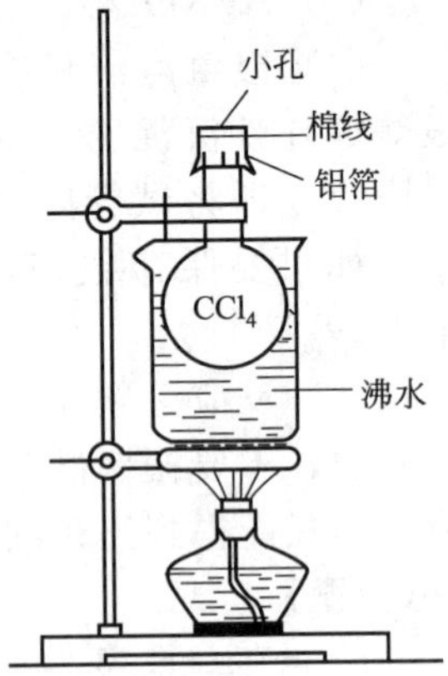

图 6-13　实验装置

6. 四氯化碳相对分子质量的计算

将 $m=m_2-m_1$（g）、$p=1.01\times10^5$ kPa、$T=373$K、$R=8.314$J·mol^{-1}·K^{-1}及 V 代入$M=mRT/pV$，即可算出四氯化碳的摩尔质量。摩尔质量与相对分子质量在数值上是相等的。

【思考题】

1. 蒸气密度法测定相对分子质量的方法能否用来测定遇热不挥发或遇热分解的物质？
2. 下列情况对本实验结果有何影响？

（1）压力低于 101kPa；

（2）水未沸腾；

（3）四氯化碳气化不完全。

实验 6-10　阿伏伽德罗常数的测定

一、实验目的

1. 进一步了解阿伏伽德罗常数的意义。
2. 学习用单分子膜法测定阿伏伽德罗常数的原理和操作方法。

二、实验原理

本实验设计的依据是：硬脂酸（$C_{17}H_{35}COOH$）在水的表面上形成一紧密单分子层表面膜且每个分子的横截面积都一样。

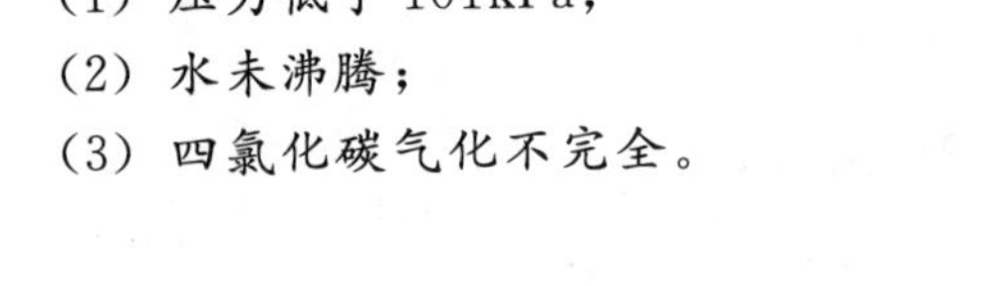

图 6-14　硬脂酸分子在水面定向排列形成单分子膜的示意图

硬脂酸易溶于苯却难溶于水，而苯又难溶于水且易挥发。将体积 V（mL）含一定质量 m（g）硬脂酸的苯溶液逐滴滴到圆形水面时，硬脂酸的苯溶液便向四周扩散，其中苯不断地挥发，留下来的硬脂酸分子就在水面上定向排布[硬脂酸分子以亲水的极性基团羧基（—COOH）朝向水中，而疏水的非极性基团烃基（—$C_{17}H_{35}$）朝向空气的方式，垂直地依次紧密排列在水表面上，见图 6-14] 铺满整个圆形水面而成单分子膜。再由硬脂酸分子的截面积，可计算出含硬脂酸分子的数目。据此，求出

1mol 硬脂酸含有的分子数目，即阿伏伽德罗常数。

计算过程如下：

① 如称取硬脂酸的质量为 m（g），配成硬脂酸的苯溶液的体积为 V（mL），那么每毫升硬脂酸的苯溶液中含硬脂酸的质量为 m/V。

② 测得每滴硬脂酸的苯溶液的体积为 V_d（mL），形成单分子膜滴入硬脂酸溶液的滴数为 $d-1$，那么形成单分子膜需用硬脂酸的质量为：$V_d(d-1) \cdot m/V$。

③ 根据水槽直径，计算出水槽中水的表面积 $S=\pi(D/2)^2$。已知每个硬脂酸分子的截面积 $A=2.2\times10^{-15}\text{cm}^2$，在水面形成的硬脂酸的分子个数为：$S/A$。

④ 根据②和③的结果，可计算出每个硬脂酸分子的质量为：$[V_d(d-1) \cdot m/V]/(S/A)$。

⑤ 1mol 硬脂酸的质量等于 284g（即 $M=284\text{g/mol}$），所以 1mol 硬脂酸中含有硬脂酸的分子个数，即阿伏伽德罗常数 N_A，为 $N_A=MSV/[AV_dm(d-1)]$。

三、仪器与试剂

分析天平、烧杯、玻棒、容量瓶、胶头滴管、量筒（10mL）、圆形水槽（直径 30cm）、直尺、卡尺等。

硬脂酸、苯。

四、实验步骤

1. 配制硬脂酸苯溶液

用 50mL 小烧杯在分析天平上称取 20mg 硬脂酸，向小烧杯中加少量苯，用玻棒搅拌，使硬脂酸完全溶解。将烧杯中的溶液沿玻棒转移到容量瓶中。用少量苯洗涤烧杯和玻棒 2～3 次，并将洗涤液也全部转移到容量瓶中。轻轻摇动容量瓶，使溶液混合均匀。再往容量瓶中加苯至刻度，配成 50mL 硬脂酸苯溶液。

2. 测定每滴硬脂酸苯溶液的体积 V_d

取一尖嘴拉得较细的清洁干燥的胶头滴管，吸入硬脂酸苯溶液，往小量筒中逐滴滴入 1mL，同时记下它的滴数。体积（1mL）除以所滴出的总滴数即为每滴硬脂酸苯溶液的体积 V_d(mL)。

如此重复 2 次，取 3 次结果的平均值。

3. 测定水槽中水的表面积 S

把圆形水槽平放在桌面，向其中加半槽水，用卡尺沿水面从三个不同方位准确量出水槽内径，取其平均值 D，则水槽中水的表面积可根据 $S=\pi(D/2)^2$ 算出。

在水槽外壁水面的位置做个记号，标明加水的量，以后每次实验盛水至记号处，这样可以保证重复实验时每次取水的量相同。

4. 硬脂酸单分子膜的形成

用上述胶头滴管吸取硬脂酸苯溶液（如滴管外有溶液，用滤纸擦去），在水槽中心位置距水面约 5cm 处，垂直往水面滴液，滴液时要细心观察，谨慎操作，要注意控制滴液速度。滴入第一滴，待苯全部挥发，硬脂酸全部扩散至看不到油珠时，再滴第二滴。如此逐滴滴下，直到滴下一滴后，硬脂酸苯溶液不再扩散而呈透镜状时为止。记下所滴硬脂酸苯溶液的滴数 d。

把水槽中水倒掉，用 Na_2CO_3 粉擦洗水槽，洗去沾在水槽上的硬脂酸，用清水将水槽洗刷干净后，再往水槽中注入清水至标记处。重复以上操作两次。重复操作时，先将滴管内剩余的溶液挤净，吸取新鲜溶液，以免由于滴管口的苯挥发引起溶液浓度的变化。取三次结果的平均值。

5. 数据处理

根据测得的数据，算出阿伏伽德罗常数。

$m=$ (g)			$V=$ (mL)	
项目	第一次	第二次	第三次	平均值
V_d/(mL/滴)				
D/cm				
d/滴				
N_A				

【思考题】

1. 做好本实验的关键是什么？
2. 分析造成实验误差的因素，为了减小实验误差，可采取哪些措施？

第七章　化学工程基础实验部分

实验 7-1　流量计校核实验

一、实验目的

1. 熟悉孔板流量计和文丘里流量计的构造及工作原理。
2. 掌握流量计标定方法之一——称量法。
3. 测定孔板流量计和文丘里流量计的孔流系数，掌握孔流系数随雷诺数的变化规律。
4. 测定孔板流量计和文丘里流量计的流量与压差的关系。

二、实验原理

常用的流量计大都按标准规范制造，出厂前厂家需通过实验为用户提供流量曲线，或给出规定的流量计算公式所用的流量系数，或将流量读数直接刻在显示仪表上。如果用户遗失出厂的流量曲线，或被测流体的密度与工厂标定所用流体不同，或流量计经长期使用而磨损，或使用自制的非标准流量计时，都必须对流量计进行标定。

孔板流量计和文丘里流量计是应用最广的节流式流量计，本实验就是通过测定节流元件前后的压差及相应的流量来确定流量系数。

1. 孔板流量计

孔板流量计的构造原理如图 7-1 所示，在管路中装有一块孔板，孔板两侧接出测压管，分别与 U 形压差计相连接。

孔板流量计是利用流体通过锐孔的节流作用，使流速增大，压力减小，造成孔板前后压力差，作为测量的依据。

若管路直径为 d_1，孔板锐孔直径为 d_0，流体流经孔板后所形成缩脉的直径为 d_2，流体密度为 ρ。

在截面积Ⅰ、Ⅱ处，即孔板前导管处和缩脉处的速度和压力分别为 u_1，u_2 与 p_1，p_2，根据柏努利方程可得：

$$\frac{u_2^2-u_1^2}{2}=\frac{p_1-p_2}{\rho} \qquad (1)$$

或

$$\sqrt{u_2^2-u_1^2}=\sqrt{2\Delta H} \qquad (2)$$

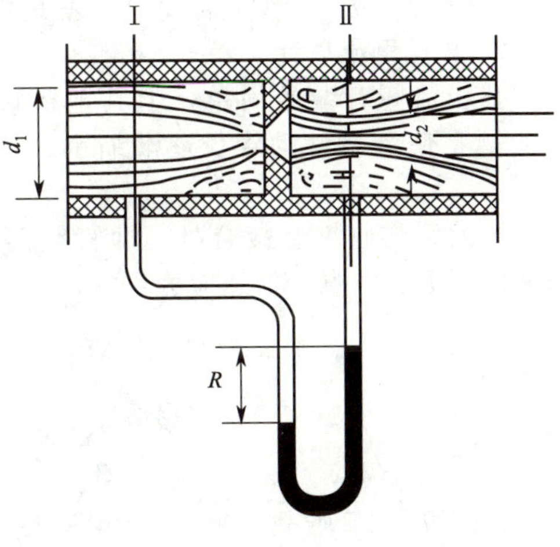

图 7-1　孔板流量计构造原理图

由于缩脉位置因流速而变，截面积 S_2 又难以知道，而孔板孔径的面积 S_0 是已知的，测压器的位置在设置一旦制成后也是不变的。因此，用孔板孔径处流速 u_0 来代替式(2) 中的 u_2；又考虑到实际流体因局部阻力所造成的能量损失，故需用系数 C 加以校正。式(2) 就可改写为：

$$\sqrt{u_2^2-u_1^2}=C\sqrt{2\Delta H} \tag{3}$$

对于不可压缩流体，根据连续性方程式又可得：

$$u_1=u_0\frac{S_0}{S} \tag{4}$$

将式(4) 代入式(3)，整理后可得：

$$u_0=\frac{C\sqrt{2\Delta H}}{\sqrt{1-\left(\frac{S_0}{S_1}\right)^2}} \tag{5}$$

令 $C_0=C\Big/\sqrt{1-\left(\frac{S_0}{S_1}\right)^2}$，则式(5) 可简化为：

$$u_0=C_0\sqrt{2\Delta H} \tag{6}$$

根据 u_0 和 S_0，即可算出流体的体积流量：

$$V_s=u_0S_0=C_0S_0\sqrt{2\Delta H} \tag{7}$$

或

$$V_s=C_0S_0\sqrt{\frac{2gR(\rho_R-\rho)}{\rho}} \tag{8}$$

式中　R——U 形压差计示数（液柱高度差），m；

ρ_R——压差计中指示液的密度，kg/m^3。

C_0 称为孔板流量系数。它由孔板锐孔的形状、测压口位置、孔径与管径比$\frac{d_0}{d_1}$和雷诺数 Re 所决定。具体数值由实验测定。当孔板的$\frac{d_0}{d_1}$一定后，Re 超过某个数值后，C_0 就接近于定值。一般工业上定型的流量计，就是规定在 C_0 为定值的流动条件下使用的。

2. 文丘里流量计

孔板流量计装置简单，但其主要缺点是阻力损失大。文丘里流量计针对孔板流量计的问题，使流量计的管径逐渐缩小，然后逐渐扩大，以减少涡流损失，其构造如图 7-2 所示。

扩大管与收缩管接合处，即管截面积为最小处，称为文氏管喉。管喉处流速应为：

$$u_0=C_V\sqrt{2\Delta H} \tag{9}$$

或

$$u_0=C_V\sqrt{\frac{2gR(\rho_R-\rho)}{\rho}} \tag{10}$$

根据 u_0 和管喉截面积 S_V，可得流体的体积流量：

$$V_s=C_VS_V\sqrt{\frac{2gR(\rho_R-\rho)}{\rho}} \tag{11}$$

式中，C_V 称为文丘里流量计的流量系数，其数值随雷诺数而改变。流量系数的具体数值亦由实验测定。在湍流情况下，当喉径与管径比$\frac{d_0}{d_1}=\frac{1}{4}\sim\frac{1}{2}$时，$C_V$ 约为 0.98。

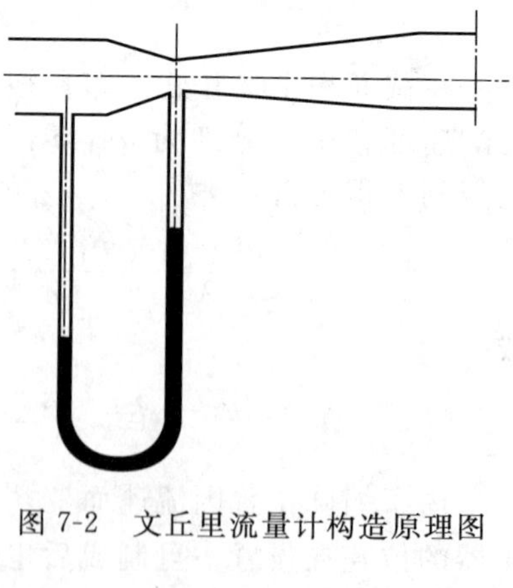

图 7-2　文丘里流量计构造原理图

三、实验装置与流程

实验装置（图 7-3）中，所采用的流量计都是自行制作的。装置中各有关尺寸如下：

(1) 孔板流量计锐孔直径 $d_0=6.86\text{mm}$；

(2) 文丘里流量计喉部直径 $d_V=6.8\text{mm}$；

(3) 实验系统管道全部为内径 17mm 的白铁管；

(4) 称量罐为 $\phi260\text{mm}\times410\text{mm}$；

(5) 指示液密度：$\rho_{Hg}=13600\text{kg}\cdot\text{m}^{-3}$。

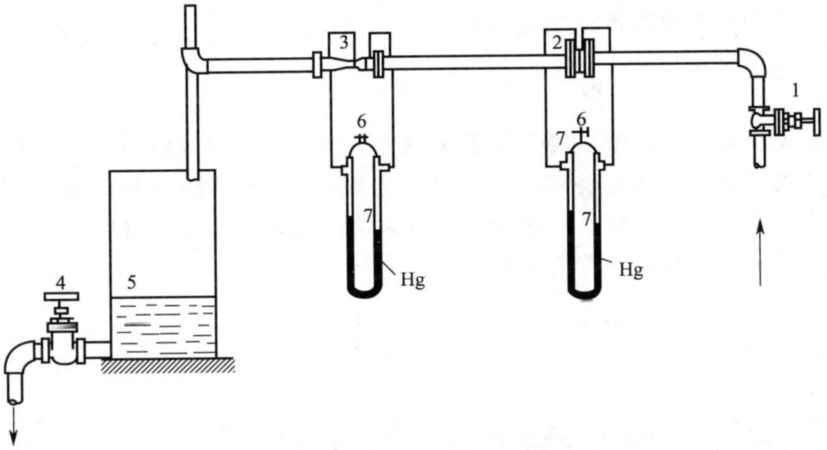

图 7-3　流量计实验流程示意图

1—进口阀；2—孔板流量计；3—文丘里流量计；4—出口阀；
5—称量罐；6—放空阀；7—U 形管压差计

四、实验步骤

1. 实验前的准备工作

(1) 检查装置上各部件是否齐全、完好。熟悉装置上的各个设备、仪表和部件的作用及使用方法。

(2) 向储水桶内加水，到浮标所定位的水面。

(3) 调节电子秤水平，打开开关，将电子秤预热 15min 左右。

(4) 关闭装置上的各个阀门，全开泵出口旁路阀。

2. 实验操作

(1) 启动水泵，打开回水阀，使管线中水能回储水桶，循环运行。

(2) 打开 U 形管压差计上排气（水）阀和管路系统排气阀，缓慢打开转子流量计出阀门，同时关小泵出口旁路阀，流量调至最大，待管路上见不到气泡，关闭相应排气阀。

(3) 流量调至零，观察 U 形管压差计压差读数是否为零，若为零则转入测试阶段；若不为零，则重新排气，即重复以上（2）操作。

(4) 调节转子流量计流量，由小到大（或反之），每调节一个流量，维持读数稳定约 10min，称量，计时，并读取孔板和文丘里流量计的压差值及水温。依次测取 7～8 组数据。称量顺序：每次称量前将电子秤置零，全开进计量桶的阀门，关闭回水阀，按下秒表开始计时，待称量桶盛水 18kg 左右时，读取时间，并记录。将称量桶内的水排净。再测另一组数据。可在等待排水的时间内调节下一个流量并维持稳定。

(5) 实验完毕，关闭流量计处阀门，全开泵旁路阀，停泵，一切复原。

【附注】

要特别注意安全用汞。实验前后和实测中切勿碰撞玻璃管，避免操作中跑汞。实验终了或实验前必须全开原出口旁路，实验中流量计阀要缓慢开、闭。

五、实验报告要求

1. 将所有原始数据及计算结果列成表格，并取其中一组列出计算过程。
2. 在合适的坐标系上绘出流量与测量压差之间的关系曲线（即流量标定曲线）、流量系数与雷诺数的关系曲线。
3. 计算孔板和文丘里流量计的孔流系数。
4. 讨论实验结果。

【思考题】

1. 为什么实验前应排除管路及导压管中积存的空气？如何排除？
2. 什么情况下的流量计需要标定？本实验是用哪一种方法进行标定的？
3. 实验中需要测定哪些数据？影响实验结果准确度的因素有哪些？
4. 流量计的流量系数与哪些因素有关？

实验 7-2 流体流动阻力测定实验

一、实验目的

1. 掌握流体流动阻力的测定方法。
2. 测定直管摩擦系数 λ 与雷诺数 Re 的关系。
3. 测定流体流经管件时的局部阻力系数 ζ。
4. 学习倒压差计和流量计的使用方法。
5. 观察组成管路的各种管件、阀门，并了解其作用。

二、实验原理

当不可压缩流体在圆管中流动时，在管路系统内任意两个截面之间列机械能衡算方程：

$$gZ_1+\frac{p_1}{\rho}+\frac{u_1^2}{2}=gZ_2+\frac{p_2}{\rho}+\frac{u_2^2}{2}+h_f \tag{1}$$

或

$$Z_1+\frac{p_1}{\rho g}+\frac{u_1^2}{2g}=Z_2+\frac{p_2}{\rho g}+\frac{u_2^2}{2g}+H_f \tag{2}$$

式中 Z——流体的位压头，m 液柱；

p——流体的压力，Pa；

u——流体的平均流速，$m \cdot s^{-1}$；

h_f——单位质量流体因流体阻力所造成的能量损失，$J \cdot kg^{-1}$；

H_f——单位重量流体因流体阻力所造成的能量损失，即所谓压头损失，m 液柱；

符号下标 1 和 2——上游和下游截面上的数值。

假若：(1) 水作为试验物系，则水可视为不可压缩流体；

(2) 试验导管是按水平装置的，则 $Z_1=Z_2$；

(3) 试验导管的上下游截面上的横截面积相同，则 $u_1=u_2$。

因此式(1) 和式(2) 分别可简化为

$$h_f=\frac{p_1-p_2}{\rho} \tag{3}$$

$$H_f=\frac{p_1-p_2}{\rho g} \tag{4}$$

当流体在圆形直管内流动时，流体因摩擦阻力所造成的能量损失（压头损失），有如下一般关系式：

$$h_f=\frac{p_1-p_2}{\rho}=\lambda\cdot\frac{l}{d}\cdot\frac{u^2}{2} \tag{5}$$

或

$$H_f=\frac{p_1-p_2}{\rho g}=\lambda\cdot\frac{l}{d}\cdot\frac{u^2}{2g} \tag{6}$$

式中 d——圆形直管的管径，m；

l——圆形直管的长度，m；

λ——摩擦系数。

大量实验研究表明：摩擦系数 λ 与流体的密度 ρ 和黏度 μ、管径 d、流速 u 及管壁粗糙度 ε 有关。应用因次分析的方法，可以得出摩擦系数与雷诺数和管壁相对粗糙度 ε/d 存在函数关系，即

$$\lambda=f(Re,\varepsilon/d) \tag{7}$$

通过实验测得 λ 和 Re 数据，可以在双对数坐标上标绘出实验曲线。当 $Re<2000$ 时，摩擦系数 λ 与管壁粗糙度 ε 无关。当流体在直管中呈湍流时，λ 不仅与雷诺数有关，而且与管壁相对粗糙度有关。

当流体流过管路系统时，因遇各种管件、阀门和测量仪表等而产生局部阻力，所造成的能量损失（压头损失），有如下一般关系式：

$$h_f'=\zeta\frac{u^2}{2} \tag{8}$$

或

$$H_f'=\zeta\frac{u^2}{2g} \tag{9}$$

式中 u——连接管件等的直管中流体的平均流速，$m\cdot s^{-1}$；

ζ——局部阻力系数。

由于造成局部阻力的原因和条件极为复杂，各种局部阻力系数的具体数值，都需要通过实验直接测定。

三、实验装置与流程

1. 实验装置Ⅰ

本实验装置主要是由循环系统（或高位稳压水槽）、试验管路系统和高位排气水槽串联组合而成，每条测试管的测压口通过转换阀组与压差计连通。

压差由一倒 U 形管水柱压差计显示。孔板流量计的读数由另一倒置 U 形水柱压差计显示。该装置的流程如图 7-4 所示。

试验管路系统由五条玻璃直管平行排列，管径为 ϕ20mm×1.5mm，经 U 形弯管串联连接而成。每条直管上分别配置光滑管、粗糙管、突然扩大与缩小管、阀门和孔板流量

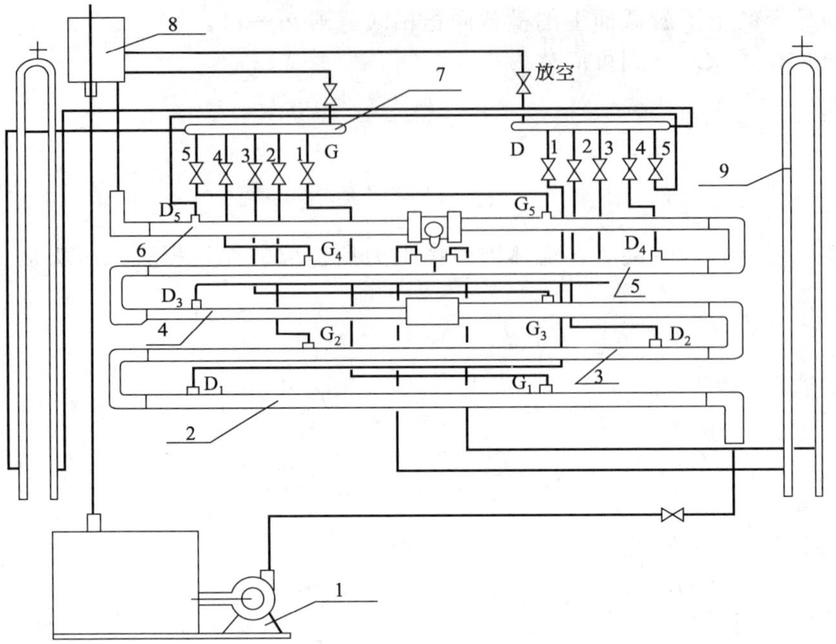

图 7-4　流体流动阻力实验装置流程

1—循环水泵；2—光滑试验管；3—粗糙试验管；4—扩大与缩小试验管；5—孔板流量计；6—阀门；7—转换阀组；8—高位排气水槽；9—倒 U 形管

计。每根试验管测试段长度，即两测压口距离均为 0.6mm。流程图中标出符号 G 和 D 分别表示上游测压口（高压测）和下游测压口（低压测）。测压口位置的配置，以保证上游测压口距 U 形弯管接口的距离，以及下游测压口距造成局部阻力处的距离，均大于 50 倍管径。

作为试验用水，用循环水系或直接用自来水由循环水槽送入试验管路系统，由下而上依次流经各种流体阻力试验管，最后流入高位排气水槽，由高位排气水槽溢流出来的水，返回循环水槽。

水在试验管路中的流速，通过调节阀加以调节。流量由试验管路中的孔板流量计测量，并由压差计显示读数。

2. 实验装置Ⅱ

实验装置Ⅱ流程示意图见图 7-5。

装置Ⅱ主要设备参数见表 7-1。

表 7-1　主要设备参数

名　称	数量	材　质	规　　格	说　　明
离心泵	1 台	不锈钢	$50L \cdot min^{-1}$，300W	
储水桶	1 个	不锈钢	600mm×500mm×470mm	
测试用管	3 根	不锈钢	ϕ32 管内插入螺纹管	长 1.5m
			$\phi22\times3$	长 1.5m
			$\phi25\times1.5$	用于测局部阻力
涡轮流量计	1 个	不锈钢	LWCY—15A ($0.6\sim4.0m^3 \cdot h^{-1}$)	配 1 台智能仪表
压力传感器	1 个			配 1 台智能仪表
铂电阻温度计	1 个		pt100	配 1 台智能仪表
倒置 U 形管压差计	1 个	玻璃	0～800mm H_2O 柱	

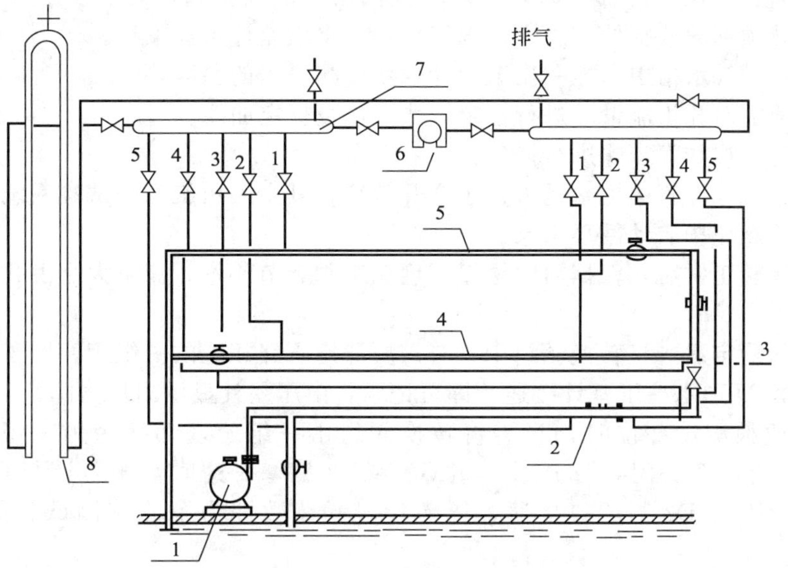

图 7-5　流体流动阻力实验流程示意图

1—水泵；2—涡轮流量计；3—球阀；4—细管；5—粗管；6—压力传感器；7—转换阀组；8—倒 U 形管

装置Ⅱ实验操作参数见表 7-2。

表 7-2　实验操作参数

名　称		范　围		说　明
测直管阻力用管	$\phi32$	管内径	螺纹凸面：$\phi19.8$	$D_m=22.2$mm
			螺纹凹面：$\phi24.6$	有效长度：$L=1.50$m
	$\phi22$	管内径	15.3mm	有效长度：$L=1.50$m
测局部阻力用管		$\phi25\times1.1$		
流量范围		$2.12\sim3.08m^3\cdot h^{-1}$		用于测 $\phi32$ 粗糙管阻力
		$1.35\sim2.70m^3\cdot h^{-1}$		用于测 $\phi22$ 管阻力
		$1.30\sim3.06m^3\cdot h^{-1}$		用于测局部阻力（即阀门、流量计等）
压力范围		$0.1\sim12m\ H_2O$		在不同流量下，高、低压区有所不同

四、实验步骤

1. 实验装置Ⅰ

实验前准备工作须按如下步骤顺序进行操作。

(1) 先将水灌满循环水槽，然后关闭试验导管入口的调节阀，再启动循环水泵。待泵运转正常后，先将试验导管中的旋塞阀全部打开，并关闭转换阀组中的全部旋塞，然后缓慢开启试验导管的入口调节阀。当水流满整个试验导管，并在高位排气水槽中有溢流水排出时，关闭调节阀，停泵。

(2) 检查循环水槽中的水位，一般需要再补充些水，防止水面低于泵吸入口。

(3) 逐一检查并排除试验导管和连接管线中可能存在的空气泡。排除空气泡的方法是，先将转换阀组中被检一组测压口旋塞打开，然后打开倒置 U 形水柱压差计顶部的放空阀，直至排尽空气泡再关闭放空阀。必要时可在流体流动状态下，按上述方法排除空气泡。

(4) 调节倒置 U 形压差计的水柱高度。先将转换阀组上的旋塞全部关闭，然后打开压差计顶部放空阀，再缓慢开启转换阀组中的放空阀，这时压差计中液面徐徐下降。当压差计中的水柱高度居于标尺中间部位时，关闭转换阀组中的放空阀。为了便于观察，在临实验前，可由压差计顶部的放空处，滴入几滴红墨水，将压差计水柱染红。

(5) 在高位排气水槽中悬挂一支温度计，用以测量水的温度。

(6) 实验前需对孔板流量计进行标定，作出流量标定曲线。

实验测定时，按如下步骤进行操作：

(1) 先检查试验导管中旋塞是否置于全开位置，其余测压旋塞和试验系统入口调节阀是否全部关闭。检查完毕启动循环水泵。

(2) 待泵运转正常后，根据需要缓慢开启调节阀调节流量，流量大小由孔板流量计的压差计显示。

(3) 待流量稳定后，将转换阀组中，与需要测定管路相连的一组旋塞置于全开位置。这时测压口与倒置U形水柱压差计接通，即可记录，由压差计显示出压力降。

(4) 当需改换测试部位时，只需将转换阀组由一组旋塞切换为另一组旋塞。例如，将G1和D1一组旋塞关闭，打开另一组G2和D2旋塞。这时，压差计与G1和D1测压口断开，而与G2和D2测压口接通，压差计显示读数即为第二支测试管的压力降。以此类推。

(5) 改变流量，重复上述操作，测得各试验导管中不同流速下的压力降。

(6) 当测定旋塞在同一流量不同开度的流体阻力时，由于旋塞开度变小，流量必然会随之下降，为了保持流量不变，需将入口调节阀做相应调节。

(7) 每测定一组流量与压力降数据，同时记录水的温度。

实验注意事项：

(1) 实验前务必将系统内存留的气泡排除干净，否则实验不能达到预期效果。

(2) 若实验装置放置不用时，尤其是冬季，应将管路系统和水槽内水排放干净。

2. 实验装置Ⅱ

实验前的准备工作：

(1) 检查装置上的各部件是否齐全、完好。熟悉装置上各个设备、仪表和部件的作用及使用方法。尤其应搞清楚面板前两排测压阀的作用。

(2) 向储水桶内送水，略低于挡液板。

(3) 合电闸，预热仪表15min左右。

(4) 关闭装置上的各个阀门，打开泵出口旁路阀。

实验操作：

(1) 启动水泵，关闭泵出口旁路阀，全开管路上阀门（包括排气阀），同时打开面板连接压力传感器和倒置U形管的两组测压阀，以及依次打开测压阀中每一组阀（上下对应的两个阀）及两个排气阀，待导压管上无气泡时为止，除用于测局部阻力的那个阀门全开外，关闭所有阀门，仪表若显示为零，转入下一步操作，否则重新进行排气。

(2) 排气操作后，对$\phi22$管做直管阻力实验，打开水流进$\phi22$管（细管）的阀门，流量由小到大（或反之）依次测取数据。读压力传感器的压力数据时，应将面板前连接倒置U形管的测压阀关闭，只打开连接传感器的测压阀（反之亦然）。用传感器测压差，需对一个流量做两次操作，先测流体进口处的压力（高压点），即打开细管进口阀及测压阀和排气阀。排气后关闭排气阀，读取此时的流量和压力值，而后关闭进口阀，打开出口阀，进行类似读数操作。两次读取的流量均值作为该点的压差值所对应的流量。依次测取5～6组数据，为保证数据精度，流量最小值在$1.3m^3 \cdot h^{-1}$左右为宜。用倒置U形管测压差时，关闭面板上连通压力传感器的测压阀，打开连接倒置U形管压差计的测压阀以及连接$\phi22$管的进出口阀，接着进行排气和调零操作，而后在 1.3～1.5$m^3 \cdot h^{-1}$的流量下测取相对应的几组压差值。与前面压力传感器测得的数据进行比较。

(3) 对 ϕ32 管和局部阻力件（弯头、阀门、涡轮流量计等）测试时，全开进 ϕ32 管线阀门，关闭 ϕ22 管线上的阀门，而后在不同流量下，用前述相同的方法，由压力传感器测得压力值。

(4) 实测完毕，检查所得数据的合理性，而后停泵，一切复原。

【附注】

1. 本装置操作中一定要注意排净管线内和导压管内气泡，否则得不到正确数据。

2. 各个导压阀阻力不同，所以使用压力传感器时应关闭连接倒置 U 形管的测压阀（反之亦然），否则测得的压力（压差）值不准确。

五、实验报告要求

1. 将所有原始数据及计算结果列成表格，并取其中一组列出计算过程。
2. 根据光滑管和粗糙管实验数据结果，在双对数坐标纸上标出 λ-Re 曲线。
3. 根据光滑管实验结果，对照柏拉修斯方程，计算其误差。
4. 根据局部阻力实验结果，求各管件的平均 ζ 值。
5. 对实验结果进行分析讨论。

【思考题】

1. 在测量前为什么要将设备中的空气排尽？怎样才能迅速地排尽？
2. 以水做介质所测得的 λ-Re 关系能否用于其他流体？如何应用？
3. 在不同设备上（包括相对粗糙度相同而管径不同）、不同温度下测定的数据是否能关联在一条曲线上？为什么？
4. 如果要增加雷诺数的范围，可采取哪些措施？

实验 7-3 离心泵特性曲线测定实验

一、实验目的

1. 了解离心泵的结构和特性。
2. 熟悉离心泵的操作方法。
3. 掌握单级离心泵在一定转速下的特性曲线的测定方法及表示方法。
4. 加深对离心泵的性能和操作原理的理解。

二、实验原理

离心泵的特性方程是从理论上对离心泵中液体质点的运动情况进行研究后，得出的离心泵压头与流量的关系。离心泵的性能受到泵的内部结构、叶轮形式和转速的影响。故在实际工作中，其内部流动的规律比较复杂，实际压头要小于理论压头。因此，离心泵的扬程尚不能从理论上做出精确计算，需要实验测定。

离心泵的主要特性参数包括流量 Q、扬程 H、功率 N、效率 η，这些参数之间存在着一定的关系。在一定的转速下，H、N、η 都随流量 Q 变化而变化，以曲线形式表示这些参数之间的关系就是离心泵的特性曲线。离心泵的特性曲线是选用离心泵和确定泵的适宜操作条件的主要依据。

1. 泵的流量

即泵输送能力，是指单位时间内泵所排出的液体体积。泵的流量直接由一定时间内排出液体的体积或质量来测定。若泵的输送系统中安装有经过标定的流量计时，泵的流量也可由流量计测定。当系统中装有孔板流量计时，流量大小由压差计显示。

2. 泵的压头

实验时在泵的进、出口管上装有真空表和压力表，在这两个测压点间列柏努利方程式可计算离心泵的压头。其计算式为：

$$H=\frac{p_2}{\rho g}-\frac{p_1}{\rho g}+h_0+\frac{u_2^2-u_1^2}{2g} \tag{1}$$

或

$$H=H_{压}-H_{真}+h_0+\frac{u_2^2-u_1^2}{2g} \tag{2}$$

式中 h_0——两测压截面的垂直距离，m；

$H_{压}$、$H_{真}$——由压力表和真空表测出，以 m 液柱表示的数值；

ρ——水的密度（实验温度下），$kg \cdot m^{-3}$；

u_1、u_2——泵的进出口流速，$m \cdot s^{-1}$。

一般，进口和出口的管径相同，$d_2=d_1$，$u_1=u_2$，所以

$$\frac{u_2^2-u_1^2}{2g}=0$$

故

$$H=\frac{p_2}{\rho g}-\frac{p_1}{\rho g}=H_{压}-H_{真}\text{（本实验中 } h_0 \text{ 忽略）} \tag{3}$$

3. 泵的功率

在单位时间内，液体从泵中实际所获得的功，即为泵的有效功率。若测得泵的流量为 Q，扬程为 H_e，被输送液体的密度为 ρ，则泵的有效功率按下式计算：

$$N_e=QH\rho g \tag{4}$$

式中 N_e——泵的有效功率，kW；

Q——泵的流量，$m^3 \cdot s^{-1}$；

H——泵的压头，m。

泵轴所做的实际功率不可能全部为被输送液体所获得，其中部分消耗于泵内的各种能量损失。电动机所消耗的功率又大于泵轴所做出的实际功率。电机所消耗的功率直接由输入电压 U 和电流 I 测定，即：

$$N=UI \tag{5}$$

4. 效率 η

泵的效率即为有效功率与其轴功率之比，由下式求得：

$$\eta=(N_e/N)\times 100\% \tag{6}$$

式中，N 为泵的轴功率，kW。

三、实验装置与流程

离心泵特性曲线测定实验装置如图 7-6 所示。本实验用 B12-5 离心泵进行实验，离心泵用三相电动机带动，将水从循环水槽中吸入，在吸入管内进口处装有滤水器，以免污物进

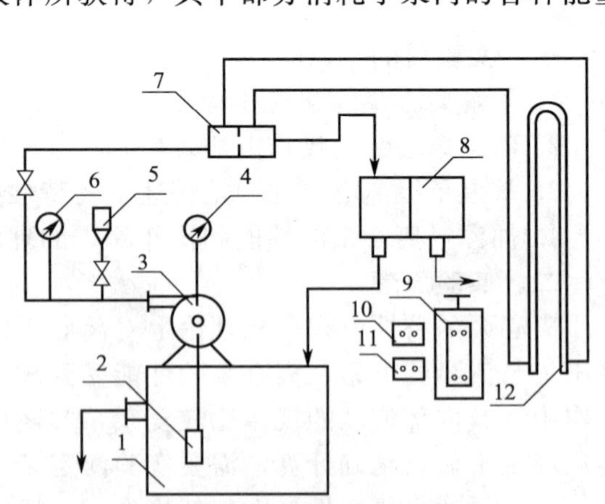

图 7-6 离心泵特性曲线测定实验装置

1—循环水槽；2—底阀；3—离心泵；4—真空表；5—注水槽；6—压力表；7—孔板流量计；8—分流槽；9—变压器；10—电流表；11—电压表；12—倒置 U 形压差计

入水泵。滤水器上带有单向阀，以便在启动前可使泵内灌满水。在泵的吸入口和压出口处，分别装有真空表和压力表，以测量水的进出口处的压力，泵的出口管线装有孔板流量计，用来计量水的流量，并装有阀门，用来调节水的流量或管内压力，另用电流表和电压表测量电动机电流和电压。

四、实验步骤

1. 了解设备，熟悉流程及所用仪表。

2. 检查轴承润滑情况，用手转动联轴节检查其是否转动灵活。

3. 充水。打开注水槽下的阀门，将水灌入泵内。在灌水过程中，需打开调节阀，将泵内空气排除。当从透明端盖中观察到泵内已灌满水后，将注水阀门关闭。

4. 启动。启动前，先确定泵出口调节阀关闭，变压器调回零点，然后合闸接通电源。缓慢调节变压器至额定电压（220V），泵即随之启动。

5. 运行。泵启动后，叶轮旋转无振动和噪声，电压表、电流表、压力表和真空表指示稳定，则表明运行已经正常，即可投入实验。

6. 实验时，逐渐分步调节泵出口调节阀。每调定一次阀的开启度，待状况稳定后，即可进行以下测量。

7. 从压力表和真空表上读取压力和真空度的数值。

8. 记取孔板流量计的压差计读数。

9. 从电压表和电流表上读取电压和电流值。

在泵的全部流量范围内，可分成8～10组数据进行测量。

实验完毕，应先将泵出口调节阀关闭，再将调压变压器调回零点，最后切断电源。

【附注】

1. 启动离心泵之前，一定要检查各处阀门。
2. 泵应当在流量调节阀关闭的情况下启动。
3. 流体在管路输送中不应有气存在。
4. 离心泵不要长时间空转。

五、实验报告要求

1. 绘制原始数据表和数据整理表。

2. 在直角坐标纸上绘制一定转速下泵的特性曲线。

3. 写出典型数据的计算过程，分析和讨论实验现象。

【思考题】

1. 离心泵在启动前为什么要引水灌泵？

2. 为什么离心泵启动时要关闭出口阀？

3. 为什么离心泵的出口阀可用来调节流量？这种方法有什么优缺点？是否还有其他方法调节泵的流量？

实验7-4 恒压过滤常数的测定

一、实验目的

1. 掌握过滤的基本方法。

2. 熟悉恒压滤机的构造和操作流程。

3. 测定某一压力下过滤方程式中过滤常数 K、q_e、θ_e，增进对过滤理论的理解。

二、实验原理

过滤是借一种能将固体物截流而让流体通过的多孔介质，将固体物从液体或气体中分离出来的过程。因此，势能差不变的情况下以单位时间通过过滤介质的液体量也在不断下降，即过滤速度不断下降。

影响过滤速度的主要因素除压力差、滤饼厚度外，还有滤饼悬浮液（含有固体粒子的流体）性质，悬浮液温度，过滤介质的阻力等，故难以用严格流体力学方法处理。

将滤渣的阻力和过滤介质的阻力均包括在内，恒压过滤方程式为：

$$(V+V_e)^2=KA^2(\theta+\theta_e) \tag{1}$$

式中 V——s 时间内的滤液体积，m^3；

V_e——过滤介质的当量滤液体积，m^3；

K——过滤常数，$m^2 \cdot s^{-1}$；

A——过滤面积，m^2；

θ——得到滤液量 V 所需过滤时间，s；

θ_e——相当于得到滤液量 V_e 所需要的过滤时间，s。

式(1) 又可写为：

$$(q+q_e)^2=K(\theta+\theta_e) \tag{2}$$

式中，$q=\dfrac{V}{A}$，过滤时间为 θ 时，单位过滤面积的滤液量，$m^3 \cdot m^{-2}$；$q_e=\dfrac{V_e}{A}$，单位过滤面积上的当量滤液量，$m^3 \cdot m^{-2}$。

对式(2) 积分可得：

$$q^2+2qq_e=K\theta \tag{3}$$

将式(3) 做如下变换：

$$\frac{\theta}{q}=\frac{1}{K}q+\frac{2}{K}q_e \tag{4}$$

式(4) 为一直线方程，由上可知，我们只需在某一恒压下过滤，测得一系列的过滤时间和相应的滤液量，以 θ/q 对 q 在普通坐标纸上标绘可得到一直线，其斜率为 $1/K$，截距为 $2q_e/K$，即可求取 K 和 q_e。或者将 θ/q 对 q 的数据用最小二乘法求取 $1/K$ 和 $2q_e/K$，进而计算 K 和 q_e。

三、实验装置与流程

1. 实验装置

（1）本实验装置主要由板框过滤机、空压机、电机搅拌器、压力表、控制阀、计量槽、压力容器、控制阀、不锈钢框架、控制屏等组成。

（2）板框过滤机的过滤面积为 $0.084m^2$（外形尺寸 $0.200m\times0.200m\times0.02m$，有效过滤面积 $0.124m\times0.124m$），用帆布拦截过滤介质，由空压机提供压力，并且恒压可调。

（3）电控箱由不锈钢制成。装有压力表显示仪、减速器、电源开关和电机开关，按下开关旋钮指示灯亮即相应的工作正在进行，沿开关旋钮上的箭头方向旋转则为关。

2. 实验流程

见图 7-7。

四、实验步骤

1. 先将板框过滤机的紧固手柄全部松开，板、框清洗干净。

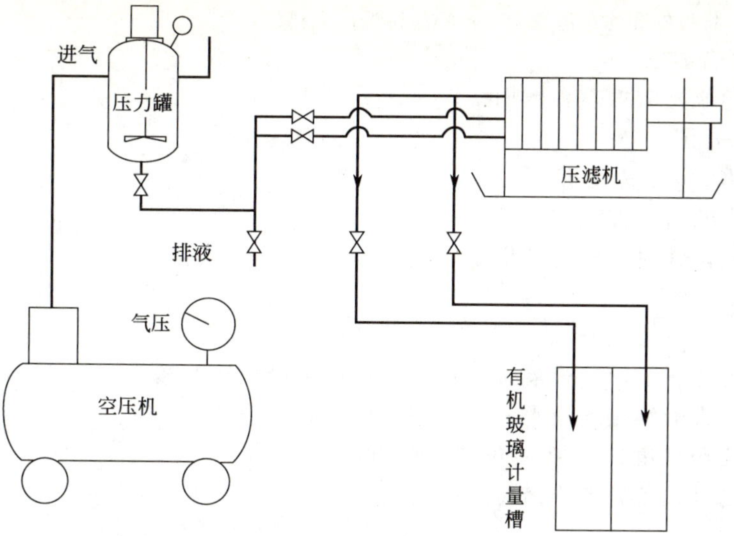

图 7-7　恒压过滤实验装置工艺流程图

2. 将干净滤布安放在滤框两侧，注意必须将滤布四角的圆孔与滤框四角的圆孔中心对正，以保证滤液和清洗液流道的畅通。

3. 安装时应从左至右进行，装好一块，用手压紧一块。板框过滤机板、框排列顺序为：固定头-非洗涤板-框-洗涤板-框-非洗涤板-可动头。用压紧装置压紧后待用。

4. 装完以后即可紧固手柄至人力转不动为止。

5. 往压力容器内加水约 20L，打开控制屏上的电源开关，再加入碳酸钙 2kg（浓度 9%），使其搅拌均匀。至视镜的 1/3 处。此时，开启电机使其加入的物料搅拌均匀。

6. 约 10min 后，检查所有阀门是否已关紧？确保全部关紧后，打开压力容器的进气阀，再打开空压机出口转换阀送气，同时注意控制压力容器的进气阀的开度，控制混合釜压力传感器的指示值在 0.07MPa 范围，并一直维持在恒压条件下操作。

7. 先打开过滤机的出料阀，并准备好秒表，做好过滤实验的读数和记录准备，再打开板框过滤机的进料阀，开始过滤操作。

8. 注意看看板框是否泄漏（无大量液体冲出，少量漏液无妨）。确认正常后，观察滤液情况，一般开始出来的比较浑浊，待滤液变清后，立即开始读取计量槽的数据，并同时开始计时和记录相关实验数据。

9. 当滤液量很少时，滤渣已充满滤框后，过滤阶段可结束。即可关闭进料阀和出料阀结束过滤实验。

10. 每次完成实验之后，应注意用水清洗粘在釜壁面、搅拌桨叶以及板、框和输料管上的残渣，避免长期实验后堵塞管道。

11. 清扫实验室现场，结束实验。

【附注】

1. 加气后应停止搅拌。将釜内压力保持在 0.05～0.1MPa。

2. 启动空压机时应先开启旁通阀，然后逐步减小开度。减压后的气体压力不得超过 0.2MPa。

3. 电动搅拌器为无级调速。使用时首先接上系统电源，打开调速器开关，调速钮一定由小到大缓慢调节，切勿反方向调节或调节过快损坏电机。

4. 启动搅拌前，用手旋转一下搅拌轴以保证顺利启动搅拌器。

5. 设备使用后，必须注意搅拌槽、阀门、水槽和计量槽的排污和清洗，并放尽残液，清洗设备。

6. 卸开板框，将板框和滤布清洗干净；将滤饼返回配料槽。

五、实验报告要求

1. 列出实验原始数据表和数据整理表。
2. 绘出 θ/q-q 图。
3. 计算出 K、q_e、θ_e 之值。
4. 列出所得的过滤方程式。
5. 计算举例，并讨论实验结果。
6. 思考题解答。

【思考题】

1. 为什么过滤开始时，滤液常有浑浊，过一定时间才转清？
2. 有哪些因素影响过滤速率？
3. 滤浆浓度和过滤压力对 K 值有何影响？
4. 恒压过滤时，过滤速率随时间如何变化？

实验 7-5 套管换热器传热系数的测定

一、实验目的

1. 掌握液-液流体传热基本原理。
2. 掌握换热器主要性能指标的标定方法。
3. 熟悉套管换热器实验装置的结构，学会换热器的操作方法。
4. 测定液-液热交换的总传热系数，以及流体在圆管内作强制湍流时的传热膜系数。

二、实验原理

冷热流体通过固体壁所进行的热交换过程，先由热流体把热量传递给固体壁面，然后由固体壁面的一侧传向另一侧，最后再由壁面把热量传给冷流体，换言之，热交换过程即为给热-导热-给热三个串联过程组成。

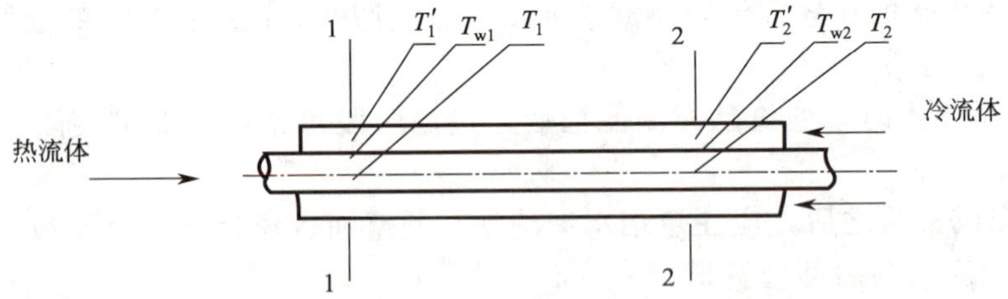

图 7-8 套管热交换器两端测试点的温度

T—热流体的温度，K；T'—冷流体的温度，K；T_w—固体壁面温度，K

（符号下标 1 和 2 分别表示热交换器两端的数值）

若热流体在套管热交换器的管内流过，而冷流体在管外流过，设备两端测试点上的温度如图 7-8 所示。则在单位时间内热流体向冷流体传递的热量，可由热流体的热量衡算方程来表示

$$Q=m_2C_p(T_1-T_2)\ \mathrm{J\cdot s^{-1}} \tag{1}$$

就整个热交换而言，由传热速率基本方程经过数学处理，可得计算式为

$$Q=KA\Delta T_m \quad J\cdot s^{-1} \tag{2}$$

式中 Q——传热速率，$J\cdot s^{-1}$或 W；

m_2——热流体的质量流率，$kg\cdot s^{-1}$；

C_p——热流体的平均比热容，$J\cdot kg^{-1}\cdot K^{-1}$；

K——传热总系数，$W\cdot m^{-2}\cdot K^{-1}$；

A——热交换面积，m^2；

ΔT_m——两流体间的平均温度差，K。

若 ΔT_1 和 ΔT_2 分别为热交换器两端冷热流体之间的温度差，即

$$\Delta T_1=T_1-T_1' \tag{3}$$

$$\Delta T_2=T_2-T_2' \tag{4}$$

则平均温度差可按下式计算：

当$\dfrac{\Delta T_1}{\Delta T_2}>2$ 时
$$\Delta T_m=\frac{\Delta T_1-\Delta T_2}{\ln\dfrac{\Delta T_1}{\Delta T_2}} \tag{5}$$

当$\dfrac{\Delta T_1}{\Delta T_2}<2$ 时
$$\Delta T_m=\frac{\Delta T_1+\Delta T_2}{2} \tag{6}$$

由式(1) 和式(2) 联立求解，可得传热总系数的计算式：

$$K=\frac{m_2C_p(T_1-T_2)}{A\Delta T_m} \tag{7}$$

就固体壁面两侧的给热过程来说，给热速率基本方程为：

$$Q=\alpha_1A_w(T-T_w) \tag{8}$$

$$Q=\alpha_2A_w'(T_w'-T') \tag{9}$$

根据热交换两端的边界条件，经数学推导，同理可得管内给热过程的给热速率计算式

$$Q=\alpha_1A_w\Delta T_w' \tag{10}$$

式中 α_1 与 α_2——分别表示固体壁两侧的传热膜系数，$W\cdot m^{-2}\cdot K^{-1}$；

A_w 与 A_w'——分别表示固体壁两侧的内壁表面积和外壁表面积，m^2；

T_w 与 T_w'——分别表示固体两侧的内壁面温度和外壁面温度，K；

$\Delta T_w'$——热流体与内壁面之间的平均温度差，K。

热流体与管内壁面之间的平均温度差可按下式计算：

$\dfrac{T_1-T_{w1}}{T_2-T_{w2}}>2$ 时
$$\Delta T_m'=\frac{(T_1-T_{w1})-(T_2-T_{w2})}{\ln\left(\dfrac{T_1-T_{w1}}{T_2-T_{w2}}\right)} \tag{11}$$

$\dfrac{T_1-T_{w1}}{T_2-T_{w2}}<2$ 时
$$\Delta T_m'=\frac{(T_1-T_{w1})+(T_2-T_{w2})}{2} \tag{12}$$

由式(1) 和式(9) 联立求解可得管内传热膜系数的计算式为：

$$\alpha_1=\frac{m_2C_p(T_1-T_2)}{A_{w1}\Delta T_m'}\,W\cdot m^{-2}\cdot K^{-1} \tag{13}$$

同理也可得到管外给热过程的传热膜系数的类似公式。

三、实验装置与流程

1. 实验装置Ⅰ

本实验装置主要由套管热交换器、恒温循环水槽、高位稳压水槽以及一系列测量和控制仪表所组成，装置流程如图 7-9 所示。

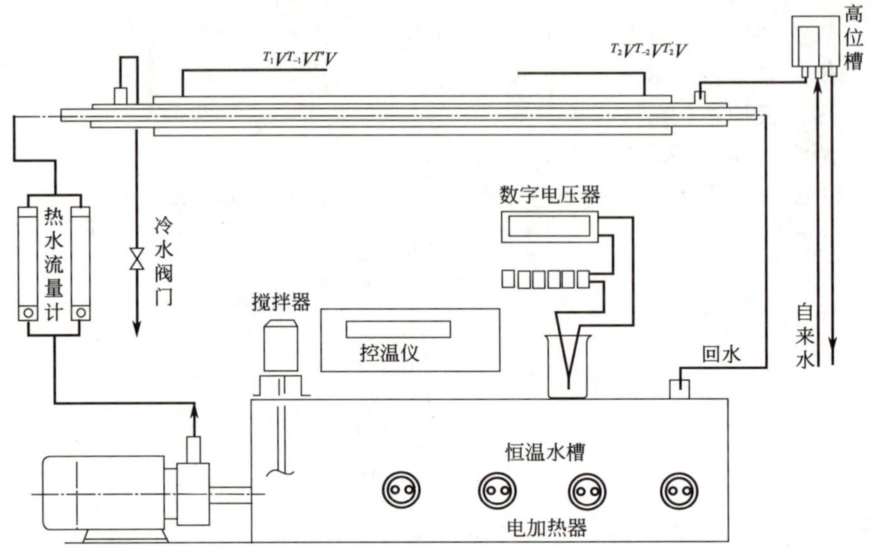

图 7-9　套管换热器液-液热交换实验装置流程

套管热交换器由一根 ϕ12mm×1.5mm 的黄铜管作为内管，ϕ20mm×2.0mm 的有机玻璃管作为套管所构成。套管热交换器外面再套一根 ϕ32mm×2.5mm 有机玻璃管作为保温管。套管热交换器两端测温点之间距离（测试段距离）为 1000mm。每个检测端面上在管内、管外和管壁内设置三支铜-康铜热电偶，并通过转换开关与数字电压表相连接，用于测量管内、管外的流体温度和管内壁的温度。

热水由循环水泵从恒温水槽送入管内，然后经转子流量计再返回槽内。恒温循环水槽中用电热器补充热水在热交换器中移去的热量，并控制恒温。

冷水由自来水管直接送入高位稳压水槽，再由稳压水槽流经转子流量计和套管的环防隙空间。高位稳压水槽排出的溢流水和由换热管排出被加热后的水，均排入下水道。

2. 实验装置Ⅱ

装置Ⅱ流程示意图见图 7-10。

装置Ⅱ主要设备参数见表 7-3。

表 7-3　主要设备参数

名称		数量	材质	规格	说明
磁力泵		2 台	不锈钢	50L·min^{-1},300W	
套管换热器	内管	1 根	铜	ϕ25mm×2mm,光滑管,长 1.5m	
	内管	1 根	不锈钢	ϕ25mm×0.6mm,螺纹管,长 1.5m	
	外管	2 根	玻璃		
储水桶		2 个	不锈钢	热水桶 ϕ390mm×380mm	
				冷水桶 ϕ340mm×380mm	
转子流量计		2 个	玻璃	LZB-20(0.16～1.6m^3·h^{-1})	
		1 个	玻璃	LZB-6(2.5～25L·h^{-1})	
热电偶		3 支		E 型,ϕ1.0mm×500mm	
铂电阻		7 支		Pt100	
A1 智能仪表		3 台		A1708	

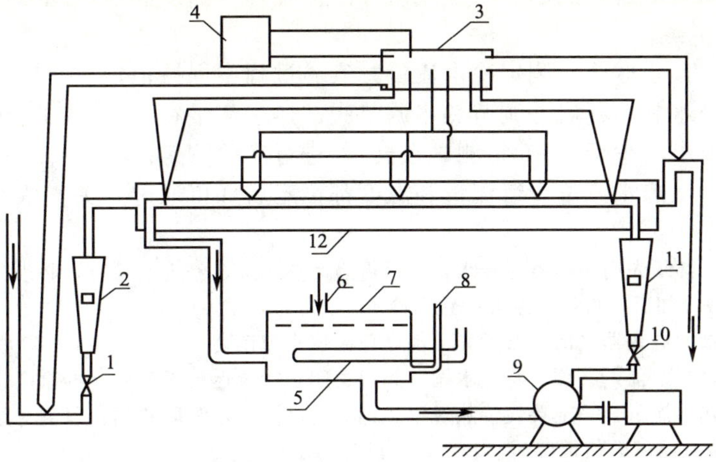

图 7-10 水-水套管热交换器实验流程示意图

1—流量调节阀；2—转子流量计；3—控制板；4—智能仪；5—加热器；6—加水口；7—电加热釜；8—液位计；9—热水泵；10—流量调节阀；11—转子流量计；12—套管换热器

装置Ⅱ 实验操作参数（参考值）见表 7-4。

表 7-4 实验操作参数

名 称	范 围	说 明
冷水流量	1.0～1.4$m^3 \cdot h^{-1}$	
热水流量	0.6～1.4$m^3 \cdot h^{-1}$	
冷、热水进出口温差	2～4℃	
加热电流	4～8A	
壁温读数	介于冷、热水温度之间	

本实验中基本不用向热水桶内补充冷水。

实验用管计算所需数据如下：

铜管内径 d_1＝21.2mm（ϕ25mm×2mm）；

不锈钢螺纹管内径 d_m＝22.2mm；

玻璃管内径 d_0＝37.5mm；

螺纹管平均外径 d_{0m}＝22.8mm；

换热有效长度 L_0＝1.194m。

四、实验步骤及注意事项

（一）实验装置Ⅰ

1. 实验前准备工作

（1）向恒温循环水槽灌入蒸馏水或软水，直至溢流管有水溢出为止。

（2）开启并调节通往高位稳压水槽自来水阀门，使槽内充满水，并由溢流管有水流出。

（3）将冰碎成细粒，放入冷阱中并掺入少许蒸馏水，使之呈粥状。将热电偶冷接点插入冰水中，盖严盖子。

（4）将恒温循环水槽的温度自控装置的温度定为 55℃。启动恒温水槽的电热器。等恒温水槽的水达到预定温度后即可开始实验。

(5) 实验前需要准备好热水、转子流量计的流量标定曲线和热电偶分度表。

2. 实验操作步骤

(1) 开启冷水截止球阀，测定冷水流量，实验过程中保持恒定。

(2) 启动循环水泵，开启并调节热水调节阀。热水流量在 60～250L·h^{-1}范围内选取若干流量值（一般要求不少于 5～6 组测试数据），进行实验测定。

(3) 每调节一次热水流量，待流量和温度都恒定后，再通过开关，依次测定各点温度。

【附注】

1. 开始实验时，必须先向换热器通冷水，然后再启动热水泵，停止实验时，必须先停电热器，待热交换器管内存留热水被冷却后，再停水泵并停止通冷水。

2. 启动恒温水槽的电热器之前，必须先启动循环泵使水流动。

3. 在启动循环水泵之前，必须先将热水调节阀门关闭，待泵运行正常后，再徐徐开启调节阀。

4. 每改变一次热水流量，一定要使传热过程达到稳定之后，才测取数据。每测一组数据，最好重复数次，当测得流量和各点温度数值恒定后，表明过程已达稳定状态。

（二）实验装置Ⅱ

1. 实验前准备工作

(1) 检查装置上各部件是否齐全、完好。熟悉装置上各个设备、仪表和部件的使用方法，了解有关注意事项。

(2) 连接好自来水管线，向两个储水桶内供水至浮球或液位计指定水位。

(3) 开启电源总开关和加热开关，检查各个温度值显示是否正常（记下室温值），并对仪表进行预热（40min 左右）。

2. 实验操作步骤

(1) 调节加热电流，其中两组为常热电流，维持在 8A，另一组为可调电流，加热时为 4A。当控温仪表读数指示到规定值（如 70℃），关闭进、出螺纹管套管换热器所有阀门。启动热水泵，将流量调至最大值，进行循环运转，保持水面恒定，并对系统进行排气，同时检查接口及阀门是否有泄漏。保持系统无泄漏，排气干净，热水温度维持恒定情况下，开启冷水泵，调节流量至最大，对冷水管线进行排气，并检查接口及阀门是否严密。待运转正常进入测试阶段。

(2) 将热水固定在大、中、小三个流量下，分别依次调节冷水流量，由大到小（或反之）。每调节一个冷水流量，待换热器进、出口温度基本稳定（5min 左右）时，读取冷、热水热量及相对应的进、出口水的温度；一般共测取 5～6 组数据后，关闭进该台换热器的所有阀门，打开冷、热水流经内管为螺纹管的套管换热器的阀门，经排气操作后，待两相流量稳定后，重复对前一台类似的操作，读取相关数据。

(3) 实测完毕后，先关闭加热电流，待热水温度有所下降时（如 30℃左右），关闭热水泵，然后关闭冷水泵，一切复原。

【附注】

1. 做铜管套管换热器实验时，一定关闭进螺纹管换热器的阀门（反之亦然），而且实验前泵出口旁路一定全开，流体进流量计阀门全关。操作时用阀门调节流量要缓慢，防止转子流量计受损。

2. 为保证数据可靠，实验操作时，首先应注意冷、热水换热维持在基本平衡的情况下（如相对误差在±10%以内），再读取其他数据。

五、实验报告要求

1. 计算不同实验条件下的对流传热系数 α 值。

2. 计算不同实验条件下的总传热系数 K 值。

3. 讨论实验结果。

【思考题】

1. 管内流体流动速度对传热膜系数有何影响?

2. 如果采用不同温度的热水进行实验,对 α 式的关联有无影响?

3. 强化传热要以什么为代价?

4. 强化传热的效果一般如何评价?采用什么作为评价的指标?

附　铜-康铜热电偶分度表

分度号:T　　　　(参数端温度为0℃)

温度/℃	0	1	2	3	4	5	6	7	8	9
	热电动势/mV									
−40	−1.475	−1.510	−1.544	−1.579	−1.614	−1.648	−1.682	−1.717	−1.751	−1.785
−30	−1.121	−1.157	−1.192	−1.228	−1.263	−1.299	−1.334	−1.370	−1.405	−1.440
−20	−0.757	−0.794	−0.830	−0.867	−0.903	−0.903	−0.976	−1.013	−1.049	−1.085
−10	−0.383	−0.421	−0.458	−0.495	−0.534	−0.534	0.602	−0.646	−0.683	−0.720
0_-	−0.000	−0.039	−0.077	−0.116	−0.154	−0.193	−0.231	−0.269	−0.307	−0.345
0_+	0.000	0.039	0.078	0.117	0.156	0.195	0.234	0.273	0.312	0.351
10	0.391	0.430	0.470	0.510	0.549	0.589	0.629	0.669	0.709	0.749
20	0.789	0.830	0.870	0.911	0.951	0.992	1.032	1.073	1.114	1.155
30	1.196	1.237	1.279	1.320	1.361	1.403	1.444	1.486	1.528	1.569
40	1.611	1.653	1.695	1.738	1.780	1.822	1.865	1.907	1.925	1.992
50	2.035	2.078	2.121	2.164	2.207	2.250	2.294	2.337	2.380	2.424
60	2.467	2.511	2.555	2.599	2.643	2.687	2.731	2.775	2.819	3.864
70	2.908	2.953	2.997	3.042	3.087	3.131	3.176	3.221	3.266	3.312
80	3.357	3.402	3.447	3.493	3.538	3.584	3.630	3.676	3.721	3.767
90	3.813	3.859	3.906	3.952	3.998	4.044	4.091	4.137	4.184	4.231
100	4.277	4.324	4.371	4.418	4.465	4.512	4.559	4.607	4.654	4.701
110	4.749	4.796	4.844	4.891	4.939	4.987	5.035	5.083	5.131	5.179
120	5.227	5.275	5.324	5.372	5.420	5.469	5.517	5.566	5.615	5.663
130	5.712	5.761	5.810	5.859	5.908	5.957	6.007	6.056	6.105	6.155
140	6.702	6.254	6.303	6.353	6.403	6.452	6.502	6.552	6.602	6.652
150	6.702	6.753	6.803	6.853	6.903	6.954	7.004	7.055	7.106	7.150
160	7.207	7.258	7.309	7.360	7.411	7.462	7.513	7.564	7.615	7.660
170	7.718	7.769	7.821	7.872	7.924	7.975	8.027	8.079	8.131	8.183
180	8.235	8.287	8.339	8.391	8.443	8.495	8.548	8.600	8.652	8.705
190	8.757	8.810	8.863	8.915	8.968	9.021	9.074	9.127	9.180	9.233
200	9.286	9.339	9.392	9.446	9.499	9.553	9.606	9.659	9.713	9.767
210	9.820	9.874	9.928	9.982	10.036	10.090	10.144	10.198	10.252	10.306
220	10.360	10.414	10.469	10.523	10.578	10.632	10.687	10.741	10.796	10.851
230	10.905	10.960	11.015	11.070	11.128	11.180	11.235	11.290	11.345	11.401
240	11.450	11.511	11.566	11.622	11.677	11.733	11.788	11.844	11.900	11.956

实验 7-6　填料塔气体吸收实验

一、实验目的

1. 了解填料吸收塔的结构、流程和操作。

2. 了解吸收剂进口条件的变化对吸收操作结果的影响。

3. 观察流体在填料吸收塔的操作状况，了解填料塔的流体力学性质。

4. 掌握填料吸收塔的传质单元高度 H_{OG}、总体积吸收系数 K_Ya 的测定方法。

二、实验原理

根据双膜模型（图 7-11）的基本假设，气侧和液侧的吸收质 A 的传质速率方程可分别表达为

气膜
$$G_A = k_g A(p_A - p_{Ai}) \tag{1}$$

液膜
$$G_A = k_l A(c_{Ai} - c_A) \tag{2}$$

式中 G_A——A 组分的传质速率，$kmol \cdot s^{-1}$；

A——两相接触面积，m^2；

p_A——气侧 A 组分的平均分压，Pa；

p_{Ai}——相界面上 A 组分的分压，Pa；

c_A——液侧 A 组分的平均浓度，$kmol \cdot m^{-3}$；

c_{Ai}——相界面上 A 组分的浓度，$kmol \cdot m^{-3}$；

k_g——以分压表达推动力的气侧传质膜系数，$kmol \cdot m^{-2} \cdot s^{-1} \cdot Pa^{-1}$；

k_l——以物质的量浓度表达推动力的液侧传质膜系数，$m \cdot s^{-1}$。

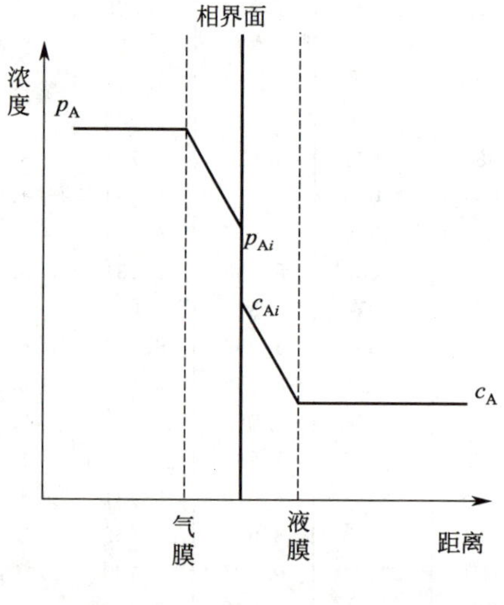

图 7-11 双膜模型的浓度分布图

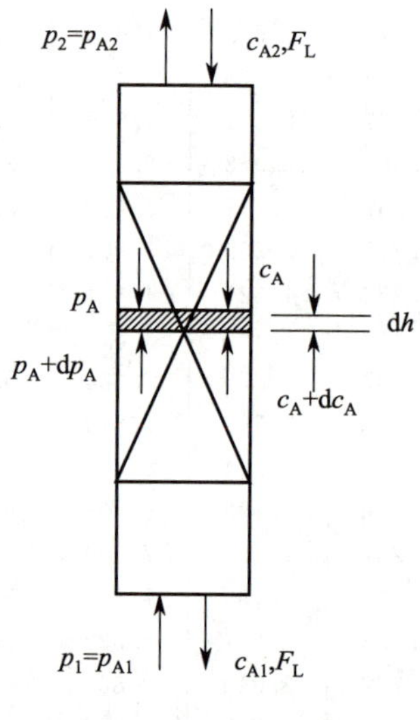

图 7-12 填料塔的物料衡算图

以气相分压或以液相浓度表示传质过程推动力的相际传质速率方程又可分别表达为

$$G_A = K_G A(p_A - p_A^*) \tag{3}$$

$$G_A = K_L A(c_A^* - c_A) \tag{4}$$

式中 p_A^*——液相中 A 组分的实际浓度所要求的气相平衡分压，Pa；

c_A^*——气相中 A 组分的实际分压所要求的液相平衡浓度，$kmol \cdot m^{-3}$；

K_G——以气相分压表示推动力的总传质系数或简称为气相传质总系数，$kmol \cdot m^{-2} \cdot s^{-1} \cdot Pa^{-1}$；

K_L——以液相浓度表示推动力的总传质系数，或简称为液相传质总系数，$m \cdot s^{-1}$。

若气液相平衡关系遵循亨利定律：$c_A = Hp_A$，则

$$\frac{1}{K_G} = \frac{1}{k_x} + \frac{1}{Hk_l} \tag{5}$$

$$\frac{1}{K_L}=\frac{H}{k_x}+\frac{1}{k_l} \tag{6}$$

当气膜阻力远大于液膜阻力时，则相际传质过程受气膜传质速率控制，此时，$K_G=K_g$；反之，当液膜阻力远大于气膜阻力时，则相际传质过程受液膜传质速率控制，此时，$K_L=k_l$。

如图 7-12 所示，在逆流接触的填料层内，任意截取一微分段，并以此为衡算系统，则由吸收质 A 的物料衡算可得：

$$dG_A=\frac{L}{\rho_L}dc_A \tag{7}$$

式中　L——液相摩尔流率，$kmol \cdot s^{-1}$；

ρ_L——液相摩尔密度，$kmol \cdot m^{-3}$。

根据传质速率基本方程，可写出该微分段的传质速率微分方程：

$$dG_A=K_L(c_A^*-c_A)aSdh \tag{8}$$

联立式(7) 和式(8) 可得：

$$dh=\frac{L}{K_L aS\rho_L}\cdot\frac{dc_A}{c_A^*-c_A} \tag{9}$$

式中，a 为气液两相接触的比表面积，$m^2 \cdot m^{-3}$；S 为填料塔的横截面积，m^2。

采用水吸收纯二氧化碳，且已知二氧化碳在常温常压下溶解度较小，因此，液相摩尔流率 L 和摩尔密度 ρ_L 的比值，亦即液相体积流率 $(V_s)_L$ 可视为定值，且设总传质系数 K_L 和两相接触比表面积 a，在整个填料层内为一定值，则按下列边值条件积分式(9)，可得填料层高度的计算公式：

$$h=0 \quad c_A=c_{A2}$$

$$h=h \quad c_A=c_{A1}$$

$$h=\frac{(V_s)_L}{K_L aS}\cdot\int_{c_{A2}}^{c_{A1}}\frac{dc_A}{c_A^*-c_A} \tag{10}$$

同理可推出采用水吸收氨气以气相推动力表示的计算公式：

$$h=\frac{V}{K_Y aS}\cdot\int_{Y_2}^{Y_1}\frac{dY}{Y-Y^*} \tag{11}$$

令 $h=\frac{(V_s)_L}{K_L aS}$为液相传质单元高度；$H_{OG}=\frac{V}{K_Y aS}$为气相传质单元高度；$N_L=\int_{c_{A2}}^{c_{A1}}\frac{dc_A}{c_A^*-c_A}$为液相传质单元数；$N_{OG}=\int_{Y_2}^{Y_1}\frac{dY}{Y-Y^*}$ 为气相传质单元数。

因此，填料层高度为传质单元高度与传质单元数之乘积，即：

$$h=H_L N_L=H_{OG}N_{OG} \tag{12}$$

若气液平衡关系遵循亨利定律，即平衡曲线为直线，则式(10) 可用解析法解得填料层高度的计算式，亦即可采用下列平均推动力法计算填料层的高度或液相传质单元高度：

$$h=\frac{(V_s)_L}{K_L aS}\cdot\frac{c_{A1}-c_{A2}}{\Delta c_{Am}} \tag{13}$$

$$H_L=\frac{h}{N_L}=\frac{h}{(c_{A1}-c_{A2})/\Delta c_{Am}} \tag{14}$$

因为实验装置Ⅰ采用纯水吸收纯二氧化碳，则：

$$c_{A1}^{*}=c_{A2}^{*}=c_{A}^{*}=Hp_{A}=Hp \tag{15}$$

二氧化碳的溶解度常数为：

$$H=\frac{\rho_s}{M_s}\cdot\frac{1}{E}\text{kmol}\cdot\text{m}^{-3}\cdot\text{Pa}^{-1} \tag{16}$$

式中，ρ_s 为水的密度，$\text{kmol}\cdot\text{m}^{-3}$；$M_s$ 为水的摩尔质量，$\text{kg}\cdot\text{kmol}^{-1}$；$E$ 为亨利系数，Pa。

因此 Δc_{Am} 计算可简化为：

$$\Delta c_{Am}=\frac{c_{A1}}{\ln\dfrac{c_{A}^{*}}{c_{A}^{*}-c_{A1}}} \tag{17}$$

又因为实验装置Ⅰ采用的物质遵循亨利定律，而且气膜阻力可以不计。在此情况下，整个传质过程阻力都集中于液膜。即属液膜控制过程，则液侧体积传质膜系数等于液相体积传质总系数，即：

$$k_{l}a=K_{L}a=\frac{(V_s)_L}{hS}\cdot\frac{c_{A1}-c_{A2}}{\Delta c_{Am}} \tag{18}$$

同理可推导出实验装置Ⅱ采用水吸收氨气相传质单元数、气相传质单元高度及气体总体积吸收系数计算公式如下：

$$N_{OG}=\frac{Y_1-Y_2}{\Delta Y_m} \tag{19}$$

$$\Delta Y_m=\frac{(Y_1-Y_1^{*})-(Y_2-Y_2^{*})}{\ln\left(\dfrac{Y_1-Y_2^{*}}{Y_2-Y_2^{*}}\right)} \tag{20}$$

$$H_{OG}=\frac{h}{N_{OG}} \tag{21}$$

$$K_{Y}a=\frac{V}{H_{OG}S} \tag{22}$$

三、实验装置与流程

1. 实验装置Ⅰ

本实验装置由填料吸收塔、二氧化碳钢瓶、高位稳压水槽和各种测量仪表组成，其流程如图 7-13 所示。

填料吸收塔采用直径为 50mm 的玻璃柱。柱内装填 ϕ5mm 球形玻璃填料，填充高度为 300mm。吸收质——纯二氧化碳气体由钢瓶经二次减压阀、调节阀和转子流量计，进入塔底。气体由下向上经过填料层与液相逆流接触，最后由柱顶放空。吸收剂——水由高位稳压水槽，经调节阀和流量计，进入塔顶，再喷洒而下。吸收后溶液由塔底经 π 形管排出。U 形液柱压差计用于测量塔底压力和填料层的压力降。

2. 实验装置Ⅱ

装置结构及流程见图 7-14、图 7-15。

装置Ⅱ技术指标及主要外形尺寸如下：

塔内径	89mm
填料高度	400mm
塔总高	1500mm
设备外形尺寸	1250mm×500mm×1600mm

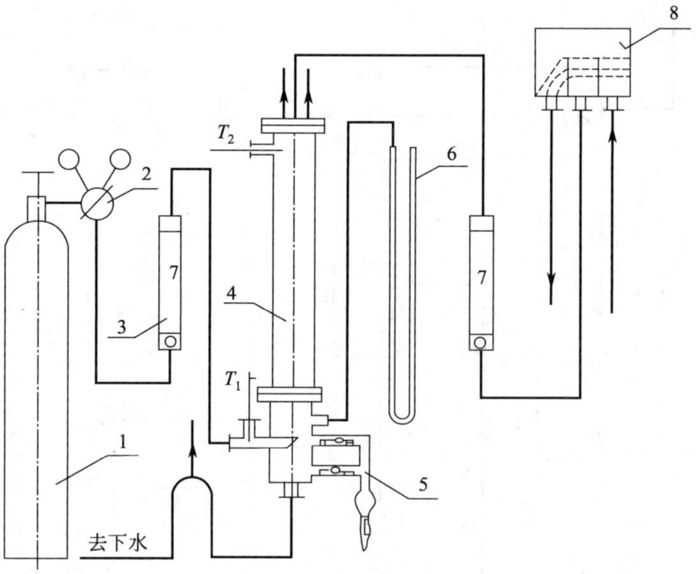

图 7-13　填料吸收塔液侧传质膜系数测定实验装置流程

1—二氧化碳钢瓶；2—减压阀；3—二氧化碳流量计；4—填料塔；
5—滴定计量球；6—压差计；7—水流量计；8—高位水槽

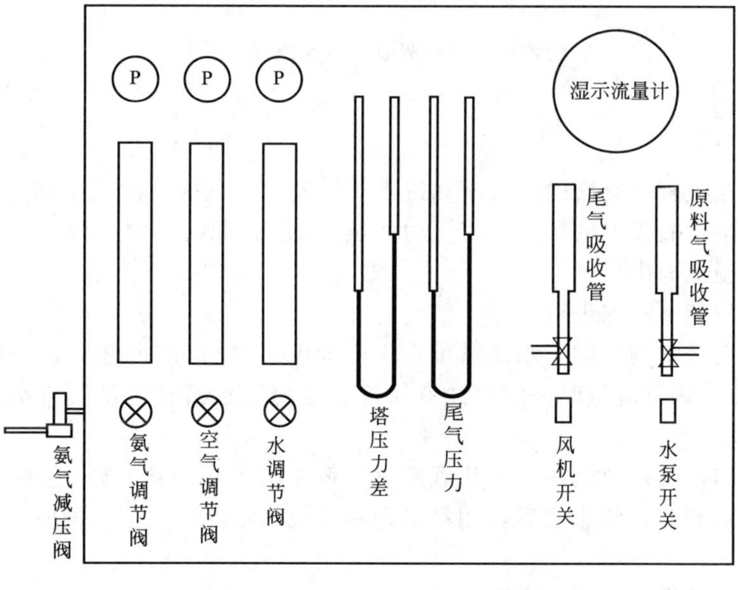

图 7-14　填料吸收塔面板布置图

最大空气流量	$17m^3 \cdot h^{-1}$
最大液体流量	$250L \cdot h^{-1}$
压力	常压
电压	220V
功率	1000W

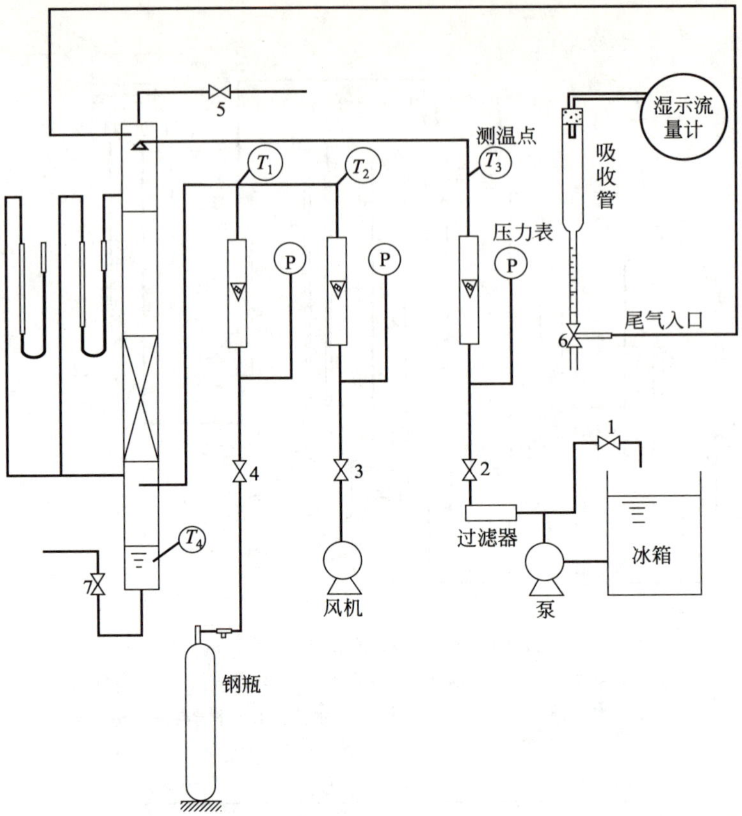

图 7-15　填料吸收塔实验流程示意图

四、实验步骤

1. 实验装置Ⅰ

实验前，首先检查填料塔的进气阀和进水阀以及二氧化碳二次减压阀是否均已关严；然后，打开二氧化碳钢瓶顶上的针阀，将压力调至 1MPa；同时，向高位稳压水槽注水，直至溢流管有适量水溢流而出。

实验操作可按如下步骤进行：

(1) 缓慢开启进水调节阀，水流量可在 $10\sim50L \cdot h^{-1}$ 范围内选取，一般在此范围内选取 5～6 个数据点，调节流量时一定要注意保持高位稳压水槽有适量溢流水流出，以保证水压稳定。

(2) 缓慢开启进气调节阀，二氧化碳流量一般控制在 $0.1m^3 \cdot h^{-1}$ 左右为宜。

(3) 当操作达到定常状态之后，测量塔顶和塔底的水温和气温，同时，测定塔底溶液中二氧化碳的含量。

溶液中二氧化碳含量的测定方法如下：

用吸量管吸取 $0.1mol \cdot L^{-1}$ $Ba(OH)_2$ 溶液 10mL，放入三口烧瓶中，并由塔底附设的计量管滴入塔底溶液 20mL，再加入酚酞指示剂数滴。最后用 $0.1mol \cdot L^{-1}$ 盐酸滴定，直至其脱除红色的瞬时为止。由空白试验与溶液滴定用量之差值，按下式计算得出溶液中二氧化碳的浓度：

$$c_A=\frac{n_{HCl}V_{HCl}}{2V}(kmol \cdot m^{-3})$$

式中，n_{HCl}为标准盐酸溶液的浓度；V_{HCl}为实际滴定用量，即空白试验用量与滴定试样时用量之差值，mL；V 为塔底溶液采样量，mL。

2. 实验装置Ⅱ

(1) 填料塔流体力学测定操作（注：不需要打开氨气）

① 启动离心泵，打开阀 1，调节阀 2 使流量到最大。

② 开动空气系统，调节旋涡风机流量，慢慢加大气速到液泛，观察液泛现象。

③ 固定某一液量，测定不同气速下的填料压力降。

(2) 传质系数测定的操作

① 调节水流量、空气流量到实验值，稳定后依次打开氨气钢瓶，氨稳压阀，再调节氨气流量到一定值。一般氨气在原料中的浓度为 2%～10%（体积）。记录塔压力、填料压力降、湿示流量计压力、空气温度、氨气温度、水温、吸收液温度，操作稳定 20min 后进行尾气分析。注：氨气钢瓶出口压力必须小于 10kgf（1kgf＝9.8N）（氨瓶温度小于 30℃），以便确保稳压阀及管线安全。

② 尾气浓度测试方法

a. 将阀 6 置于均不导通位置，读湿示流量计的当前值，并记录。

b. 打开塞子，用移液管加入 2～4mL 标准稀硫酸到吸收管内（浓度约 0.05～0.08$mol \cdot L^{-1}$），作为吸收液，并加入指示剂（甲基红），再盖上塞子。

c. 转动阀 6 与尾气入口相通，让尾气通过吸收管鼓泡，控制阀 6 的开度，使尾气成单个气泡连续不断进入吸收管，注意观察吸收液的颜色，当吸收液刚改变颜色时（由红变黄），表示吸收到达终点，应立即拔掉塞子，读取湿示流量计终示值。

d. 将阀 7 打开，放掉约 10mL 存液，用锥形瓶取样。

e. 按 a、b、c 步骤测原料气含量。注：标准稀硫酸浓度约 0.05～0.08$mol \cdot L^{-1}$。

f. 按实验要求，可以改变气量和液量，记录不同实验条件下的实验结果。

g. 停止实验，先关闭氨气钢瓶，再关闭稳压阀，然后将水、空气流量调到零后，再关闭水泵和气泵。

五、实验报告要求

1. 记录实验原始数据，填入处理结果并写出计算示例。

2. 讨论实验结果。

【思考题】

1. 从传质推动力 ΔY_m 和传质阻力两方面分析吸收剂流量和吸收剂温度对吸收过程的影响。

2. 从实验数据分析水吸收 CO_2 是气膜控制还是液膜控制，还是二者兼而有之？

实验 7-7 精馏塔实验

一、实验目的

1. 了解实验室精馏柱的结构及精馏操作方法。

2. 掌握填料理论板数的测定方法，加深对精馏本质的认识。

二、实验原理

本实验在全回流条件下操作，全回流时无产品馏出。没有实用价值，但其分离能力最大，故可用来评价填料的分离能力。在一定的全回流下，经过一段较长时间的精馏，在平衡状态下，即可测得其最小理论板数，再根据填料层高度标出等板高度（对一定的填料层而言），这样就免去了回流比的影响，测定简单快速，且便于比较。即使这样，最少理论板数在一定程度上仍受全回流量大小的影响，故一般改变全回流量几次，求得平均最少理论板数及平均等板高度。

在平衡状态下，测出塔顶和塔底的产品组成后，即可用芬斯克（Fenslze）方程求得最少理论板数（推导过程见课本）。

$$N_T=\frac{\lg\left[\left(\frac{x_p}{1-x_p}\right)\left(\frac{1-x_w}{x_w}\right)\right]}{\lg\alpha_m}-1$$

或

$$N_T=\frac{\lg\left[\left(\frac{x_p}{1-x_p}\right)\left(\frac{1-y_w}{y_w}\right)\right]}{\lg\alpha_m}$$

式中　N_T——全回流下的理论塔板数；

x_p，x_w，y_w——一定全回流下塔顶馏出液，塔釜液及釜内蒸气的组成（摩尔分数）；

α_m——平均相对挥发度，对甲基环己烷-正庚烷体系来说，$\alpha_m=1.075$。

填料层的等板高度（理论塔板当量高度）HETP 为

$$\mathrm{HETP}=\frac{h}{N_T}$$

式中，h 为填料层的总高度，m。

三、实验装置与流程

1. 实验装置Ⅰ

本实验装置由连续填料精馏柱和精馏塔控制仪两部分组成。实验装置流程及其控制线路如图 7-16 所示。

连续填料精馏柱由精馏柱、分馏头、再沸器、原料液预热器和进出料装置几部分组成。精馏柱直径为 25mm，精馏段填充高度为 200mm，提馏段填充高度为 150mm，分馏头由冷凝器和电磁回流比调节器组成。再沸器（蒸馏釜）用透明电阻膜加热，容积为 500mL。原料液预热器采用 U 形玻璃管并外敷设透明电阻膜的加热器。

精馏塔控制仪由四部分组成。光电釜压控制器用调节釜压的方法，调节再沸器的加热强度，用于控制蒸发量和蒸气速度。回流比调节器用于调节回流比。温度数字显示仪通过选择开关，测量各点温度（包括柱、蒸气、入塔料液、回流液和釜残液的温度）。预热器温度调节器调节进料温度。

柱顶冷凝器用水冷却，可适当调节冷却水流量来控制回流液的温度。

2. 实验装置Ⅱ

实验装置Ⅱ流程示意图如图 7-17 所示。

该装置由精馏塔和仪表控制柜组成，塔身采用半导体透明膜加热保温。其特点是：操作中可随时观察气液流动状况，采用高精度稳定性优异的智能化仪表（带有自整定功能），塔釜、塔顶温度用铂电阻传感器；并以高精度数字显示仪表显示温度，测温数据可靠。

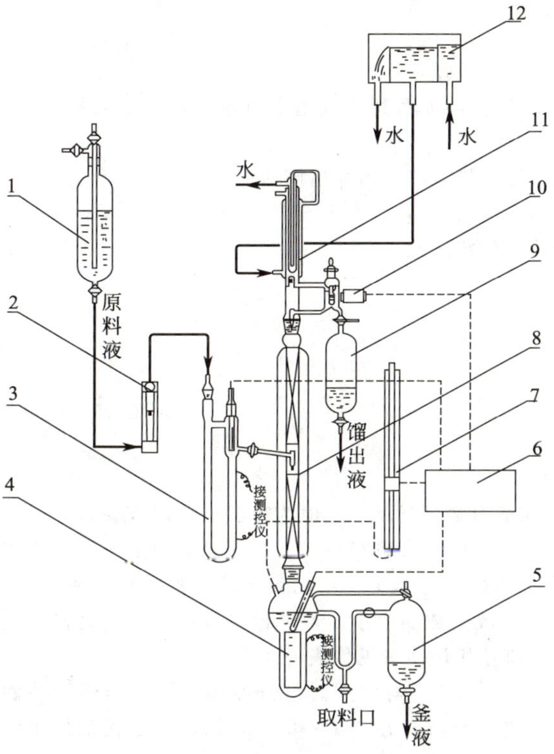

图 7-16　填料塔连续填料精馏实验装置流程

1—原料液高位瓶；2—转子流量计；3—原料液预热器；4—蒸馏釜；5—釜液受器；6—控制仪；7—单管压力计；8—填料分馏柱；9—馏出液受器；10—回流比调节器；11—分馏头；12—冷却水高位槽

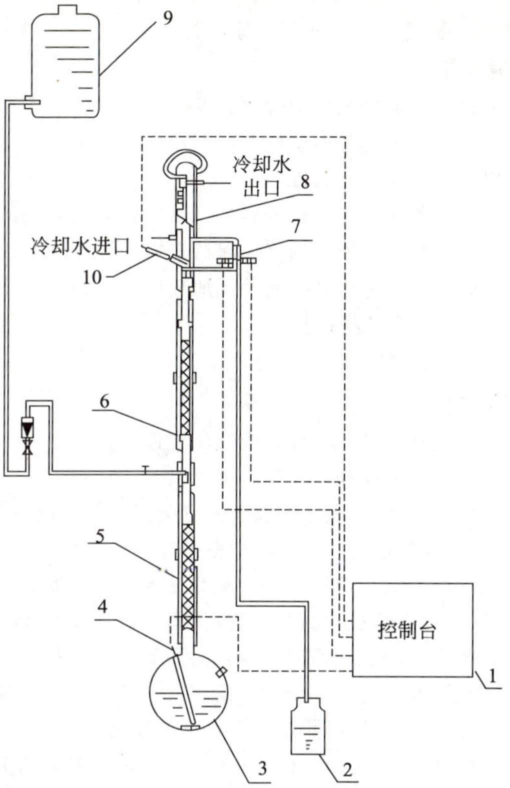

图 7-17　填料精馏塔实验流程示意图

1—控制柜；2—产品罐；3—蒸馏釜；4—塔釜温度计；5—提馏段；6—精馏段；7—回馏比调节器；8—塔头；9—料液槽；10—塔顶温度计

该装置技术指标如下：精馏塔为 ϕ25mm 玻璃制，塔高 1400mm，釜容量为 250mL、1000mL 两种，加热功率 100～500W，塔内装不锈钢金属铁丝网环填料 ϕ2.5～2.5mm。回流比控制仪表两块，电流表三块，AI 智能仪表三块。

四、实验步骤

本实验采用正庚烷和甲基环己烷物系，并配制成体积比 1∶1 的混合液作为标准试验液，或者采用乙醇和正丙醇物系，并按体积比 1∶3 配制成试验液。

1. 实验装置Ⅰ

实验步骤：

(1) 熟悉实验装置及流程、弄清各部分的作用。

(2) 将配制好的试验液 1000mL，加入再沸器。

(3) 检查塔顶冷却水的水流通道，接通水路，保持塔顶冷凝器在工作状态时再接通电路。

(4) 在全回流状态下，逐步加大再沸器的加热电压，使再沸器内料液缓慢加热至沸腾。观察塔内气、液流动状态，若出现液泛现象降低电压至液泛消失。

(5) 保持电流在某一定值，操作控制在全回流下。当塔顶和塔釜温度稳定后，自塔顶、塔釜取 0.1～0.2mL 样品。取样时应先放出管道内的滞流料液，以保证测量准确。

(6) 用阿贝折光仪测出折射率，以后每隔 15min 取一次样，直到两次测定结果相同为止。

(7) 回流量与上升蒸气量有关，也影响板数的测定。改变电流大小（即不同的全回流量)，重复（5)、(6）内容。

【附注】

(1) 本装置为大型玻璃设备，操作时一定要小心谨慎，以免损坏。

(2) 在采集分析试样前，一定要有足够的稳定时间。只有当观察到各点温度恒定后，才能取样分析，并以分析数据恒定为准。

(3) 预液泛不要过于猛烈，以免影响填料层的填充密度，切忌将填料冲出塔体。

(4) 再沸器液位始终要保持在电阻膜加热器以上，以防设备烧裂。

(5) 实验完毕，应先关掉加热电源，待物料冷却后，再停冷却水。

2. 实验装置Ⅱ

实验步骤基本同1。

【附注】

除上述1的五点外，尚须注意以下两点：

(1) 升温操作

① 升温前仪表上电源开关应全部关闭，电位器旋钮处于零位。

② 打开总电源，指示灯亮：打开釜加热电源，对应仪表有数字显示，其值为室温。若修改参数，按住仪表上的参数给定键约2s；则仪表会进入参数设定状态，上视窗是参数符号，下视窗是其值大小，可通按动“<”键改变下视窗小数点位置，按一下此键小数点即闪烁并且从个位移动到十位，再按就可到百位，依此类推，小数点不闪时将自动回到零位，按“∧”、“∨”改变数的大小。若进行温度设定，可直接通过按“<”改变小数点位置，按“∧”、“∨”改变其值。详细使用说明参见仪表说明书。

③ 调节电位器开始加热，釜加热电流一般控制在0.1～1.5A；与此同时打开冷却水。当釜液开始沸腾，打开塔上、下段保温开关、调节保温电流调节旋钮，使电流维持在0.1～0.3A，以保证塔内液体不沿塔壁流下为宜。

(2) 停止操作

停止操作可以按以下程序进行：首先关闭塔保温和釜加热电流，然后关闭回流比控制器。当釜、顶显示温度降至室温时，再关闭釜加热及塔保温电源，最后关闭总电源并停止通入冷却水。

五、实验报告要求

1. 将塔顶和塔釜的温度、组成等原始数据用表格形式列出。
2. 计算全回流下理论板数，并给出计算示例（体系平衡数据见附1)。
3. 计算填料等板高度。
4. 讨论实验结果。

附

附表1 正庚烷-甲基环己烷物质组成与折射率关系

组成正庚烷摩尔分数	折射率 n_D^{25}	组成正庚烷摩尔分数	折射率 n_D^{25}	组成正庚烷摩尔分数	折射率 n_D^{25}
0	1.4206	34	1.4075	70	1.3948
2	1.4194	38	1.4061	74	1.3936
6	1.4182	42	1.4047	78	1.3922
10	1.4166	46	1.4032	82	1.3908
14	1.4150	50	1.4018	86	1.3892
18	1.4134	54	1.4004	90	1.3884
22	1.4119	58	1.3990	94	1.3876
26	1.4104	62	1.3976	98	1.3868
30	1.4090	66	1.3962	100	1.3864

附表 2　乙醇-正丙醇物系组成与折射率关系

组成正丙醇摩尔分数	折射率 n_D^{25}	组成正丙醇摩尔分数	折射率 n_D^{25}	组成正丙醇摩尔分数	折射率 n_D^{25}
5.46	1.3621	35.64	1.3695	65.81	1.3769
16.06	1.3647	45.83	1.3720	74.38	1.3790
25.85	1.3671	54.39	1.3741	85.79	1.3818

附表 3　正庚烷-甲基环己烷物系相对挥发度

温度 /℃	正庚烷蒸气压 p_A /mmHg	甲基环己烷蒸气压 p_B /mmHg	相对挥发度
100.93	817.47	759.9	1.07576
100.50	807.36	750.7	1.07548
100.10	798.05	742.3	1.07510
100.00	795.73	740.2	1.07502
99.667	788.06	733.24	1.07475
99.50	784.23	729.77	1.07462
99.00	772.86	719.46	1.07422
98.50	761.62	709.26	1.07382
98.42	759.83	707.64	1.07375

附表 4　乙醇-正丙醇物系相对挥发度

温度 /℃	乙醇含量 x_A（摩尔分数）	乙醇含量 y_A（摩尔分数）	相对挥发度
94.50	0.0737	0.1637	2.460
93.85	0.0819	0.2045	2.882
90.65	0.2045	0.4050	2.648
88.20	0.2373	0.4295	2.420
86.30	0.3682	0.5767	2.338
83.50	0.5236	0.7117	2.246
82.20	0.5890	0.7689	2.322
81.20	0.7051	0.8450	2.280
80.20	0.8181	0.9080	2.194
79.30	0.8998	0.9948	1.906

实验 7-8　板式塔性能实验

一、实验目的

1. 观察塔板上气、液两相流动状况。

2. 测定气体通过塔板的压力降与空塔气速的关系、雾沫夹带率与空塔气速的关系、泄漏率与空塔气速的关系。

3. 研究板式塔负荷性能图的影响因素并作出筛板塔的负荷性能图。

二、实验原理

当气体通过塔板时，因阻力造成的压力降 Δp 应为气体通过干塔板的压力降 Δp_d 与气体通过塔板上液层的压力降 Δp_1 之和，即：

$$\Delta p=\Delta p_d+\Delta p_1 \tag{1}$$

干板压力降又可表达为如下关系式：

$$\Delta p_d=\zeta\cdot\frac{\rho_2 u_2^2}{2} \tag{2a}$$

或

$$\Delta h=\frac{\Delta p_d}{\rho_1 g}=\zeta\cdot\frac{\rho_2}{\rho_1}\cdot\frac{u_0^2}{2g}\ \text{m 液柱} \tag{2b}$$

式中　u_2，u_0——气体通过筛孔或阀孔时的速度，$m\cdot s^{-1}$；

ρ_2，ρ_1——气体和液体的密度，$kg\cdot m^{-3}$；

ζ——干板阻力系数。

对于筛孔塔板，干板压力降 Δp_d 与筛孔速度 u_2 的变化关系可由实验直接测定，并可在双对数坐标上给出一条直线，实验曲线如图 7-18 所示，并可由此曲线拟合得出干板阻力系

数 ζ 值。

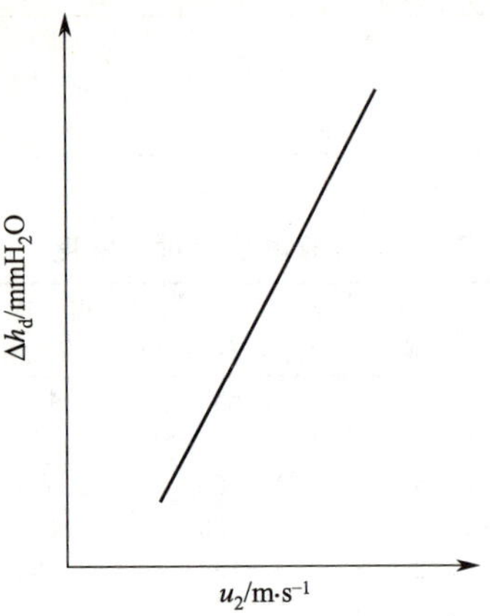

图 7-18　筛孔塔板干板压头降 Δh_d 与筛孔速度 u_2 之间的关系

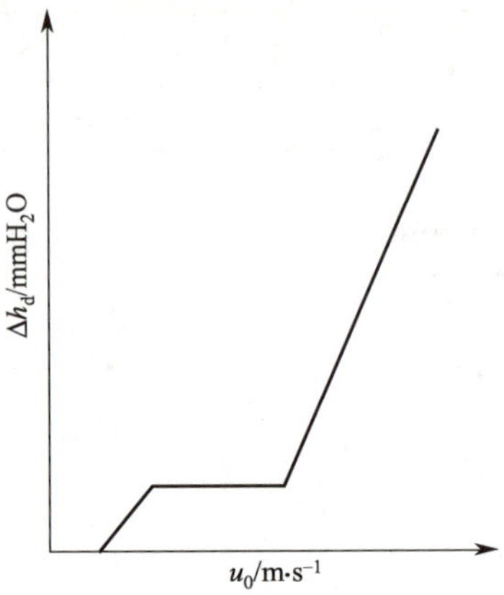

图 7-19　浮阀塔板干板压头降 Δh_d 与阀孔速度 u_0 之间的关系

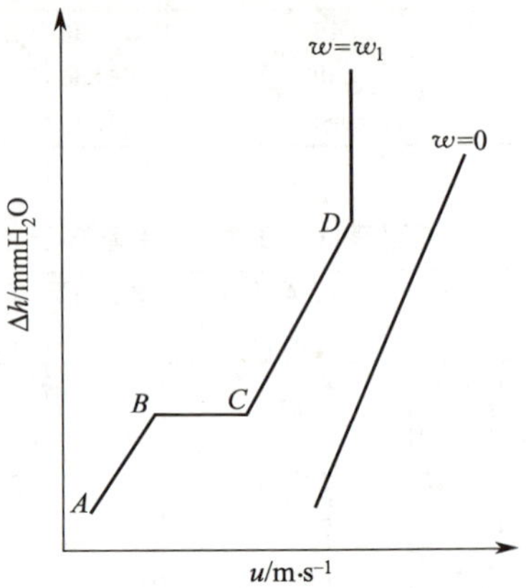

图 7-20　板式塔的压头降 Δh 与空塔速度的关系曲线

对于浮阀塔板，干板压力降 Δp_d 与阀孔速度 u_0 的关系，曲线如图 7-19 所示。由图可见，随着气速不断增大该曲线具有三个阶段。第一阶段是浮阀处于尚未浮起阶段。第二阶段是浮阀开始浮动，但尚未完全开启阶段。在此阶段里，气体通过缝隙的开度（环隙面积）可自行调节，使气体通过缝隙的速度保持不变，维持压力降与浮阀重量平衡，即

$$\Delta p_d = \frac{mg}{s_2} \tag{3}$$

式中　m——浮阀的质量，kg；

s_2——阀孔的面积，m^2；

g——重力加速度。

因此，在这一区域内，干塔板压力降几乎不随气速而改变。第三阶段是当浮阀升至最大开度时，塔板与浮阀之间的缝隙面积保持不变，浮阀重量对压力降不再发生影响。只有在此转折点之后，干板压力降与阀孔速度的关系才符合式（2）所示的关系式。

气体通过塔板上液层的压力降 Δp_1 主要是由克服液体表面张力和液层重力所造成的。液层压力降 Δp_1 可简单地表示为：

$$\Delta p_1 = \Delta p - \Delta p_d = \varepsilon h_f \rho_1 g \quad \text{Pa} \tag{4a}$$

或

$$\Delta h_f = \Delta h - \Delta h_d = \varepsilon h_f \quad \text{m 液柱} \tag{4b}$$

式中　h_f——塔板上液层高度，m，相当于溢流堰的高度 h_w 与堰上液面高度 h_{ow} 之和；

ε——比例系数，该比例系数常称为充气系数（或发泡系数）。

气体通过湿塔板的总压力降 Δp 和塔板上液层的状况，将随着气流速度的变化而发生如下阶段性的变化，如图 7-20 所示。

（1）当气流速度较小时，塔板上未能形成液层，液体全部由筛孔漏下。在这阶段，塔板的压力降随气速增大而增大。

（2）当气流速度增大到某一数值时，气体开始拦截液体，使塔板上开始积存液体而形成液层。该转折点称为拦液点。如图中 A 点，这时气体的空塔速度称为拦液速度。

（3）当气流速度略微增加时，塔板上积液层将很快上升到溢流堰的高度，塔板压力降也随之急剧增大，当液体开始由溢流堰溢出时，为另一个转折点，如图中 B 点。这时，仍有部分液体从筛孔中泄漏下去，自该转折点之后，随着气流速度增大，液体的泄漏量不断减

小，而塔板压力降却变化不大。

(4) 当气流速度继续增大到某一数值时，液体基本上停止泄漏，则称该转折点为泄漏点，如图中 C 点。自 C 点以后，塔板的压力降随气速的增加而增大。

(5) 当气速高达某一极限值时，塔板上方的雾沫夹带将会十分严重，或者发生液泛。自该转折点（如图中 D 点）之后，塔板压力降会随气速迅速增大。

塔板上形成稳定液层后，塔板上气液两相的接触和混合状态，也将随着气速的改变而发生变化。当气速较小时，气体以鼓泡方式通过液层，随着气速增大，鼓泡层逐渐转化为泡沫层，并在液面上形成的雾沫层也将随之增大。

三、实验装置与流程

本实验装置有两种形式，一种为筛板塔，另一种为浮阀塔。两种塔均采用单层塔板和外溢流结构，如图 7-21 和图 7-22 所示。

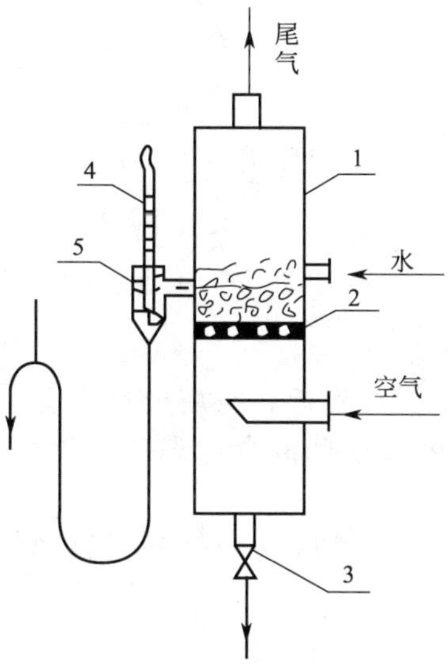

图 7-21 筛板塔

1—塔体；2—筛孔塔板；3—漏液排放口；4—温度计；5—溢流装置

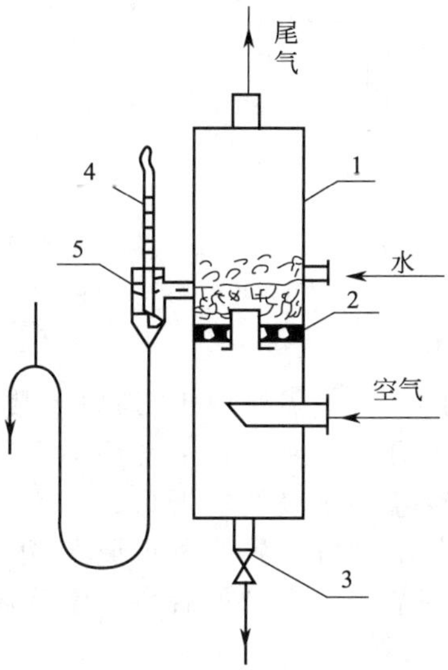

图 7-22 浮阀塔

1—塔体；2—浮阀塔板；3—漏液排放口；4—温度计；5—溢流装置

实验装置流程如图 7-23 所示，水自高位槽，通过转子流量计，由塔板上方一侧的进水口进入，并由塔板上另一侧溢流堰入溢流装置，通过塔板泄漏的液体，可由塔底排放口排出。来自空气源的空气，通过流量调节阀和孔板流量计送入塔底，通过塔板的尾气由塔顶排出。气体通过塔板的压力降由压差计显示。

四、实验步骤

实验前，先检查空气调节阀和进水阀是否关严，放空阀是否全部开启，然后将高位水槽充满水，并保持适当的溢流量。

实验时，每一种塔都可按如下步骤进行操作：

(1) 启动空气源，空气流量由空气调节阀和旁路放空阀联合调节，通过不断改变气体流量，测定干板压力降与气速的变化关系，对于筛板塔，一般测取 5～6 组数据即可，而对于浮阀塔需多测几组数据，以保证临界转折点前后各有 4～5 组数据。

(2) 当进行塔板流动特性实验时，应先缓慢打开水调节阀，调定水的喷淋密度（一般喷淋密度在 $5\sim10m^3\cdot m^{-2}\cdot h^{-1}$ 范围内为宜，相当于水流量为 $40\sim80L\cdot h^{-1}$），然后再按上述方法调节空气流量。在一定喷淋密度下，测定塔板总压力降等数据。在全部量

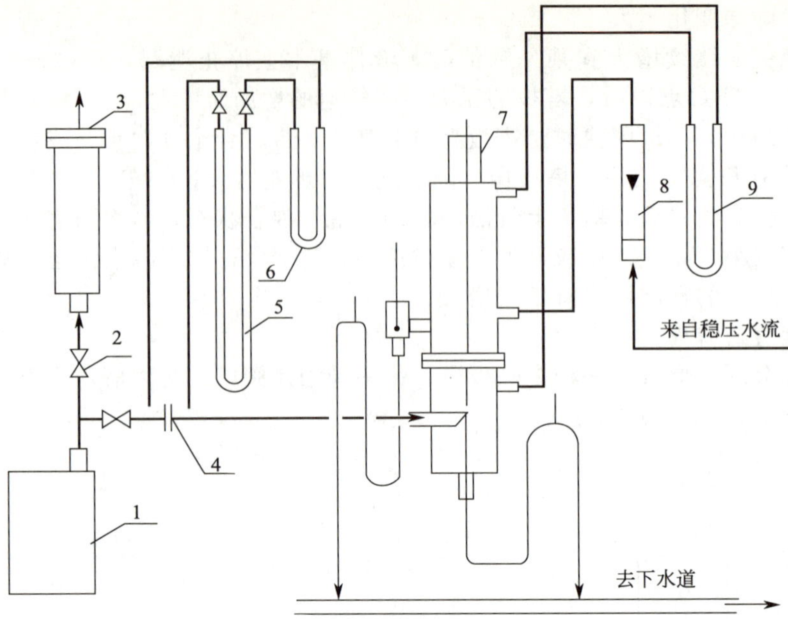

图 7-23　板式塔实验装置流图

1—空气源；2—软空阀；3—消声器；4—孔板流量计；5—水柱压差计；6—汞柱压差计；7—板式塔；8—转子流量计；9—水柱压差计

程范围内，一般需测取 15 组以上数据，尤其是在各转折点附近，空塔速度变化的间隔稍小一些为宜。实验过程中要仔细观察并记录塔板上气液接触和混合状态的发展变化过程，特别要注意各阶段的转折点。

实验结束时，先关闭水调节阀和高位槽的进水阀门，然后安全打开旁路放空阀，再将空气调节阀关严，最后关掉空气源的电源。

【附注】

1. 空气源切不可在所有出口全部关闭下启动和运行，以防烧坏设备，空气源的启动和空气流量的调节，必须严格按上述操作步骤，用旁路阀和调节阀联合调节。

2. 实验过程中，应密切注意高位水槽的液面和溢流水量，需要根据实验时水流量的变化，随时调节自来水的进水量。

五、实验报告要求

1. 记录实验原始数据并填入处理结果。

2. 在双对数坐标纸上标绘出干板压力降与筛孔速度之间的关系曲线。

3. 在双对数坐标纸上标绘出在某一喷淋密度下塔板压力降与空塔速度之间的关系曲线。

4. 讨论实验结果。

实验 7-9　内循环反应器的无梯度检验

一、实验目的

1. 了解内循环反应器的结构原理和反应器的理想流动模型。

2. 掌握阶跃激发-响应技术之一的清洗测定法。测定氮气在不同流量和转速下在反应器中的停留时间分布。

3. 掌握内循环反应器的无梯度检验方法。通过实验求算检验曲线的线性相关系数、回归系数和平均停留时间。

二、实验原理

实质上，内循环气-固相催化反应器相当于一个连续搅拌釜式反应器。反应器内达到无梯度，也就是流动的气体在反应器内达到完全返混，即实现了理想的全混流模型。因此，只要通过测定气体流过反应器的停留时间分布，确定是否实现了全混流，便可决定反应器是否达到了无梯度。

测定气体通过反应器的停留时间分布常用方法有脉冲激发-响应法和阶跃激发-响应法。阶跃激发-响应法是在某一瞬时，在反应器入口处，向定态流动的主气流中突然加入稳定流量的示踪气体。与此同时，在反应器出口处连续测定主气流中示踪气体的浓度随时间的变化。清洗法的操作步骤恰好与上述的阶跃法相反，即在入口处突然中断主气流中的示踪气体流，同时测定出口气体中示踪气体的浓度随时间的变化。

若反应器实现了全混流，并将测得停留时间分布曲线［用累计停留时间分布函数 $F(t)$ 与时间 t 的变化关系曲线来描述］，则停留时间分布曲线如图 7-24 所示。

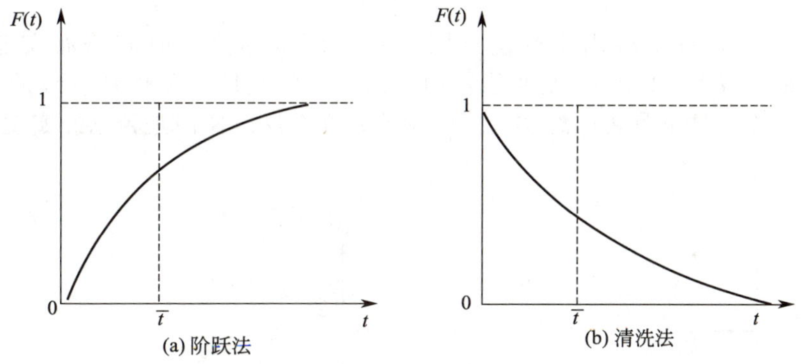

图 7-24　停留时间分布曲线

若气体流过反应器达到了全混流，则反应器内各处的浓度必定相等，并且与反应器出口处的浓度完全相同；若采用清洗法测定停留时间分布，并设定：

反应器的自由体积为 V_0；

物料进入反应器的体积流率为 V_{s0}；

物料流出反应器的体积流率为 V_s；

入口物料流中示踪物的浓度为 c_0；

出口物料流中示踪物的浓度为 $c(t)$。

则从反应器入口处含有示踪物浓度 $c_0=c_{max}$ 的物料流切换为不含示踪物的物料流（即 $c_0=0$）的瞬时算起，直至出口物料流中示踪物浓度逐渐由 $c_t=c_{max}$ 降至 $c_t=0$ 时为止。在此期间内的某一时刻取时间间隔 dt，对示踪物进行物料衡算，可得物料衡算式：

$$V_{s0}c_0-V_s c(t)=\frac{V_0\,dc(t)}{dt} \tag{1}$$

由于入口物料流中示踪物浓度 $c_0=0$，则上式经整理后可得

$$\frac{-dc(t)}{c(t)}=\frac{V_s}{V_0}dt \tag{2}$$

按下列边界条件，积分上式：

当 $t=0$ 时，出口处瞬时浓度　　　$c(t=0)=c_{\max}$

当 $t=t$ 时，出口处瞬时浓度　　　$c(t=t)=c(t)$

$$-\int_{c_{\max}}^{c(t)}\frac{\mathrm{d}c(t)}{c(t)}=\frac{V_s}{V_0}\int_0^t \mathrm{d}t \tag{3}$$

由此可得

$$-\ln\left[\frac{c(t)}{c_{\max}}\right]=\frac{V_s}{V_0}t \tag{4}$$

对于定常、恒容、进出口无返混的流动体系，$V_s=V_{s0}$，$V_0/V_{s0}=\bar{t}$。并且已知累计停留时间分布函数 $F(t)=c(t)/c_{\max}$，则上式又可表示为

$$-\ln F(t)=\frac{t}{\bar{t}} \tag{5}$$

由此式可见，反应器达到全混流时，$-\ln F(t)$ 与 t 成线性关系，且回归直线的斜率等于 $1/\bar{t}$。

若以无量纲时间 $\theta=t/\bar{t}$ 为时标，且已知 $F(\theta)=c(t)$，则上式又可表示为

$$-\ln F(\theta)=\theta \tag{6}$$

由此式可见，反应器达到全混流时，$-\ln F(\theta)=\theta$ 与 θ 成线性关系，且回归直线的斜率等于 1。

根据上述原理，只要将用清洗法（图 7-25）测得的停留时间分布实验数据标绘成 $-\ln F(t)$-t 曲线，或者 $-\ln F(\theta)$-θ 曲线，即可由曲线的线性相关性和直线的斜率来检验判断反应器在该操作条件下是否已经实现了全混流，亦即反应器内是否已经实现了浓度和温度无梯度。

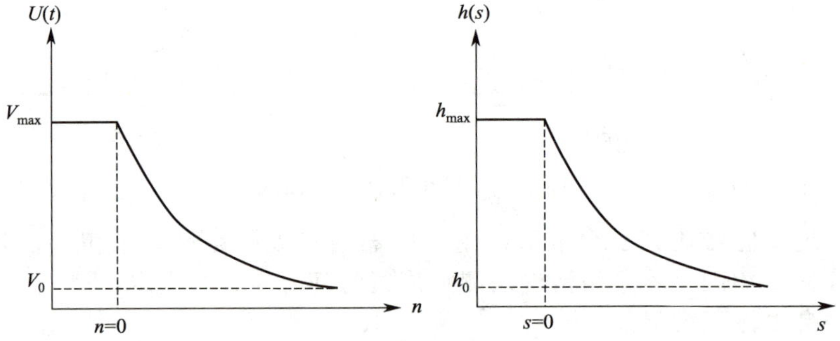

图 7-25　清洗法测得实验曲线

本实验以氮气为主流气体，氢气为示踪气体，并采用热导鉴定器检测反应器出口示踪气体的浓度随时间的变化关系，若采用计算机直接采集数据，且已知示踪物浓度 $c(t)$ 与测得的毫伏值 $U(t)$ 为过原点的线性关系，则

$$t=n/u \tag{7}$$

$$F(t)=\frac{c(t)}{c_{\max}}=\frac{U(t)}{U_{\max}} \tag{8}$$

式中　n——数据采集累积数，次；

u——数据采集频率，次/秒。

若采用记录仪记录实验曲线，当选定记录仪的走纸速度为 u 时，量取走纸距离为 s 和曲线上相应高度为 $h(s)$，并已知 $h(s)$ 与 $c(t)$ 为过原点的线性关系，则：

$$t = s/u \tag{9}$$

$$F(t) = \frac{c(t)}{c_{\max}} = \frac{h(s)}{h_{\max}} \tag{10}$$

将实验测得的原始数据，按式(7)～式(10) 换算后，标绘出 $-\ln F(t)$-t 和 $-\ln F(\theta)$-θ 关系曲线，根据标绘的曲线的线性相关程度和斜率进行检验判断。若实验数据点完全落在一条直线上，也即相关系数接近于 1，且 $-\ln F(\theta)$-θ 关系曲线与斜率为 1 的直线完全重合，则反应器内的浓度分布达到了无梯度，否则未能达到无梯度。

三、实验装置与流程

本实验装置主要由内循环反应器、气路控制箱、电路控制箱和配有 A/D 转换板的计算机四部分组成。其装置流程如图 7-26 所示。主流氮气来自氮气钢瓶，经减压阀和稳压阀导入反应器的气体入口。自反应器出口排出的气体，其中一路经主流气流量计计量后放空；另一路通过热导池的工作臂，再经流量计计量后放空。热导池参考臂所需之气体，直接来自氮气钢瓶，先经减压阀和稳压阀，后经流量计计量后放空。示踪气体来自氢气钢瓶，经流量计计量后，通过截止阀的切换，可将一定流量的示踪气加入或停止加入到主气流中。出口气体中示踪气体的浓度变化用热导鉴定器进行检测。检测信号通过接口输入微机。

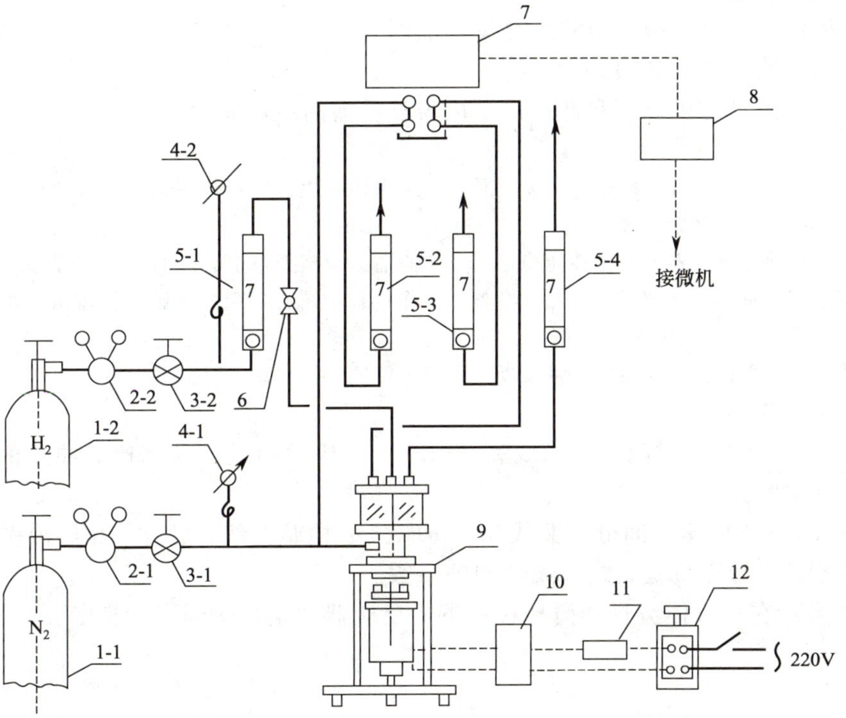

图 7-26　装置流程

1-1—氮气钢瓶；1-2—氢气钢瓶；2-1—氮气减压阀；2-2—氢气减压阀；3-1—氮气稳压阀；3-2—氢气稳压阀；4-1—氮气压力表；4-2—氢气压力表；5-1—氢气转子流量计；5-2—参考臂流量计；5-3—工作臂流量计；5-4—主流气流量计；6—氢气截止阀；7—热导池；8—AD 转换板；9—内循环反应器；10—整流器；11—转速表；12—调速器

四、实验步骤

首先，做好实验前的准备工作：

(1) 调节好氮气和氢气的压力。一般情况下，氮气压力调至0.15MPa，氢气压力调至0.15MPa左右。

(2) 按下列参考数据调节氮气流量。

主流氮气流量：$400 \sim 800 mL \cdot min^{-1}$；

热导池参考臂气体流量：$60 \sim 80 mL \cdot min^{-1}$；

热导池工作臂气体流量：$60 \sim 80 mL \cdot min^{-1}$。

(3) 待各路流量稳定后，打开电路箱和在计算机键盘上按下数据采集指令键（按S键）。

(4) 根据实验需要，按下终止数据采集指令键（按Q键），终止数据采集。将采集到的这套数据输入文件名后存入待用。

改变搅拌转速，重复上述实验步骤。由此可得在一定流量下，不同转速时的停留时间分布实验数据。但需要注意，改变转速后，必须重新检查和调整池平衡和零点。

改变气体流量，重复进行实验。由此可测得一系列不同流量和转速下的停留时间分布曲线。

通过上述一系列的实验可寻求反应器实现无梯度的最大流量和最低搅拌转速。

最后，实验数据采集和处理完毕之后，需按下列步骤进行停机操作：

(1) 将搅拌转速调回零点。

(2) 将桥路工作电流调回至零，并关掉电源开关。

(3) 关闭各路气体调节阀。

(4) 关闭电路箱电源开关和计算机主机与显示器的电源开关。

【附注】

(1) 开机时，必须先通气，后通电；关机时，必须先切断电源，后停止通气。以此保证热导池在有气体流通状态下运行，防止烧毁热导池。

(2) 为了保证热导鉴定器的工作性能稳定，在实验前必须至少稳定运行1h以上。为保证测定精确，必须仔细耐心调节池平衡和热导调零。当然，在整个操作过程中，必须保持各路气体流量和桥路工作电流的稳定，否则仪器无法稳定运行。

(3) 气体高压钢瓶的使用一定要严格按操作规程进行操作，注意安全。

五、实验报告要求

1. 标绘 $F(t)$-t 停留时间分布曲线和 $-\ln F(t)$-t 检验曲线，求算检验曲线的线性相关系数和平均停留时间。

2. 标绘 $F(\theta)$-θ 停留时间分布曲线和 $-\ln F(\theta)$-θ 检验曲线，并在 $-\ln F(\theta)$-θ 图上标出斜率为1的参考线。计算检验曲线的线性相关系数。

3. 综合判断在该气体流量和搅拌转速下，反应器内是否达到了无梯度。

实验 7-10 内循环反应器测定氨合成动力学参数

一、实验目的

目前，在气-固相催化动力学研究中，常用的实验反应器有：微分反应器、积分反应器和循环反应器。三者虽各有所长，但循环反应器克服了微分反应器在配气和检测方面的困难，又克服了积分反应器在控温和数据处理方面的不便。因此，近年来，循环反应器在气-

固催化动力学的研究中，应用广泛。

循环反应器主要分外循环和内循环两大类。这两类循环反应器都是在理想的全混流模型下进行操作，以期实现催化剂床层内无浓度、温度和反应速率梯度。因此，在采用循环反应器进行动力学实验之前，都应先通过实验检验，以便确定该反应器达到无梯度的实验操作条件。

本实验采用内循环全混流反应器，在保证温度和浓度无梯度条件下，测定常压下氨合成的反应速率常数和表观活化能。通过实验练习初步掌握一种连续流动体系气-固催化动力学的实验研究方法，并进而对连续流动实验反应器的基本原理、性能及其特点，以及气-固催化动力学的基本原理加深理解。

二、实验原理

1. 化学反应速率常数的测定

氮、氢合成氨的过程，是一个可逆、放热、体积减小的化学反应，其化学计量关系式为：

$$N_2 + 3H_2 \longrightarrow 2NH_3 \tag{1}$$

在铁系催化剂表面上进行的该反应过程，根据捷姆金提出的机理，得出如下动力学方程式：

$$r_{NH_3} = k_1 p_{N_2} \frac{p_{H_2}^{1.5}}{p_{NH_3}} - k_2 \frac{p_{NH_3}}{p_{H_2}^{1.5}} \tag{2}$$

现在以催化剂质量 m 为基准，以单位时间内氨的生成量来定义反应速率，则上式中反应速率为：

$$r_{NH_3} = \frac{dF_{NH_3}}{dm} \mathrm{mol \cdot kg^{-1} \cdot s^{-1}} \tag{3}$$

式中 k_1——氨生成速率常数；

k_2——氨分解速率常数；

p_{N_2}——氮的分压，Pa；

p_{H_2}——氢的分压，Pa；

p_{NH_3}——氨的分压，Pa；

F_{NH_3}——氨的摩尔流率，$\mathrm{mol \cdot s^{-1}}$；

m——催化剂质量，kg。

当内循环反应器的流动模型达全混流时，即在整个催化剂层内达到无温度和浓度梯度时，在定常状态下，则反应速率既不随时间而变化，也不随催化剂床层空间而变化，对于全混流反应器进行摩尔衡算可得：

$$r_{NH_3} = \frac{F_{NH_3} - F_{NH_3,0}}{m} \tag{4}$$

本实验中，原料气中的氨含量为零，则反应器入口氨的摩尔流率 $F_{NH_3,0}=0$。

若反应器出口气体中测得氨含量为 y_{NH_3}（摩尔分数），反应器出口混合气的总摩尔流率为 $F_1(\mathrm{mol \cdot s^{-1}})$，则反应器出口的氨摩尔流率 $F_{NH_3}=F_1 y_{NH_3}$。

因此，式(4) 所示摩尔衡算式可改写为：

$$r_{NH_3} = \frac{F_1 y_{NH_3}}{m} \tag{5}$$

将摩尔衡算式(5) 和动力学方程式(2) 联立可得：

$$\frac{F_1 y_{NH_3}}{m}=k_1 p_{N_2}\frac{p_{H_2}^{1.5}}{p_{NH_3}}-k_2\frac{p_{NH_3}}{p_{H_2}^{1.5}} \tag{6}$$

若系统总压为 p，则：

$$p_{H_2}=p y_{H_2}$$

$$p_{N_2}=p y_{N_2}$$

$$p_{NH_3}=p y_{NH_3}$$

由此，式(6) 可改写为：

$$\frac{F_1 y_{NH_3}}{m}=k_1 p^{1.5}\frac{y_{N_2} y_{H_2}^{1.5}}{y_{NH_3}}-k_2 p^{-0.5}\frac{y_{NH_3}}{y_{H_2}^{1.5}} \tag{7}$$

等式两边除以 $k_2 p^{-0.5}\frac{y_{NH_3}}{y_{H_2}^{1.5}}$，得：

$$\frac{F_1 p^{0.5} y_{NH_3}}{k_2 m}=\frac{k_1}{k_2}p^2\frac{y_{N_2} y_{H_2}^3}{y_{NH_3}^2}-1 \tag{8}$$

化学平衡常数定义式为：

$$K_p=\frac{p_{NH_3}^*}{p_{N_2}^{*0.5}\cdot p_{H_2}^{*1.5}}\quad \text{Pa}^{-1} \tag{9}$$

则

$$\frac{k_1}{k_2}=K_p^2 \tag{10}$$

将式(10) 代入式(8)，并经整理可得氨分解速率常数计算式：

$$k_2=\frac{F_1 p^{0.5}}{m}\cdot\frac{y_{H_2}^{1.5} y_{NH_3}^2}{K_p^2 p^2 y_{N_2} y_{H_2}^3-y_{NH_3}^2} \tag{11}$$

将反应器出口混合气总摩尔流率 F_t，换算成检测状态下的体积流率，并视混合气为理想气体，则由理想气体状态方程可得：

$$F_t=\frac{p_a V_{sa}}{RT_a} \tag{12}$$

式中 p_a——检测状态下的压力，Pa；

T_a——检测状态下的温度，K；

V_{sa}——检测状态下的混合气体积流率，$m^3\cdot s^{-1}$。

将式(12) 代入式(11) 可得：

$$k_2=\frac{V_{sa} p_a p^{0.5}}{RT_a m}\cdot\frac{y_{H_2}^{1.5} y_{NH_3}^2}{K_p^2 p^2 y_{N_2} y_{H_2}^3-y_{NH_3}^2} \tag{13}$$

当原料气中氢、氨气的摩尔比为 3，且惰性组分的含量为零，氢、氨的摩尔分数分别为 $y_{H_{2,0}}$ 和 $y_{N_{2,0}}$ 时，则：

$$y_{H_2}=y_{H_{2,0}}(1-y_{NH_3})$$

$$y_{N_2}=y_{N_{2,0}}(1-y_{NH_3})$$

这时，改写式(13) 可得实验测定 k_2 值的具体计算式：

$$k_2=\frac{V_{sa} p_a p^{0.5}}{RT_a m}\cdot\left[\frac{y_{H_{2,0}}^{1.5} y_{NH_3}^2(1-y_{NH_3})^{1.5}}{K_p^2 p^2 y_{N_2} y_{H_{2,0}}^3(1-y_{NH_3})^4-y_{NH_3}^2}\right] \tag{14}$$

式中，k_2 单位为 $mol \cdot W^{-0.5} \cdot kg^{-0.5} \cdot s^{-2}$；$R$ 为理想气体常数；m，V_{sa}，p_a，p，T_a，$y_{N_{2,0}}$，$y_{H_{2,0}}$ 均为实验条件确定值；在不同反应温度下的化学平衡常数 K_p 可按 Haber 公式求算。即：

$$\lg K_p = 2.098 \times 10^3 T^{-1} - 2.509 \lg T - 1.006 \times 10^{-4} T + 1.860 \times 10^{-7} T^2 - 2.906 \quad (15)$$

K_p 的单位是 Pa^{-1}。

因此，只要实验测得反应温度 T 和反应器出口气体中氨含量 y_{NH_3}，氨分解速率常数 k_2 值即可由式(14) 求得。

氨生成速率常数 k_1 可按式(10) 求算，即：

$$k_1 = K_p^2 k_2 \quad (16)$$

k_1 的单位是 $mol \cdot m^{1.5} \cdot kg^{-2.5} \cdot s^{-2}$。

2. 表观活化能的测定

表观活化能与温度的函数关系遵循 Arrhenius 公式，即：

$$k = k_0 e^{-E/RT} \quad (17)$$

若实验测得不同反应温度 T 下的氨生成反应速率常数 k_1，则上式可具体表达为：

$$k = k_{1.0} e^{-E_1/RT} \quad (18)$$

等式两边取对数，将上式线性化，即：

$$\ln k_1 = \frac{-E_1}{RT} + \ln k_{1.0} \quad (18a)$$

或

$$\lg k_1 = \frac{-E_1}{2.303RT} + \lg k_{1.0} \quad (18b)$$

将实验测得的多组数据，以 $\lg k_1$ 对 $1/T$ 作图（或线性回归方法），由直线斜率 $-E_1/2.303R$，求取氨生成表观活化能 E_1 值。显然，也可用两组实验数据，采用选点法（即解联立方程组方法）按下式求算：

$$E_1 = \frac{RTT'}{T-T'} \ln \frac{k_1}{k_1'} \quad (19)$$

同理，用上述相同方法，由直线斜率 $-E_1/(2.303R)$ 求取氨分解表观活化能 E_1。或者采用选点法按下式求算：

$$E_2 = \frac{RTT'}{T-T'} \ln \frac{k_1}{k_1'} \quad (20)$$

3. 实际反应偏离平衡的程度

实际反应偏离化学平衡的程度，可用偏离平衡度来表示，即：

$$\eta = \frac{y_{NH_3} - y_{NH_{3,0}}}{y_{NH_3}^* - y_{NH_{3,0}}} \quad (21a)$$

当实验条件下，原料气氨含量 $y_{NH_{3,0}} = 0$ 时，则：

$$\eta = \frac{y_{NH_3}}{y_{NH_3}^*} \quad (21b)$$

式中，y_{NH_3} 为实验测得反应后的氨含量；$y_{NH_3}^*$ 为实验温度下的平衡氨量。

平衡氨含量 $y_{NH_3}^*$ 按下列途径求取；

当反应达成平衡时，则根据化学平衡常数定义式可知：

$$K_p = \frac{p_{NH_3}^*}{p_{H_2}^{*1.5} p_{N_2}^{*0.5}} \quad (9)$$

因为 $p_{H_2}^* = py_{H_2}^*$；$p_{N_2}^* = py_{N_2}^*$；$p_{NH_3}^* = py_{NH_3}^*$。当 $H_2/N_2=3$，惰性组分含量 $y_1=0$ 时，则：

$$p_{H_2}^* = p\,\frac{3}{4}(1-y_{NH_3})$$

$$p_{N_2}^* = p\,\frac{1}{4}(1-y_{NH_3})$$

由此，式(9) 可改写为

$$\frac{y_{NH_3}^*}{(1-y_{NH_3})^2} = K_p p\,\frac{\sqrt{27}}{16}$$

解此方程可得平衡含量的计算式：

$$y_{NH_3}^* = 1+\frac{1.540}{pK_p}-\sqrt{\left(1+\frac{1.540}{pK_p}\right)^2-1} \tag{22}$$

三、实验装置与流程

本实验装置由反应器、气路系统、电路系统和质量检测系统四个部分组成。其装置流程如图 7-27 所示。

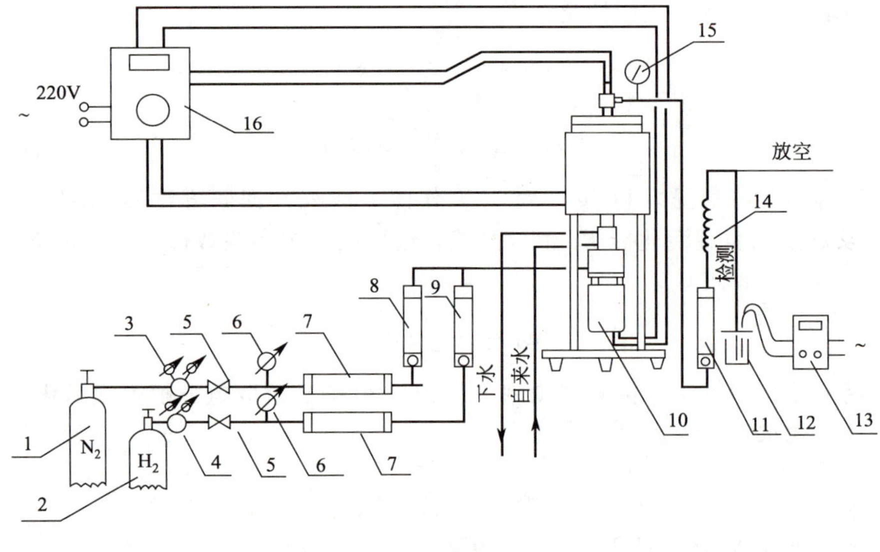

图 7-27 内循环全混流反应器测定氨合成动力学参数实验装置流程

1—氮气瓶；2—氢气瓶；3—氮气减压阀；4—氢气减压阀；5—稳压阀；6—压力表；7—干燥管；8—氮气流量计；9—氢气流量计；10—内循环反应器；11—合成气流量计；12—测量杯；13—酸度计；14—气体稳流器；15—反应器的压力表；16—电路箱

实验装置的气路流程：由来自钢瓶的氢和氮气，分别经过稳压器、干燥管、调节阀和流量计后，按一定配比进行混合，混合原料气由反应器下部入口进入。反应后的气体由反应器顶部导出，经调节阀、流量计和稳流器后进入质量检测系统进行检测，或排至室外放空。

质量检测系统采用容量法分析装置，反应后气体连续导入盛有标准酸液的烧杯中，用酸度计确定等当点，用秒表计时。

实验装置的电路系统主要由温度控制仪和转速调速仪两部分组成。电炉对反应器加热，其加热功率由热电偶通过自动控温仪进行控制。反应由温度显示仪直接数字显示。调速器可连续调节直流电机的转速，通过磁驱动装置带动反应器内的搅拌器同步运转。

反应器轴承架冷却水套的下部进水口直接与自来水相接，上部出水排入下水道。

四、实验步骤

实验前准备工作：

(1) 将催化剂颗粒装入反应器的催化剂筐内，装填量一般为 8～10g。拆卸与安装工作必须在教师指导下进行。

(2) 先将氮氢气流量计下的调节阀关闭，然后分别调节氮气和氢气的减压阀和稳压阀。若操作压力在 0.05MPa（表压）以下，将稳压阀后的压力表调节至 0.02MPa（表压）为宜。

(3) 打开氮气调节阀进行试漏检查。

(4) 打开通往反应器冷却水套的自来水阀门，通入适量冷却水。

(5) 关掉氮气改通氢气。待系统内空气排尽后，启动搅拌器，并调到合适转速（2000～3000$r \cdot min^{-1}$）。同时逐渐升温，由室温升到 300℃，持续 6～8h，然后进行催化剂还原。

(6) 先将床层温度升至 400℃，持续还原 6～8h，再以 5～10$℃ \cdot h^{-1}$升温速度，将床层温度由 400℃升至 500℃，持续 40～50h。

(7) 还原结束后，在规定反应温度下进行实验操作，或者降至室温，改换通氮气加以保护，以备下次实验之用。

实验操作步骤：

(1) 分别调节氮气和氢气的调节阀，通过流量计进行配气。配制后的混合气，使其氢氮比为 3，并适当调节反应器后的调节阀使混合气流量和反应器内压力达到选定值。混合气流量在 200～500$mL \cdot min^{-1}$范围内选择，操作压力在 0.05MPa 左右。

(2) 先开冷却水再打开电路系统控温和测温部分的电源开关，然后调节控温仪，选定温度值，使反应温度恒定在预定的数值上。同时启动电机，逐渐调节转速，使其达预定值(2000～3000$r \cdot min^{-1}$)。

(3) 待系统状态稳定之后，可开始分析出口气体中氨的含量，测取三组平行数据，取其均值。氨含量采用容量法分析，其具体方法如下。

用移液管准确量取已知浓度（约 $2 \times 10^{-3} mol \cdot L^{-1}$）的标准酸液 20mL，放入烧杯中，把反应后的混合气导入酸液中。当酸度计显示溶液达等当点时，将混合气放空。用秒表记录通气时间。然后，由测定数据按下式计算氨含量：

$$y_{NH_3} = \frac{22.4 V_{H_2SO_4} c_{H_2SO_4} T_a p_0}{2 V_{sa} t T_0 p_a}$$

式中 $V_{H_2SO_4}$——硫酸标准液的取用量，L；

$c_{H_2SO_4}$——硫酸标准液的浓度，$mol \cdot L^{-1}$；

V_{sa}——检测状态（大气压、室温）下混合气的体积流率，$L \cdot min^{-1}$；

t——检测达等当点时，混合气持续通气时间，min；

p_a，p_0——检测状态下和标准状况下的压力，Pa；

T_a，T_0——检测状态下和标准状况下的温度，K。

(4) 改变反应温度，重复上述实验步骤。

实验结束步骤：

(1) 关掉电路系统中的测温、控温部分的电源开关，停止加热。逐渐调小电机转速，待转速接近零时再关掉电源开关。同时关掉酸度计的电源开关。最后，将总电源开关关掉。

(2) 关闭氢气的稳压阀和减压阀，停止通气。

(3) 若下次实验不更换催化剂，并近期内需继续实验，则反应器必须通氮气保护，即调节稳压阀将氮气进口压力调至略高于大气压力，关闭反应器后的出口调节阀，使装置系统内保持一定的氮气压力，保护催化剂免受氧化而失活，且下次实验就不必再进行催化剂还原。

(4) 待反应器温度降至200℃以下，关闭通往反应器冷却水套的水阀门，停止通水。

【附注】

1. 实验进行过程中，反应器冷却水套的冷却水绝不能中断，否则，轴承内润滑脂挥发将使催化剂中毒，并使设备受损伤。

2. 铁系催化剂还原过程周期较长，再则，还原后催化剂若与空气接触，则会迅速燃烧失去活性。因此，当中断实验时，还原后的催化剂必须用氮气保护。

在整个还原过程中，应避免温度的突然变化，更须严防超出允许温度，操作一定要平稳、缓慢。

3. 本实验必须在反应器达全混流模型所要求的进气（200～500mL・min^{-1}）和搅拌转速（2000～3000r・min^{-1}）下操作。每次改变实验操作条件后，需待系统状态恒定后才能测取数据。

五、实验报告要求

1. 根据实验数据计算氨的分解速率常数和生成速率常数。

2. 根据实验数据，采用图解法、线性回归方法，求算表观活化能。列出求算过程及计算结果。

实验 7-11 多釜串联的 RTD 测定

在连续流动反应器中进行化学反应时，反应进行的程度除了与反应系统本身的性质有关以外，还与反应物料在反应器内停留时间长短有密切关系。停留时间越长，则反应越完全。停留时间通常是指从流体进入反应器时开始，到其离开反应器为止的这一段时间。显然对流动反应器而言，停留时间不像间歇反应器那样是同一个值，而是存在着一个停留时间分布。造成这一现象的主要原因是流体在反应器内流速分布的不均匀，流体的扩散以及反应器内的死区等。

停留时间分布的测定不仅广泛应用于化学反应工程及化工分离过程，而且应用于涉及流动过程的其他领域。它也是反应器设计和实际操作所必不可少的理论依据。

一、实验目的

1. 通过实验了解停留时间分布测定的基本原理和实验方法。

2. 掌握停留时间分布的统计特征值的计算方法。

3. 学会用理想反应器的串联模型来描述实验系统的流动特性。

二、实验原理

停留时间分布测定所采用的方法主要是示踪响应法。它的基本思路是：在反应器入口以一定的方式加入示踪剂，然后通过测量反应器出口处示踪剂浓度的变化，间接地描述反应器内流体的停留时间。常用的示踪剂加入方式有脉冲输入、阶跃输入和周期输入等。本实验选用的是脉冲输入法。

脉冲输入法是在极短的时间内，将示踪剂从系统的入口处注入主流体，在不影响主流体原有流动特性的情况下随之进入反应器。与此同时，在反应器出口检测示踪剂浓度 $c(t)$ 随时间的变化。整个过程可以用图 7-28 形象地描述。

由概率论知识可知，概率分布密度函数 $E(t)$ 就是系统的停留时间分布密度函数。因此，$E(t)\mathrm{d}t$ 就代表了流体粒子在反应器内停留时间介于 t 到 $t+\mathrm{d}t$ 之间的概率。

在反应器出口处测得示踪剂浓度 $c(t)$ 与时间 t 的关系曲线叫响应曲线。由响应曲线就

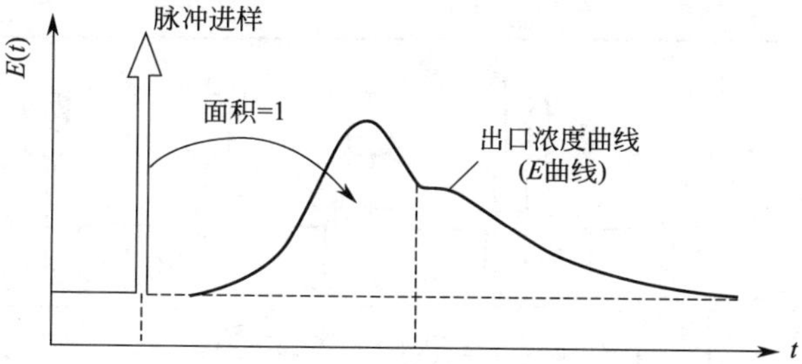

图 7-28　脉冲法测停留时间

可以计算出 $E(t)$ 与时间 t 的关系，并绘出 $E(t)$-t 关系曲线。计算方法是对反应器做示踪剂的物料衡算，即：

$$Qc(t)\mathrm{d}t=mE(t)\mathrm{d}t \tag{1}$$

式中，Q 表示主流体的流量；m 为示踪剂的加入量。示踪剂的加入量可以用下式计算

$$m=\int_0^{\infty}Qc(t)\mathrm{d}t \tag{2}$$

在 Q 值不变的情况下，由式(1) 和式(2) 求出：

$$E(t)=\frac{c(t)}{\int_0^{\infty}c(t)\mathrm{d}t} \tag{3}$$

关于停留时间分布的另一个统计函数是停留时间分布函数 $F(t)$，即：

$$F(t)=\int_0^{\infty}E(t)\mathrm{d}t \tag{4}$$

用停留时间分布密度函数 $E(t)$ 和停留时间分布函数 $F(t)$ 来描述系统的停留时间，给出了很好的统计分布规律。但是为了比较不同停留时间分布之间的差异，还需要引入另外两个统计特征值，即数学期望和方差。

数学期望对停留时间分布而言就是平均停留时间 $\bar{t}$，即：

$$\bar{t}=\frac{\int_0^{\infty}tE(t)\mathrm{d}t}{\int_0^{\infty}E(t)\mathrm{d}t}=\int_0^{\infty}tE(t)\mathrm{d}t \tag{5}$$

方差是和理想反应器模型关系密切的参数。它的定义是：

$$\sigma_1^2=\int_0^{\infty}t^2E(t)\mathrm{d}t-\overline{t^2} \tag{6}$$

对活塞流反应器 $\sigma_t^2=0$；而对全混流反应器 $\sigma_t^2=\overline{t^2}$，对介于上述两种理想反应器之间的非理想反应器可以用多釜串联模型描述。多釜串联模型中的模型参数 N 可以由实验数据处理得到的 σ_t^2 来计算。

$$N=\frac{\overline{t^2}}{\sigma_t^2} \tag{7}$$

当 N 为整数时，代表该非理想流动反应器可以用 N 个等体积的全混流反应器的串联来建立模型。当 N 为非整数时，可以用四舍五入的方法近似处理，也可以用不等体积的全混流反应器串联模型。

三、实验装置与流程

实验装置流程如图 7-29 所示。

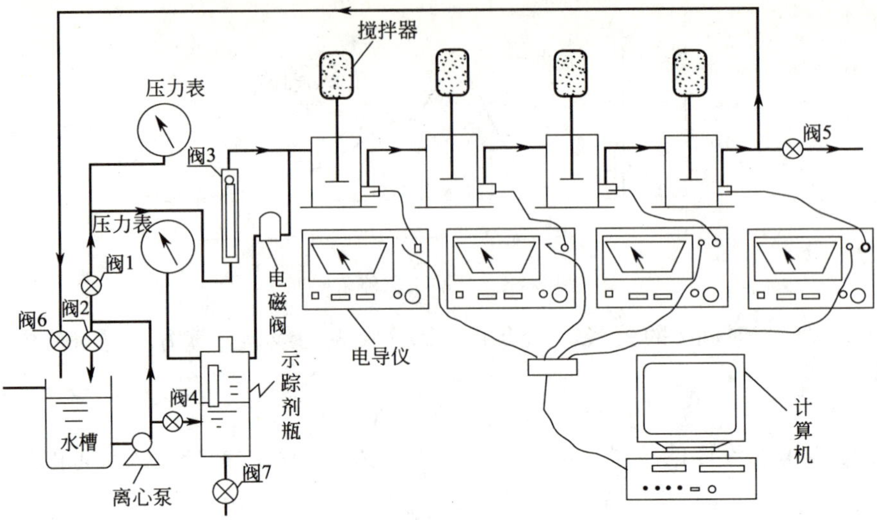

图 7-29　四釜串联的 RTD 测定装置

本装置采用四釜串联，使用计算机控制、采集，用脉冲法测定各釜内液体的停留时间分布，通过计算平均停留时间和方差，计算出相应的理论釜数。

技术指标如下：釜内径 100mm，高 150mm，体积 1.18L，液体流量范围 0～100L·h^{-1}。

四、实验步骤

本实验是以纯水作为流动物料的冷模实验。以 KCl 溶液作为示踪物，采用电导率仪测定出口物料的电导率。

1. 实验步骤

(1) 熟悉实验装置及流程，弄清各部分的作用。

(2) 打开控制柜总电源，然后打开电导率仪的电源开关，校正零点后拨到测量挡。

(3) 打开自来水开关，使水槽充满水，将阀 2 全开，其他阀门关闭。

(4) 打开阀 7，将示踪剂加入容器中，加满后关闭阀 7，旋紧盖子。

(5) 启动离心泵，打开阀 1，配合调节阀 2 开度，使流量到适当值。待液体充满四个釜后，打开阀 6（注：随时观察釜内是否有空气，若有打开釜盖上的放气阀，液体充满后关闭放气阀门）。

(6) 打开搅拌器开关，置于适当挡位上（一般 2、3 挡）。

(7) 调节流量读数为 50L·h^{-1}，稳定循环 10～20min，打开阀 5，关闭阀 6。打开阀 4，注意观察压力表读数，调节压力在 0.05～0.08MPa。

(8) 打开计算机电源开关，进入桌面，双击 FH－4 快捷键，进入四釜串联反混装置主画面，点击流程图输入实验条件，点击趋势线，进入采集数据画面，设定阀开时间及周期(一般阀开时间为 0.5～1s，该设置根据第一电导率仪的输出为 6～8mV，周期为 20～30min)。点开始键。待基线回到初始位置时，按停止键，保存数据。

(9) 读入需处理的数据文件，根据初始位置定各釜的基线，根据拖尾情况定各釜的终点，最终计算出相应的釜数，打印结果。

(10) 改变流量或转数，重复以上操作。

【附注】

1. 泵出口压力一般不大于 0.08MPa。

2. 示踪剂瓶的压力一般保持在 0.06MPa 左右。

3. 釜进口压力一般控制在 0.005～0.01MPa。

五、实验报告要求

1. 由计算机记录的 $c(t)$-t 关系，首先求出不同时刻的 $E(t)$ 值，然后求出平均停留时间 $\bar{t}$ 和方差 σ_t^2，最后求出多釜串联模型参数 N。

2. 讨论实验结果。

【思考题】

1. 返混与停留时间分布有何关系？

2. 停留时间分布的测定方法有哪些？

3. 采用脉冲示踪法应注意哪些事项？

第八章　材料化学专业实验部分

实验 8-1　金相试样的制备

一、实验目的

1. 了解制备金相试样常用的设备、工具。

2. 初步掌握金相试样的制备方法。

二、实验原理

利用金相显微镜来研究金属及其合金组织的方法叫做金相显微分析法。金相显微分析是研究金属内部组织最重要的方法之一。用光学显微镜观察和研究金属内部组织的步骤，首先是制备所用试样的表面，然后选用合适的浸蚀剂浸蚀试样的表面，并用金相显微镜观察和研究试样表面组织。

试样表面比较粗糙时，由于对入射光产生漫反射，无法用显微镜观察其内部组织。因此要对试样表面进行加工，通常采用磨光和抛光的方法，从而得到光亮如镜的试样表面。这个表面在显微镜下只能看到白亮的一片而看不到其组织细节，因此必须采用合适的浸蚀剂对试样的表面进行浸蚀，使试样表面有选择性地溶解掉某些部分（如晶界），从而呈现微小的凹凸不平，如图 8-1 所示，这些凹凸不平在光学显微镜的景深范围内可以显示出试样内组织的形貌、组成物的大小和分布。

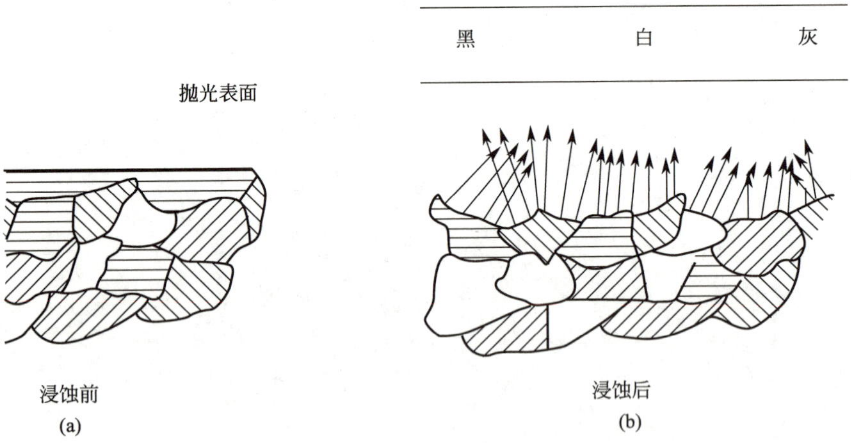

图 8-1　金相组织的显示

用来做金相显微分析的试样称为金相显微试样。金相显微试样制备的好与坏，直接影响到金相组织的观察效果。如果制备得不好，会造成许多假象，也就不可能真实地反映出金属与合金的内部组织，而会得出错误的检测结果。由此可见，金相显微试样制备技术是金相检验最基本的实验技术之一，因此，应该了解和掌握金相试样的制备技术和对它的质量要求。并且通过不断的反复实践，才能掌握和提高金相试样的制备技术。

三、金相显微试样的制备方法

金相试样的制备方法包括取样、镶嵌、磨制、抛光、浸蚀等工序。

1. 取样

试样的选取应根据研究的目的，取其具有代表性的部位。也只有代表性的金相试样才能达到检验的目的。待确定好部位后，就可以把试样截下，试样的尺寸通常采用直径 12～15mm，高 12～15mm 的圆柱体或边长 12～15mm 的方形试样，如图 8-2 所示。样品的截取方法根据金属材料的软硬不同而定，软质材料可锯断，硬质材料可用薄片砂轮切断，脆性材料可以用锤击成块等方法。

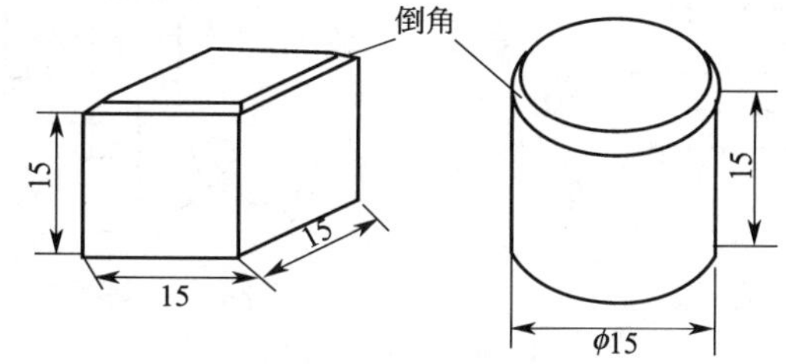

图 8-2　金相试样的尺寸

2. 镶嵌

对不规则的材料，如果试样尺寸太小，直接用手来磨制困难时，可以把试样镶嵌在低熔点合金或塑料中，如图 8-3 所示，以便于试样的磨制和抛光。

3. 磨制

可分为粗磨与细磨两步。

（1）粗磨　用砂轮或锉刀将已截取的试样磨平，去除飞边、毛刺、尖角等。如果不需要检查边缘组织，可以打磨出倒角，同时磨成合适的形状。在粗磨过程中注意避免过热与烧伤而引起的组织变化，所以在打磨过程中要伴随浇水冷却。

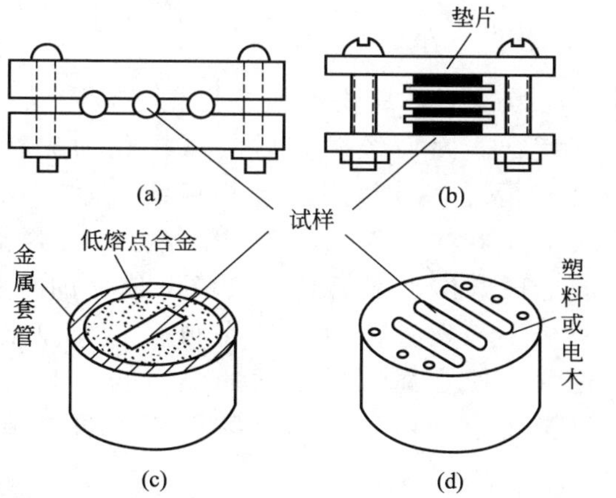

（a）、（b）机械镶嵌；（c）低熔点合金镶嵌；（d）塑料镶嵌

图 8-3　金相试样的镶嵌方法

（2）细磨　目的是获得平整光滑的磨面。细磨光的操作方法如下。

① 手工磨制　手工磨制是用手握持试样，在金相砂纸上单方向推移磨制，拉回时提起试样，使之脱离砂纸。细磨时可以用水作为润滑剂。我国金相砂纸按粗细分为 01 号、02

号、03 号、04 号、05 号等几种。细磨时，依次从粗到细研磨，即从 01 号磨至 05 号；每次换下一道砂纸之前，必须先用水洗去样品和手上的砂粒，以免把粗砂粒带到下一级的细砂纸上去。同时要将试样的磨制方向调转 90°，即本道磨制方向与上一道磨痕方向垂直，以便观察上一道磨痕是否全部消除。

② 机械磨制　为加快磨制速度，减轻劳动强度，可在转盘上贴有水砂纸的预磨机上进行机械磨制。水砂纸按粗细有 200 号、300 号、400 号～900 号等。磨制时由 200 号开始，逐次磨到 900 号砂纸，磨制时要不断加水冷却。每换一道砂纸，必须用水将试样冲洗干净，并将磨制方向调换 90°（如图 8-4 所示）。

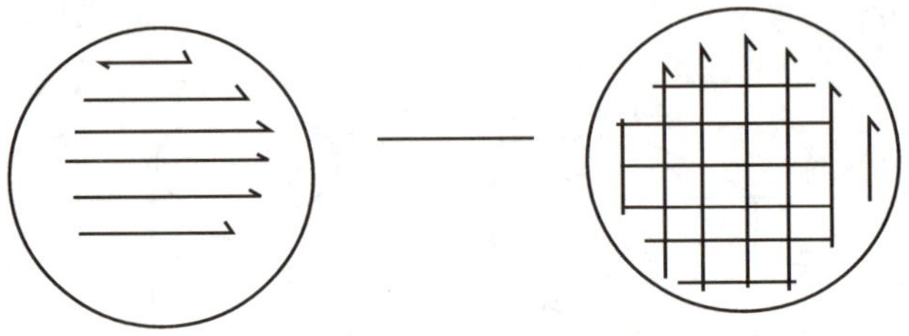

图 8-4　磨制方向

(3) 细磨结束后，必须用水将试样、手清洗干净，以免砂粒带到抛光盘上影响抛光质量。

4. 抛光

细磨后的试样还需进行抛光。抛光的目的是去除细磨时遗留下来的细微磨痕而获得光亮如镜的磨面。抛光方法有机械抛光、电解抛光和化学抛光三种，本实验用的是机械抛光，机械抛光的设备是抛光机，转速一般为 100～150r·min^{-1}。抛光时在抛光盘盘面上铺有丝绒等织物，并不断滴注抛光液。抛光液是由 Al_2O_3、Cr_2O_3 或 MgO 等极细粒度的磨料加水而形成的悬浮液，依靠抛光液中极细的抛光粉末与试样磨面间产生的相对磨削和滚压作用来消除磨痕。抛光时应使试样磨面均匀地压在旋转的抛光盘上，并沿盘的边缘到中心不断作径向往复运动。

5. 浸蚀

抛光后的金相试样在显微镜下，只能看到一片亮光，除某些非金属夹杂物外无法辨别出各种组成物及其形态特征。因而经抛光后的试样还须进行浸蚀才能在显微镜下清楚地显示出显微组织的真实情况。最常用的金相组织显示方法是化学浸蚀法。当试样浸入到浸蚀剂中，就构成了许多对“微电池”。因为金属与合金的内部化学成分不同，组织结构不同，则它们的电极电位也不相同。电极电位低的相就成为阳极先被腐蚀掉，电极电位高的相就成为阴极不被腐蚀或者腐蚀得很轻，浸蚀主要是依靠浸蚀剂对金属的溶解或电化学腐蚀的过程，使金属试样表面的晶粒与晶界各组成相之间呈现轻微的凹凸不平现象，在金相显微镜下，由于光的反射作用就可以清楚地观察到试样表面的显微组织及形貌。

浸蚀方法是将试样磨面浸入浸蚀剂中，或用棉球蘸上浸蚀剂擦拭试样表面，浸蚀时间要适当，一般试样磨面发暗时就可停止。如果浸蚀不足可重复浸蚀。浸蚀完毕后立即用清水冲洗，然后用酒精冲洗，最后用吹风机吹干后，试样即可置于金相显微镜上进行观察。

金属材料常用的浸蚀剂见表 8-1。

表 8-1　金属材料常用的浸蚀剂

浸蚀剂名称	成　分	浸蚀条件	使用范围
A. 钢铁材料常用的浸蚀剂			
硝酸酒精溶液	硝酸 1～5mL 酒精 100mL	硝酸含量增加时，浸蚀速度增加。浸蚀时间从数秒至 60s	适用于显示碳钢及合金结构钢经不同热处理的组织。显示铁素体晶界特别清晰
苦味酸酒精溶液	苦味酸 4g 酒精 100mL	有时可用较淡溶液浸蚀数秒至数分钟	能显示碳钢、低合金钢的各种热处理组织，特别是显示细珠光体和碳化物。显示铁素体晶界效果则不如硝酸酒精溶液
混合酸酒精溶液	盐酸 10mL 硝酸 3mL 酒精 100mL	浸蚀 2～10min	显示高速钢淬火及回火后钢的奥氏体晶粒，显示回火马氏体组织
王水溶液	盐酸(相对密度 1.19)3 份 硝酸(相对密度 1.42)1 份	试样浸入试剂内数次，每次 2～3s，并抛光、用水和酒精冲洗	显示各类高合金钢组织，用于 Cr-Ni 不锈钢的组织显示、晶界、碳化物析出物特别清晰
B. 有色金属材料常用的浸蚀剂			
氯化铁、盐酸溶液	$FeCl_3$ /g　HCl /mL　H_2O /mL (a)1　20　100 (b)5　10　100 (c)25　25　100	先擦拭，再浸入试剂中 1～2min	显示黄铜、青铜的晶界，使二相黄铜中的 β 相发暗，铸造青铜枝晶组织图像清晰
氢氟酸水溶液	HF(浓)0.5mL H_2O 99.5mL	用棉花蘸上试剂擦拭 10～20s	显示铝合金的一般显微组织
浓混合酸溶液	HF(浓)10mL HCl(浓)15mL HNO_3(浓)25mL H_2O 50mL	此液作为粗视浸蚀用；若用作显微组织，则可用水按 9∶1 冲淡后作为浸蚀剂用	是显示轴承合金粗视组织和显微组织的最佳浸蚀剂

四、仪器与试剂

金相显微镜、砂轮机、机械抛光机 、手工湿磨工具、电吹风等。

金相样品、不同型号的水砂纸、抛光液、酒精、配好的浸蚀剂、镊子、棉花等。

五、实验步骤

1. 每人领取钢铁试样和有色金属试样各一个。
2. 用砂轮机打磨试样，直到获得平整的表面。
3. 用机械细磨法从粗到细磨光。
4. 用机械抛光机抛光，获得光亮镜面。
5. 用浸蚀剂浸蚀试样磨面，然后用显微镜观察组织，并绘出显微组织示意图。
6. 观察电解抛光装置和电解抛光的操作演示。
7. 将制备好的金相试样放入实验室的干燥器皿内，留做下一实验拍摄用。
8. 实验完毕后清理仪器设备。

【思考题】

1. 为什么试样经过磨制、抛光、浸蚀后，才能在显微镜下看到其金相组织呢？
2. 讨论如何制备高质量的金相试样。

实验 8-2 光学显微镜的使用

一、实验目的

1. 了解光学显微镜的原理及构造。

2. 掌握光学显微镜的使用方法。

二、实验原理

光学显微镜是由两个透镜组成的，对着金相试样的透镜称为物镜，对着眼睛的透镜称为目镜。借助于物镜与目镜的两次放大，就能使物体放大到很高倍数。其光学原理如图 8-5 所示。

当所观察的物体 AB 置于物镜前焦点 F_1 外少许时，物体的反射光线穿过物镜经折射后，就得到一个放大了的倒立实像 $A'B'$，若 $A'B'$ 处于目镜的前焦距以内，在经过目镜放大后，人眼在目镜上观察时，在 250mm 明视距离处（正常人眼看物体时，最适宜的距离在 250mm 左右，这时人眼可以很好地区分物体的细微部分而不易疲劳，这个距离被称为“明视距离”），看到一个经再次放大的倒立虚像 $A'B'$。所以，观察到的像是经物镜和目镜两次放大的结果。

由图 8-5 可以看出，物镜对物体起着放大作用，而目镜则是放大由物镜所得到的物像。

光学显微镜的优劣主要取决于以下几点。

1. 显微镜的放大倍数

显微镜的放大倍数由下式来确定：

$$M=M_{物}\ M_{目}=L/f_{物}(D/f_{目}) \tag{1}$$

式中 M——显微镜的放大倍数；

$M_{物}$——物镜的放大倍数；

$M_{目}$——目镜的放大倍数；

$f_{物}$——物镜焦距；

$f_{目}$——目镜焦距；

L——显微镜的镜筒长度（即目镜与物镜的距离）；

D——明视距离（250mm）。

由上式可知，光学显微镜总的放大倍数就是物镜和目镜放大倍数的乘积。$f_{物}$、$f_{目}$越短或 L 越长，则显微镜的放大倍数越大，其主要放大倍数一般是通过物镜来保证。放大倍数的符号用“M”表示，例如物镜的放大倍数为 25 倍，目镜的放大倍数为 10 倍，则显微镜的放大倍数为 25×10＝250 倍。放大倍数均分别标注在物镜与目镜的镜筒上。

2. 显微镜的分辨率

光学显微镜的分辨率是指它能清晰地分辨物体上两点间最小距离 d 的能力。在普通光线下，人眼在明视距离处能分辨两点间最小距离为 0.15～0.30mm，即人眼的分辨率 d 为 0.15～0.30mm。而当显微镜有效放大倍数为 1400 时，其分辨率 d 为 0.21～3mm。显然，d 值越小，分辨率就越高。分辨率是显微镜的一个重要性能，它可由下式求得：

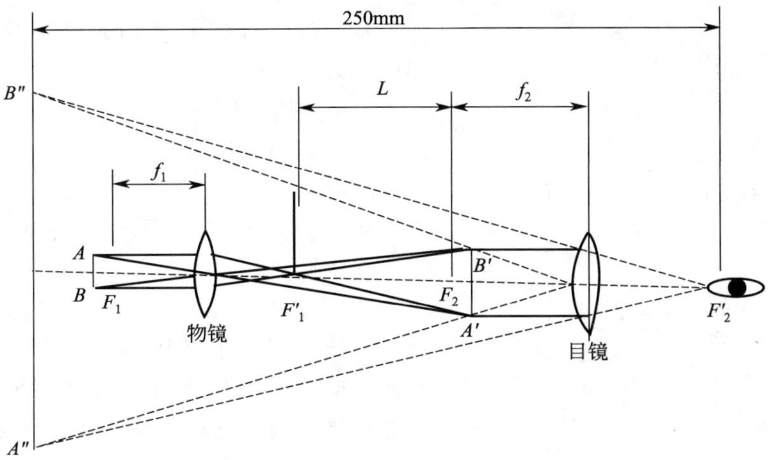

图 8-5　光学显微镜原理示意图

$$d=\lambda/(2NA) \tag{2}$$

式中　d——物镜能分辨出的物体相邻两点间的最小距离（即鉴别率）；

λ——入射光线的波长；

NA——物镜的数值孔径，表示物镜的聚光能力。

由上式可知，光学显微镜分辨能力取决于使用光线的波长和物镜的数值孔径，与目镜无关，光线的波长可以通过滤色片来选择。λ 值越小时，分辨率 d 值就越小，这就是说显微镜能分辨相距更近的两点，即物镜的分辨能力越高，在显微镜中就能看到更细微的部分。同样情况，当数值孔径越大时，d 值也就越小。数值孔径大的物镜的聚光能力强，能吸收更多的光线，使物像更加明显。数值孔径可用下式求得：

$$NA=n\sin f \tag{3}$$

式中　n——物镜与物体间介质的折射率；

f——物镜孔径角的一半。

进入物镜的光线所张开的角度称为物镜的孔径角，其半角为 f，由式中可知，当 n 与 f 值越大时，则数值孔径值就越大，物镜的鉴别能力也就越高。

为了增加 f 值（即孔径角）可增大物镜的直径，但物镜直径的增大将会使球面像差和色像差的校正困难，故通常采用缩短物镜焦距的办法。

由于 f 值总是小于 90°，而一般物镜与物体间的介质是空气，光线在空气中的折射率 $n=1$，其数值孔径总是小于 1，这类物镜被称为“干系物镜”。当物镜与物体之间充满松柏油介质（$f=1.52$）时，其数值孔径值最高可达 1.4 左右，这就是光学显微镜在高倍观测时使用的“油浸系物镜”（又称为油镜头）。

物镜的数值孔径与其放大倍数一起刻在镜头外壳上，例如镜头上有 25/0.50 或 65× 的下面刻有 0.75 等数字，这个 0.5 或 0.75 即表示物镜的数值孔径。高倍物镜通常都为油浸系，其标记用“油”或“oil”来表示。

综上所述，可以看出物镜的数值孔径的重要性并不低于其放大倍数，如果数值孔径不足，放大倍数虽然提高，也没有多大意义，因为相邻两点若不能很好分辨时，即使放大倍数再高（即虚伪放大）实际上还是不能分辨其为两点，这主要是因为：人眼在 250mm 处的分辨率为 0.15～0.30mm，要使物镜可分辨的最近两点的距离能为人眼所分辨，即 $dM=0.15$～0.30mm。

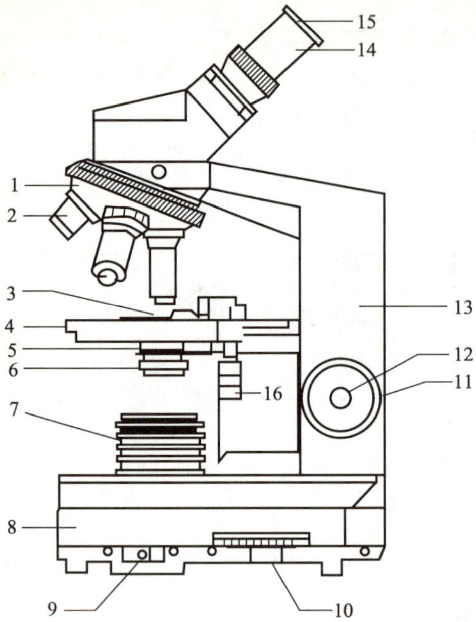

图 8-6　光学显微镜的构造

1—物镜转换器；2—接物镜；；3—游标卡尺；
4—载物台；5—聚光器；6—彩虹光栏；7—光源；
8—镜座；9—电源开关；10—光源滑动变阻器；
11—粗调螺旋；12—微调螺旋；13—镜臂；
14—镜筒；15—目镜；16—标本移动螺旋

三、显微镜的基本构造

显微镜由机械装置和光学系统两大部分组成（图 8-6）。

1. 机械装置

（1）镜座（base）和镜臂（arm）　镜座位于显微镜底部，呈马蹄形，它支持全镜。镜臂有固定式和活动式两种，活动式的镜臂可改变角度。镜臂支持镜筒。

（2）镜筒（body tube）　是由金属制成的圆筒，上接目镜，下接转换器。镜筒有单筒和双筒两种，单筒又可分为直立式和后倾式两种。而双筒则都是倾斜式的，倾斜式镜筒倾斜 45°。双筒中的一个目镜有屈光度调节装置，以备在两眼视力不同的情况下调节使用。

（3）转换器（no sepiece）　为两个金属碟所合成的一个转盘，其上装 3～4 个物镜，可使每个物镜通过镜筒与目镜构成一个放大系统。

（4）载物台（stage）　又称镜台，为方形或圆形的盘，用于载放被检物体，中心有一个通光孔。在载物台上有的装有两个金属压夹称标本夹，用于固定标本；有的装有标本推动器，将标本固定后，能向前后左右推动。有的推动器上还有刻度，能确定标本的位置，便于找到变换的视野。

（5）调焦装置　是调节物镜和标本间距离的机件，有粗调螺旋（coarse adjustment）即粗调节器和微调螺旋（fine adjustment）即细调节器，利用它们使镜筒或镜台上下移动，当物体在物镜和目镜焦点上时，则得到清晰的图像。

2. 光学系统

（1）物镜（objective）　安装在镜筒下端的转换器上，因接近被观察的物体，故又称接物镜。其作用是将物体作第一次放大，是决定成像质量和分辨能力的重要部件。物镜上通常标有数值孔径、放大倍数、镜筒长度、焦距等主要参数。如：NA 0.30；10×；160/0.17；16mm。其中“NA 0.30”表示数值孔径（numerical aperture，简写为 NA），“10×”表示放大倍数，“160/0.17”分别表示镜筒长度和所需盖玻片厚度（mm），16mm 表示焦距。

（2）目镜（ocular lens）　装于镜筒上端，由两块透镜组成。目镜把物镜造成的像再次放大，不增加分辨力，上面一般标有 7×、10×、15×等放大倍数，可根据需要选用。一般可按与物镜放大倍数的乘积为物镜数值孔径的 500～700 倍，最大也不能超过 1000 倍选择。目镜的放大倍数过大，反而影响观察效果。

（3）聚光器（condenser）　光源射出的光线通过聚光器汇聚成光锥照射标本，增强照明度和造成适宜的光锥角度，提高物镜的分辨力。聚光器由聚光镜和彩虹光栏组成，聚光镜由透镜组成，其数值孔径可大于 1，当使用大于 1 的聚光镜时，需在聚光镜和载玻片之间加香柏油，否则只能达到 1.0。彩虹光栏由薄金属片组成，中心形成圆孔，推动把手可随意调整透进光的强弱。调节聚光镜的高度和彩虹光栏的大小，可得到适当的光照和清晰的图像。

（4）光源（light source） 较新式的显微镜其光源通常是安装在显微镜的镜座内，通过按钮开关来控制；老式的显微镜大多是采用附着在镜臂上的反光镜，反光镜是一个两面镜子，一面是平面，另一面是凹面。在使用低倍和高倍镜观察时，用平面反光镜；在使用油镜或光线弱时可用凹面反光镜。

（5）滤光片（filter） 可见光是由各种颜色的光组成的，不同颜色的光线波长不同。如只需某一波长的光线时，就要用滤光片。选用适当的滤光片，可以提高分辨力，增加影像的反差和清晰度。滤光片有紫、青、蓝、绿、黄、橙、红等各种颜色，分别透过不同波长的可见光，可根据标本本身的颜色，在聚光器下加相应的滤光片。

四、光学显微镜的操作步骤

1. 根据放大倍数选用所需的物镜和目镜，分别安装在物镜和目镜筒内，并使转换器转至固定位置（由定位器定位）。

2. 转动载物台，使物镜位于载物台中心孔的中央，然后把金相试样的观察面朝下倒置在载物台上。

3. 将显微镜的电源插头插在变压器上，通过低压（6～8V）变压器接通电源。

4. 转动粗调螺旋，使载物台渐渐上升以调节焦距，当视场亮度增强时再改用微调螺旋进行调节，直至物像调整到最清晰程度为止。

5. 适当调节彩虹光栏，以获得最佳质量的物像。

6. 如果使用油浸系物镜，则可在物镜的前透镜上滴一点松柏油，也可以将松柏油直接滴在试样的表面上。油镜头用完后应立即用棉花蘸取二甲苯溶液擦净，再用镜头纸擦干。

【附注】

1. 金相试样要干净，不得残留有酒精和浸蚀液，以免腐蚀显微镜的镜头，更不能用手指去触摸镜头。若镜头中落有灰尘时，可以用镜头纸擦拭。

2. 照明灯泡（6～8V）插头，切勿直接插在220V的电源插座上，应当插在变压器上，否则灯泡会立即烧坏，观察结束时要立即关闭电源。

3. 操作时必须特别细心，不得有粗暴和剧烈的动作，光学系统不允许自行拆卸。

4. 在更换物镜或调焦时，要防止物镜受碰撞损坏。

5. 在旋转粗调或微调手轮时，动作要缓慢，当碰到某种障碍时应立即停下来，进行检查，不得用力强行转动，否则将会损坏机件。

【思考题】

电子显微镜的分辨率为什么比光学显微镜的分辨率高？

实验 8-3 材料显微硬度的测试

一、实验目的

1. 了解硬度测定的基本原理及应用范围。

2. 了解布氏、洛氏硬度试验机的主要结构及操作方法。

3. 通过数据处理和硬度标尺之间的换算，比较各材料之间的硬度大小，同时了解材料的种类、热处理状态对其硬度的影响。

二、实验原理

硬度测量能够给出金属材料软硬程度的数量概念。由于在金属表面以下不同深处材料所承受的应力和所发生的变形程度不同，因而硬度值可以综合地反映压痕附近局部体积内金属的弹性、微量塑变抗力、塑变强化能力以及大量变形抗力。硬度值越高，表明金属抵抗塑性变形能力越强，材料产生塑性变形就越困难。另外，硬度与其他力学性能（如强度指标及塑性指标）之间有一定的内在联系，所以从某种意思上说硬度的大小对于机械零件或工具的使用性能及寿命具有决定性意义。

1. 布氏硬度测定原理

布氏硬度试验是将一直径为 D 的淬火钢球或硬质合金球，在规定的试验力 F 作用下压入被测金属表面，保持一定时间 t 后卸除试验力，并测量出试样表面的压痕直径 d，根据所选择的试验力 F、球体直径 D 及所测得的压痕直径 d 的数值，求出被测金属的布氏硬度值 HBS 或 HBW。布氏硬度的测试原理如图 8-7 所示。在试验测量时，可由测出的压痕直径 d 直接查压痕直径与布氏硬度对照表而得到所测的布氏硬度值。在进行布氏硬度试验时，球体直径 D、施加的试验力 F 和试验力的保持时间 t 都应根据被测金属的种类、硬度范围和试样的厚度范围进行选择。布氏硬度试验规范如表 8-2 所示。布氏硬度试验测出的硬度值比较准确，但它不宜测定成品件或薄片金属的硬度。同时，也不能测定硬度高于 450HBS 或 650HBW 的金属材料，否则压头（淬火钢球或硬质合金球）会产生塑性变形或破裂，而降低测量的精度。

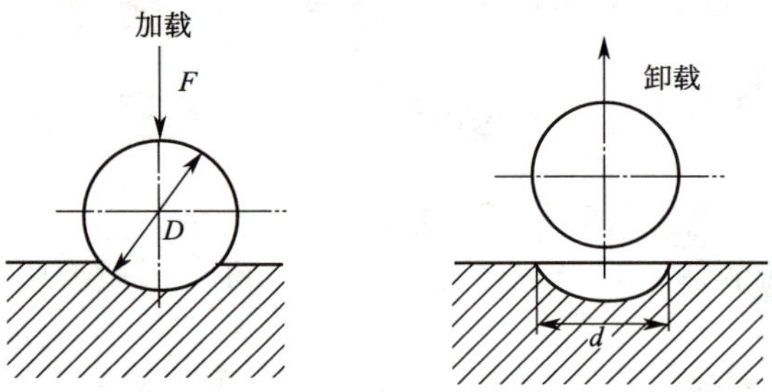

图 8-7　布氏硬度的测试原理图

表 8-2　布氏硬度试验规范

金属类型	布氏硬度值范围/HBS	试样厚度/mm	载荷 F 与钢球直径 D 的相互关系	钢球直径 D/mm	载荷 F/kgf	载荷保持时间 t/s
黑色金属	140～450	6～3	$F=30D^2$	10	3000	10
		4～2		5	750	
		<2		2.5	187.5	
	<140	>6	$F=10D^2$	10	1000	10
		6～3		5	250	
		<3		2.5	62.5	
有色金属	>130	6～3	$F=30D^2$	10	3000	30
		4～2		5	750	
		<2		2.5	187.5	
	36～130	9～6	$F=10D^2$	10	1000	30
		6～3		5	250	
		3		2.5	62.5	
	8～35	>6	$F=2.5D^2$	10	250	60
		6～3		5	62.5	
		3		2.5	15.6	

注：1kgf=9.8N。

2. 洛氏硬度测定原理

洛氏硬度试验是以锥角为120°的金刚石圆锥体或者直径为1.588mm的淬火钢球为压头，在规定的初载荷和主载荷作用下压入被测金属的表面，然后卸除主载荷。在保留初载荷的情况下，测出由主载荷所引起的残余压入深度 h 值，如图8-8所示。再由 h 值确定洛氏硬度值HR的大小。

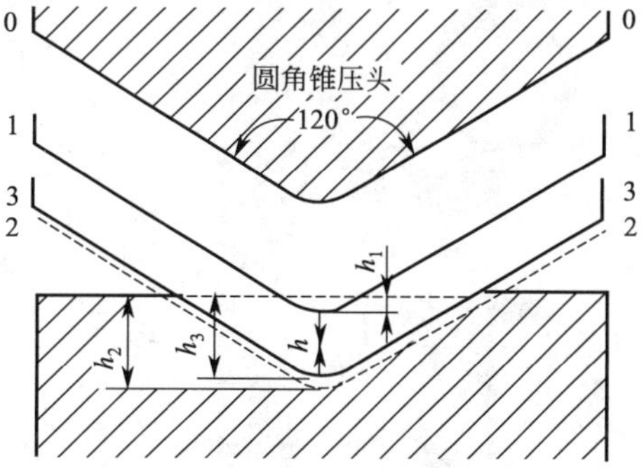

图8-8 洛氏硬度测试原理图

其计算公式如下：

$$HR=K-\frac{h}{0.002}$$

式中，h 的单位为mm。K 为常数，当采用金刚石圆锥压头时，$K=100$；当采用淬火钢球压头时，$K=130$。为了能用同一硬度计测定从极软到极硬材料的硬度，可以通过采用不同的压头和载荷，组成15种不同的洛氏硬度标尺，其中最常用的有HRA、HRB、HRC三种。其试验规范如表8-3所示。

表8-3 三种常用洛氏硬度的试验规范

符号	压头类型	载荷/kgf	硬度值有效范围	使用范围
HRA	120°金刚石圆锥体	60(600N)	70～85	适用于测量硬质合金、表面淬火层或渗碳层
HRB	直径为1.588mm的淬火钢球	100(1000N)	25～100	适用于测量有色金属、退火钢、正火钢等
HRC	120°金刚石圆锥体	150(1500N)	20～67	适用于测量调质钢、淬火钢等

三、仪器与试剂

1. 布氏硬度试验机的结构与操作

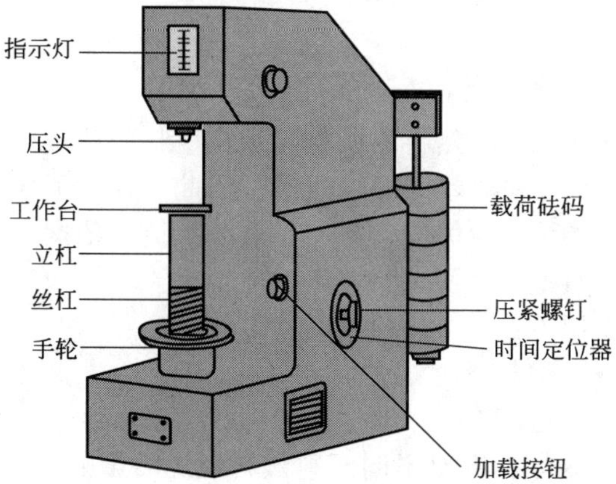

图8-9 HB-3000布氏硬度试验机外形结构图

HB-3000布氏硬度试验机的外形结构如图8-9所示，其操作方法如下：

① 按表8-2选用适当的压头、负荷及保荷时间。拧松压紧螺钉，把时间定位器（红色指示点）转到与持续时间相符的位置上。

② 将试样放在工作台上，顺时针转动手轮使压头和试样缓慢接触，直到手轮与螺母产生相对打滑为止。

③ 打开电源开关，绿灯亮。

④ 按动加载按钮，启动电动机，载荷砝码经一系列的杠杆系统传递到压头，即开始加载荷。此时因压紧螺钉已拧松，圆盘并不转动，当红色指示灯亮时，迅速拧紧压紧螺钉。达到所要求的持续时间后，即自动卸荷。从启动到红灯亮为加荷阶段；红灯亮到红灯灭为保荷阶段；红灯灭到电动机停止转动为卸荷阶段。

⑤ 逆时针转动手轮降下工作台，取下试样用读数显微镜测出压痕直径 d 值，以此值查表即得HB值。

2. HRM-45DT型电动表面洛氏硬度计的结构和操作

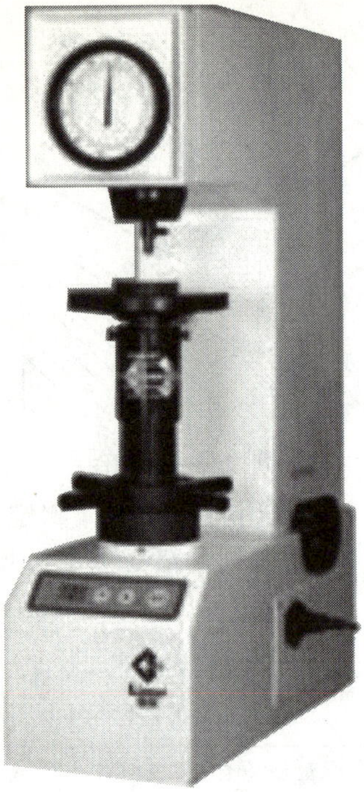

图 8-10　HRM-45DT 型电动表面洛氏硬度计结构图

HRM-45DT 型电动表面洛氏硬度计的结构如图 8-10 所示，其操作方法如下：

① 根据试样的硬度值范围，按表 8-3 选择适当的压头和载荷。

② 将符合要求的试样放置在试样台上，顺时针转动手轮，使试样与压头缓慢接触。直至小指针指向小红点为止。此时即已预加载荷 10kg，然后调整指示器大指针对正零点。

③ 轻轻向前推动手柄，施加主载荷，大指针按逆时针方向转动，待转动停止后，再将手柄扳回卸去主载荷，大指针又顺时针方向转动，自动停止后，大指针所指表盘上的数据即为该材料的洛氏硬度值。

④ 逆时针转动手轮，降下载物台，取出试样。

四、实验步骤

1. 按照仪器的操作规程，测定铜板、铝板的布氏硬度，并进行相应的数据处理，得出最终结果。

2. 按照仪器的操作规程，测定碳钢的洛氏硬度，并将硬度换算成布氏硬度，进行对比分析。

【思考题】

简述布氏和洛氏硬度实验原理，应用范围及特点。

实验 8-4　水泥熟料的制备

水泥主要是由水泥熟料和部分混合材、少量石膏一起粉磨而成的。因此水泥的质量主要取决于水泥熟料的质量，而熟料的质量除水泥生料的质量（原料的配料、均匀性）有影响外，主要取决于煅烧设备和熟料的煅烧质量。因此，在水泥研究与生产中往往通过实验来了解和研究熟料的煅烧过程，为优质、高产、低消耗提供依据。

一、实验目的

1. 掌握实验室常用高温实验设备、仪器的使用方法。

2. 按照确定的配方和所用原料的化学成分进行配料计算。

3. 掌握水泥烧成实验方法，了解水泥熟料烧成过程。

4. 通过本实验，了解升温速率、保温时间、冷却制度对不同配料熟料煅烧的影响。

5. 通过本实验，进一步理解 KH、IM、SM 对水泥熟料煅烧及性能的影响，提高分析问题和解决问题的能力。

二、实验原理

硅酸盐水泥高温制备的实质是，具有一定化学组成的水泥生料，经磨细、混合均匀在从常温到高温的煅烧过程中，随着温度的升高，经过原料水分蒸发、黏土矿物脱水、碳酸盐分解、固相反应等过程。当到达最低共熔温度（约 1300℃）后，物料开始出现（主要由铝酸钙和铁铝酸钙等组成）液相，进入熟料烧成阶段。随着温度继续升高，液相量增加，黏度降低，物料经过一系列物理、化学、物理化学的变化后，最终生成以硅酸盐矿物（C_3S，C_2S）为主的熟料。

在煅烧过程中出现液相后，贝里特（β-C_2S）和游离石灰都开始溶于液相中，并以 Ca^{2+} 与 SiO^{4-} 离子状态进行扩散。通过离子扩散与碰撞，一部分 Ca^{2+} 与 SiO^{4-} 参与贝里特的再结晶，另一部分 Ca^{2+} 与 SiO^{4-} 则参与贝里特吸收游离石灰形成阿里特：

$$C_2S(液)+CaO(液)\longrightarrow C_3S(固)$$

在1300～1450℃的升温过程中，阿里特晶核形成、晶体长大，并伴随熟料结粒。阿里特的形成受游离石灰的溶解过程所控制。

在1450～1300℃的冷却过程中，阿里特晶体还将继续长大和完善。随着温度的降低，熟料相继进行液相的凝结与矿物的相变。因此，在冷却过程中要根据熟料的组成与性能的关系决定熟料的冷却制度。为了保证熟料的质量，多采用稳定剂和适当快冷的办法来防止阿里特的分解和β-C_2S 向 γ-C_2S 的转变。

三、仪器与试剂

(1) 天平（感量0.001g）；

(2) 高温电阻炉（最高温度>1500℃）；

(3) 球磨罐（或研钵）；

(4) 成型模具、压力机；

(5) 高铝匣钵、垫沙（刚玉沙）；

(6) 坩埚钳、石棉手套、长钳、护目镜等。

四、实验步骤

1. 试样制备

(1) 可采用纯化学试剂，也可用已知化学成分的工业原料配料。

(2) 确定水泥的品种、熟料的组成和选用的原料。

(3) 进行配料计算：求熟料的石灰饱和系数KH、硅率SM、铝氧率IM、计算原料配合比、液相量 P、确定煅烧最高温度。

(4) 将已配合的原料在研钵中研磨，或置入球磨罐中充分混磨，直至全部通过0.080mm的方孔筛。

(5) 按配方称好的粉料加入5%～7%的水，放入成型模具中，置于压力机机座上以30～35MPa的压力压制成块，压块厚度一般不大于25mm。

(6) 块试样在105～110℃下缓慢烘干。

2. 水泥熟料烧成实验

(1) 检查高温炉是否正常，并在高温炉中垫隔离垫料（刚玉沙等）。

(2) 将干燥试样置入高温匣钵中，试样与匣钵间以混合均匀的生料粉或煅烧过的 Al_2O_3 粉隔离。

(3) 将匣钵放入高温炉中，以350～400℃·h^{-1}的速度升温至1450℃左右，保温1～4h后停止供电。

水泥烧成温度和保温时间与水泥生料的组分、率值有关。一般工业原料配制的生料在1450℃左右时需保温1h左右。

(4) 保温结束后，戴上石棉手套和护目镜，用坩埚钳从电炉中拖出匣钵，稍冷后取出试样，立即用风扇吹风冷却（气温较低时在空气中冷却）。防止 C_3S 的分解、β-C_2S 向 γ-C_2S 的转变，并观察熟料的色泽等。

(5) 将冷却至室温的熟料试块砸碎磨细，装在编号的样品袋中，置于干燥器内。

3. 重烧

取一部分样品，用甘油乙醇法测定游离氧化钙，以分析水泥熟料的煅烧程度。若游离氧化钙较高，需将熟料磨细后重烧。

在实验室研究中，为了使矿物充分合成，也需将第一次合成的产物磨细后，再按上述步骤进行第二次合成。

五、数据处理

1. 实验记录

实验数据和观察情况记录于表 8-4 中。

表 8-4 水泥制备实验记录表

试样名称		测试人		实验日期	
加料方式				保温时间	
升温阶段	0～600℃	600～900℃	900～1200℃	1200℃以上	
升温速率					
冷却制度					
熟料观察	色泽	熔融态	密实性		
	KH	SM	IM	*P*	KH⁻
产率及液相量					
分析					

2. 矿物合成分析

取一部分样品，用 X 射线衍射法或光学显微镜物相分析等方法测定矿物的合成情况。

【思考题】

1. 水泥的 KH、IM、SM 及液相量 P 对熟料煅烧质量有何影响？
2. 如何判定水泥烧成质量？
3. 水泥烧成制度对水泥烧成有何影响？

实验 8-5 粉体比表面积的测定——透气法

每单位质量的粉体所具有的表面积总和，称为比表面积（$m^2 \cdot kg^{-1}$）。比表面积是粉体的基本物性之一。测定其表面积可以求得粉体平均颗粒度。

在工业中，钢铁冶炼及粉末冶金；电子材料；水泥、陶瓷、耐火材料；燃料、磨料；化工、药品；石油化工中固体催化剂等很多行业的原料都是粉末状的。这些工业的有些中间产品或最终产品也是粉末状的。在生产中，一些化学反应需要有较大的表面积以提高化学反应速率，要有适当的比表面积来控制生产过程；许多产品要求有一定的粒度分布才能保证质量或者是满足某些特定的要求。

粉体有非孔结构和多孔结构两种特征，因此粉体的表面积有外表面积和内表面积两种。

粉体比表面积的测定方法有勃氏（勃莱恩，Blaine）透气法、低压透气法、动态吸附法三种。理想的非孔性结构的物料只有外表面积，一般用透气法测定。对于多孔性结构的粉料，除有外表面积外，还有内表面积，一般多用气体吸附法测定。

一、实验目的

勃氏透气法是许多国家用于测定粉体试样比表面积的一种方法。

在无机非金属材料中，水泥产品是粉体。水泥细度是水泥的分散度（水泥颗粒的粗细程度），是水泥厂用来控制水泥产量与质量的重要参数。测水泥的比表面积可以检验水泥细度以保证水泥的强度。水泥细度的检验方法有筛析法、比表面积测定法、颗粒平均直径与颗粒组成的测定等几种。其中，勃氏透气法仪器构造简单、操作容易、测定方便、节省时间、完全不损坏试样、复演性好，国家标准规定在测试结果有争议时以该法为准。国际标准化组织也推荐这种方法作为测定水泥比表面积的方法。

本实验采用勃氏透气法测定粉体的比表面积，实验目的如下：

1. 了解透气法测定粉体比表面积的原理；
2. 掌握勃氏法测粉体比表面积的方法；
3. 利用实验结果正确计算试样的比表面积。

二、实验原理

1. 达西法则

当流体（气体或液体）在 t 秒内透过含有一定孔隙率的，断面积为 A，长度为 L 的粉体层时，其流量 Q 与压力降 Δp 成正比。即

$$\frac{Q}{At}=B\frac{\Delta p}{\eta L} \tag{1}$$

这就是达西法则。式中，η 是流体的黏度系数；B 是与构成粉体层的颗粒大小、形状、充填层的空隙率等有关的常数，称为比透过度或透过度。

柯增尼（Kozeny）把粉体层当作毛细管的集合体来考虑，用泊肃叶（Poiseuille）法则将黏性流动的透过度导入规定的理论公式。卡曼（Carman）研究了 Kozeny 公式，发现关于各种粒状物质充填层的透过性的实验与理论很一致，并导出了粉体的比表面积与透过度 B 的关系式

$$B=\frac{g}{KS_V^2}\cdot\frac{\varepsilon^3}{(1-\varepsilon)^2} \tag{2}$$

式中 g——重力加速度；

ε——粉体层的孔隙率；

S_V——单位容积粉体的表面积，$cm^2\cdot cm^{-3}$；

K——柯增尼常数，与粉体层中流体通路的“扭曲”有关，一般定为5。

从式(1) 及式(2) 得出下式

$$S_V=\rho S_m\sqrt{\frac{\varepsilon^3}{1-\varepsilon}}\sqrt{\frac{g}{5}\cdot\frac{\Delta pAt}{\eta LQ}} \tag{3}$$

$$S_m=\frac{\sqrt{\varepsilon^3}}{\rho(1-\varepsilon)}\sqrt{\frac{g}{5}\cdot\frac{\Delta pAt}{\eta LQ}}=\frac{\sqrt{\varepsilon^3}}{\rho(1-\varepsilon)}\cdot\frac{\sqrt{t}}{\sqrt{\eta}}\cdot\sqrt{\frac{g}{5}\cdot\frac{\Delta pA}{LQ}} \tag{4}$$

式中，$\varepsilon=1-\frac{m}{\rho AL}$；对于一定的比表面积透气仪，仪器常数 $K=\sqrt{\frac{g}{5}\cdot\frac{\Delta pA}{LQ}}$。

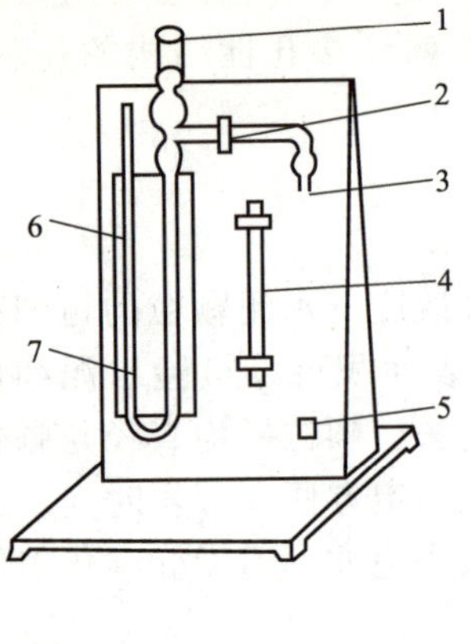

图 8-11 勃氏透气仪示意图
1—透气圆筒；2—活塞；3—接电磁泵；4—温度计；5—开关；6—刻度板；7—U形压力计

式(4) 称为柯增尼-卡曼公式，它是透过法的基本公式。式中，S_m 是粉体的质量比表面积；ρ 是粉体的密度；m 是粉体试样的质量。由于 η、L、A、ρ、m 是与试样及测定装置有关的常数，所以，只要测定 Q、Δp 及时间 t 就能求出粉体试样的比表面积。

2. 测试方法概述

根据透过介质的不同，透过法分为液体透过法和气体透过法，而目前测定粉体比表面积使用最多的是气体（空气）透过法。该方法的种类很多，根据使用仪器不同分别有：前苏联的托瓦洛夫式 T-3 型透气仪、英国的 Lea-Nurse 透过仪、日本荒川-水渡的超微粉体测定仪、美国弗歇尔式的平均粒度仪、美国勃莱恩式的勃氏透气仪（该装置由于透过粉体层的空气容积是固定的，故称为恒定容积式透过仪）等。

其中，勃氏透气仪在国际上较为通用，在国际交往中，水泥比表面积一般都采用勃莱恩数值。

3. 仪器工作原理

图 8-11 为勃氏透气仪示意图，图 8-12 为勃氏透气仪结构及主要尺寸。

测试时先使试样粉体形成空隙率一定的粉体层，然后抽真空，使 U 形管压力计右边的液柱上升到一定的高度。关闭活塞后，外部空气通过粉体层使 U 形管压力计右边的液柱下降，测出液柱下降一定高度（即透过的空气容积一定）所需的时间，即可求出粉体试样的比表面积。

三、仪器与试剂

(1) 勃氏透气仪一台，它由透气圆筒、穿孔板、捣器、U 形管压力计、抽气装置（小型电磁泵或抽气球组成）。图 8-12 给出各部件的尺寸及其允许偏差。

(2) 计时秒表。精确到 0.05s。

(3) 滤纸。采用符合国标的中速定量滤纸。

(4) 烘干箱。用于烘干试样。

(5) 分析天平。分度值为 1mg。

(6) 压力计液体。采用带有颜色的蒸馏水。

(7) 基准材料。标准试样。

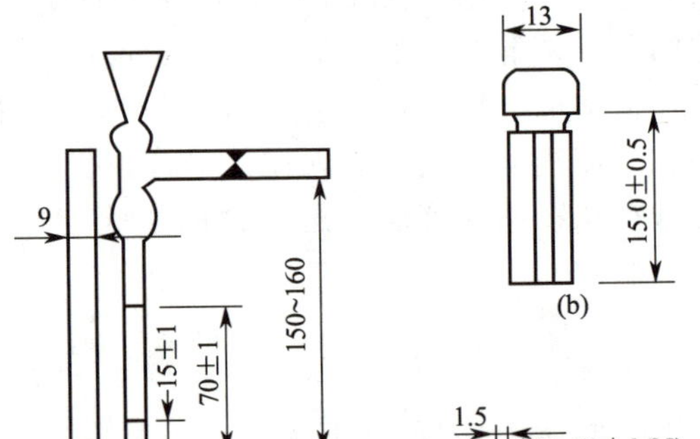

图 8-12 勃氏透气仪结构及主要尺寸（mm）
(a) U 形压力计；(b) 捣器；(c) 穿孔板；(d) 透气圆筒

四、实验步骤

1. 仪器准备（仪器校准）

(1) 漏气检查

将透气圆筒上口用橡皮塞塞紧安到压力计上，用抽气装置从压力计一臂中抽出部分气体，然后关闭阀门，观察是否漏气，如发现漏气，用活塞油脂加以密封。

(2) 试料层体积的测定

用水银排代法。将两片滤纸沿圆筒壁放入透气圆筒内，用一直径比透气圆筒略小的细长棒往下按，直到滤纸平整地放在金属穿孔板上，然后装满水银，用一小块薄玻璃板轻压水银表面，使水银面与圆筒口平齐，并须保证在玻璃板和水银表面之间没有气泡或空洞存在。从圆筒中倒出水银称量，精确至0.05g，重复几次，至数值基本不变为止。然后取出一片滤纸，在圆筒中加入适量的试样。再把取出的一片滤纸盖至上面，用捣器压实试料层，压到规定的厚度，即捣器的支持环与圆筒边接触。再把水银倒入压平，同样倒出水银称量，重复几次至水银质量不变为止，圆筒内试料层体积可按下式计算

$$V=(m_1-m_2)/\rho_{水银} \tag{5}$$

式中 V——试料层体积，cm^3；

m_1——未装试样时的水银质量，g；

m_2——装试样后的水银质量，g；

$\rho_{水银}$——试验温度下水银的密度，$g\cdot cm^{-3}$。

试料层体积的测定，至少应进行两次，每次应单独压实，取两次数值相差不超过$0.005cm^3$的平均值。

2. 试样层制备

先将试样通过0.9mm方孔筛，在(110±5)℃下烘干后冷至室温。按下式称取试样

$$m=\rho V(1-\varepsilon) \tag{6}$$

式中 m——需要的试样量，g；

ρ——试样真密度，$g\cdot cm^{-3}$；

V——试料层体积，cm^3；

ε——试料层孔隙率。

将穿孔板放入透气圆筒的边缘上，用一根直径比圆筒略小的细棒把一片滤纸送至穿孔板上，边缘压紧，将称取的试样（精确至0.001g）倒入圆筒。轻敲圆筒边，使试样层表面平坦，再放入一片滤纸，用捣器均匀捣实试料，直至捣器支持环紧紧接触圆筒顶边并旋转两周，慢慢取出捣器。

注：穿孔板上的滤纸，应是与圆筒内径相同，边缘光滑的圆片。穿孔板上滤片如比圆筒小时，会有部分试样沾于圆筒内壁高出圆板上部；当滤纸直径大于圆筒内径时会引起结果不准。每次测定需用新的滤纸。

3. 操作步骤

(1) 把装有试料层的透气圆筒连接到压力计上，为保证紧密连接不漏气，可先在圆筒下锥面涂一薄层活塞油脂，然后把它插入压力计顶部锥形磨口处，旋转两周。并注意不振动所制备的试料层。

(2) 打开微型电磁泵慢慢从压力计一臂中抽出空气，或人工抽吸，直到压力计内液面上升到扩大部下端时关闭阀门。当压力计内液体的凹月面下降到第一条刻线时开始计时，当液面凹面下降到第二条刻线时停止计时，记录液面从第一条刻线到第二条刻线所需的时间。以秒表记录，并记下实验时的温度。

五、数据处理

1. 数据处理

比表面积按下式计算

$$S=\frac{S_s\sqrt{T}(1-\varepsilon_s)\sqrt{\varepsilon^3}\rho_s}{\sqrt{T_s}(1-\varepsilon)\sqrt{\varepsilon_s^3}\rho}\cdot\frac{\sqrt{\eta_s}}{\sqrt{\eta}}$$

若测定标准试样和被测试样的实验温度在3℃以内，则

$$S=\frac{S_s\sqrt{T}(1-\varepsilon_s)\sqrt{\varepsilon^3}\rho_s}{\sqrt{T_s}(1-\varepsilon)\sqrt{\varepsilon_s^3}\rho} \tag{7}$$

式中 S——被测试样的比表面积，$cm^2 \cdot g^{-1}$；

S_s——标准试样的比表面积，$cm^2 \cdot g^{-1}$；

T——被测试样试验时，压力计中液面降落测得的时间，s；

T_s——标准试样试验时，压力计中液面降落测得的时间，s；

ε——被测试样试料层中的空隙率；

ε_s——标准试样试料层中的空隙率；

ρ——被测试样的密度，$g \cdot cm^{-3}$；

ρ_s——标准试样的密度，$g \cdot cm^{-3}$。

说明：试样比表面积应由两次透气试验结果的平均值确定。如果两次试验结果相差2%以上时，应重新试验。计算应精确至$10cm^2/g$，$1cm^2/g$以下的数值按四舍五入计。

表8-5为不同温度下的空气黏度和水银密度值，表8-6为不同ε（空隙率）所对应的值。

表 8-5 不同温度下的空气黏度和水银密度值

温度/℃	空气黏度 η/Pa·s	$\sqrt{\frac{1}{\eta}}$	水银密度 /$g \cdot cm^{-3}$	温度/℃	空气黏度 η/Pa·s	$\sqrt{\frac{1}{\eta}}$	水银密度 /$g \cdot cm^{-3}$
8	0.0001749	75.64	13.58	22	0.00001818	74.16	13.54
10	0.00001759	75.41	13.57	24	0.00001828	73.96	13.54
12	0.00001768	75.21	13.57	26	0.00001837	73.78	13.53
14	0.00001778	75.00	13.56	28	0.00001847	73.58	13.53
16	0.00001788	74.79	13.56	30	0.00001857	73.38	13.52
17	0.00001798	74.58	13.55	32	0.00001867	73.19	13.52
20	0.00001808	74.37	13.55	34	0.00001876	73.10	13.51

表 8-6 不同ε（空隙率）所对应的值

ε	$\sqrt{\frac{\varepsilon^3}{(1-\varepsilon^3)^2}}$	ε	$\sqrt{\frac{\varepsilon^3}{(1-\varepsilon^3)^2}}$	ε	$\sqrt{\frac{\varepsilon^3}{(1-\varepsilon^3)^2}}$	ε	$\sqrt{\frac{\varepsilon^3}{(1-\varepsilon^3)^2}}$
0.450	0.549	0.474	0.620	0.498	0.700	0.522	0.789
0.451	0.552	0.475	0.624	0.499	0.704	0.523	0.793
0.452	0.554	0.476	0.627	0.500	0.707	0.524	0.797
0.453	0.557	0.477	0.630	0.501	0.711	0.525	0.801
0.454	0.560	0.478	0.633	0.502	0.714	0.526	0.805
0.455	0.563	0.479	0.636	0.503	0.718	0.527	0.809
0.456	0.566	0.480	0.639	0.504	0.721	0.528	0.813
0.457	0.569	0.481	0.643	0.505	0.725	0.529	0.817
0.458	0.572	0.482	0.646	0.506	0.729	0.530	0.821
0.459	0.575	0.483	0.649	0.507	0.733	0.531	0.825
0.460	0.578	0.484	0.652	0.508	0.736	0.532	0.829
0.461	0.581	0.485	0.656	0.509	0.739	0.533	0.833
0.462	0.584	0.486	0.659	0.510	0.743	0.534	0.837
0.463	0.587	0.487	0.662	0.511	0.747	0.535	0.842
0.464	0.590	0.488	0.666	0.512	0.751	0.536	0.845
0.465	0.593	0.489	0.669	0.513	0.755	0.537	0.850
0.466	0.596	0.490	0.672	0.514	0.758	0.538	0.854
0.467	0.599	0.491	0.676	0.515	0.762	0.539	0.858
0.468	0.602	0.492	0.679	0.516	0.766	0.540	0.863
0.469	0.605	0.493	0.683	0.517	0.770	0.541	0.867
0.470	0.608	0.494	0.687	0.518	0.774	0.542	0.871
0.471	0.611	0.495	0.690	0.519	0.777	0.453	0.875
0.472	0.614	0.496	0.693	0.520	0.781	0.544	0.880
0.473	0.617	0.497	0.697	0.521	0.785	0.545	0.884

2. 结果分析

用透气法测定比表面积的主要缺点是，在计算公式推导中引用了一些实验常数和假设。空气通过粉末层对粉末颗粒作相对运动，粉末的表面形状、颗粒的排列、空气分子在颗粒孔壁之间的滑动等都会影响比表面积测定结果，但这些因素在计算公式中均没有考虑。对于低分散度的试料层，气体通道孔隙较大，上述因素影响较小，测定结果比较准确；但对于高分散度的物料，空气通道孔径较小，上述因素影响增大，用透气法测得的结果偏低。物料越细，偏低越多。因此，测定高分散度物料的比表面积，特别是多孔性物料的比表面积，可以用低压透气法和吸附法。

【思考题】

1. 透气法测定粉体比表面积的原理是什么？
2. 测试前为什么要进行漏气检查？如有漏气应如何处理？
3. 试料层如何正确制备？
4. 如何根据测试结果计算被测试样的比表面积？
5. 透气法测试粉体比表面积的局限性是什么？
6. 影响测试结果的因素有哪些？

实验 8-6 水泥生料碳酸钙滴定值的测定

一、实验目的

1. 掌握用酸碱滴定法测定水泥生料中碳酸钙的含量。
2. 初步掌握用酸分解试样的方法。
3. 学习返滴定法的应用和计算方法。

二、实验原理

生料的主要成分是石灰石（即碳酸钙），因此在加酸后碳酸盐分解放出二氧化碳。

$$CaCO_3 + 2HCl \longrightarrow CaCl_2 + H_2O + CO_2\uparrow$$
$$MgCO_3 + 2HCl \longrightarrow MgCl_2 + H_2O + CO_2\uparrow$$

在生料中加入一定（过量）的 HCl 标准溶液，加热煮沸使与生料中碳酸盐完全反应，剩余的 HCl 标准滴定溶液以酚酞为指示剂，用 NaOH 标准滴定溶液返滴定。根据 HCl 标准溶液的实际消耗量计算 $CaCO_3$ 的含量。

滴定时反应为：

$$HCl(过剩) + NaOH \longrightarrow NaCl + H_2O$$

三、仪器与试剂

(1) 酚酞指示剂溶液（$10g\cdot L^{-1}$）：将 1g 酚酞溶于 100mL 95%（体积比）乙醇中。

(2) 甲基橙指示剂溶液（$2g\cdot L^{-1}$）：将 0.2g 甲基橙溶于 100mL 95%（体积比）乙醇中。

(3) 氢氧化钠（NaOH）标准滴定溶液，$0.2500mol\cdot L^{-1}$。

(4) 天平：不应低于四级，精确至 0.0001g。

(5) 锥形瓶（250mL）。

四、实验步骤

1. 称样

将送来的样品采用四分法缩分至约 100g，经 0.080mm 方孔筛筛析，用磁铁吸去筛余物中金属铁，将筛余物经过研磨后使其全部通过 0.080mm 方孔筛。将样品充分混匀后，装入带有磨口塞的瓶中并密封。称取约 0.50g 试样（m），精确至 0.0001g。

2. 试样测定

将称取的试样置于 250mL 锥形瓶中，用少量水将试样润湿，然后从滴定管中准确加入 25.00mL 盐酸标准溶液（$0.500mol \cdot L^{-1}$），用水冲洗瓶口，并用量筒加入 30mL 水。将锥形瓶放在小电炉上加热，待溶液沸腾后，继续在电炉上微沸 1min，取下，用水冲洗瓶口及瓶壁，加 5 滴酚酞指示剂（$10g \cdot L^{-1}$），用氢氧化钠标准滴定溶液（$0.025mol \cdot L^{-1}$）滴定至淡红色为止（耗量为 V）。

五、数据处理

按下式计算碳酸钙滴定值，以质量分数表示：

$$w_{CaCO_3}=\frac{(c_1V_1-c_2V_2)\times 50}{m\times 1000}\times 100\%$$

式中 w_{CaCO_3}——碳酸钙滴定值的质量分数，%；

c_1——盐酸标准滴定溶液的浓度，$mol \cdot L^{-1}$；

V_1——加入盐酸标准滴定溶液的体积，mL；

c_2——氢氧化钠标准滴定溶液的浓度，$mol \cdot L^{-1}$；

V_2——滴定时消耗的氢氧化钠标准滴定溶液的体积，mL；

50——（$1/2CaCO_3$）的摩尔质量，$g \cdot mol^{-1}$；

m——试料的质量，g。

【思考题】

1. 本实验为什么要采用返滴定法？可否用盐 酸直接滴定？为什么？

2. 加入盐酸后，为什么要加热煮沸？如不加热及加热煮沸时间过长，对测定结果各有何影响？

实验 8-7 黏土或坯料的可塑性测定

一、实验目的

1. 了解泥料的可塑性指标对生产的指导意义。
2. 熟悉影响泥料可塑料指标的因素。
3. 掌握泥料可塑性指标的测定原理及测定方法。

二、实验原理

具有一定细度和分散度的黏土或配合料，加适量水调和均匀，成为含水率一定的塑性泥料，在外力作用下能塑造各种形状，外力撤除后保持原形不变，这种性能称为可塑性。可塑性是陶瓷泥料的重要工艺性能。可塑性能的高低直接影响到陶瓷的成型和干燥过程，泥料的可塑性与构成泥料的固体颗粒吸附水的性能、颗粒的表面积以及水量有关。

到目前为止，仍无一种测定可塑性的方法能完全符合生产实际，目前各研究单位和工厂仍广泛沿用可塑性指数和可塑性指标两种方法，对黏土或坯料的可塑性进行初步评估。

1. 常用测定方法

（1）直接法　有可塑性指数法和可塑性指标法两大类，可塑性指数值为液限与塑限之差。液限是使泥料具有可塑性时的最高含水量；塑限则是泥料具有可塑性时的最低含水量。代表液限和塑限含水率的数据应精确到小数点后一位。平行测定的五个试样的平均值，其误差为：液限不大于±0.5%，塑限不大于±1%。一般低可塑性泥料的可塑性指数在1～7；中可塑性泥料的可塑性指数在7～15；高可塑性泥料的可塑性指数范围大于15。

可塑性指标是用一定大小的泥球在受压力到刚出现裂纹瞬时所产生的变形量与压力的乘积。它对应于一定的含水率。全面表征可塑性指标的数据，应包括指标、应力、应变和相应含水率。数据应精确到小数点后一位。

每个试验需平行测定五个试样，用于计算可塑性指标的数据，其误差不应大于±0.5。

高可塑性黏土的可塑性指标大于3.6；中可塑性黏土的可塑性指标为2.5～3.6；低可塑性黏土的可塑性指标低于2.5。

（2）间接法　它是把黏土或坯料的饱水率、风干收缩率、黏度、吸湿水分与可塑性联系起来的一种衡量方法。例如饱水率，在正常工作稠度下高岭土内的含水量越高则可塑性越好；风干收缩率越大则可塑性越好；黏土悬浮从恩氏黏度计中流出的速度（$cm^3 \cdot s^{-1}$）越慢则可塑性越好；干黏土或坯料的吸湿水分（%）越大则可塑性越好。

无论是直接法还是间接法都存在局限性，都只能在一些方面反映黏土或坯料的可塑性，到目前为止还没有找到一种更完善的测定方法能全面地反映可塑性的大小。

2. 测定的仪器设备

（1）测定可塑性指数采用华氏平衡锥（包括流变性限度仪全套附件）。

（2）测定可塑性指标采用捷米亚钦基仪及印刷泥球试样的双合摹、弹丸等。

三、仪器与试剂

（1）可塑性指标仪（华氏平衡锥/KSB数显可塑性测定仪，见图8-13）。

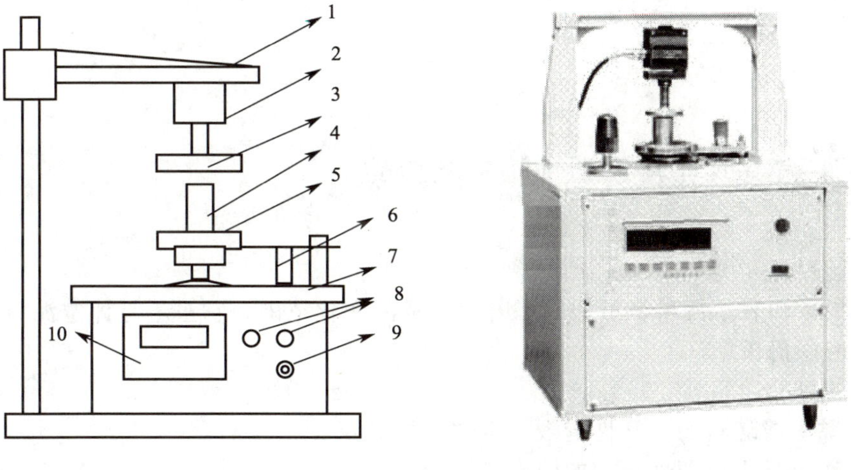

图8-13　KSB数显可塑性测定仪

1—横梁；2—压力传感器；3—上压板；4—试样；5—下压板；6—位移校正杆；7—限位杆；8—指示灯；9—电源开关；10—KSB数显式微电脑控制面板

（2）粗天平。

（3）量筒。

（4）卡尺。

（5）调泥刀。

（6）保湿器。

（7）0.5mm孔径筛等。各五套。

四、实验步骤

1. 将200g通过0.5mm孔径筛的样品，加入约20%的水量拌和均匀，陈腐24h备用。若样品经过真空练泥机加工，可直接进行测试。

2. 在样品模壁上涂上少量机油，将样品填入样品模中，压实，除去余料，然后用力推出，注意保持样品的形状，使上下端面保持平行。样品尺寸为ϕ28mm×38mm。

3. 插上仪器电源，显示屏上“0”闪烁，预热20min后，调节数字键至“1”。

4. 将样品放在样品台上，按“测试”键，再按“上升”键，下压板开始上升。当样品高度压缩至19mm时，下压板停止上升。

5. 从显示屏上读取数据：样品原始高度38mm；压缩10%时的压力；压缩50%时的压力；塑性指标。

6. 每个样品测试两次，求取平均值。按“下降”键，仪器复原，关机。

五、数据处理

样品编号	R_{10}	R_{50}	可塑性指标 S
1号			
2号			
3号			
平均值			

【附注】

1. 待测泥料与水必须拌和均匀，无结块，无气泡。
2. 制样形状规整，上下面平行。
3. 泥料中混合水量须适中，不会因自重发生变形。

实验8-8 黏土或坯料可塑性指数的测定

一、实验目的

可塑性指数即表示泥料呈可塑状态时含水量的变化范围，它虽不是评定泥料可塑性的直接方法，但应用仍极广。

本实验的目的：

1. 了解黏土或坯料的可塑性指数对生产的指导意义。
2. 熟悉影响黏土可塑性指数的因素。
3. 掌握黏土或坯料可塑性指数的测定原理及测定方法。

二、实验原理

可塑性指数值为液限与塑限之差。所谓液限就是使泥料具有可塑性时的最高含水率，测定液限，一般采用华氏平衡锥法。利用一定重量，一定规格的平衡锥，在一定的时间内，以自由下落至泥层一定高度时所测得的泥料含水量来表示。

塑限则是使泥料具有塑性时的最低含水率。

一般高可塑性泥料塑性指数范围大于 15 ；中可塑性泥料在 7～15 之间；低可塑性泥料在 1～7 之间。

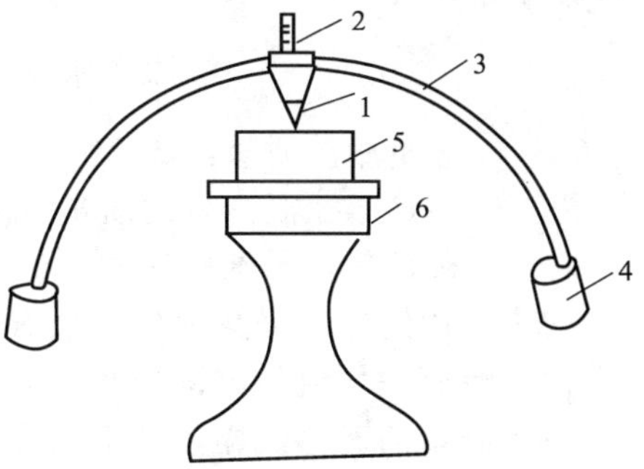

图 8-14　华氏平衡锥装置

1—圆锥体（呈 30°尖角）；2—手柄；3—半圆形钢丝；4—金属圆球；5—泥样杯；6—台座

三、仪器与试剂

仪器装置如图 8-14 所示，平衡锥是 30°的尖角锥体，从尖顶起在 10mm 处有环形刻度，圆锥两侧有直径 3mm 的钢丝，其两端各连有直径 19mm 的圆球，平衡锥连附件总重 76.0±0.2g。

此外，还有电磁装置，天平（感量 0.01g）、调泥刀、称量瓶、干燥器、烘箱、毛玻璃、0.5mm 孔径筛等。

四、实验步骤

1. 液限的测定

（1）将 200g 通过孔径为 0.5mm 筛的自然黏土或直接取用的生产坯泥，在调泥皿内逐渐加水调成接近正常工作稠度的均匀泥料。加水量一般在 30％～50％之间，陈腐 24h 备用，若为直接取自真空练泥机的坯泥，可不陈腐。

（2）实验前，将制备的泥料再仔细拌匀，用刮刀分层将其装入试样杯中，每装一层轻轻敲击一次，以除泥料中气泡，最后用刮刀刮去多余的泥料，使其与试样杯齐平，置于试样杯底座下。

（3）取出华氏平衡锥，用布擦净锥尖，并涂以少量凡士林。借电磁装置将平衡锥吸住，使锥尖刚与泥料表面接触，切断电磁装置电源，平衡锥垂直下沉，也可用手拿住平衡锥手柄，轻轻地放在泥料面上，让其自由下沉（用手防止歪斜），待 15s 后读数。每个试样应检验五次（其中一次在中心，其余四次在离试样杯边不小于 5mm 的四周），每次检验落入的深度应该一致。

（4）若锥体下沉的深度均为 10mm 时，即表示到了液限，则可测定其含水率。若下沉的深度小于 10mm，则表示含水率低于液限，应将试样取出置于调泥皿中，加入少量水重新拌和（或用湿布捏练），重新进行实验。若下沉的深度大于 10mm，则将试样取出置于调泥皿中，用刮刀多加搅拌，待水分合适后再进行实验。

（5）取测定水分的试样前，先刮去表面一层（约 2～3mm）试样，然后用刮刀挖取 15g 左右的试样，置预先称量恒重并编好号的称量瓶中，称重后于 105～110℃温度下烘干至恒重，在干燥器中冷却至室温称量（准确至 0.01g）。每种试样应平行测定五个。

（6）测定记录

将有关数据记入表 8-7 中。

表 8-7　液限测定记录表

试样名称		测定人		测定日期	
试样处理					
实验编号	称量瓶重 G_0/g	称量瓶及湿样重 G_1/g	称量瓶及干样重 G_2/g	液限含水率 /%	备　注
1					
2					
3					
4					
5					

(7) 计算方法

$$液限含水率=\frac{G_1-G_2}{G_2-G_0}\times 100\%(干基)$$

式中 G_0——称量瓶的质量，g；

G_1——称量瓶及湿试样的质量，g；

G_2——称量瓶及干试样的质量，g。

① 代表液限度的数据精确到小数点后一位。

② 用于计算平均值的数据，其绝对误差应不大于±0.5%。

③ 平行测定的五个试样，其中三个以上超过上述误差范围时，应重新进行测定。

【附注】

(1) 试样加水调和应保证均匀一致，泥样装入试样杯内应保证致密无气孔。

(2) 平衡锥应保证干净、光滑（锥体涂一薄层凡士林），下沉时应保证垂直，轻缓，不受冲击，自由下落。

2. 塑限的测定

塑限一般采用滚搓法进行测定。

(1) 实验步骤

① 称 100g 过 0.5mm 孔径筛的黏土或生产用的坯泥，加入略低于正常工作稠度的水量拌和均匀，陈腐 24h 备用，或直接取经真空练泥机的坯泥或测定塑性指标剩余软泥。取小块泥料在毛玻璃板上，用手掌轻轻地滚搓成直径 3mm 的泥条，若泥条没有断裂现象，可用手将泥条搓成一团反复揉捏，以减少含水量，直至泥条搓成直径为 3mm 左右而自然断裂成长度均为 10mm 左右时，则表示达到塑限水分。

② 迅速将 5～10g 搓断泥条装入预先称量恒重的称量瓶中，称重后放在烘箱内于 105～110℃下烘干至恒重，在干燥器中冷却至室温后再称重（准确至 0.01g）。

③ 为了检查滚搓至直径 3mm 断裂成 10mm 左右的泥条是否达到塑性限度，可将断裂的泥条进行捏练，此时应不能再捏成泥团，而是呈松散状。

(2) 测定记录

将有关数据记入表 8-8 中。

表 8-8 塑限测定记录表

试样名称		测定人		测定日期	
试样处理					
实验编号	称量瓶重 G_0/g	称量瓶及湿样重 G_1/g	称量瓶及干样重 G_2/g	塑限含水率 /%	备　注
1					
2					
3					
4					
5					

(3) 计算方法

$$塑限含水率=\frac{G_1-G_2}{G_2-G_0}\times 100\%(干基)$$

式中 G_0——称量瓶的质量，g；

G_1——称量瓶及湿试样的质量，g；

G_2——称量瓶及干试样的质量，g。

① 代表塑限度的数据精确到小数点后一位，其数据应不少于五个数据的平均值。

② 用于计算平均值的数据，其绝对误差应不大于±1％。

③ 每次实验需平行测定五个样品，其中三个以上超过上述误差范围时应重新进行测定。

【附注】

(1) 试样加水应适当，调和均匀，并应经过充分的捏练。

(2) 滚搓时只能用手掌不能用手指，断裂应是自然断裂，不是扭断。

(3) 滚搓时泥料水分如嫌高，不得采用烘干或加入干粉的办法调整水分，只能采用空气中捏练风干的办法，或者重新调制。

(4) 可塑性指数的计算

可塑性指数＝液限含水率－塑限含水率

【思考题】

影响黏土可塑性的主要因素有哪些？

实验 8-9 陶瓷坯料配方实验

一、实验目的

1. 掌握陶瓷坯料配方的实验原理及实验方法。
2. 熟悉陶瓷坯料配方操作技能。
3. 初步掌握陶瓷生产工艺方案的确定方法，全面了解陶瓷生产的工艺过程。

二、实验原理

制定坯料配方，尚缺乏完善方法，主要原因是原料成分多变，工艺制度不稳，影响因素太多，以致对预期效果的预测没有把握。

根据理论计算或凭经验摸索，经过多次试验，在既定的各种条件下，均能找到成功配方，但条件一变则配方的性能也随之而变。

根据产品性能要求，选用原料，确定配方及形成方法是常用的配料方法之一。例如，制造日用瓷则必须选用烧后呈白色之原料（黏土原料），并要求产品有一定强度；制造化学瓷则要求有好的化学稳定性；制造地砖则必须有高的耐磨性和低的吸水性；制造电瓷则需有高的机电性能；制造热电偶保护管须能耐高温、抗热震并有高的传热性；制造火花塞则要求有大的高温电阻、高的耐冲击强度及低的热膨胀系数。

选择原料确定配方时既要考虑产品性能，还要考虑工艺性能及经济指标。各地文献资料所载成功的经验配方都有参考价值，但无论如何，不能照搬。因黏土、瓷土、瓷石均为混合物，长石、石英常含不同的杂质，同时各地原有母岩及形成方法、风化程度不同，其理化工艺性能不尽相同或完全不同，所以选用原料、制定配方只能通过试验来决定。

坯料配方试验方法一般有三轴图法、孤立变量法、示性分析法和综合变量法。

三轴图法即三种原料组成图，图中共有 66 个交点和 100 个小三角形，其中由三种原料组成的交点有 36 个，由两种原料组成的交点有 27 个，由一种原料组成的交点有 3 个，如图 8-15 所示。配料时先决定该种坯料所选用各种原料之适当范围，初步确定三轴图中几个配方点（配方点可以在交点上，也可以在小三角形内），例如图 8-15 黏土-长石-石英三轴图中 A 点为含长石 50％，石英 20％，黏土 30％；B 点为含长石 30％，石英 30％，黏土 40％；C 点为含长石 10％，石英 40％，黏土 50％。按照配方点组成进行配料制成试条，测定物理特

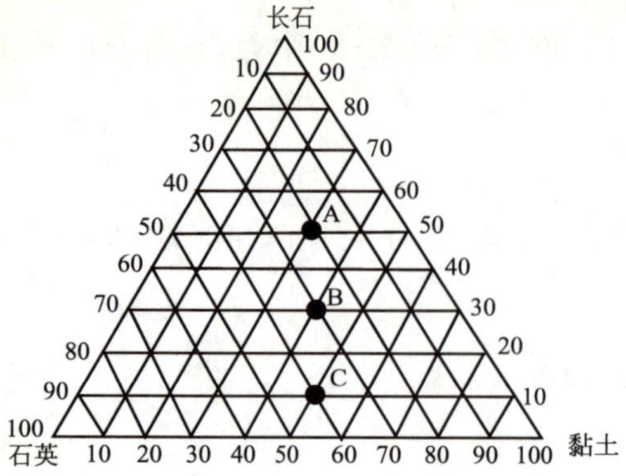

图 8-15 黏土-长石-石英三轴图

性，进行比较优选采用。三轴图不限于黏土、长石、石英三种组成，凡采用三种原料配料做试验的均可利用此图。例如一般配料中含长石 30%，石英 20%，黏土 50%，而黏土中又采用高岭土、强可塑黏土和瘠性黏土三种黏土配合使用，则可制一个三种黏土的三轴图，在此图上选定数点做试验以求出高岭土、强可塑黏土和瘠性黏土的最佳配方。

孤立变量法即变动坯料中一种原料或一种成分，其余原料或成分均保持不变，例如 A、B、C 三种原料，固定 A、B，变动 C；或固定 B、C，变动 A；或固定 A、C，变动 B，最后找出一个最佳配方。

示性分析法即着眼于化学成分和矿物组成的理论配合比。例如，高岭土中常含有长石及石英之混合物，长石中常含有未化合的石英，瓷石中则常含有长石、石英、高岭石、绢云母等。如配方中的高岭土是指纯净的高岭石，配方中的长石、石英是指极纯的长石及石英，则最好用示性分析法测定各种原料内之高岭石、长石、石英的含量，以便配料时统计计算。

综合变量法即正交试验法，也叫多因素筛选法、多因素优选法、大面积撒网法。试验前借助于正交表，科学地安排试验方案，试验后，经过表格运算，分析试验结果，以较少的试验次数找出最佳的坯料配方。试验方案的设计步骤如下：

1. 挑因素，选水平，确定因素水平表

因素即试验中所要考虑的各种条件，例如，球磨转速、料球水比、坯料水分、细度及组分等。各种因素对试验结果都可能产生影响，如不加挑选，因素越多势必造成试验次数增加，所以要在多种因素中挑出主要因素。水平即每个因素中的不同状态，例如不同的球磨转速，不同的料球水比，坯料中不同的含水率，不同的细度，各组分的不同含量等。每个因素要选多少个水平，这要根据生产和试验目的来确定。

2. 选择合适的正交表

根据挑选的因素及水平数，选择合适的正交表。正交表是利用“均衡分散性”和“整齐可比性”这两条正交性原理，从大量试验点中挑选典型性试验点，排成特定表格，这种表格称正交表。

3. 制定试验方案

根据挑选的因素水平数挑选合适的正交表。例如二水平的正交表有 $L_4(2^3)$，$L_8(2^7)$，$L_{16}(2^{15})$，$L_{20}(2^{19})$，$L_{12}(2^{11})$，$L_{16}(4^3\times2^6)$，$L_{16}(4^2\times2^9)$ 等；三水平的正交表有 $L_9(3^4)$，$L_{18}(1^1\times3^7)$，$L_{18}(3^7)$，$L_{27}(3^{13})$；四水平的正交表有 $L_{16}(4^5)$，$L_{32}(4^9)$，$L_{32}(2^1\times4^9)$，$L_{32}(8^1\times4^8)$，$L_{64}(4^{21})$ 等。根据试验目的，确定要考察的因素，如对事物变化规律了解不多，则因素可多取一些，如对试验对象比较了解，则因素可少取一些。根据因素水平数，试验条件的难易，最后综合各方面意见选择合适的正交表，有了合适的正交表，把选取的因素分别安放在正交表的各列上，试验方案就算制定好了。

三、仪器与试剂

(1) 黏度计（恩氏的或漏斗形的）；

(2) 停表、温度计；

(3) 抗弯强度试验机；

(4) 试条模（10mm×10mm×120mm）及小刀、成型碾棒；

(5) 切刀、CoO 料浆（编号用）；

(6) 小磅秤，白铁桶；

(7) 瓷质球磨罐，匙瓢；

(8) 普通天平（台式）；

(9) 量筒：100mL，250mL；

(10) 沙浴锅、铁钳、电炉及水浴锅；

(11) 铜质烧杯、玻棒；

(12) 布袋或石膏模或匣钵（泥浆吸水用）。

四、实验步骤

1. 根据产品性能要求，确定所选用的原料，这些原料的化学成分、矿物组成及工艺性能一般是已知的，否则要进行分析测定。

2. 从三轴图上选取 6～10 个配方点，并将这些配方点的原料组成百分比算出来列在表上。

3. 按三轴图上配方点原料百分比称取投料量，并确定料球水比，称取料、球、水质量投入球磨滚筒中进行球磨。

4. 符合细度要求后出球磨、搅拌、除铁、脱水。

5. 真空练泥后成符合操作要求的塑性泥料，稍加陈腐备用；在实验室中如因投料量太少，不便压滤，即可利用布袋或石膏模或匣钵除去泥浆中之水分，成为塑性泥料。

6. 用手进行揉练，以进一步除去泥料中的空气泡并使水分分布均匀，再和模型制成 10mm×10mm×120mm 的试条 5 块，8mm ×50mm×50mm 试块 3 片。

7. 试条、试块阴干后用氧化钴浆料编号，制定干燥制度，再经干燥并检查干燥结果（如开裂、收缩、变形等）；确定烧成制度，入炉（窑）烧成并测定吸水率、抗折强度及断面情况，即可得出最合适的坯料。

如用正交试验法，举例如下：

1. 试验课题：用正交试验法寻找黏土、长石、石英的最佳配比。

2. 试验目的：获得性能优良的坯料配方，以提高产品质量。

3. 试验考核指标：烧成温度 1350℃以下，抗折强度达到 $588.4\times10^5 N\cdot m^{-2}$ 以上。

4. 因素水平表见表 8-9。

表 8-9 因素水平表

水　平	因　素		
	黏土量/%	长石量/%	石英量/%
1	50	25	25
2	52	20	28

5. $L_8(2^7)$ 正交表见表 8-10。

表 8-10 $L_8(2)^7$ 正交表

试 验 号	列 号						
	1	2	3	4	5	6	7
1	1	1	1	2	2	1	2
2	2	1	2	2	1	1	1
3	1	2	2	2	2	2	1
4	2	2	1	2	1	2	2
5	1	1	2	1	1	2	2
6	2	1	1	1	2	2	1
7	1	2	1	1	1	1	1
8	2	2	2	1	2	1	2

6. 试验结果见表 8-11。

表 8-11　试验结果

试验号	黏土	长石	石英	不同烧成温度下的抗折强度/$10^5 N \cdot m^{-2}$		
	1	2	3	1300℃	1330℃	1350℃
1	50	25	25	566.8	589.4	592.3
2	52	25	28	549.2	588.4	623.0
3	50	20	28	531.5	539.3	576.6
4	52	20	25	566.8	498.2	598.2
5	50	25	28	583.4	590.3	599.2
6	52	25	25	589.4	576.6	613.9
7	50	20	25	590.4	579.6	608.0
8	52	20	28	565.8	588.4	597.2

7. 数据处理

1300℃下烧成的：

	黏土	长石	石英
Ⅰ	$227.2\times10^6 N \cdot m^{-2}$	$230.7\times10^6 N \cdot m^{-2}$	$231.3\times10^6 N \cdot m^{-2}$
Ⅱ	$227.1\times10^6 N \cdot m^{-2}$	$225.5\times10^6 N \cdot m^{-2}$	$223.0\times10^6 N \cdot m^{-2}$
R	$0.1\times10^6 N \cdot m^{-2}$	$5.2\times10^6 N \cdot m^{-2}$	$8.3\times10^6 N \cdot m^{-2}$

1330℃下烧成的：

	黏土	长石	石英
Ⅰ	$229.9\times10^6 N \cdot m^{-2}$	$234.5\times10^6 N \cdot m^{-2}$	$224.4\times10^6 N \cdot m^{-2}$
Ⅱ	$225.2\times10^6 N \cdot m^{-2}$	$220.6\times10^6 N \cdot m^{-2}$	$230.7\times10^6 N \cdot m^{-2}$
R	$4.7\times10^6 N \cdot m^{-2}$	$13.9\times10^6 N \cdot m^{-2}$	$6.3\times10^6 N \cdot m^{-2}$

1350℃下烧成的：

	黏土	长石	石英
Ⅰ	$237.6\times10^6 N \cdot m^{-2}$	$242.8\times10^6 N \cdot m^{-2}$	$241.2\times10^6 N \cdot m^{-2}$
Ⅱ	$243.2\times10^6 N \cdot m^{-2}$	$238.0\times10^6 N \cdot m^{-2}$	$239.6\times10^6 N \cdot m^{-2}$
R	$5.6\times10^6 N \cdot m^{-2}$	$4.8\times10^6 N \cdot m^{-2}$	$1.6\times10^6 N \cdot m^{-2}$

8. 分析结果

(1) 按考核指标要求为 $588.4\times10^5 N \cdot m^{-2}$。从试验结果符合要求的配方 1300℃为烧成的 6 号、7 号；1330℃烧成的 1 号、2 号、5 号、8 号；1350℃烧成的 1 号、2 号、4 号、5 号、6 号、7 号、8 号。而 1300℃烧成时最好的配方为 7 号；1330℃烧成时最好的配方为 5 号；1350℃烧成时最好的配方为 2 号。

(2) 符合要求的配方 1300℃烧成的为两个，1330℃烧成的为 4 个，1350℃烧成的为 7 个。由此可见在所给三个因素、两个水平配方中随着烧成温度的提高，符合抗折强度技术指标要求的配方越来越多，即烧成温度是外因条件中的关键。

(3) 从极差 R 值的分析来看，长石的极差最大，说明长石含量增减对抗折强度影响大，所以在这两个水平配方中长石是三个因素中的主要因素。

五、数据处理

1. 进行坯料配方时的计算数据，包括化学组成、示性矿物组成、坯式等的配料记录与计算数据。

2. 用正交试验法设计坯料配方方案时要按正交试验的程序进行设计计算。

3. 三轴图法、孤立变量法、示性分析法和综合变量法（正交试验法）四种方法或者还有其他方法，在坯料配方时可以应用其中任意一种方法或两种方法或四种方法全用。

4. 依据陶瓷产品的性能要求，已有的原料、设备，制定出合理的工艺流程，并通过试验确定出最佳或较佳的工艺参数。

【附注】

1. 配料称重时要准确，要始终一致。
2. 确定配方点之前要做全面的调查研究，以使初步确定的配方有一定的合理性。
3. 选定的各种坯料配方，应在同一温度下烧成及相同的升温速度，才有比较的意义。

【思考题】

1. 影响陶瓷制品质量的内因根据和外因条件是什么？坯料配方试验要解决什么问题？
2. 指导坯料配方的基本理论是什么？
3. 进行坯料配方试验时要考虑哪些问题？
4. 陶瓷坯料配方与制造工艺、显微结构、理化性能的关系怎样？
5. 在一般情况下，如何找出最适合的配料公式（用坯式表示）？

实验 8-10 陶瓷的制备

陶瓷的制备包括泥浆和釉浆的制备、坯体成型、施釉、烧成等主要工序。卫生陶瓷产品质量的好坏与泥釉料配方、工艺参数及工艺控制密切相关。本实验目标是要求学生制备出陶瓷坩埚或肥皂盒等小件制品，从中体会卫生陶瓷的生产工艺技术，提高操作技能。可分组进行各阶段的实验，比如可分为几组分别制备泥浆、釉浆和坯体，然后组合在一起，共同制备陶瓷。

一、实验目的

1. 掌握坯料、釉料制备方法。
2. 掌握和运用泥浆、釉浆、产品性能测试技术。
3. 掌握卫生陶瓷成型方法。
4. 了解卫生陶瓷烧成过程中的物理、化学变化。
5. 了解影响卫生陶瓷产品质量的因素及改进方法。

二、实验原理

坯料的化学性质和烧成温度、对釉料的性能要求和釉料所用原料的化学成分、工艺性能等是釉料配方的依据。釉层附着在坯体上，釉层的酸碱性质、膨胀系数和成熟温度必须与坯体相适应。

参考测温锥的标准成分进行釉料配方，按照陶瓷坯体的烧成温度（测温锥标定的温度）配制釉料，可以选择低于坯体烧成温度 4～5 号测温锥的成分作为釉料配方参考。如 SK10 号测温锥所标示的温度为 1300℃，也就是某种坯体在 SK10 号测温锥到底时烧成，而要找到一种在 SK10 号或 1300℃成熟的釉料，那么这种釉料的釉式应当是 SK_{4a}（1160℃）。

借助于成功的经验进行配料，例如釉料成熟温度在 1250～1350℃之间的釉料配方中的 SiO_2/Al_2O_3 摩尔比值控制在 7～10 范围内，$SiO_2/RO+R_2O$ 摩尔比值控制在 4～6 范围内。

孤立变量法是釉料配方中常用的调节方法之一。例如固定 $RO+R_2O$ 之含量不变，或令 $RO+R_2O=1$，而变动 R_2O_3 或 RO_2，或 R_2O_3 和 RO_2 同时变动。当然 $RO+R_2O$ 中氧化物的种类和相对含量可以变动，而且当 R_2O_3 或 RO_2 变动时，则釉式中碱性、中性、酸性三类氧化物之间相对含量实际上已变动了，釉料酸碱性也已经改变了。

进行釉料配方时，除将不同成分的釉料施于固定成分的坯料试片上以比较其高低外，也可采用坩埚法（将釉粉放在固定成分的坩埚内），以检验釉的流动性和坯釉间的应力。从所得结果来判断釉式的特性，然后按下列内容加以总结：

（1）釉的成熟温度和光泽度，与 Al_2O_3 和 SiO_2 含量之关系；

（2）釉的成熟温度和光泽度，与 SiO_2/Al_2O_3 比值的关系；

（3）与标准成分的坯料试片结合得最好的釉式（即坯釉间应力最小者），分析原因。

三、仪器与试剂

（1）长石、石英、高岭石、石灰石、白云石、氧化锌、锆英粉等釉用原料若干（kg），电解质（CMC）少许；

（2）泥用原料：长石、石英（或白砂岩）、生大同土、抚宁瓷石、紫木节、章村土、彰武土、苏州土、高岭土、白云石、电解质（碱面、水玻璃）等；

（3）瓷磨罐、30kg 球磨机等磨制设备，普通天平（台式）、小磅秤；

（4）标准筛、烧杯、玻棒、恩氏黏度计、吸干速度测试工具、塑料杯、瓷盘等；

（5）石膏模型（坩埚、肥皂盒、试片）；

（6）干燥箱、电炉、测吸水率和热震稳定性装置等。

四、实验步骤

1. 制备泥浆

（1）按照下列坯式计算坯料配方（%）：计算出各种原料的含量（干基）。坯式如下：

$$\left.\begin{array}{ll}0.207 & K_2O\\ 0.041 & Na_2O\\ 0.017 & CaO\\ 0.128 & MgO\end{array}\right\}\left\{\begin{array}{ll}0.971 & Al_2O_3\\ 0.029 & Fe_2O_3\end{array}\right\}\left\{\begin{array}{ll}4.792 & SiO_2\\ 0.021 & TiO_2\end{array}\right.$$

注：电解质、水为外加，电解质含量 0.5%、水 38%～40%（占干料量的）。

（2）原料烘干。不烘干时计算出含水分原料的加入量。

（3）按照配方准确称量各种原料的加入量。将原料、电解质、水一同装入球磨机中磨制。料：球：水=1：1：0.4；磨制 10～15h，细度为 2%～4%（350 目筛余），过筛、除铁、陈腐后备用。

（4）测试和记录泥浆的性能指标：水分、细度、流动性、吸浆厚度。

2. 制备釉浆

（1）按照釉式计算釉料配方（%）：计算所用各种釉用原料的含量。

（2）按配料量计算各种原料的加入量。电解质（CMC）0.2%～0.3%、水 45%（外加）。

（3）将各种原料、电解质、水和磨球加入瓷磨罐中，料：球：水=1：2：0.45，在研磨设备上磨制 20～25h，细度 0.02%～0.06%（350 目筛余），过筛、除铁后备用。

（4）测试釉浆的工艺参数：水分、细度、流动性、吸干速度等。

3. 成型坯体

（1）泥浆注入石膏模型中，吃浆 30～45min 后放浆。待坯体硬化后脱模，放在平整的托板上入干燥箱干燥。坩埚内径 4cm，高 2cm（或皂盒），5～10 件；50mm×50mm×8mm

的试片 6～10 片。

（2）将干坯修好，用湿布擦拭干净备用。

釉料釉式：

$$\left.\begin{array}{ll}0.161 & K_2O\\ 0.091 & Na_2O\\ 0.529 & CaO\\ 0.065 & MgO\\ 0.154 & ZnO\end{array}\right\}\left.\begin{array}{ll}0.239 & Al_2O_3\\ 0.003 & Fe_2O_3\end{array}\right\}\begin{array}{ll}2.555 & SiO_2\\ 0.151 & TiO_2\end{array}$$

4. 施釉

（1）将坯体浸入釉浆中，静置一段时间，取出将多余釉浆控掉。釉层厚度大于 0.5mm。注意浸釉时间应保持一致；坯体底面应无釉，以防烧成时粘连。

（2）釉坯应自然干燥一段时间。

5. 烧制

（1）将釉坯放在平整的耐火托板上（无釉面接触托板）入电炉中烧制。最高烧制温度 1180～1230℃。

（2）冷却后观察制品的外观质量并记录。坩埚面上无破隙，釉面无裂纹，即说明坯釉适应性很好，坯釉间无显著应力。如果有破隙或裂纹，即说明坯釉适应性不好。实践证明，釉层厚薄对坯釉适应性是有影响的，厚釉层较之薄釉层更容易出现釉层裂纹或剥离现象。当然釉的高温熔体黏度及釉的高温熔体表面张力对釉面质量也有影响，如缩釉、橘釉、流釉、针孔以及釉面平整光滑等均与釉的高温黏度和表面张力有关。

（3）测试制品的吸水率、热震稳定性并记录。

五、实验报告要求

1. 实验过程叙述。
2. 泥、釉配方计算结果。
3. 泥、釉浆测试结果。
4. 烧后制品物理性能测试结果；外观质量观察结果。
5. 实验中观察到的现象分析。

【思考题】

1. 造成釉面针孔、橘釉、缩釉、流釉的原因是什么？
2. 釉式中哪些成分会影响釉面光泽度、透光度、白度？

实验 8-11 玻璃的熔制

玻璃材料高温制备中的物理过程主要有原料吸附水的蒸发，某些组分的挥发，晶型转变以及某些组分的熔化等。化学过程主要有某些组分加热后排除结晶水、盐类的分解、各组分之间的化学反应及硅酸盐的形成。物理化学过程主要指一些物料间的固相反应，共熔体的产生，各组分间的互相熔融，物料、玻璃液相与炉内气体以及耐火材料之间的相互作用等。玻璃熔制过程中，共熔体的产生、互熔等，要在很高的温度下才显著发生。

在实际生产中，玻璃熔制是关键环节。玻璃的熔制实验是一项很重要的实验。在教学、科研和生产中，往往需要设计、研究和制造玻璃的新品种，或者对传统的玻璃生产工艺进行某种改革。在这些情况下，为了寻找合理的玻璃成分、了解玻璃熔制过程中各种因素所产生的影响、摸索合理的熔制工艺制度、提出各种数据以指导生产实践等，一般都要先做熔制实验，制取玻璃样品，再对样品进行各种性能测定，判断各种性能指标是否达到预期的要求。如此反复进行，直至找到玻璃的最佳配方，满足各种性能要求为止。

一、实验目的

1. 在实验室条件下进行玻璃成分的设计、原料的选择、配料计算、配合料的制备、用小型坩埚进行玻璃的熔制、玻璃试样的成型等，完成一整套玻璃材料制备过程的基本训练。

2. 了解熔制玻璃的设备及其测试仪器，掌握其使用方法。

3. 观察熔制温度、保温时间和助熔剂含量对熔化过程的影响。

4. 根据实验结果分析玻璃成分、熔制制度是否合理。

二、实验原理

玻璃的熔制过程是一个相当复杂的过程，它包括一系列物理的、化学的、物理化学的现象和反应。

物理过程：指配合料加热时水分的排除，某些组成的挥发，多晶转变以及单组分的熔化过程。

化学过程：指各种盐类被加热后结晶水的排除，盐类的分解，各组分间的相互反应以及硅酸盐的形成等过程。

物理化学过程：包括物料的固相反应，共熔体的产生，各组分生成物的互溶，玻璃液与炉气之间、玻璃液与耐火材料之间的相互作用等过程。

由于有了这些反应和现象，由各种原料通过机械混合而成的配合料才能变成复杂的、具有一定物理化学性质的熔融玻璃液。

应当指出，这些反应和现象在熔制过程中常常不是严格按照某些预定的顺序进行的，而是彼此之间有着密切的相互关系。例如，在硅酸盐形成阶段中伴随着玻璃形成过程，在澄清阶段中同样包含有玻璃液的均化。为便于学习和研究，常可根据熔制过程中的不同实质而分为硅酸盐的形成、玻璃的形成、玻璃液的澄清、玻璃液的均化、玻璃液的冷却五个阶段。

纵观玻璃熔制的全过程，就是把合格的配合料加热熔化使之成为合乎成型要求的玻璃液。其实质就是把配合料熔制成玻璃液，把不均质的玻璃液进一步改善成均质的玻璃液，并使之冷却到成型所需要的黏度。因此，也可把玻璃熔制的全过程划分为两个阶段，即配合料的熔融阶段和玻璃液的精炼阶段。

三、仪器与试剂

（1）高温电炉一台及其附属设备（调压器一台，电流表一只，热电偶一只，电位差计一台）；

（2）高铝坩埚（100mL 或 150mL）；

（3）研钵一个，料勺若干（每种原料一把）；

（4）百分之一天平（也可用千分之一天平）；

（5）坩埚钳，石棉手套；

（6）浇注玻璃样品的模具；

（7）退火用马弗炉（附控温仪表）；

（8）化工原料：石英砂（SiO_2），纯碱（Na_2CO_3），碳酸钙（$CaCO_3$），碳酸镁（$MgCO_3$），氢氧化铝［$Al(OH)_3$］等。

四、实验步骤

1. 玻璃成分的设计

首先，要确定玻璃的物理化学性质及工艺性能，并依此选择能形成玻璃的氧化物系统，确定决定玻璃主要性质的氧化物，然后确定各氧化物的含量。玻璃系统一般为三组分或四组分，其主要氧化物的总量往往要达到90%（质量）。此外，为了改善玻璃某些性能，还要适当加入一些既不使玻璃的主要性质变坏，同时又使玻璃具有其他必要性质的氧化物。因此，大部分工业玻璃都是五六个组分以上。

相图和玻璃形成区域图可作为确定玻璃成分的依据或参考。在应用相图时，如果查阅三元相图，为使玻璃有较小的析晶倾向，或使玻璃的熔制温度降低，成分上就应当趋向于取多组分，应选取的成分应尽量接近相图的共熔点或相界线。在应用玻璃形成区域图时，应当选择离开析晶区与玻璃形成区分界线较远的组成点，使成分具有较低的析晶倾向。

为使设计的玻璃成分能在工艺实践中实施，即能进行熔制、成型等工序，必须要加入一定量的促进熔制、调整料性的氧化物。这些氧化物用量不多，但工艺上却不可少。同时还要考虑选用适当的澄清剂。在制造有色玻璃时，还须考虑基础玻璃对着色的影响。

以上各点是相互联系的，设计时要综合考虑。当然，要确定一种优良配方不是一件简单的工作，实际上，为成功地设计一种具有实用意义，符合预定物化性质和工艺性能的玻璃成分，必须经过多次熔制实践和性能测定，对成分进行多次校正。

本实验给出两种易熔的 Na_2O-CaO-SiO_2 系统玻璃配方，学生可根据自己的要求进行修改。易熔玻璃的成分见表 8-12。

表 8-12　易熔玻璃的成分

配方编号	SiO_2	CaO	MgO	Al_2O_3	Na_2O	备　注
1	71.5	5.5	1	3	19	氧化物质量分数
2	69.5	9.5	3	3	15	

2. 熔制温度的估计

玻璃成分确定后，为了选择合适的高温炉和便于观察熔制现象。应当估计一下熔制对于玻璃形成到砂粒消失这一阶段的熔制温度，可按 M. Volf 速率常数公式进行估算：

$$\tau=\frac{w_{SiO_2}+w_{Al_2O_3}}{w_{Na_2O}+w_{K_2O}+w_{\frac{1}{2}B_2O_3}+w_{\frac{1}{3}PbO}}$$

根据 τ 与熔化温度的关系（见表 8-13），可大致确定该玻璃的熔制温度。

表 8-13　熔制温度与熔化温度的关系

τ	6.0	5.5	4.3	4.2
T/℃	1450～1460	1420	1380～1400	1320～1340

3. 玻璃原料的选择

在玻璃生产中选择原料是一件重要的工作，不同玻璃制品对原料的要求不尽相同，但有些共同原则。

（1）原料质量应符合技术要求，原料的品位高、化学成分稳定、水分稳定、颗粒组成均匀、着色矿物（主要是 Fe_2O_3）和难熔矿物（主要是铬铁矿物）要少，便于调整玻璃成分。

（2）适于熔化和澄清。

（3）对耐火材料的侵蚀小。

玻璃熔制实验所需的原料一般分为工业矿物原料和化工原料。在研制一种新玻璃品种时，为了排除原料中的杂质对玻璃成分波动的影响，尽快找到合适的配方，一般都采用化工原料（化学纯或分析纯，也有用光谱纯）来做实验。本实验选用化工原料。

当实验室研究完成，用化工原料熔制出的新型玻璃已满足各种性能要求时，进行中试和工业性实验。为了适应工业性生产的需要，需采用工业矿物原料进行熔制实验，以观察带入杂质以后对玻璃的影响。

4. 配料计算

根据玻璃成分和所用原料的化学成分进行配合料的计算。在计算时，应认为原料中的气体物质在加热过程中全部分解逸出，而其分解后的氧化物全部转入玻璃成分中。此外，还须考虑各种因素对玻璃成分的影响。如某些氧化物的挥发、损失等。

由于计算每批原料量时，要根据坩埚大小或欲制得玻璃的量（考虑各性能测试所需数量）来确定，本实验以制得100g玻璃液来计算各种原料的用量，在计算每种原料的用量时，要求计算到小数点后两位。见表8-14。

表8-14　原料（假设成分）成分表

原料名称	氧化物名称及质量分数/%				
	SiO_2	$CaCO_3$	$MgCO_3$	$Al(OH)_3$	Na_2CO_3
石英砂	99.78				
碳酸钙		99			
碳酸镁			99.5		
氢氧化铝				99.5	
纯碱					98.8

例如，欲熔制100g玻璃液所需碳酸镁的净用料量为：

$$MgCO_3 \longrightarrow MgO + CO_2$$

$$84.32 \qquad 40.32$$

$$x' \qquad 1$$

$$x' = 84.32 \times 1 \div 40.32 = 2.09\ (g)$$

$$实际用量\ x = 2.09 \div 99.5\% = 2.1\ (g)$$

用类似方法可算出其他原料的用量，然后列出配料单，见表8-15。

表8-15　配料单

原料名称	石英砂	碳酸钙	碳酸镁	氢氧化铝	纯碱	合计
配合料1						
配合料2						

5. 配合料的制备

(1) 为保证配料的准确性，首先将实验用原料干燥或预先测定含水量。

(2) 根据配料单称取各种原料（精确到0.01g）。

(3) 将粉状原料充分混合成均匀的配合料是保证熔融玻璃液质量的先决条件。为了使混合容易均匀及防止配合料分层和飞料，先将配合料中难熔原料如石英砂等置入研钵中（配料量大时使用球磨罐），然后加助熔的纯碱等，预混合10～15min，再将其他原料加入混合均匀。

由于本实验为小型实验，配合料量甚小，只能在研钵中研磨混合，所以不考虑加水混合。

6. 熔制操作

(1) 检查电源线路。

(2) 把每种配合料分别装入三只高铝坩埚中。为防止坩埚意外破裂造成电炉损坏，可在浅的耐火匣钵底部中垫以 Al_2O_3 粉，再将坩埚放入匣钵中，然后推入电炉的炉膛。给电炉通电，以 4～6℃·min^{-1}的升温速度升温到 900℃。这种加料方法称为“常温加料法”。

（3）在科研和生产中，玻璃熔制一般多采用“高温加料法”。即先将空坩埚放入电炉内，给电炉通电，以 4～6℃·min^{-1}的升温速度升温到加料温度（即 900℃）后，再将配合料装入坩埚，保温 0.5h。

为了得到较多的玻璃料（样品），必须在此温度下多次加料，以充分利用坩埚的容积或减少配合料中低熔点物料的挥发。

（4）最后一次加料并保温 1h 后，从炉中取出两种配合料的坩埚各一只，放入已经加热到 500～600℃马弗炉中退火。

（5）以 3℃·min^{-1}升温速度，继续升温到 1200℃，保温 1h，从炉中取出两种配料的坩埚各一只放入马弗炉中退火。

（6）以 3℃·min^{-1}升温速度，继续升温到 1300℃，保温 2h。玻璃保温温度和保温时间因玻璃配方不同而异，本实验的熔制温度在 1300～1450℃，保温 2～3h，使玻璃液完成均化和澄清。对于硼酸酐等类含有高温下产气物质的配合料，则升温速度要降低，以防物料溢出。

对于未知熔制温度的新配方玻璃的熔制，可以根据有关文献初步确定玻璃的熔制温度，实验中可在此温度上下约 100℃的范围内，每隔 20～30℃各取出一只坩埚，据此确定玻璃的熔制温度和保温时间。

（7）保温结束后，从炉中取出最后两种配合料的坩埚各一只，放入退火炉中退火，关上退火炉门，保温 10min，断电，让其自然冷却。

在实验室中，玻璃的成型一般采用“模型浇注法”或“破埚法”。在完成上述熔制后，连同坩埚一起冷却并退火，冷却后再除去坩埚，得到所需要的试样，这是“破埚法”。将完成熔制的高温玻璃液，倾注入经预热过的金属或耐火材料模具中，然后立即置入预热至 500～600℃的马弗炉中，按一定的温度制度缓慢降温，这是“模型浇注法”。浇注成一定形状的玻璃可以作为理化性能和工艺性能测试用的样品。

（8）将最后的坩埚从硅碳棒电炉中取出之后，将电炉的通电电流调至最小，关闭控制器电源，再拉闸停电，让电炉自然降温。

五、结果分析

待装有玻璃的坩埚冷却到室温后，用小铁锤尖端敲打坩埚底和内壁，使之裂成两半。研究所得的一半，观察坩埚中心、表面、底和周壁的硅酸盐形成、玻璃形成、熔透和澄清情况、气泡多少，未熔透颗粒数量，玻璃液表面是否有泡沫、颜色、透明度及玻璃液的其他特征，此外，应仔细研究坩埚壁特别是玻璃液面上的侵蚀特征。

实验结果可按表 8-16 填写。

表 8-16　玻璃高温制备实验情况记录分析表

项目		最高熔制温度/℃					
		900		1200		1300	
		1 号料	2 号料	1 号料	2 号料	1 号料	2 号料
保温时间							
玻璃熔制情况分析	熔透程度						
	澄清情况						
	透明度及颜色						
	其他特征						
	坩埚侵蚀情况						
研究结论							

【思考题】

1. 玻璃熔制中，有高温加料和常温加料两种，何者优越？
2. 本实验拟定 900℃，1200℃和 1300℃拿出熔制玻璃的坩埚，这有什么意义？
3. 在实际生产中如何制定玻璃的熔制制度？
4. 确定玻璃最高熔制温度和均化澄清时间的原则是什么？

实验 8-12 纳米金胶体的制备及吸收光谱的测定

一、实验目的

1. 通过纳米金胶体的制备掌握金属纳米材料的相关知识。
2. 通过纳米金胶体吸收光谱的测定了解纳米粒子的表征手段。

二、实验原理

纳米金一般是指颗粒尺寸在 1～100nm 范围内的超微粒子，在水溶液中通常以胶体金的形态存在。纳米金在一些特定的晶面上存在着表面电子态，其费米能级恰好位于能带结构沿该晶向的禁带之中，形成平行于表面方向运动的二维电子云，这是纳米金表面效应、量子效应和宏观量子隧道效应的物理基础。

目前经典的制备纳米金的方法是用氯金酸（$HAuCl_4$）通过化学还原制备，还原方法主要有白磷还原法、抗败血酸还原法、柠檬酸钠还原法、鞣酸-柠檬酸钠还原法等。在还原剂的作用下，氯金酸水溶液中的金离子还原成金原子，并聚集成微小的金核，在其表面吸附负离子（$AuCl_2^-$）和部分正离子（H^+）形成的吸附层，依靠静电作用形成稳定的胶体溶液。

根据还原剂的种类和浓度的不同，可以在实验室条件下制备出不同粒径的纳米金颗粒。纳米金在 510～550nm 可见光谱范围内有一特征吸收峰，吸收波长随纳米颗粒直径的变化而变化，因此不同尺寸的纳米金具有不同的表观颜色，纳米金粒径由小到大其表观颜色依次呈现出淡橙黄色、葡萄酒红色、深红色和蓝紫色等。

三、仪器与试剂

250mL 三口烧瓶，1 只；紫外-可见分光光度计，1 台；加热磁力搅拌器，1 台。

氯金酸；超纯水；柠檬酸三钠。

四、实验步骤

1. 溶液配制

(1) 配制 1%氯金酸母液　称取 0.1g 氯金酸溶解于 10mL 超纯水中即可，并 4℃避光保存以备使用。

(2) 配制 0.01%氯金酸溶液 取 1mL 1%氯金酸母液用超纯水稀释至 100mL 即可。

(3) 配制 1%柠檬酸三钠水溶液　称取 0.1g 柠檬酸三钠溶于 10mL 超纯水中即可。

2. 纳米金胶体的制备

将所有用于金胶体制备的玻璃器皿均在新配制的王水溶液中浸泡 2h 以上，并用超纯水反复冲洗后使用。取 0.01%氯金酸水溶液 100mL 加热至沸，搅动下准确加入 1%柠檬酸三钠水溶液 2mL、1.5mL、1mL、0.7mL，金黄色的氯金酸水溶液在 2min 内变为紫红色，继续煮沸 15min，停止加热后继续搅拌 30min，静置，室温自然冷却后获得不同尺寸的纳米粒子。

3. 金胶体吸收光谱的测定

分别取 3.00mL 新制的金纳米粒子溶液，用超纯水做参比，在紫外-可见分光光度计上，在 400～650nm 波长范围内扫描，观察各溶液吸收波长的位置。

五、数据处理

1%柠檬酸三钠的体积/mL	金溶液颜色	吸收峰波长
2		
1.5		
1		
0.7		

【思考题】

1. 制备金纳米粒子的玻璃器皿为什么要用王水充分清洁？
2. 取氯金酸时为什么不能用金属药匙？
3. 柠檬酸三钠加入量与金纳米粒子大小关系如何。

实验 8-13 离子液体辅助液相法制备二氧化锰

一、实验目的

1. 了解离子液体的分类及其应用。
2. 通过实验掌握制备二氧化锰的合成方法。
3. 学习离心分离的正确使用方法。
4. 通过测定材料的 XRD 粉末衍射数据，掌握二氧化锰的结构特征。

二、实验原理

室温离子液体是由阳离子和阴离子组成的，在室温和近于室温下呈液态的盐类，又称为室温熔融盐、非水离子液体或液态有机盐。它不燃烧，导电性好，热稳定性较高，几乎无蒸气压，在很宽的温度范围内处于液态。它能溶解许多有机物和无机物，并能循环使用，是一种优良的溶剂。

由于离子液体独特的性质，其在许多方面都得到应用，如在分离过程中作为气体吸收剂和液体萃取剂；在化学反应中作为反应介质，有时可作为催化剂；在电化学中作为电解质等。离子液体是一种新的物质，其未知的方面还有很多，比如作为化学反应溶剂，由于它为反应提供了新的化学环境，因而可能得到与从前不同的结果。相对于离子液体在有机合成方面的应用，其在无机纳米粒子制备方面的研究尚处于起步阶段，相应的研究比较少。

自然界中的二氧化锰以多种晶型存在，如 α、β、γ、δ 等不同的晶型有不同的晶体结构，从而产生不同的物理化学性质。目前人们公认的 MnO_2 微观结构是氧原子位于八面体顶角上，锰原子在八面体中心，[MnO_6] 八面体共棱连接成单链或双链结构，这些链和其他链共顶，形成空隙或隧道结构。不同晶型 MnO_2 晶体均以 [MnO_6] 八面体为基础，与其他八面体沿棱或顶点相结合，形成各种晶型。

本实验通过 $MnCl_2$ 和 $KMnO_4$ 之间的氧化还原反应制备 MnO_2，在该合成体系中引入离子液体 1-丁基-3-甲基咪唑四氟硼酸盐（[BMIM]BF_4），发掘离子液体在无机材料制备方面的潜力，丰富离子液体的应用领域。

三、仪器与试剂

反应试管（10mL），4 支；吸量管（1mL），2 支；注射器，2 支；电子天平，1 套；磁力搅拌器，2 套；恒温水浴，1 套；离心机，1 套；二氯化锰，AR；高锰酸钾，AR；1-丁基-3-甲基咪唑四氟硼酸盐（[BMIM]BF_4），AR；无水乙醇，CP。

四、实验步骤

1. α- MnO_2 的制备

称取 0.036g $MnCl_2 \cdot 4H_2O$ 磁力搅拌溶解于 0.8mL [BMIM]BF_4 中；称取 0.010g $KMnO_4$ 溶于 0.8mL 去离子水中。将 $MnCl_2$ 离子液体水浴加热到 90℃，用注射器快速加入到$KMnO_4$ 水溶液中。将此混合溶液在 90℃保温 60min 后结束加热，冷却到室温后，离心得到粉末产物。离心转速为 10000r · min^{-1}，离心时间为 2min。将产物加水超声分散，离心分离，用滴管转移上层分离液，再用水和无水乙醇按照前面操作一次，各洗涤 2～3 次，干燥得到样品 1。

2. γ-MnO_2 的制备

称取 0.036g $MnCl_2 \cdot 4H_2O$ 磁力搅拌溶解于 0.8mL 去离子水中，称取 0.010g $KMnO_4$ 溶于 0.8mL 去离子水中。将 $MnCl_2$ 离子液体水浴加热到 90℃，用注射器快速加入到 $KMnO_4$ 水溶液中。将此混合溶液在 90℃保温 60min 后结束加热，冷却到室温后，离心得到粉末产物。离心洗涤操作同上，干燥得到样品 2。

3. 样品结构表征

利用 XRD 粉末衍射仪收集所得样品的粉末衍射数据。

五、数据处理

产物物相测试结果通过与标准谱图对比确定是否合成了预期的样品，是否存在杂质。

实验结果列表如下：

1. α-MnO_2 对应卡片号：________

序　　号	实验结果		标准卡片		
	晶面间距	相对强度	晶面间距	相对强度	*hkl*

2. γ-MnO_2 对应卡片号：________

序　　号	实验结果		标准卡片		
	晶面间距	相对强度	晶面间距	相对强度	*hkl*

【思考题】

离子液体 [BMIM]BF_4 在反应体系中起到什么作用？

实验 8-14 丙烯酰胺水溶液聚合

一、实验目的

1. 掌握溶液聚合的方法及原理。

2. 学习如何正确地选择溶剂。

二、实验原理

与本体聚合相比，溶液聚合体系具有黏度低、搅拌和传热比较容易、不易产生局部过热、聚合反应容易控制等优点。但由于溶剂的引入，溶剂的回收和提纯使聚合过程复杂化。只有在直接使用聚合物溶液的场合，如涂料、胶黏剂、浸渍剂、合成纤维纺丝液等，使用溶液聚合才最为有利。

进行溶液聚合时，由于溶剂并非完全是惰性的，对反应要产生各种影响，选择溶剂时要注意其对引发剂分解的影响、链转移作用、对聚合物的溶解性能的影响。丙烯酰胺为水溶性单体，其聚合物也溶于水，本实验采用水为溶剂进行溶液聚合。与以有机物作为溶剂的溶液聚合相比，具有价廉、无毒、链转移常数小、对单体和聚合物的溶解性能好的优点。聚丙烯酰胺是一种优良的絮凝剂，水溶性好，广泛应用于石油开采、选矿、化学工业及污水处理等方面。

合成聚丙烯酰胺的化学反应简式如下：

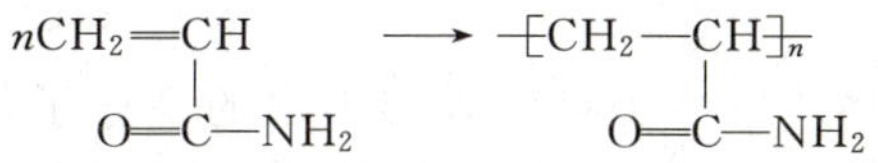

三、仪器与试剂

三口烧瓶，球形冷凝管，温度计等。

丙烯酰胺，无水乙醇，过硫酸钾（或过硫酸铵）。

四、实验步骤

1. 在150mL的三口烧瓶中，中间口安装搅拌器，另外两个口分别装上一个温度计和一个冷凝管。

2. 将5g（0.07 mol）丙烯酰胺和40 mL蒸馏水加入反应瓶中，开动搅拌器，用水浴加热至30℃[1]，使单体溶解。然后取10.00mL的$2.5g \cdot L^{-1}$过硫酸钾溶液加入反应瓶中。逐步升温到90 ℃，这时聚合物便逐渐形成，在90℃下反应2～3h，得黏稠的无色液体。

3. 反应完毕，将所得到的产物倒入盛有75mL无水乙醇的250 mL烧杯中，边倒边搅拌，聚丙烯酰胺便沉淀下来。向烧杯中加入少量的无水乙醇，观察是否仍有沉淀生成，如果有沉淀生成，则可再加入少量无水乙醇，使聚合物沉淀完全。然后用布氏漏斗抽滤，用少量的无水乙醇洗涤三次，将聚合物转移到表面玻璃上，在30 ℃真空烘箱中干燥至恒重，称重、计算产率。

【注释】

[1] 在排除氧气的情况下，可以获得较高相对分子质量的聚合物。采用低温反相乳液聚合，能获得相对分子质量非常高的聚合物。

【思考题】

1. 进行溶液聚合时，选择溶剂应注意哪些问题？

2. 工业上在什么情况下采用溶液聚合？

实验 8-15 苯乙烯悬浮聚合（珠状聚合）

一、实验目的

1. 了解悬浮聚合的反应原理及配方中各组分的作用。

2. 了解珠状聚合实验操作及聚合工艺的特点。

3. 通过实验，了解苯乙烯单体在聚合反应上的特性。

二、实验原理

悬浮聚合是指在较强的机械搅拌下，借悬浮剂的作用，将溶有引发剂的单体分散在另一与单体不溶的介质中（一般为水）所进行的聚合。根据聚合物在单体中溶解与否，可得透明状聚合物或不透明不规整的颗粒状聚合物。像苯乙烯、甲基丙烯酸酯，其悬浮聚合物多是透明珠状物，故又称珠状聚合；而聚氯乙烯因不溶于其单体中，故为不透明、不规整的乳白色小颗粒（称为颗粒状聚合）。

悬浮聚合实质上是单体小液滴内的本体聚合，在每一个单体小液滴内单体的聚合过程与本体聚合是相类似的，但由于单体在体系中被分散成细小的液滴，因此，悬浮聚合又具有它自己的特点。由于单体以小液滴形式分散在水中，散热表面积大，水的比热容大，因而解决了散热问题，保证了反应温度的均一性，有利于反应的控制。悬浮聚合的另一优点是由于采用悬浮稳定剂，所以最后得到易分离、易清洗、纯度高的颗粒状聚合产物，便于直接成型加工。

可作为悬浮剂的有两类物质：一类是可以溶于水的高分子化合物，如聚乙烯醇、明胶、聚甲基丙烯酸钠等；另一类是不溶于水的无机盐粉末，如硅藻土、钙镁的碳酸盐、硫酸盐和磷酸盐等。悬浮剂的性能和用量对聚合物颗粒大小和分布有很大影响。一般来讲，悬浮剂用量越大，所得聚合物颗粒越细，如果悬浮剂为水溶性高分子化合物，悬浮剂分子量越小，所得的树脂颗粒就越大，因此悬浮剂分子量的不均一会造成树脂颗粒分布变宽。如果是固体悬浮剂，用量一定时，悬浮剂粒度越细，所得树脂的粒度也越小，因此，悬浮剂粒度的不均匀也会导致树脂颗粒大小的不均匀。

为了得到颗粒度合格的珠状聚合物，除加入悬浮剂外，严格控制搅拌速度是一个相当关键的问题。随着聚合转化率的增大，小液滴变得很黏，如果搅拌速度太慢，则珠状不规则，且颗粒易发生黏结现象。但搅拌太快时，又易使颗粒太细，因此，悬浮聚合产品的粒度分布的控制是悬浮聚合中的一个很重要的问题。

掌握悬浮聚合的一般原理后，本实验仅对苯乙烯单体及其在珠状聚合中的一些特点做一简述。

苯乙烯是一个比较活泼的单体，易起氧化和聚合反应。在储存过程中，如不添加阻聚剂即会引起自聚。但是，苯乙烯的游离基并不活泼，因此，在苯乙烯聚合过程中副反应较少，不容易有链枝化及其他歧化反应发生。链终止方式据实验证明是双基结合。另外，苯乙烯在聚合过程中凝胶效应并不特别显著，在本体及悬浮聚合中，仅在转化率为50%～70%时，有一些自动加速现象。因此，苯乙烯的聚合速度比较缓慢，例如与甲基丙烯酸甲酯相比较，在用同量的引发剂时，其所需的聚合时间比甲基丙烯酸甲酯多好几倍。

三、仪器与试剂

250mL 三口烧瓶，1 只；电动搅拌器，1 套；100℃温度计，1 支；恒温水浴，1 套；球形冷凝管，300mm，1 支；吸量管，10mL（公用），1 支；抽滤装置（滤纸、布氏漏斗

ϕ250mm 公用)，1 套；烧杯，量筒，玻璃漏斗等。

苯乙烯（精制品）；聚乙烯醇 1799；过氧化二苯甲酰（重结晶)，化学纯；甲醇。

四、实验步骤

1. 在 250mL 三口烧瓶上，装上搅拌器和水冷凝管。量取 45mL 去离子水，称取 0.2g 聚乙烯醇（PVA）加入到三口烧瓶中，开动搅拌器并加热水浴至 90℃左右，待聚乙烯醇完全溶解后（20min 左右)，将水温降至 80℃左右。

2. 称取 0.15g 过氧化二苯甲酰（BPO）于一干燥洁净的 50mL 烧杯中，并加入 9mL 单体苯乙烯（已精制）使之完全溶解。

3. 将溶有引发剂的单体倒入到三口烧瓶中，此时需小心调节搅拌速度，使液滴分散成合适的颗粒度（注意开始时搅拌速度不要太快，否则颗粒分散得太细)，继续升高温度，控制水浴温度在 86～89 ℃范围内，使之聚合。一般在达到反应温度后 2～3h 为反应危险期，此时搅拌速度控制不好（速度太快、太慢或中途停止等）就容易使珠子黏结变形。

4. 在反应 3h 后，可以用大吸管吸出一些反应物，检查珠子是否变硬，如果已经变硬，即可将水浴温度升高至 90～95℃，反应 1h 后即可停止反应。

5. 将反应物进行过滤，并把所得到的透明小珠子放在 25mL 甲醇中浸泡 20min（为什么?)，然后再过滤（甲醇回收)，将得到的产物用约 50℃的热水洗涤几次（为什么?)，用滤纸吸干后，置产物于 50～60℃烘箱内干燥，计算产率，观看颗粒度的分布情况。

【附注】

1. 在工业上要得到一定分子量的珠状聚合物，一般引发剂用量应为单体质量的 0.2%～0.5%，如北京某化工厂聚苯乙烯生产中引发剂用量为单体质量的 0.3%，但反应时间却需要 13h。本实验为了缩短反应时间，因此，选用了较大的引发剂用量（为单体质量的 2%)。

2. 工业上为提高设备利用率，采用的水油比比较小，一般为 1～4：1，如北京某化工厂所选用的水油比为 2：1。而在本实验中所采用的水油比为 5：1，因为高水油比有利于操作（水油比即水用量与单体用量之比)。

3. 聚乙烯醇的用量根据所要求的珠子的颗粒度大小以及所用的聚乙烯醇本身的性质（分子量，醇解度）而定。根据各方面的资料来看，用量差别较大，其用量相对于单体来说，最多的为 3%，最少的为 0.1%～0.5%，北京某化工厂聚乙烯醇的用量为单体的 0.27%。根据我们的实验条件，聚乙烯醇用量为单体的 2.5%。

【思考题】

1. 为什么聚乙烯醇能够起稳定剂的作用？在悬浮聚合中，聚乙烯醇的质量和用量对颗粒度影响如何？

2. 根据实验的实践，你认为在珠状聚合的操作中，应该特别注意的是什么，为什么？

实验 8-16 醋酸乙烯酯的乳液聚合（白乳胶的制备）

一、实验目的

1. 通过醋酸乙烯乳液聚合，进一步了解乳液聚合中各组分的作用及乳液聚合的特点。

2. 掌握制备聚醋酸乙烯胶乳（白乳胶的制备）的方法。

二、实验原理

乳液聚合是指单体在乳化剂的作用下，分散在介质中，加入水溶性引发剂，在机械搅拌或振荡情况下进行非均相聚合的反应过程。它不同于溶液聚合，又不同于悬浮聚合，它是在乳液的胶束中进行的聚合反应，产品为具有胶体溶液特征的聚合物胶乳。

乳液聚合体系主要包括：单体、分散介质（水）、乳化剂、引发剂，还有调节剂、pH缓冲剂及电解质等其他辅助试剂，它们的比例大致如下：

水（分散介质）：60%～80%（占乳液总质量）　单体：20%～40%（占乳液总质量）

乳化剂：0.1%～5%（占单体质量）　引发剂：0.1%～0.5%（占单体质量）

调节剂：0.1%～1%（占单体质量）　其他：少量

乳化剂是乳液聚合中的主要组分，当乳化剂水溶液超过临界胶束浓度时，开始形成胶束。在一般乳液配方条件下，由于胶束数量极大，胶束内有增溶的单体，所以在聚合早期链引发与链增长绝大部分在胶束中发生，以胶束转变为单体聚合物颗粒，乳液聚合的反应速率和产物分子量与反应温度、反应地点、单体浓度、引发剂浓度和单位体积内单体-聚合物颗粒数目等有关。而体系中最终有多少单体-聚合物颗粒主要取决于乳化剂和引发剂的种类和用量。当温度、单体浓度、引发剂浓度、乳化剂种类一定时，在一定范围内，乳化剂用量越多，反应速率越快，产物分子量越大。乳化剂的另一作用是减小分散相与分散介质间的界面张力，使单体与单体-聚合物颗粒分散在介质中形成稳定的乳浊液。

乳液聚合的优点是：①聚合速度快、产物分子量高；②由于使用水作为介质，易于散热、温度容易控制、费用也低；③由于聚合形成稳定的乳液体系黏度不大，故可直接用于涂料、胶黏剂、织物浸渍等。如需要将聚合物分离，除使用高速离心外，亦可将胶乳冷冻，或加入电解质将聚合物凝聚，然后进行分离，经净化干燥后，可得固体状产品。它的缺点是：聚合物中常带有未洗净的乳化剂和电解质等杂质，从而影响成品的透明度、热稳定性、电性能等。尽管如此，乳液聚合仍是工业生产中的重要方法，特别是在合成橡胶工业中应用得最多。

在乳液聚合中，单体用量、引发剂用量、水的用量和反应温度一定时，仅改变乳化剂的用量，则形成胶束的数目要改变，最终形成的单体-聚合物颗粒的数目也要改变。乳化剂用量多时，最终形成的单体-聚合物颗粒的数目也多，那么，它的聚合反应的速率及聚合物分子量也就大（为什么?）。

乳液聚合的反应机理不同于一般自由基聚合，其聚合速率 R_p 及聚合度可表示如下：

$$R_p=\frac{10^3Nk_p[M]}{2N_A}$$

$$\overline{X}_n=\frac{Nk_p[M]}{R_t}$$

式中，N 为乳胶粒数，mL^{-1}；k_p 表示一个乳胶粒的增长速率，s^{-1}；[M] 表示乳胶粒中单体浓度，$mol \cdot L^{-1}$；N_A 为阿伏伽德罗常数；R_t 为体系中总的引发率，$mL^{-1} \cdot s^{-1}$。由此可见，聚合速率与引发速率无关，而取决于乳胶粒数。乳胶粒数的多少与乳化剂浓度有关。增加乳化剂浓度，即增加乳胶粒数，可以同时提高聚合速率和分子量。而在本体、溶液和悬浮聚合中，使聚合速率提高的一些因素，往往使分子量降低。所以乳液聚合具有聚合速率快、分子量高的优点。乳液聚合在工业上的应用非常广泛。

醋酸乙烯酯（PVAc）乳液聚合产物——聚醋酸乙烯酯胶乳，可用于漆、涂料和胶黏剂。该胶乳作为漆具有水基漆的特点：黏度小，不用有机溶剂；作为涂料，对于纸张、织物、地板及墙壁等均可涂用；作为胶黏剂（俗称白乳胶），无论木材、纸张及织物，凡是多孔性表面均可使用。因此，聚醋酸乙烯胶乳是很重要的高分子材料。

本实验采用水溶性的过硫酸盐为引发剂来制备聚醋酸乙烯酯。为使反应平稳进行，单体和引发剂均需分批加入。聚合中常用的乳化剂是聚乙烯醇（PVA）。实验中还采常用两种乳化剂合并使用，其乳化效果和稳定性比单一使用一种更好。本实验采用 PVA-1788 和 OP-10 两种乳化剂。

三、仪器与试剂

三口烧瓶 250mL，1 个；球形回流冷凝管，300mm，1 个；电动搅拌器，1 个；恒温水浴，1 个；吸量管，烧杯，3 只；量筒，3 支；温度计，0～100℃，1 支；玻棒，1 根；培养皿，ϕ40mm，1 块。

醋酸乙烯酯（新鲜蒸馏），化学纯；过硫酸钾，化学纯；10%聚乙烯醇（PVA-1788）溶液，化学纯；碳酸氢钠，化学纯；邻苯二甲酸二丁酯，化学纯；OP-10，化学纯。

四、实验步骤

1. 加料

在装有搅拌器、球形冷凝管和温度计的 250mL 三口烧瓶中，加入 40mL 10%的聚乙烯醇（PVA），1mL 乳化剂 OP-10，15mL 蒸馏水和 5mL 过硫酸钾溶液（0.1g 过硫酸钾溶于 8mL水中）。

2. 反应

开始搅拌，水浴加热至 70℃并保持恒温，滴加 50mL 醋酸乙烯酯，1h 内滴完。加剩余过硫酸钾溶液 3mL，继续反应 30 min。升温至 75℃（防止温度过高，以免泡沫太多），反应 1h；85℃再反应 0.5h。

3. 后处理

停止加热，将体系冷至 50 ℃后，若 pH<4，则滴加碳酸氢钠溶液，调至 pH=4～5 时，然后加入 3g 邻苯二甲酸二丁酯，搅拌均匀、出料（pH=4～6），即得到白色黏稠的、均匀而无明显粒子的聚醋酸乙烯胶乳（即市售的白乳胶）。

五、实验拓宽

1. 固含量的测定

取 2g 乳浊液（精确到 0.002g）置于烘至恒重的玻璃表面皿上，放于 100℃烘箱中烘至恒重，计算固含量（约 4h）。按下式计算固含量：

$$\text{固含量}=\frac{\text{干燥后样品质量}}{\text{干燥前样品质量}}\times 100\%=\frac{m_2-m_0}{m_1-m_0}\times 100\%$$

式中，m_0 为表面皿的质量；m_1 为干燥前样品质量与表面皿质量之和；m_2 为干燥后样品质量与表面皿质量之和。

2. 转化率的测定

$$\text{转化率}=\frac{\text{固含量}\times\text{产品量}-\text{聚乙烯醇质量}}{\text{单体质量}}\times 100\%=\frac{m_c-Sm_a/m_b}{Gm_a/m_b}\times 100\%$$

式中，m_c 为取样干燥后的样品质量；S 为实验中加入的乳化剂、引发剂、增塑剂总质量；m_a 为三口烧瓶内乳液体系总质量；m_b 为取样湿质量；G 为实验中醋酸乙烯酯单体加入总质量。

【思考题】

1. 在实验操作中，单体为什么要分批加入？
2. 醋酸乙烯单体为什么要精制？如何精制？
3. 过硫酸钾为什么要精制？如何精制？

实验 8-17 聚乙烯醇缩甲醛（化学胶水）的制备

一、实验目的

了解聚乙烯醇缩甲醛化学反应的原理，并制备化学胶水。

二、实验原理

聚乙烯醇缩甲醛是利用聚乙烯醇与甲醛在盐酸催化作用下而制得的，其反应如下：

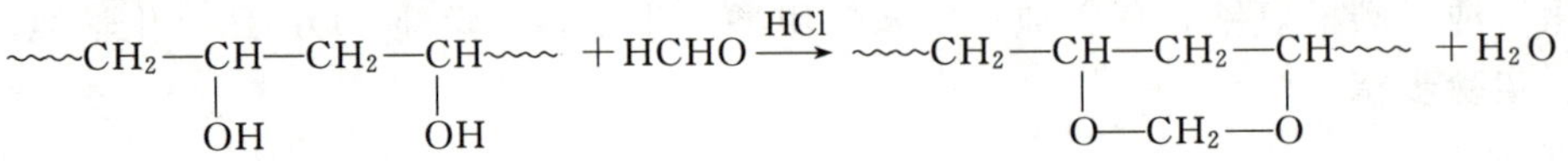

（聚乙烯醇）　　（聚乙烯醇缩甲醛）

聚乙烯醇缩醛化机理

$$HCHO + H^+ \longrightarrow HCHOH^+$$

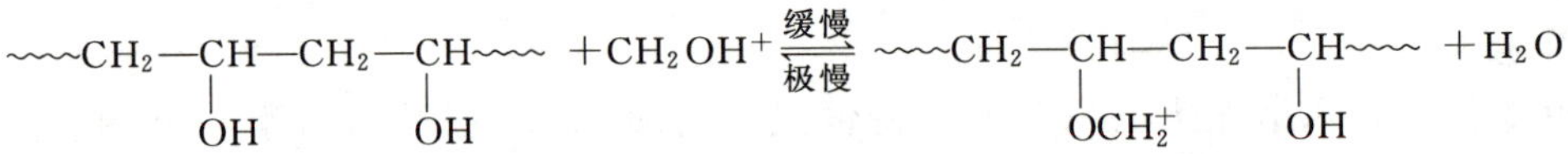

聚乙烯醇是水溶性的高聚物，如果用甲醛将它进行部分缩醛化，随着缩醛度的增加，水溶性变差，作为维尼纶纤维用的聚乙烯醇缩甲醛其缩醛度控制在35%左右，它不溶于水，是性能优良的合成纤维。

本实验是合成水溶性的聚乙烯醇缩甲醛，即化学胶水。反应过程中需要控制较低的缩醛度以保持产物的水溶性，若反应过于剧烈，则会造成局部缩醛度过高，导致不溶于水的物质存在，影响胶水质量。因此在反应过程中，特别注意要严格控制催化剂用量、反应温度、反应时间及反应物比例等因素。

聚乙烯醇缩甲醛随缩醛化程度的不同，性质和用途各有所不同，它能溶于甲酸、乙酸、二氧六环、氯代烃（二氯乙烷、氯仿、二氯甲烷）、乙醇-甲苯混合物（30∶70）、乙醇-甲苯混合物（40∶60）以及60%的含水乙醇中。缩醛度为75%～85%的聚乙烯醇缩甲醛重要的用途是制造绝缘漆和胶黏剂。

三、仪器与试剂

三口烧瓶，搅拌器，温度计，恒温水浴。

聚乙烯醇，甲醛（40%），盐酸，氢氧化钠。

四、实验步骤

在250mL三口烧瓶中，加入60mL去离子水（或蒸馏水）、7g聚乙烯醇（自制），在搅拌下升温溶解。

等聚乙烯醇完全溶解后，于90℃左右加入4.6 mL甲醛（40%工业纯），搅拌15 min，再加入1∶4盐酸，使溶液pH值为1～3。保持反应温度90 ℃左右，继续搅拌，反应体系逐渐变稠，当体系中出现气泡或有絮状物产生时，立即迅速加入1.5mL 8%的NaOH溶液。调节体系的pH值为8～9。然后冷却降温出料，获得无色透明黏稠的液体，即市场出售的化学胶水。

【思考题】

1. 试讨论缩醛化反应机理及催化剂的作用。
2. 为什么缩醛度增加，水溶性下降，当达到一定的缩醛度以后，产物完全不溶于水？

实验 8-18 强酸型阳离子交换树脂的制备及其交换量的测定

一、实验目的

1. 学习如何通过悬浮聚合制得颗粒均匀的悬浮共聚物。
2. 通过苯乙烯和二乙烯苯共聚物的磺化反应，了解制备功能高分子的一个方法。
3. 掌握离子交换树脂体积交换量的测定方法。

二、实验原理

离子交换树脂是球形小颗粒，这样的形状使离子交换树脂的应用十分方便。用悬浮聚合方法制备球状聚合物是制取离子交换树脂的重要实施方法。在悬浮聚合中，影响颗粒大小的因素主要有三个，分散介质（一般为水）、分散剂和搅拌速度。水量不够不足以把单体分散开，水量太多反应容器要增大，给生产和实验带来困难。一般水与单体的比例在2～5之间。分散剂的最小用量虽然可能小到是单体的0.005%左右，但一般常用量为单体的0.2%～1%，太多容易产生乳化现象。当水和分散剂的量选好后，只有通过搅拌才能把单体分开。所以调整好搅拌速度是制备粒度均匀的球状聚合物的极为重要的因素。离子交换树脂对颗粒度要求比较高，所以严格控制搅拌速度，制得颗粒度合格率比较高的树脂，是实验中需特别注意的问题。

在聚合时，如果单体内加有致孔剂[1]，得到的是乳白色不透明状大孔树脂，带有功能基后仍为带有一定颜色的不透明状。如果聚合过程中没有加入致孔剂，得到的是透明状树脂，带有功能基后，仍为透明状。这种树脂又称为凝胶树脂，凝胶树脂只有在水中溶胀后才有交换能力。这种凝胶树脂内部渠道直径只有2～4μm，树脂干燥后，这种渠道就消失，所以这种渠道又称隐渠道。大孔树脂的内部渠道，直径可小至数个微米，大至数百个微米。树脂干燥后这种渠道仍然存在，所以又称为真渠道。大孔树脂内部由于具有较大的渠道，溶液以及离子在其内部迁移扩散容易，所以交换速度快，工作效率高。目前大孔树脂发展很快。

按功能基分类，离子交换树脂又分为阳离子交换树脂和阴离子交换树脂。当把阳离子基团固定在树脂骨架上，可进行交换的部分为阳离子时，称为阳离子交换树脂，反之为阴离子交换树脂。所以树脂的定义是根据可交换部分确定的。不带功能基的大孔树脂称为吸附树脂。

阳离子交换树脂用酸处理后，得到的都是酸型，根据酸的强弱，又可分为强酸型及弱酸型树脂。一般把磺酸型树脂称为强酸型，羧酸型树脂称为弱酸型，磷酸型树脂介于这两种树脂之间。

离子交换树脂应用极为广泛，它可用于水处理、原子能工业、海洋资源、化学工业、食品加工、分析检测、环境保护等领域。

在这个实验中，制备的是凝胶型磺酸树脂。

聚合反应为

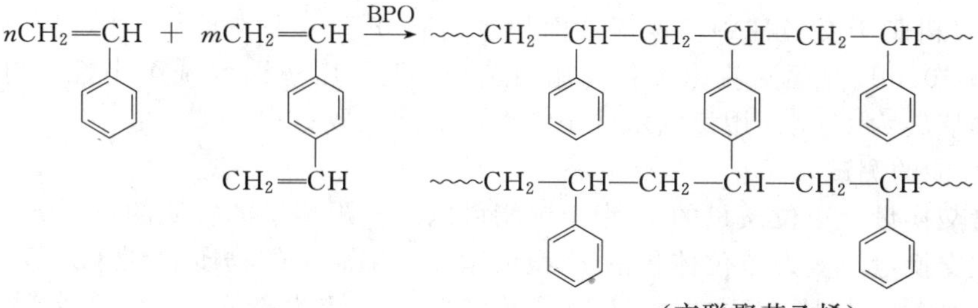

（交联聚苯乙烯）

磺化反应为

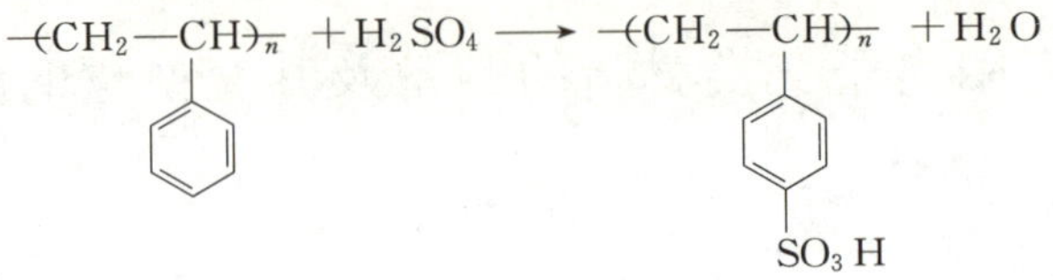

三、仪器与试剂

三口烧瓶，球形冷凝管，直型冷凝管，交换柱，量筒，烧杯，搅拌器，水银导电表，继电器，电炉，水浴锅，标准筛（30～70 目）。

苯乙烯（St），二乙烯苯（DVB），过氧化苯甲酰（BPO），5%聚乙烯醇（PVA）水溶液，0.1%亚甲基蓝水溶液，二氯乙烷，H_2SO_4（92%～93%），饱和食盐水，HCl（5%），NaOH（5%）。

四、实验步骤

1. St-DVB 的悬浮共聚

在 250mL 三口烧瓶中加入 100mL 蒸馏水、5%PVA 水溶液 5mL，数滴亚甲基蓝水溶液[2]，调整搅拌片的位置，使搅拌片的上沿与液面平。开动搅拌器并缓慢加热，升温至 40℃后停止搅拌。将事先在小烧杯中混合并溶有 0.4g BPO、40g St 和 10g DVB 的混合物倒入三口烧瓶中。开动搅拌器，开始转速要慢，待单体全部分散后，用细玻璃管（不要用尖嘴玻璃管）吸出部分油珠放到表面皿上。观察油珠大小。如油珠偏大，可缓慢加速。过一段时间后继续检查油珠大小，如仍不合格，继续加速，如此调整油珠大小，一直到合格为止[3]。待油珠合格后，以 1～2℃·min^{-1}的速度升温至 70℃，并保温 1h，再升温到 85～87℃反应 1h。在此阶段避免调整搅拌速度和停止搅拌，以防止小球不均匀和发生黏结。当小球定型后升温到 95℃，继续反应 2h。停止搅拌，在水浴上煮 2～3h，将小球倒入尼龙纱袋中[4]，用热水洗小球 2 次，再用蒸馏水洗 2 次，将水甩干，把小球转移到瓷盘内，自然晾干或在 60℃烘箱中干燥 3h，称量。用 30～70 目标准筛过筛，称重，计算小球合格率。

2. 共聚小球的磺化

称取合格白球 20g，放入 250mL 装有搅拌器、回流冷凝管的三口烧瓶中，加入 20g 二氯乙烷，溶胀 10min，加入 92.5%的 H_2SO_4 100g。开动搅拌器，缓慢搅动，以防把树脂粘到瓶壁上。用油浴加热，1h 内升温至 70℃，反应 1h，再升温到 80℃反应 6h。然后改成蒸馏装置，搅拌下升温至 110℃，常压蒸出二氯乙烷，撤去油浴。

冷至近室温后，用玻璃砂芯漏斗抽滤，除去硫酸，然后把这些硫酸缓慢倒入能将其浓度降低 15%的水中，把树脂小心地倒入被冲稀的硫酸中，搅拌 20min。抽滤除去硫酸，将此硫酸的一半倒入能将其浓度降低 30%的水中，将树脂倒入被第二次冲稀的硫酸中，搅拌 15min[5]。抽滤除去硫酸，将硫酸的一半倒入能将其浓度降低 40%的水中，把树脂倒入被三次冲稀的硫酸中，搅拌 15min。抽滤除去硫酸，把树脂倒入 50mL 饱和食盐水中，逐渐加水稀释，并不断把水倾出，直至用自来水洗至中性。

取约 8mL 树脂于交换柱中，保留液面超过树脂 0.5cm 左右即可，树脂内不能有气泡。加 5% NaOH 100mL 并逐滴流出，将树脂转为 Na 型。用蒸馏水洗至中性。再加 5%盐酸 100mL，将树脂转为 H 型。用蒸馏水洗至中性。如此反复三次。

3. 树脂性能的测试

(1) 质量交换量　单位质量的 H 型干树脂可以交换阳离子的物质的量（mol）。

(2) 体积交换量　湿态单位体积的 H 型树脂交换阳离子的物质的量（mol）。

(3) 膨胀系数　树脂在水中由 H 型（无多余酸）转为 Na 型（无多余碱）时体积的

变化。

(4) 视密度　单位体积（包括树脂空隙）的干树脂的质量。

本实验只测体积交换量与膨胀系数两项。其测定原理如下

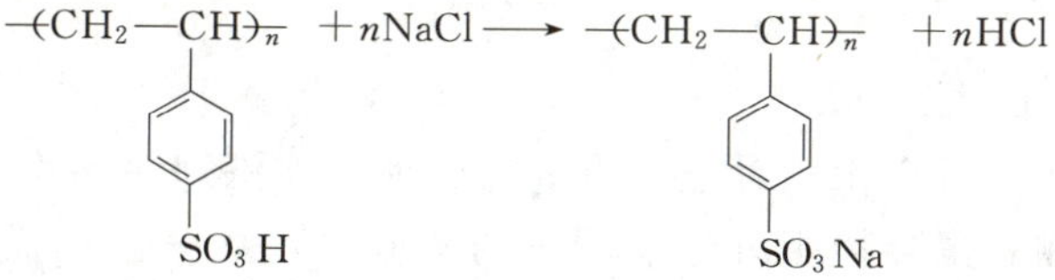

取 5mL 处理好的 H 型树脂放入交换柱中，倒入 1mol・L^{-1} NaCl 溶液 300mL，用 500mL 锥形瓶接流出液，流速 1～2 滴・min^{-1}。注意不要流干，最后用少量水冲洗交换柱。将流出液转移至 500mL 容量瓶中。锥形瓶用蒸馏水洗三次，也一并转移至容量瓶中，最后将容量瓶用蒸馏水稀释至刻度。然后分别取 50mL 液体于两个 300mL 锥形瓶中，用 0.1mol・L^{-1} 的 NaOH 标准溶液滴定。

空白实验：取 300mL 1mol・L^{-1} NaCl 溶液于 500mL 容量瓶中，加蒸馏水稀释至刻度，取样进行滴定。体积交换容量 E 用下式计算

$$E=\frac{c(V_1 | V_2)}{V} \tag{1}$$

式中　E——体积交换容量，mol・mL^{-1}；

c——NaOH 标准溶液的浓度，mol・L^{-1}；

V_1——样品滴定消耗的 NaOH 标准溶液的体积，mL；

V_2——空白滴定消耗的 NaOH 标准溶液的体积，mL；

V——树脂的体积，mL。

用小量筒取 5mL H 型树脂，在交换柱中转为 Na 型并洗至中性，用量筒测其体积。膨胀系数 P 按下式计算

$$P=\frac{V_H-V_{Na}}{V_H}\times 100\% \tag{2}$$

式中　P——膨胀系数，%；

V_H——H 型树脂体积，mL；

V_{Na}——Na 型树脂体积，mL。

或者在交换柱中测 H 型树脂的高度，转型后再测其高度，则

$$P=\frac{L_H-L_{Na}}{L_H}\times 100\% \tag{3}$$

式中　L_H——H 型树脂的高度，cm；

L_{Na}——Na 型树脂的高度，cm。

【注释】

[1]　致孔剂就是能与单体混溶，但不溶于水，对聚合物能溶胀或沉淀，但其本身不参加聚合也不对聚合产生链转移反应的溶剂。

[2]　亚甲基蓝为水溶性阻聚剂。它的作用是防止体系内发生乳液聚合，如水相内出现乳液聚合，将影响产品外观。

[3]　珠粒的大小是根据需要确定的。

[4]　这时洗球是为了洗掉 PVA，在尼龙纱袋中进行比较方便。

[5]　由于是强酸，操作中要防止酸溅出。学生可准备一空烧杯，把树脂倒入烧杯内，再把硫酸倒进盛树脂的烧杯中，可以防止酸溅出来。

实验 8-19 黏度法测定聚乙烯醇的相对分子质量

一、实验目的

1. 掌握黏度法测定聚合物相对分子质量的原理，加深理解黏均分子量的意义。

2. 掌握黏度法测定聚合物相对分子质量的实验方法，学会乌氏黏度计的使用以及结果的数据处理。

二、实验原理

相对分子质量是聚合物最基本的结构参数之一，与材料性能有着密切的关系，在理论研究和生产过程中经常需要测定这个参数。测定聚合物相对分子质量的方法很多，不同的测定方法所得出的统计平均相对分子质量的意义有所不同，其适用的相对分子质量范围也不同。在高分子工业和研究工作中最常用的测定方法是黏度法，它是一种相对方法，适用于相对分子质量在 $10^4 \sim 10^7$ 范围内的聚合物。此法设备简单、操作方便，又有较高的实验精确度。通过聚合物体系黏度的测定，除了提供黏均分子量 $\overline{M}_\eta$ 外，还可得到聚合物的无扰尺寸和膨胀因子，其应用最为广泛。

高分子稀溶液的黏度主要反映了液体分子之间因流动或相对运动所产生的内摩擦阻力。内摩擦阻力越大，表现出来的黏度就越大，且与高分子的结构、溶液浓度、溶液的性质、温度以及压力等因素有关。对于高分子进入溶液后所引起的液体黏度的变化，一般采用下列的有关黏度进行描述。

1. 相对黏度 η_r

若纯溶剂的黏度为 η_0，同温度下溶液的黏度为 η，则相对黏度 $\eta_r = \eta/\eta_0$。相对黏度是一个无量纲的量，随着溶液浓度的增加而增加。对于低剪切速率下的高分子溶液，其值一般大于 1。

2. 增比黏度 $\frac{\eta_{sp}}{c}$

相对于溶剂来说，是溶液黏度增加的分数，也是一个无量纲的量，与溶液的浓度有关。

$$\frac{\eta_{sp}}{c} = \frac{\eta - \eta_0}{\eta_0} = \eta_r - 1$$

3. 特性黏度 $[\eta]$

其定义为比浓黏度 η_{sp}/c 或对数黏度 $\ln\eta_r/c$ 在无限稀释时的外推值，即

$$[\eta] = \lim_{c \to 0} \frac{\eta_{sp}}{c} = \lim_{c \to 0} \frac{\ln\eta_r}{c}$$

$[\eta]$ 又称为极限黏度，其值与浓度无关，量纲是浓度的倒数。

特性黏度 $[\eta]$ 的物理含义：特性黏度 $[\eta]$ 表明无限稀释时，单个大分子对溶液黏度的贡献。$[\eta]$ 与单个大分子的流体力学体积成正比，单个大分子的流体力学体积即在溶液中大分子线团的体积。此体积与相对分子质量及溶剂的性质等因素有关。在一定意义上，$[\eta]$ 为大分子线团流体力学体积的一种表征。

试验证明，当聚合物、溶剂和温度确定以后，$[\eta]$ 的数值仅由试样的相对分子质量 M 决定，由经验可得：

$$[\eta]=K\overline{M}_\eta^\alpha$$

这就是著名的 Mark-Houwink 方程。K 为黏度常数，与高分子在溶液中的形状和链的两个特性参数（链段长度、结构单元长度）有关。α 与高分子在溶液中的形态有关，大小取决于高分子本质和测定的温度。线型的柔性高分子在良溶剂中线团扩张，α 大，接近于 0.8～1.0；溶剂溶解能力减弱时，α 值减小，在 θ 溶剂中，大分子线团收缩，$\alpha=1/2$；在不良溶剂中，$\alpha<0.5$。对于不良溶剂，温度升高时，α 值增大；对良溶剂，线团已经高度扩展，所以温度对 α 值影响不大。对同一高分子-溶剂体系，相对分子质量范围不同时，α 值亦不同。总之，对于一定的高分子-溶剂体系，在一定温度下，一定的相对分子质量范围内，K 和 α 为常数，此时的特性黏度也就确定了大分子在溶液中的流体力学性质。

黏度法是目前最常用的方法之一。溶液的黏度除了与相对分子质量有关外，还取决于聚合物分子的结构、形态和尺寸，因此黏度法测相对分子质量只是一种相对的方法。对给定的聚合物-溶剂体系，一定的相对分子质量范围内的 K 和 α 值可从有关手册中查到，或采用几个标准样品由 $[\eta]=K\overline{M}_\eta^\alpha$ 进行测定，标准样品的相对分子质量由绝对方法（如渗透压和光散射法等）确定。

在一定温度下，聚合物的黏度对浓度有一定的依赖关系。描述溶液黏度的浓度依赖的方程很多，而应用较多的有：

哈金斯（Huggins）方程：　$$\frac{\eta_{sp}}{c}=[\eta]+k'[\eta]^2c$$

克拉默（Kraemer）方程：　$$\frac{\ln\eta_r}{c}=[\eta]+k''[\eta]^2c$$

对于给定的聚合物在给定温度和溶液时，k'、k''应是常数。k'称为哈金斯常数，它表示溶液中高分子间和溶液分子间的相互作用。一般来说，对线型柔性链高分子两溶液体系，$k'=0.3\sim0.4$。用$\frac{\ln\eta_r}{c}$对 c 作图外推和用$\frac{\eta_{sp}}{c}$对 c 作图（图 8-16）外推可得到共同的截距 $[\eta]$，由 Mark-Houwink 方程可得黏均分子量：

$$[\eta]=K\overline{M}_\eta^\alpha$$

由此可见，黏度法测定高分子溶液相对分子质量，关键在于 $[\eta]$ 的求得，最为方便的是用毛细管黏度计测定溶液的相对黏度。

常用的黏度计为乌氏（Ubbelchde）黏度计（图 8-17），其特点是溶液的体积对测量没有影响，所以可以在黏度计内采用逐步稀释的方法得到不同浓度的溶液。

根据相对黏度的定义：

$$\eta_r=\frac{\eta}{\eta_0}=\frac{\rho t\left(1-\frac{B}{At^2}\right)}{\rho_0 t_0\left(1-\frac{B}{At_0^2}\right)}$$

式中，ρ、ρ_0 分别为溶液和溶剂的密度，因溶液很稀，$\rho=\rho_0$；A、B 为黏度计常数；t、t_0 分别为溶液和溶剂在毛细管中的流出时间，即液面经过刻度线 a、b 所需的时间。在恒温条件下，用同一支黏度计测定溶液和溶剂的流出时间，如果溶剂在该黏度计中的流出时间大于 100s，则动能校正项 $B/(At^2)$ 远小于 1，可忽略不计，因此溶液的相对黏度为：

$$\eta_r = \frac{t}{t_0}$$

样品溶液浓度一般在 0.01g·mL^{-1}以下，使 η_r 值在 1.05～2.5 之间较为适宜。η_r 值最大不应超过 3.0。

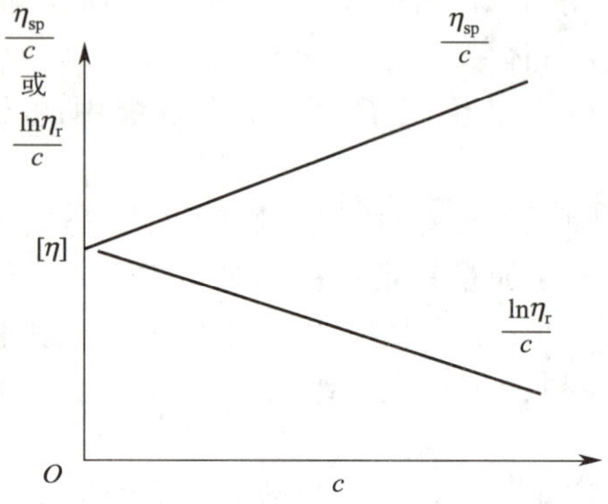

图 8-16 $\ln\eta_r/c$ 和 η_{sp}/c 与 c 的关系图

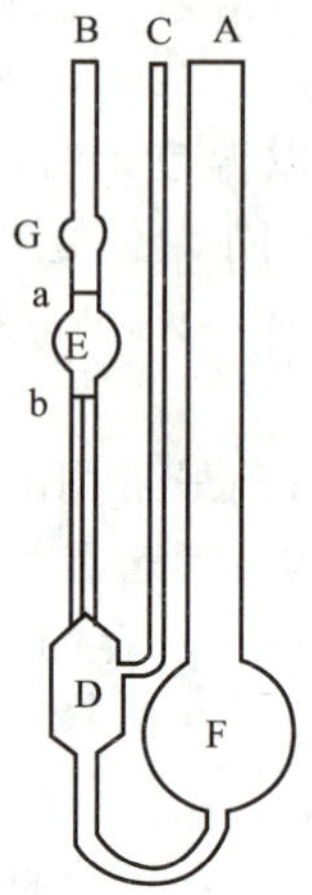

图 8-17 乌氏黏度计

三、试剂与仪器

乌氏毛细管黏度计，1 支；SYD-265C 石油产品无能运动黏度测定器，1 台；秒表（最小单位 0.01s），1 块；洗耳球，1 个；夹子，1 支；2000mL 容量瓶，1 个；500mL 烧杯，1 个；砂芯漏斗（5 号），1 个；5mL、10mL 移液管各一支。

聚乙烯醇稀溶液（0.1%），蒸馏水。

四、实验步骤

1. 溶液配制

取洁净干燥的聚乙烯醇样品，在分析天平上准确称取 2.000g±0.001g，溶于 500mL 烧杯内（加纯溶剂 200mL 左右），微微加热，使其完全溶解，但温度不宜高于 60℃，待完全溶解后用砂芯漏斗滤至 2000mL 容量瓶内（用纯溶剂将烧杯洗 2～3 次滤入容量瓶内），稀释至刻度，反复摇匀后待用。

2. 溶液流经时间 t 的测定

在黏度计的 B、C 管上小心地接入乳胶管，用固定夹夹住黏度计的管并将黏度计垂直放入恒温水槽，使水面浸没 a 线上方的小球。用移液管从 A 管注入 10mL 溶液，恒温 10min 后，用乳胶管夹夹住 C 管上的乳胶管，在 B 管乳胶管上用洗耳球缓慢抽气，待液面升到 a 上方的小球一半时停止抽气，移开洗耳球，而后放开 C 管的夹子，让空气进入 D 管下端的小球，使毛细管内溶液与 A 管下端的球分开，此时液面缓慢下降，用秒表记下液面从 a 线流到 b 线的时间，重复 3 次，每次所测的时间相差不越过 0.2s，取其平均值，作为 t_1。然后再移取 5mL 溶剂注入黏度计，将它充分混合均匀，这时溶液浓度为原始溶液浓度的 2/3，再用同样方法测定 t_2。用同样操作方法再分别加入 5mL、10mL 和 10mL 溶剂。使溶液浓度分别为原始溶液的 1/2、1/3 和 1/4。测定各自的流出时间 t_3、t_4、t_5。

3. 纯溶剂流出时 t_0 的测定

将黏度计中的溶液倒出，用无尘溶剂（本实验中溶剂是水）洗涤黏度计数遍，测定纯溶剂的流出时间 t_0。

五、数据处理

1. 测得数据记入下表

加入溶剂/mL	相对浓度	流出时间/s				η_r	η_{sp}	η_{sp}/c	$\ln\eta_r/c$
		第1次	第2次	第3次	平均值				
	1				$t_1=$				
5	2/3				$t_2=$				
5	1/2				$t_3=$				
10	1/3				$t_4=$				
10	1/4				$t_5=$				

2. 聚乙烯醇在水溶液中，30℃时，$K=42.8\times10^{-3}$，$\alpha=0.64$。根据 $[\eta]=K\overline{M}_\eta^\alpha$ 求出 $\overline{M}_\eta$。

【附注】

1. 恒温水槽温度严格控制在 30.0℃±0.1℃，如果高于或低于此范围要重做。

2. 加热器、恒温玻璃水槽配用 500～600℃加热器为宜，否则功率太小，加热时间长，功率太大，温度波动大。

3. 所用乌氏黏度计应洗净烘干。

4. 溶剂、溶液倒入回收瓶。

5. 使用黏度计时要小心，否则易折断黏度计管。

【思考题】

1. 用一点法测黏均分子量有什么优越性？

2. 资料里查不到 K、α 值，如何求得 K、α 值？

3. 在测定相对分子质量时要注意哪几点？

实验 8-20 光学显微镜法观察聚合物的结晶形态

一、实验目的

1. 熟悉偏光显微镜的构造及原理，掌握偏光显微镜的使用方法。

2. 学习用熔融法制备聚合物球晶，观察不同结晶温度下得到的球晶的形态，测量聚合物球晶的半径。

二、实验原理

晶体和无定形体是聚合物聚集态的两种基本形式，很多聚合物都能结晶。结晶聚合物材料的实际使用性能（如光学透明性、冲击强度等）与材料内部的结晶形态、晶粒大小及完善程度有着密切的联系。因此，对于聚合物结晶形态等的研究具有重要的理论和实际意义。聚合物在不同条件下形成不同的结晶，比如单晶、球晶、纤维晶等，聚合物从熔融状态冷却时主要生成球晶，它是聚合物结晶时最常见的一种形式，对制品性能有很大影响。

球晶是以晶核为中心呈放射状增长构成球形而得名，是“三维结构”。但在极薄的试片中也可以近似地看成是圆盘形的“二维结构”。球晶是多面体，由分子链构成晶胞。晶胞的堆积构成晶片，晶片叠合构成微纤束，微纤束沿半径方向增长构成球晶。晶片间存在着结晶缺陷，微纤束之间存在着无定形夹杂物。球晶的大小取决于聚合物的分子结构及结晶条件，因此随着聚合物种类和结晶条件的不同，球晶尺寸差别很大，直径可以从微米级到毫米级，甚至可以大到厘米。球晶分散在无定形聚合物中，一般来说，无定形是连续相，球晶的周边可以相交，成为不规则的多边形。球晶具有光学各向异性，对光线有折射作用，因此能够用偏光显微镜进行观察。聚合物球晶在偏光显微镜的正交偏振片之间呈现出特有的黑十字消光图像。有些聚合物生成球晶时，晶片沿半径增长时可以进行螺旋性扭曲，因此还能在偏光显微镜下看到同心圆消光图像。

偏光显微镜的最佳分辨率为 200nm，有效放大倍数超过 500～1000 倍，与电子显微镜、X 射线衍射法结合可提供较全面的晶体结构信息。

光是电磁波，也就是横波，它的传播方向与振动方向垂直。但对于自然光来说，它的振动方向均匀分布，没有任何方向占优势。但是自然光通过反射、折射或选择吸收后，可以转变为只在一个方向上振动的光波，即偏振光。一束自然光经过两片偏振片，如果两个偏振轴相互垂直，光线就无法通过了。光波在各向异性介质中传播时，其传播速度随振动方向不同而变化，折射率也随之改变，一般都发生双折射，分解成振动方向相互垂直、传播速度不同、折射率不同的两束偏振光。而这两束偏振光通过第二个偏振片时，只有与第二偏振轴平行方向的光线可以通过。而通过的两束光由于光程差将会发生干涉现象。

在正交偏光显微镜下观察，非晶体聚合物因为其各向同性，没有发生双折射现象，光线被正交的偏振镜阻碍，视场黑暗。球晶会呈现出特有的黑十字消光现象，黑十字的两臂分别平行于两偏振轴的方向。而除了偏振片的振动方向外，其余部分就出现了因折射而产生的光亮。如图 8-18 是等规聚丙烯的球晶照片。在偏振光条件下，还可以观察晶体的形态，测定晶粒大小和研究晶体的多色性等。

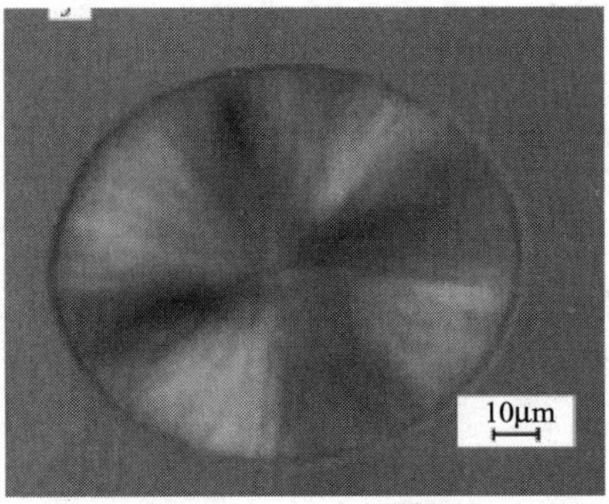

图 8-18　等规聚丙烯的球晶照片

三、仪器与试剂

（1）偏光显微镜 XPT-7 一台（见图 8-19，或其他带摄影装置的偏光显微镜）、附件一盒、擦镜纸、镊子。

（2）压片机、控温仪、电炉。

（3）盖玻片、载玻片。

（4）聚丙烯薄膜或粒料。

四、实验步骤

1. 试样制备

（1）切一小块聚丙烯薄膜或 1/5～1/4 粒料，放于干净的载玻片上，使之离开载玻片边缘，在试样上盖上一块盖玻片。

（2）预先把压片机加热到 240℃，将聚丙烯样品在电热板上熔融（试样完全透明），加压成膜保温 2min，然后迅速转移到 50℃的热台使之结晶。把同样的样品在熔融后于 100℃

和 0℃条件下结晶。

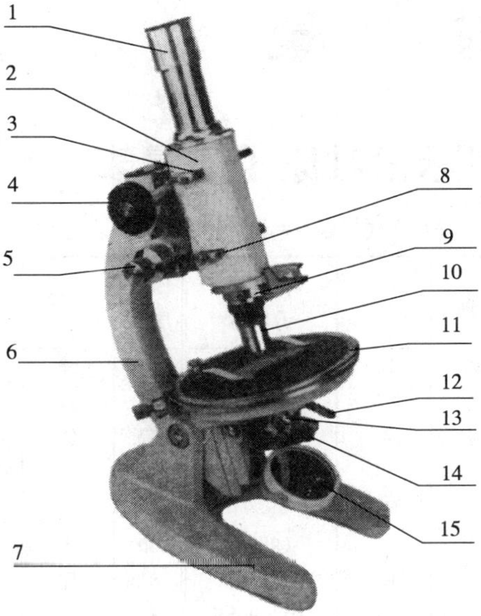

1—目镜；
2—镜筒；
3—勃氏镜；
4—粗动手轮；
5—微调手轮；
6—镜臂；
7—镜座；
8—上偏光镜；
9—试板孔；
10—物镜；
11—载物台；
12—聚光镜；
13—锁光圈；
14—下偏光镜；
15—反光镜

图 8-19 XPT-7 型偏光显微镜

2. 调节显微镜

(1) 预先打开汞弧灯 10min，以获得稳定的光强，插入单色滤波片。

(2) 去掉显微镜目镜，起偏片和检偏片置于 90°，边观察显微镜筒，边调节灯和反光镜的位置，如需要可调整检偏片以获得完全消光（视野尽可能暗）。

3. 测量球晶直径

聚合物晶体薄片放在正交显微镜下观察，用显微镜目镜分度尺测量球晶直径，测量步骤如下：

(1) 将带有分度尺的目镜插入镜筒内，将载物台显微尺置于载物台上，使视区内同时见两尺。

(2) 调节焦距使两尺平行排列、刻度清楚，并使两零点相互重合，即可算出目镜分度尺的值。

(3) 取走载物台显微尺，将预测之样品置于载物台视域中心，观察并记录晶形，读出球晶在目镜分度尺上的刻度，即可算出球晶直径大小。

五、实验报告要求

1. 记录制备试样的条件，简绘实验所观察到的球晶状态图。
2. 写出显微镜标定目镜分度尺的标定关系，计算球晶的直径。
3. 讨论影响球晶生长的主要因素。

【思考题】

1. 简述球晶大小和分布、球晶的边界、球晶的颜色等。
2. 解释球晶在偏光显微镜中出现十字消光图像和同心圆消光图像的原因。

附　　录

附录 1　国际相对原子质量表

［以相对原子质量 $A_r(^{12}C)=12$ 为标准］

原子序数	名称	元素符号	相对原子质量	原子序数	名称	元素符号	相对原子质量	原子序数	名称	元素符号	相对原子质量
1	氢	H	1.0079	38	锶	Sr	87.62	75	铼	Re	186.207
2	氦	He	4.002602	39	钇	Y	88.9059	76	锇	Os	190.2
3	锂	Li	6.941	40	锆	Zr	91.224	77	铱	Ir	192.22
4	铍	Be	9.01218	41	铌	Nb	92.9064	78	铂	Pt	195.08
5	硼	B	10.811	42	钼	Mo	95.94	79	金	Au	196.9665
6	碳	C	12.011	43	锝	Tc	(98)①	80	汞	Hg	200.59
7	氮	N	14.0067	44	钌	Ru	101.07	81	铊	Tl	204.383
8	氧	O	15.9994	45	铑	Rh	102.9055	82	铅	Pb	207.2
9	氟	F	18.99840	46	钯	Pd	106.42	83	铋	Bi	208.9804
10	氖	Ne	20.179	47	银	Ag	107.868	84	钋	Po	(209)
11	钠	Na	22.98977	48	镉	Cd	112.41	85	砹	At	(210)
12	镁	Mg	24.305	49	铟	In	114.82	86	氡	Rn	(222)
13	铝	Al	26.98154	50	锡	Sn	118.710	87	钫	Fr	(223)
14	硅	Si	28.0855	51	锑	Sb	121.75	88	镭	Re	226.0254
15	磷	P	30.97376	52	碲	Te	127.60	89	锕	Ac	227.0278
16	硫	S	32.066	53	碘	I	126.9045	90	钍	Th	232.0381
17	氯	Cl	35.453	54	氙	Xe	131.29	91	镤	Pa	231.0359
18	氩	Ar	39.948	55	铯	Cs	132.9054	92	铀	U	238.0289
19	钾	K	39.0983	56	钡	Ba	137.33	93	镎	Np	237.0482
20	钙	Ca	4019	57	镧	La	138.9055	94	钚	Pu	(244)
21	钪	Sc	44.95591	58	铈	Ce	140.12	95	镅	Am	(243)
22	钛	Ti	47.88	59	镨	Pr	140.9077	96	锔	Cm	(247)
23	钒	V	50.9415	60	钕	Nd	144.24	97	锫	Bk	(247)
24	铬	Cr	51.9961	61	钷	Pm	(145)	98	锎	Cf	(251)
25	锰	Mn	54.9380	62	钐	Sm	150.36	99	锿	Es	(252)
26	铁	Fe	55.847	63	铕	Eu	151.96	100	镄	Fm	(257)
27	钴	Co	58.9332	64	钆	Gd	157.25	101	钔	Md	(258)
28	镍	Ni	58.69	65	铽	Tb	158.9254	102	锘	No	(259)
29	铜	Cu	63.546	66	镝	Dy	162.50	103	铹	Lr	(262)
30	锌	Zn	65.39	67	钬	Ho	164.9304	104	𬬻	Rf	(261)
31	镓	Ga	69.723	68	铒	Er	167.26	105	𬭊	Db	(262)
32	锗	Ge	72.59	69	铥	Tm	168.9342	106	𬭳	Sg	(263)
33	砷	As	74.9216	70	镱	Yb	173.04	107	𬭛	Bh	(262)
34	硒	Se	78.96	71	镥	Lu	174.967	108	𬭶	Hs	(265)
35	溴	Br	79.904	72	铪	Hf	178.49	109	鿏	Mt	(266)
36	氪	Kr	83.80	73	钽	Ta	180.9479	110	𫟼	Ds	(269)
37	铷	Rb	85.4678	74	钨	W	183.85				

① 括号中的数值是该放射性元素已知的半衰期最长的同位素的相对原子质量。

附录 2 国际单位制（SI）

国际单位制是 1960 年第 11 届国际计量大会所通过的国际间统一的单位制，其符号 SI 为法文 Le Système International d'Unités 的缩写。国际单位制是由 7 个基本单位、2 个辅助单位、19 个具有专门名称和符号的导出单位以及 16 个用来构成十进制倍数和分数单位的词头组成。由此出发，可以导出其他单位。

1. SI 基本单位及其定义

量的名称	单位名称	单位符号	定　　义
长度	米	m	米为在时间间隔 1/299792458s 期间光在真空中所通过的路径长度
质量	千克	kg	等于保存在巴黎国际权杜衡局的铂铱合金圆柱体的千克原器的质量
时间	秒	s	秒是铯-133 原子基态的两个超精细能级之间跃迁所对应的辐射的 9192631770 个周期的持续时间
电流强度	安[培]①	A	在真空中，截面积可以忽略的两根相距 1m 的无限长平行圆直导线内通过等量恒定电流时，若导线间相互作用力在每米长度上为 2×10^{-7}N，则每根导线中的电流为 1A
热力学温度	开[尔文]	K	热力学温度单位开尔文是水三相点热力学温度的 1/273.16
发光强度	坎[德拉]	cd	坎德拉是一光源在给定方向上的发光强度，该光源发出频率为 540×10^{12} Hz 的单色辐射，且在该方向上的辐射强度为 1/683 $W\cdot sr^{-1}$
物质的量	摩[尔]	mol	摩尔是一系统的物质的量，该系统中所包含的基本单位数与 0.012kg 碳-12 的原子数目相等。在使用摩尔时，基本单位应予指明，可以是原子、分子、离子、电子及其他粒子，或是这些粒子的特定组合体

① 去掉方括号的是中文名称的全称；去掉方括号及方括号中的字，即简称。以下诸表用法相同。

2. SI 辅助单位及其定义

物理量	单位名称	单位符号	定　　义
平面角	弧度	rad	弧度是圆内两条半径之间的平面角，这两条半径在圆周上所截取的弧长与半径相等
立体角	球面度	sr	球面度是一个立体角，其顶点位于球心，而它在球面上所截取的面积等于以球半径为边长的正方形面积

3. 具有专门名称和符号的 SI 导出单位

量的名称	单位名称	单位符号	表示式	
			用 SI 单位	用 SI 基本单位
频率	赫[兹]	Hz		s^{-1}
力，重力	牛[顿]	N		$kg\cdot m\cdot s^{-2}$
压强，压力，应力	帕[斯卡]	Pa	$N\cdot m^{-2}$	$kg\cdot m^{-1}\cdot s^{-2}$
能[量]，功，热量	焦[耳]	J	$N\cdot m$	$kg\cdot m^{2}\cdot s^{-2}$
功率，辐射通量	瓦[特]	W	$J\cdot s^{-1}$	$kg\cdot m^{2}\cdot s^{-3}$
电荷[量]	库[仑]	C		$s\cdot A$
电压，电动势，电位（电势）	伏[特]	V	$W\cdot A^{-1}$	$kg\cdot m^{2}\cdot s^{-3}\cdot A^{-1}$
电容	法[拉]	F	$C\cdot V^{-1}$	$kg^{-1}\cdot m^{-2}\cdot s^{4}\cdot A^{2}$
电阻	欧[姆]	Ω	$V\cdot A^{-1}$	$kg\cdot m^{2}\cdot s^{-3}\cdot A^{-2}$
电导	西[门子]	S	$A\cdot V^{-1}$	$kg^{-1}\cdot m^{-2}\cdot s^{3}\cdot A^{2}$
磁通[量]	韦[伯]	Wb	$V\cdot s$	$kg\cdot m^{2}\cdot s^{-2}\cdot A^{-1}$
磁通[量]密度，磁感应强度	特[斯拉]	T	$Wb\cdot m^{-2}$	$kg\cdot s^{-2}\cdot A^{-1}$
电感	亨[利]	H	$Wb\cdot A^{-1}$	$kg\cdot m^{2}\cdot s^{-2}\cdot A^{-2}$
摄氏温度	摄氏度	℃		K
光通量	流[明]	lm		$cd\cdot sr$
[光]照度	勒[克斯]	lx	$lm\cdot m^{-2}$	$m^{-2}\cdot cd\cdot sr$
[放射性]活度	贝可[勒尔]	Bq		s^{-1}
吸收剂量	戈[瑞]	Gy	$J\cdot kg^{-1}$	$m^{2}\cdot s^{-2}$
剂量当量	希[沃特]	Sv	$J\cdot kg^{-1}$	$m^{2}\cdot s^{-2}$

4. 国际单位制（SI）词头

倍数词头	词头名称		国际符号	分数词头	词头名称		国际符号
	法文	中文			法文	中文	
10^{18}	exa	艾[可萨]	E	10^{-1}	déci	分	d
10^{15}	peta	拍[它]	P	10^{-2}	centi	厘	c
10^{12}	téra	太[拉]	T	10^{-3}	milli	毫	m
10^{9}	giga	吉[咖]	G	10^{-6}	micro	微	μ
10^{6}	méga	兆	M	10^{-9}	nano	纳[诺]	n
10^{3}	kilo	千	k	10^{-12}	pico	皮[可]	p
10^{2}	hecto	百	h	10^{-15}	femto	飞[母托]	f
10^{1}	déca	十	da	10^{-18}	atto	阿[托]	a

附录3　常见化合物的相对分子质量表

化合物	相对分子质量	化合物	相对分子质量	化合物	相对分子质量	化合物	相对分子质量
Ag_3AsO_4	463.53	$Ca(NO_3)_2 \cdot 4H_2O$	236.15	$FeCl_2$	126.75	$Hg(CN)_2$	252.63
$AgBr$	187.77	$Ca_3(PO_4)_2$	310.18	$FeCl_2 \cdot 4H_2O$	198.81	$HgCl_2$	271.50
$AgCl$	143.32	$CaSO_4$	136.14	$FeCl_3$	162.21	Hg_2Cl_2	472.09
$AgCN$	133.89	$CdCO_3$	172.42	$FeCl_3 \cdot 6H_2O$	270.30	HgI_2	454.40
$AgSCN$	165.95	$CdCl_2$	183.32	$FeNH_4(SO_4)_2 \cdot 12H_2O$	482.18	$Hg_2(NO_3)_2$	525.19
Ag_2CrO_4	331.73	CdS	144.47			$Hg(NO_3)_2 \cdot 2H_2O$	561.22
AgI	234.77	$Ce(SO_4)_2$	332.24	$Fe(NO_3)_3$	241.86	$Hg(NO_3)_2$	342.60
$AgNO_3$	169.87	$CoCl_2$	129.84	$Fe(NO_3)_3 \cdot 9H_2O$	404.00	HgO	216.59
$AlCl_3$	133.34	$CoCl_2 \cdot 6H_2O$	237.93	FeO	71.846	HgS	232.65
$AlCl_3 \cdot 6H_2O$	241.43	$Co(NO_3)_2$	182.94	Fe_2O_3	159.69	$HgSO_4$	296.65
$Al(NO_3)_3$	213.00	$Co(NO_3)_2 \cdot 6H_2O$	291.03	Fe_3O_4	231.54	Hg_2SO_4	497.24
$Al(NO_3)_3 \cdot 9H_2O$	375.13	CoS	90.99	$Fe(OH)_3$	106.87	$KAl(SO_4)_2 \cdot 12H_2O$	474.38
Al_2O_3	101.96	$CoSO_4$	154.99	FeS	87.91	KBr	119.00
$Al(OH)_3$	78.00	$CoSO_4 \cdot 7H_2O$	281.10	Fe_2S_3	207.87	$KBrO_3$	167.00
$Al_2(SO_4)_3$	342.17	$Co(NH_2)_2$	60.06	$FeSO_4$	151.90	KCl	74.551
$Al_2(SO_4)_3 \cdot 18H_2O$	666.46	$CrCl_3$	158.35	$FeSO_4 \cdot 7H_2O$	278.01	$KClO_3$	122.55
As_2O_3	101.96	$CrCl_3 \cdot 6H_2O$	266.45	H_3AsO_3	125.94	$KClO_4$	138.55
As_2O_5	229.84	$Cr(NO_3)_3$	238.01	H_3AsO_4	141.94	KCN	65.116
As_2S_3	246.05	Cr_2O_3	151.99	H_3BO_3	61.83	$KSCN$	97.18
$BaCO_3$	197.34	$CuCl$	98.999	HBr	80.912	K_2CO_3	138.21
BaC_2O_4	225.35	$CuCl_2$	134.45	HCN	27.026	K_2CrO_4	194.19
$BaCl_2$	208.24	$CuCl_2 \cdot 2H_2O$	170.48	$HCOOH$	46.026	$K_2Cr_2O_7$	294.18
$BaCl_2 \cdot 2H_2O$	244.27	$CuSCN$	121.62	H_2CO_3	62.025	$K_3Fe(CN)_6$	329.35
$BaCrO_4$	253.32	CuI	190.45	$H_2C_2O_4$	90.035	$K_4Fe(CN)_6$	368.35
BaO	153.32	$Cu(NO_3)_2$	187.56	$H_2C_2O_4 \cdot 2H_2O$	126.07	$KFe(SO_4)_2 \cdot 12H_2O$	503.24
$Ba(OH)_2$	171.34	$Cu(NO_3)_2 \cdot 3H_2O$	241.60	HCl	36.461	$KHC_2O_4 \cdot H_2O$	146.14
$BaSO_4$	233.39	CuO	70.545	HF	20.006	$KHC_4H_4O_3$	188.18
$BiCl_3$	315.34	Cu_2O	143.09	HI	127.91	$KHSO_4$	136.16
$BiOCl$	260.43	CuS	95.61	HIO_3	175.91	KI	166.00
$Ba(OH)_2$	74.09	$CuSO_4$	159.60	HNO_3	63.013	KIO_3	214.00
CO_2	44.01	$CuSO_4 \cdot 5H_2O$	249.68	HNO_2	47.013	$KIO_3 \cdot HIO_3$	389.91
CaO	56.08	CH_3COOH	60.052	H_2O	18.015	$KMnO_4$	158.03
$CaCO_3$	100.09	$CH_3COONa \cdot 3H_2O$	136.08	H_2O_2	34.015	$KNaC_4H_4O_6 \cdot 4H_2O$	282.22
CaC_2O_4	128.10	CH_3COONa	82.034	H_3PO_4	97.995	KNO_3	101.10
$CaCl_2$	110.99	$C_4H_8N_2O_2$	116.12	H_2S	34.08	KNO_2	85.104
$CaCl_2 \cdot 6H_2O$	219.08	$C_6H_4COOHCOOK$	204.23	H_2SO_3	82.07		
CaF_2	78.08	$(C_9H_7N)_3H_3PO_4 \cdot 12MoO_3$	2212.7	H_2SO_4	98.07		

续表

化合物	相对分子质量	化合物	相对分子质量	化合物	相对分子质量	化合物	相对分子质量
K_2O	94.196	$(NH_4)_2MoO_4$	196.01	Na_2SO_3	126.04	Sb_2O_3	291.50
KOH	56.106	NH_4NO_3	80.043	Na_2SO_4	142.04	Sb_2S_3	339.68
K_2SO_4	174.25	$(NH_4)_2HPO_4$	132.06	$Na_2S_2O_3$	158.10	SiF_4	104.08
$MgCO_3$	84.314	$(NH_4)_3PO_4 \cdot 12MoO_3$	1876.3	$Na_2S_2O_3 \cdot 5H_2O$	248.17	SiO_2	60.084
$MgCl_2$	95.211	$(NH_4)_2S$	68.14	$Ni(C_4H_7N_2O_2)_2$	288.91	$SnCl_2$	189.60
$MgCl_2 \cdot 6H_2O$	203.30	$(NH_4)_2SO_4$	132.13	$NiCl_2 \cdot 6H_2O$	237.69	$SnCl_2 \cdot 2H_2O$	225.63
MgC_2O_4	112.33	NH_4VO_3	116.98	NiO	74.69	$SnCl_4$	260.50
$Mg(NO_3)_2 \cdot 6H_2O$	256.41	Na_3AsO_3	191.89	$Ni(NO_3)_2 \cdot 6H_2O$	290.79	$SnCl_4 \cdot 5H_2O$	350.58
MgO	40.304	NaB_4O_7	201.22	NiS	90.75	SnO_2	150.69
$Mg(OH)_2$	58.32	$NaB_4O_7 \cdot 10H_2O$	381.37	$NiSO_4 \cdot 7H_2O$	280.35	SnS	150.75
$Mg_2P_2O_7$	222.35	$NaBiO_3$	279.97	P_2O_5	141.94	$SrCO_3$	147.63
$MgSO_4 \cdot 7H_2O$	246.47	$NaCN$	49.007	$PbCO_3$	267.20	SrC_2O_4	175.64
$MnCO_3$	114.95	$NaSCN$	81.07	PbC_2O_4	295.22	$SrCrO_4$	203.61
$MnCl_2 \cdot 4H_2O$	197.91	Na_2CO_3	105.99	$PbCl_2$	278.10	$Sr(NO_3)_2$	211.63
$Mn(NO_3)_2 \cdot 6H_2O$	287.04	$Na_2CO_3 \cdot 10H_2O$	286.14	$PbCrO_4$	323.20	$Sr(NO_3)_2 \cdot 4H_2O$	283.69
MnO	70.937	$Na_2C_2O_4$	134.00	$Pb(CH_3COO)_2$	325.30	$SrSO_4$	183.68
MnO_2	86.937	$NaCl$	58.443	$Pb(CH_3COO)_2 \cdot 3H_2O$	379.30	$UO_2(CH_3COO)_2 \cdot 2H_2O$	424.15
MnS	87.00	$NaClO$	74.442	PbI_2	461.01	$ZnCO_3$	125.39
$MnSO_4$	151.00	$NaHCO_3$	84.007	$Pb(NO_3)_2$	331.20	ZnC_2O_4	153.40
$MnSO_4 \cdot 4H_2O$	233.06	Na_2HPO_4	141.96	PbO	223.20	$ZnCl_2$	136.29
NO	30.006	$Na_2HPO_4 \cdot 12H_2O$	358.14	PbO_2	239.20	$Zn(CH_3COO)_2$	183.47
NO_2	46.006	$NaNO_2$	68.995	Pb_3O_4	685.6	$Zn(CH_3COO)_2 \cdot 2H_2O$	219.50
NH_3	17.03	$NaNO_3$	84.995	$Pb_3(PO_4)_2$	811.54	$Zn(NO_3)_2$	189.39
CH_3COONH_4	77.083	Na_2O	61.979	PbS	239.30	$Zn(NO_3)_2 \cdot 6H_2O$	297.48
NH_4Cl	53.491	Na_2O_2	77.978	$PbSO_4$	303.30	ZnO	81.38
$(NH_4)_2CO_3$	96.086	$NaOH$	39.997	SO_3	80.06	ZnS	97.44
$(NH_4)_2C_2O_4 \cdot H_2O$	142.11	Na_3PO_4	163.94	SO_2	64.06	$ZnSO_4$	161.44
NH_4HCO_3	79.055	Na_2S	78.04	$SbCl_3$	228.11	$ZnSO_4 \cdot 7H_2O$	287.54
NH_4SCN	76.12	$Na_2S \cdot 9H_2O$	240.18	$SbCl_5$	299.02		

附录 4　常用弱酸及弱碱的解离常数

(293～298K)

弱酸的解离常数

名　称	化　学　式	K_a	pK_a
亚砷酸	$HAsO_2$	6.0×10^{-10}	9.22
砷酸	H_3AsO_4	$5.62\times10^{-3}(K_1)$	2.25
		$1.70\times10^{-7}(K_2)$	6.77
		$3.95\times10^{-12}(K_3)$	11.40
偏铝酸	$HAlO_2$	6.3×10^{-13}	12.20
硼酸	H_3BO_3	7.3×10^{-10}	9.14
碳酸	H_2CO_3	$4.3\times10^{-7}(K_1)$	6.37
		$5.6\times10^{-11}(K_2)$	10.25
氢氰酸	HCN	4.93×10^{-10}	9.31
铬酸	H_2CrO_4	$1.8\times10^{-1}(K_1)$	0.74
		$3.2\times10^{-7}(K_2)$	6.49
氢氟酸	HF	3.53×10^{-4}	3.45
氢硫酸	H_2S	$9.1\times10^{-8}(K_1)$	7.04
		$1.2\times10^{-15}(K_2)$	14.92

续表

名　称	化　学　式	K_a	pK_a
亚硝酸	HNO_2	4.6×10^{-4}	3.34
过氧化氢	H_2O_2	2.4×10^{-12}	11.62
磷酸	H_3PO_4	$7.52\times10^{-3}(K_1)$	2.12
		$6.23\times10^{-8}(K_2)$	7.21
		$2.2\times10^{-13}(K_3)$	12.66
焦磷酸	$H_4P_2O_7$	$3.0\times10^{-2}(K_1)$	1.52
		$4.4\times10^{-3}(K_2)$	2.36
		$2.5\times10^{-7}(K_3)$	6.60
		$5.6\times10^{-10}(K_4)$	9.25
亚磷酸	H_3PO_3	$1.0\times10^{-2}(K_1)$	2.00
		$2.6\times10^{-7}(K_2)$	6.59
硫氰酸	HSCN	1.4×10^{-1}	0.85
偏硅酸	H_2SiO_3	$1.7\times10^{-10}(K_1)$	9.97
		$1.6\times10^{-12}(K_2)$	11.80
硫酸	H_2SO_4	1.2×10^{-2}	1.92
亚硫酸	H_2SO_3	$1.54\times10^{-2}(K_1)$	1.81
		$1.02\times10^{-7}(K_2)$	6.99
甲酸	HCOOH	1.77×10^{-4}	3.75
乙酸	CH_3COOH	1.76×10^{-5}	4.75
丙酸	C_2H_5COOH	1.34×10^{-5}	4.87
抗坏血酸	$C_6H_8O_6$	$7.94\times10^{-5}(K_1)$	4.10
		$1.62\times10^{-12}(K_2)$	11.79
草酸	$H_2C_2O_4\cdot 2H_2O$	$5.9\times10^{-2}(K_1)$	1.23
		$6.4\times10^{-5}(K_2)$	4.19
水杨酸	$C_6H_4OHCOOH$	$1.00\times10^{-3}(K_1)$	3.00
		$4.2\times10^{-13}(K_2)$	12.38
磺基水杨酸	$C_6H_3SO_3HOHCOOH$	$4.7\times10^{-3}(K_1)$	2.33
		$4.8\times10^{-12}(K_2)$	11.32
酒石酸	$H_2C_4H_4O_6$	$9.6\times10^{-4}(K_1)$	3.02
		$4.4\times10^{-5}(K_2)$	4.36
邻苯二甲酸	$(o)C_6H_4\cdot 2COOH$	$1.1\times10^{-3}(K_1)$	2.95
		$3.9\times10^{-6}(K_2)$	5.41
柠檬酸	$H_3OHC_6H_4O_6$	$7.0\times10^{-4}(K_1)$	3.15
		$1.8\times10^{-5}(K_2)$	4.47
		$4.0\times10^{-7}(K_3)$	6.40
苹果酸	$HOOCCHOHCH_2COOH$	$3.88\times10^{-4}(K_1)$	3.41
		$7.80\times10^{-6}(K_2)$	5.11
苯甲酸		6.2×10^{-5}	4.21
苯酚	C_6H_5COOH	1.1×10^{-10}	9.95
乳酸	$C_6H_5OHCH_3CHOHCOOH$	1.4×10^{-4}	3.86
		$1.0\times10^{-2}(K_1)$	2.00
乙二胺四乙酸(EDTA)	$(HOOCCH_2)_2NCH_2CH_2N(CH_2COOH)_2$	$2.14\times10^{-3}(K_2)$	2.67
		$6.92\times10^{-7}(K_3)$	6.16
		$5.50\times10^{-11}(K_4)$	10.26
		$1.29\times10^{-2}(K_1)$	1.89
二乙三胺五乙酸(DTPA)	$HOOCCH_2N[CH_2CH_2N(CH_2COOH)_2]_2$	$1.62\times10^{-3}(K_2)$	2.79
		$5.13\times10^{-5}(K_3)$	4.29
		$2.46\times10^{-9}(K_4)$	8.61
		$3.81\times10^{-11}(K_5)$	10.42
邻二氮菲	$C_{12}H_8N_2$	1.1×10^{-5}	4.96
8-羟基喹啉	C_9H_6NOH	$9.6\times10^{-6}(K_1)$	5.02
		$1.55\times10^{-10}(K_2)$	9.81

附录 5　难溶化合物的溶度积

（291～298K）

难溶化合物	溶度积	难溶化合物	溶度积	难溶化合物	溶度积
$AgAc$	1.94×10^{-3}	$Co_3(PO_4)_2$	2.05×10^{-35}	$MgC_2O_4\cdot2H_2O$	4.83×10^{-6}
$AgBr$	5.35×10^{-13}	$Co_2[Fe(CN)_6]$	1.8×10^{-15}	$MgNH_4PO_4$	2.5×10^{-13}
$AgCl$	1.77×10^{-10}	α-CoS	4×10^{-21}	$Mg_3(PO_4)_2$	9.86×10^{-25}
AgI	8.51×10^{-17}	β-CoS	2.0×10^{-25}	$MnCO_3$	2.24×10^{-11}
Ag_2CO_3	8.45×10^{-12}	$Cr(OH)_2$	2×10^{-6}	$Mn(OH)_2$	2.06×10^{-13}
$AgOH$	2.0×10^{-8}	$Cr(OH)_3$	6.3×10^{-31}	MnS	4.65×10^{-14}
$Ag_2C_2O_4$	5.4×10^{-12}	$CuBr$	6.27×10^{-9}	$MnC_2O_4\cdot2H_2O$	1.70×10^{-7}
Ag_2CrO_4	1.12×10^{-12}	$CuCl$	1.72×10^{-7}	$NiCO_3$	1.42×10^{-7}
$Ag_2Cr_2O_7$	2.0×10^{-7}	CuI	1.27×10^{-12}	$Ni(OH)_2$(新制备)	2.0×10^{-15}
Ag_2S	6.69×10^{-50}	$CuCO_3$	1.4×10^{-10}	NiS	1.07×10^{-21}
Ag_3PO_4	8.88×10^{-17}	$Cu(OH)_2$	2.2×10^{-20}	$PbBr_2$	6.60×10^{-6}
Ag_2SO_4	1.20×10^{-5}	CuC_2O_4	4.43×10^{-10}	$PbCl_2$	1.17×10^{-5}
$Ag[Ag(CN)_2]$	7.2×10^{-11}	$CuCrO_4$	3.6×10^{-6}	PbF_2	7.12×10^{-7}
$AgSCN$	1.03×10^{-12}	Cu_2S	2.26×10^{-48}	PbI_2	8.49×10^{-9}
$Al(OH)_3$(无定形)	1.3×10^{-33}	CuS	1.27×10^{-36}	$Pb(OH)_2$	1.2×10^{-15}
$AlPO_4$	9.83×10^{-21}	$Cu_3(PO_4)_2$	1.39×10^{-37}	$PbCO_3$	1.46×10^{-13}
BaF_2	1.84×10^{-7}	$Cu_2[Fe(CN)_6]$	1.3×10^{-16}	$PbCrO_4$	2.8×10^{-13}
$BaCO_3$	2.58×10^{-9}	$CuSCN$	1.77×10^{-13}	PbS	9.04×10^{-29}
$BaC_2O_4\cdot H_2O$	1.2×10^{-7}	$FeCO_3$	3.07×10^{-11}	PbC_2O_4	8.51×10^{-10}
$BaCrO_4$	1.17×10^{-10}	$Fe(OH)_2$	4.87×10^{-17}	$PbSO_4$	1.82×10^{-8}
$BaSO_4$	1.07×10^{-10}	$Fe(OH)_3$	2.64×10^{-39}	$Pb_3(PO_4)_2$	8.0×10^{-43}
$Be(OH)_2$(无定形)	1.6×10^{-22}	$FeC_2O_4\cdot2H_2O$	3.2×10^{-7}	SnS	3.25×10^{-28}
$Bi(OH)_3$	4.0×10^{-31}	FeS	1.59×10^{-19}	$Sn(OH)_2$	5.45×10^{-25}
Bi_2S_3	1.82×10^{-99}	$FePO_4\cdot2H_2O$	9.92×10^{-29}	$Sn(OH)_4$	1×10^{-56}
CaF_2	1.46×10^{-10}	$Fe_4[Fe(CN)_6]_3$	3.3×10^{-41}	SrF_2	4.33×10^{-9}
$CaCO_3$	4.96×10^{-9}	Hg_2Cl_2	1.45×10^{-18}	$SrCO_3$	5.6×10^{-10}
$Ca(OH)_2$	4.68×10^{-6}	Hg_2I_2	5.33×10^{-29}	$SrCrO_4$	2.2×10^{-5}
$CaC_2O_4\cdot H_2O$	2.34×10^{-9}	HgI_2	2.82×10^{-29}	$Sr(OH)_2$	9×10^{-4}
$CaCrO_4$	7.1×10^{-4}	Hg_2CO_3	1.45×10^{-18}	$SrC_2O_4\cdot H_2O$	1.6×10^{-7}
$CaHPO_4$	1×10^{-7}	$Hg_2C_2O_4$	1.75×10^{-13}	$SrSO_4$	3.44×10^{-7}
$Ca_3(PO_4)_2$	2.07×10^{-33}	Hg_2CrO_4	2.0×10^{-9}	$Sr_3(PO_4)_2$	4.1×10^{-28}
$CaSO_4$	7.1×10^{-5}	Hg_2S	1.0×10^{-47}	γ-$Zn(OH)_2$	4.86×10^{-16}
$CdCO_3$	6.18×10^{-12}	HgS(黑色)	6.44×10^{-53}	$ZnCO_3$	1.19×10^{-10}
$Cd(OH)_2$(新制备)	5.27×10^{-15}	HgS(红色)	2.0×10^{-53}	ZnS	2.93×10^{-25}
CdS	1.40×10^{-29}	Hg_2SO_4	7.99×10^{-7}	$ZnC_2O_4\cdot H_2O$	1.37×10^{-9}
$Cd_3(PO_4)_2$	2.53×10^{-33}	$Hg_2(SCN)_2$	3.12×10^{-20}	$Zn_3(PO_4)_2$	9.0×10^{-33}
$CoCO_3$	1.4×10^{-13}	$K_2Na[Co(NO_2)_6]$	2.2×10^{-11}	$Zn_2[Fe(CN)_6]$	4.0×10^{-16}
$Co(OH)_2$(新制备)	1.09×10^{-15}	$MgCO_3$	6.82×10^{-6}		
$Co(OH)_3$	1.6×10^{-44}	$Mg(OH)_2$	5.61×10^{-12}		

注：大部分数据摘自 R. C. West. Hand book of Chemistry and physics，B 207～208. 70th ed . 1989-1990。

附录6 某些配离子的稳定常数

(293～298K，$I \approx 0$)

配离子	$K_{稳}^{\ominus}$	$\lg K_{稳}^{\ominus}$	配离子	$K_{稳}^{\ominus}$	$\lg K_{稳}^{\ominus}$
$[Ag(NH_3)_2]^+$	1.7×10^{7}	7.23	$[Ni(CN)_4]^{2-}$	2.00×10^{31}	31.3
$[Cd(NH_3)_4]^{2+}$	1.32×10^{7}	7.12	$[Zn(CN)_4]^{2-}$	5.01×10^{16}	16.7
$[Co(NH_3)_6]^{2+}$	1.29×10^{5}	5.11	$[Ag(Ac)_2]^-$	4.37	0.64
$[Co(NH_3)_6]^{3+}$	1.59×10^{35}	35.2	$[Cu(Ac)_4]^{2-}$	1.54×10^{3}	3.20
$[Cu(NH_3)_4]^{2+}$	2.09×10^{13}	13.32	$[Pb(Ac)_4]^{2-}$	3.16×10^{8}	8.50
$[Ni(NH_3)_6]^{2+}$	5.50×10^{8}	8.74	$[Al(C_2O_4)_3]^{3-}$	2.00×10^{16}	16.30
$[Zn(NH_3)_4]^{2+}$	2.88×10^{9}	9.46	$[Fe(C_2O_4)_3]^{3-}$	1.58×10^{20}	20.20
$[Zn(OH)_4]^{2-}$	4.57×10^{17}	17.66	$[Fe(C_2O_4)_3]^{4-}$	1.66×10^{5}	5.22
$[Ag(SCN)_2]^-$	3.72×10^{7}	7.57	$[Zn(C_2O_4)_3]^{4-}$	1.41×10^{8}	8.15
$[Co(SCN)_4]^{2-}$	1.00×10^{3}	3.00	$[Cd(en)_3]^{2+}$	1.23×10^{12}	12.09
$[Fe(SCN)_2]^+$	2.29×10^{3}	3.36	$[Co(en)_3]^{2+}$	8.71×10^{13}	13.94
$[Hg(SCN)_4]^{2-}$	1.70×10^{21}	21.23	$[Co(en)_3]^{3+}$	4.90×10^{48}	48.69
$[Zn(SCN)_4]^{2-}$	41.7	1.62	$[Cu(en)_3]^{2+}$	1.00×10^{21}	21.00
$[AlF_6]^{3-}$	6.92×10^{19}	19.84	$[Fe(en)_3]^{2+}$	5.01×10^{9}	9.70
$[FeF_6]^{3-}$	1.0×10^{16}	16.0	$[Ni(en)_3]^{2+}$	2.14×10^{18}	18.33
$[AgCl_2]^-$	1.10×10^{5}	5.04	$[Zn(en)_3]^{2+}$	1.29×10^{14}	14.11
$[CdCl_4]^{2-}$	6.31×10^{2}	2.80	$[AgY]^{3-}$	2.0×10^{7}	7.30
$[CuCl_4]^{2-}$	3.47×10^{2}	2.54	$[AlY]^-$	1.29×10^{16}	16.11
$[HgCl_4]^{2-}$	1.17×10^{15}	15.07	$[BaY]^{2-}$	6.03×10^{7}	7.78
$[PbCl_3]^-$	1.70×10^{3}	3.23	$[CaY]^{2-}$	1.00×10^{11}	11.00
$[SnCl_4]^{2-}$	30.2	1.48	$[CdY]^{2-}$	2.51×10^{16}	16.40
$[AgBr_2]^-$	2.14×10^{7}	7.33	$[CoY]^{2-}$	2.04×10^{16}	16.31
$[AgI_3]^{2-}$	4.79×10^{13}	13.68	$[CoY]^-$	1.00×10^{36}	36
$[CdI_4]^{2-}$	2.57×10^{5}	5.41	$[CuY]^{2-}$	5.01×10^{18}	18.70
$[HgI_4]^{2-}$	6.76×10^{29}	29.83	$[FeY]^{2-}$	2.14×10^{14}	14.33
$[Ag(CN)_2]^-$	1.26×10^{21}	21.10	$[FeY]^-$	1.70×10^{24}	24.23
$[Au(CN)_2]^-$	2.00×10^{38}	38.30	$[HgY]^{2-}$	6.31×10^{21}	21.80
$[Cd(CN)_4]^{2-}$	6.03×10^{18}	18.78	$[MgY]^{2-}$	4.37×10^{8}	8.64
$[Cu(CN)_4]^{2-}$	2.00×10^{30}	30.30	$[MnY]^{2-}$	6.31×10^{13}	13.80
$[Fe(CN)_6]^{4-}$	1.00×10^{35}	35	$[NiY]^{2-}$	3.63×10^{18}	18.56
$[Fe(CN)_6]^{3-}$	1.00×10^{42}	42	$[PbY]^{2-}$	2.00×10^{18}	18.30
$[Hg(CN)_4]^{2-}$	2.51×10^{41}	41.4	$[ZnY]^{2-}$	2.51×10^{16}	16.40

注：大部分数据摘自 J. A. Dean Ed. Lange's Handbook of Chemistry. 13th ed. 1985。

附录7 常见沉淀的 pH 条件

1. 金属氧化物沉淀物的 pH

氢氧化物	开始沉淀时的 pH		沉淀完全时的 pH(残留离子浓度 $<10^{-5}mol \cdot L^{-1}$)	沉淀开始溶解时的 pH	沉淀完全溶解时的 pH
	初浓度$[M^{n+}]$ $1mol \cdot L^{-1}$	初浓度$[M^{n+}]$ $0.01mol \cdot L^{-1}$			
$Sn(OH)_4$	0	0.5	1	13	15
$TiO(OH)_2$	0	0.5	2.0		
$Sn(OH)_2$	0.9	2.1	4.7	10	13.5
$ZrO(OH)_2$	1.3	2.3	3.8		
HgO	1.3	2.4	5.0	11.5	

续表

氢氧化物	开始沉淀时的 pH		沉淀完全时的 pH(残留离子浓度 $<10^{-5}$ mol·L^{-1})	沉淀开始溶解时的 pH	沉淀完全溶解时的 pH
	初浓度[M^{n+}] 1mol·L^{-1}	初浓度[M^{n+}] 0.01mol·L^{-1}			
$Fe(OH)_3$	1.5	2.3	4.1	14	
$Al(OH)_3$	3.3	4.0	5.2	7.8	10.8
$Cr(OH)_3$	4.0	4.9	6.8	12	15
$Be(OH)_2$	5.2	6.2	8.8		
$Zn(OH)_2$	5.4	6.4	8.0	10.5	12～13
Ag_2O	6.2	8.2	11.2	12.7	
$Fe(OH)_2$	6.5	7.5	9.7	13.5	
$Co(OH)_2$	6.6	7.6	9.2	14.1	
$Ni(OH)_2$	6.7	7.7	9.5		
$Cd(OH)_2$	7.2	8.2	9.7		
$Mn(OH)_2$	7.8	8.8	10.4		
$Mg(OH)_2$	9.4	10.4	12.4	14	
$Th(OH)_4$		0.5			
$Ce(OH)_4$		0.8	1.2		
$Pb(OH)_2$		7.2	8.7	10	13
H_2UO_4		3.6	5.1		

2. 沉淀金属硫化物的 pH

pH	被 H_2S 所沉淀的金属
1	铜组:Cu、Ag、Hg、Pb、Bi、Cd ；砷组:As、Au、Pt、Sb、Mo
2～3	Zn、Ti
5～6	Co、Ni
>7	Mn、Fe

3. 溶液中金属硫化物能沉淀时的盐酸最高浓度

硫化物	Ag_2S	HgS	CuS	Sb_2S_3	Bi_2S_3	SnS_2	CdS	PbS	SnS	ZnS	CoS	NiS	FeS	MnS
盐酸浓度 /mol·L^{-1}	12	7.5	7.0	3.7	2.5	2.3	0.7	0.35	0.30	0.02	0.001	0.001	0.0001	0.00008

附录8　标准电极电位

(298.16K)

1. 在酸性溶液中

电极反应	E/V	电极反应	E/V
$Ag^+ + e^- = Ag$	0.7996	$Cd^{2+} + 2e^- = Cd(Hg)$	−0.3521
$Ag^{2+} + e^- = Ag^+$	1.980	$Ce^{3+} + 3e^- = Ce$	−2.483
$AgAc + e^- = Ag + Ac^-$	0.643	$Cl_2(g) + 2e^- = 2Cl^-$	1.35827
$AgBr + e^- = Ag + Br^-$	0.07133	$HClO + H^+ + e^- = 1/2Cl_2 + H_2O$	1.611
$Ag_2BrO_3 + e^- = 2Ag + BrO_3^-$	0.546	$HClO + H^+ + 2e^- = Cl^- + H_2O$	1.482
$Ag_2C_2O_4 + 2e^- = 2Ag + C_2O_4^{2-}$	0.4647	$ClO_2 + H^+ + e^- = HClO_2$	1.277
$AgCl + e^- = Ag + Cl^-$	0.22233	$HClO_2 + 2H^+ + 2e^- = HClO + H_2O$	1.645
$Ag_2CO_3 + 2e^- = 2Ag + CO_3^{2-}$	0.47	$HClO_2 + 3H^+ + 3e^- = 1/2Cl_2 + 2H_2O$	1.628
$Ag_2CrO_4 + 2e^- = 2Ag + CrO_4^{2-}$	0.4470	$HClO_2 + 3H^+ + 4e^- = Cl^- + 2H_2O$	1.570
$AgF + e^- = Ag + F^-$	0.779	$ClO_3^- + 2H^+ + e^- = ClO_2 + H_2O$	1.152
$AgI + e^- = Ag + I^-$	−0.15224	$ClO_3^- + 3H^+ + 2e^- = HClO_2 + H_2O$	1.214

续表

电极反应	E/V	电极反应	E/V
$Ag_2S+2H^++2e^-=2Ag+H_2S$	−0.0366	$ClO_3^-+6H^++5e^-=1/2Cl_2+3H_2O$	1.47
$AgSCN+e^-=Ag+SCN^-$	0.08951	$ClO_3^-+6H^++6e^-=Cl^-+3H_2O$	1.451
$Ag_2SO_4+2e^-=2Ag+SO_4^{2-}$	0.654	$ClO_4^-+2H^++2e^-=ClO_3^-+H_2O$	1.189
$Al^{3+}+3e^-=Al$	−1.662	$ClO_4^-+8H^++7e^-=1/2Cl_2+4H_2O$	1.39
$AlF_6^{3-}+3e^-=Al+6F^-$	−2.069	$ClO_4^-+8H^++8e^-=Cl^-+4H_2O$	1.389
$As_2O_3+6H^++6e^-=2As+3H_2O$	0.234	$HAsO_2+3H^++3e^-=As+2H_2O$	0.248
$H_3AsO_4+2H^++2e^-=HAsO_2+2H_2O$	0.560	$Co^{2+}+2e^-=Co$	−0.28
$Au^++e^-=Au$	1.692	$Co^{3+}+e^-=Co^{2+}$ (2mol·L^{-1} H_2SO_4)	1.83
$Au^{3+}+3e^-=Au$	1.498	$CO_2+2H^++2e^-=HCOOH$	−0.199
$AuCl_4^-+3e^-=Au+4Cl^-$	1.002	$Cr^{2+}+2e^-=Cr$	−0.913
$Au^{3+}+2e^-=Au^+$	1.401	$Cr^{3+}+e^-=Cr^{2+}$	−0.407
$H_3BO_3+3H^++3e^-=B+3H_2O$	−0.8698	$Cr^{3+}+3e^-=Cr$	−0.744
$Ba^{2+}+2e^-=Ba$	−2.912	$Cr_2O_7^{2-}+14H^++6e^-=2Cr^{3+}+7H_2O$	1.232
$Ba^{2+}+2e^-=Ba(Hg)$	−1.570	$HCrO_4^-+7H^++3e^-=Cr^{3+}+4H_2O$	1.350
$Be^{2+}+2e^-=Be$	−1.847	$Cu^++e^-=Cu$	0.521
$BiCl_4^-+3e^-=Bi+4Cl^-$	0.16	$Cu^{2+}+e^-=Cu^+$	0.153
$Bi_2O_4+4H^++2e^-=2BiO^++2H_2O$	1.593	$Cu^{2+}+2e^-=Cu$	0.3419
$BiO^++2H^++3e^-=Bi+H_2O$	0.320	$CuCl+e^-=Cu+Cl^-$	0.124
$BiOCl+2H^++3e^-=Bi+Cl^-+H_2O$	0.1583	$F_2+2H^++2e^-=2HF$	3.053
$Br_2(aq)+2e^-=2Br^-$	1.0873	$F_2+2e^-=2F^-$	2.866
$Br_2(l)+2e^-=2Br^-$	1.066	$Fe^2+2e^-=Fe$	−0.447
$HBrO+H^++2e^-=Br^-+H_2O$	1.331	$Fe^{3+}+3e^-=Fe$	−0.037
$HBrO+H^++e^-=1/2Br_2(aq)+H_2O$	1.574	$Fe^{3+}+e^-=Fe^{2+}$	0.771
$HBrO+H^++e^-=1/2Br_2(l)+H_2O$	1.596	$[Fe(CN)_6]^{3-}+e^-=[Fe(CN)_6]^{4-}$	0.358
$BrO_3^-+6H^++5e^-=1/2Br_2+3H_2O$	1.482	$FeO_4^{2-}+8H^++3e^-=Fe^{3+}+4H_2O$	2.20
$BrO_3^-+6H^++6e^-=Br^-+3H_2O$	1.423	$Ga^{3+}+3e^-=Ga$	−0.560
$Ca^{2+}+2e^-=Ca$	−2.868	$2H^++2e^-=H_2$	0.00000
$Cd^{2+}+2e^-=Cd$	−0.4030	$H_2(g)+2e^-=2H^-$	−2.23
$CdSO_4+2e^-=Cd+SO_4^{2-}$	−0.246	$HO_2+H^++e^-=H_2O_2$	1.495
$H_2O_2+2H^++2e^-=2H_2O$	1.776	$O_2+4H^++4e^-=2H_2O$	1.229
$Hg^{2+}+2e^-=Hg$	0.851	$O(g)+2H^++2e^-=H_2O$	2.421
$2Hg^{2+}+2e^-=Hg_2^{2+}$	0.920	$O_3+2H^++2e^-=O_2+H_2O$	2.076
$Hg_2^{2+}+2e^-=2Hg$	0.7973	P(红)$+3H^++3e^-=PH_3(g)$	−0.111
$Hg_2Br_2+2e^-=2Hg+2Br^-$	0.13923	P(白)$+3H^++3e^-=PH_3(g)$	−0.063
$Hg_2Cl_2+2e^-=2Hg+2Cl^-$	0.26808	$H_3PO_2+H^++e^-=P+2H_2O$	−0.508
$Hg_2I_2+2e^-=2Hg+2I^-$	−0.0405	$H_3PO_3+2H^++2e^-=H_3PO_2+H_2O$	−0.499
$Hg_2SO_4+2e^-=2Hg+SO_4^{2-}$	0.6125	$H_3PO_3+3H^++3e^-=P+3H_2O$	−0.454
$I_2+2e^-=2I^-$	0.5355	$H_3PO_4+2H^++2e^-=H_3PO_3+H_2O$	−0.276
$I_3^-+2e^-=3I^-$	0.536	$Pb^{2+}+2e^-=Pb$	−0.1262
$H_5IO_6+H^++2e^-=IO_3^-+3H_2O$	1.601	$PbBr_2+2e^-=Pb+2Br^-$	−0.284
$2HIO+2H^++2e^-=I_2+2H_2O$	1.439	$PbCl_2+2e^-=Pb+2Cl^-$	−0.2675
$HIO+H^++2e^-=I^-+H_2O$	0.987	$PbF_2+2e^-=Pb+2F^-$	−0.3444
$2IO_3^-+12H^++10e^-=I_2+6H_2O$	1.195	$PbI_2+2e^-=Pb+2I^-$	−0.365
$IO_3^-+6H^++6e^-=I^-+3H_2O$	1.085	$PbO_2+4H^++2e^-=Pb^{2+}+2H_2O$	1.455
$In^{3+}+2e^-=In^+$	−0.443	$PbO_2+SO_4^{2-}+4H^++2e^-=PbSO_4+2H_2O$	1.6913
$In^{3+}+3e^-=In$	−0.3382	$PbSO_4+2e^-=Pb+SO_4^{2-}$	−0.3588
$Ir^{3+}+3e^-=Ir$	1.159	$Pd^{2+}+2e^-=Pd$	0.951
$K^++e^-=K$	−2.931	$PdCl_4^{2-}+2e^-=Pd+4Cl^-$	0.591
$La^{3+}+3e^-=La$	−2.522	$Pt^{2+}+2e^-=Pt$	1.118
$Li^++e^-=Li$	−3.0401	$Rb^++e^-=Rb$	−2.98

电极反应	E/V	电极反应	E/V
$Mg^{2+}+2e^{-}=Mg$	−2.372	$Re^{3+}+3e^{-}=Re$	0.300
$Mn^{2+}+2e^{-}=Mn$	−1.185	$S+2H^{+}+2e^{-}=H_2S(aq)$	0.142
$Mn^{3+}+e^{-}=Mn^{2+}$	1.5415	$S_2O_6^{2-}+4H^{+}+2e^{-}=2H_2SO_3$	0.564
$MnO_2+4H^{+}+2e^{-}=Mn^{2+}+2H_2O$	1.224	$S_2O_8^{2-}+2e^{-}=2SO_4^{2-}$	2.010
$MnO_4^{-}+e^{-}=MnO_4^{2-}$	0.558	$S_2O_8^{2-}+2H^{+}+2e^{-}=2HSO_4^{-}$	2.123
$MnO_4^{-}+4H^{+}+3e^{-}=MnO_2+2H_2O$	1.679	$H_2SO_3+4H^{+}+4e^{-}=S+3H_2O$	0.449
$MnO_4^{-}+8H^{+}+5e^{-}=Mn^{2+}+4H_2O$	1.507	$SO_4^{2-}+4H^{+}+2e^{-}=H_2SO_3+H_2O$	0.172
$Mo^{3+}+3e^{-}=Mo$	−0.200	$2SO_4^{2-}+4H^{+}+2e^{-}=S_2O_6^{2-}+2H_2O$	−0.22
$N_2+2H_2O+6H^{+}+6e^{-}=2NH_4OH$	0.092	$Sb+3H^{+}+3e^{-}=SbH_3$	−0.510
$N_2+6H^{+}+6e^{-}=2NH_3(aq)$	−3.09	$Sb_2O_3+6H^{+}+6e^{-}=2Sb+3H_2O$	0.152
$N_2O+2H^{+}+2e^{-}=N_2+H_2O$	1.766	$Sb_2O_5+6H^{+}+4e^{-}=2SbO^{+}+3H_2O$	0.581
$N_2O_4+2e^{-}=2NO_2^{-}$	0.867	$SbO^{+}+2H^{+}+3e^{-}=Sb+H_2O$	0.212
$N_2O_4+2H^{+}+2e^{-}=2HNO_2$	1.065	$Sc^{3+}+3e^{-}=Sc$	−2.077
$N_2O_4+4H^{+}+4e^{-}=2NO+2H_2O$	1.035	$Se+2H^{+}+2e^{-}=H_2Se(aq)$	−0.399
$2NO+2H^{+}+2e^{-}=N_2O+H_2O$	1.591	$H_2SeO_3+4H^{+}+4e^{-}=Se+3H_2O$	0.74
$HNO_2+H^{+}+e^{-}=NO+H_2O$	0.983	$SeO_4^{2-}+4H^{+}+2e^{-}=H_2SeO_3+H_2O$	1.151
$2HNO_2+4H^{+}+4e^{-}=N_2O+3H_2O$	1.297	$SiF_6^{2-}+4e^{-}=Si+6F^{-}$	−1.24
$NO_3^{-}+3H^{+}+2e^{-}=HNO_2+H_2O$	0.934	$SiO_2+4H^{+}+4e^{-}=Si+2H_2O$	0.857
$NO_3^{-}+4H^{+}+3e^{-}=NO+2H_2O$	0.957	$Sn^{2+}+2e^{-}=Sn$	−0.1375
$2NO_3^{-}+4H^{+}+2e^{-}=N_2O_4+2H_2O$	0.803	$Sn^{4+}+2e^{-}=Sn^{2+}$	0.151
$Na^{+}+e^{-}=Na$	−2.71	$Sr^{+}+e^{-}=Sr$	−4.10
$Nb^{3+}+3e^{-}=Nb$	−1.1	$Sr^{2+}+2e^{-}=Sr$	−2.89
$Ni^{2+}+2e^{-}=Ni$	−0.257	$Sr^{2+}+2e^{-}=Sr(Hg)$	−1.793
$NiO_2+4H^{+}+2e^{-}=Ni^{2+}+2H_2O$	1.678	$Te+2H^{+}+2e^{-}=H_2Te$	−0.793
$O_2+2H^{+}+2e^{-}=H_2O_2$	0.695	$V^{3+}+e^{-}=V^{2+}$	−0.255
$Te^{4+}+4e^{-}=Te$	0.568	$VO^{2+}+2H^{+}+e^{-}=V^{3+}+H_2O$	0.337
$TeO_2+4H^{+}+4e^{-}=Te+2H_2O$	0.593	$VO_2^{+}+2H^{+}+e^{-}=VO^{2+}+H_2O$	0.991
$TeO_4^{-}+8H^{+}+7e^{-}=Te+4H_2O$	0.472	$V(OH)_4^{+}+2H^{+}+e^{-}=VO^{2+}+3H_2O$	1.00
$H_6TeO_6+2H^{+}+2e^{-}=TeO_2+4H_2O$	1.02	$V(OH)_4^{+}+4H^{+}+5e^{-}=V+4H_2O$	−0.254
$Th^{4+}+4e^{-}=Th$	−1.899	$W_2O_5+2H^{+}+2e^{-}=2WO_2+H_2O$	−0.031
$Ti^{2+}+2e^{-}=Ti$	−1.630	$WO_2+4H^{+}+4e^{-}=W+2H_2O$	−0.119
$Ti^{3+}+e^{-}=Ti^{2+}$	−0.368	$WO_3+6H^{+}+6e^{-}=W+3H_2O$	−0.090
$TiO^{2+}+2H^{+}+e^{-}=Ti^{3+}+H_2O$	0.099	$2WO_3+2H^{+}+2e^{-}=W_2O_5+H_2O$	−0.029
$TiO_2+4H^{+}+2e^{-}=Ti^{2+}+2H_2O$	−0.502	$Y^{3+}+3e^{-}=Y$	−2.37
$Tl^{+}+e^{-}=Tl$	−0.336	$Zn^{2+}+2e^{-}=Zn$	0.7618
$V^{2+}+2e^{-}=V$	−1.175		

2. 在碱性溶液中

电极反应	E/V	电极反应	E/V
$AgCN+e^{-}=Ag+CN^{-}$	−0.017	$Cu(OH)_2+2e^{-}=Cu+2OH^{-}$	−0.222
$[Ag(CN)_2]^{-}+e^{-}=Ag+2CN^{-}$	−0.31	$2Cu(OH)_2+2e^{-}=Cu_2O+2OH^{-}+H_2O$	−0.080
$Ag_2O+H_2O+2e^{-}=2Ag+2OH^{-}$	0.342	$[Fe(CN)_6]^{3-}+e^{-}=[Fe(CN)_6]^{4-}$	0.358
$2AgO+H_2O+2e^{-}=Ag_2O+2OH^{-}$	0.607	$Fe(OH)_3+e^{-}=Fe(OH)_2+OH^{-}$	−0.56
$Ag_2S+2e^{-}=2Ag+S^{2-}$	−0.691	$H_2GaO_3^{-}+H_2O+3e^{-}=Ga+4OH^{-}$	−1.219
$H_2AlO_3^{-}+H_2O+3e^{-}=Al+4OH^{-}$	−2.33	$2H_2O+2e^{-}=H_2+2OH^{-}$	−0.8277
$AsO_2^{-}+2H_2O+3e^{-}=As+4OH^{-}$	−0.68	$Hg_2O+H_2O+2e^{-}=2Hg+2OH^{-}$	0.123
$AsO_4^{3-}+2H_2O+2e^{-}=AsO_2^{-}+4OH^{-}$	−0.71	$HgO+H_2O+2e^{-}=Hg+2OH^{-}$	0.0977
$H_2BO_3^{-}+5H_2O+8e^{-}=BH_4^{-}+8OH^{-}$	−1.24	$H_3IO_3^{2-}+2e^{-}=I^{-}+3OH^{-}$	0.7
$H_2BO_3^{-}+H_2O+3e^{-}=B+4OH^{-}$	−1.79	$IO^{-}+H_2O+2e^{-}=I^{-}+2OH^{-}$	0.485
$Ba(OH)_2+2e^{-}=Ba+2OH^{-}$	−2.99	$IO_3^{-}+2H_2O+4e^{-}=IO^{-}+4OH^{-}$	0.15
$Be_2O_3^{2-}+3H_2O+4e^{-}=2Be+6OH^{-}$	−2.63	$IO_3^{-}+3H_2O+6e^{-}=I^{-}+6OH^{-}$	0.26
$Bi_2O_3+3H_2O+6e^{-}=2Bi+6OH^{-}$	−0.46	$Ir_2O_3+3H_2O+6e^{-}=2Ir+6OH^{-}$	0.098
$BrO^{-}+H_2O+2e^{-}=Br^{-}+2OH^{-}$	0.761	$La(OH)_3+3e^{-}=La+3OH^{-}$	−2.90
$BrO_3^{-}+3H_2O+6e^{-}=Br^{-}+6OH^{-}$	0.61	$Mg(OH)_2+2e^{-}=Mg+2OH^{-}$	−2.690
$Ca(OH)_2+2e^{-}=Ca+2OH^{-}$	−3.02	$MnO_4^{-}+2H_2O+3e^{-}=MnO_2+4OH^{-}$	0.595
$Ca(OH)_2+2e^{-}=Ca(Hg)+2OH^{-}$	−0.809	$MnO_4^{2-}+2H_2O+2e^{-}=MnO_2+4OH^{-}$	0.60
$ClO^{-}+H_2O+2e^{-}=Cl^{-}+2OH^{-}$	0.81	$Mn(OH)_2+2e^{-}=Mn+2OH^{-}$	−1.56
$ClO_2^{-}+H_2O+2e^{-}=ClO^{-}+2OH^{-}$	0.66	$Mn(OH)_3+e^{-}=Mn(OH)_2+OH^{-}$	0.15

续表

电极反应	E/V	电极反应	E/V
$ClO_2^- + 2H_2O + 4e^- = Cl^- + 4OH^-$	0.76	$2SO_3^{2-} + 2H_2O + 2e^- = S_2O_4^{2-} + 4OH^-$	−1.12
$ClO_3^- + H_2O + 2e^- = ClO_2^- + 2OH^-$	0.33	$2NO + H_2O + 2e^- = N_2O + 2OH^-$	0.76
$ClO_3^- + 3H_2O + 6e^- = Cl^- + 6OH^-$	0.62	$NO + H_2O + 2e^- = N + 2OH^-$	−0.46
$ClO_4^- + H_2O + 2e^- = ClO_3^- + 2OH^-$	0.36	$2NO_2^- + 4H_2O + 8e^- = N_2^{2-} + 8OH^-$	−0.18
$[Co(NH_3)_6]^{3+} + e^- = [Co(NH_3)_6]^{2+}$	0.108	$2NO_2^- + 3H_2O + 4e^- = N_2O + 6OH^-$	0.15
$Co(OH)_2 + 2e^- = Co + 2OH^-$	−0.73	$NO_3^- + H_2O + 2e^- = NO_2^- + 2OH^-$	0.01
$Co(OH)_3 + e^- = Co(OH)_2 + OH^-$	0.17	$2NO_3^- + 2H_2O + 2e^- = N_2O_4 + 4OH^-$	−0.85
$CrO_2^- + 2H_2O + 3e^- = Cr + 4OH^-$	−1.2	$Ni(OH)_2 + 2e^- = Ni + 2OH^-$	−0.72
$CrO_4^{2-} + 4H_2O + 3e^- = Cr(OH)_3 + 5OH^-$	−0.13	$NiO_2 + 2H_2O + 2e^- = Ni(OH)_2 + 2OH^-$	−0.490
$Cr(OH)_3 + 3e^- = Cr + 3OH^-$	−1.48	$O_2 + H_2O + 2e^- = HO_2^- + OH^-$	−0.076
$Cu^{2+} + 2CN^- + e^- = [Cu(CN)_2]^-$	1.103	$O_2 + 2H_2O + 2e^- = H_2O_2 + 2OH^-$	−0.146
$[Cu(CN)_2]^- + e^- = Cu + 2CN^-$	−0.429	$O_2 + 2H_2O + 4e^- = 4OH^-$	0.401
$Cu_2O + H_2O + 2e^- = 2Cu + 2OH^-$	−0.360	$O_3 + H_2O + 2e^- = O_2 + 2OH^-$	1.24
$P + 3H_2O + 3e^- = PH_3(g) + 3OH^-$	−0.87	$HO_2^- + H_2O + 2e^- = 3OH^-$	0.878
$H_2PO_2^- + e^- = P + 2OH^-$	−1.82	$2SO_3^{2-} + 3H_2O + 4e^- = S_2O_3^{2-} + 6OH^-$	−0.571
$HPO_3^{2-} + 2H_2O + 2e^- = H_2PO_3^- + 3OH^-$	−1.65	$SO_4^{2-} + H_2O + 2e^- = SO_3^{2-} + 2OH^-$	−0.93
$HPO_3^{2-} + 2H_2O + 3e^- = P + 5OH^-$	−1.71	$SbO_2^- + 2H_2O + 3e^- = Sb + 4OH^-$	−0.66
$PO_4^{3-} + 2H_2O + 2e^- = HPO_3^{2-} + 3OH^-$	−1.05	$SbO_3^- + H_2O + 2e^- = SbO_2^- + 2OH^-$	−0.59
$PbO + H_2O + 2e^- = Pb + 2OH^-$	−0.580	$SeO_3^{2-} + 3H_2O + 4e^- = Se + 6OH^-$	−0.366
$HPbO_2^- + H_2O + 2e^- = Pb + 3OH^-$	−0.537	$SeO_4^{2-} + H_2O + 2e^- = SeO_3^{2-} + 2OH^-$	0.05
$PbO_2 + H_2O + 2e^- = PbO + 2OH^-$	0.247	$SiO_3^{2-} + 3H_2O + 4e^- = Si + 6OH^-$	−1.697
$Pd(OH)_2 + 2e^- = Pd + 2OH^-$	0.07	$HSnO_2^- + H_2O + 2e^- = Sn + 3OH^-$	−0.909
$Pt(OH)_2 + 2e^- = Pt + 2OH^-$	0.14	$Sr(OH)_2 + 2e^- = Sr + 2OH^-$	−2.88
$ReO_4^- + 4H_2O + 7e^- = Re + 8OH^-$	−0.584	$Te + 2e^- = Te^{2-}$	−1.143
$S + 2e^- = S^{2-}$	−0.47627	$TeO_3^{2-} + 3H_2O + 4e^- = Te + 6OH^-$	−0.57
$S + H_2O + 2e^- = HS^- + OH^-$	−0.478	$Th(OH)_4 + 4e^- = Th + 4OH^-$	−2.48
$2S + 2e^- = S_2^{2-}$	−0.42836	$ZnO_2^{2-} + 2H_2O + 2e^- = Zn + 4OH^-$	−1.215
$S_4O_6^{2-} + 2e^- = 2S_2O_3^{2-}$	0.08		

注：摘自 R. C. Weast. Handbook of Chemistry and Physics，D-151. 70th ed. 1989-1990 。

附录 9　不同温度下水的饱和蒸气压

t /℃	mmHg	kPa	t/℃	mmHg	kPa	t/℃	mmHg	kPa
0	4.579	0.6165	23	21.068	2.8088	46	75.65	10.08
1	4.926	0.6567	24	22.377	2.9833	47	79.60	10.61
2	5.294	0.7058	25	23.756	3.1672	48	83.71	11.16
3	5.685	0.7579	26	25.209	3.3609	49	88.02	11.74
4	6.101	0.8134	27	26.739	3.5649	50	92.51	12.33
5	6.513	0.8723	28	28.349	3.7795	51	97.20	12.96
6	7.013	0.9350	29	30.043	4.0054	52	102.09	13.611
7	7.513	1.002	30	31.824	4.2428	53	107.20	14.292
8	8.045	1.072	31	33.695	4.4923	54	112.51	15.000
9	8.609	1.148	32	35.663	4.7547	55	118.04	15.737
10	9.209	1.228	33	37.729	5.0301	56	123.80	16.505
11	9.844	1.312	34	39.898	5.3193	57	129.82	17.308
12	10.518	1.4023	35	42.175	5.6228	58	136.08	18.142
13	11.231	1.4973	36	44.563	5.9412	59	142.60	19.011
14	11.987	1.5981	37	47.067	6.2751	60	149.38	19.916
15	12.788	1.7049	38	49.692	6.6250	61	156.43	20.856
16	13.634	1.8177	39	52.442	6.9917	62	163.77	21.834
17	14.530	1.9372	40	55.324	7.3759	63	171.38	22.849
18	15.477	2.0634	41	58.34	7.778	64	179.31	23.906
19	16.477	2.1967	42	61.50	8.199	65	187.54	25.003
20	17.535	2.3378	43	64.80	8.639	66	196.09	26.143
21	18.650	2.4864	44	68.26	9.100	67	204.96	27.326
22	19.827	2.6434	45	71.88	9.583	68	214.17	28.554

续表

t/℃	mmHg	kPa	t/℃	mmHg	kPa	t/℃	mmHg	kPa
69	223.73	29.828	80	355.1	47.34	91	546.05	72.800
70	233.7	31.16	81	369.7	49.29	92	566.99	75.592
71	243.9	32.52	82	384.9	51.32	93	588.60	78.473
72	254.6	33.94	83	400.6	53.41	94	610.90	81.446
73	265.7	35.42	84	416.8	55.57	95	633.90	84.513
74	277.2	36.96	85	433.6	57.81	96	657.62	87.675
75	289.1	38.54	86	450.9	60.11	97	682.07	90.935
76	301.4	40.18	87	468.7	62.49	98	707.27	94.294
77	314.1	41.88	88	487.7	64.94	99	733.24	97.757
78	327.3	43.64	89	506.1	67.47	100	760.00	101.32
79	341.0	45.46	90	525.76	70.095			

注：摘自 R. C. West，Handbook of Chemistry and physics，D-191，70th ed．1989-1990。

附录 10　常用酸碱的浓度、密度和一定浓度溶液的配制

1. 市售浓酸和氨水的密度及其近似值

项　　目	HCl	H_2SO_4	HNO_3	$NH_3 \cdot H_2O$
密度/g·mL^{-1}	1.19	1.84	1.42	0.89
浓度/mol·L^{-1}	12	18	16	15
质量分数/%	38	98	69	28

2. 常用酸碱溶液的配制

名　　称	浓度(近似值)/mol·L^{-1}	配　制　方　法
盐酸 HCl	6	取 12mol·L^{-1} HCl 与等体积水混合
	4	取 12mol·L^{-1} HCl 334mL 加水稀释至 1000mL
	2	取 12mol·L^{-1} HCl 167mL 加水稀释至 1000mL
	1	取 12mol·L—1HCl 84mL 加水稀释至 1000mL
硫酸 H_2SO_4	6	取 18mol·L^{-1} H_2SO_4 334mL,缓缓注入 600mL 水中,再加水稀释至 1000mL
	3	取 18mol·L^{-1} H_2SO_4 167mL,缓缓注入 800mL 水中,再加水稀释至 1000mL
	1	取 18mol·L^{-1} H_2SO_4 63mL,缓缓注入 900mL 水中,再加水稀释至 1000mL
硝酸 HNO_3	6	取 16mol·L^{-1} HNO_3 375mL 加水稀释至 1000mL
	2	取 16mol·L^{-1} HNO_3 125mL 加水稀释至 1000mL
	1	取 16mol·L^{-1} HNO_3 63mL 加水稀释至 1000mL
乙酸 CH_3COOH	1	取 17mol·L^{-1} HAc 59mL 加水稀释至 1000mL
氢氧化钠 NaOH	6	将 240g NaOH 溶于约 100mL 水中,再加水稀释至 1000mL
	1	将 40g NaOH 溶于约 100mL 水中,再加水稀释至 1000mL
氨水 $NH_3 \cdot H_2O$	6	取 15mol·L^{-1}氨水(密度为 0.9g·mL^{-1})400mL 加水稀释至 1000mL
	2	取 15mol·L^{-1}氨水 134mL 加水稀释至 1000mL
	1	取 15mol·L^{-1}氨水 67mL 稀释至 1000mL
氢氧化钾 KOH	6	将 339g KOH 溶于 200mL 水中,再加水稀释至 1000mL
氢氧化钙 $Ca(OH)_2$	0.05	将约 1.5g CaO 或 2g $Ca(OH)_2$ 置于 1000mL 水中,搅动,得饱和溶液,过滤,储存于试剂瓶中盖严

附录 11　常用干燥剂

干燥剂名称	干燥能力，经干燥后空气中剩余水分/mg·L^{-1}	应用实例
硅胶	6×10^{-3}	NH_3、N_2、O_2，仪器防潮
$CaCl_2$	0.14	H_2、O_2、Cl_2、HCl、H_2S、NH_3、CO、N_2、SO_2、CH_4、乙醚、烷烃、芳烃等
碱石灰	—	NH_3、O_2、N_2 等，并可除去气体中的 CO_2 和酸气
浓硫酸	3×10^{-3}	As_2O_3、I_2、$AgNO_3$、SO_2、卤代烷、饱和烃
P_2O_5	2×10^{-3}	CS_2、H_2、O_2、SO_2、N_2、CH_4 等
分子筛	1.2×10^{-3}	O_2、H_2、Ar、乙醇、乙醚、甲醇、吡啶、丙酮、苯等

附录 12　常用缓冲溶液的配制

pH	配制方法
0	1mol·L^{-1}盐酸
1	0.1mol·L^{-1}盐酸
2	0.01mol·L^{-1}盐酸
3.6	NaAc·$3H_2O$ 8g，溶于适量的水中，加 6mol·L^{-1} HAc 134mL，稀释至 500mL
4.0	NaAc·$3H_2O$ 20g，溶于适量的水中，加 6mol·L^{-1} HAc 134mL，稀释至 500mL
4.5	NaAc·$3H_2O$ 32g，溶于适量的水中，加 6mol·L^{-1} HAc 134mL，稀释至 500mL
5.0	NaAc·$3H_2O$ 50g，溶于适量的水中，加 6mol·L^{-1} HAc 134mL，稀释至 500mL
5.7	NaAc·$3H_2O$ 100g，溶于适量的水中，加 6mol·L^{-1} HAc 134mL，稀释至 500mL
7.0	NH_4Ac 77g，用水溶解后，稀释至 500mL
7.5	NH_4Cl 66g 溶于适量的水中，加 15mol·L^{-1}氨水 1.4mL，稀释至 500mL
8.0	NH_4Cl 50g 溶于适量的水中，加 15mol·L^{-1}氨水 1.4mL，稀释至 500mL
8.5	NH_4Cl 40g 溶于适量的水中，加 15mol·L^{-1}氨水 1.4mL，稀释至 500mL
9.0	NH_4Cl 35g 溶于适量的水中，加 15mol·L^{-1}氨水 1.4mL，稀释至 500mL
9.5	NH_4Cl 30g 溶于适量的水中，加 15mol·L^{-1}氨水 1.4mL，稀释至 500mL
10.0	NH_4Cl 27g 溶于适量的水中，加 15mol·L^{-1}氨水 1.4mL，稀释至 500mL
10.5	NH_4Cl 9g 溶于适量的水中，加 15mol·L^{-1}氨水 1.4mL，稀释至 500mL
11	NH_4Cl 3g 溶于适量的水中，加 15mol·L^{-1}氨水 1.4mL，稀释至 500mL
12	0.01mol·L^{-1} NaOH
13	0.1mol·L^{-1} NaOH

附录 13　标准 pH 溶液的配制

(298K)

名称	pH	配制方法
0.05mol·L^{-1} 四草酸氢钾溶液	1.65	称取 54℃±3℃下烘干的四草酸氢钾 $KH_3(C_2O_4)_2\cdot2H_2O$ 12.61g，溶于蒸馏水，稀释至 1000mL
饱和酒石酸氢钾溶液 (0.034mol·L^{-1})	3.56	在磨口玻璃瓶中，装入蒸馏水和过量的酒石酸氢钾粉末(约 20g·1000mL^{-1})，控制温度在 25℃±5℃，剧烈振摇 20～30min，溶液澄清后，取上层清液备用
0.05mol·L^{-1} 邻苯二甲酸氢钾	4.01	称取在 115℃±5℃下烘干 2～3h 的邻苯二甲酸氢钾(GR)10.12g，溶于蒸馏水，稀释至 1000mL
0.025mol·L^{-1}磷酸二氢钾和磷酸氢二钠混合溶液	6.86	分别称取 115℃±5℃下烘干 2～3h 的磷酸二氢钾 3.387g 和磷酸氢二钠 3.533g，溶于蒸馏水，稀释至 1000mL
0.01mol·L^{-1} 硼砂溶液	9.18	称取硼砂(GR)3.80g，溶于蒸馏水，稀释至 1000mL
0.025mol·L^{-1}碳酸氢钠和 0.025mol·L^{-1}碳酸钠混合液	10.00	分别称取碳酸氢钠 2.10g 和无水碳酸钠 2.65g 溶于蒸馏水，稀释至 1000mL

附录 14　常用指示剂的配制

1. 酸碱指示剂

名　称	pH 变色范围	颜色变化	配　制　方　法
百里酚蓝，$1g \cdot L^{-1}$	1.2～2.8	红～黄	0.1g 指示剂用 20%乙醇溶解，并定容至 100mL
甲基黄，$1g \cdot L^{-1}$	2.9～4.0	红～黄	0.1g 指示剂用 90%乙醇溶解，并定容至 100mL
甲基橙，$1g \cdot L^{-1}$	3.1～4.4	红～黄	0.1g 甲基橙用热水溶解，并定容至 100mL
溴酚蓝，$1g \cdot L^{-1}$	3.0～4.6	黄～紫	0.1g 溴酚蓝用 20%乙醇溶解，并定容至 100mL，或 0.1g 溴酚蓝与 3mL $0.05mol \cdot L^{-1}$ NaOH 溶液混匀，加水稀释至 100mL
溴甲酚绿，$10g \cdot L^{-1}$	3.8～5.4	黄～蓝	1g 溴甲酚绿与 20mL $0.05mol \cdot L^{-1}$ NaOH 溶液混匀，加水稀释至 100mL
甲基红，$1g \cdot L^{-1}$	4.4～6.2	红～黄	0.1g 甲基红用 60%乙醇溶解，并定容至 100mL
溴百里酚蓝，$1g \cdot L^{-1}$，	6.2～7.6	黄～蓝	0.1g 溴百里酚蓝用 20%乙醇溶解，并定容至 100mL
中性红，$1g \cdot L^{-1}$	6.8～8.0	红～黄橙	0.1g 中性红用 60%乙醇溶解，并定容至 100mL
酚酞，$1g \cdot L^{-1}$	8.2～10.0	无色～红	1g 酚酞用 90%乙醇溶解，并定容至 100mL
百里酚蓝，$1g \cdot L^{-1}$	8.0～9.6	黄～蓝	0.1g 百里酚蓝用 20%乙醇溶解，并定容至 100mL
百里酚酞，$1g \cdot L^{-1}$	9.4～10.0	无色～蓝	0.1g 百里酚酞用 90%乙醇溶解，并定容至 100mL
甲基红-溴甲酚绿	5.1	酒红～绿	1 份 0.2%甲基红乙醇溶液与 3 份 0.1%溴甲酚绿乙醇溶液混合
甲基红-百里酚蓝	8.3	黄～紫	1 份 0.1%甲基红钠盐水溶液与 3 份 $1g \cdot L^{-1}$百里酚蓝钠盐水溶液混合
百里酚酞-茜素黄 R	10.2	黄～紫	0.2g 百里酚酞和 0.1g 茜素黄用乙醇溶解，并定容至 100mL

2. 络合滴定指示剂

名　称	颜　色		配　制　方　法
	游离态	化合物	
铬黑 T(EBT)	蓝	酒红	①0.2g 铬黑 T 溶于 15mL 三乙醇胺及 5mL 甲醇中；②将 1g 铬黑 T 与 100g NaCl 研细，混匀
钙指示剂	蓝	红	将 0.5g 钙指示剂与 100g NaCl 研细，混匀
二甲酚橙(XO)，$1g \cdot L^{-1}$	黄	红	将 0.1g 二甲酚橙用水溶解，并定容至 100mL
磺基水杨酸，$10g \cdot L^{-1}$	无色	红	将 1g 磺基水杨酸用水溶解，并定容至 100mL
吡啶偶氮萘酚(PAN)，$5g \cdot L^{-1}$	黄	红	将 0.1g 吡啶偶氮萘酚用乙醇溶解，并定容至 100mL
钙镁试剂(Calmagite)，$5g \cdot L^{-1}$	红	蓝	将 0.5g 钙镁试剂用水溶解，并定容至 100mL

3. 氧化还原指示剂

名　称	变色电势	颜　色		配　制　方　法
	E / V	氧化态	还原态	
中性红，$0.5g \cdot L^{-1}$	0.24	红	无色	0.05g 指示剂用 60%乙醇溶解，并定容至 100mL
亚甲基蓝，$0.5g \cdot L^{-1}$	0.532	天蓝	无色	0.05g 指示剂用水溶解，并定容至 100mL
二苯胺，$10g \cdot L^{-1}$	0.76	紫	无色	将 1g 二苯胺在搅拌下用 1∶1 的浓硫酸和浓磷酸溶解，并定容至 100mL，储于棕色瓶中
二苯胺磺酸钠，$5g \cdot L^{-1}$	0.85	紫	无色	将 0.5g 二苯胺磺酸钠用水溶解，并定容至 100mL，必要时过滤
邻苯氨基苯甲酸，$2g \cdot L^{-1}$	0.89	紫红	无色	将 0.2g 邻苯氨基苯甲酸加热，用 100mL $2g \cdot L^{-1}$ Na_2CO_3 溶液溶解并定容至 100mL，必要时过滤
邻二氮菲硫酸亚铁，$5g \cdot L^{-1}$	1.06	浅蓝	红	将 0.5g $FeSO_4 \cdot 7H_2O$ 用 90mL 水溶解，加 2 滴 H_2SO_4，加 0.5g 邻二氮菲，水定容至 100mL

附录 15　某些试剂溶液的配制

试　剂	浓　度	配　制　方　法
三氯化铋 $BiCl_3$	0.1mol・L^{-1}	溶解 31.6g $BiCl_3$ 于 330mL 6mol・L^{-1} HCl 中，加水稀释至 1000mL
三氯化锑 $SbCl_3$	0.1mol・L^{-1}	溶解 22.8g $SbCl_3$ 于 330mL 6mol・L^{-1} HCl 中，加水稀释至 1000mL
氯化亚锡 $SnCl_2$	0.1mol・L^{-1}	溶解 22.6g $SnCl_2$・$2H_2O$ 于 330mL 6mol・L^{-1} HCl 中，加水稀释至 1000mL，加入数粒纯锡，以防氧化
硝酸汞 $Hg(NO_3)_2$	0.1mol・L^{-1}	溶解 33.4g $Hg(NO_3)_2$・$1/2H_2O$ 于 0.6mol・L^{-1} HNO_3 中，定容至 1000mL
硝酸亚汞 $Hg_2(NO_3)_2$	0.1mol・L^{-1}	溶解 56.1g $Hg_2(NO_3)_2$・$2H_2O$ 于 0.6mol・L^{-1} HNO_3 中，并加入少许金属汞，定容至 1000mL
碳酸铵 $(NH_4)_2CO_3$	1mol・L^{-1}	96g 研细的 $(NH_4)_2CO_3$ 溶于 2mol・L^{-1} 氨水，定容至 1000mL
硫酸铵 $(NH_4)_2SO_4$	饱和	50g $(NH_4)_2SO_4$ 溶于热水，定容至 1000mL，冷却后过滤
硫酸亚铁 $FeSO_4$	0.25mol・L^{-1}	溶解 69.5g $FeSO_4$・$7H_2O$ 于适量水中，加入 5mL 浓 H_2SO_4，再用水稀释至 1000mL，置入小铁钉数枚
偏锑酸钠 $NaSbO_3$	0.1mol・L^{-1}	溶解 12.2g 锑粉于 50mL 浓 HNO_3 微热，使锑粉全部作用成白色粉末，用倾析法洗涤数次，然后加入 50mL 6mol・L^{-1} NaOH，使之溶解，稀释至 1000mL
钴亚硝酸钠 $Na_3[Co(NO_2)_6]$		溶解 230g $NaNO_2$ 于 500mL H_2O 中，加入 165mL 6mol・L^{-1} HAc 和 30g $Co(NO_3)_3$・$6H_2O$ 放置 24h，取其清液，稀释至 1000mL，并保存在棕色瓶中，此溶液应呈橙色，若变成红色，表示已分解，应重新配制
硫化钠 Na_2S	1mol・L^{-1}	溶解 240g Na_2S・$9H_2O$ 和 40g NaOH 于水中，稀释至 1000mL
钼酸铵 $(NH_4)_6MoO_{24}$・$4H_2O$	0.1mol・L^{-1}	溶解 124g $(NH_4)_6MoO_{24}$・$4H_2O$ 于 1000mL 水中，将所得溶液倒入 6mol・L^{-1} HNO_3 中，放置 24h，取其澄清液
硫化铵 $(NH_4)_2S$	3mol・L^{-1}	在 200mL 浓氨水中，通入 H_2S，直至不再吸收为止，然后加入 200mL 浓氨水，稀释至 1000mL
铁氰化钾 $K_3[Fe(CN)_6]$	0.25mol・L^{-1}	取铁氰化钾 8.2g 溶解于水中，稀释至 100mL(使用前临时配制)
镍试剂	10g・L^{-1}	10g 镍试剂(二乙酰二肟)用 95%酒精溶解，并定容至 1000mL
镁试剂	0.01g・L^{-1}	0.01g 镁试剂用 1mol・L^{-1} NaOH 溶液溶解，并定容至 1000mL
铝试剂	1g・L^{-1}	1g 铝试剂用 1000mL 水溶解，并定容至 1000mL
镁铵试剂		将 100g $MgCl_2$・$6H_2O$ 和 100gNH_4Cl 溶于水中，加入 50 mL 浓氨水，用水稀释至 1000mL
奈氏试剂		溶解 115g HgI_2 和 80g KI 于水中，稀释至 500mL，加入 500mL 6mol・L^{-1} NaOH 溶液，静置后，取其清液，保存在棕色瓶中
亚硝酰铁氰化钠 $Na_2[Fe(CN)_5NO]$	10g・L^{-1}	1g 亚硝酰铁氰化钠用水溶解，并定容至 1000mL，保存于棕色瓶内
格里斯试剂		①在加热下溶解 0.5g 对氨基苯磺酸于 50mL 30%HAc 中，储于暗处保存 ②将 0.4gα-苯胺与 100mL 水混合煮沸，再在从蓝色渣滓中倾出的无色溶液中加入 6mL 80%HAc，使用前将①、②两液等体积混合
打萨宗(二本缩氨硫脲)		溶解 0.1g 打萨宗，用 CCl_4 或 $CHCl_3$ 溶解，并定容至 1000mL
石蕊		2g 石蕊溶于 50mL 水中，静置一昼夜后过滤，在滤液中加 30mL 95%乙醇，再加水稀释至 100mL
氨水		在水中通入氯气直至饱和，该溶液使用时临时配制
溴水		在水中滴入液溴至饱和
碘液	0.01mol・L^{-1}	溶解 1.3g 碘和 5g KI 于尽可能少量的水中，加水稀释至 1000mL
品红溶液		1g・L^{-1} 的水溶液

试　剂	浓　度	配　制　方　法
淀粉溶液	$10g \cdot L^{-1}$	将 1g 淀粉和少量冷水调成糊状，在搅拌下注入 95mL 沸水中，微沸 1～2min，定容至 100mL
Lucas 试剂		将 34g 熔化过的无水氯化锌溶于 23mL 纯盐酸中，约得 35mL 溶液，冷却后，存于玻璃瓶中，塞紧
Tollen 试剂		向 20mL $50g \cdot L^{-1}$ 硝酸银溶液中加入 1 滴 $100g \cdot L^{-1}$ NaOH，然后滴加 2% 氨水，随摇，直至沉淀刚好溶解
间苯二酚-盐酸试剂		间苯二酚 0.05g 溶于 50mL 浓盐酸内，用水稀释至 100mL
Fehling 试剂		①3.5g $CuSO_4 \cdot 5H_2O$ 用水溶解，定容至 100mL，浑浊时过滤 ②17g 酒石酸钾钠溶解于 15～20mL 热水中，加入 20mL $200g \cdot L^{-1}$ NaOH，稀释至 100mL，使用前将①、②两液等体积混合

附录 16　某些离子和化合物的颜色

1. 离子的颜色

离　子	颜　色	离　子	颜　色	离　子	颜　色
$[Co(H_2O)_6]^{2+}$	粉红色	$[CuCl_2]^-$	泥黄色	MnO_4^{2-}	绿色
$[Co(NH_3)_6]^{2+}$	黄色	$[CuCl_4]^{2-}$	黄色	MnO_4^-	紫红色
$[Co(NH_3)_6]^{3+}$	橙黄色	$[CuI_2]^-$	黄色	$[Ni(H_2O)_6]^{2+}$	亮绿色
$[Co(SCN)_4]^{2-}$	蓝色	$[Cu(NH_3)_4]^{2+}$	深蓝色	$[Ni(NH_3)_6]^{2+}$	蓝色
$[Cr(H_2O)_6]^{2+}$	天蓝色	$[Fe(H_2O)_6]^{2+}$	浅绿色	$[Ti(H_2O)_6]^{3+}$	紫色
$[Cr(H_2O)_6]^{3+}$	蓝紫色	$[Fe(H_2O)_6]^{3+}$	浅紫色	TiO^{2+}	橙红色
$[Cr(NH_3)_4(H_2O)_2]^{2+}$	橙红色	$[Fe(CN)_6]^{4-}$	黄色	$[V(H_2O)_6]^{2+}$	蓝紫色
CrO_2^-	绿色	$[Fe(CN)_6]^{3-}$	红棕色	$[V(H_2O)_6]^{3+}$	绿色
CrO_4^{2-}	黄色	$[Fe(NCS)_n]^{3-n}$	血红色	VO^{2+}	蓝色
$Cr_2O_7^{2-}$	橙色	I_3^-	浅棕黄色	VO^+	黄色
$[Cu(H_2O)_4]^{2+}$	蓝色	$[Mn(H_2O)_6]^{2+}$	肉色		

2. 化合物的颜色

化合物	颜　色	化合物	颜　色	化合物	颜　色
AgCl	白色	SbI_3	黄色	NiO	暗绿色
$CoCl_2$	蓝色	Ag_2O	褐色	PbO_2	棕褐色
$CoCl_2 \cdot 2H_2O$	紫红色	Bi_2O_3	黄色	Pb_3O_4	红色
$CoCl_2 \cdot 6H_2O$	粉红色	CaO	白色	V_2O_3	黑色
Cu_2Cl_2	白色	CdO	棕灰色	V_2O_5	红棕色
$FeCl_3 \cdot 6H_2O$	黄棕色	CoO	灰绿色	WO_2	棕红色
Hg_2Cl_2	白色	Co_2O_3	黑色	ZnO	白色
$Hg(NH_2)Cl$	白色	CrO_3	橙红色	Ag_2S	黑色
$PbCl_2$	白色	Cr_2O_3	绿色	SnS	棕色
$TiCl_3 \cdot 6H_2O$	紫色或绿色	CuO	黑色	SnS_2	黄色
$TiCl_2$	黑色	Cu_2O	暗红色	ZnS	白色
AgBr	淡黄	FeO	黑色	$Al(OH)_3$	白色
AgI	黄色	Fe_2O_3	砖红色	$Bi(OH)_3$	白色
BiI_3	褐色	Fe_3O_4	红色	$Cd(OH)_2$	白色
CuI	白色	HgO	红或黄色	$Co(OH)_2$	粉红色
Hg_2I_2	黄色	Hg_2O	黑色	$Co(OH)_3$	棕褐色
HgI_2	红色	MnO_2	棕色	$Cr(OH)_2$	灰绿色
PbI_2	黄色	MoO_2	紫色	$Cu(OH)_2$	浅蓝色

续表

化合物	颜　色	化合物	颜　色	化合物	颜　色
$CuOH$	黄色	$BaCO_3$	白色	$PbCrO_4$	黄色
$Fe(OH)_2$	白色	$Bi(OH)CO_3$	白色	$Fe_2(SiO_3)_3$	棕红色
$Fe(OH)_3$	棕红色	$CaCO_3$	白色	$MnSiO_3$	肉色
$Mn(OH)_2$	白色	$CdCO_3$	白色	$NiSiO_3$	翠绿色
$Ni(OH)_2$	浅绿色	$Cu_2(OH)_2CO_3$	蓝色	$ZnSiO_3$	白色
$Ni(OH)_3$	黑色	$FeCO_3$	白色	CaC_2O_4	白色
$Pb(OH)_2$	白色	$Hg_2(OH)_2CO_3$	红褐色	$Ag_2C_2O_4$	白色
$Sb(OH)_3$	白色	$MgCO_3$	白色	Ag_3AsO_4	红褐色
$Sn(OH)_2$	白色	$MnCO_3$	白色	$MgNH_4AsO_4$	白色
$Sn(OH)_4$	白色	$Ni_2(OH)_2CO_3$	浅绿色	$Ag_2S_2O_3$	白色
$Zn(OH)_2$	白色	$PbCO_3$	白色	$AgCN$	白色
$AgBrO_3$	白色	$SrCO_3$	白色	$CuCN$	白色
$KClO_4$	白色	$Zn_2(OH)_2CO_3$	白色	$Cu(CN)_2$	黄色
$AgIO_3$	白色	Ag_3PO_4	黄色	$Ni(CN)_2$	浅绿色
$Ba(IO_3)_2$	白色	$Ba_3(PO_4)_2$	白色	$AgSCN$	白色
As_2S_3	黄色	$Ca_3(PO_4)_2$	白色	$Cu(SCN)_2$	黑绿色
Bi_2S_3	黑褐色	$CaHPO_4$	白色	$Ag_3[Fe(CN)_6]$	橙色
CdS	黄色	$FePO_4$	浅黄色	$Ag_4[Fe(CN)_6]$	白色
CoS	黑色	$MgNH_4PO_4$	白色	$Cu_2[Fe(CN)_6]$	红棕色
CuS	黑色	Ag_2CrO_4	砖红色	$Fe_3[Fe(CN)_6]_2$	滕氏蓝
Cu_2S	黑色	$BaCrO_4$	黄色	$Fe_4[Fe(CN)_6]_3$	普鲁士蓝
FeS	黑色	Ag_2SO_4	白色	$Zn_3[Fe(CN)_6]_2$	黄褐色
Fe_2S_3	黑色	$BaSO_4$	白色	$Zn_2[Fe(CN)_6]$	白色
HgS	红或黑色	$BaSO_3$	白色	$K_3[Co(NO_2)_6]$	黄色
MnS	肉色	$CaSO_4$	白色	$K_2Na[Co(UONO_2)_6]$	黄色
NiS	黑色	$CoSO_4 \cdot 7H_2O$	红色	$K_2C_4H_4O_6H$	白色
PbS	黑色	$Cr_2(SO_4)_3$	桃红色	$NaAc \cdot Zn(Ac)_2 \cdot 3[UO_2(Ac)_2] \cdot 9H_2O$	黄色
Sb_2S_3	橙色	$Cr_2(SO_4)_3 \cdot 18H_2O$	紫色		
Sb_2S_5	橙红色	$Cr_2(SO_4)_3 \cdot 6H_2O$	绿色	$BaSiO_3$	白色
$SrSO_4$	白色	$Cu_2(OH)_2SO_4$	浅蓝色	$CoSiO_3$	紫色
$SrSO_3$	白色	Hg_2SO_4	白色	$CuSiO_3$	蓝色
Ag_2CO_3	白色	$PbSO_4$	白色		

参考文献

［1］ 王志坤．基础化学实验．北京：中国水利水电出版社，2010.
［2］ 方宾，王伦．化学实验（上、下）．北京：高等教育出版社，2003.
［3］ 刘汉兰，陈浩，文利柏．基础化学实验．第 2 版．北京：科学出版社，2009.
［4］ 马忠革．分析化学实验．北京：清华大学出版社，2011.
［5］ 王清廉，李瀛，高坤．有机化学实验．第 3 版．北京：高等教育出版社，2010.
［6］ 王月娟，赵雷洪．物理化学实验．杭州：浙江大学出版社，2008.
［7］ 常照荣．物理化学实验．郑州：河南科学技术出版社，2009.
［8］ 复旦大学等．物理化学实验．北京：高等教育出版社，2004.
［9］ 华中师范大学，东北师范大学，华东师范大学，陕西师范大学．分析化学实验．第三版．北京：高等教育出版社，2001.
［10］ 李广州，陆真．化学教学论实验．第 2 版．北京：科学出版社，2006.
［11］ 伍洪标．无机非金属材料实验．北京：化学工业出版社，2002.
［12］ 北京师范大学无机化学教研室．无机化学实验．第 3 版．北京：高等教育出版社，2001.
［13］ 焦家俊．有机化学实验．上海：上海交通大学出版社，2000.
［14］ 徐如人，庞文琴．无机合成与制备化学．北京：高等教育出版社，2002.
［15］ 李善忠．材料化学实验．北京：化学工业出版社，2011.
［16］ 曲荣君．材料化学实验．北京：化学工业出版社，2011.
［17］ 郭庆丰，彭勇．化工基础实验．北京：清华大学出版社，2004.
［18］ 杭州大学化学系分析化学教研室．分析化学手册（第一分册）：基础知识与安全知识．第 2 版．北京：化学工业出版社，1997.
［19］ 北京师范大学化学系．化学实验规范．北京：北京师范大学出版社，1987.
［20］ 王秋长，赵鸿喜，张守民，李一峻．基础化学实验．北京：科学出版社，2003.
［21］ 吕苏琴，张春荣．基础化学实验Ⅰ．北京：科学出版社，2000.
［22］ 扬州大学等．新编大学化学实验．北京：化学工业出版社，2008.
［23］ 曾昭琼．有机化学实验．第 3 版．北京：高等教育出版社，2010.
［24］ 高占先．有机化学实验．第 4 版．北京：高等教育出版社，2004.
［25］ 兰州大学，复旦大学化学系有机化学教研室．有机化学实验．第 2 版．北京：高等教育出版社，1994.
［26］ 潘祖仁编．高分子化学．第 4 版．北京：化学工业出版社，2011.
［27］ L Mecaffery. Laboratory Preparation for Macromolecular Chamistry. Edward：83～87.
［28］ 王久芬编．高分子化学实验．北京：兵器工业出版社，1998.
［29］ 吉林化学工业公司设计院．聚乙烯醇生产工艺．北京：中国轻工业出版社，1975.